Konzeptentwicklung und Gestaltung technischer Produkte

Josef Ponn · Udo Lindemann

# Konzeptentwicklung und Gestaltung technischer Produkte

## Optimierte Produkte - systematisch von Anforderungen zu Konzepten

Dr.-Ing. Josef Ponn
Hilti Entwicklungsgesellschaft mbH
Hiltistrasse 6
86916 Kaufering
Deutschland

Prof. Dr.-Ing. Udo Lindemann
Lehrstuhl für Produktentwicklung
TU München
Boltzmannstr. 15
85748 Garching
Deutschland

ISBN 978-3-540-68562-3 e-ISBN 978-3-540-68563-0

DOI 10.1007/978-3-540-68563-0

Bibliografische Information der Deutschen Nationalbibliothek
Die Deutsche Nationalbibliothek verzeichnet diese Publikation in der Deutschen Nationalbibliografie; detaillierte bibliografische Daten sind im Internet über http://dnb.d-nb.de abrufbar.



*Einbandgestaltung:* WMX Design GmbH, Heidelberg

Gedruckt auf säurefreiem Papier

9 8 7 6 5 4 3 2 1

springer.de

# Vorwort

Die Entwicklung und Konstruktion erfolgreicher Produkte fängt mit den frühen Vorbereitungen der Entwicklungsarbeit an. Hier werden oft bereits entscheidende Weichenstellungen vorgenommen. Der Konzeptentwicklung technischer Produkte kommt eine hohe Bedeutung zu, da hier Entscheidungen mit weitreichenden Konsequenzen für den Erfolg des Produktes am Markt getroffen werden.

In Forschung, Ausbildung wie auch in der industriellen Praxis ist in den vergangenen Jahrzehnten das Bewusstsein gewachsen, dass mehr Systematik im Vorgehen und bei der Durchführung von Arbeitsschritten erforderlich ist. Ebenso wird aber festgestellt, dass „vorgedachte" Vorgehensmodelle und Arbeitsmethoden an die jeweils spezifischen Randbedingungen der konkreten Entwicklungssituation angepasst werden müssen. Es wird auch in der Industrie zunehmend anerkannt, dass die anstehenden Aufgaben und Problemstellungen nur mit einer hinreichenden Systematik im Vorgehen beherrschbar sind.

In der Forschung beschäftigen wir uns seit vielen Jahren mit der Frage, wie eine Hilfestellung zur Bestimmung der jeweils geeigneten Vorgehensweisen, Methoden und sonstiger Hilfsmittel realisiert werden kann. Eine zentrale Herausforderung ist die verbesserte Unterstützung der Navigation durch die Vielzahl der alternativen Möglichkeiten der nächsten Entwicklungsschritte vor dem Hintergrund des großen Spektrums denkbarer Entwicklungsszenarios. Wir wollen ein zielorientiertes, systematisches Vorgehen fördern, welches den Freiraum für Kreativität und individuell erforderliche Gestaltungsmöglichkeiten offen hält.

Aus Forschungsprojekten, Dissertationen und Erfahrungen in und mit der Industrie sowie zahlreichen Diskussionen mit Mitarbeitern, Industrievertretern, Kollegen in Forschung und Lehre sowie Unternehmensberatern haben wir viele Hinweise gewonnen, die uns zu diesem Buch motiviert haben. Dabei war es unser Bestreben, bewährte Punkte beizubehalten, neue Erkenntnisse zu integrieren sowie strukturelle Aspekte zu überarbeiten.

Das gesamte Team des Lehrstuhls für Produktentwicklung hat uns dabei nachhaltig unterstützt. Besonders nennen möchten wir Andreas Gaag, der durch seine inhaltliche wie auch organisatorische Mitwirkung die Fertigstellung ermöglicht hat. Inhaltlich haben Andreas Gaag (Kapitel 3 und 10), David Hellenbrand (Kapitel 5 und 8), Clemens Hepperle (Kapitel 12), Julia Roelofsen (Kapitel 2 und 9) und Bernd Schröer (Kapitel 6 und 12) in Diskussionen wie bei der Abfassung von Teilkapiteln mitgewirkt. Die Überarbeitung und Realisierung des Bildmaterials übernahm Rainer Hinterberger. Allen Beteiligten, auch allen die sich an Diskussionen beteiligt haben, gilt unser Dank für ihr Engagement und ihre Unterstützung.

Dem Verlag und hier besonders Herrn Thomas Lehnert gilt unser Dank für die stets hervorragende Zusammenarbeit.

Mit dem Ziel der besseren Lesbarkeit wurde im weiteren Verlauf des Buches auf eine Differenzierung zwischen weiblichen und männlichen Formen verzichtet. Auf Abkürzungen wurde weitgehend verzichtet. Begriffe aus dem englischen Wortschatz wurden ebenfalls nur mit Zurückhaltung benutzt, an einigen Stellen erschienen sie uns aber klarer als die jeweiligen deutschen Umschreibungen.

Wir hoffen, dass dieses Buch einen Beitrag leistet, um die systematische und erfolgreiche Entwicklung von technischen Produkten in der Aus- und Weiterbildung in den technischen Disziplinen sowie in der industriellen Praxis noch intensiver zu verankern.

Garching, im Februar 2008

*Udo Lindemann und Josef Ponn*

# Inhaltsverzeichnis

# Einführung

Wie kam es zu diesem Buch und was ist dessen Ziel? Die Entwicklung und Konstruktion erfolgreicher Produkte beginnt mit der richtigen Vision oder Zielsetzung. Die darauf aufsetzende zielgerichtete und schrittweise ablaufende Konkretisierung und Verfeinerung der Lösungsbeschreibung erfolgt vor dem Hintergrund einer schier unüberschaubaren Menge an Anforderungen und Randbedingungen.

Da Produkte nach wie vor von handelnden Personen entwickelt werden, sind hier die Aspekte der Fähigkeiten und Grenzen menschlich bestimmter Handlungen zu berücksichtigen. Das komplexe Umfeld, in welchem sich die Handelnden bewegen, und gewisse historische Prägungen spielen dabei eine große Rolle. Wir alle kennen den sogenannten „Scheuklappeneffekt", das Haften an den bekannten und vertrauten Lösungsmustern. Dann und wann kommt eine Lösung auf den Markt, die viele Wettbewerber, Kunden und unter Umständen auch uns selbst überrascht. In solchen Fällen ist die Not oft groß, sind doch unter Umständen Chancen nicht erkannt und „verschlafen" worden. Es stellt sich die Frage: „Warum sind wir nicht selbst auf diese Lösung gekommen?"

Das schrittweise Vorgehen bei der Konkretisierung des zu entwickelnden Produkts verlangt vom Konstrukteur und Entwickler Systematik. Ein „Verweilen" im abstrakten Raum ist dabei nicht immer beliebt, aber doch oft erfolgreich. Wesentlich ist hierbei die Schaffung von alternativen Lösungsideen zur Verhinderung des gedanklichen Verharrens in alten Lösungen oder in Sackgassen.

Der Produktentwicklungsprozess und dessen Ergebnis bilden den Gegenstand dieses Buches. Dabei steht nicht alleine das Endergebnis im Fokus, vielmehr sind auch die vielen Zwischenergebnisse von Interesse, die auf dem Weg zum finalen Produkt entstehen. Die Ausführungen orientieren sich an der Frage, welches Vorgehen im Entwicklungsprozess in Abhängigkeit der aktuellen Entwicklungssituation sinnvoll und zielführend ist. Ebenso von Bedeutung ist die Fragestellung, welche Methoden, Werkzeuge und sonstigen Hilfsmittel zur Unterstützung der auszuführenden Aktivitäten herangezogen werden können und wie sie gewinnbringend einzusetzen sind.

Diese und viele weitere Fragen wurden in den vergangenen Jahren in einer Vielzahl von Forschungsprojekten behandelt und im Verbund mit Industrieunternehmen beleuchtet. Dadurch wurden teilweise neue Begriffe und Modellvorstellungen generiert beziehungsweise bekannte Begriffe und Modelle modifiziert, um mehr Systematik und Klarheit zu erhalten.

## Welches Ziel verfolgt dieses Buch?

Dieses Buch soll dazu beitragen, die Effektivität und Effizienz in Produktentwicklungsprozessen zu erhöhen. Es soll das Bewusstsein für den Situationsbezug und die Systematik in der Entwicklung und Konstruktion technischer Produkte gefördert werden. Um dies zu erreichen, wurde ein Rahmen geschaffen, in dem sowohl die Aktivitäten als auch die Ergebnisse der Produktentwicklung eingeordnet werden können. Diesen Rahmen bildet das „Münchener Produktkonkretisierungsmodell“ (MKM). Es orientiert sich am Konkretisierungsgrad der erarbeiteten Produktmodelle und umfasst die Ebenen des Anforderungs-, Funktions-, Wirk- und Baumodells.

An diesem Modell soll die Bedeutung von Produktmodellen und ihrer Vernetzung verdeutlicht werden. Produktmodelle werden auf allen Konkretisierungsebenen für unterschiedliche Zwecke aufgestellt: zur Erfassung und Strukturierung der Ziele, zur Durchdringung der Problemstellung zur Spezifikation der Lösung oder zur Ermittlung relevanter Produkteigenschaften.

Außerdem soll die Bedeutung einer zielgerichteten Navigation durch den Entwicklungsprozess in Abhängigkeit der spezifischen Situation aufgezeigt werden. Grundsätzlich hat sich das Vorgehen der handelnden Personen an Zielen zu orientieren. Das „Delta“ zwischen der aktuellen Situation und der Zielsetzung bestimmt demnach die erforderlichen Aktivitäten im Entwicklungsprozess. Das Handeln kann sich dabei an bestimmten Grundprinzipien orientieren. Deren Beachtung erhöht die Wahrscheinlichkeit, dass ein Entwicklungsprozess erfolgreich durchlaufen wird. Solche Grundprinzipien sind unter anderem die Problemzerlegung, das Denken in Alternativen sowie der Wechsel zwischen Ganzem und Details.

Ferner sollen Möglichkeiten der Unterstützung bei der Festlegung des Anforderungs-, Funktions-, Wirk- und Baumodells aufgezeigt werden. Zum einen sind es Arbeitsmethoden, die in Abhängigkeit der Problemstellung auszuwählen, anzupassen und zum Teil in Kombination anzuwenden sind. Darüber hinaus steht Entwicklern und Konstrukteuren ein großes Spektrum an Gestaltungsrichtlinien, Gestaltungsprinzipien und Informationssammlungen zur Verfügung. Aus dieser Vielfalt wurden zahlreiche Methoden und Hilfsmittel für dieses Buch ausgewählt und den hier betrachteten Konkretisierungsebenen zugeordnet. Die Beschreibung der Anwendung im Kontext verschiedener Entwicklungsszenarios soll Verständnis für Zweck und Wirkung der jeweiligen Methoden und Hilfsmittel erzeugen. Darüber hinaus enthält der Anhang zahlreiche Checklisten und Informationssammlungen, die einen gezielten Zugriff auf relevante Aspekte ermöglichen und durch die sich Entwicklungsprozesse operativ unterstützen lassen.

Schließlich werden Ansätze für das X-gerechte Entwickeln und Konstruieren diskutiert. Anhand fünf ausgewählter Hauptzielsetzungen im Sinne eines „Design for X“ beziehungsweise „Design to X“ wird gezeigt, dass sich der durch das „Münchener Produktkonkretisierungsmodell“ aufgespannte Rahmen auch hier anwenden lässt. Die spezifische Zielsetzung stellt dabei eine Konkretisierung der Entwicklungssituation dar und erfordert daher ein angepasstes Vorgehen.

Aufgrund der Vielfalt an Themen, die die Produktentwicklung umfasst, und der Notwendigkeit, einen klaren Fokus zu schaffen, konnte auf einige Aspekte nicht oder nur am Rande eingegangen werden. Zu diesen Themen zählt die Rechnerunterstützung der Produktentwicklung (zum Beispiel Computer Aided Engineering, Virtual Reality, Product Data Management und so weiter). Außerdem wird die Produktentwicklung in erster Linie aus dem Blickwinkel des Maschinenbaus betrachtet. Die Bedeutung der Zusammenarbeit zwischen den verschiedenen Disziplinen im Zeitalter von mechatronischen Produkten wird betont. Die Spezifika und Herausforderungen beispielsweise bei der Entwicklung von Elektronik- oder Software-Komponenten werden jedoch nicht vertieft.

## An wen richtet sich dieses Buch?

Als Buch für die industrielle Praxis werden den Entwicklern und Konstrukteuren wertvolle Anregungen und Anleitungen gegeben, ihr Vorgehen flexibler und an die spezielle Situation anzupassen. Besonders für die frühen Entwicklungsphasen, für die Erarbeitung und Ausgestaltung von Konzepten für technische Produkte, werden konkrete Arbeitsunterlagen angeboten. Damit soll ein Beitrag zum Erkenntnistransfer geleistet werden, der die erheblichen Potenziale bezüglich Leistung wie auch Qualität in der Produktentwicklung nutzbar machen soll.

Als Lehrbuch richtet es sich an Studierende des Maschinenwesens, die sich für Fragen der Produktentwicklung interessieren. Da überwiegend grundsätzliche Fragen des Vorgehens diskutiert werden, ist der Inhalt auch für andere Disziplinen der Technikwissenschaften von Bedeutung. Darüber hinaus kann es auch für die technisch ausgerichteten Gebiete der Naturwissenschaften, Informatik, Mathematik oder Betriebswirtschaft eine wertvolle Hilfe sein.

Wissenschaftlern sollen durch die Diskussion in diesem Buch Ansätze für weitere Forschungsarbeiten gegeben werden. Die hier behandelten Themen bieten die Grundlage für eine weitere Vertiefung noch offener Fragen, zum Beispiel zu der situativen Gestaltung von Entwicklungsprozessen, dem gezielten Einsatz von Produktmodellen, der Entwicklung von unterstützenden Softwarewerkzeugen oder der Entwicklungsarbeit in Abhängigkeit verschiedener Hauptzielsetzungen.

## Was waren die wichtigsten Einflüsse auf dieses Buch?

In der Literatur ist das Thema der Produktentwicklung und Konstruktion seit vielen Jahren intensiv behandelt worden. Darüber hinaus haben zahlreiche intensive Diskussionen mit einzelnen Forschern hinsichtlich der in diesem Buch vorgestellten Ansätze Anregungen gegeben und die Inhalte damit beeinflusst.

Wichtige Quellen waren die Werke von Pahl und Beitz [Pahl et al. 1997] und Ehrlenspiel [Ehrlenspiel 2007]. Sie haben das Lehr- und Forschungsgebiet der

Entwicklung/Konstruktion maßgeblich geprägt. Daher wird auch an vielen Stellen in diesem Buch auf diese Werke referenziert. Allerdings wurde die Notwendigkeit gesehen, einen klareren Fokus und eine deutlichere Struktur zu schaffen. Außerdem wurde dem Fortschritt und neuen Erkenntnissen im Bereich der Produktentwicklung Rechnung getragen, was sich unter anderem in der verwendeten Terminologie widerspiegelt. Die Begriffe „Entwerfen" und „Ausarbeiten" werden daher zum Beispiel weitgehend vermieden, da sie in einer Zeit geprägt wurden, als die Konstruktion noch am Reißbrett stattfand. Im Zuge der Entwicklung moderner 3D-CAD-Systeme hat sich die Vorgehensweise grundlegend geändert. Noch stärker als in der bestehenden Literatur der Entwicklungs- und Konstruktionsmethodik soll ein Bewusstsein für die Entwicklungssituation und die Notwendigkeit eines flexiblen, an die Situation angepassten Vorgehens geschaffen werden.

Die Arbeiten von Grabowski [Grabowski et al. 1993] und Rude [Rude 1998] gaben wertvolle Hinweise hinsichtlich der Bedeutung von Produktmodellen und den Ebenen im Konkretisierungsgrad. Weitere Denkanstöße gaben die Arbeiten von Gausemeier und seinen Mitarbeitern [Gausemeier et al. 2006b], vor allem hinsichtlich der Betrachtung von Entwicklungsprozessen als vernetzte Zyklen.

Die in den einzelnen Kapiteln behandelten Themen sind ebenfalls von einer Reihe von Vorarbeiten geprägt, beispielsweise hinsichtlich der Morphologie bei der Erstellung von Gesamtkonzepten [Birkhofer 1980], der Sicherheitstechnik bei der Entwicklung und Konstruktion [Neudörfer 2005] sowie dem Montagegerechten Konstruieren [Andreasen et al. 1988].

Die Arbeiten von Altschuller [Altschuller 1984] haben zunächst einige Kraft gekostet, da seine blumige Sprache durchaus gewöhnungsbedürftig und ein Teil der Folgeliteratur zu seinen Ansätzen durch die Aura des „unfehlbaren Meisters" geprägt ist. Das oft als starr-präskriptiv beschriebene Vorgehen der TRIZ-Methodik, durch das Lösungen nahezu deterministisch erzwungen werden sollen, widerspricht der Grundhaltung dieses Buchs, dass in Abhängigkeit der Entwicklungssituation das Vorgehen flexibel zu gestalten ist. Dennoch muss die wesentliche Bereicherung der Entwicklungsmethodik durch die Arbeiten von Altschuller unbedingt berücksichtigt werden, auch deshalb, weil viele Parallelen zur klassischen Entwicklungs- und Konstruktionsmethodik existieren.

Schließlich wurde im Buchprojekt „Methodische Entwicklung technischer Produkte" [Lindemann 2007] gewissermaßen auch ein Grundstein für dieses Buch gelegt. Während dort das Hauptaugenmerk auf die Produktentwicklung als Problemlösung und zugehörige Arbeitsmethoden gerichtet wird, steht hier die zunehmende Konkretisierung der Produktmodelle im Vordergrund. Letztendlich sind es aber zwei unterschiedliche Sichten auf denselben Betrachtungsgegenstand: den Entwicklungsprozess. Daher sind beide Bücher als gute Ergänzung zueinander zu verstehen. Ein wesentliches Merkmal des Methodenbuchs, das auch hier beibehalten wurde, ist die klare Strukturierung und Form der Vermittlung der Inhalte, durch welche die Ziel- und Handlungsorientierung gefördert werden soll.

Arbeiten in und mit der Industrie sowie die Auswertung von Forschungsprojekten haben grundsätzliche Probleme immer wieder deutlich aufgezeigt. Zu diesen gehören der sofortige Übergang von der Aufgabenstellung in die Lösungssuche, ohne das Problem immer richtig verstanden zu haben, sowie die Fixierung auf die ersten augenscheinlichen Lösungsideen. Auf der anderen Seite haben viele Projekte jedoch auch gezeigt, dass systematisches Vorgehen und der situationsgerechte Einsatz von Methodik zum Erfolg führen kann.

Neben den zahlreichen anderen Quellen hat auch eine Vielzahl von Dissertationen am Lehrstuhl für Produktentwicklung Anregungen für dieses Buch geliefert, wegen des engen thematischen Bezugs sind besonders zu nennen: Augustin [Augustin 1985], Baumberger [Baumberger 2007], Bichlmaier [Bichlmaier 2000], Braun [Braun 2005], Danner [Danner 1996], Dylla [Dylla 1991], Eiletz [Eiletz 1999], Erdell [Erdell 2006], Felgen [Felgen 2007], Förster [Förster 2003], Fuchs [Fuchs 2005], Gahr [Gahr 2006], Giapoulis [Giapoulis 1998], Gramann [Gramann 2004], Günther [Günther 1998], Herfeld [Herfeld 2007], Heßling [Heßling 2006], Huber [Huber 1995], Hutterer [Hutterer 2005], Jung [Jung 2006], Maurer [Maurer 2007], Mörtl [Mörtl 2002], Müller [Müller 2006], Nißl [Nißl 2006], Pache [Pache 2005], Phleps [Phleps 1999], Ponn [Ponn 2007], Pulm [Pulm 2004], Renner [Renner 2007], Schwankl [Schwankl 2002], Stoll [Stoll 1995], Stößer [Stößer 1999], Stricker [Stricker 2006], Wach [Wach 1994] und Wulf [Wulf 2002]. Darüber hinaus gab es eine Fülle weiterer Impulse aus anderen, zum Teil noch laufenden Arbeiten und Projekten, sowie aus zahlreichen Gesprächen.

## Wie ist dieses Buch aufgebaut?

Kapitel 1 bietet einen kurzen Überblick über wesentliche Aspekte der Produktentwicklung und Konstruktion, die für die Ausführungen in diesem Buch relevant sind. Ausgangspunkt ist die Charakterisierung des vielfältigen Spektrums an Entwicklungssituationen, welches die handelnden Personen vor zahlreiche Herausforderungen stellt. Es wird erläutert, wie je nach Art des betrachteten technischen Produkts unterschiedlichste Anforderungen entstehen. Des Weiteren wird ein Überblick über Ansätze der Unterstützung wie Vorgehensmodelle, Methoden, Produktmodelle und Werkzeuge gegeben. Ferner wird das Münchener Produktkonkretisierungsmodell (MKM) als zentrales Leitmodell dieses Buches vorgestellt. Es enthält vier Partialproduktmodelle, die unterschiedliche Konkretisierungsstufen des Produktes charakterisieren. Schließlich wird auf die Bedeutung des X-Gerechten Entwickelns und Konstruierens eingegangen.

Der Aufbau der Kapitel 2 bis 7 orientiert sich an der Struktur des Münchener Produktkonkretisierungsmodells. Das Anforderungsmodell ist Gegenstand in Kapitel 2, hier wird auf die Bedeutung des gezielten Anforderungsmanagements über den gesamten Entwicklungsprozess hinweg eingegangen. Kapitel 3 beschäftigt sich mit dem Funktionsmodell und zeigt auf, welche Möglichkeiten der Darstellung und Strukturierung von Funktionen in Abhängigkeit der Zielsetzung existieren. Thema von Kapitel 4 ist die Generierung von Wirkprinzipien, das heißt die Ermittlung von prinzipiellen Lösungsideen auf der Ebene des Wirkmodells. In Kapitel 5 liegt der Fokus auf der Zusammenführung von Wirkprinzipien zu Gesamtkonzepten auf der Konkretisierungsebene des Wirkmodells. Kapitel 6 zeigt den Übergang vom Wirk- zum Baumodell im Zuge der zunehmenden Produktkonkretisierung auf und betont die Bedeutung der Alternativenbildung und Variation. In Kapitel 7 wird schließlich auf die Bildung von Produktkonzepten auf Ebene des Baumodells und die Optimierung der Produktgestalt eingegangen.

Da in allen Teilmodellen unterschiedlichste spätere Eigenschaften der Produkte zu behandeln und zu berücksichtigen sind, werden anschließend in den Kapiteln 8 bis 12 beispielhaft fünf unterschiedliche Themengebiete aufgegriffen. Kapitel 8 beschäftigt sich dabei mit der Sicherheit und Zuverlässigkeit von Produkten, Kapitel 9 mit dem Produktgewicht. Damit werden Produktanforderungen angesprochen, die unmittelbar im Interesse des späteren Nutzers stehen. Gegenstand von Kapitel 10 ist die Montagegerechtheit von Produkten, ein Aspekt, der in unmittelbarem Herstellerinteresse steht. In Kapitel 11 wird die Thematik der Variantenvielfalt von Produkten angesprochen, Kapitel 12 behandelt die Entwicklung ökologisch nachhaltiger Produkte. Die letzten zwei Themenbereiche sind sehr umfassend und beinhalten viele Aspekte, einschließlich der Zielsetzungen, die unmittelbar dem Nutzer beziehungsweise unmittelbar dem Hersteller dienen. Die Diskussion dieser fünf Themengebiete zeigt grundsätzliche Strategien und Vorgehensweisen auf, die durch eine adäquate Adaption auf weitere Produkteigenschaften übertragbar sind. Es wird auch die oft hochgradige Vernetzung zwischen den verschiedenen Gesichtspunkten verdeutlicht.

Die Kapitel 2 bis 13 besitzen alle dieselbe Struktur. Sie beginnen jeweils mit einem einführenden Beispiel, welche die Thematik und die damit verbundenen Herausforderungen für die Produktentwicklung anschaulich charakterisieren. Es folgen Grundlagen zum jeweiligen Themenbereich, zum Beispiel in Form von Definitionen wichtiger Begriffe. In den daran anschließenden Unterkapiteln wird auf vier bis fünf konkrete Themen eingegangen. Diese sind als handlungsorientierte Fragen formuliert, beispielsweise „Wie lässt sich ein Überblick über das Lösungsfeld gewinnen?“ Zum einen wird hier die Problemstellung charakterisiert, zum anderen werden geeignete Unterstützungsmöglichkeiten in Form von Vorgehensweisen, Methoden, Gestaltungsrichtlinien, Werkzeugen oder Checklisten aufgezeigt. Abschließend folgen ein bis zwei Praxisbeispiele, in denen noch einmal zusammengefasst einige der behandelten Aspekte verdeutlicht werden.

Kapitel 13 schließt das Buch mit zusammenfassenden Überlegungen ab. Der Anhang enthält neben einem Glossar und Sachverzeichnis eine Sammlung an Checklisten und weiteren Hilfsmitteln, die zum operativen Einsatz im Rahmen von Entwicklungsprozessen gedacht sind.

Wichtige Begriffe und Methoden, die im Glossar erläutert sind, wurden aus Gründen der Übersicht im Hauptteil des Buchs fett markiert, beispielsweise **Funktion** oder **Umsatzorientierte Funktionsmodellierung**. Die Stellen im Hauptteil des Buchs, an denen auf die Inhalte der Checklisten im Anhang verwiesen wird, sind mit einem Symbol gekennzeichnet, beispielsweise **Checkliste mit Gestaltparametern**. Auf diese Weise wird der Leser dieses Buchs darauf hingewiesen, dass zu der jeweiligen Thematik Checklisten und sonstige Hilfsmittel der Unterstützung existieren.

# 1 Produktentwicklung und Konstruktion

**Produktentwicklung** bezeichnet sowohl eine Organisationseinheit als auch einen Prozess im Unternehmen. Entwickler generieren darin als Individuen oder in Teams Konzepte und Entwürfe für innovative Produkte. Da die Komplexität von Produkten und Prozessen stetig zunimmt, sind hierfür geeignete Methoden und Werkzeuge notwendig. Schon diese kurze Beschreibung lässt erkennen, dass die Produktentwicklung eine Vielzahl an Themen umfasst. Im Folgenden werden einige wesentliche Aspekte diskutiert, die hier von Bedeutung sind.

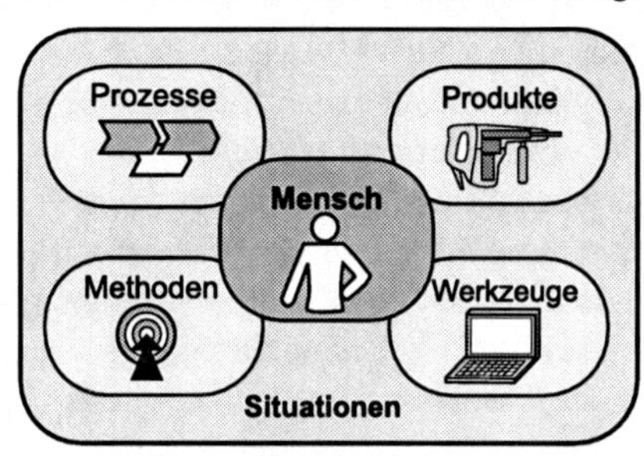


**Abb. 1-1.** Wesentliche Aspekte der Produktentwicklung

Die **Situationen** in der Produktentwicklung sind vielfältig und komplex. Sie werden beeinflusst durch zahlreiche Faktoren, zum Beispiel Zeit, Kosten und Qualität. Die Einflussfaktoren stammen aus unterschiedlichen Bereichen, unter anderem der zu lösenden Entwicklungsaufgabe, der Organisation, innerhalb welcher sich Produktentwickler bewegen und der zur Verfügung stehenden Rechnerlandschaft. Die Einflussfaktoren auf die Entwicklungssituation besitzen dabei nicht alle denselben Stellenwert, es existieren kurz-, mittel- und langfristige Aspekte. Ein Beispiel für einen kurzfristigen Aspekt ist, wenn ein Teamkollege plötzlich krank wird und an einer wichtigen Sitzung nicht teilnehmen kann. Ein langfristiger Einflussfaktor auf die Situation des Entwicklers ist die Unternehmensphilosophie und -strategie. Erschwerend kommt die Dynamik hinzu, in welcher sich Situationen ändern. Daher ist es die Aufgabe des Entwicklers, sich mit der Situation auseinandersetzen und mit angepassten Handlungen darauf zu reagieren.

Erfolgreiche **Produkte** sind eine wichtige Voraussetzung für eine prosperierende Wirtschaft. Wichtig für den Erfolg eines Produktes ist es, dass es die Anforderungen und Bedürfnisse der Kunden erfüllt, so dass diese bereit sind, es zu kaufen. Kunden stellen vielfältige Anforderungen, unter anderem hinsichtlich Funktion, Kosten, Design, Ergonomie und Nachhaltigkeit des Produktes. Neben einem ausreichend großen Absatzmarkt für die angebotenen Produkte ist es für den Unternehmenserfolg auch von Bedeutung, dass die Leistungserbringung wirtschaftlich erfolgt. Die Anforderungen an die erstellten Produkte sind unterschiedlich, je nachdem, ob es sich um Konsumgüter oder Investitionsgüter handelt. Sie hängen zudem stark von den Branchen und Absatzmärkten ab, für welche die Produkte entwickelt werden. Der Charakter der Produkte des Maschinenbaus hat sich von Gebilden mit einem hohen Anteil an mechanischen Komponenten hin zu mechatronischen Produkten gewandelt. Trends wie die Integration von mechanischen, elektronischen und softwaretechnischen Anteilen sowie die zunehmende Miniaturisierung führen dabei zu einer erhöhten Produktkomplexität. Auch sind heutzutage nicht mehr alleine reine Sachprodukte von Bedeutung, sondern es werden auch verstärkt zugehörige Dienstleistungen betrachtet, so dass Produkte als Leistungsbündel zu verstehen sind.

Zur Entwicklung von Produkten sind **Prozesse** notwendig, die die Abläufe der Entwicklungsarbeit und das Vorgehen der involvierten Individuen und **Teams** regeln. Dabei ist der gesamte Produktlebenszyklus zu betrachten, der sich von der ersten Idee für ein Produkt bis hin zu dessen Recycling erstreckt. Prozesse der Produktentwicklung sind geprägt durch Iterationen, was eine Strukturierung und Planung erschwert. Eine große Herausforderung ist die Verkürzung der Entwicklungsdauer, die neue Strategien und Methoden des Prozessmanagements erfordert. Um effektive und effiziente Abläufe zu erreichen, ist es wichtig, auf bewährte Vorgehensweisen zurückzugreifen. Diese sind allerdings nicht im Sinne von starren Plänen anzuwenden, sondern müssen an die Situation angepasst werden.

Trotz zunehmendem Rechnereinsatz spielen Menschen in der Produktentwicklung immer noch die zentrale Rolle. Die Eigenschaften der involvierten Personen, die Erfahrung und das Wissen, sowohl in fachlicher als auch methodischer Hinsicht, ebenso wie die sozialen Kompetenzen, bestimmen den Erfolg eines Entwicklungsprojektes. Kreativität ist eine wichtige Voraussetzung, um innovative Lösungen zu anspruchsvollen Problemen zu erarbeiten. Teamarbeit und eine funktionierende Kommunikation zwischen den Beteiligten im Prozess nehmen angesichts einer globalisierten Welt und einer zunehmenden Vernetzung auf allen Ebenen an Bedeutung zu. Auch müssen sich die Handelnden der Grenzen des menschlichen Gehirns bewusst sein. Fehler und Schwächen werden niemals komplett auszuschalten sein. Hier kommt es vielmehr auf einen sinnvollen Umgang damit an.

Zur Unterstützung des Entwicklungsprozesses werden **Methoden** eingesetzt. Diese stellen regelbasierte, planmäßige Vorgehensweisen dar und bieten Vorschläge für die Abfolge und Ausführung von Tätigkeiten. Zur Gewährleistung des Erfolgs eines Methodeneinsatzes müssen in Abhängigkeit der Situation geeignete Methoden ausgewählt werden. Außerdem ist in der Regel eine Anpassung der Methoden an die vorliegenden Rahmenbedingungen erforderlich.

Aufgrund der hohen Komplexität realer oder geplanter Produkte werden mithilfe der Systembetrachtung **Modelle** entwickelt und eingesetzt. Produktmodelle stellen formale Abbilder realer Produkteigenschaften dar. Sie entstehen zum Beispiel zum Zwecke der Analyse durch Abstraktion eines komplexen Sachverhalts und trennen das für die jeweilige Aufgabe Wesentliche vom Unwesentlichen. Aber auch im Rahmen der Synthese entstehen Produktmodelle.

Zur Unterstützung der Anwendung von Methoden und der Erzeugung von Produktmodellen stehen **Werkzeuge** zur Verfügung. Diese können sehr einfach oder höchst komplex sein. Beispiele für einfache Werkzeuge sind Formblätter und Checklisten. Beispiele für komplexe Werkzeuge sind Rechnerprogramme für die numerische Simulation. Oftmals wird erst durch die Verfügbarkeit gewisser Werkzeuge der Erfolg einer Methodenanwendung garantiert. Dabei muss aber auch berücksichtigt werden, dass der Einsatz von Werkzeugen mit Aufwand verbunden ist, weswegen dieser immer gegenüber dem erzielbaren Nutzen abgewogen werden muss.

Schließlich spielen die Faktoren **Information** und **Wissen** eine große Rolle. Im Entwicklungsprozess werden aus Informationen zu den Anforderungen und Bedürfnissen der Kunden Informationen zur Gestalt und Herstellung des Produktes erzeugt. Es handelt sich in der Produktentwicklung also um einen Prozess der Informationsverarbeitung beziehungsweise um einen wissensintensiven Prozess. Das notwendige Wissen liegt auch nicht immer explizit vor, sondern ist implizit in den Köpfen der Entwickler verborgen. Zudem sind die verfügbaren Informationen gerade in frühen Phasen der Produktentwicklung vage und unsicher. Durch einzelne Arbeitsschritte der Analyse, Synthese und Bewertung wird der Wissensstand konkretisiert und detailliert. Hier kommt einem funktionierenden Informations- und Wissensmanagement eine hohe Bedeutung zu.

## 1.1 Entwicklungssituationen

**Entwicklungssituationen** sind vielfältig, dynamisch und komplex [Ponn 2007]. Im Folgenden wird das Spektrum an Entwicklungssituationen anhand ausgewählter Merkmale von Relevanz und deren möglichen Ausprägungen diskutiert.

| Merkmal | Mögliche Ausprägungen | | |
|---|---|---|---|
| Produktart | Rein mechanisch | Elektro-mechanisch | Mechatronisch |
| | Sachprodukt | Dienstleistung | Leistungsbündel |
| Absatzmarkt | Privater Konsumbereich | Bereiche des öffentlichen Lebens | Industrielle Anwendungen |
| Kunde | Endverbraucher | Unternehmen - OEM | Unternehmen - Systemhersteller |
| Fertigungsart | Einzelfertigung | Serienfertigung | Massenfertigung |
| | kundenanonyme Fertigung | kundenspezifische Fertigung | Mass Customization |
| Komplexität | Niedrig (Bauteil, Baugruppe) | Mittel (Maschine) | Hoch (Anlage) |
| Art der Entwicklungsaufgabe | Keine Vorgabe (Neuentwicklung) | Prinzip (Anpassentwicklung) | Entwurf (Variantenentwicklung) |
| Art der Hauptzielsetzung | Funktion | Kosten | Gewicht |
| | Fertigung | Lieferzeit | etc. |

**Abb. 1-2.** Systematik der Merkmale von Entwicklungssituationen (beispielhaft)

Im Bereich des Maschinenbaus, der hier primär betrachtet wird, existiert ein breites Spektrum hinsichtlich der Produktart. Entwickler haben es nicht mehr lediglich mit rein mechanischen, sondern zunehmend mit **mechatronischen** Produkten zu tun [Isermann 1999, Bender et al. 2005, Gausemeier et al. 2006a]. Hier wirken Elemente des Maschinenbaus, der Elektrotechnik/Elektronik sowie der Informationstechnik intelligent zusammen. Der Trend zur Integration und Miniaturisierung führt zu einer zunehmenden Produktkomplexität. Darüber hinaus sind heutzutage nicht mehr alleine Sachprodukte zu betrachten, sondern vielmehr Leistungsbündel, die aus Sachprodukten und zugehörigen Dienstleistungen bestehen.

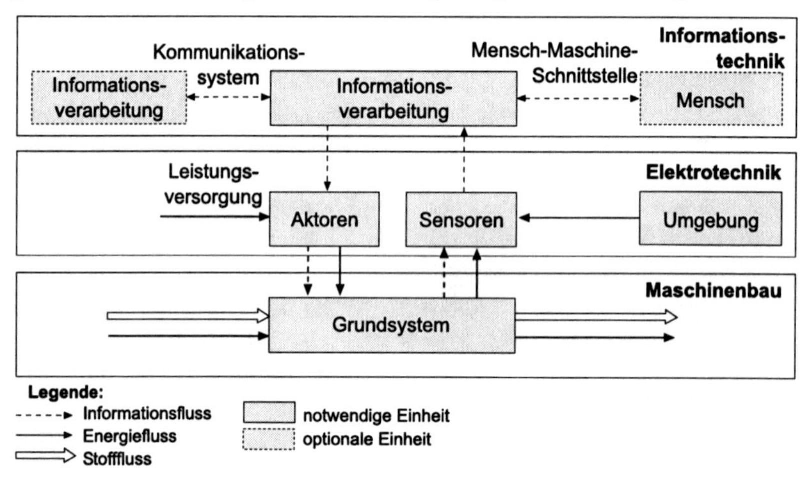


**Abb. 1-3.** Grundstruktur eines mechatronischen Systems [nach VDI 2206]

Die Absatzmärkte, für welche die Produkte entwickelt werden, sind sehr unterschiedlich. Kunden sind sowohl im privaten Konsumbereich als auch in diversen Branchen und Bereichen des öffentlichen Lebens zu finden. Die Anforderungen an Produkte sind außerdem andere, wenn es sich nicht um Konsumgüter, sondern um Investitionsgüter handelt, die in unterschiedlichen industriellen Bereichen eingesetzt werden. In Bezug auf die Absatzmärkte gilt es außerdem regionale Besonderheiten zu berücksichtigen. Unterschiedliche Kulturen, Bräuche, anthropometrische Charakteristika, Sprachen, Gesetze oder klimatische Bedingungen haben auch Einfluss auf die Gestaltung von Produkten.

In der gesamten Supply Chain treten vielfältige Kunden- und Lieferantenbeziehungen auf. Kunde kann der Endverbraucher sein, also beispielsweise eine Privatperson, die ein Automobil kauft. Der Automobilkonzern als Endprodukthersteller (OEM oder Original Equipment Manufacturer) ist wiederum Kunde für Systemhersteller, also zum Beispiel Unternehmen, die Automobilsitze, Klimageräte, Getriebe oder Abgasanlagen entwickeln und produzieren. Der Systemhersteller seinerseits ist Kunde von Subsystem- oder Komponentenherstellern, von denen er Elektromotoren, Getriebe, Wälzlager, Dichtungen oder Schrauben bezieht. Unabhängig von der Rolle in der Supply Chain macht es auf Kundenseite einen Unterschied, ob es sich um Entscheider, Beschaffer oder Benutzer des Produktes handelt. Jede Rolle oder Funktion innerhalb der Prozesskette hat unterschiedliche Sichten auf Produkte und benötigt andere Arten an Produktinformation. **Kunden** haben Bedürfnisse und Wünsche, die in die Entwicklung der Produkte mit einzubeziehen sind. Daher ist die Kenntnis der Rolle des Kunden im Prozess wichtig. Die Kommunikation mit dem Kunden kann sich mitunter sehr schwierig gestalten, da Kunden in der Regel eine andere „Sprache" sprechen. Kunden denken primär in Anforderungen und Anwendungen (Problemsicht), Entwickler und Konstrukteure dahingegen oft in Komponenten und Spezifikationen (Lösungssicht).

Einen weiteren Einfluss auf die Situation des Produktentwicklers hat die Fertigungsart des Produktes. Hier kann nach kundenanonymer und kundenspezifischer Fertigung unterschieden werden, aber auch nach Einzelfertigung, Serienfertigung und Massenfertigung oder hinsichtlich der zu realisierenden Stückzahl. Beispiele für Sondermaschinen nach individueller Kundenspezifikation können Montageanlagen, Flugzeuge oder Werkzeugmaschinen sein. Kundenanonym gefertigte Massenprodukte sind zum Beispiel Schrauben, Dübel oder Wälzlager. Je nachdem ob das Produkt für die Einzel-, Serien- oder Massenfertigung vorgesehen ist, spielen unterschiedliche Aspekte für die Produktgestaltung eine Rolle. Bei hoher Stückzahl können scheinbar nebensächliche Details schnell zu enormen Kostendifferenzen führen. Neue Trends, wie beispielsweise Mass Customization oder „kundenindividuelle Massenproduktion" [Lindemann et al. 2006], verfolgen das Ziel, Kunden individuell maßgeschneiderte Produkte zur Verfügung zu stellen und diese unter vergleichbaren Konditionen wie in der Massenfertigung zu realisieren, was Kosten und Entwicklungs- beziehungsweise Lieferzeiten anbelangt.

Die Art und Ausprägung der **Komplexität** von Produkten kann sehr unterschiedlich sein. Produkte wie Flugzeuge und Kraftwerke zeichnen sich durch eine hohe Zahl an Bauteilen und Baugruppen aus und sind aufgrund der Vernetzung und der daraus resultierenden zahlreichen Schnittstellen sehr komplex. Aber auch scheinbar einfache Produkte, wie zum Beispiel PVC-Einkaufstaschen, können eine hohe Komplexität besitzen, die sich hier jedoch in den Prozessen der Auslegung (Minimierung der Herstellkosten bei hoher Haltbarkeit), Herstellung (Blasfolienextrusion) oder Distribution (Verteilung an Supermärkte) verbirgt.

Ein weiteres Merkmal der Situation des Entwicklers ist die Art der **Entwicklungsaufgabe**. Eine in der Literatur übliche Unterscheidung des Neuheitsgrads der Entwicklung ist die Differenzierung nach Neuentwicklung, Anpassentwicklung und Variantenentwicklung [Pahl et al. 2005, Ehrlenspiel 2007]. Diese Entwicklungsaufgaben können aber auch alle im selben **Projekt** auftreten. Bei der Weiterentwicklung oder Modellüberarbeitung eines bestehenden Produktes, beispielsweise einer Bohrmaschine, kann es vorkommen, dass gewisse Umfänge neu entwickelt werden (Vibrationsdämpfung), andere aber vom Vorgängerprodukt übernommen werden können und lediglich an neue Rahmenbedingungen anzupassen sind (Elektromotor). Bei einer Neuentwicklung ist es oft der Fall, dass neue oder andere Technologien zum Einsatz kommen (zum Beispiel Wasserstoffantrieb statt Verbrennungsmotor im Automobil). Außerdem sind im Rahmen einer Neuentwicklung häufig Überlegungen hinsichtlich der Systemarchitektur notwendig (beispielsweise bei der Entwicklung eines Hybridantriebs fürs Automobil).

## 1.2 Technische Produkte

Das Spektrum an **technischen Produkten** ist groß. Je nach Produktbereich und Branche existieren spezielle Anforderungen und Rahmenbedingungen, auf die der Entwickler besonders zu achten hat, und welche zu Unterschieden in der Entwicklungssituation führen. So macht es beispielsweise einen Unterschied, ob es sich um ein Konsum- oder Investitionsgut handelt. Auch sind bei der Entwicklung von Haushaltsgeräten teilweise deutlich andere Aspekte relevant als bei der Entwicklung von Produktionsanlagen. Im Folgenden wird auf ausgewählte Produktbereiche und auf einige ihrer speziellen Merkmale eingegangen.

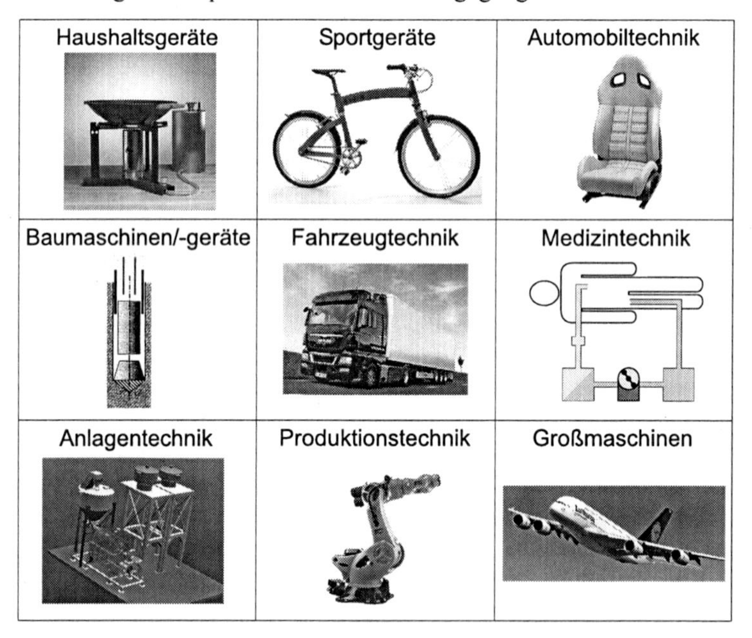


**Abb. 1-4.** Spektrum betrachteter technischer Produkte

Einen für den Privatkonsum relevanten Produktbereich stellen Haushaltsgeräte wie beispielsweise Pflanzenölkocher, Zitruspressen oder Staubsauger dar. Neben allgemeinen Anforderungen an die Funktionalität und Sicherheit dieser Produkte dient hier das Design als Differenzierungsmerkmal, welches dazu beiträgt, einen Markenwert zu erzeugen und den Absatz zu garantieren. Da bei diesen überwiegend massengefertigten Erzeugnissen außerdem Stückzahleneffekte angestrebt werden, steht oft auch das Thema der Kostenoptimierung im Vordergrund.

Sportgeräte wie Fahrräder, Schlittschuhe oder Tourenskibindungen besitzen wiederum ganz eigene Anforderungen. Neben anderen Aspekten spielen hier die Faktoren Ergonomie, Mobilität, Sicherheit aber auch Gewicht eine wichtige Rolle.

In der Automobiltechnik – damit ist hier der private Sektor gemeint – spielen unter anderem die Themen Preis, Leistung, Verbrauch und Komfort eine Rolle.

Betrachtet man einzelne Kundensegmente, werden die Anforderungen differenzierter. Die Kunden im Premiumbereich haben andere Bedürfnisse als die Kunden in der Kompaktklasse. Hier gilt es in der Entwicklung vor allem die Vielfalt zu beherrschen, die sowohl auf Ebene der Automodelle als auch auf den untergeordneten Ebenen der Baugruppen und Bauteile (Motor, Antriebsstrang, Innenraum und so weiter) zu beobachten ist.

Einen Produktbereich in der Kategorie der Investitionsgüter stellen Maschinen und Geräte für Profianwender am Bau dar, zum Beispiel Bohrmaschinen, Betonmischer oder Meißelhämmer. Hier ist von hoher Bedeutung, dass die Geräte ihre Funktion mit hoher Sicherheit und Zuverlässigkeit erfüllen. Die Themen der Lebensdauer und Robustheit gegenüber Störeinflüssen am Bau (Staub, Wasser, Schmutz) stellen eine Herausforderung für die Entwicklung dar. Entwickler haben zu berücksichtigen, dass die Geräte auch bei Missbrauch durch den Benutzer zum einen weiterhin ihre Funktion erfüllen müssen, zum anderen keine Gefahr für Menschen und die Umwelt darstellen dürfen.

Ein weiterer Produktbereich ist die Fahrzeugtechnik, hier stehen Nutzfahrzeuge im Fokus. Beispiele für Projekte in diesem Bereich sind die Entwicklung eines Gangschaltungs-Simulators für LKWs oder eines Pneumatikventils für Schienenfahrzeuge. Themen von Relevanz für den Entwickler sind unter anderem Zuverlässigkeit, Sicherheit, Lebensdauer, Gewicht und Variantenmanagement.

Die klinikorientierte Medizintechnik verlangt von den hier eingesetzten Produkten eine hohe Zuverlässigkeit, da durch Fehlfunktionen Menschenleben gefährdet werden können. Eine Herausforderung für die Entwicklung stellt die Tatsache dar, dass eine funktionierende Kommunikation zwischen den involvierten Disziplinen (Mediziner als Kunden, Ingenieure als Lieferanten von Produktlösungen) vonnöten ist. Hier sind aufgrund der unterschiedlichen Begriffswelten und Denkweisen gewisse Barrieren zu überwinden.

Entwicklungsprojekte in der Anlagentechnik sind vor allem durch die hohe Produktkomplexität geprägt. Beispiele für Produkte aus diesem Bereich sind PET-Flake-Waschanlagen oder Kraftwerke auf Basis von Gas- und Dampfturbinen. Ein Thema von Bedeutung ist angesichts der langen Betriebsdauer der Anlagen unter anderem die Gewährleistung von Nachhaltigkeit. Beispielsweise werden geeignete Konzepte für die Wartung, Instandhaltung und Modernisierung der Gesamtanlage oder von Teilsystemen benötigt.

Produktbeispiele aus dem Bereich Produktionstechnik sind Industrieroboter oder Werkzeugmaschinen. Hier sind die Optimierung von Leistungsparametern, die Minderung von Störfaktoren wie Vibrationen oder Lärm und das Thema der Sicherheit von hoher Bedeutung. Eine weitere Anforderung ist die Flexibilität, mit der die Maschine oder Anlage an neue Rahmenbedingungen (zu fertigende oder montierende Produkte, Losgrößen und so weiter) angepasst werden muss.

Schließlich werden auch Großmaschinen wie Flugzeuge, Containerschiffe oder Hochgeschwindigkeitszüge betrachtet. Bei diesen spielt ebenfalls die zu bewältigende Komplexität aufgrund der hohen Anzahl an Baugruppen und Bauteilen sowie deren Vernetzung eine Rolle.

## 1.3 Prozesse und Vorgehensmodelle

Ziel der Produktentwicklung ist es, produzierbare und funktionsfähige Produkte zu generieren. Dafür sind unterschiedlichste **Entwicklungsprozesse** notwendig. Die **Konstruktion** als wichtiger Teilbereich befasst sich dabei mit der Konzipierung und Gestaltung von Produkten. Sie grenzt sich zu anderen Bereichen der Produktentwicklung ab, zum Beispiel der Berechnung, der Simulation, dem Prototypenbau und dem Versuch [Ehrlenspiel 2007]. Diese Prozesse können je nach Entwicklungssituation unterschiedlich ausgeprägt sein. Die Änderung bestehender Produkte aufgrund neuer gesetzlicher Vorschriften verlangt somit andere Prozesse als die Entwicklung neuer Produkte für die Erschließung zusätzlicher Märkte.

In **Vorgehensmodellen** der Produktentwicklung werden wichtige Elemente einer Handlungsfolge abgebildet, die als Hilfsmittel zum Planen und Kontrollieren von Prozessen dienen können. Der Anwender erkennt, an welcher Stelle er sich in einem solchen Prozess befindet und welche Schritte als Nächstes zu bearbeiten sind. Auch kann der Entwickler über sein eigenes Vorgehen anhand eines Vorgehensmodells reflektieren und seine Handlungen damit kontrollieren.

Das Vorgehensmodell der Produktentstehung [nach Gausemeier et al. 2006b] zeigt die Produktentwicklung als einen von drei Zyklen, die miteinander in Interaktion stehen. Vorgelagert ist der Zyklus der Strategischen Produktplanung, in welchem Erfolgspotenziale der Zukunft, Produkt- und Geschäftsideen entwickelt und geplant werden. In der eigentlichen Produktentwicklung werden Produkte konzipiert, entworfen und ausgearbeitet. Diesem Zyklus nachgelagert ist die Entwicklung des Produktionssystems, die den Fokus auf die notwendigen Abläufe, Arbeitsmittel, Logistik und Arbeitsstätten für die Herstellung des Produktes legt.

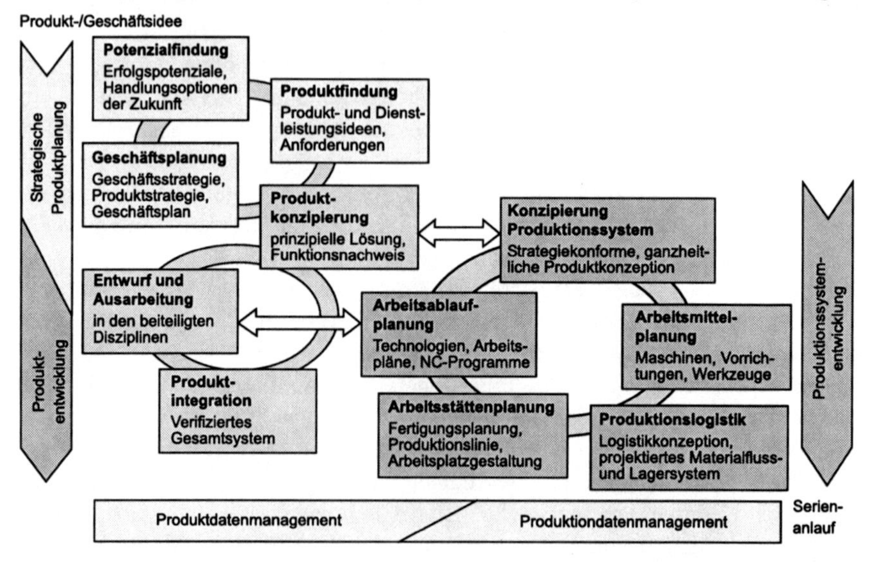


**Abb. 1-5.** Produktentstehung als Netzwerk verschiedener Zyklen [nach Gausemeier et al. 2006b]

Die Produktentwicklung ist also ein zyklischer Vorgang, der mit anderen Zyklen eng verknüpft ist, beispielsweise Zyklen des Marktes, Zyklen der Organisation und Zyklen des Produktes. Der **Produktlebenszyklus** erstreckt sich von der ersten Idee für ein Produkt bis zu dessen Recycling. In Abhängigkeit der Entwicklungssituation sind auch vor- und nachgelagerte Bereiche in die Betrachtung mit einzubeziehen. Vorgelagert ist zum Beispiel die Entwicklung von Grundlagenwissen und Basistechnologien, nachgelagert die Wiederverwertung von Materialien.

Das vorgestellte Modell der Produktentstehung gibt den Prozess der Entwicklung und Konstruktion nur sehr grob wieder. Im Folgenden wird der Prozess etwas detaillierter anhand ausgewählter Vorgehensmodelle beschrieben. Die nächsten drei Vorgehensmodelle sind jeweils unterschiedlich bezüglich ihrer Inhalte und Darstellung, da sie verschiedene Aspekte des Prozesses fokussieren, die alle für den Entwickler von Bedeutung sind.

In der VDI-Richtlinie 2221 [VDI 2221] wird das generelle Vorgehen beim Entwickeln und Konstruieren ausgehend von der Entwicklungsaufgabe bis hin zum Abschluss der Konstruktion in sieben einzelne Schritte unterteilt. Der Fokus liegt hierbei auf den Ergebnisdokumenten, die aus den einzelnen Schritten als Arbeitsergebnisse hervorgehen. Diese Ergebnisdokumente (beispielsweise die Anforderungsliste, die Funktionsstruktur und die prinzipielle Lösung) stellen Repräsentationen beziehungsweise Partialmodelle des Produktes mit zunehmendem Detaillierungs- und Konkretisierungsgrad dar. Die Darstellung des Vorgehensmodells vermittelt einen stark sequenziellen Charakter, obwohl die Notwendigkeit von Rücksprüngen im Sinne von Iterationen ebenfalls betont wird.

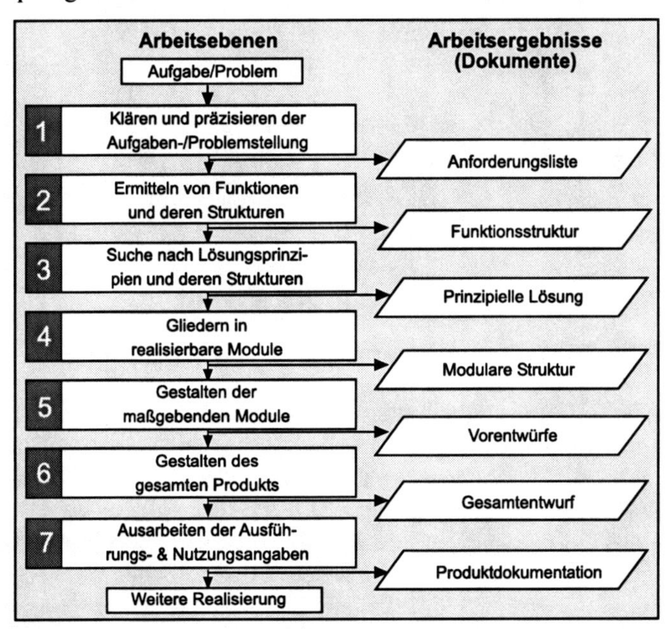


**Abb. 1-6.** Vorgehen beim Entwickeln und Konstruieren [nach VDI 2221]

Das ursprünglich aus der Softwareentwicklung stammende V-Modell in der Erweiterung nach VDI-Richtlinie 2206 [VDI 2206] beschreibt das generische Vorgehen beim Entwurf mechatronischer Systeme, das fallweise auszuprägen ist. Ausgangspunkt bildet wie in VDI-Richtlinie 2221 ein konkreter Entwicklungsauftrag. Es folgen die Schritte „Systementwurf", „domänenspezifischer Entwurf" und „Systemintegration". Ziel des Systementwurfs ist die Festlegung eines domänenübergreifenden Lösungskonzeptes, das die wesentlichen physikalischen und logischen Wirkungsweisen des zukünftigen Produktes beschreibt. Auf der Basis dieses gemeinsam entwickelten Lösungskonzeptes erfolgt die weitere Konkretisierung meist getrennt in den beteiligten Domänen (Maschinenbau, Elektrotechnik, Informationstechnik). Die Ergebnisse aus den einzelnen Domänen werden anschließend zu einem Gesamtsystem integriert, um das Zusammenwirken untersuchen und eine Eigenschaftsabsicherung betreiben zu können. Ein komplexes mechatronisches Produkt entsteht in der Regel nicht innerhalb eines Makrozyklus. Vielmehr sind auch hier mehrere Durchläufe erforderlich (grafisch als ineinander verschachtelte „V's" dargestellt), in denen die Produktreife zunimmt.

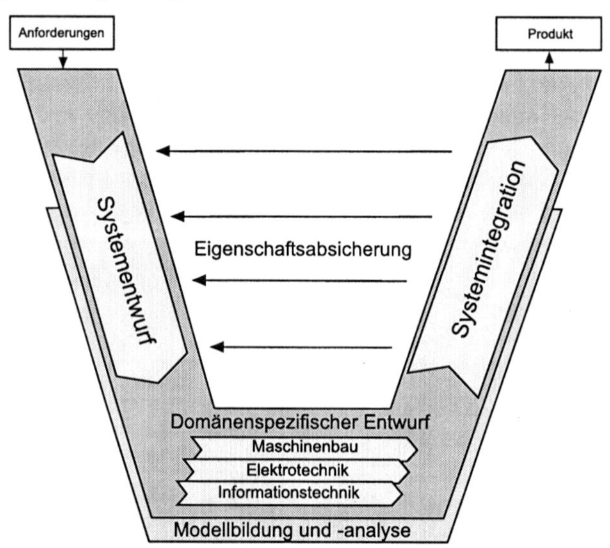


**Abb. 1-7.** V-Modell für den Entwurf mechatronischer Systeme [VDI 2206]

Eine weitere Sicht auf die Produktentwicklung ist die Auffassung als Prozess der Problemlösung. Diese Sicht wird beispielsweise durch das **Münchener Vorgehensmodell (MVM)** [Lindemann 2007] abgebildet. Das Modell enthält sieben Elemente: „Ziel planen", „Ziel analysieren", „Problem strukturieren", „Lösungsideen ermitteln", „Eigenschaften ermitteln", „Entscheidungen herbeiführen" und „Zielerreichung absichern". Die grafische Darstellung des Vorgehensmodells wurde in Form eines Netzwerks realisiert. Dadurch unterscheidet es sich von bestehenden Vorgehensmodellen zur Problemlösung. Diese Darstellung kommt realen Prozessen mit ihrem sprunghaften Verlauf näher als lineare Darstellungen mit einem Verweis auf erlaubte Rücksprünge. In der Anwendung des Modells sind die einzelnen Elemente nicht immer klar voneinander abgrenzbar. Daher erfolgt die Darstellung der Elemente des Modells mithilfe sich überschneidender Kreise.

Das Münchener Vorgehensmodell dient als Hilfsmittel zur Unterstützung der Lösung von **Problemen** im Rahmen von Entwicklungsprozessen. Es kann dabei der Entwicklungsprozess gesamthaft oder im Detail betrachtet werden. Die Wichtigkeit der umfassenden Beschäftigung mit der Problemstellung und der damit verbundenen Vorbereitung der Lösungssuche wird mit den drei Elementen „Ziel planen", „Ziel analysieren" und „Problem strukturieren" betont. Ferner finden die Konsequenzen von Entscheidungen im Element „Zielerreichung absichern" Berücksichtigung. Der Netzwerkcharakter des Modells führt zu einer großen Flexibilität hinsichtlich der Anwendung, wodurch eine situationsgerechte Unterstützung von Entwicklungsprozessen ermöglicht werden soll.

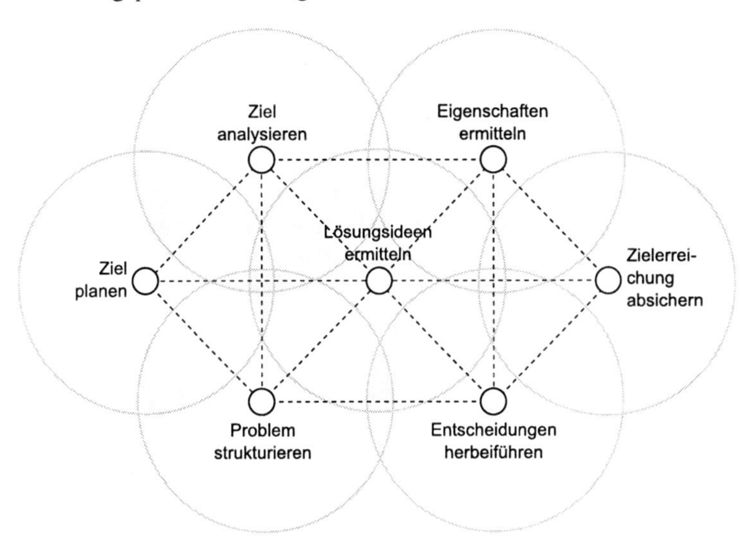


**Abb. 1-8.** Das Münchener Vorgehensmodell (MVM) [Lindemann 2007]

Vorgehensmodelle sind, wie alle Modelle, zweckorientierte und informationsreduzierte Abbilder der Realität. Dadurch kann es unter Umständen geschehen, dass wichtige Punkte ausgeblendet werden und als Einflussparameter bei der Anwendung des Modells nicht mehr zur Verfügung stehen. Bei der Verwendung von Modellen ist daher immer eine kritische Betrachtung notwendig. Eine unreflektierte kann bei Vorgehensmodellen zu Fehlern führen. In der Praxis trifft man auf Situationen, in denen ein stringentes Vorgehen nach einem Vorgehensmodell äußerst wertvoll und auch notwendig ist. Genauso sind jedoch Situationen erkennbar, in denen dieses stringente Vorgehen keine unterstützende Wirkung zeigt. Ausgehend von einer sinnvollen Analyse ist es oft möglich, ein Vorgehensmodell an die Situation anzupassen.

## 1.4 Methoden, Produktmodelle und Werkzeuge

Neben Vorgehensmodellen stellen **Methoden** für die Unterstützung von Entwicklungsprozessen ein wichtiges Hilfsmittel dar. Der Begriff Methode kennzeichnet die Beschreibung eines regelbasierten und planmäßigen Vorgehens, nach dessen Vorgabe bestimmte Tätigkeiten auszuführen sind, um ein gewisses Ziel zu erreichen [Lindemann 2007]. Methoden sind präskriptiv, also als eine Vorschrift zu verstehen. Sie sind zielorientiert und damit auf die Lösung eines Problems oder einer Aufgabenstellung fokussiert. Methoden bieten Vorschläge für die Abfolge bestimmter Tätigkeiten an und die Art und Weise, in der diese Tätigkeiten durchzuführen sind. Sie besitzen einen stark operativen Charakter. Oftmals stellen Methoden einen Formalismus dar, der festlegt, wie Schritte durchzuführen beziehungsweise Arbeitsergebnisse zu dokumentieren sind.

Je nach durchzuführender Aktivität existieren unterschiedliche Arbeitsmethoden. Zur Analyse und Strukturierung von technischen Systemen und Problemen bieten sich beispielsweise ein Wirkungsnetz oder eine Einflussmatrix an. Für die Lösungssuche ist der Einsatz **intuitiver** Methoden (zum Beispiel Brainstorming) oder **diskursiver** Methoden (beispielsweise Systematische Variation) denkbar. Zur Eigenschaftsermittlung werden in der Praxis verschiedenste Methoden der Berechnung und Simulation sowie des Versuchs angewandt, für die es oftmals geschulte Experten und spezielle Rechnerwerkzeuge bedarf. Schließlich existieren für die Bewertung von Lösungen sowohl einfache (Vorteil-Nachteil-Vergleich) als auch differenzierende Methoden (Nutzwertanalyse).

Für den erfolgreichen Methodeneinsatz sind mehrere Überlegungen notwendig [Braun 2005]. Zunächst ist zu klären, ob in einer spezifischen Entwicklungssituation überhaupt Bedarf nach einer Methodenanwendung besteht. Erscheint ein Methodeneinsatz sinnvoll, so ist eine adäquate Methode auszuwählen. Hierbei gilt es abzuklären, ob die vorliegende Aufgabenstellung von der zur Auswahl stehenden Methode unterstützt wird und ob die mit der Methode erzielbare Wirkung mit den angestrebten Ergebnissen übereinstimmen. Zumeist lassen sich Methoden nicht unverändert auf unterschiedliche Einsatzsituationen übertragen. Aus diesem Grund sind Methoden an die individuelle Einsatzsituation anzupassen. Die Anwendung der Methode umfasst die Bearbeitung der Aufgabenstellung mithilfe der Methode. Der Transfer von Methoden in andere Bereiche, beispielsweise aus dem Maschinenbau in die Hochbauplanung [Erdell 2006], verspricht Potenziale, bringt aber auch große Herausforderungen mit sich.

Das Ergebnis einer Methodenanwendung ist oftmals ein **Produktmodell**. Als Produktmodell wird die Spezifikation von Produktinformationen in Form technischer Dokumente oder sonstiger Produktrepräsentationen verstanden, die im Laufe des Entwicklungsprozesses als (Zwischen-)Ergebnisse entstehen. Produktmodelle stellen damit formale Abbilder realer oder geplanter Produkteigenschaften dar [Grabowski et al. 1993]. Sie sind aufgabenspezifisch und zweckorientiert, das heißt sie trennen das für die jeweilige Aufgabe Wesentliche vom Unwesentlichen. Produktmodelle werden beispielsweise für folgende Zwecke eingesetzt:

- Zur Erfassung, Strukturierung und Dokumentation von gewünschten Systemmerkmalen (Zielmodell)
- Zur Generierung eines besseren Problem- oder Systemverständnisses in Bezug auf existierende oder zu entwickelnde Systeme, zur Darstellung von Schwachstellen und Optimierungspotenzialen (Problemmodell)
- Zur Spezifikation der Struktur sowie der geometrischen und stofflichen Beschaffenheit eines zu entwickelnden Produktes (Entwicklungsmodell)
- Zur Erfassung und Analyse wesentlicher Eigenschaften eines Produktes, die für eine Bewertung hinsichtlich der Produktqualität und Anforderungserfüllung relevant sind (Verifikationsmodell)

**Abb. 1-9.** Arten von Modellen im Entwicklungsprozess [Lindemann 2007]

Produktmodelle können im Gedächtnis des Entwicklers existieren, beispielsweise als **Problemmodell**, das die individuelle, subjektive Sicht auf ein Problem darstellt [Gramann 2004]. Externe Produktmodelle wiederum können von mehreren Individuen wahrgenommen werden und dienen der Kommunikation zwischen den Beteiligten im Prozess, zum Beispiel den Projektverantwortlichen aus den Bereichen Konstruktion, Versuch, Simulation und Marketing. Die folgende Aufzählung zeigt beispielhaft verschiedene Arten externer Produktmodelle, die im Rahmen von Entwicklungsprozessen eine Rolle spielen:

- Funktionsmodelle und -strukturen im Sinne von grafischen/symbolischen Darstellungen, welche die Elemente eines Systems (Bauteile, Funktionen) und die Relationen zwischen den Elementen enthalten (zum Beispiel Umsatzorientiertes Funktionsmodell, Relationsorientiertes Funktionsmodell)
- Modelle von prinzipiellen Lösungskonzepten oder zur Darstellung des Produktdesigns in Form von Handskizzen
- Detaillierte digitale Geometriemodelle in 2D und 3D (CAD, VR)

- Kinematische Modelle in physikalischer oder virtueller Form zur Darstellung dynamischer Abläufe im Produkt (beispielsweise Mehrkörpersimulation)
- Analytische oder numerische Berechnungsmodelle (zum Beispiel FEM)
- Physikalische Modelle, zum Beispiel als Funktions-Prototypen für orientierende Versuche oder Hartschaummodelle zur Bewertung des Designs

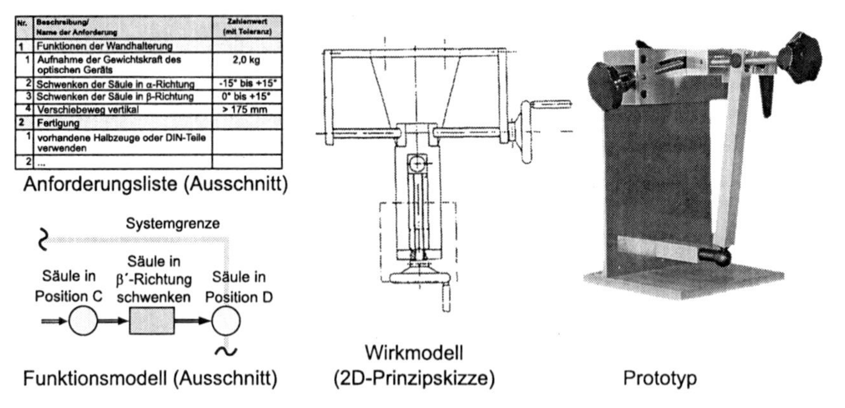

| Nr. | Beschreibung/ Name der Anforderung | Zahlenwert (mit Toleranz) |
|---|---|---|
| 1 | Funktionen der Wandhalterung | |
| 1 | Aufnahme der Gewichtskraft des optischen Geräts | 2,0 kg |
| 2 | Schwenken der Säule in α-Richtung | -15° bis +15° |
| 3 | Schwenken der Säule in β-Richtung | 0° bis +15° |
| 4 | Verschiebeweg vertikal | > 175 mm |
| 2 | Fertigung | |
| 1 | vorhandene Halbzeuge oder DIN-Teile verwenden | |
| 2 | ... | |



**Abb. 1-10.** Beispiele verschiedener Partialproduktmodelle [Lindemann 2007]

Modelle können als Vorgabe für die Entwicklung und Konstruktion eines Systems dienen. Allerdings kann es passieren, dass bei einer intensiven Arbeit mit Modellen der Unterschied zur Realität nicht mehr bewusst ist und Modelle in ihrer Aussagekraft überschätzt werden. Zusätzlich wird die Komplexität durch Unschärfen in der Festlegung der Elemente und deren Relationen oder durch mangelndes Wissen erhöht. Gerade in frühen Phasen der Produktentwicklung werden Überschlagsrechnungen oder erste grobe Auslegungen erstellt, denen bestimmte Annahmen zugrunde liegen. Dessen muss sich der Entwickler bewusst sein.

Häufig werden standardisierte Modelle eingesetzt, beispielsweise die Structured Analysis and Design Technique (SADT) [Marca et al. 1989] für die Abbildung von Prozessen und das Umsatzorientierte Funktionsmodell für die Abbildung von Produkten. Vorteile dieser Standards sind bei einer bereits bewährten Anwendung eine Vereinfachung im Einsatz, eine bessere Vergleichbarkeit von Modellen und die Reduzierung von Schnittstellenproblemen. Allerdings kommen diese Modelle dem Bedürfnis einer situations- und personenspezifischen Anwendung nicht nach, so dass eine dogmatische starre Anwendung zu vermeiden ist [Fuchs 2005].

**Werkzeuge** unterstützen die Anwendung von Methoden und die Generierung von Produktmodellen. Sie können einfach bis komplex sein. Beispiele für einfache Werkzeuge sind Formblätter, Checklisten und Konstruktionskataloge. Beispiele für komplexe Werkzeuge sind Software-Programme zur FEM-Simulation oder graphen- und matrizenbasierte Rechnerprogramme zur Analyse und Optimierung komplexer Strukturen. Bei der Auswahl von Werkzeugen ist analog zur Methodenauswahl die Tatsache zu berücksichtigen, dass der Einsatz von Werkzeugen mit Aufwand verbunden ist. Beispielsweise fallen Kosten für Lizenzgebühren an oder es sind Zeit und Geld für Schulungen einzuplanen. Daher muss der Aufwand immer gegenüber dem erzielbaren Nutzen abgewogen werden.

Wie bereits beschrieben stehen Methoden, Produktmodelle und Werkzeuge in einem engen Zusammenhang. Produktmodelle entstehen oft als Ergebnis einer Methodenanwendung. Der Name der Methode ist häufig zugleich der Name des resultierenden Produktmodells. Beispiele sind die Methoden (beziehungsweise Produktmodelle) Anforderungsliste oder Morphologischer Kasten. Derartige Methoden nehmen einen Schwerpunkt in den weiteren Ausführungen ein. Ein weiterer Fokus wird auf Methoden gelegt, die externe Informationsspeicher als Werkzeuge nutzen, um Produktmodelle zu erstellen, also beispielsweise Checklisten zur Anforderungsklärung, Physikalische Effektesammlungen, Konstruktionskataloge, Gestaltungsrichtlinien und so weiter. Eine der wesentlichen Arbeitsmethoden, die hier von Relevanz sind, ist die Systematische Variation. Andere Problemlösungsmethoden, die allgemeiner Art sind und nicht nur im Bereich der Produktentwicklung Anwendung finden (wie zum Beispiel Recherche, Brainstorming oder Punktbewertung) werden hier nicht ausführlich behandelt. Hinsichtlich dieses Typs an Arbeitsmethoden sei auf das Buch „Methodische Entwicklung technischer Produkte“ [Lindemann 2007] verwiesen.

## 1.5 Navigationsmodell der Produktkonkretisierung

Der **Konkretisierungsgrad** der im Entwicklungsprozess genutzten Produktmodelle ist unterschiedlich und hängt unter anderem von der Entwicklungssituation, der Phase im Prozess und den verfolgten Zielen der durchgeführten Entwicklungsaktivitäten ab. Der Konkretisierungsgrad ordnet die vom Abstrakten zum Konkreten hin entstehenden Ergebnisse des Entwicklungsprozesses. Entgegengerichtet kann vom Abstraktionsgrad gesprochen werden. Zugehörige Tätigkeiten sind das Konkretisieren beziehungsweise das Abstrahieren. Eine Schnittzeichnung, die von einem detaillierten 3D-CAD-Modell abgeleitet wurde, ist demnach ein Produktmodell auf höherem Konkretisierungsgrad als eine grobe Handskizze, welche die prinzipiellen Merkmale der Lösung beschreibt. Eine Konzeptskizze ist wiederum konkreter als ein Funktionsmodell.

Mit dem Vorgehensplan der VDI-Richtlinie 2221 [VDI 2221] war bereits ein Beschreibungsmodell für Entwicklungsprozesse vorgestellt worden, das seinen Fokus auf die erzeugten Produktmodelle und deren zunehmenden Konkretisierungs- beziehungsweise Detaillierungsgrad legt. Beschreibungsmodelle für technische Systeme, die unterschiedliche Ebenen der Produktkonkretisierung enthalten, finden sich unter anderem bei [Rodenacker 1976] und [Pahl et al. 2005]. Ein weiteres Modell in diesem Zusammenhang ist das Pyramidenmodell der Produktkonkretisierung [Ehrlenspiel 2003].

In diesem sind die Bereiche Funktion (funktionelle Lösungsmöglichkeiten), Physik (prinzipielle physikalische Lösungsmöglichkeiten) und Gestalt (gestalterische und stoffliche Lösungsmöglichkeiten) dargestellt. Im Sinne einer durchgängigen Produkterstellung ist als zusätzliche Ebene der Produktionsbereich (fertigungs- und montagetechnische Lösungsmöglichkeiten) enthalten. Prozesse der Lösungssuche und -auswahl sind schematisch als Dreiecksflächen eingezeichnet. Die Pyramidenform des Modells bringt die Zunahme von sinnvollen Lösungsmöglichkeiten und den Informationszuwachs mit zunehmender Konkretisierung zum Ausdruck.

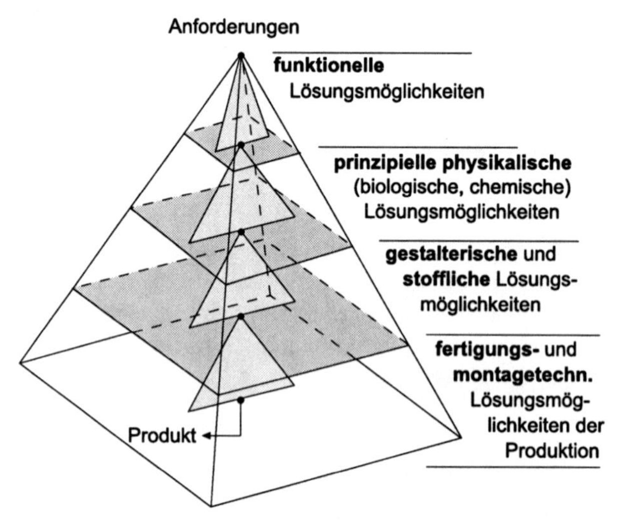


**Abb. 1-11.** Pyramidenmodell der Produktkonkretisierung [Ehrlenspiel 2007]

Der Grad der Produktkonkretisierung ist nicht die einzige Dimension, die im Rahmen der Entwicklung und Konstruktion eine Rolle spielt. Eine weitere wichtige Dimension ist der **Zerlegungsgrad** des Systems. Die zugehörigen Tätigkeiten sind das Zerlegen und Detaillieren (Erhöhung des Zerlegungsgrades) beziehungsweise das Kombinieren und Zusammenfügen (Reduzierung des Zerlegungsgrades). In Entwicklungsprozessen treten sehr häufig komplexe Problemstellungen auf. Diese sind vom Entwickler ohne geeignete Unterstützung nur schwer zu bearbeiten. Eine Möglichkeit, mit dieser Komplexität zurechtzukommen, ist die Zerlegung eines Problems in Teilprobleme. Diese sind besser überschaubar und somit leichter zu bearbeiten. Die Lösung der Teilprobleme stellt einen wesentlichen Schritt bei der Lösung des Gesamtproblems dar (Grundprinzip der Problemzerlegung [Dörner 2000]). Die gefundenen Teillösungen müssen anschließend zur Gesamtlösung zusammengefügt werden, was den Zerlegungsgrad des Systems wieder verringert. Diese Aspekte finden sich ebenfalls im bereits diskutierten V-Modell: Im „Systementwurf" wird der Zerlegungsgrad erhöht, in der „Systemintegration" wird der Zerlegungsgrad reduziert.

Als dritte Dimension von Relevanz ist hier der **Variationsgrad** zu erwähnen. Dieser ordnet die zu einem gewissen Zeitpunkt betrachtete Menge an Lösungsalternativen. Die zugehörigen Tätigkeiten sind das Variieren (Erhöhung des Variationsgrades) beziehungsweise das Festlegen und Einschränken (Reduzierung des Variationsgrades). Das „Denken in Alternativen" ist ebenfalls ein wesentliches

Grundprinzip der Produktentwicklung beziehungsweise der Problemlösung [Daenzer et al. 1999]. Grundsätzlich sollten Entwickler im Rahmen der Lösungssuche zunächst prüfen, ob nicht auch andere Lösungen in Frage kommen könnten als die erste, die ihnen einfällt. Hierbei geht es nicht darum, möglichst viele Lösungen zu sammeln. Das Ziel ist es, realistische Alternativen zur vorhandenen Lösung zu generieren, um dadurch die Chance auf innovative Lösungen zu erhöhen.

Alle drei Dimensionen zusammen (Konkretisierungsgrad, Zerlegungsgrad, Variationsgrad) spannen einen Modellraum des Konstruierens auf [Rude 1998]. Die Dimensionen dienen der Ordnung von Ergebnissen aus dem Entwicklungsprozess. Innerhalb des Modellraums werden den vier Konkretisierungsstufen Anforderung, Funktion, Prinzip und Gestalt jeweils Partialmodelle eines integrierten Produktmodells zugeordnet. Der Entwicklungsprozess lässt sich wiederum als eine **Navigation** durch diesen Modellraum darstellen. Ein Beispiel ist der Übergang von der Anforderungs- auf die Funktionsebene, indem auf Basis einer Anforderungsliste eine Funktionsstruktur erstellt wird (Konkretisierung). Ein weiteres Beispiel stellt die Festlegung eines Gesamtkonzeptes auf Basis eines Morphologischen Kastens dar, welcher zu verschiedenen Teilfunktionen alternative Lösungsideen enthält (Kombination, Einschränkung).

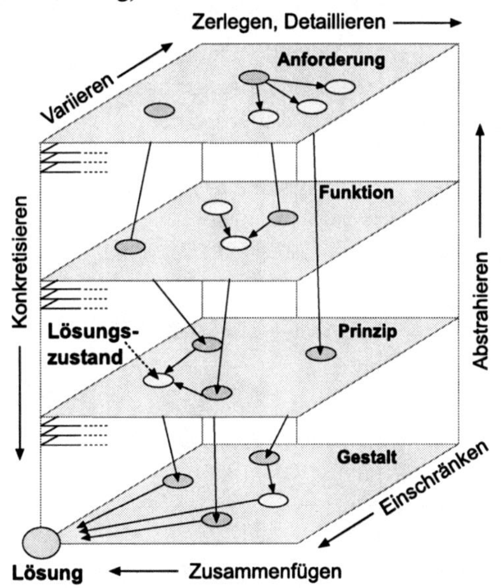


**Abb. 1-12.** Modellraum des Konstruierens [nach Rude 1998]

Auf Basis der vorgestellten Modelle sowie diverser Forschungsprojekte wurde ein Navigationsmodell für den Entwicklungsprozess entwickelt, das sich an den Eigenschaften der für den Prozess relevanten Produktmodelle orientiert: das **Münchener Produktkonkretisierungsmodell (MKM)**. Vor allem der Konkretisierungsgrad dient wie bei den anderen Modellen als wesentliche Dimension zur Ordnung der Produktmodelle. Der Navigator enthält folgende vier Ebenen:

- **Anforderungsmodell**: Anforderungen repräsentieren technische Entwicklungsziele beziehungsweise gewünschte Produkteigenschaften. Eine Anforderungsklärung zu Beginn des Entwicklungsprojektes stellt die Weichen für alle folgenden Entwicklungsaktivitäten. Im Verlauf des gesamten weiteren Entwicklungsprozesses wird das Anforderungsmodell jedoch in Schritten erweitert, detailliert, angepasst und fortgeschrieben.
- **Funktionsmodell**: Durch Funktionen werden das Produkt beziehungsweise seine Bestandteile auf abstrahierter Ebene zweckorientiert beschrieben. Durch das Denken in Funktionen wird die Loslösung von konkreten Sachverhalten beziehungsweise Vorprägungen und damit die Entwicklung neuer, innovativer Lösungsansätze ermöglicht. Im Funktionsmodell sind die Funktionen des Produktes sowie deren Zusammenhänge (Funktionsstruktur) dargestellt.
- **Wirkmodell**: Das Wirkmodell repräsentiert eine Darstellung der prinzipiellen Lösung einer technischen Problemstellung. Die für die Funktion relevanten Aspekte der Lösung sind darin abgebildet, was durch die Vorsilbe „Wirk" ausgedrückt wird. Wirkprinzipien zur Realisierung von einzelnen Teilfunktionen werden zur Wirkstruktur verknüpft. Auf Ebene des Wirkmodells erfolgt die Festlegung eines Gesamtkonzeptes, dessen Qualität bereits früh im Entwicklungsprozess den Erfolg des späteren Produktes beeinflusst.
- **Baumodell**: Um ein Produkt herstellen zu können, muss es auf Gestaltebene in seiner Struktur und seinen Bestandteilen festgelegt werden. Ergebnis ist das Baumodell, das alle Bauteile und Baugruppen sowie deren Verknüpfung in der Baustruktur enthält. In der Gestaltung des Baumodells sind eine Reihe von Anforderungen zu beachten (Fertigbarkeit, Montierbarkeit, kostengünstige Beschaffung und so weiter), die alle miteinander in Beziehung stehen und sich gegenseitig beeinflussen, was die Komplexität erhöht.

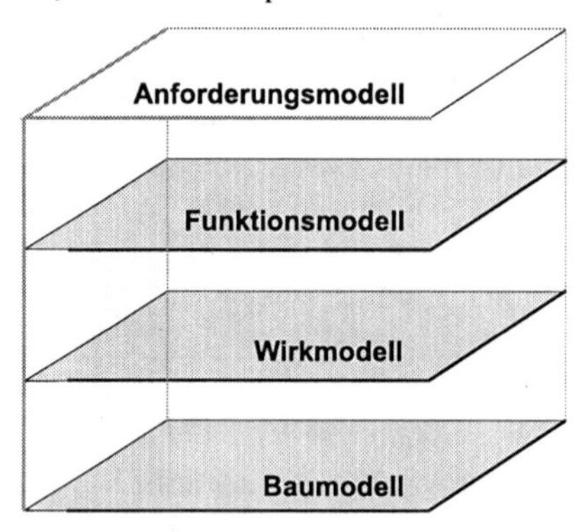


**Abb. 1-13.** Das Münchener Produktkonkretisierungsmodell (MKM)

Im Gegensatz zum Modell nach [Rude 1998] wird in diesem Navigator die besondere Rolle der Anforderungen im Entwicklungsprozess betont. Bestimmte Anforderungen werden zu Beginn des Prozesses festgelegt (Kundenfunktionen, Gesamtsicherheit und so weiter). Parallel zu der Konkretisierung der Lösungen werden die Anforderungen ergänzt, detailliert und konkretisiert. Daher ziehen sich die Anforderungen über die gesamte Achse der Produktkonkretisierung und bilden einen „Anforderungsraum" parallel zum Lösungsraum, der durch das Funktions-, Wirk- und Baumodell beschrieben wird.

Für den Einsatz des Modells sind einige wichtige Aspekte zu beachten. Die Ebenen sind nicht als starr zu betrachten, in der Realität sind die Übergänge fließend. Der Entwicklungsprozess ist durch zahlreiche Iterationen und die Änderung beziehungsweise Verfeinerung von Produktmodellen gekennzeichnet. So kommt man häufig nicht alleine mit einem einzigen Lösungskonzept aus, sondern es wird zunächst ein Grobkonzept erstellt, das im Zuge weiterer Schritte zu einen Feinkonzept weiterentwickelt wird.

Das Modell bedarf außerdem einer flexiblen Anwendung, daher wurde bewusst keine Arbeitsrichtung durch Pfeile gekennzeichnet. Der Entwicklungsprozess stellt tendenziell einen kontinuierlichen Übergang vom Abstrakten zum Konkreten dar (vertikale Achse des Modells). Je nach Szenario sind jedoch auch Schritte der Abstraktion vonnöten, beispielsweise bei der Analyse eines Bauteils, bei der ermittelt werden soll, welche Funktionen das Bauteil besitzt (zum Beispiel Aufnahme von Kräften und Momenten, Wärmeleitung, Dichtung). Derartige Schritte im Prozess sind im Navigator als Sprünge auf höher gelegene Ebenen darstellbar.

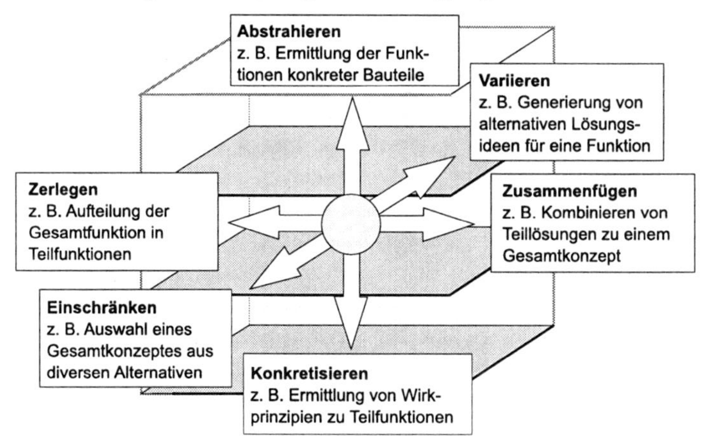


**Abb. 1-14.** Darstellung von Entwicklungs- und Konstruktionstätigkeiten

# 1.6 Hauptzielsetzungen und Gerechtheiten

Im Zusammenhang mit dem Navigator-Modell wurde bereits auf die Bedeutung des Umgangs mit Anforderungen für den Entwicklungsprozess hingewiesen. An Produkte werden zahlreiche Anforderungen gestellt, die vielfältige Abhängigkeiten untereinander aufweisen. Entwicklungsprojekte sind häufig auch durch gewisse Hauptzielsetzungen charakterisiert. Beispiele sind die Kostensenkung an einem Getriebe, die Geräuschoptimierung an elektrischen Antrieben im PKW (für die

Sitzverstellung, Fensterheber und so weiter) oder die Gewichtsreduzierung bei Flugzeugen. Eine Zielsetzung beschreibt dabei einen gewünschten zukünftigen Zustand. Der Begriff ist etwas weiter und unschärfer gefasst als der Anforderungsbegriff. Anforderungen beziehen sich auf konkret gewünschte Produkteigenschaften und lassen sich als Kombination aus Produktmerkmalen und ihren Ausprägungen formulieren. Die Zielsetzung eines montagegerechten Produktkonzeptes lässt sich beispielsweise durch Anforderungen an die Anzahl und Abmessungen einzelner Bauteile konkretisieren.

Unter dem Begriff **„Design for X"** (**„Design to X"**) subsummieren sich eine Reihe von Gestaltungsrichtlinien für die Produktentwicklung und Konstruktion. X steht dabei als Platzhalter für verschiedene Hauptzielsetzungen, die in der Produktentwicklung verfolgt werden. Diese werden zwar schon in frühen Phasen berücksichtigt, müssen aber gegebenenfalls im Entwurf und der Ausarbeitung erneut fokussiert werden. So muss eventuell bei der Detailkonstruktion eines Produktes speziell darauf geachtet werden, dass die Fertigung und Montage in optimaler Weise möglich ist, oder dass hinsichtlich der Recyclinganforderungen die passenden Werkstoffe gewählt werden.

In der Literatur wird in Bezug auf die Hauptzielsetzungen in der Entwicklung und Konstruktion von so genannten Gerechtheiten gesprochen, denen das Produkt genüge leisten muss, beispielsweise verschleißgerecht, ergonomiegerecht, fertigungsgerecht, instandhaltungsgerecht, normengerecht und so weiter [Pahl et al. 2005]. Traditionelle Themen stellen dabei das Fertigungsgerechte Konstruieren („Design for Manufacturing", [Ulrich et al. 1995]), das Montagegerechte Konstruieren („Design for Assembly", [Andreasen et al. 1988]) und das Kostengünstige Konstruieren [Ehrlenspiel et al. 2005] dar, welche primär die X-gerechte Produktgestaltung zum Schwerpunkt haben. Daneben rücken in der heutigen Zeit auch verstärkt Prozessthemen in den Fokus der Betrachtung, zum Beispiel die Workflowgerechte Gestaltung des Entwicklungsprozesses [Meerkamm 2006]. Darunter werden verschiedene Maßnahmen zur Prozessoptimierung verstanden, beispielsweise, dass Entwickler gezielt in der Entscheidungsfindung im Prozess unterstützt werden und dass relevante Wissens- und Informationsinhalte situationsgerecht zur Verfügung gestellt werden.

Zur Unterstützung des Entwicklers und zur Realisierung dieser Zielsetzungen existieren vielfältige Hilfsmittel, zum Beispiel Methoden, Konstruktionskataloge, Gestaltungsrichtlinien und Rechnerwerkzeuge. Neben allgemeinen Grundregeln der Gestaltung („einfach, eindeutig und sicher" [Pahl et al. 2005]) und generellen Prinzipien (Axiomatic Design, [Suh 1990]) gibt es viele spezifische Richtlinien, die oftmals katalogartig aufgebaut sind und Negativ-/Positivbeispiele enthalten.

Viele Hilfsmittel fokussieren auf das jeweilige X, das Produkt muss jedoch zahlreichen Aspekten gleichzeitig gerecht werden. Aufgrund vielfältiger Querbeziehungen zwischen den einzelnen Anforderungen, die je nach Produkt und situativen Rahmenbedingungen unterschiedlich ausgeprägt sind, ist das Thema entsprechend vielfältig und von Komplexität geprägt. Wichtig ist es hierbei, je nach Situation die Sichten zu wechseln (Modalitätenwechsel, Systemdenken).

**Abb. 1-15.** Übersicht über Hauptzielsetzungen beziehungsweise Gerechtheiten

Im Folgenden wird eine Strukturierung der Hauptzielsetzungen vorgenommen. Zum einen existieren Produkteigenschaften, die unmittelbar für den Nutzer beziehungsweise die Nutzung des Produktes dienend sind. Es handelt sich um kaufentscheidende Eigenschaften wie Kosten, Gewicht und Sicherheit des Produktes. Diese stellen für den Entwickler klare Ziele dar, die mehr oder weniger gut ermittelbar sind (durch Messung, Versuch, Simulation Schätzen).

Daneben gibt es Prozessgerechtheiten, die erfüllt sein müssen, damit das Produkt „fit" ist für diverse Phasen und Prozesse im Produktlebenslauf, wie beispielsweise die Fertigung, die Montage oder den Transport. Hierbei handelt es sich um Produkteigenschaften oder Zielsetzungen, die unmittelbar für den Hersteller des Produktes dienend sind. Der Entwickler muss diese beachten, da sie für ihn sowohl Gestaltungsfreiräume als auch Restriktionen bedeuten.

Schließlich existieren übergeordnete Themen, die wiederum Einfluss auf die zuvor erläuterten Produkteigenschaften und Prozessgerechtheiten nehmen. Hier sind Themenbereiche wie Variantenvielfalt, Nachhaltigkeit oder Mechatronik anzusiedeln. Zielsetzungen wie „variantengerecht" oder „ökologisch nachhaltig" sind in diesem Sinne mittelbar wirkend, da sie letztendlich wiederum Eigenschaften betreffen, die unmittelbar dem Nutzer oder dem Hersteller dienend sind.

Die Grenzen zwischen diesen drei Kategorien (unmittelbar dem Nutzer dienend, unmittelbar dem Hersteller dienend, mittelbar wirkend) sind zum Teil fließend, da zwischen einzelnen Aspekten eine starke Vernetzung herrscht. Daher ist dies als grobe Strukturierung zu verstehen. Im weiteren Verlauf der Ausführungen werden einige wichtige Themen exemplarisch vertieft. Diese sind:

- **Sicherheit** und **Zuverlässigkeit**: Durch Maßnahmen der Sicherheitstechnik werden Gefährdungen und Gefahren sowohl für die Kunden und Nutzer eines Produktes als auch für die Umwelt verhindert oder zumindest minimiert. Im Zusammenhang mit der Produktsicherheit spielen primär rechtliche Aspekte eine Rolle. Zuverlässige Produkte zeichnen sich durch eine hohe Verfügbarkeit aus. Die Zuverlässigkeit zielt vornehmlich auf wirtschaftliche Aspekte ab.

- **Produktgewicht**: Das Gewicht des Produktes steht in unmittelbarem Interesse sowohl des Nutzers als auch des Herstellers. In vielen Branchen ist die Reduktion des Produktgewichtes eine wichtige Anforderung, beispielsweise im Flugzeug- und Automobilbau. Ein zu schweres Produkt führt unter anderem zu Problemen im Betrieb (hoher Energieverbrauch, hohe Betriebskosten) und anderen Stationen im Lebenszyklus (hohe Fertigungs- und Transportkosten). Das Produktgewicht spielt darüber hinaus bei dynamischen Überlegungen überall dort eine Rolle, wo Objekte beschleunigt und verzögert werden müssen.
- **Montagegerechtheit**: Dieses Ziel bezieht sich auf die Eignung des Produktes für die Montage und steht damit im unmittelbarem Herstellerinteresse. Es herrschen vielfältige Wechselbeziehungen zwischen dem Produkt, der Montageanlage und dem Montageprozess. Daher sind alle diese Aspekte integriert zu betrachten, um eine hohe Prozessqualität zu erreichen und sowohl Montagekosten als auch Montagezeiten gering zu halten.
- **Variantenvielfalt**: Die Variantenvielfalt nimmt sowohl auf Gesamtprodukt- als auch auf Bauteilebene ständig zu. Hier ist ein Optimum zu finden zwischen externer Vielfalt, die vom Kunden gefordert wird, und interner Vielfalt, die es nach Möglichkeit zu reduzieren gilt. Die Variantenvielfalt hat sowohl Auswirkungen auf Nutzerziele (beispielsweise eine Gewichtserhöhung aufgrund Modulbauweise mit zusätzlichen Schnittstellen) sowie auf Herstellerziele (zum Beispiel die Montagegerechtheit von Produkten in Modulbauweise).
- **Ökologische Nachhaltigkeit**: Durch die zunehmende Knappheit von Ressourcen und Belastungen der Umwelt gewinnt eine nachhaltige Produktentwicklung an Bedeutung. Produkte sind hinsichtlich ihrer Energiebilanz zu optimieren und die Wechselwirkungen mit der Umwelt zu reduzieren, sowohl was die Nutzung von Ressourcen als auch die Erzeugung von Emissionen anbelangt. Der gesamte Produktlebenslauf ist von diesem Thema betroffen, beispielsweise das Recycling, für das eine demontagegerechte Produktstruktur anzustreben ist.

## 1.7 Beispielhafte Entwicklungsszenarios

Zur Veranschaulichung der Unterschiedlichkeit von Entwicklungssituationen werden Beispielszenarios beschrieben. Die Szenarios beziehen sich dabei auf unterschiedliche Konkretisierungsebenen im Münchener Produktkonkretisierungsmodell und haben verschiedene Hauptzielsetzungen im Fokus.

Ein Szenario spielt sich in der Sportgerätebranche ab. Ein Entwickler für Mountainbikes hat soeben den ersten Entwicklungsstand einer neuen Rahmengeneration in Form eines CAD-Modells fertig gestellt. Er hat bereits am Vorgängermodell mitgewirkt und hierbei eine Menge an Erfahrung aufgebaut. Als organisatorische Rahmenbedingung ist zu beachten, dass das komplette Fahrrad in zwei Monaten zu einem Messetermin fertig sein muss. Für den Rahmen dürfen die Herstellkosten maximal 800 Euro betragen. Hauptziel der Entwicklung ist vor allem der Leichtbau, neben weiteren wichtigen Anforderungen aus den Bereichen Kosten und Fertigung. Die jetzige Lösung ist allerdings 300 Gramm zu schwer.

In der aktuellen Situation ist der Entwickler daher mit folgenden Fragestellungen konfrontiert: „Wie können Gestaltlösungsalternativen systematisch entwickelt werden?“ oder „Wie können gestalterische Maßnahmen zur Gewichtsoptimierung eingesetzt werden?“ Als Lösungsansatz bietet sich beispielsweise eine **Systematische Variation** des aktuellen Baumodells hinsichtlich geeigneter Gestaltparameter an, um dem Ziel einer Gewichtsreduzierung näher zu kommen. Die Kenntnis von Leichtbauprinzipien und -werkstoffen leistet hier eine Hilfestellung.

**Abb. 1-16.** Szenario Gestaltoptimierung für einen Mountainbikerahmen

Ein relativ komplexes Szenario beinhaltet die Betrachtung einer Siebanlage für Anwendungen im Bereich der Abwasserreinigung [Lindemann 2007]. Die Anlage scheidet mit hoher Leistung Feststoffe aus Suspensionen ab. Bei dem bisherigen System handelt es sich um einen rotierenden Spaltsiebkorb, dem das zu entwässernde Medium zugeführt wird. Durch Rotation des Korbs verteilt sich das Medium auf der Siebfläche, die Flüssigkeit fließt nach außen ab und die Feststoffe werden abhängig von der Sieb-Spaltweite zurückgehalten. Der Wasserstrahl der Spritzdüsenleiste realisiert zwei Funktionen, die Reinigung der Siebfläche zum einen und die Definition der exakten Ablösestelle des Feststoffes vom Siebkorb direkt über dem Auffangtrichter zum anderen.

Die aktuelle Entwicklungssituation ist durch das Problem gekennzeichnet, dass der Absatz der Anlage am Markt aufgrund mangelnder Akzeptanz rückgängig ist. Eine Untersuchung ergab, dass die Anlage zu schwer und teuer ist und Mängel in der zuverlässigen Funktionserfüllung aufweist. Dies führte zu der Entscheidung, das gesamte Konzept der Anlage deutlich zu überarbeiten. Aktuelle Aufgabe des zuständigen Entwicklers ist es daher, vor der Suche nach neuen Lösungen zunächst einmal das Produkt auf Schwachstellen hin zu untersuchen und Handlungsschwerpunkte für die Überarbeitung des Konzeptes zu definieren. Die Betrachtung der Funktionen des Systems steht hier im Mittelpunkt. Eine mögliche Fragestellung lautet: „Wie können nützliche und schädliche Funktionen eines Systems ermittelt werden?“ Zur Abbildung der Systemfunktionen bietet sich an dieser Stelle zum Beispiel eine **Relationsorientierte Funktionsmodellierung** an.

**Abb. 1-17.** Szenario Schwachstellenanalyse bei einer Siebanlage

Die Szenarios zeigen, dass sich je nach Entwicklungssituation, in Abhängigkeit der Zielsetzungen, der Produktart und -komplexität, der Rahmenbedingungen und so weiter, jeweils unterschiedliche Vorgehensweisen und Methoden anbieten. Das Vorgehen des Entwicklers zeichnet sich durch das Aufstellen und Verändern von Produktmodellen aus, deren Konkretisierungsgrad an die aktuelle Aufgabe und die Situation angepasst sein muss.

## 1.8 Zusammenfassung

Die Produktentwicklung stellt einen wichtigen Unternehmensprozess dar, als dessen Ergebnis produzierbare und funktionsfähige Produkte entstehen. Schnittstellen existieren sowohl zu vorgelagerten Schritten (Produktplanung) als auch nachgelagerten Unternehmensprozessen (Beschaffung, Fertigung, Montage). Die Konstruktion ist ein wichtiger Teilbereich der Produktentwicklung, der sich mit der Konzipierung und Gestaltung von Produkten befasst.

Die Produktentwicklung kann unter anderem als ein Prozess der Problemlösung aufgefasst werden. Ziele müssen darin geplant und analysiert und Probleme strukturiert werden, bevor eine Suche nach Lösungsideen erfolgen kann. Die Eigenschaften der Lösungen sind zu ermitteln, um auf Basis dieser Erkenntnisse Entscheidungen herbeizuführen. Abschließend ist die Zielerreichung zu überprüfen.

Es kommen Produktmodelle zum Einsatz, die im Verlauf des Prozesses zunehmend konkreter und detaillierter werden. Entwickler beschäftigen sich mit Anforderungs-, Funktions-, Wirk- und Baumodellen. Zur Darstellung der Navigation des Entwicklers zwischen diesen Produktmodellen auf unterschiedlichem Konkretisierungsgrad wurde das Münchener Produktkonkretisierungsmodell entwickelt.

Es existiert eine Vielzahl an Entwicklungszielen und Anforderungen, die das Produkt zu erfüllen hat und auf die es hinoptimiert werden muss. Dabei spielen in Abhängigkeit der Entwicklungssituation und des Produktes gewisse Hauptzielsetzungen beziehungsweise Gerechtheiten eine besondere Rolle.

# 2 Anforderungen

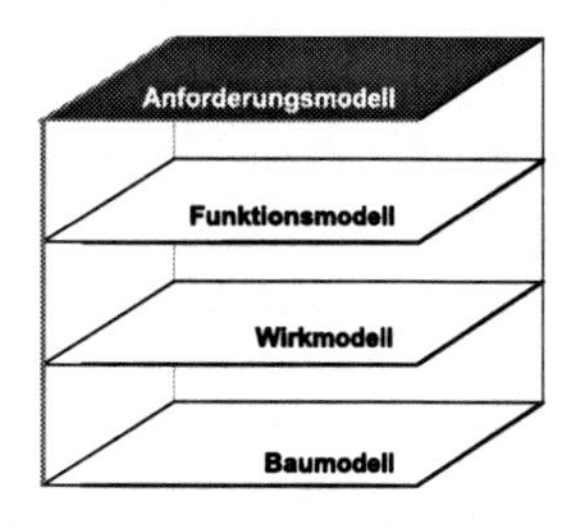


Der Prozess des Anforderungsmanagements umfasst den Erstellungs-, Abstimmungs- und Dokumentationsprozess der erforderlichen Informationen über das zu entwickelnde Produkt. Dieser Prozess erstreckt sich als wichtiges Element über die gesamte Produktentwicklung. Dabei nehmen die Anforderungen eine zentrale Rolle ein. Sie dienen der Dokumentation der Entwicklungsziele, werden zu Beginn eines Entwicklungsprojektes in dem zu diesem Zeitpunkt erforderlichen Umfang geklärt, während des gesamten Prozesses strukturiert, erweitert, ergänzt und dienen als Bewertungsgrundlage für generierte Lösungsalternativen.

Werden wichtige Anforderungen vergessen, kann dies zu späten Änderungen oder Schwachstellen des Produkts führen, was eine Verzögerung der Markteinführung oder hohe Kosten für Änderungen nach sich zieht. Dies unterstreicht die Wichtigkeit einer angemessenen Anforderungsklärung und die Notwendigkeit der Berücksichtigung der Entwicklungsziele bei der Bewertung von Lösungsalternativen. Neben der zentralen Funktion der Anforderungen in Bezug auf den internen Entwicklungsprozess nehmen sie auch nach außen hin eine wichtige Rolle ein. So können Teile der Anforderungsliste als Vertragsgrundlage beispielsweise für Investitionsgüter herangezogen werden oder dienen als Entwicklungsgrundlage für Zulieferer.

Um der zentralen Stellung der Anforderungen im Entwicklungsprozess gerecht zu werden, hat eine Beschäftigung mit der Anforderungsklärung an sich, der Einbeziehung des Kunden als wichtigste Informationsquelle sowie der Nutzung von Anforderungen über den gesamten Entwicklungsprozess zu erfolgen.

## 2.1 Anforderungsklärung bei der Entwicklung eines medizintechnischen Gerätes

Die extrakorporale Zirkulation gehört zu den Routineverfahren der offenen Herzchirurgie. Konventionelle Herz-Lungen-Maschinen liefern einen nahezu konstanten Blutdruck und Blutfluss, der mit den Eigenschaften des menschlichen Blutkreislaufs nicht vergleichbar ist. Dies führt zu einer Zunahme des Widerstands der Blutgefäße und einer Verschlechterung der kapillaren Durchblutung. Die Folge der mangelnden Durchblutung kann die Bildung von entzündungsverursachenden Hormonen sein, die in Einzelfällen zu Organversagen führen können.

Bisher herrscht Unklarheit darüber, ob das Nachempfinden des menschlichen Pulses eine bessere Kopplung des Systems Mensch-Maschine gewährleisten kann.

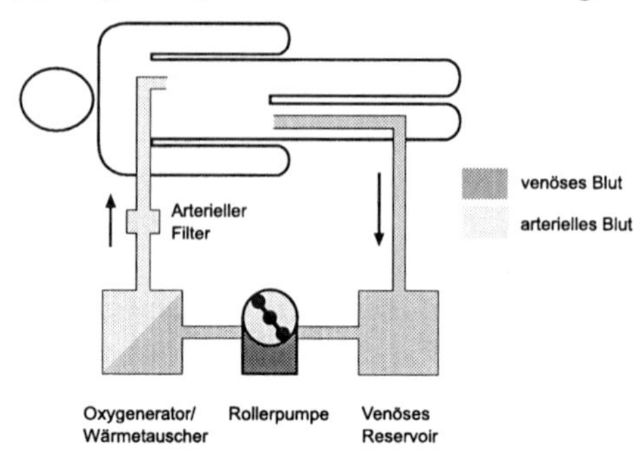


**Abb. 2-1.** Schema einer Herz-Lungen-Maschine

Ziel eines Entwicklungsprojektes war die Erarbeitung einer Versuchseinrichtung, die durch eine verbesserte Anpassung an den menschlichen Organismus eine natürlichere extrakorporale Zirkulation ermöglicht [Jung 2006]. Dadurch sollen sowohl die Risiken als auch die Nachwirkungen einer Operation am offenen Herzen nachhaltig verringert werden. Deswegen wurde im Rahmen dieses Projektes ein System entwickelt und in Betrieb genommen, das es auf Basis einer konventionellen Herz-Lungen-Maschine ermöglicht, den Puls des Patienten weitestgehend nachzubilden (Pulsator). Anhand der Versuchseinrichtung wurde dann der eigentlichen medizinischen Fragestellung nachgegangen.

Im Verlauf der ersten Entwicklungsschritte arbeitete sich das Entwicklungsteam, das keine medizinischen Fachkenntnisse aufwies, an Hand von Fachliteratur intensiv in die medizinischen Belange dieser Fragestellung ein. Die Bedeutung einer intensiven Anforderungsanalyse zu Beginn der Entwicklung war allen Beteiligten klar und wurde anhand von Recherchen und vor allem Interviews mit den Partnern der medizinischen Disziplin und Entwicklern eines Herstellers für Herz-Lungen-Maschinen durchgeführt. Aufgrund fehlender ähnlicher Vorgängerprojekte der Beteiligten konnte auf keine vorhandenen Informationen zurückgegriffen werden. Zur methodischen Unterstützung kamen vor allem Checklisten zum Einsatz, beispielsweise **Checklisten zur Anforderungsklärung** [Ehrlenspiel 2007] und die Hauptmerkmalsliste [Pahl et al. 2005].

Da sich während der extrakorporalen Zirkulation das gesamte Blutvolumen zeitweise außerhalb des Organismus befindet und somit vollständig mit Fremdmaterialien in Kontakt kommt, wurde die Frage der zu verwendenden Werkstoffe als eine besonders wichtige identifiziert. In medizinischen Vorschriften wird definiert, dass durch den verwendeten Werkstoff weder der Organismus geschädigt werden darf, noch dürfen vom Organismus Schäden an den medizintechnischen Geräten hervorgerufen werden.

Bei dem Pulsator handelt es sich um eine Pumpe, bestehend aus einer Zylinder/Kolbenkombination, die über einen flexibel steuerbaren Antrieb betrieben wird. Der Zylinder wird von dem kontinuierlichen Grundfluss, der von der Rollerpumpe der Herz-Lungen-Maschine geliefert wird, durchflossen. Diesem kontinuierlichen Grundfluss kann mittels des Kolbens ein in gewissen Grenzen frei wählbarer Puls aufgeprägt werden. Der Puls lässt sich hinsichtlich Frequenz, Druckanstiegsgeschwindigkeit, minimalen und maximalen Drucks mittels einer eigens dafür entwickelten Software regeln.

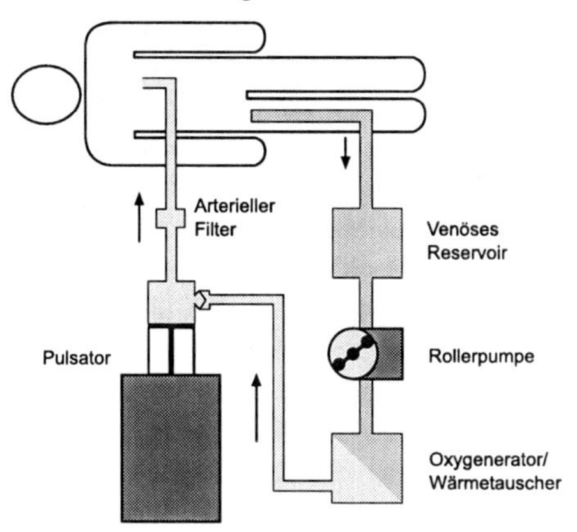


**Abb. 2-2.** Schema der Herz-Lungen-Maschine mit Pulsator

Im Verlauf der Entwicklung sind Störungen aufgetreten, die ihre Ursache in der Anforderungsklärung hatten.

Der wohl schwerwiegendste Fehler war die Festlegung eines ungeeigneten Werkstoffs für die blutführenden Teile des Pulsators. Als Maßgabe für das verwendete Material galt die Verträglichkeit in Bezug auf den Organismus. Nach Recherchen unter anderem in medizinischer Fachliteratur und Werkstoffdatenbanken wurde in Absprache mit dem medizinischen Kooperationspartner ein Edelstahl ausgewählt. Im Anschluss wurden die notwendigen Teile und Komponenten beschafft beziehungsweise gefertigt, der Prototyp aufgebaut und nach der Programmierung der Steuerungssoftware in Betrieb genommen.

Etwa ein Jahr nach der Fertigstellung des Prototypen, kurz vor Beginn der eigentlichen Versuche, erkannte man in einem Gespräch mit einem medizinischen Mitarbeiter zufällig, dass diese Werkstofffestlegung sehr ungünstig war, da die mikroskopische Oberfläche des Edelstahls und die im Blut befindlichen Blutplättchen zueinander nicht oberflächenkompatibel sind, was zur Zerstörung der Blutplättchen führt. Auf dieses Problem angesprochen äußerten die beteiligten Mediziner, dass dies korrekt sei, sie aber im Moment der Festlegung der Anforderung und auch danach nicht an diesen Zusammenhang gedacht hätten.

Für den weiteren Projektverlauf wurde dieser Fehler in Kauf genommen, da die Versuchsergebnisse durch die Zerstörung der Blutplättchen gar nicht oder nur unwesentlich beeinflusst wurden. Hätte es sich bei dieser Entwicklung aber um eine Serienentwicklung gehandelt, wäre das Projekt weit zurückgeworfen worden, da das gewählte Lösungskonzept nicht ohne weiteres aus einem anderen Werkstoff hätte hergestellt werden können. Außerdem war der Prototyp bereits gefertigt und in Betrieb, so dass sich zumindest der Beginn der Versuche um einige Monate verzögert hätte. In diesem Fall wurde das **Merkmal** der Anforderung sehr früh als wichtig erkannt, die **Ausprägung** aber trotz intensiver Diskussion mit Experten falsch definiert.

Ein weiteres Problem ergab sich aus der unzureichenden Anforderungsklärung der Steuerung. Zur Klärung der **Anforderungen** an das Gerät wurde mit den medizinischen Kooperationspartnern der Ablauf der Pulsationsversuche detailliert besprochen. Um die erhoffte Verbesserung der pulsartigen Durchblutung gegenüber der herkömmlichen extrakorporalen Zirkulation bewerten zu können, waren Referenzversuche geplant, die ohne Pulsation durchgeführt werden sollten.

Nach dem Abschluss erster technischer Versuche wurde der erste für die Versuchsreihe gültige Pulsationsversuch durchgeführt. Als die Wiederherstellung der Herzdurchblutung eingeleitet werden sollte, wurde der Pulsator außer Betrieb genommen. Hierüber zeigte sich der den Versuch vornehmende Chirurg verwundert: Für eine wirkliche Vergleichbarkeit der beiden Versuchsreihen hätte der Pulsator seiner Meinung nach weiter in Betrieb bleiben müssen. Es stellte sich heraus, dass dies mit der realisierten Anwendung nicht möglich gewesen wäre. Da in dieser Phase das Herz bereits wieder eigenaktiv schlägt, müsste die Pulsation mit dem Herzschlag synchronisiert werden. Ansonsten bestünde die Gefahr, dass der Pulsator gegen die Herzkontraktion einen Puls erzeugt und so das Herz weiter geschädigt werden würde. Eine solche Synchronisation ist technisch aber nur sehr schwer und unter großem Aufwand zu realisieren. In den bestehenden Prototypen war eine nachträgliche Integration nicht möglich.

Das Entwicklungsteam versuchte zu analysieren, warum diese Anforderung trotz Einbeziehung des Versuchsverlaufs in die Anforderungsklärung und der zahlreichen Gespräche mit den Projektpartnern nicht erfasst worden war. Es konnte rekonstruiert werden, dass die Unterschiede zwischen den Pulsationsversuchen und den Referenzversuchen nicht ausreichend berücksichtigt worden waren. Man war implizit der Meinung, dass „diese Versuche ja nichts Neues wären und man sie wie immer durchführen könne“, nicht bedenkend, dass sie in diesem Fall eben nicht wie immer durchgeführt werden konnten. Eine Gegenüberstellung der Versuchsabläufe, bei der dieser neue Zusammenhang vielleicht aufgefallen wäre, fand nicht statt.

Dieses Beispiel verdeutlicht, dass die Klärung der Anforderungen zu Beginn einer Entwicklung wichtig aber nicht trivial ist. Falsch definierte oder vergessene Anforderungen können negative Auswirkungen auf das Produkt und den Projektverlauf nach sich ziehen. Eine besondere Schwierigkeit stellt in diesem Fall die Klärung der Anforderungen des Kunden aus einer anderen Disziplin dar. Dies liegt in erster Linie an Schwierigkeiten in der Kommunikation, die sich aus unterschiedlichen Begriffswelten und Denkweisen der Disziplinen ergeben.

## 2.2 Methoden des Anforderungsmanagements

Der Umgang mit **Anforderungen** verlangt ein strukturiertes, methodisches Vorgehen. In der Praxis werden je nach Produkt bis zu einige Tausend Anforderungen dokumentiert, die identifiziert, verwaltet, gepflegt und beachtet werden müssen.

Eine Anforderung setzt sich, genau wie eine Produkteigenschaft, aus **Merkmal** und **Ausprägung** zusammen. Das Merkmal beschreibt das Bezugsobjekt der Anforderung [Ahrens 2000], beziehungsweise stellt ihren Namen dar. Die Anforderungsausprägung bezeichnet den eigentlichen Sollwert für das Anforderungsmerkmal. Sie beinhaltet bei quantitativen Anforderungen einen Größenwert beziehungsweise Wertebereich und Einheit, bei qualitativen Anforderungen einen entsprechenden verbalen Ausdruck [Kickermann 1995]. Anforderungen werden in einer **Anforderungsliste** dokumentiert. Diese kann unterschiedliche Formen annehmen. Das **Lastenheft** beispielsweise ist die vom Auftraggeber festgelegte Gesamtheit der Anforderungen an die Lieferungen und Leistungen eines Auftragnehmers innerhalb eines Auftrags [DIN 69905] und im **Pflichtenheft** finden sich die vom Auftragnehmer erarbeiteten Realisierungsvorgaben aufgrund der Umsetzung des Lastenheftes [DIN 66905]. Im Lastenheft hält also der Kunde fest, was das Produkt können soll, im Pflichtenheft dokumentiert der Lieferant, wie die Kundenanforderungen umgesetzt werden. Das Pflichtenheft enthält in der Regel vertraglich bindende Anforderungen, die vom zu entwickelnden Produkt erfüllt werden müssen, und ist somit, im Gegensatz zum Lastenheft, unveränderlich.

Wie das Anforderungsmanagement methodisch unterstützt werden kann, wird im Folgenden dargestellt. Zunächst gilt es zu klären, wie Anforderungen identifiziert werden können, um sie dann in einer strukturierten Art und Weise zu dokumentieren. Besonderes Augenmerk muss dabei auf die **Kunden** beziehungsweise Nutzer des zukünftigen Produktes gelegt werden, um dieses marktgerecht entwickeln zu können. Zum Umgang mit der Vielzahl an Anforderungen ist es weiterhin notwendig, diese zu strukturieren und zur Bewertung von Lösungsalternativen aufzubereiten. Auch der Umgang mit **Zielkonflikten**, beispielsweise die Forderung nach einer Reduzierung der Emissionen bei gleichzeitiger Steigerung der Motorleistung von Verbrennungsmotoren, ist bei der Entwicklung neuer, innovativer Produkte unumgänglich. Schließlich müssen Anforderungen über den gesamten Entwicklungsprozess den Erfordernissen nach erweitert und beachtet werden, damit die Einhaltung der Entwicklungsziele sichergestellt werden kann.

Die wichtige Rolle der Anforderungen für die Produktentwicklung wird auch im Münchener Produktkonkretisierungsmodell deutlich. Bei einer Neuentwicklung werden die Anforderungen zu Beginn auf einer hohen Abstraktionsebene definiert und mit steigender Produktkonkretisierung erweitert, detailliert und präzisiert. Bei Anpass- und Weiterentwicklungen gibt es bereits zu Anfang detailliert festgelegte Anforderungen, die einzuhalten sind.

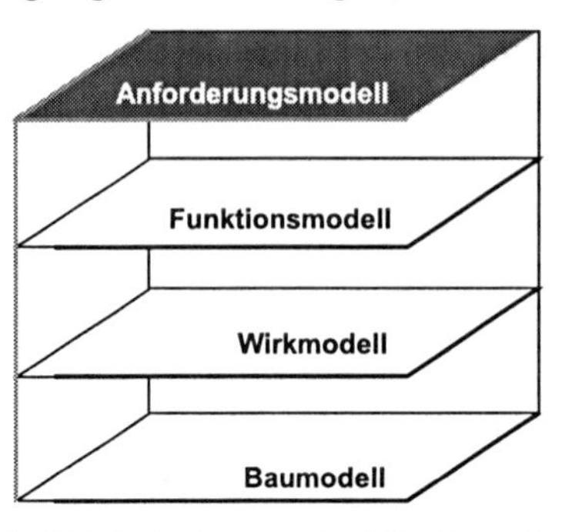


- *Wie können Anforderungen geklärt werden?*
- *Wie können Kundenanforderungen ermittelt werden?*
- *Wie können die geklärten Anforderungen strukturiert und aufbereitet werden?*
- *Wie können Anforderungen über den gesamten Entwicklungsprozess erweitert und genutzt werden?*

**Abb. 2-3.** Anforderungen im Münchener Produktkonkretisierungsmodell

Da sie während der gesamten Entwicklung berücksichtigt werden müssen und Auswirkungen auf die entwickelten und ausgewählten Lösungen haben, bilden Anforderungen im Münchener Produktkonkretisierungsmodell einen Raum, innerhalb dessen die weiteren Produktkonkretisierungsebenen angeordnet sind.

## *2.2.1 Wie können Anforderungen geklärt werden?*

Die Klärung von Anforderungen an ein neues Produkt beginnt zu Anfang einer Entwicklung, deren Erweiterung, Strukturierung und Pflege sollte sich über den gesamten Entwicklungsprozess erstrecken. Die Anforderungsklärung dient durch die intensive Auseinandersetzung mit dem **Anforderungsmodell** auch dazu, das Systemverständnis zu erhöhen. Dies geschieht unter anderem dadurch, dass das Gesamtsystem in Teilsysteme aufgeteilt und somit detaillierter betrachtet werden kann.

Eine Gefahr bei der Anforderungsklärung besteht darin, dass ungünstig formulierte Anforderungen zu Missverständnissen in Bezug auf das Produkt oder zu Lösungsfixierung führen können. Dies kann Schwachstellen oder Mängel im Produkt nach sich ziehen und das Innovationspotenzial einschränken. Durch eine gute Anforderungsklärung können aber **Qualität** und Marktgerechtheit des Produktes von frühen Phasen an gewährleistet werden.

Zur Ermittlung von Produktanforderungen muss eine Vielzahl von Quellen berücksichtigt werden. Zu diesen gehören unter anderem **Kunden**, Wettbewerber, **Normen** und Gesetze sowie Vorgaben aus der Unternehmensstrategie, Fertigung und Montage, Einkauf und Logistik, Service und anderen Unternehmensbereichen.

Die für ein Produkt relevanten Quellen müssen allerdings zunächst identifiziert werden, um im Anschluss daran die Anforderungen aus den einzelnen Quellen zusammentragen und strukturieren zu können. Zu Beginn eines Entwicklungsprozesses ergibt sich weiterhin das Problem, dass viele Anforderungen noch nicht quantifiziert und somit nicht alle relevanten Informationen messbar festgehalten werden können.

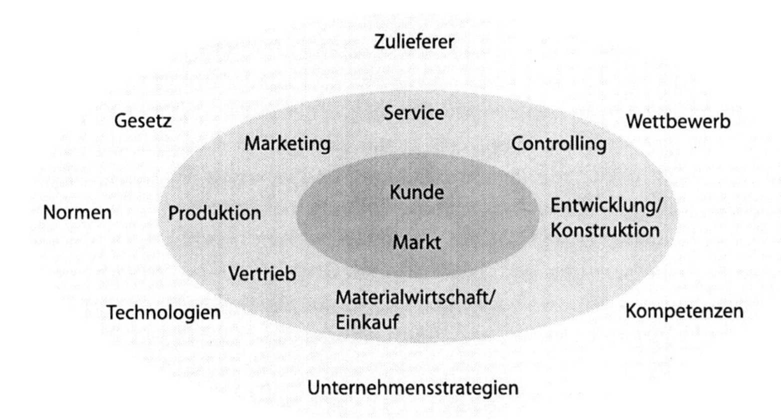


**Abb. 2-4.** Quellen für Anforderungen [Lindemann 2007]

Zur Identifikation von Anforderungen und um keine wichtigen Quellen zu vernachlässigen, können beispielsweise **Checklisten** [Pahl et al. 2005, Ehrlenspiel 2007] herangezogen werden. Bei Checklisten handelt es sich um Sammlungen häufig wiederkehrender Anforderungsarten, die bei der strukturierten Identifikation von Anforderungen zum Beispiel in Bezug auf Geometrie, Kräfte, Sicherheit und Kosten unterstützen. Solche Checklisten dürfen aber keine statischen Dokumente sein, da Veränderungen von Markt, Technologie, Gesetzgebung und anderen Rahmenbedingungen bereits in der Anforderungsklärung berücksichtigt werden müssen. Dies erfordert die Einbeziehung neuer Informationsquellen und somit eine regelmäßige Anpassung und Ergänzung der Checklisten. Um eine Klärung für den gesamten **Produktlebenslauf** zu unterstützen kann auch eine **Suchmatrix** [Roth 1994a] herangezogen werden. Zu bestimmten Lebenslaufphasen können in Bezug auf bestimmte Eigenschaften und Bedingungen Anforderungen geklärt werden. Dies können beispielsweise technisch-physikalische oder wirtschaftliche Anforderungen sein. So wird eine zielgerichtete Klärung sichergestellt.

Weiterhin wird zur Ermittlung von Produktanforderungen oft ein **Benchmarking** [Fahrni 2002, Kairies 2007] genutzt. Für ein Benchmarking können firmeneigene oder fremde Produkte und Prozesse als Partner herangezogen werden. Ziel dieses Vergleiches ist es, das Verbesserungspotenzial des eigenen Produktes oder Prozesses in Hinblick auf definierte Vergleichsgrößen zu ermitteln. Die identifizierten Verbesserungspotenziale werden im Anschluss zur Formulierung neuer Anforderungen genutzt.

Bei der Dokumentation und dem Erkennen der Abhängigkeiten der Anforderungen untereinander können grafische Darstellungen das Verständnis sehr unterstützen, da die Zusammenhänge besser deutlich gemacht werden können. Hierfür sind besonders **Mind Maps®** [Buzan 1993] oder auch **Wirkungsnetze** geeignet [Lindemann 2007].

Ein weiterer Ansatz zur Anforderungsklärung ist die **Relationale Iterative Anforderungsklärung** [Jung 2006]. Dazu wird das zu entwickelnde Produkt als ein System dargestellt, dessen **Systemelemente** durch **Relationen** miteinander verbunden sind. Aus diesen Relationen zwischen Systemelementen werden anhand von strukturierten Fragen Anforderungen abgeleitet, strukturiert und dokumentiert. Das Systemmodell des Produktes ist zu Beginn der Entwicklung grob und abstrakt und wird im Verlaufe der Entwicklung immer weiter vervollständigt, was eine entwicklungsbegleitende Anforderungsklärung sicherstellt.

Wie aus den vorher beschriebenen Vorgehensweisen deutlich wird, ist die Erhebung und Quantifizierung der Informationen über ein neues Produkt sehr aufwändig. Die in dieser Phase festgelegten Anforderungen dienen als verbindliche Basis für die Entwicklungsarbeit und müssen daher zur Ausführung der Entwicklungsaufgaben ausreichend vollständig sein, weshalb der hohe Aufwand gerechtfertigt ist. Andererseits ist zu beachten, dass eine vollständige Anforderungsklärung unmöglich und zu Beginn der Produktentwicklung nicht gewünscht ist, um eine Lösungsfixierung durch eine zu detaillierte Festlegung der Produktanforderungen zu vermeiden. Hier ist vielmehr zu beachten, dass eine Betrachtung der Anforderungen nicht nur zu Beginn einer Entwicklung erfolgt, sondern diese auf allen Konkretisierungsebenen immer berücksichtigt und nach den Gegebenheiten der Konkretisierung vervollständigt werden muss.

Parallel zur Klärung der Anforderungen müssen diese dokumentiert werden, um später gezielt darauf zugreifen zu können. Dies ist notwendig, um im weiteren Verlauf die Abhängigkeiten der Anforderungen und **Zielkonflikte** zu erkennen. Außerdem können die Anforderungen so geprüft und zum Beispiel zur Bewertung von Lösungsalternativen herangezogen werden. Die dokumentierten Anforderungen bilden in Form von **Lasten-** und **Pflichtenheft** außerdem oft einen Bestandteil von Verträgen zwischen Kunde und Hersteller. Kauft beispielsweise ein Papierhersteller eine Anlage zur Papierherstellung, so werden im Kaufvertrag unter anderem Anforderungen an die zu produzierende Menge Papier pro Stunde und die Verfügbarkeit der Anlage festgehalten. Werden die dokumentierten Anforderungen nicht eingehalten, muss das Produkt nachgebessert werden, was zu hohen Änderungskosten führen kann.

Zur Dokumentation von Anforderungen wird in der Regel ein Formular, die **Anforderungsliste**, genutzt. Der Aufbau einer Anforderungsliste gestaltet sich dabei wie folgt: Jede Anforderung erhält eine Nummer, um sie später eindeutig identifizieren und referenzieren zu können. Weiterhin werden das **Produktmerkmal**, der Anforderungsname sowie deren geforderte **Ausprägung** angegeben. Wenn nur diese Informationen zur Verfügung stehen, kann es leicht zu Missverständnissen in Bezug auf einzelne Anforderungen kommen. Daher ist es notwendig zusätzliche Informationen einzupflegen. Zu diesen Informationen gehören eine Erläuterung der jeweiligen Anforderung sowie der Hinweis auf weiterführende Dokumente. Für inhaltliche Fragen ist es außerdem notwendig Verantwortliche zu benennen, um Missverständnissen vorzubeugen. Dies ist einerseits der Verantwortliche für die Einsteuerung der Anforderung in den Prozess, andererseits derjenige, der die Anforderung später umsetzen muss. Anforderungen an die Eigenfrequenzen eines Fahrzeuges werden beispielsweise vom Fachbereich Schwingung und Akustik eingesteuert, müssen aber vom Fachbereich Fahrdynamik umgesetzt werden. Wichtig ist außerdem, Änderungen an der Liste nachvollziehbar zu dokumentieren. Dazu sollten der Änderungsstatus und der für die Änderung verantwortliche Mitarbeiter festgehalten und darauf geachtet werden, dass alte Anforderungen nicht einfach gelöscht, sondern durchgestrichen werden.

| Nr. | Beschreibung/Name der Anforderung | Bezeichnung (Variable) | Zahlenwert (mit Toleranz) | | | Einheit (phys.) | Verantwortlicher | Datum | Änderungsverfolgung | | |
|---|---|---|---|---|---|---|---|---|---|---|---|
| | | | min. | exakt | max. | | | | Was Warum | Wer | Datum |
| 1 | Geometrie | | | | | | | | | | |
| 1 | Gewicht | M | | | 3,00 | kg | A/D | 05.02.08 | | | |
| ~~2~~ | ~~Größe~~ | ~~h x b x t~~ | | | ~~800x500x600~~ | ~~mm~~ | ~~M/B~~ | ~~05.02.08~~ | | | |
| 2 | Größe | h x b x t | | | 600x150x200 | mm | | | neues Verpackungsmaß | M/B | 20.02.08 |
| 2 | Ergonomie | | | | | | | | | | |
| 1 | mit geringem Kraftaufwand bedienbar | F | | | 30,00 | N | H/K | 05.02.08 | | | |
| 2 | ohne weitere Hilfsmittel durchführbar | | | | | | R/U | 05.02.08 | | | |
| 3 | Pesonenbedarf | n | | | 1,00 | Mensch | S/F | 05.02.08 | | | |
| 4 | Anzahl der benötigten Hände | nH | | 1,00 | | Hand | R/U | 05.02.08 | | | |
| 3 | Termin | | | | | | | | | | |
| 1 | Entwicklungszeitraum | D | | | 9,00 | w | M/B | 05.02.08 | | | |

**Abb. 2-5.** Anforderungsliste am Beispiel eines Handstaubsaugers

Bei der Formulierung von Anforderungen haben sich folgende Empfehlungen in der Praxis bewährt: Die Angaben sollen lösungsneutral, positiv formuliert, klar und eindeutig sein. Die Anforderung „Korrosionsresistentes Gehäuse“ legt ein lösungsneutral formuliertes Ziel fest, die Formulierung „Gehäuse aus rostfreiem Stahl“ dagegen nicht. Daneben empfiehlt es sich, die Anforderungen zwar anspruchsvoll, aber erreichbar zu formulieren. Um die angestrebten Ziele besser kommunizieren und eine Ergebnisüberprüfung durchführen zu können, ist auf die Quantifizierbarkeit der Anforderungen zu achten. Bei komplexen Serienprodukten kann alternativ zu einer Liste auch eine Datenbank zur Verwaltung der Anforderungen herangezogen werden [Lindemann 2007].

## *2.2.2 Wie können Kundenanforderungen ermittelt werden?*

Die Einbeziehung des „**Kunden**“ (hier stellvertretend für einen bekannten oder die Gesamtmenge der potentiellen Kunden) in die Anforderungsklärung ist wesentlich, um ein markt- und damit kundengerechtes Produkt zu entwickeln. Wenn ein Produkt die Kundenwünsche nicht erfüllt, lässt es sich am Markt nicht verkaufen. Der Kunde ist somit die wichtigste Quelle für Anforderungen im Rahmen der Anforderungsklärung und sollte in den gesamten Entwicklungsprozess eingebunden werden.

Dabei ist es wichtig, ob es sich um eine kundenspezifische Entwicklung handelt (zum Beispiel Bremssysteme für Schienenfahrzeuge) oder um eine, bei der der Kunde anonym ist (Massenprodukte, beispielsweise Digitalkameras). Dies hat wesentlichen Einfluss darauf, wie der Kunde eingebunden werden kann. Während bei einer kundenspezifischen Entwicklung ein direkter Dialog mit dem Kunden möglich ist, muss bei anonymen Kunden beispielsweise mit Marktanalysen oder Lead-User-Analysen [Lüthje et al. 2004] zur Ermittlung ihrer Anforderungen gearbeitet werden. Um den Kunden in die Produktentwicklung einbeziehen zu können, muss dieser zunächst identifiziert werden.

Es gibt interne, das sind vor allem andere Abteilungen oder Unternehmensbereiche, und externe Kunden für die jeweilige Entwicklungsleistung. Diese Unterscheidung ist zur Identifizierung der Kundenanforderungen aber nicht differenziert genug. Besonders für Zulieferer ist es wichtig, die Wünsche ihrer verschiedenen Kunden zu berücksichtigen. Der Zulieferer eines Bremssystems für Schienenfahrzeuge muss beispielsweise die Anforderungen des Fahrzeugherstellers, des Betreibers des Fahrzeuges, des Fahrzeugführers und des endgültigen Nutzers, das heißt des Passagiers, aufnehmen. Diese können teilweise unterschiedlich oder sogar gegensätzlich sein. Der Fahrzeughersteller kann zum Beispiel das Bremssystem mit dem geringsten Anschaffungspreis bevorzugen, wohingegen für den Betreiber geringe Unterhalts- und Wartungskosten sowie eine hohe Verfügbarkeit von größerer Bedeutung sind. Der Fahrzeugführer wird besonders hohen Wert auf die einfache und eindeutige Bedienung der Bremse legen und der Passagier erwartet einen möglichst hohen Fahrkomfort. Die Berücksichtigung der Wünsche und Anforderungen all dieser Kunden ist eine Herausforderung. Die Identifikation dieser unterschiedlichen Anforderungen der verschiedenen Kunden beziehungsweise Nutzer eines Produktes kann beispielsweise durch die **Nutzerorientierte Funktionsmodellierung** [Lindemann 2007] unterstützt werden.

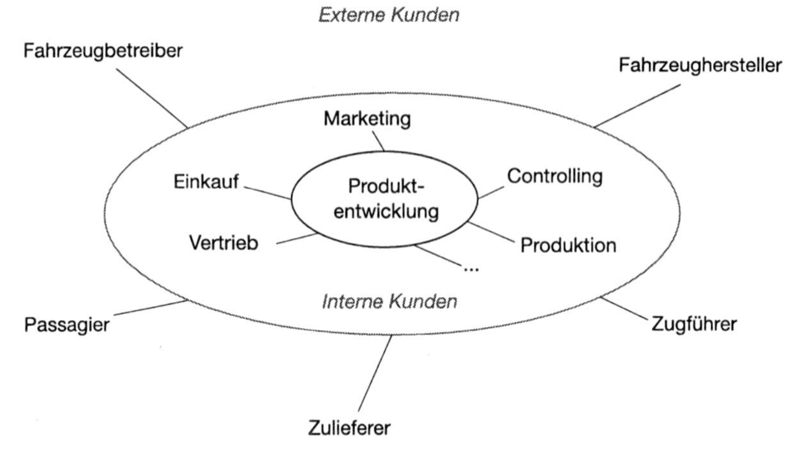


**Abb. 2-6.** Verschiedene Arten von Kunden und Nutzern am Beispiel Bremssystemhersteller

Neben der Identifikation der unterschiedlichen Kunden müssen die Anforderungen dieser Kunden erfasst werden. Dies stellt insofern eine Schwierigkeit dar, als Kunden häufig ihre Wünsche nicht als für den Entwickler umsetzbare technische Anforderungen formulieren. Vielmehr sind viele Anforderungen beim Kunden implizit vorhanden und ihm somit nicht bewusst. Zur Erfassung der Kundenwünsche ist es also notwendig, die impliziten Anforderungen zu ermitteln und aus der nicht-technischen Kundensprache in technische Anforderungen zu übersetzen. Eine weitere Schwierigkeit in Zusammenhang mit den Anforderungen der Kunden an das Produkt ist, dass diese für das Produkt in einem zukünftigen Markt geklärt werden. Für die Klärung der Anforderungen an ein Automobil bedeutet dies mehr als fünf Jahre in die Zukunft zu blicken, bei Flugzeugen kann diese Zeitspanne aufgrund des langen Betriebes Jahrzehnte betragen. An dieser Stelle ist auch die Antizipation der künftigen Anforderungen durch die Kunden schwierig, da keine Aussage über den Technologiestand zum Zeitpunkt der Markteinführung getroffen werden kann. Ein Bild der zukünftigen Entwicklungen auf dem Markt kann im Rahmen der strategischen Produktplanung beispielsweise durch die **Szenariotechnik** erarbeitet werden.

| | Anzahl Farben | Herstellkosten | Betriebsstunden | Leistung des Motors | Batterieleistung | Saugfläche | Gewicht | Entleerungs- bzw. Reinigungszeit | Leistungsverlust |
|---|---|---|---|---|---|---|---|---|---|
| Proportionen/Abmessungen | | - | | - | + | | + | | |
| Anzahl Farben | | - | | | | | | | |
| Herstellkosten | | | - | - | + | | - | | |
| Betriebsstunden | | | | | | | | | |
| Leistung des Motors | | | | | -- | + | -- | | |
| Batterieleistung | | | | | | | ++ | | |
| Saugfläche | | | | | | | | | - |
| Gewicht | | | | | | | | | |
| Entleerungs- bzw. Reinigungszeit | | | | | | | | | |

| | Proportionen/Abmessungen | Anzahl Farben | Herstellkosten | Betriebsstunden | Leistung des Motors | Batterieleistung | Saugfläche | Gewicht | Entleerungs- bzw. Reinigungszeit | Leistungsverlust | B Bedeutung | Erfüllung Eigenprodukt | Erfüllung Konkurrent A | Erfüllung Konkurrent B | Soll zukünftige Produkt | E Entwicklungsbedarf = Soll / Ist | V Verkaufspunkt | G Gewichtung = B*E*V |
|---|---|---|---|---|---|---|---|---|---|---|---|---|---|---|---|---|---|---|
| Variationsrichtung | - | + | - | + | + | - | 0 | - | - | - | | | | | | | | |
| Preis | 3 | 3 | 9 | 3 | 3 | 9 | | 3 | 3 | 3 | 8 | 6 | 4 | 4 | 5 | 0,8 | 1,0 | 6 |
| Verpackung | 1 | 1 | 1 | | | | | 3 | | | 7 | 5 | 5 | 5 | 6 | 1,3 | 1,5 | 13 |
| Design | 9 | 9 | 3 | | 1 | 1 | 3 | 1 | 3 | | 8 | 4 | 4 | 6 | 8 | 1,9 | 1,5 | 22 |
| Handhabung | 9 | | | | 1 | 1 | 3 | 9 | 9 | | 6 | 6 | 4 | 7 | 8 | 1,2 | 1,0 | 7 |
| Entleerung | 3 | | 3 | | | | | | 9 | | 8 | 4 | 6 | 6 | 8 | 1,8 | 1,0 | 15 |
| Saugleistung | | | 3 | 1 | 9 | 9 | 9 | 1 | | 9 | 8 | 5 | 5 | 6 | 8 | 1,7 | 1,5 | 20 |
| Materialien | 3 | 1 | 9 | 3 | | | | 3 | | | 8 | 6 | 5 | 6 | 6 | 1,1 | 1,0 | 9 |
| Betriebsdauer | | | 3 | | 9 | 9 | 3 | | | 3 | 7 | 6 | 5 | 7 | 6 | 0,9 | 1,0 | 7 |
| Lautstärke | | | 3 | | 9 | | 3 | | | | 4 | 6 | 5 | 6 | 4 | 0,7 | 1,0 | 3 |
| Lebensdauer | | | 9 | 9 | | | | | | | 8 | 6 | 7 | 6 | 8 | 1,5 | 1,5 | 17 |
| Technische Schwierigkeit | 4 | 1 | 8 | 3 | 2,00 | 2 | 2 | 7 | 9 | 9 | | | | | | | | |
| Absolute Bedeutung | 371 | 243 | 504 | 222 | 317 | 329 | 301 | 194 | 285 | 222 | | | | | | | | |
| relative Bedeutung [%] | 12% | 8% | 17% | 7% | 11% | 11% | 10% | 6% | 10% | 7% | | | | | | | | |

**Abb. 2-7.** House of Quality am Beispiel eines Handstaubsaugers

Ein umfangreiches Hilfsmittel zur Klärung, Übersetzung und Priorisierung von Kundenanforderungen ist das **Quality Function Deployment (QFD)** [Akao 1990, Danner 1997]. Das Quality Function Deployment ist in erster Linie dann hilfreich, wenn ein Vorgängermodell sowie nach Möglichkeit Konkurrenzprodukte zum Vergleich vorliegen. QFD ist eine sehr umfangreiche Methodik, die aus mehreren Einzelmethoden besteht, auf die genauer eingegangen wird. Zunächst wird eine Kundenumfrage bezüglich des bestehenden Produktes und einiger Konkurrenzprodukte durchgeführt. Dies kann mittels Fragebögen, Interviews, Lead-User-Analyse oder auch Expertengesprächen geschehen. Aus dieser Umfrage können die für die Kunden besonders wichtigen Anforderungen an das Produkt ermittelt werden. Die Ergebnisse der Kundenumfrage werden in eine Matrixstruktur, das House of Quality, eingetragen, das zur Visualisierung der Ergebnisse des QFD herangezogen wird. Dies ermöglicht eine Analyse der Stärken und Schwächen des eigenen Produktes im Vergleich zur Konkurrenz in Bezug auf die Bedeutung und

Erfüllung der Kundenwünsche. Nach einem Vergleich der Zufriedenheit der Kunden hinsichtlich des vorliegenden Produkts wird die Soll-Zufriedenheit der Kunden für das zukünftige Produkt festgelegt. Der Entwicklungsbedarf in Bezug auf die einzelnen Kundenwünsche ergibt sich aus dem Verhältnis von Soll- zur Ist-Zufriedenheit der Kunden mit dem Produkt. Weiterhin wird über eine Klassifizierung bestimmt, welcher der Kundenwünsche für das zukünftige Produkt als Verkaufsschwerpunkt dienen soll. Das Produkt aus der Bedeutung des Kundenwunsches, des Entwicklungsbedarfs und des Verkaufsschwerpunktes wird zur Gewichtung der Kundenwünsche herangezogen.

Die wesentlichen Kundenwünsche werden im House of Quality in die Zeilen eingetragen. In die Spalten werden technische Merkmale des Produktes aufgenommen, die die Kundenanforderungen erfüllen können. Als technische Merkmale werden in der Regel Merkmale des bereits existierenden Vorgänger- oder Konkurrenzmodells herangezogen, die zur Erfüllung der Kundenwünsche beitragen. Sie können aus einem **Funktionsmodell**, der **Baustruktur** oder anderen Systemanalysen abgeleitet werden. Bei der Entwicklung eines Handstaubsaugers kann die Kundenanforderung nach einfacher Handhabung beispielsweise durch die Eigenschaft „Gewicht kleiner als 1,5 kg“ (technisches Merkmal: „Gewicht“ mit der Ausprägung „kleiner als 1,5 kg“) erfüllt werden. Weiterhin wird festgelegt, ob die Ausprägung der technischen Merkmale für das Nachfolgeprodukt beibehalten, gesteigert oder reduziert werden soll. Im nächsten Schritt wird die Stärke der Abhängigkeit zwischen Kundenanforderungen und Produkteigenschaften in der **Verknüpfungsmatrix** dargestellt. Im genannten Beispiel besteht eine Verknüpfung zwischen einfacher Handhabung und dem Gewicht des Saugers, zu den Herstellkosten besteht aber keine Verknüpfung. Die Bedeutung der technischen Merkmale in Bezug auf ihren Beitrag zur Erfüllung der Kundenwünsche wird durch Bildung der Summe der Verknüpfungsstärken ermittelt (ungewichtet). Um auch der unterschiedlichen Gewichtung der Kundenwünsche gerecht zu werden, findet zuvor eine Multiplikation der Gewichtung der Kundenwünsche mit der jeweiligen Verknüpfungsstärke statt.

| | Proportionen/Abmessungen | Anzahl Farben | Herstellkosten | Betriebsstunden | Leistung des Motors | Batterieleistung | Saugfläche | Gewicht | Entleerungs- bzw. Reinigungszei | Leistungsverlust | G Gewichtung = B*E*V |
|---|---|---|---|---|---|---|---|---|---|---|---|
| Variationsrichtung | - | + | - | + | + | - | 0 | - | - | - | |
| Preis | 3 | 3 | 9 | 3 | 3 | 9 | | 3 | 3 | 3 | 6 |
| Verpackung | 1 | 1 | 1 | | | | | 3 | | | 13 |
| Design | 9 | 9 | 3 | | 1 | 1 | 3 | 1 | 3 | | 22 |
| Handhabung | 9 | | | | 1 | 1 | 3 | 9 | 9 | | 7 |
| Entleerung | 3 | | 3 | | | | | | 9 | | 15 |
| Saugleistung | | | 3 | 1 | 9 | 9 | 9 | 1 | | 9 | 20 |
| Materialien | 3 | 1 | 9 | 3 | | | | 3 | | | 9 |
| Betriebsdauer | | | 3 | | 9 | 9 | 3 | | | 3 | 7 |
| Lautstärke | | | 3 | | 9 | | 3 | | | | 3 |
| Lebensdauer | | | 9 | 9 | | | | | | | 17 |
| Technische Schwierigkeit | 4 | 1 | 8 | 3 | 2,00 | 2 | 2 | 7 | 9 | 9 | |
| Absolute Bedeutung | 371 | 243 | 504 | 222 | 317 | 329 | 301 | 194 | 285 | 222 | |
| relative Bedeutung [%] | 12% | 8% | 17% | 7% | 11% | 11% | 10% | 6% | 10% | 7% | |

**Abb. 2-8.** Verknüpfungsmatrix am Beispiel eines Handstaubsaugers

Im „Dach" des House of Quality werden die technischen Merkmale in einer **Korrelationsmatrix** dahingehend überprüft, ob und wie stark sie sich gegenseitig positiv oder negativ beeinflussen. Dies dient zur Ermittlung von **Zielkonflikten** in Bezug auf die Erfüllung der Kundenwünsche. Ein Zielkonflikt ergibt sich beispielsweise, wenn das Gewicht des Saugers reduziert, die Leistung des Motors aber erhöht werden soll.

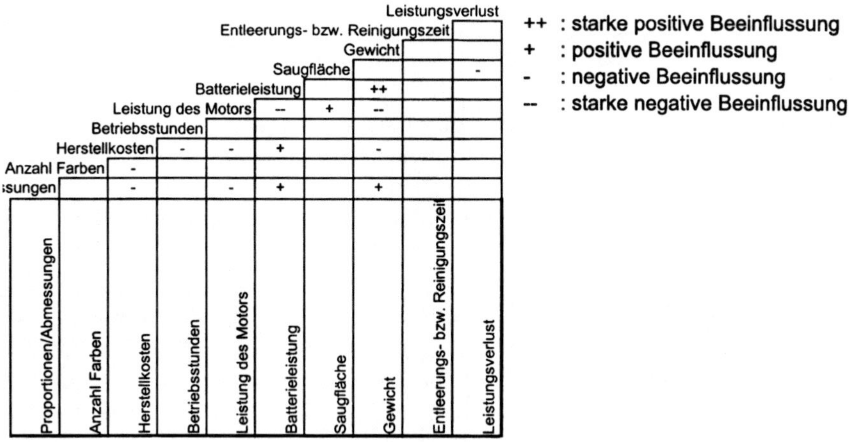

| | Anzahl Farben | Herstellkosten | Betriebsstunden | Leistung des Motors | Batterieleistung | Saugfläche | Gewicht | Entleerungs- bzw. Reinigungszeit | Leistungsverlust |
|---|---|---|---|---|---|---|---|---|---|
| Proportionen/Abmessungen | | - | | - | + | | + | | |
| Anzahl Farben | | - | | | | | | | |
| Herstellkosten | | | - | - | + | | - | | |
| Betriebsstunden | | | | | | | | | |
| Leistung des Motors | | | | | -- | + | -- | | |
| Batterieleistung | | | | | | | ++ | | |
| Saugfläche | | | | | | | | | - |
| Gewicht | | | | | | | | | |
| Entleerungs- bzw. Reinigungszeit | | | | | | | | | |

++ : starke positive Beeinflussung
+ : positive Beeinflussung
- : negative Beeinflussung
-- : starke negative Beeinflussung

**Abb. 2-9.** Korrelationsmatrix des Handstaubsaugers

Abschließend wird eingeschätzt, wie schwierig die technische Umsetzung der Merkmale sein wird und auf Basis der Darstellung der Ergebnisse im House of Quality entschieden, welche Entwicklungsschwerpunkte gesetzt werden sollen, um die Kundenwünsche optimal erfüllen zu können. Als besonders schwierig wurden im genannten Beispiel die Senkung der Herstellkosten und die Reduzierung des Saugergewichts angesehen, wohingegen die Realisierung von verschiedenen Gehäusefarben als leicht umsetzbar eingeschätzt wurde. Als Entwicklungsschwerpunkte wurden hier die Reduzierung der äußeren Abmessungen, die Senkung der Herstellkosten und die Steigerung der Motorleistung ausgewählt.

Außer der Einschätzung der technischen Schwierigkeit kann auch die Planung der zukünftigen Ausprägungen der Merkmale im Vergleich zu den aktuellen Konkurrenzprodukten im House of Quality vorgenommen werden.

Neben der Klärung von Kundenanforderungen zu Beginn der Produktentwicklung ist die Einbeziehung der Kunden über den gesamten Entwicklungsprozess wichtig. Die Einbindung in späteren Projektphasen kann beispielsweise durch eine Conjoint-Analyse [Gustafsson 2001] bei wichtigen Kunden hinsichtlich des Produktdesigns oder auch durch Prototypentests realisiert werden.

Auch in der Zusammenarbeit mit Entwicklern aus anderen Disziplinen besteht die Problematik, die Anforderungen der Entwickler aus unterschiedlichen Bereichen in eine technische Sprache zu übersetzen. Neben der Klärung der Fachbegriffe der einzelnen Bereiche ist es hier besonders wichtig zu beachten, dass in verschiedenen Disziplinen die gleichen Begriffe in unterschiedlicher Bedeutung genutzt werden. Bei der Entwicklung eines **mechatronischen** Produktes kann zum Beispiel der Informatiker den Begriff **Schnittstelle** für eine Softwareschnittstelle benutzen, wohingegen der Ingenieur den gleichen Begriff auch für den Übergang von der Entwicklung zur Fertigung verwendet. Findet die Anforderungsklärung in einem interdisziplinären **Team** statt, müssen spezifische Quellen für Anforderungen berücksichtigt werden, wie beispielsweise die Biokompatibilität von Werkstoffen in medizintechnischen Geräten.

Besonders in interdisziplinären Entwicklungsteams ist bei der Anforderungsklärung darauf zu achten, dass auch scheinbar selbstverständliche Anforderungen dokumentiert werden. Durch die unterschiedlichen Denkweisen in den Domänen und das unterschiedliche implizite Wissen können sich diese deutlich unterscheiden. Das heißt eine Anforderung, die für einen Elektrotechniker selbstverständlich ist, ist einem Maschinenbauingenieur vielleicht gar nicht bewusst und muss daher explizit geäußert und dokumentiert werden, um ein funktionsfähiges Produkt entwickeln zu können.

In internationalen Entwicklungsteams und auch bei der Entwicklung von Produkten für einen Markt in einem anderen Kulturkreis sind die kulturellen Unterschiede der Beteiligten zu beachten. Untersuchungen des Nutzerverhaltens von Teilnehmern mit unterschiedlichem kulturellen Hintergrund am gleichen Produkt haben hier deutliche Unterschiede aufgezeigt [Kim et al. 2007]. Dies bedeutet, dass bei der Klärung der Kundenanforderungen die Besonderheiten des Nutzerverhaltens unterschiedlicher kultureller Gruppen berücksichtigt werden müssen, um am Markt erfolgreich zu sein.

### *2.2.3 Wie können die geklärten Anforderungen strukturiert und priorisiert werden?*

Im Rahmen der Anforderungsklärung wird eine Vielzahl von unterschiedlichen Anforderungen in der **Anforderungsliste** dokumentiert, welche vom zukünftigen Produkt erfüllt werden müssen. Daher sollte der Entwickler, um die große Zahl an **Informationen** handhaben zu können, Schwerpunkte in seiner Entwicklungsarbeit setzen. Seine Aufgabe ist es in diesem Zusammenhang, sich auf die wesentlichen Aspekte zu konzentrieren, ohne die anderen Anforderungen aus dem Auge zu verlieren. Die Strukturierung von Anforderungen kann dabei helfen. Findet diese zielgerichtet statt, können spätere Änderungen am Produkt vermieden werden. Zur Strukturierung der Informationen in der Anforderungsliste können unterschiedliche Kriterien wie beispielsweise die Bedeutung der Anforderungen, **Funktionen**, **Module** oder Produktlebensphasen herangezogen werden. In der Literatur [Pahl et al. 2005, Breiing et al. 1993] findet sich auch die Unterscheidung von Anforderungen in Forderungen und Wünsche, wobei Wünsche in der Regel durch Minimal- oder Maximalanforderungen abgegrenzt werden.

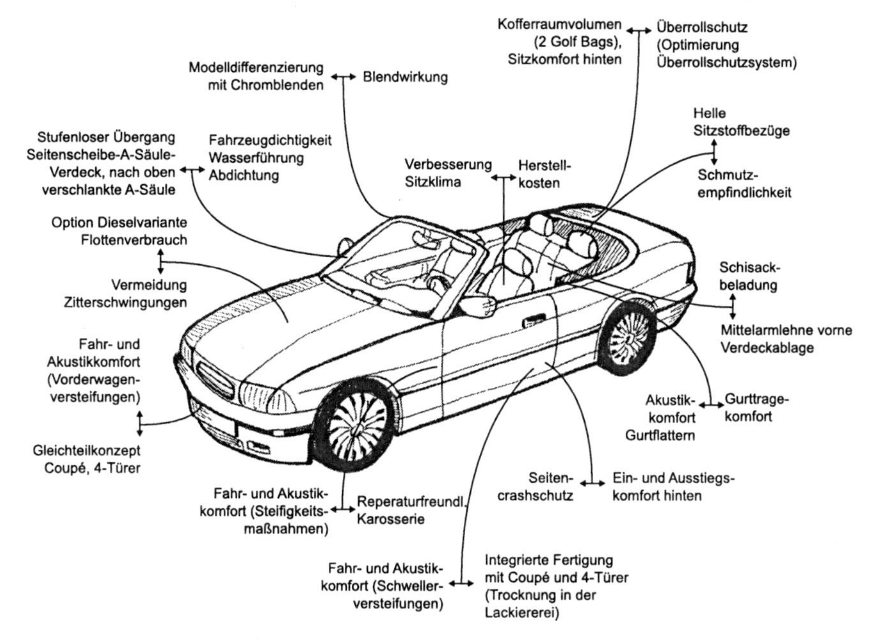


**Abb. 2-10.** Zielkonflikte beim PKW [nach Eiletz 1999]

Gerade zu Beginn der Produktentwicklung ist es schwierig, die Abhängigkeiten zwischen Anforderungen zu erkennen. Oft sind solche Abhängigkeiten auch indirekt und daher nicht leicht identifizierbar. Weiterhin werden Anforderungen meist sowohl für das Gesamtsystem als auch für Teilsysteme bestimmt, wobei sich Inkonsistenzen und Redundanzen ergeben können. Damit eine Anforderungsänderung nicht zu Inkonsistenzen führt ist es sinnvoll, die Anforderungsliste auf Doppelnennungen hin zu überprüfen und Redundanzen zu beseitigen. Dies ist durch die große Dokumentenflut, aus denen Anforderungen abgeleitet werden, bei komplexen Produkten eine umfangreiche, schwierige und oft nicht lösbare Aufgabe.

Nach der Bereinigung der Anforderungsliste können die Abhängigkeiten und Wechselwirkungen zwischen den Anforderungen genauer betrachtet werden. Dabei soll festgestellt werden, ob Anforderungen sich positiv oder negativ beeinflussen oder ob sie unabhängig voneinander sind. Bei sich negativ beeinflussenden oder widersprechenden Anforderungen spricht man von **Zielkonflikten**. Diese Zielkonflikte bilden Potenzial für Innovationen, sollten aber auch möglichst früh beseitigt werden, da sie, wenn sie nicht berücksichtigt werden, zu späten Änderungen am Produkt führen können. Oft wird aber eher nach einem **Kompromiss** gesucht als die Zielkonflikte aufzulösen. Wird versucht die Konflikte aufzulösen eignen sie sich gut zur Ableitung und Definition von Entwicklungsschwerpunkten. Zur Darstellung der Abhängigkeiten und Identifikation der Zielkonflikte eignen sich **Konsistenzmatrizen** und **Wirkungsnetze**. In der Konsistenzmatrix werden die Anforderungen des Produktes einander gegenübergestellt. In die Felder der Matrix werden die Abhängigkeiten der Anforderungen eingetragen. Dies kann dreistufig mit der Unterscheidung positive, negative und keine Beeinflussung geschehen oder es wird eine Gewichtung zur Darstellung der Stärke der Abhängigkeiten eingeführt. Wenn die Darstellung der positiven Beeinflussung der Abhängigkeiten zweitrangig ist, ist auch eine Fokussierung auf die Anforderungspaarungen möglich, bei denen sich Zielkonflikte ergeben oder bei denen je nach Ausprägung positive oder negative Beeinflussung auftritt. Da Zielkonflikte zwischen Anforderungen in der Regel ungerichtet sind und die Matrix somit symmetrisch ist, genügt es eine Hälfte der Matrix auszufüllen. Wird die Konsistenzmatrix unüberschaubar groß, ist es sinnvoll das **System** in Subsysteme zu unterteilen und für die einzelnen Teilsysteme die Konsistenzmatrix aufzustellen.

| | Hohe Flexibilität | Kein Materialbruch | Extrem große Bildschirmgröße > 1,5m * 0,6m | Geringe Leistungsaufnahme < 100W | Geringes Gewicht < 1kg | Hohe Leuchtkraft | Lange Lebensdauer |
|---|---|---|---|---|---|---|---|
| Hohe Flexibilität | | z | 0 | | | | z |
| Kein Materialbruch | | | 0 | | | | 0 |
| Extrem große Bildschirmgröße > 1,5m * 0,6m | | | | z | z | | |
| Geringe Leistungsaufnahme < 100W | | | | | | z | |
| Geringes Gewicht < 1kg | | | | | | | |
| Hohe Leuchtkraft | | | | | | | |
| Lange Lebensdauer | | | | | | | |

Z = Zielkonflikt
0 = Variierender Zusammenhang

**Abb. 2-11.** Ausschnitt der Konsistenzmatrix einer LED (**L**ight **E**mitting **D**iode, Leuchtdiode)

Im Wirkungsnetz, das durch eine Ableitung aus der Konsistenzmatrix erstellt werden kann, werden die unterschiedlichen Arten von Abhängigkeiten zwischen Anforderungen grafisch dargestellt. Es dient der Erhöhung der Systemtransparenz und ist übersichtlicher als die tabellarische Matrizenform. Es kann auch hilfreich sein, mit einem ersten Entwurf eines Wirkungsnetzes zu starten, um darauf aufbauend die Konsistenzmatrix zu befüllen.

Neben der Bereinigung der Anforderungsliste und Identifikation der Abhängigkeiten ist es ebenfalls notwendig, die Anforderungen für die Bewertung von **Lösungsalternativen** aufzubereiten. Dazu ist es wichtig zu klären, wie der Grad der Übererfüllung einzelner Anforderungen für die Bewertung der Alternativen gewertet werden soll.

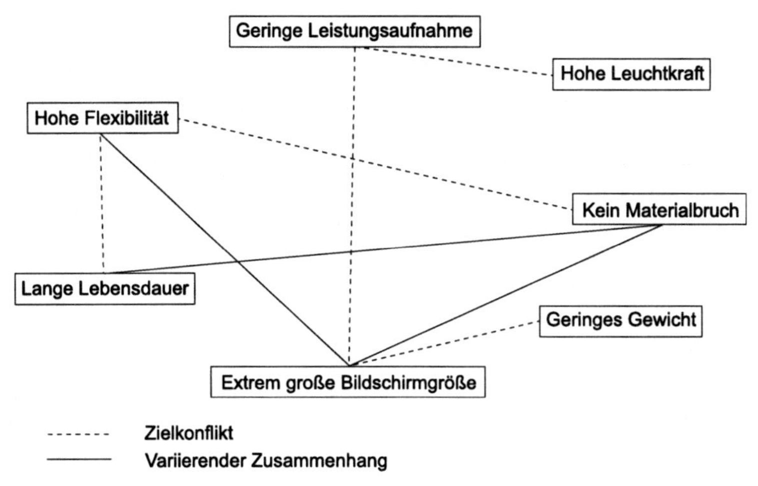


**Abb. 2-12.** Ausschnitt des Wirkungsnetzes einer LED (**L**ight **E**mitting **D**iode, Leuchtdiode)

Genauso sind Anforderungen als KO-Kriterien zum Ausschluss von Lösungsalternativen heranzuziehen. Eine Lösungsalternative muss alle gestellten Anforderungen erfüllen, um weiterverfolgt zu werden, ansonsten wird sie aus der Betrachtung ausgeschlossen. Die Strukturierung der Anforderungen sollte dabei früh vorgenommen werden, da sich dadurch einerseits Schwerpunkte für die Lösungssuche bilden und andererseits eine möglichst objektive Basis zur Lösungsbewertung geschaffen wird.

### *2.2.4 Wie können Anforderungen über den gesamten Entwicklungsprozess genutzt und erweitert werden?*

Die Nutzung und Erweiterung von Anforderungen über den gesamten **Entwicklungsprozess** ist notwendig, um ein erfolgreiches Produkt zu entwickeln. Nicht geklärte Anforderungen führen zu Produkten, die am Markt nicht akzeptiert werden. Daher ist es notwendig, die **Anforderungsliste** nach der Erweiterung und Detaillierung im Prozess immer wieder auf Inkonsistenzen und Unvollständigkeiten zu überprüfen.

Erforderlich ist der Umgang mit Anforderungen über den gesamten Prozess. Besonders bei neuartigen Produkten gestaltet sich die Klärung schwierig, da neue Anforderungsquellen erst gefunden und Kunden für das neue Produkt erst definiert und eingebunden werden müssen. Außerdem ergibt sich die Schwierigkeit, dass eine vollständige Anforderungsklärung und -quantifizierung nicht möglich und besonders in frühen Phasen auch nicht sinnvoll wäre. Werden zu Beginn die Anforderungen zu detailliert bestimmt und quantifiziert, sind sie meist nicht mehr lösungsneutral und verhindern somit eine freie, kreative Lösungsfindung. Es ist also das Ziel die Anforderungsliste stets so vollständig zu erhalten, dass keine wichtigen Anforderungen vergessen werden, diese aber gleichzeitig so lange wie möglich lösungsneutral zu belassen. Dies ist notwendig um **Freiheitsgrade** in der Entwicklung zu schaffen. Bei einer Neuentwicklung gibt es viele Freiheitsgrade und dementsprechend können viele lösungsneutrale Anforderungen formuliert werden. Bei Anpass- und Variantenentwicklungen wird zu großen Teilen auf bereits bestehenden Produkten aufgebaut, so dass die detaillierten, nicht mehr lösungsneutralen Anforderungen der unveränderlichen Systemelemente für die Anforderungsliste übernommen werden.

Um eine optimal vollständige Anforderungsliste zu erreichen, können verschiedene Maßnahmen ergriffen werden. In der ersten Klärungsphase kann durch erweiterte Recherchen von Normen, Patenten und Gesetzen eine optimale Sammlung der Anforderungen unterstützt werden. Durch die Einbeziehung von Betrachtungen des **Produktlebenslaufes** und der Erkenntnisse aus der Anwendung bereits produzierter und genutzter Produkte lassen sich ebenfalls neue Anforderungsquellen finden.

Im Requirements Engineering, einem Zweig des Software Engineering, wird empfohlen, bereits bei der Klärung zu definieren, in welchem Bereich oder welcher Abteilung und wann die einzelnen Anforderungen umgesetzt werden sollen [Deifel 2001]. Anforderungen, die zu Beginn nicht quantifiziert werden können oder besonders unspezifisch sind, sollten in der Liste markiert und während des Entwicklungsprozesses angepasst werden. Dieses Vorgehen bietet sich in der Entwicklung mechatronischer Produkte nur bedingt an, da aufgrund fehlender Informationen darüber, wie beispielsweise die Bauteile gefertigt werden sollen oder welche Funktion durch welche Domäne umgesetzt wird, eine solche Zuordnung nicht möglich ist. Hilfreich kann es zur Sicherstellung der Nutzung und Erweiterung der Anforderungen sein, diese mit Partialmodellen logisch und datentechnisch zu verknüpfen [Humpert 1995]. Eine solche Verknüpfung sorgt dafür, dass die für ein Modell relevanten Anforderungen jederzeit verfügbar sind, wodurch die Lösungsbewertung vereinfacht und der Aufwand zur Dokumentation und Aktualisierung verringert wird.

Abschließend wird auf den Umgang mit Anforderungen in den nach der Klärung folgenden Ebenen der Produktkonkretisierung eingegangen. Das **Funktionsmodell** eignet sich sowohl zur Erweiterung der Anforderungsliste als auch zur Konkretisierung der bis dahin erfassten Informationen. Dies ist darin begründet, dass durch die Funktionsmodellierung das Systemverständnis verbessert und so der Blick für neue Aspekte geöffnet wird, die auch noch nicht identifizierte Anforderungen aufzeigen können. Dabei werden Anforderungen in Bezug auf Funktionen konkretisiert, andere Anforderungen wie beispielsweise Fertigungsverfahren oder genaue Geometrien aber nicht weiter detailliert.

Im Rahmen der Konzeptfindung, in der die prinzipiellen Lösungen zur Umsetzung der Entwicklungsaufgabe gesucht und ausgewählt werden, wird die Anforderungsliste zum Teil erweitert, konkretisiert und die Anforderungen werden zur Bewertung von Teillösungs- und Konzeptalternativen herangezogen. Insbesondere nach der Konzeptentscheidung sollten die Produktanforderungen reflektiert, überarbeitet und konkretisiert werden. Je nachdem, welche Produktfunktion von welcher der Domänen Mechanik, Elektrotechnik oder Informatik umgesetzt wird, gestalten sich die **Ausprägungen**, teilweise auch die **Merkmale** der Anforderungen unterschiedlich. Wenn beispielsweise in der Konzeptentscheidung die Wahl auf einen elektrischen statt auf einen mechanischen Antrieb gefallen ist, ist in der Anforderungsliste festzulegen, welche Ströme und Spannung zulässig sind, anstatt zu bestimmen welchen Kolbendurchmesser und welche Anzahl Ventile der Verbrennungsmotor aufweisen soll. An diesem Punkt der Entwicklung wird also ein Teil der Anforderungen auf Grund der Konzeptentscheidung detailliert, andererseits kommen neue Anforderungen hinzu.

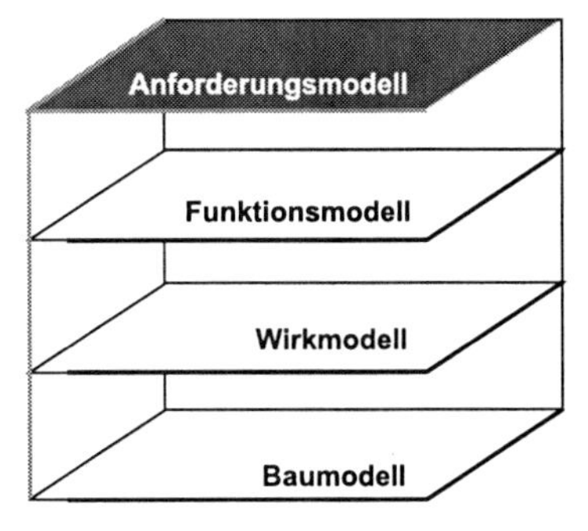


- *Klärung der Anforderungen zu Beginn*
- *Ableiten zusätzlicher Anforderungen*
- *Detaillierung und Ergänzung der Anforderungen nach Konzeptauswahl*
- *Iterative Erweiterung und Detaillierung der Anforderungen bei der Ausgestaltung des Produktes*

**Abb. 2-13.** Nutzung der Anforderungen auf den Konkretisierungsebenen

Auf der Ebene des **Baumodells** dienen die überarbeiteten Anforderungen in erster Linie der Überprüfung der Zielerreichung und damit erneut als **Bewertungskriterien** in der Entwicklung. In dieser Phase der Produktentwicklung werden die Anforderungen mit fortschreitender Ausgestaltung des Produktes iterativ mit wachsendem Wissen über das Produkt immer weiter konkretisiert.

Die Anforderungen an ein Produkt werden über den gesamten Entwicklungsprozess immer wieder verändert, angepasst, detailliert und teilweise sogar gestrichen. Wichtig ist aber in diesem Zusammenhang, dass Anforderungen, die sich unmittelbar auf den Kundennutzen des zukünftigen Produktes beziehen, in der Produktentwicklung unveränderbar sind, da die Erfüllung des Kundennutzens für den Erfolg des Produktes essentiell ist. Gleiches gilt für Normen, Gesetze und andere Rahmenbedingungen, die für die Markteinführung eingehalten werden müssen.

## 2.3 Entwicklung einer Schablonenvorrichtung für chirurgische Gelenkkorrekturen

Bei der chirurgischen Gelenkkorrektur wird bei Fehlstellungen der Hüfte der Hüftkopf vom Oberschenkelknochen getrennt und nach Entfernen eines Knochenkeils auf diesem neu orientiert. Auf diese Weise kann der Hüftkopf im Gelenk neu eingestellt werden. Durch die gewünschte Endposition des Hüftkopfes auf dem

Oberschenkelknochen wird die Lage und Ausrichtung der Schnittflächen des zu entfernenden Keils bestimmt. Der Operationserfolg wird maßgeblich von der Genauigkeit dieses Vorgangs bestimmt. Bisher hängt diese überwiegend von dem Augenmaß, dem räumlichen Vorstellungsvermögen und dem handwerklichen Geschick des Chirurgen ab.

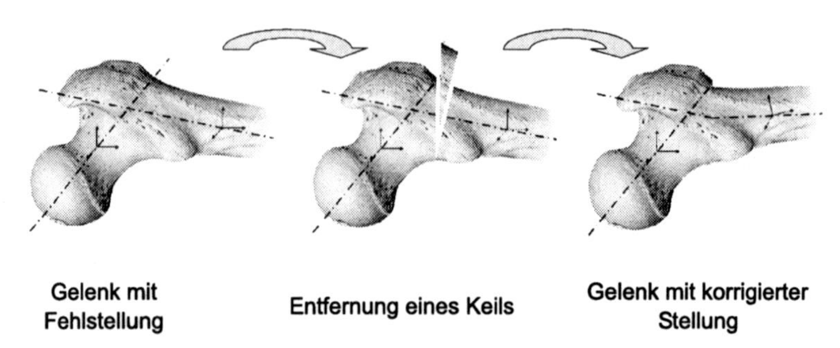


**Abb. 2-14.** Prozessschritte bei der Gelenkkorrektur [Jung 2006]

Um die Genauigkeit dieser Operation zu verbessern, wurde eine Software entwickelt, die mittels einer Computertomografie oder Röntgenaufnahmen des betroffenen Gelenkes ein vereinfachtes dreidimensionales Geometriemodell des Oberschenkelknochens erstellt. Anschließend wird dem Chirurgen ermöglicht, die gewünschte neue Position des Gelenkes mit Hilfe der Software zu definieren. Auf dieser Basis können die Schnittkoordinaten für den zu entfernenden Keil berechnet und auf eine Schablone übertragen werden [Jung 2006].

Die Schwierigkeit besteht darin, die virtuell errechneten Schnittflächen auf den realen Knochen zu übertragen, da zur eindeutigen Festlegung von Lage und Position sechs Freiheitsgrade übertragen werden müssen. Zur Übertragung der Schnittflächen auf den Knochen wird eine Schablone genutzt, die in sechs Achsen verändert und fixiert werden kann. Die Einstellung erfolgt in der Schablonenvorrichtung.

Der vorhandene Prototyp der Schablonenvorrichtung erfüllte die **Anforderungen** für einen operativen Einsatz nicht. Zu diesen nicht erfüllten Anforderungen gehörten die Stabilität, Genauigkeit, Kalibrierbarkeit und Sterilisierbarkeit der Schablone. Im Rahmen eines Entwicklungsprojektes wurde der existierende Prototyp optimiert und weiterentwickelt, um durch Vermeidung der Nachteile des Prototyps einen operativen Einsatz zunächst für Versuchszwecke zu ermöglichen. Zu Beginn dieses Projektes lagen bereits umfangreiche **Informationen** und Anforderungen über den ersten Prototypen vor. Diese konnten zur Analyse der Funktionsweise und des Aufbaus des Prototyps herangezogen werden, da das Funktionsprinzip beibehalten werden sollte. Diese Analyse diente in erster Linie der Verbesserung des Systemverständnisses der drei beteiligten Ingenieure, die zu Beginn des Projektes keine medizinischen Vorkenntnisse aufwiesen. Das Entwicklungsteam wurde durch einen Mediziner vervollständigt.

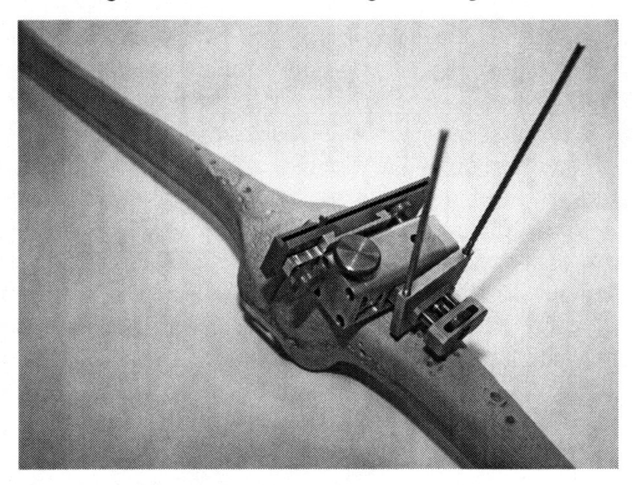

**Abb. 2-15.** Prototyp der Schablone am Knochen befestigt

Neben der Systemanalyse wurden auch die bereits bestehenden Anforderungen zusammengetragen und abgebildet. Weiterhin wurden im interdisziplinären Team die **Relationen** innerhalb des **Systems** analysiert und soweit möglich den bestehenden Anforderungen zugeordnet. Aus den Relationen, die keinen bestehenden Anforderungen zugeordnet werden konnten, wurden neue Anforderungen generiert. Außerdem wurden alle Anforderungen auf ihre formale und inhaltliche Richtigkeit hin überprüft, besonders in Hinblick auf ihre Ausprägungen.

Im Rahmen dieser Analyse wurden als wichtige zu berücksichtigende Systemelemente, die nicht direkt zum Produkt gehören, identifiziert: der Patient, der Bediener, die Sterilisation sowie die Software zur Ermittlung der Schnittflächen. Dementsprechend wurden einige neue Anforderungen ermittelt, die sich insbesondere auf die Sterilisation und die Bedienung beziehungsweise Wartung der Schablonenvorrichtung beziehen.

Am Beispiel der Sterilisation, die für den ersten Prototypen nicht berücksichtigt wurde, wird die Durchführung dieses Vorgehens zur Anforderungsklärung dargestellt. Die Sterilisation ist eine wesentliche Anforderung an die Schablonenvorrichtung für einen operativen Einsatz, die für den ersten Prototyp vernachlässigt wurde. Im Vorfeld der Klärung dieser Anforderung war zwar allen beteiligten Medizinern bewusst, dass die Teile, die direkt mit dem Patienten in Berührung kommen sterilisierbar sein müssen, jedoch nicht, dass die komplette Schablonenvorrichtung diese Anforderung erfüllen muss. Dieses wichtige Feld konnte also durch die intensive Anforderungsklärung aufgedeckt werden.

Weiterhin stellte sich heraus, dass die Wahl des Sterilisationsverfahrens Auswirkungen auf die **Ausprägungen** anderer Anforderungen hat. So müssen beispielsweise für die Gassterilisation flüchtige Schmierstoffe verwendet werden, bei der Dampfsterilisation dagegen nicht flüchtige, um ein Eindringen von Wasser in die geschmierten Bereiche der Vorrichtung zu vermeiden. Auch die Wahl der Materialien hängt von der Art der Sterilisation ab. Dieses Beispiel zeigt, wie die Detaillierung der in einer frühen Phase festgelegten Anforderung nach Sterilisierbarkeit Änderungen der Ausprägungen anderer Anforderungen in späteren Prozessphasen nach sich zieht. Anforderungen treten also teilweise lösungsabhängig auf beziehungsweise nehmen lösungsabhängig unterschiedliche Ausprägungen an.

Neben der Unterstützung bei der Identifikation wichtiger Anforderungen half dieses Vorgehen zur Anforderungsklärung insbesondere dem interdisziplinären Team bei der Entwicklung einer gemeinsamen Sprache beziehungsweise eines gemeinsamen Systemverständnisses. Gab es zu Beginn des Projektes Verwirrung, da für das gleiche Bauteil unterschiedliche Bezeichnungen genutzt wurden, so wurde dies durch die Dokumentation der Bauteilbezeichnungen in der Anforderungsliste vereinheitlicht.

## 2.4 Zusammenfassung

Anforderungen nehmen eine wichtige Stellung in der Produktentwicklung ein. Ihre Klärung, Detaillierung und Pflege erstreckt sich über den gesamten Entwicklungsprozess. Anforderungen beschreiben die Eigenschaften des späteren Produktes und geben den Rahmen für die Entwicklung vor. Die Anforderungen nach der Klärung zu strukturieren, weiter zu entwickeln und über den gesamten Prozess hinweg zu berücksichtigen ist wesentlich um ein marktgerechtes Produkt zu entwickeln. Ebenso ist die Einbeziehung des Kunden in die Anforderungsklärung und den folgenden Prozess wichtig. Nur wenn die Anforderungen der Kunden erfüllt werden, kann ein Produkt am Markt erfolgreich sein. Besonders deutlich wird dieser Punkt bei kundenspezifischen Produktentwicklungen. Die Gewährleistung des gewünschten Kundennutzens ist das Hauptziel der Produktentwicklung, weshalb Anforderungen, die sich unmittelbar auf den Kundennutzen beziehen, unveränderbar sind und als zentrale Punkte berücksichtigt werden müssen.

Der Umgang mit Anforderungen ist nicht trivial. Es gibt in der Regel eine große Anzahl von Anforderungen. Diese müssen konsistent für Gesamtsystem und Teilsysteme sein, beeinflussen sich gegenseitig und stehen teilweise sogar im Konflikt miteinander. Es ist wichtig, diese Zielkonflikte zu einem möglichst frühen Zeitpunkt aufzudecken, um späte Änderungen am Produkt zu vermeiden.

Anforderungen werden in der Anforderungsliste dokumentiert. Bei der Dokumentation sollten Anforderungen soweit möglich quantifiziert werden, um ihre Erfüllung leicht überprüfen zu können. Dies erleichtert auch die Bewertung von Lösungsalternativen, zu der Anforderungen als Bewertungskriterien herangezogen werden. Weiterhin ist darauf zu achten, die Anforderungen möglichst lösungsneutral zu formulieren, um eine Lösungseinengung und -fixierung in frühen Phasen zu verhindern. Mit fortschreitender Detaillierung des Produktes werden auch die Anforderungen detailliert und Anforderungen, die sich durch ausgewählte Lösungen ergeben, ergänzt.

# 3 Funktionsmodelle

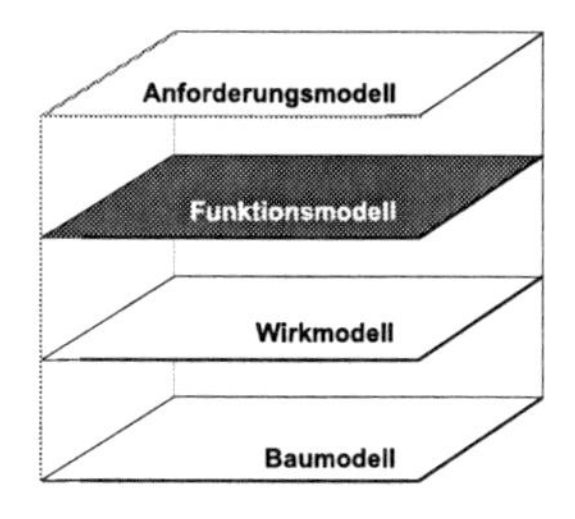


Bei der Funktionsmodellierung werden die Funktionen eines Produkts oder Systems in einem oder mehreren Modellen dargestellt. Dabei stehen die Analyse des Systems sowie die lösungsneutrale Erfassung und Beschreibung des Systemzwecks im Vordergrund – konkrete Realisierungs- und Umsetzungsmöglichkeiten werden nicht betrachtet. Ergebnis der Funktionsmodellierung ist das funktionale Konzept des Produkts in Form eines oder mehrerer Funktionsmodelle. Dieses Funktionskonzept definiert das Produkt in seinen wesentlichen funktionalen Eigenschaften und bildet die Grundlage für die weiteren Entwicklungsschritte auf Wirk- und Baumodellebene.

Um ein Funktionsmodell zu erstellen, wird zuerst die Gesamt- oder Hauptfunktion des Systems in abstrakter Form beschrieben und anschließend die zugehörigen Teilfunktionen ermittelt. In Funktionsmodellen werden die Haupt- und Teilfunktionen abgebildet und so der Funktionsumfang und die Funktionsweise eines Systems dokumentiert. Abhängig von der Sicht auf das System können unterschiedliche Arten und Darstellungsformen der Funktionsmodellierung zielführend sein. Zwei im Maschinenbau häufig eingesetzte Modellierungsarten sind das Umsatzorientierte und das Relationsorientierte Funktionsmodell. Das Umsatzorientierte Funktionsmodell fokussiert die Analyse der Stoff-, Energie- und Signalumsätze im System, das Relationsorientierte Funktionsmodell dient der Identifikation von Schwachstellen und Zielkonflikten und der Unterstützung der Lösungssuche.

Die Betrachtung eines Systems auf funktionaler Ebene ist essenziell für die weiteren Schritte der Produktkonkretisierung. So wird durch den hohen Abstraktionsgrad ein weites Lösungsfeld für technische Aufgabenstellungen eröffnet, da eine zu frühe Festlegung von Lösungen und Lösungsprinzipien (Vorfixierung) vermieden wird. Die systematische Lösungssuche durch die Variation eines Funktionsmodells ermöglicht weiterhin strukturell unterschiedliche Produktalternativen und bietet damit ebenfalls die Ausgangsbasis für innovative Lösungen. Bei der Suche nach Lösungsalternativen für Teilfunktionen können Lösungssammlungen in Form von Konstruktionskatalogen genutzt werden, die bewährte Lösungskonzepte für einzelne Teilfunktionen enthalten. Ferner werden Funktionsmodelle dazu eingesetzt, die grundlegende Systemarchitektur festzulegen. Dies geschieht über die Zusammenstellung der Teilfunktionen zu Funktionseinheiten sowie durch die Zuordnung von Teilfunktionen zu Funktionsträgern und Systemelementen.

## 3.1 Funktionale Betrachtung der Energie- und Informationsflüsse im Kraftfahrzeug

Der weltweit beobachtete Klimawandel führt zu vielfältigen Herausforderungen und Fragestellungen in Politik, Wirtschaft und Gesellschaft. Bei der Gestaltung technischer Systeme steht dabei der Energie- und Ressourcenverbrauch im Mittelpunkt. Für moderne Kraftfahrzeuge bedeutet dies, dass eine weitere Reduktion des Kraftstoffverbrauchs sowie der $CO_2$-Emissionen erreicht werden muss. Da bei Kraftfahrzeugen hohe Kraftstoffanteile neben der reinen Bewegung auch für Nebenverbraucher verwendet werden, reicht eine Optimierung des Verbrennungsmotors oder des Antriebsstrangs alleine nicht aus.

Im einem Forschungs- und Entwicklungsprojekt sollten Potenziale der Verbrauchsoptimierung von Pkws unter besonderer Berücksichtigung der Nebenverbraucher identifiziert und bewertet werden [Lindemann et al. 2007]. Um die energetischen Zusammenhänge im gesamten Fahrzeug und den tatsächlichen Energieverbrauch zu ermitteln, mussten zuerst alle relevanten Verbraucher und ihre Zusammenhänge identifiziert werden. Dazu wurde die funktionale Betrachtung des Systems in Form eines **Funktionsmodells** genutzt. Dazu mussten die verschiedenen Energie- und Informationsflüsse im Kraftfahrzeug (elektrisch, mechanisch, thermisch, chemisch, informationstechnisch) unterschieden werden.

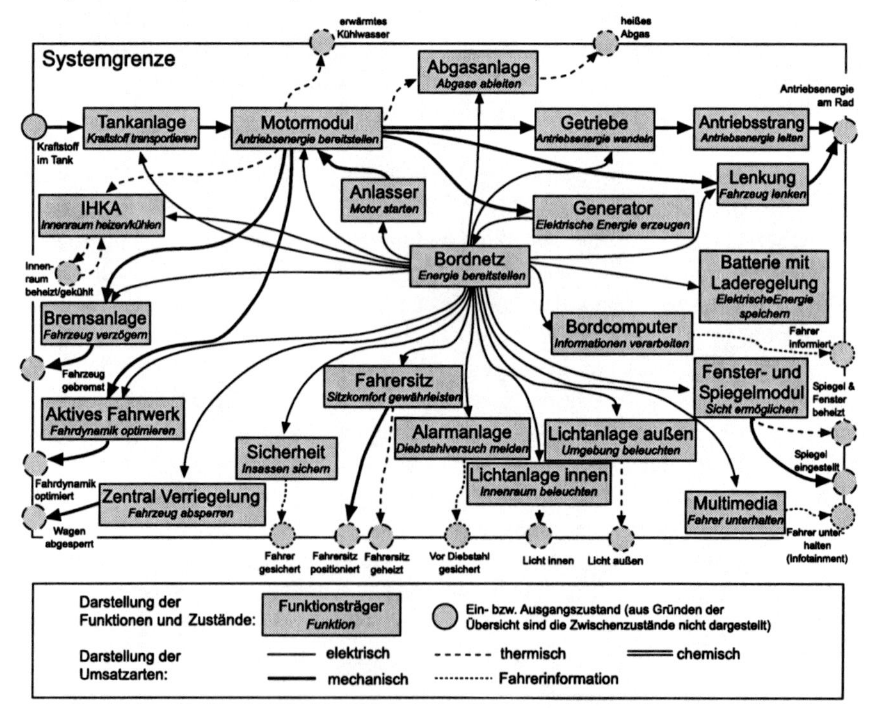


**Abb. 3-1.** Funktionale Betrachtung der Energieflüsse im Kraftfahrzeug; aus Gründen der Übersichtlichkeit sind Zwischenzustände nicht dargestellt [nach Lindemann et al. 2007]

Die Funktionen selbst wurden mit einer Kombination aus Substantiv und Verb sowie mit dem entsprechenden Verbraucher – entsprechend dem **Funktionsträger** im Kraftfahrzeug – beschrieben. Die unterschiedlichen Stoff- und Energieflüsse im System wurden in Anklang an die **Umsatzorientierte Funktionsmodellierung** dargestellt. In Ergänzung zur Nomenklatur Umsatzorientierter Funktionsmodelle war zusätzlich die Modellierung weiterer Umsatzarten sinnvoll, um eine möglichst differenzierte Betrachtung des Systems zu gewährleisten. So ermöglichte die Einführung der Umsatzarten Fahrerinformation und chemischer Umsatz eine ausgeweitete Analyse. Auf eine Betrachtung der Zwischenzustände zwischen den einzelnen Funktionen im System wurde aus Gründen der Übersichtlichkeit verzichtet, es wurden ausschließlich die Ein- und Ausgangszustände an der **Systemgrenze** modelliert.

Auf Grundlage der Funktionsmodellierung konnten die im Unternehmen vorhandenen Verbrauchskennwerte gesammelt und erforderliche Versuchsfahrten gezielt geplant, durchgeführt und ausgewertet werden. Die detaillierte Analyse der funktionalen Zusammenhänge sowie die Unterscheidung der unterschiedlichen Energieformen ermöglichte eine Aufteilung der Verbrauchsanteile für die mechanische, elektrische und thermische Energiebereitstellung im Kraftfahrzeug und die Zuordnung der Verbrauchsanteile zu einzelnen Funktionen im PKW.

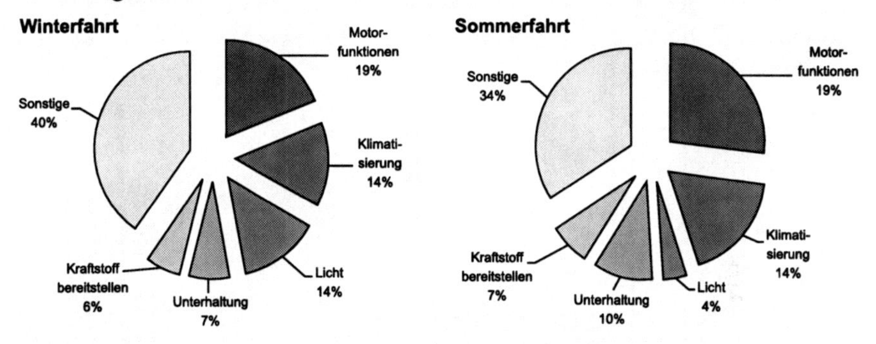


**Abb. 3-2.** Funktionsorientierte Verbrauchsauswertung der elektrischen Verbraucher in Kraftfahrzeugen für Winter- und Sommerfahrten im Stadtverkehr [Lindemann et al. 2007]

Der Einsatz des Funktionsmodells diente neben der technischen Analyse auch der Projektorganisation, da das System in handhabbare Module zergliedert wurde, die von Mitarbeitern verschiedener Fachdisziplinen (Konstruktion, Entwicklung, Simulation, Berechnung) und Domänen (Maschinenbau, Elektrotechnik, Softwaretechnik) bearbeitet werden konnten. Ferner konnte der gesamte Entwicklungsprozess, unabhängig von speziellen Lösungsansätzen und Realisierungen (lösungsneutrale Darstellung), gesteuert werden. Insgesamt stellte das Funktionsmodell während des gesamten Projekts – von der Analyse des Systems bis hin zur Planung der Messfahrten – das zentrale Modell dar, an Hand dessen sowohl technische Fragestellungen besprochen als auch das Projekt in seinem Ablauf organisiert und gesteuert werden konnte.

## 3.2 Methoden zur Funktionsmodellierung

Die **Funktionsmodellierung** stellt die erste Konkretisierungsstufe eines Produkts oder Systems nach Festlegung der Anforderungen dar. Grundlage und Ausgangspunkt für verschiedene Methoden zur Funktionsmodellierung ist die Definition einer technischen **Funktion** [Ehrlenspiel 2007, Pahl et al. 2005].

Eine **Funktion** ist eine am **Zweck** orientierte, lösungsneutrale, als Operation beschriebene Beziehung zwischen Eingangs- und Ausgangsgrößen eines **Systems**. Funktionen werden durch Kombination eines Substantivs mit einem Verb beschrieben.

Eine Funktion kann dabei über unterschiedliche **Wirkprinzipien** und technische Konzepte realisiert werden und stellt eine lösungsneutrale Beschreibung eines **technischen Systems** dar. Möchte man beispielsweise den Zweck eines Luftschiffs beschreiben, kann dies über die abstrakte Funktion Güter transportieren geschehen. Die Festlegung und Bezeichnung der Funktion Güter transportieren sagt dabei nicht aus, auf welchem Weg und nach welchem technischen Prinzip der Transport durchgeführt werden soll. So könnte die Funktion – neben der Realisierung über ein Luftschiff – auch über einen Ochsenwagen oder einen Lastkraftwagen umgesetzt werden.

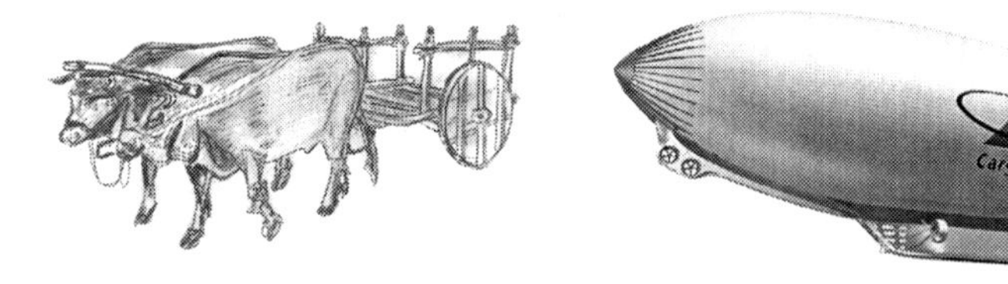


**Abb. 3-3.** Verschiedene Möglichkeiten zur Realisierung der Funktion „Güter transportieren“

Die Beschreibung und Abbildung der Funktionen eines Systems in einem Modell wird **Funktionsmodell** genannt. Funktionsmodelle werden häufig dazu eingesetzt, bestehende technische Systeme zu analysieren und in ihrer Funktionsweise zu durchdringen. Dabei kommt neben der Beschreibung und Ermittlung der einzelnen Funktionen der Vernetzung der Funktionen eine hohe Bedeutung zu. Vor allem bei komplexen Systemen stellt die Funktionsmodellierung ein geeignetes Werkzeug dar, um schrittweise das System in seine **Teilfunktionen** zu zergliedern und diese in ihrem Zusammenhang zu erfassen und abzubilden. Dadurch kann eine technische Aufgabenstellung frühzeitig analysiert und Arbeitsschwerpunkte können identifiziert und geklärt werden. Aber auch bei der Analyse von Systemen hinsichtlich **Zielkonflikten** und Verbesserungspotenzialen sowie **technischer Widersprüche** kann die Funktionsmodellierung unterstützend wirken.

Vor der Erstellung eines Funktionsmodells ist es entscheidend, bestehende funktionale **Anforderungen** an das Produkt zu sammeln und bei der Funktionsmodellierung einzubeziehen. Die funktionalen Anforderungen können sich beispielsweise aus einem Lastenheft, aus einem Pflichtenheft oder aus einer allgemeinen **Anforderungsliste** ergeben. In einem oder mehreren Funktionsmodellen wird anschließend der funktionale Aufbau des Systems analysiert und das **Funktionskonzept** dokumentiert. Aufbauend auf den Funktionsmodellen werden Wirkprinzipien zur Realisierung der Teilfunktionen gesucht und ausgewählt. Diese Wirkprinzipien bilden zusammen mit der Wirkgeometrie das Wirkmodell, das die entsprechende Funktion realisiert.

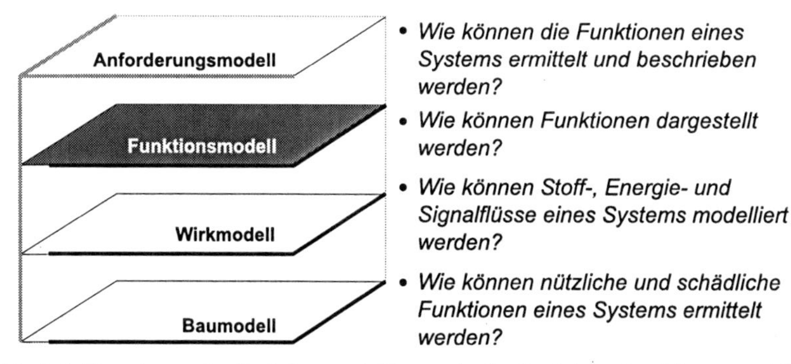


**Abb. 3-4.** Einordnung der Funktionsmodellierung in die Produktkonkretisierung und Übersicht über die Fragestellungen im Zusammenhang mit der Funktionsmodellierung

Die Funktionsmodellierung sollte besonders sorgfältig durchgeführt werden, da Defizite bei der Funktionsmodellierung durch Maßnahmen in nachfolgenden Entwicklungsschritten (Wirk- und Baulösungen) kaum oder nur mit sehr hohem Aufwand ausgeglichen werden können. Dies gilt umso mehr bei Entwicklungen mit hohem Innovationsanspruch, da die Festlegungen im Funktionsmodell entscheidenden Einfluss auf die **Systemarchitektur** und auf die Auswahl und Gestaltung des Wirk- und Baumodells haben. Da Funktionsmodelle oftmals den Ausgangspunkt für die Entwicklung von umfassenden Produkt- und Lösungsfamilien darstellen, ist ihr Einfluss nicht nur auf ein einzelnes Produkt oder System begrenzt.

Die Funktionsmodellierung dient neben der Systemanalyse auch der Lösungssuche. Die abstrakte Darstellung eines Systems auf Funktionsebene hat besondere Bedeutung bei der Suche nach Produktinnovationen, da eingefahrene Denkmuster durch den hohen Abstraktionsgrad aufgebrochen werden. Die Entwicklung von innovativen Lösungen kann zusätzlich durch die interdisziplinäre Lösungssuche gefördert werden. Hierfür stellen Funktionsmodelle als abstrakte Systembeschreibungen eine geeignete Ausgangsbasis dar, um ähnliche Funktionen in Systemen anderer Wissensgebiete wie beispielsweise der Biologie zu suchen und zu finden (**Bionik**). Weiterhin fördert die Erstellung eines Funktionsmodells im Team das gemeinsame Verständnis des Systems. Besonders bei Entwicklungen in interdisziplinären Teams stellt die abstrakte Beschreibung eine Arbeitsgrundlage bereit, die die Kommunikation und Abstimmung erleichtert.

### *3.2.1 Wie können die Funktionen eines Systems ermittelt und beschrieben werden?*

Als ersten Schritt bei der Funktionsmodellierung sind die Funktionen eines Systems zu ermitteln und zu beschreiben. Ausgangspunkt dafür sind das **Anforderungsmodell** und die darin enthaltenen funktionalen Anforderungen an das technische System.

Zur Ermittlung der Funktionen eines technischen Systems sind folgende **Grundprinzipien** des Denkens und Handelns [Lindemann 2007] von besonderer Bedeutung:

**Abstraktion:**

Denken in Funktionen heißt Abstrahieren und Arbeiten auf abstraktem Niveau. Hierbei werden nur die wesentlichen Aspekte eines Systems betrachtet (**Black Box Betrachtung**). Das für die jeweilige Zielsetzung Unwesentliche wird weggelassen. Eine Abstraktion muss immer zielgerichtet erfolgen. Im Beispiel eines Luftschiffes zum Transport von schweren Gütern bedeutet die abstrakte Betrachtung, dass das Luftschiff die Funktion Güter transportieren oder – auf einem noch höheren Abstraktionsgrad – die Funktion Stoffe bewegen/leiten realisiert.

**Zergliederung:**

**Gesamtfunktionen** lassen sich in **Teilfunktionen** gliedern, die durch ihr Zusammenwirken zur Erfüllung der Gesamtfunktion beitragen. Die Betrachtung einzelner Teilfunktionen bietet die Möglichkeit, nur Teilausschnitte des Systems zu analysieren und dadurch die Komplexität der Bearbeitung zu reduzieren.

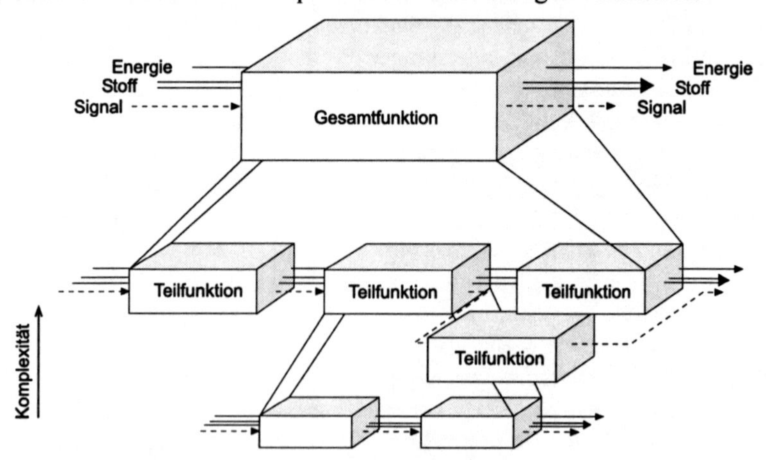


**Abb. 3-5.** Zergliederung von Funktionen [nach Pahl et al. 2005]

**Projektion (Sicht auf das System):**

Je nach Anwendungsfall und Entwicklungssituation können unterschiedliche Sichten auf das System im Fokus einer Funktionsmodellierung stehen. Folglich können für ein und dasselbe Produkt ganz unterschiedliche Funktionen und Funktionsmodelle ermittelt werden. Zu den bedeutendsten Sichten bei der Entwicklung technischer Produkte zählen:

- Betonung des Umsatzproduktes: Hier steht die Betrachtung von Umsatzprodukten im Vordergrund, wie es beispielsweise beim **Umsatzorientierten Funktionsmodell** der Fall ist. Dabei werden folgende Umsatzarten unterschieden:
  - Energieumsatz: mechanische, thermische, elektrische, chemische Energie
  - Stoffumsatz (auch Materialumsatz): Gas, Flüssigkeit, feste Körper
  - Signalumsatz: Messgröße, Steuerimpuls, Daten, Information
- Betonung der Relationen: Stehen die Beziehungen und Relationen von Funktionen untereinander im Mittelpunkt, so bietet sich die **Relationsorientierte Funktionsmodellierung** als Modellierungsmethode an. Hier werden Funktionen danach unterschieden, ob sie den **Systemzweck** oder eine andere Funktion im System positiv oder negativ beeinflussen, und werden dementsprechend als nützliche und schädliche Funktionen abgebildet.
- Betonung des Nutzers: Die Interaktionen des Nutzers mit dem System haben hier die höchste Bedeutung. So lassen sich Funktionen beispielsweise in Gebrauchsfunktionen oder Geltungsfunktionen einteilen. Die Zusammenstellung und Modellierung der Funktionen eines Systems aus Nutzersicht kann in einem **Nutzerorientierten Funktionsmodell** erfolgen [Lindemann 2007]. Bei dieser Modellierungsmethode werden ein oder mehrere Nutzer und deren Anwendungsfälle in Interaktion mit dem System skizziert. Alternativ zur Nutzerorientierten Funktionsmodellierung eignet sich die Abbildung der Funktionen aus Anwendersicht anhand von **Use-Case-Modellen** oder -Diagrammen. Use-Case-Diagramme werden häufig in der Softwaretechnik eingesetzt und sind eine Modellierungsart der **UML** (Unified Modeling Language) [Rumbaugh et al. 1993, Bruegge et al. 2000].

| Sicht auf das System | | Technische Funktion | Beispielsystem PKW |
|---|---|---|---|
| Umsatzart | Stoff | Fahrzeug bewegen | Hauptfunktion: Mobilität ermöglichen |
| | Energie | Energie wandeln | |
| Relation zur Hauptfunktion | Nützlich | Selbst zur Arbeit fahren | |
| | Schädlich | Menschen gefährden | |
| Nutzer | Gebrauchsfunktion | Einkaufstasche transportieren | |
| | Geltungsfunktion | Fahrgefühl genießen | |

**Abb. 3-6.** Unterschiedliche Sichtweisen auf die Funktionen eines Systems

**Konzentration:**

Da das System oder Produkt nicht in seiner Gesamtheit erfasst und modelliert werden kann, sind nur die wichtigen Teilaspekte zu betrachten. Dies führt zu einer Konzentration auf die wichtigsten Problemstellungen. **Hauptfunktionen** tragen dabei unmittelbar zur Gesamtfunktion des Systems bei, **Nebenfunktionen** tragen nicht zur Hauptfunktion bei, erfüllen aber weitere Funktionen im System. Eine konzentrierte Betrachtung der Hauptfunktionen ist zunächst sinnvoll, die weitere Vervollständigung und Detaillierung erfolgt dann schrittweise.

**Auswahl einer geeigneten Beschreibungsform:**

Ein weiterer Aspekt, der aber nicht unter die Grundprinzipien des Denkens und Handelns fällt, ist die Auswahl einer geeigneten Beschreibungsform für Funktionen. Die Beschreibung von Funktionen kann entweder verbal, grafisch oder aus einer Kombination aus verbaler und grafischer Beschreibung erfolgen. Dabei ist zu beachten, dass sich in verschiedenen Disziplinen, Branchen und Unternehmen unterschiedliche Symbole für die Beschreibung der Funktionen etabliert haben. So sind zur Beschreibung der Funktion eines Wasserhahns mehrere unterschiedliche Formen möglich.

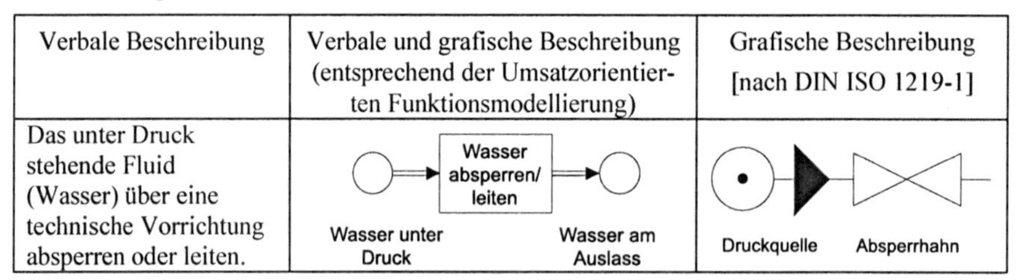

| Verbale Beschreibung | Verbale und grafische Beschreibung (entsprechend der Umsatzorientierten Funktionsmodellierung) | Grafische Beschreibung [nach DIN ISO 1219-1] |
|---|---|---|
| Das unter Druck stehende Fluid (Wasser) über eine technische Vorrichtung absperren oder leiten. | Wasser absperren/ leiten<br>Wasser unter Druck<br>Wasser am Auslass | Druckquelle<br>Absperrhahn |

**Abb. 3-7.** Unterschiedliche Beschreibungsformen für eine Funktion am Beispiel eines Wasserhahns

## *3.2.2 Wie können Funktionen dargestellt werden?*

Nach Ermittlung und Beschreibung der Funktionen können diese in verschiedener Form dargestellt und als **Funktionsmodell** dokumentiert werden. Die einfachste Form eines Funktionsmodells ist die Aufzählung der Funktionen in einer einfachen Liste (Funktionsliste). Ebenso ist aber auch die Erfassung der Funktionen in einem hierarchischen Funktionsbaum oder in einem Funktionsnetz möglich. Betrachtet man beispielsweise ein System aus Sicht der bearbeiteten Umsatzprodukte, können die Funktionen zuerst in einer Liste aufgezählt und anschließend in einem **Umsatzorientieren Funktionsmodell** in einer netzartigen Struktur abgebildet werden. Die Auswahl einer geeigneten Darstellungsform hängt stark vom

Anwendungsfall und der Entwicklungsaufgabe ab. Meist ist ein einzelnes Modell oder eine einzelne Darstellungsform nicht ausreichend. Durch die Erarbeitung unterschiedlicher Funktionsmodelle können mehrere Aspekte des Systems – auch aus unterschiedlichen Blickrichtungen – betrachtet werden.

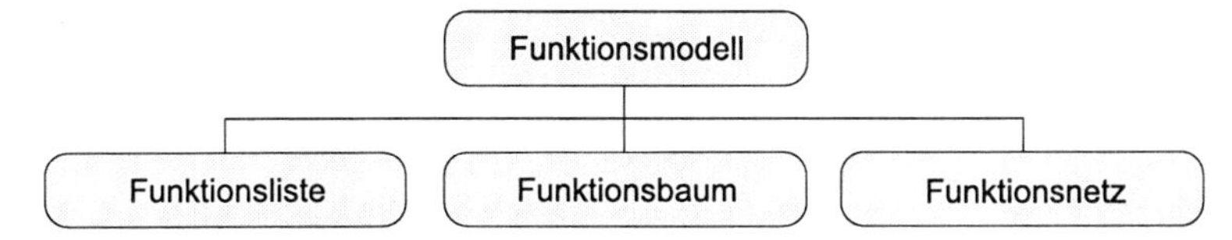


**Abb. 3-8.** Darstellungsformen von Funktionsmodellen

Für verschiedene Sichten und Projektionen auf ein System eignen sich die verschiedenen Darstellungsformen unterschiedlich gut. Stehen die Relationen der Funktionen untereinander im Vordergrund, ist eine Funktionsliste wenig geeignet, da die Darstellung der Verknüpfungen der Relationen nur in einem Netz entsprechend dokumentierbar ist. Ebenso ist die Abbildung bei der **Nutzerorientierten Funktionsmodellierung** vorrangig auf eine Vernetzung der Funktionen ausgelegt. Zur Dokumentation eines Umsatzorientierten Funktionsmodells eignen sich sowohl Listen zur Erfassung der Funktionen als auch eine hierarchische Ordnung der Funktionen oder die Abbildung der gesamten Umsatzflüsse des Systems in einem Funktionsnetz.

| | Umsatzorientierte Funktionsmodellierung | Relationsorientierte Funktionsmodellierung | Nutzerorientierte Funktionsmodellierung |
|---|---|---|---|
| Liste | x | O | O |
| hierarchische Struktur | x | O | O |
| netzwerkartige Struktur | x | x | x |

x gut geeignet
O bedingt geeignet
— nicht geeignet

**Abb. 3-9.** Auswahl möglicher Darstellungsformen von Funktionsmodellen

**Funktionsliste:**

Wenn die Teilfunktionen relativ unabhängig voneinander zu betrachten sind, bietet sich die Darstellung in Form einer Funktionsliste an. Eingesetzt werden Funktionslisten oftmals, um die zu betrachtenden Funktionen komplexer Systeme (beispielsweise die Funktionen eines Pkws) zu sammeln, bevor sie anschließend in einer vernetzten Darstellung abgebildet werden können.

**Funktionsbaum:**

Funktionsmodelle können hierarchisch als Funktionsbaum (auch Baumdiagramm genannt) aufgebaut werden. Den Ausgangspunkt bildet die **Gesamtfunktion** des Systems. Dieser Hauptfunktion sind die **Teilfunktionen**, welche zum Generieren der Hauptfunktion erforderlich sind, untergeordnet. Den Teilfunktionen sind weitere Teilfunktionen untergeordnet. Funktionsbäume bieten einen schnellen Überblick über zusammengehörige Funktionen, die auch Funktionseinheiten oder Funktionsmodule genannt werden. Darüber hinaus wird die hierarchische Abhängigkeit der Funktionen deutlich.

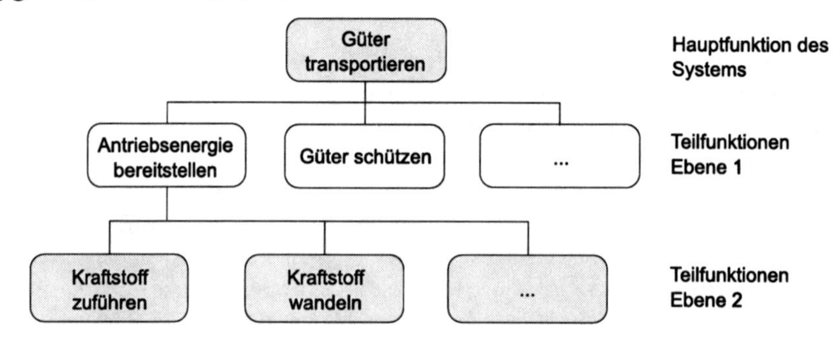


**Abb. 3-10.** Funktionsbaum am Beispiel der allgemeinen Funktion „Güter transportieren“

**Funktionsnetz:**

Funktionen treten häufig in netzwerkartigen Beziehungen zueinander auf. Deshalb ist die Darstellung der Funktionen in Form eines Funktionsnetzes oftmals sehr hilfreich. Je nach Domäne und Anwendungsfall können dabei unterschiedliche Darstellungsmöglichkeiten genutzt werden. So werden in der Pneumatik und Hydraulik die Funktionsweise und der flussorientierte Zusammenhang zwischen den Funktionen und Zuständen im sogenannten Funktionsschaltplan abgebildet. Aussagen zur genauen Umsetzung und Realisierung der **Funktionsträger** auf Wirk- und Baumodellebene werden noch nicht getroffen. Zur Beschreibung der Funktionsweise eines Elektronischen Stabilitätsprogramms (kurz: ESP) ist die Darstellung der mechanisch-hydraulischen Funktionalität notwendig. Ebenso ist aus regelungstechnischer Sicht die Abbildung der logischen Sequenzen der Steuerung entscheidend. Für den Funktionsschaltplan ist eine Modellierung nach DIN ISO 1219-1 [DIN ISO 1219-1] geeignet. Die Abbildung der Regelungs- und Steuerungstechnik kann beispielsweise nach der Modellierungssprache der ereignisgesteuerten Prozesskette (kurz: EPK) erfolgen [Scheer 2001].

Als allgemeine Beschreibungsformen für komplexe Systeme unterschiedlicher Domänen und Anwendungsgebiete in Form von vernetzten Funktionsmodellen eignen sich das **Umsatzorientierte** und das **Relationsorientierte Funktionsmodell**. Während bei der Umsatzorientierten Funktionsmodellierung der Fokus auf einer Betrachtung des Umsatzproduktes liegt, werden bei der Relationsorientierten Funktionsmodellierung die Beziehungen der Funktionen untereinander betont. Eine Auswahl bezüglich dieser beiden Modellierungsmethoden kann nach verschiedenen Kriterien erfolgen. Für das Umsatzorientierte Funktionsmodell gilt als oberste Prämisse immer die lösungsneutrale Modellierung eines Systems, der Hauptfokus liegt auf der Analyse von Systemen. Das Relationsorientierte Funktionsmodell basiert hingegen auf der Analyse einer bereits existierenden Lösung hinsichtlich existierender **Zielkonflikte** und **technischer Widersprüche** und dient den späteren Handlungsschritten bei der Lösungssuche (Handlungsorientierung). In beiden Modellierungsarten sind die Abbildung von zeitlichen Abläufen sowie die Abbildung von logischen Abhängigkeiten nur bedingt möglich. Eine flussorientierte Sichtweise ermöglicht vor allem die Umsatzorientierte Funktionsmodellierung durch die Betrachtung der verschiedenen Umsatzprodukte. Zur Betrachtung von Gebrauchs- und Geltungsfunktionen eignet sich die Relationsorientierten Funktionsmodellierung durch die Unterscheidung nach nützlichen und schädlichen Funktionen.

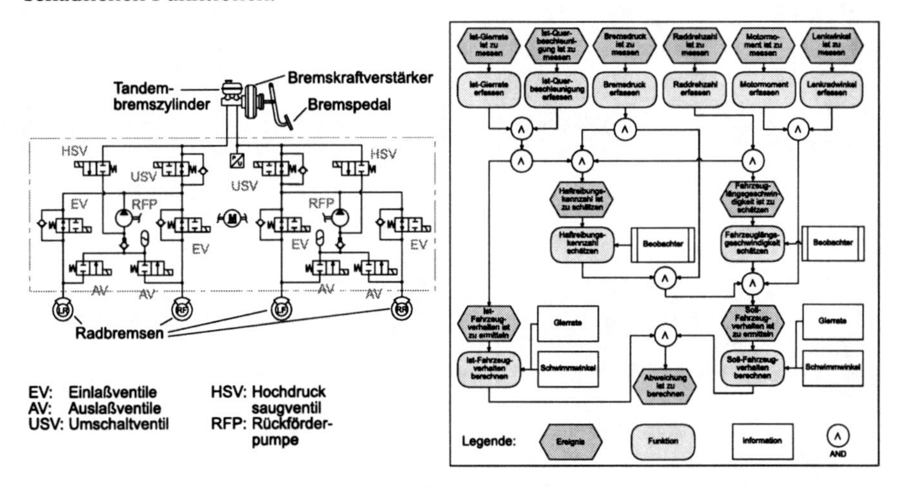


**Abb. 3-11.** Unterschiedliche Darstellungsformen von Funktionsnetzen am Beispiel eines elektronischen Stabilitätsprogramms (ESP) bei Kraftfahrzeugen.

### *3.2.3 Wie können Stoff-, Energie- und Signalflüsse eines Systems modelliert werden?*

Die **Umsatzorientierte Funktionsmodellierung** 🗐 [nach Ehrlenspiel 2007] dient der Beschreibung der Eigenschaftsänderungen von Umsatzprodukten. Sie ist gut geeignet, Systeme mit Stoff-, Energie- und Signalflüssen darzustellen. Diese Modellierungsmethode unterstützt schwerpunktmäßig die Analyse von Systemen bei komplexen Zusammenhängen. Grenzen der Eignung Umsatzorientierter Funktionsmodelle liegen in der Abbildung dynamischer Vorgänge, wie dies beispielsweise bei über der Zeit veränderlichen Systemen nötig ist. Ferner stellt die Umsatzorientierte Funktionsmodellierung nur begrenzte Verknüpfungsmöglichkeiten bereit, um logische Zusammenhänge (beispielsweise Entscheidungsabfragen in der Regelungstechnik) abbilden zu können. Die Erstellung eines Umsatzorientierten Funktionsmodells gliedert sich in folgende Schritte:

1. Ziel der Funktionsmodellierung formulieren: Zu welchem Zweck soll das System modelliert werden?
2. Geeigneten Abstraktionsgrad festlegen, abhängig vom Zweck der Abstraktion: Konzentration auf die wesentlichen Aspekte.
3. **Systemgrenze** festlegen, die das System vom Umfeld trennt.
4. Hauptumsatz modellieren (Beschreiben der Zustände und Operationen im Hauptumsatz).
5. Nebenumsätze modellieren (Beschreiben der Zustände und Operationen in den Nebenumsätzen).
6. Verknüpfen der Nebenumsätze mit dem Hauptumsatz mittels Ergänzungs-, Bedingungs- und Prozesszuständen.

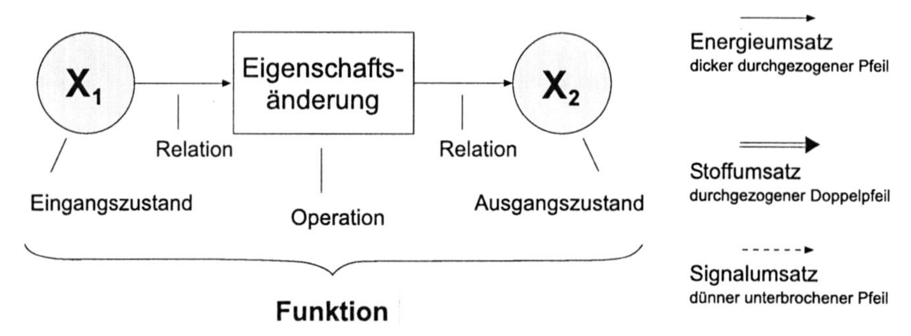


**Abb. 3-12.** Formaler Aufbau einer Funktion im Umsatzorientierten Funktionsmodell

Um ein Umsatzorientiertes Funktionsmodell zu erstellen, sind verschiedene Bausteine notwendig. Elementarer Baustein ist die Funktion, die über einen Eingangs- und einen Ausgangszustand und die zugehörige Operation (auch Eigenschaftsänderung genannt) beschrieben wird. Jede Funktion besitzt mindestens einen Eingangs- sowie einen Ausgangszustand und bewirkt eine Eigenschaftsänderung des Umsatzprodukts durch einen zugeordneten **Funktionsträger**. Dieser Funktionsträger wird in den späteren Konkretisierungsstufen durch ein Systemelement oder die Kombination aus mehreren Systemelementen realisiert. Relationen verknüpfen die Zustände mit den Operationen und können – je nach Umsatzprodukt – in die drei grundsätzlichen Umsatzarten Energieumsatz, Stoffumsatz und Signalumsatz eingeteilt werden. Im Funktionsmodell kommt dies durch eine entsprechende Kennzeichnung der Relationspfeile zum Ausdruck. Die Einzelfunktionen eines Systems werden bei einem Umsatzorientierten Funktionsmodell über Relationen zu einem Funktionsnetz (auch Funktionsstruktur genannt) verknüpft.

Um die Komplexität von Systemen zu beherrschen, werden bei der Umsatzorientierten Funktionsmodellierung die Umsätze in Haupt- und Nebenumsätze unterschieden. Dabei ist der Hauptumsatz der direkt am Systemzweck beteiligte Umsatz. Als Nebenumsätze werden Umsätze abgebildet, die nur indirekt zum Systemzweck beitragen oder an Operationen des Hauptumsatzes anknüpfen. Innerhalb eines Haupt- oder Nebenumsatzes herrscht nur eine Umsatzart vor; der Fluss des jeweiligen Umsatzprodukts darf nicht unterbrochen sein. Um unterschiedliche Nebenumsätze sinnvoll an den Hauptumsatz anbinden zu können, sind mehrere Verknüpfungsmöglichkeiten definiert.

- Ergänzungszustand: Ein Hauptumsatz führt zu einem Zustand in einem Nebenumsatz, der sich aufgrund von Gleichgewichtsbedingungen oder Erhaltungssätzen zwangsweise ergibt. Beispiel: Im Hauptumsatz wird ein Drehmoment in einem Getriebe gewandelt, das entstehende Reaktionsmoment muss im Getriebegehäuse abgestützt werden (Nebenumsatz Reaktionsmoment abstützen).
- Bedingungszustand: Ein Zustand im Nebenumsatz ist notwendig für eine Operation im Hauptumsatz. Liegt dieser Zustand nicht vor, kann die Operation im Hauptumsatz nicht erfolgen. Beispiel: Der Anschluss zur Stromversorgung eines Elektromotors muss geschlossen sein, damit der Motor elektrische Energie in mechanische Energie wandeln kann.
- Prozesszustand: Ein Nebenumsatz knüpft an die Eigenschaftsänderung des Hauptumsatzprodukts an. Beispiel: Im Hauptumsatz wird ein Objekt transportiert, mittels eines Sensors wird die Position in einem Nebenumsatz ermittelt.

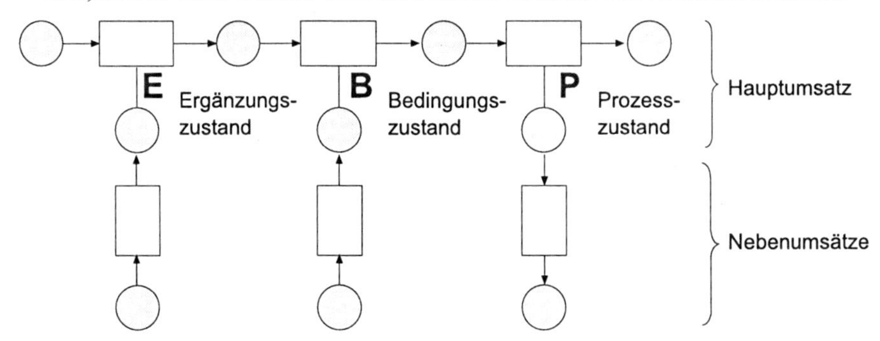


**Abb. 3-13.** Verknüpfung von Haupt- und Nebenumsätzen

Neben der Analyse von Systemen kann die Umsatzorientierte Funktionsmodellierung auch dazu verwendet werden, alternative Funktionsmodelle und Funktionskonzepte für ein Produkt oder System zu generieren. Dies kann systematisch an Hand der **Checkliste zur systematischen Variation des Funktionsmodells** 🗐 durchgeführt werden. Auf diesem Weg kann ein weites Lösungsfeld erarbeitet werden. Die Systematische Variation des Funktionsmodells wird besonders in folgenden Fällen eingesetzt:

- wenn intuitiv geprägte Methoden zur Lösungssuche durch eine systematische Lösungssuche ergänzt werden sollen,
- wenn zur Absicherung der eigenen Lösungen gezielt ein Alternativenfeld erzeugt und untersucht werden soll,

- wenn auf andere Weise keine geeigneten Lösungen gefunden oder generiert werden können,
- wenn Entwicklungsaufgaben mit besonderem Innovationsanspruch vorliegen, (Basisinnovationen, Neu- und teilweise auch Anpassungskonstruktionen),
- und wenn bewusst neue Lösungen beispielsweise aus Wettbewerbs- oder Schutzrechtsgründen mit besonderer Innovationshöhe erarbeitet werden sollen.

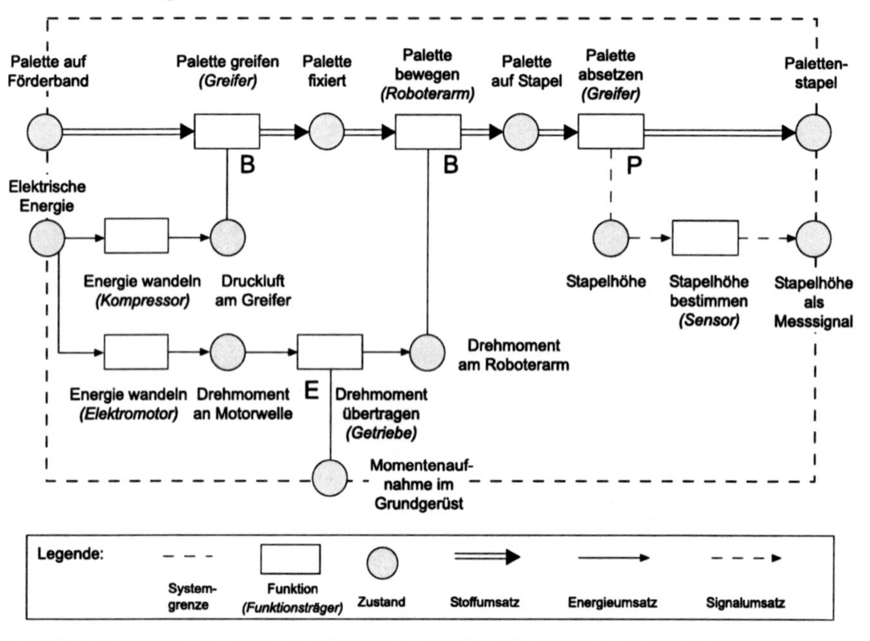


**Abb. 3-14.** Umsatzorientiertes Funktionsmodell am Beispiel eines Palettierroboters

Am Beispiel eines Montageroboters soll die grundsätzliche Struktur eines Umsatzorientierten Funktionsmodells erläutert werden. Dieser Roboter greift über einen pneumatisch betriebenen Greifer die Paletten, bewegt diese in Höhe und Lage zum Palettenstapel und setzt diese dort ab. Der Zustand „Drehmoment im Grundgerüst“ stellt einen Ergänzungszustand der Operation „Energie wandeln“ dar, da das Drehmoment der Bewegung des Roboterarmes im Gestell aufgenommen und abgestützt werden muss. Da die Operation „Palette greifen“ nur durchgeführt werden kann, wenn Druckluft am Greifer anliegt, stellt der Zustand „Druckluft am Greifer“ einen Bedingungszustand dar. Die Stapelhöhe der gestapelten Paletten wird direkt am Hauptumsatz als Prozessgröße abgegriffen und bestimmt. Diese Verknüpfung ist über einen Prozesszustand dargestellt.

### *3.2.4 Wie können nützliche und schädliche Funktionen eines Systems ermittelt werden?*

Die **Relationsorientierte Funktionsmodellierung** 🗐 dient dazu, die betrachtete technische Problemstellung als Vorbereitung zur Lösungssuche zu analysieren. Ziel ist es, aus einem Funktionsmodell heraus technische Problemstellungen zu formulieren, die weiter bearbeitet werden können. Die Art der Problemformulierungen gibt dabei oft bereits einen Hinweis darauf, wie das jeweilige Problem gelöst werden kann. Im Fokus einer Relationsorientierten Funktionsmodellierung stehen nicht die vollständige Modellierung eines Systems, sondern die Identifikation der wesentlichen Systemzusammenhänge und die Konzentration auf die wichtigsten technische Problemstellungen.

Bei der Relationsorientierten Funktionsmodellierung werden zwei Arten von Funktionen nach Art ihrer Beziehung zu den weiteren Systemfunktionen unterschieden. Funktionen, die dem Systemzweck zuträglich sind, werden als nützliche Funktionen dargestellt, Funktionen, die den Systemzweck stören oder negativ beeinflussen, werden als schädliche Funktionen abgebildet. Das Funktionsmodell wird durch die sinnvolle Verknüpfung der technischen Funktionen gebildet. Zur Verknüpfung der Funktionen stehen drei Relationsarten zur Verfügung, die in insgesamt vier unterschiedlichen Relationsmustern verwendet werden [Herb 2000].

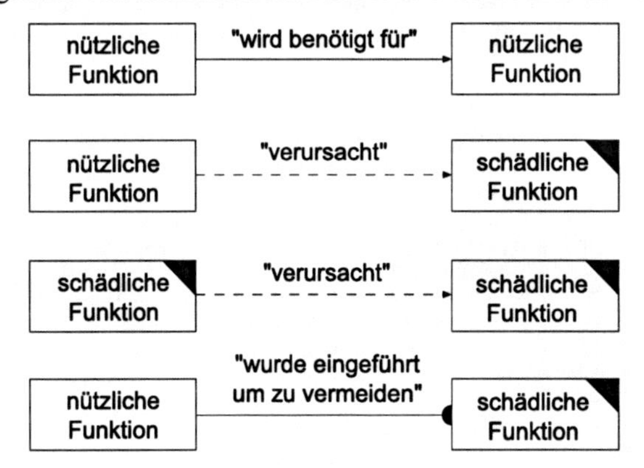


**Abb. 3-15.** Elemente und Symbole des Relationsorientierten Funktionsmodells

Der Aufbau des Funktionsmodells erfolgt durch systematisches Befragen des betrachteten technischen Systems [Terninko et al. 1997]. Die Fragestellungen bei Beginn der Modellierung sind:

1. Was ist die wesentliche nützliche Funktion des betrachteten Systems?
2. Was ist die wesentliche schädliche Funktion des betrachteten Systems?

Ausgehend von den beiden auf diesem Weg definierten Funktionen werden diese in einer zweiten Fragerunde wiederum systematisch befragt. Für jede Funktion wird geklärt, ob eine Relation zu einer weiteren Funktion besteht. Dazu werden folgende vier Fragen an die nützliche Funktion gestellt und das Funktionsmodell um die neu hinzugekommenen Funktionen ergänzt.

1. Wird diese nützliche Funktion für die Erfüllung einer weiteren nützlichen Funktion benötigt?
2. Verursacht diese nützliche Funktion irgendwelche schädlichen Funktionen?
3. Wurde diese nützliche Funktion eingeführt, um schädliche Funktionen zu unterdrücken?
4. Setzt diese Funktion die Erfüllung weiterer nützlicher Funktionen voraus?

Im Anschluss werden die vier Fragen analog an die wesentliche schädliche Funktion gestellt und das Funktionsmodell wird so erweitert. Die nun neu hinzugekommenen Funktionen werden in anschließenden Fragerunden ebenso untersucht. Diese Fragerunden werden im Allgemeinen etwa dreimal durchgeführt. Auf diese Weise wird ein technisches System aus Sicht der Relationen der Funktionen zueinander analysiert und in einem Funktionsmodell dokumentiert.

Im Anschluss an die Modellierung des Funktionsmodells können **Problemformulierungen** abgeleitet werden, die die zentralen Problemstellungen des Funktionsmodells aufgreifen und für eine Lösungssuche anregen. Unter Problemformulierungen werden Sätze verstanden, die die Suche nach Lösungen für das betrachtete technische Problem initiieren. Dazu eignen sich die **Prinzipien zur Überwindung technischer Widersprüche**, die **Lösungssuche mit physikalischen Effekten** oder allgemein Kreativitätstechniken [Lindemann 2007, Herb 2000].

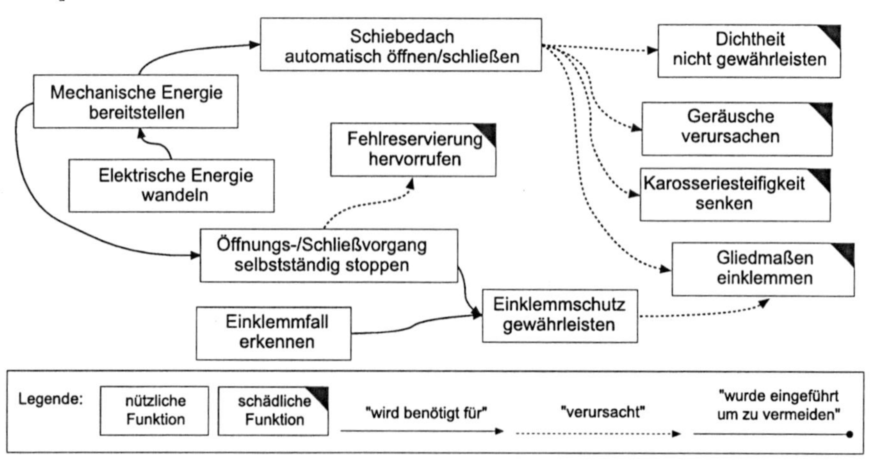


**Abb. 3-16.** Relationsorientiertes Funktionsmodell eines elektrischen Schiebedachs [nach Felgen 2007]

Am Beispiel eines Schiebedachs wird die Modellierung eines Systems aus Relationssicht verdeutlicht. Der Zweck und die wesentliche nützliche Funktion des Schiebedachs ist das automatische Öffnen und Schließen. Jedoch führt das Öffnen und Schließen des Schiebedachs zu weiteren schädlichen Funktionen. Dazu gehört beispielsweise die Gliedmaßen einer Person einzuklemmen. Um dies zu vermeiden, können weitere nützliche Funktionen wie etwa ein Einklemmschutz eingeführt werden. Weitere nützliche und schädliche Funktionen können analog zur beschriebenen Vorgehensweise identifiziert und abgebildet werden, so dass sich ein Funktionsmodell ergibt, in dem die Funktionen in ihren Relationen zueinander dokumentiert sind.

## 3.3 Beispiele zur Funktionsmodellierung

An zwei Entwicklungsprojekten werden Vorgehen, Einsatz und Nutzen der Umsatzorientierten und der Relationsorientierten Funktionsmodellierung vertieft. Beiden Projekten gemeinsam waren technische Herausforderungen in Kombination mit dem Ziel, innovative kostengünstige Lösungen zu entwickeln.

### *3.3.1 Funktionsanalyse und Entwicklung eines kostengünstigen Reinigungskonzepts für einen Pflanzenölkocher*

Die zunehmende Verknappung fossiler Brennstoffe macht die Entwicklung alternativer Konzepte zur Energiewandlung nicht nur für die hoch entwickelten Industrienationen, sondern auch für Schwellen- und Entwicklungsländer notwendig. Ein Beispiel eines Produkts, das auf den Einsatz nachwachsender Rohstoffe setzt, ist ein Pflanzenölkocher, der seit mehreren Jahren von einem der weltgrößten Hersteller für Hausgeräte speziell für Entwicklungsländer entwickelt wird [BSH 2006].

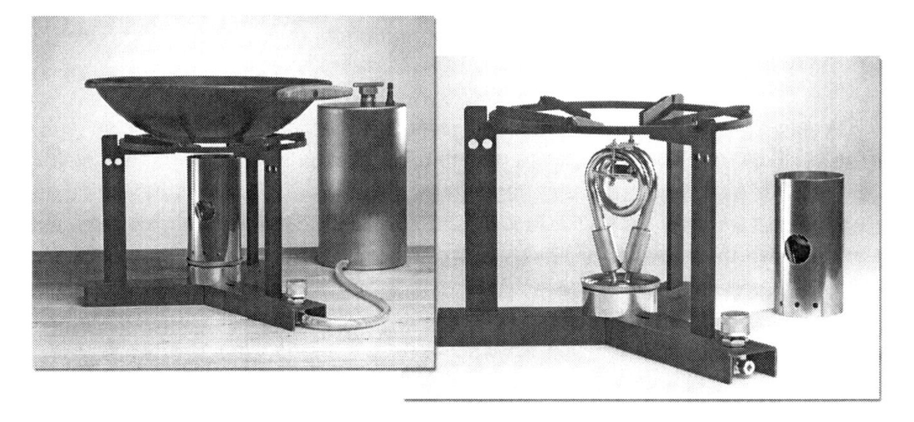

**Abb. 3-17.** Pflanzenölkocher für Entwicklungsländer mit Darstellung der Verdampferwendel (mit freundlicher Genehmigung der Bosch Siemens Hausgeräte GmbH)

Bei diesem Kocher wird flüssiges Pflanzenöl von einem Drucktank in den Verdampfer geleitet, wo es durch die Wärmezufuhr der Verdampferflamme in den gasförmigen Zustand übergeht. Dieser nun gasförmige Brennstoff vermischt sich mit Umgebungsluft, verbrennt und gibt so die benötigte Energie ab. Nachdem die prinzipielle Funktionsweise dieses Verfahrens in mehreren Forschungs- und Entwicklungsprojekten sichergestellt werden konnte, zeigten sich im praktischen Einsatz jedoch große Herausforderungen zur Reinigung der Verdampferwendel. Da bei der Umwandlung des Pflanzenöls in das Brenngas Nebenprodukte entstehen, die sich in der Wendel absetzen und diese zunehmend verengen, sollten in einem Entwicklungsprojekt Lösungen gefunden werden, die eine kostengünstige Reinigung der Wendel ermöglichen.

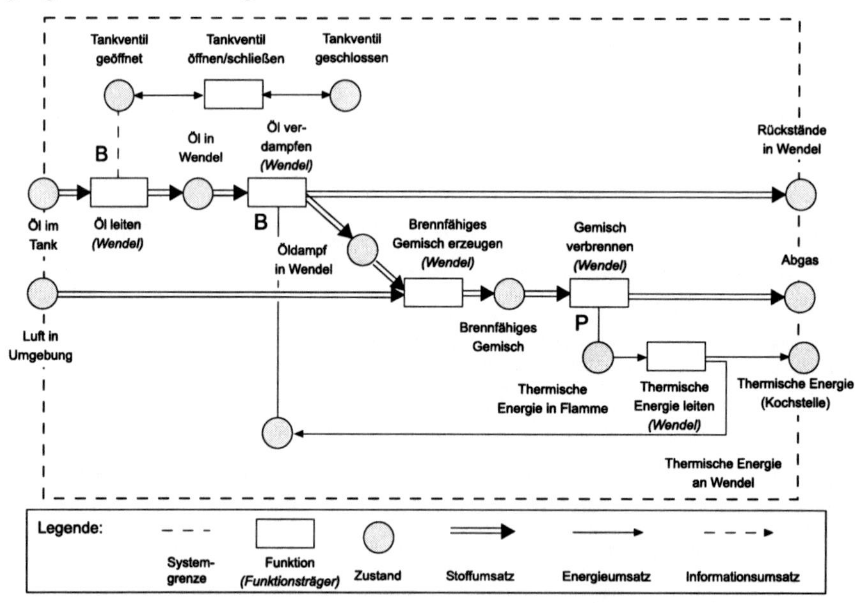


**Abb. 3-18.** Umsatzorientiertes Funktionsmodell eines Pflanzenölkochers

Die prinzipielle Funktionsweise des gesamten Kochers wurde in einem **Umsatzorientierten Funktionsmodell** abgebildet. Dieses **Funktionsmodell** stellte die Basis für die Lösungsfindung im weiteren Projekt dar. Da die Entwicklung eines Reinigungskonzeptes im Team stattfand, diente das Funktionsmodell dazu, ein gemeinsames Verständnis zur Funktionsweise des Kochers zu erlangen. Zur Suche von Lösungsalternativen wurde als erster Schritt in Erwägung gezogen, das Anlagern der Feststoffe im Rohr durch konstruktive Maßnahmen gänzlich zu vermeiden. Nach Rücksprache mit den Entwicklern des Funktionsprinzips des Kochers wurden hier jedoch die Freiheitsgrade eingeschränkt, da jegliche Änderung an Geometrie, Werkstoff oder Oberfläche des Wendelrohres negative Einflüsse auf den eigentlichen Verbrennungsvorgang haben könnte. Aus diesem Grund entschied man sich, nach konstruktiven Lösungen zum Entfernen der Feststoffe zu suchen. In mehreren Kreativitätssitzungen konnten hier **Lösungsalternativen** generiert werden, von denen die Reinigung der Wendel über einen Schlauch mit aufgesetzten Schneidkörpern die Lösung war, die bezüglich der Kriterien Reinigungswirkung und Kosten als die günstige Lösung bewertet wurde.

Die Funktion Wendel reinigen wurde anschließend in einem Funktionsbaum in weitere Teilfunktionen untergliedert. Der Dreck wird durch die Bewegung von Schneidkörpern gelöst. Um die Wirkung der Schneidkörper zu erhöhen, werden diese mit einem Schlauch, der aufgeblasen wird, auf den Dreck gedrückt. Die Schneidkörper und der Schlauch sind so verbunden, dass eine Bewegung des Schlauchs zu einer Bewegung der Schneidkörper führt. Da die Lösungsalternative der Reinigung mit einer Wendel bereits Festlegungen auf Wirkmodellebene trifft, konnten den Teilfunktionen **Funktionsträger** zugeordnet und dadurch eine mögliche Baustruktur der Reinigungsvorrichtung definiert werden.

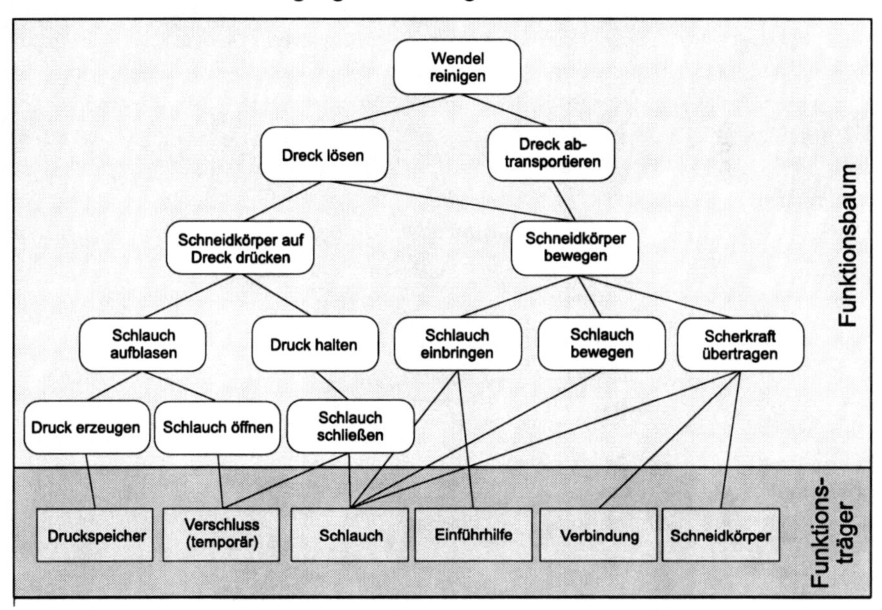


**Abb. 3-19.** Funktionsbaum der Reinigungsvorrichtung und Zuordnung der Funktionsträger

Insgesamt ermöglichte der Einsatz der **Funktionsmodellierung** die systematische Herausarbeitung der relevanten Funktionen des Pflanzenölkochers. Darauf aufbauend konnten innovative Lösungen mit besonders guter und regelmäßiger Reinigungswirkung innerhalb des definierten Kostenrahmens gefunden werden. Die Zuordnung der Teilfunktionen zu Funktionsträgern ermöglichte die Strukturierung einer ausgewählten Lösungsalternative und stellte die Basis für die weitere Produktkonkretisierung auf Wirk- und Baumodellebene dar.

### *3.3.2 Funktionsmodellierung und Generierung innovativer Lösungsideen für Bahnübergänge*

Bahnübergänge stellen das Kreuzen zweier grundsätzlich unterschiedlicher Verkehrskonzepte sicher: dem schienengeführten Bahnverkehr und dem straßengeführten Fahrzeug- und Personenverkehr (Individualverkehr). Dabei werden vielfältige Anforderungen an Bahnübergänge gestellt. Diese reichen vom Aufnehmen der Längs- und Querkräfte der darüber fahrenden Fahrzeuge bis hin zu einem Abführen des Oberflächenwassers. Die grundsätzlichen Konzeptunterschiede der sich kreuzenden Verkehrsarten führen jedoch auch zu **Zielkonflikten** bei der Gestaltung der Bahnübergänge. So wird beispielsweise für den Individualverkehr eine möglichst durchgängige Fahrbahn benötigt, für den Schienenverkehr sind hingegen Aussparungen für den Spurkranz der Züge notwendig. Weitere Anforderungen an die Gestaltung von Bahnübergängen ergeben sich aus dem Umfeld, in dem sich Bahnübergänge befinden. So ist bei Bahnübergängen in Wohngebieten die Lärmreduzierung eine Herausforderung, der über technische Konzepte begegnet werden muss. Bisherige Lösungen reichen von der Lagerung der Schienen in gummiartigen Materialien bis hin zur lärmoptimierten Gestaltung des gesamten Unterbaus der Schienenlagerung (beispielsweise als tiefabgestimmter Oberbau).

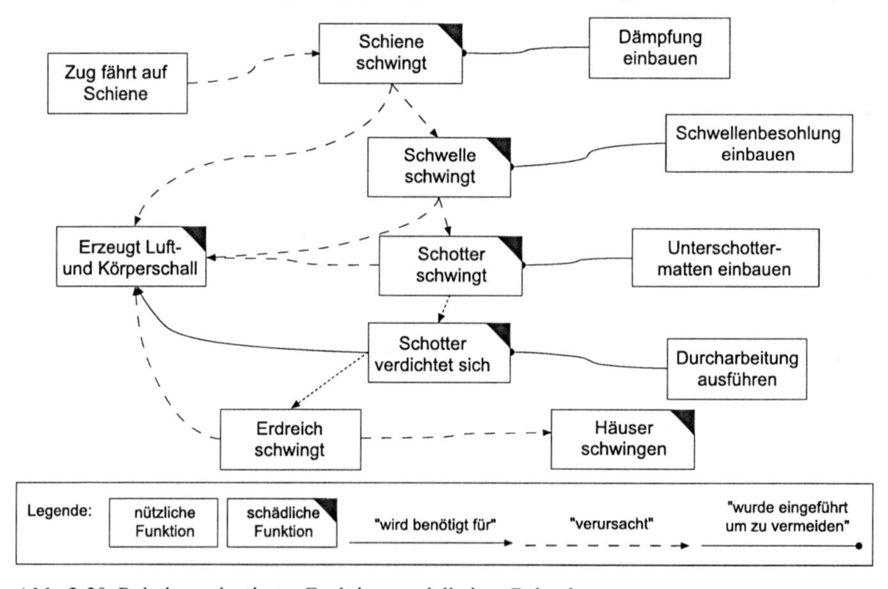


**Abb. 3-20.** Relationsorientiertes Funktionsmodell eines Bahnübergangs

In einem Entwicklungsprojekt sollten weitere innovative Konzepte erarbeitet werden, die unter anderem eine Lärmreduktion an Bahnübergängen sicherstellen. Randbedingung in dem Projekt war, als zentralen Werkstoff Gummi in das Lösungskonzept zu integrieren. In einem **Relationsorientierten Funktionsmodell** wurden dazu die grundsätzlichen Zusammenhänge zur Entstehung und Reduktion von Körperschall analysiert. Der **Systemzweck** und damit die zentrale nützliche Funktion ist das Fahren des Zuges auf der Schiene. Dies führt zur hauptsächlichen schädlichen Funktion des Schwingens der Schiene, was wiederum zu weiteren schädlichen Funktionen führt. Als Gegenmaßnahmen zu diesen schädlichen Funktionen wurden nützliche Funktionen wie der Einbau einer Dämpfung (Dämpfung der Schiene, spezielle Schwellenbesohlung oder Unterschottermatten) im Funktionsmodell abgebildet.

Im Anschluss an die Erstellung des Relationsorientierten Funktionsmodells wurden in einer Kreativitätssitzung zahlreiche **Lösungsideen** generiert. Um das Lösungsfeld noch zu erweitern, wurde das Relationsorientierte Funktionsmodell weiter genutzt, indem nach den Anweisungen zum Ableiten von **Problemformulierungen** diese Problemformulierungen aufgestellt wurden. Die Handlungsanweisungen, die sich aus der Funktionsmodellierung ergaben, waren folgender Natur: „Finde eine Möglichkeit, dass die Schiene schwingt, ohne dabei das Erdreich zu Schwingungen anzuregen." Diese Handlungsanweisungen konnten systematisch für die unterschiedlichen Funktionskonstellationen aufgestellt werden. Diese Funktionskonstellationen wurden anschließend mit den **Prinzipien zur Überwindung technischer Widersprüche** bearbeitet, um Lösungsideen auf Wirkmodellebene zu erarbeiten. Auf diesem Weg konnte eine Vielzahl an Ideen generiert werden. Ein mögliches Lösungskonzept stellt die Ausführung einer Unterschottermatte aus Gummi mit integrierter Wabenstruktur dar. Hier wird die nützliche Funktion „Unterschottermatte einbauen" genutzt, jedoch in einer konzeptionellen neuen Ausführung mit dem Werkstoff Gummi in verrippter Form.

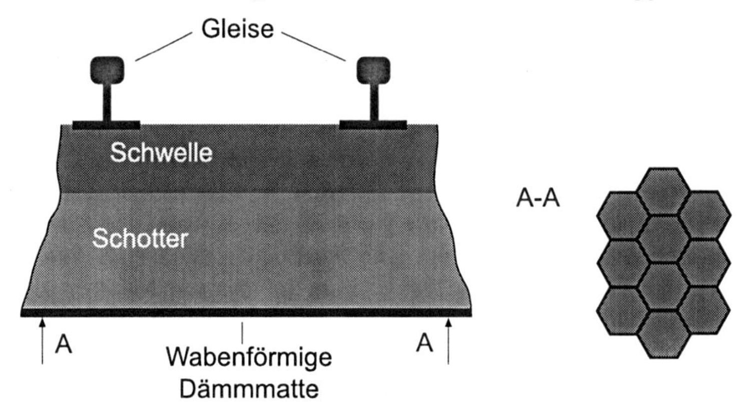


**Abb. 3-21.** Ausführung eines Bahnübergangs mit Gummimatten als Unterschottermatte in Wabenstruktur zur Lärmreduzierung (Schnittdarstellung durch das Gleisbett)

Beide Beispiele zeigen, dass die **Funktionsmodellierung** die Grundlage zur Analyse von Produkten und damit den Ausgangspunkt für innovative Lösungen darstellt. Durch die abstrakte Beschreibung auf Funktionsebene ist es gelungen, bisherige Lösungen nicht nur zu verbessern, sondern grundsätzliche neue Lösungsansätze zu finden. Die große Zahl an innovativen Lösungsideen rechtfertigte den Aufwand zur Entwicklung der Funktionsmodelle.

## 3.4 Zusammenfassung

Funktionsmodelle stellen eine wichtige Form von Produktmodellen dar. Im Fokus der Erstellung von Funktionsmodellen stehen die Analyse und das Systemverständnis des betrachteten Systems oder Produkts. Die Funktionsmodellierung basiert auf einem Denken in Funktionen, für das die Grundprinzipien Abstraktion, Zergliederung, Projektion und Konzentration zentral sind. Dadurch ist es möglich, im Rahmen der Problemklärung die wichtigen und entscheidenden Fragestellungen zu identifizieren und in einem Modell zu dokumentieren.

Funktionsmodelle können in unterschiedliche Darstellungsformen verschiedenen Zwecken dienen. Während bei einer einfachen Aufzählung der Funktionen in Form einer Liste der Überblick über den Funktionsumfang im Vordergrund steht, hat bei einer Darstellung der Zusammenhänge und Vernetzungen der Funktionen untereinander die Logik und das Systemverständnis hohe Bedeutung. Zur Darstellung von vernetzten Funktionsmodellen eignen sich für Produkte und Systeme aus dem Maschinen- und Anlagenbau die Umsatzorientierte und die Relationsorientierte Funktionsmodellierung. Bei der Anwendung der beiden Modellierungsarten sind verschiedene Regeln zur grafischen Darstellung und zum Vorgehen bei der Modellierung zu beachten. Die Relationsorientierte Funktionsmodellierung hat durch die Möglichkeit zur Aufstellung von Problemformulierungen sehr stark einen handlungsorientierten Charakter, außerdem steht das Finden von technischen Widersprüchen und Zielkonflikten im Vordergrund. Hauptziel des Umsatzorientierten Funktionsmodells ist es, das technische System zu analysieren, zu beschreiben und die Gesamtfunktion in Teilfunktionen zu gliedern. Für die einzelnen Teilfunktionen können über verschiedenen Methoden Realisierungsmöglichkeiten gesucht werden. Dazu zählt beispielsweise die Suche nach bereits bewährten Wirkprinzipien und Lösungen, wie sie in Konstruktionskataloge gesammelt sind.

Neben der Analyse von Systemen sowie der Vorbereitung der Lösungssuche können Funktionsmodelle zu weiteren Zwecken im Entwicklungsprozess genutzt und verwendet werden. So stellt die geordnete und strukturierte Zusammenstellung der Funktionen eines Produkts oder Systems die Basis einer Funktionskostenanalyse dar [Ehrlenspiel et al. 2005], die im Rahmen von Wertanalyseprojekten und zur Umsetzung des Target-Costing genutzt wird. Auch bei einem Einsatz von Methoden aus der Qualitätssicherung wie beispielsweise Quality Function Deployment (QFD) sind die Funktionen im Vorfeld zu erfassen und zu dokumentierten [Akao 1992, Danner 1996].

Damit kommt den Funktionsmodellen im Entwicklungsprozess eine hohe Bedeutung zu, da sie die Analyse und Beschreibung von Funktionsumfang und Funktionsweise eines Systems auf abstrakter Ebene ermöglichen. Im Funktionsmodell getroffene Festlegungen haben grundlegende Auswirkungen auf die gesamte Systemarchitektur (Module und Baugruppen des Systems) und auf die Realisierung der Teilfunktionen. Wird das Funktionsmodell nachträglich geändert, hat dies meist erheblichen Einfluss auf alle anderen Ebenen der Produktentwicklung.

# 4 Wirkprinzipien

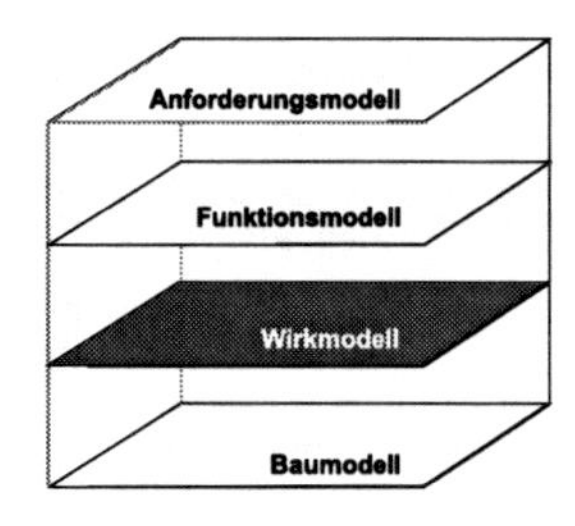


Basierend auf der Erstellung eines Anforderungsmodells in Form einer Anforderungsliste sowie alternativer Funktionsmodelle stellt die Entwicklung von Wirkmodellen den nächsten Schritt in der Produktkonkretisierung dar. Dabei sind mit dem Begriff Wirkmodell verschiedene Produktmodelle zusammengefasst, die sich mit der Darstellung prinzipieller Lösungen einer technischen Problemlösung beschäftigen. Im Wirkmodell sind für die Funktion relevante Aspekte einer Lösung abgebildet, was durch die Vorsilbe „Wirk" ausgedrückt wird. Während ein Funktionsmodell das Produkt noch lösungsneutral beschreibt, adressiert das Wirkmodell die grundsätzliche Realisierung der Produktfunktionen. Wirkprinzipien beziehen sich dabei auf Lösungsmöglichkeiten für Teilfunktionen. In einer Wirkstruktur beziehungsweise einem Wirkkonzept werden einzelne Wirkprinzipien zu einer Gesamtlösung verknüpft.

Durch die Darstellung der Lösung als Wirkmodell können Fixierungen auf konkrete Gestaltausprägungen vermieden werden, was die Chance auf Innovationen eröffnet. Jedoch ist die Erstellung von Wirkmodellen auch durch eine Reihe von Herausforderungen gekennzeichnet. Beispielsweise wird hier vom Produktentwickler ein gewisses Abstraktionsvermögen verlangt, da nur die wesentlichen funktionsrelevanten Aspekte einer Lösung abgebildet und alle anderen Details ausgeblendet werden.

Methoden zur Entwicklung von Wirkmodellen unterstützen den Entwickler dabei, sich von der konkreten Problemstellung zu lösen und auf abstrahierter Ebene vielversprechende prinzipielle Lösungsideen zu ermitteln. Dies geschieht häufig unter Einbezug von externer Information aus dafür geeignet aufbereiteten Sammlungen, beispielsweise Konstruktionskatalogen oder Sammlungen physikalischer Effekte. Auch die Integration von Information und Wissen aus anderen Disziplinen, zum Beispiel der Biologie, hilft dem Entwickler potenziell dabei, über die Bildung von Assoziationen zu neuen prinzipiellen Lösungsansätzen zu gelangen.

Ein Wirkmodell stellt auch ein Mittel zur Kommunikation zwischen Experten aus unterschiedlichen Disziplinen dar, insbesondere bei der Entwicklung mechatronischer Produkte. Hier werden die Weichen gestellt, wie die lösungsneutralen Funktionen im Produkt realisiert werden, ob eine bestimmte Funktion auf mechanische, elektronische oder softwaretechnische Weise umgesetzt wird. Natürlich sind auch Kombinationen denkbar. Je nach Disziplin geschieht die Darstellung von prinzipiellen Lösungen in einer anderen „Sprache" und kann unter anderem die Form von handgezeichneten Prinzipskizzen oder Schemata mit Standardelementen annehmen.

## 4.1 Optimierung des Antriebs einer Seilwinde

An Rettungshubschraubern der Bergwacht sind Seilwinden angebracht, um verletzte Personen in Situationen zu bergen, in denen ein Landen des Helikopters nicht möglich ist. An den Seilwinden kann man helfende Personen ablassen sowie die zu rettenden Personen nach oben ziehen. Da bei schweren Wirbelsäulenverletzungen keine ruckartigen Bewegungen auftreten dürfen, sind eine sanfte Beschleunigung sowie eine darauffolgende konstante Geschwindigkeit erforderlich. Besonders wenn das Seil unter Last während des Ablassens oder Aufziehens anhält oder die Bewegungsrichtung ändert, ist die Ruckfreiheit zu gewährleisten. Darüber hinaus müssen die Geschwindigkeit beziehungsweise die Beschleunigung feinfühlig geregelt werden können.

Der Antrieb des hier betrachteten Seilwindentyps besteht aus einem Elektromotor, welcher sein Drehmoment über ein Übersetzungsgetriebe und eine Einscheibentrockenkupplung auf die Abtriebswelle abgibt. Auf der Abtriebswelle ist die Seiltrommel verdrehfest gelagert. Beim Ablassen des Seils wird die Regulierung der Geschwindigkeit und der Beschleunigung von einer hydraulischen Bremse übernommen. Dabei wird der Antrieb mit dem Elektromotor mittels eines Freilaufs entkoppelt. Um das Seil wieder aufzuziehen, werden die Bremse langsam gelöst und der Antrieb sanft eingekuppelt. Nachdem komplett eingekuppelt ist, wird die Geschwindigkeit über die Drehzahl des Elektromotors geregelt. Um die Übergänge möglichst ruckfrei zu gestalten, wird die Kupplung in den Übergangsphasen im Schlupf betrieben.

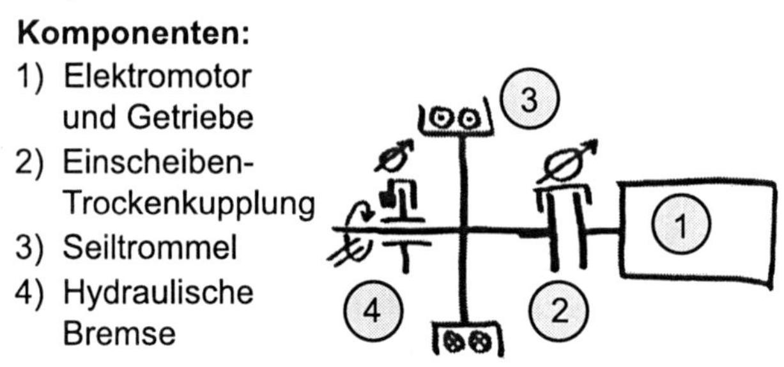


**Abb. 4-1.** Antrieb einer Seilwinde an Rettungshubschraubern

Die beschriebene Lösung enthält einige Schwachstellen. So wird zum Beispiel die Ruckfreiheit nicht zur vollen Zufriedenheit erfüllt. Besonders in Phasen, in denen das Seil erst eingezogen, dann angehalten und wieder abgelassen wird, treten durch den Antrieb initiierte Schwingungen auf. Auch der Verschleiß an der Kupplung aufgrund Reibung in den langen Schlupfphasen beim Anlaufen ist problematisch. Schließlich ist das System aufgrund der zusätzlichen hydraulischen Bremse sehr schwer, was sich negativ auf den Kraftstoffverbrauch des Rettungshubschraubers auswirkt.

Um die beschriebenen Schwachstellen zu beseitigen, wurde ein Projekt zur Entwicklung einer optimierten Lösung für den Antrieb der Seilwinde initiiert. Zunächst wurden folgende Anforderungen an das zu entwickelnde System formuliert: Es sollte ein ruckfreier Lauf realisiert sowie eine Gewichtsersparnis von mindestens 20 Prozent erreicht werden. Dies sollte bei gleich bleibenden oder nur geringfügig höheren Kosten geschehen. Zudem wurde eine Verringerung der Wartungsintervalle um 20 Prozent gefordert.

Zunächst gestaltete sich die Lösungssuche als wenig erfolgreich. Überlegungen hinsichtlich einer optimierten Geometrie der Kupplung wurden wieder verworfen, da diese Maßnahmen nicht die gewünschten Verbesserungen herbeigeführt hatten. Zwar konnte eine gewisse Gewichtsreduzierung erzielt werden, das Problem der Schwingungsanfälligkeit blieb jedoch. Der Übergang zu einer Transmissionsriemenkupplung hätte den Vorteil einer stufenlosen Einstellbarkeit des Drehmomentes gebracht, was einem sanften Anlauf zugute käme. Das Problem des hohen Verschleißes würde dadurch aber auch nicht gelöst, außerdem hätten nur geringe Kräfte übertragen werden können.

Da im ersten Schritt keine zufrieden stellenden Lösungen gefunden wurden, startete das Team eine intensive Recherche nach anderen möglichen Kupplungstypen. Durch die Nutzung verschiedener Quellen, wie beispielsweise Herstellerkatalogen und Patentdatenbanken, konnte eine Reihe von Kupplungstypen ermittelt werden, die auf alternativen physikalischen Effekten basieren. Während bei der Ausgangslösung die Übertragung des Drehmomentes zwischen Antriebs- und Abtriebsseite mittels Reibung realisiert wird, geschieht dies bei der Hysteresekupplung über magnetische Hysterese. Zwei permanentmagnetische Ringmagnete umschließen dabei eine Hysteresescheibe in der Mitte. Durch das auf die Hysteresescheibe wirkende Magnetfeld wird ein Drehmoment erzeugt. Da die Kupplung berührungslos ohne Reibung funktioniert, ist sie praktisch verschleißfrei.

| Alternativen | Aufbau | Wirkprinzip | Vorteile | Nachteile |
|---|---|---|---|---|
| Einscheiben-Trockenkupplung (aktuelle Lösung) | Zwei Scheiben werden zusammengedrückt | Normalkraft erzeugt bei den Scheiben ein Reibmoment | kostengünstig | Hoher Verschleiß, schwingungsanfällig |
| Transmissions-riemenkupplung | Spannen eines Flachriemens über zwei Rollen | Über Riemenvorspannung wird eine Reibkraft erzeugt | Kupplung und Übersetzung in einem Bauteil; einfacher Aufbau | hoher Verschleiß, nur geringe Kräfte übertragbar |
| Elektromagnet-kupplung | Reibmoment durch zwei Scheiben, die mit Elektromagneten zus. gedrückt werden | Normalkraft durch magnetische Kraft erzeugt Reibmoment | schonende Synchronisation | Dosierung des Drehmoments schwierig |
| Hysterese-kupplung | Welle mit Hysterese Material in Dauermagneten | Stromstärke erzeugt magn. Fluss, über Hysterese entsteht ein Gegenmoment | Sanftlauf; drehzahlunabhängiges Moment; verschleißfrei | Kosten |
| Magnetpulver-kupplung | Eisenpulver im Luftspalt verbindet An- und Abtriebsseite | Hysterese durch magnetischen Fluss; (Brems)haftung durch Eisenpulver im Luftspalt (flussabhängig) | stufenlose Einstellbarkeit; Moment unabhängig von Schlupfdrehzahl | Kosten |

**Abb. 4-2.** Übersicht über prinzipielle Lösungsmöglichkeiten (Kupplungstypen)

Eine Mischform aus Reibungs- und Hysteresekupplung stellt die Magnetpulverkupplung dar. Zur Übertragung des Drehmomentes zwischen Antrieb und Abtrieb ist im Pulverspalt ein feinkörniges, speziell legiertes Eisenpulver eingebracht. Über eine Spule wird mittels Gleichstrom ein elektromagnetisches Feld erzeugt. In Abhängigkeit von der Höhe der elektromagnetischen Erregung bildet das Pulver magnetische Ketten und überträgt so das Drehmoment. Die Steifigkeit dieser Ketten variiert mit dem magnetischen Feld. Über die Höhe des Erregerstroms lässt sich somit das übertragene Drehmoment stufenlos einstellen.

Durch den Vergleich der Kupplungstypen kam das Team auf die Idee, das bestehende Konzept durch Spezialkupplungen wie Hysterese- oder Magnetpulverkupplungen zu vereinfachen. Die Bremse konnte hier durch den Betrieb der Kupplung im Dauerschlupf integriert werden. Dadurch wurden die Anzahl der Bauteile und damit auch das Gewicht erheblich verringert. Die Möglichkeit der stufenlosen Regelung des übertragenen Drehmomentes und der Drehbewegung führte zur gewünschten Konstanz von Beschleunigung und Geschwindigkeit. Durch die komplette Ersparnis der hydraulischen Bremse wurden die Mehrkosten der Spezialkupplung egalisiert. Da die Hysteresekupplung in der benötigten Größe ungefähr 50 bis 100 Prozent teuerer ist, wurde als Lösung schließlich die Magnetpulverkupplung gewählt.

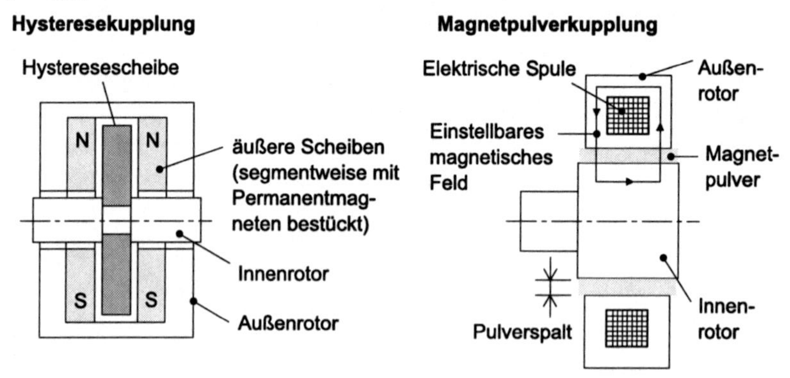


**Abb. 4-3.** Aufbau von Hysterese- und Magnetpulverkupplungen (schematisch)

Dieses Beispiel soll demonstrieren, dass es oftmals erforderlich ist, sich gedanklich von der existierenden Gestaltausprägung eines technischen Systems loszulösen, um auf neue innovative Lösungen zu kommen. Die Betrachtung des Lösungsspektrums auf der Ebene physikalischer Wirkprinzipien ermöglicht es, dass Denkblockaden aufgelöst und Vorfixierungen der Entwickler auf konkrete Gestaltlösungen aufgeweicht werden. Im Beispiel wurde die Entwicklung einer anforderungsgerechten Lösung dadurch begünstigt, dass neben auf Reibung basierenden Kupplungen auch solche herangezogen wurden, welche die Funktion der Drehmomentübertragung mittels magnetischer Hysterese realisieren. Auf der Ebene des Wirkmodells lassen sich in der Regel auch Zielkonflikte besser erkennen und beheben, da der Fokus der Betrachtung auf die wesentlichen, die funktionsrelevanten Aspekte gelegt wird.

## 4.2 Methoden zur Entwicklung von Wirkmodellen

Das **Wirkmodell** beschreibt die prinzipielle Lösungsmöglichkeit für eine technische Aufgabenstellung. Es stellt den Überbegriff für eine Reihe von einzelnen Produktmodellen beziehungsweise Lösungsaspekten dar, die den Wirkzusammenhang einer Lösung beschreiben. Die Vorsilbe „Wirk" drückt dabei aus, dass es sich um funktionsrelevante Aspekte handelt [Ehrlenspiel 2007]. Als **Wirkprinzip** werden die für die Erfüllung einer Funktion erforderlichen physikalischen Effekte in Kombination mit den geometrischen und stofflichen Merkmalen, die das Prinzip der Lösung sichtbar werden lassen, bezeichnet [Pahl et al. 2005]. Die Verknüpfung mehrerer Wirkprinzipien führt zur **Wirkstruktur** einer Lösung. Ein **Wirkkonzept** stellt ein Gesamtkonzept für das Produkt auf Ebene des Wirkmodells dar. Es umfasst die einzelnen Wirkprinzipien und deren Verknüpfung in der Wirkstruktur.
Die **Wirkgeometrie** als Teil des Wirkmodells umfasst die Flächen und Körper sowie deren geometrische und kinematischen Beziehungen untereinander, die für die Funktion beziehungsweise den Systemzweck relevant sind. Zur Wirkgeometrie gehören somit unter anderem **Wirkflächen**, Wirkkörper, Wirkräume und Wirkbewegungen. Wirkflächen und Wirkkörper können neben mechanischen Wirkungen (beispielsweise Kräfte und Drehmomente) auch elektrische, thermische oder sonstige Wirkungen übertragen.

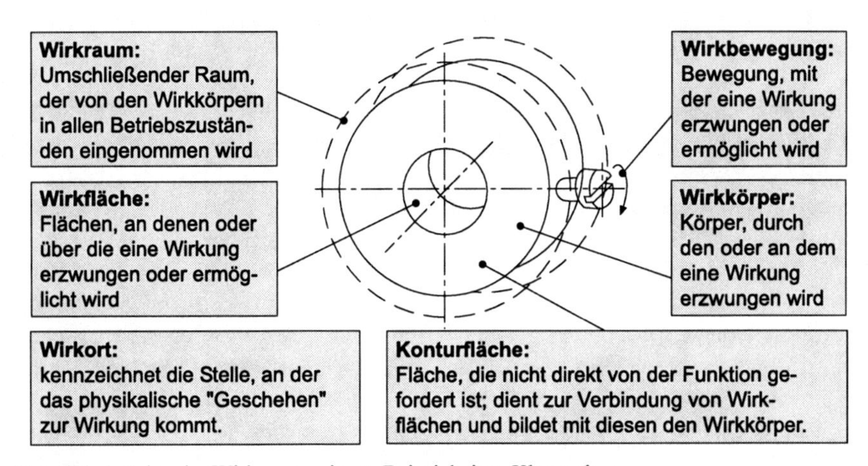


**Abb. 4-4.** Aspekte der Wirkgeometrie am Beispiel eines Klemmrings

Wirkflächen sind in der Regel nicht isoliert zu betrachten, da sie immer mit anderen Wirkflächen in Interaktion stehen. **Wirkflächenpaare** werden aus genau zwei Wirkflächen gebildet, die zeitweise, ganz oder teilweise, in Kontakt stehen und zwischen denen Energie, Stoff und Informationen übertragen wird [Matthiesen 2002]. Die Verbindung zwischen einzelnen Wirkflächenpaaren, die eine dauernde oder zeitweise Leitung von Energie, Stoff und Information ermöglicht, wird auch als **Leitstützstruktur** bezeichnet.

Die Generierung von Wirkmodellen als Teilschritt in der gesamten Produktkonkretisierung stellt einen Prozess der Problemlösung dar. Die Ermittlung geeigneter Wirkprinzipien und Wirkstrukturen wird dabei oftmals durch gewisse Barrieren behindert, die typisch für menschliche Denk- und Handlungsvorgänge sind. Zu diesen Barrieren gehören unter anderem das Denken in alten Lösungsmustern, die Angst vor Fehlern und auch die Zufriedenheit mit dem Bekannten. Um diese Barrieren zu überwinden, können verschiedene Wege beschritten werden.

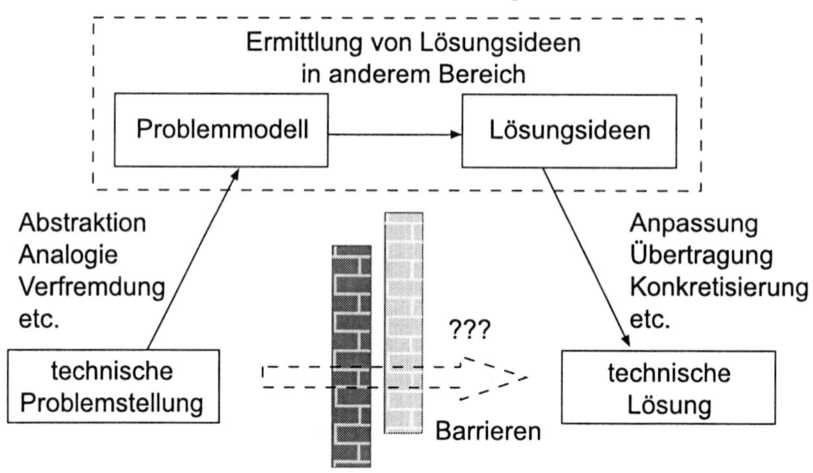


**Abb. 4-5.** Vorgehen bei der Lösung technischer Problemstellungen [Lindemann 2007]

Um systematisch zu neuen Lösungsideen zu gelangen und die vorhandenen Barrieren zu überwinden, ist zunächst von der konkreten Problemstellung zu abstrahieren. Ergebnis ist ein Problemmodell, das heißt eine abstrahierte oder verfremdete Beschreibung der Problemstellung. Auf dieser Ebene können nun Lösungsideen ermittelt werden, die daraufhin wieder in den ursprünglich betrachteten Bereich zu übertragen sind. Dieses allgemeine Vorgehen zur Lösung technischer Problemstellungen ist auch auf Ebene des Wirkmodells anwendbar. Der zugrunde liegende Mechanismus der Übertragung des Problems in einen anderen Bereich findet sich in zahlreichen Methoden beziehungsweise Methodenkombinationen wieder.

Über Methoden der System- und Funktionsanalyse kann die konkrete Problemstellung abstrahiert und ein Problemmodell generiert werden. Je nachdem welcher Art das Problem ist, sind unterschiedliche Methoden anwendbar. Handelt es sich um ein physikalisch orientiertes Problem, das heißt lässt sich die Problemstellung mithilfe physikalischer Größen beschreiben, ist es möglich, über die Betrachtung physikalischer Effekte zu neuen Wirkprinzipien und Wirkstrukturen zu gelangen. Eine andere Herangehensweise ist die Formulierung der Problemstellung als Widerspruch zwischen Systemparametern. Falls dies möglich ist, kann die Anwendung allgemeiner Lösungsprinzipien zur Überwindung des technischen Widerspruches und damit zu neuen Lösungsideen führen. Eine dritte Möglichkeit ist es, das Problem in ein anderes Wissensgebiet, zum Beispiel die Biologie, zu übertragen. Durch die Betrachtung geeigneter Phänomene aus der Biologie oder einer anderen Disziplin lassen sich unter Umständen durch die Bildung von Assoziationen ebenfalls Lösungsideen für das eigentliche Problem finden.

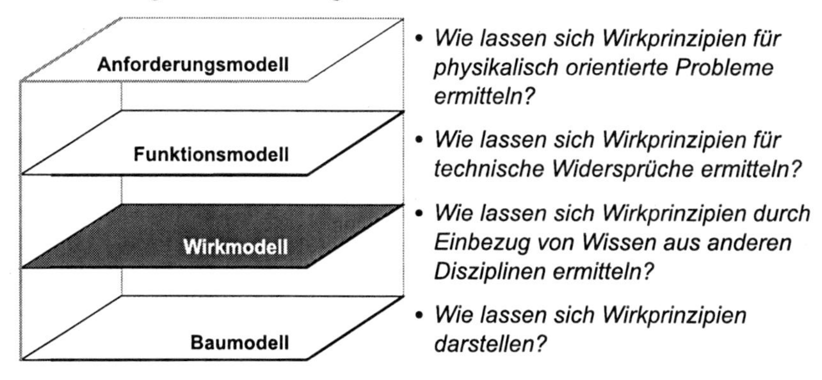


**Abb. 4-6.** Einordnung des Wirkmodells in die Produktkonkretisierung

Unabhängig davon, auf welche Art und Weise neue Lösungsideen auf Wirkebene generiert werden, stellt sich die Frage, wie sich Wirkmodelle am besten darstellen lassen. Da es sich bei Wirkmodellen um erste prinzipielle Lösungen handelt, erfolgt die Darstellung meist in Form von Skizzen oder Schemazeichnungen, welche auch für andere Beteiligte im Prozess die grundsätzliche Realisierung der betrachteten Funktionen erkennen lassen. Auf Basis von Wirkmodellen ist es dann möglich, die geometrischen, stofflichen und produktionstechnischen Details weiter auszuarbeiten.

### *4.2.1 Wie lassen sich Wirkprinzipien für physikalisch orientierte Probleme ermitteln?*

Viele technische Probleme, mit denen sich Ingenieure beschäftigen, sind physikalischer Natur. Die meisten technischen Produkte funktionieren nach physikalischen Grundprinzipien, sie sind angewandte Physik. Deshalb ist es für den Ingenieur unerlässlich, dass er mit dem physikalischen Ursache-Wirkungsdenken vertraut ist und die Eigenschaften und Anwendungsmöglichkeiten der physikalischen Effekte kennt. Wirklich neue Maschinen und Geräte entstehen häufig durch neuartige Anwendungen der Physik. Tintenstrahldrucker mit piezoelektrischen Druckköpfen, die Common-Rail-Einspritzung bei Verbrennungsmotoren, Navigationssysteme für Flugzeuge und Fahrzeuge, elektromechanische Bremsen im Automobil [Bertram 2002] und die Blu-ray Disc als optisches Speichermedium in der Unterhaltungselektronikbranche sind Beispiele dafür.

In der Praxis beschränken sich viele Ingenieure oft auf den Einsatz weniger physikalischer Prinzipien, die sie aufgrund ihrer Spezialisierung kennen und beherrschen, das heißt Mechanikspezialisten denken zum Beispiel in mechanischen Lösungen und Hydraulikspezialisten bevorzugen hydraulische Lösungen. Auch ganze Unternehmen sind oft auf bestimmte Technologien fixiert. Das hat aufgrund der gesammelten Erfahrung bezüglich dieser Technologien viele Vorteile, bringt aber auch Nachteile durch die träge Reaktion auf technische Entwicklungen mit sich. Dies resultierte zum Beispiel in Umstellungsschwierigkeiten der mechanischen Uhrenindustrie auf die Elektronik [Ehrlenspiel 2007].

Die Betrachtung physikalischer Effekte bei der Lösungssuche bietet verschiedene Chancen. Zum einen können bisher traditionell produzierte Produkte wieder innovativ werden, wenn die zu Grunde liegende Physik besser verstanden und optimiert wird. Zum anderen kann die Lösungssuche mit physikalischen Effekten bei vielen konstruktiven Aufgaben neue Sichtweisen eröffnen, Denkblockaden auflösen und damit die Generierung neuartiger Lösungsideen unterstützen.

**Physikalische Effekte** sind elementare physikalische Erscheinungen, die als Gesetzmäßigkeiten formuliert werden können, wodurch sich physikalisches Geschehen voraussehbar beschreiben lässt. Die Beschreibung physikalischer Effekte erfolgt zumeist durch relevante physikalische Größen, die in einen formelmäßigen Zusammenhang gebracht werden können sowie durch eine Skizze der Anordnung. Hilfreich ist die Angabe von Anwendungsbeispielen die verdeutlichen, wie die noch abstrakten Effekte in konkreten Produkten umgesetzt werden. Ein Hebel ist beispielsweise ein „starrer, um eine Achse drehbar gelagerter Körper mit ein- oder zweiseitigem Hebelarm". Dieser Effekt wird unter anderem für Kraftübersetzungen und zum Wandeln von Kräften in Drehmomente (und umgekehrt) eingesetzt, wie es beispielsweise bei Drehmomentenschlüsseln der Fall ist.

Im Folgenden wird das Vorgehen bei der **Lösungssuche mit physikalischen Effekten** beschrieben. Dieses ist anwendbar bei physikalisch orientierten Problemen, also bei Problemen, die durch den Umsatz von Stoff, Energie und Information beschrieben werden können. Zur Veranschaulichung wird dabei die Problemstellung „Heben einer Last" betrachtet. Zunächst sind die zu realisierenden Funktionen zu bestimmen. Diese können beispielsweise aus einem **Umsatzorientierten Funktionsmodell** stammen. Eine Teilfunktion lautet „Handkraft vergrößern". Um die Suche nach geeigneten physikalischen Effekten zu erleichtern, ist die Funktion mittels relevanter physikalischer Eingangs- und Ausgangsgrößen zu beschreiben. In diesem Fall ist die Kraft $F_1$ die Eingangsgröße, die Kraft $F_2$ die Ausgangsgröße, wobei $F_2$ größer als $F_1$ ist. Im nächsten Schritt sind geeignete physikalische Effekte zur Realisierung der Funktion zu identifizieren. Es werden somit Effekte gesucht, die die Änderung einer Kraft als Eingangsgröße in eine größere Kraft als Ausgangsgröße ermöglichen. Ein in Frage kommender Effekt zur Erfüllung dieser Funktion ist unter anderem „Druckfortpflanzung". Die Kraftübersetzung entspricht in diesem Fall dem Verhältnis der beiden Kolbenflächen beziehungsweise Kolbendurchmesser. Durch die Anwendung des Effektes auf die konkrete Problemstellung lässt sich als Wirkprinzip und damit als prinzipielle Lösungsmöglichkeit eine hydraulische Hebebühne skizzieren.

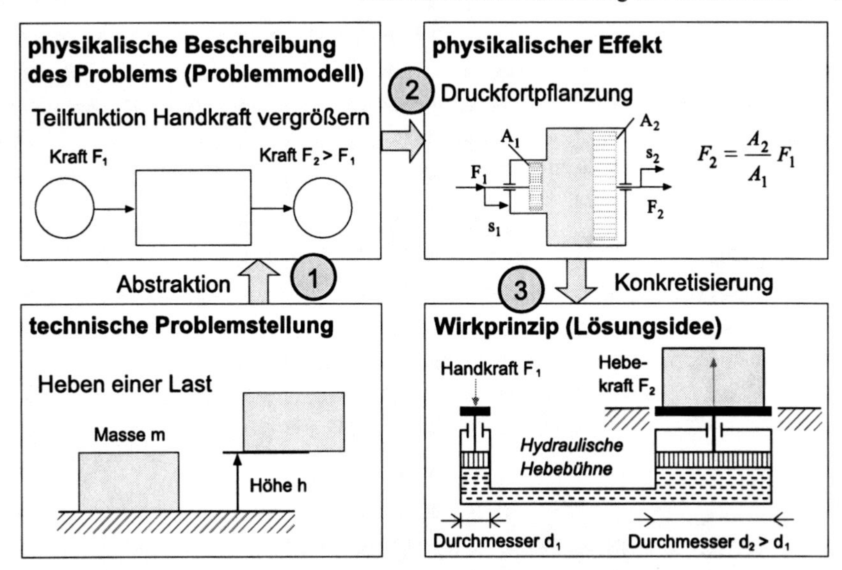


**Abb. 4-7.** Vorgehen bei der Lösungssuche mit physikalischen Effekten

Als Hilfsmittel für die Identifikation alternativer physikalischer Effekte finden **Physikalische Effektesammlungen** [Koller et al. 1994, Ehrlenspiel 2007] Anwendung. Diese stellen strukturierte Sammlungen beziehungsweise Kataloge physikalischer Effekte dar. Digitale Kataloge, beispielsweise in Form von webbasierten Datenbanken, bieten dabei verschiedene Vorteile gegenüber herkömmlichen papierbasierten Effektkatalogen. Es besteht unter anderem die Möglichkeit einer schnellen Suche relevanter Effekte über Suchmasken und Schlagworteingaben. Außerdem ist eine Vernetzung der Inhalte möglich, zum Beispiel als Hyperlinks zu verwandten Effekten und Anwendungsbeispielen.

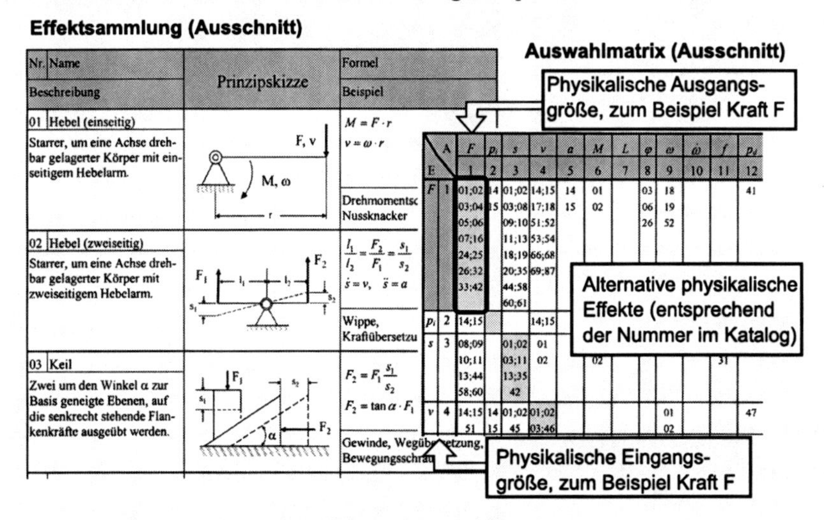


**Abb. 4-8.** Sammlung physikalischer Effekte und Auswahlmatrix

Der Zugriff auf geeignete physikalische Effekte kann über eine Auswahlmatrix erfolgen, bei der in den Zeilen mögliche physikalische Eingangsgrößen und in den Spalten mögliche physikalische Ausgangsgrößen angetragen sind. Die Zellen der Matrix enthalten jeweils in Frage kommende Effekte oder die Nummern der Effekte im Katalog. In der Regel lässt sich für die Realisierung einer Funktion eine Vielzahl an physikalischen Effekten ermitteln, die prinzipiell in Frage kommen. Für das Beispiel der Kraftübersetzung sind neben Druckfortpflanzung unter anderem auch die physikalischen Effekte Hebel, Keil, Kniehebel oder Flaschenzug denkbar. Die Effekte sind daher hinsichtlich ihrer Eignung zu bewerten, um die letztendlich weiter zu verfolgenden Effekte beziehungsweise die darauf basierenden Wirkprinzipien auswählen zu können. Vergleicht man physikalische Effekte hinsichtlich ihrer technischen Realisierbarkeit, kann man teilweise sehr große Unterschiede feststellen. Gerade neue Technologien werden häufig mit Skepsis bedacht. In Bewertungsprozessen haben diese dann unter Umständen Nachteile gegenüber konventionellen, bewährten Lösungsprinzipien und Effekten.

**Konstruktionskataloge** [Roth 1994b] enthalten in der Regel einen Zugriffsteil, der charakteristische Eigenschaften von Effekten auflistet. Diese ermöglichen einen Vergleich von Effekten und können daher und als Auswahlkriterien herangezogen werden. Mögliche Kriterien beziehungsweise Eigenschaften sind die Größe der erzeugbaren Kräfte, die charakteristischen Abmaße oder die Frage, ob eine ständige Energiezufuhr notwendig ist. Die Auswahl eines geeigneten Effektes hat in Abhängigkeit von den Anforderungen an das zu entwickelnde Produkt zu erfolgen. Wichtig für die Auswahl eines passenden Effektes ist außerdem die Betrachtung von Störgrößen, die auftreten können. Beim Reibungseffekt sind beispielsweise Schmierungszustand, Oberflächenrauheit und Temperatur bedeutend, die Auswirkungen auf den Reibwert μ haben können.

| Gliederungsteil | | | Hauptteil | | | Zugriffsteil | | | | | |
|---|---|---|---|---|---|---|---|---|---|---|---|
| Krafttyp | Physikalisches Gesetz | Spezieller Effekt | Gleichung | Anordnungsbeispiel | | Stoffliche Bedingungen für Kraftwirkung | Erzeugende Intensitäts- oder Feldgröße | Ständige Energiezufuhr nötig | Arbeitsvermögen der Kraft, Größe | Größe der erzeugbaren Kräfte | Charakteristische Abmessung |
| 1 | 2 | 3 | 1 | 2 | Nr. | 1 | 2 | 3 | 4 | 5 | 6 |
| Schwerkräfte | Gravitationsgesetz $F=\Gamma\cdot\frac{m_1\cdot m_2}{r^2}$ | Erdanziehung | $F=\Gamma\cdot\frac{m_E\cdot m}{r^2}$ | | 1 | zwei Masseträger | Schwerefeld | nein | ja | mittel | |
| | | Gewicht (Erdoberfl.) | $F=m\cdot g$ | | 2 | | | | | | |
| | | Auftrieb | $F=\rho\cdot g\cdot V$ | | 3 | Masseträger u. umgebendes Fluid | | | | | |
| Trägheitskräfte | Newtonsches Gesetz $\vec{F}=\frac{d(m\vec{v})}{dt}$ | Bahnbeschleunigung | $F=m\cdot a$ | | 4 | träger Festkörper oder Fluid | Geschwindigkeit | ja (Reibung) | unmittelb nur an Körpern d Relativsystems | | |
| | | Zentrifugalkraft | $F=m\cdot\omega^2\cdot r$ | | 5 | | | | | | |
| | | Corioliskraft | $F=2m\omega v_r$ | | 6 | | | | | | |
| | | Strahlkraft „Staudruck" | $F=\dot{m}\cdot v(1-\cos\alpha)$ α Ablenkwinkel | | 7 | Festkörper und Fluid | Massenstrom (Geschwindigkeit) | ja | | | |
| | | Rückstoßprinzip | $F=\dot{m}v_r$ | | 8 | | | | | sehr groß | |
| | | Konvektive Beschleunigung | $F=A\cdot\rho\cdot\frac{v^2}{2}\left[\left(\frac{A_1}{A_2}\right)^2-1\right]$ | | 9 | | | | ja | groß | $\sqrt[6]{A_1A_2A}$ |

**Mögliche Kriterien:**
- Effektstärke (zum Beispiel Größe der erzeugbaren Kräfte)
- Effektart (zum Beispiel mechanisch, elektrisch, thermodynamisch)
- Bekanntheitsgrad des Effektes
- ...

**Abb. 4-9.** Eigenschaften physikalischer Effekte im Konstruktionskatalog [Roth 1994b]

Physikalische Effekte können erheblich in ihrer Effektstärke variieren. Die Auswahl eines geeigneten Effektes unter technischen und wirtschaftlichen Gesichtspunkten muss dies berücksichtigen. Als Beispiel wird die Funktion „Kraft erzeugen" betrachtet. Mit dem Effekt Druckkraft lassen sich beispielsweise gegenüber dem Effekt Elektrostatische Anziehung größere Kräfte erzielen, wenn die Anordnung in etwa dieselben geometrischen Ausmaße annehmen darf. Um dieselbe Kraft zu erzeugen, ist mit dem elektrostatischen Prinzip ein siebzehnmal größerer Durchmesser vonnöten gegenüber einer hydrostatischen Lösung.

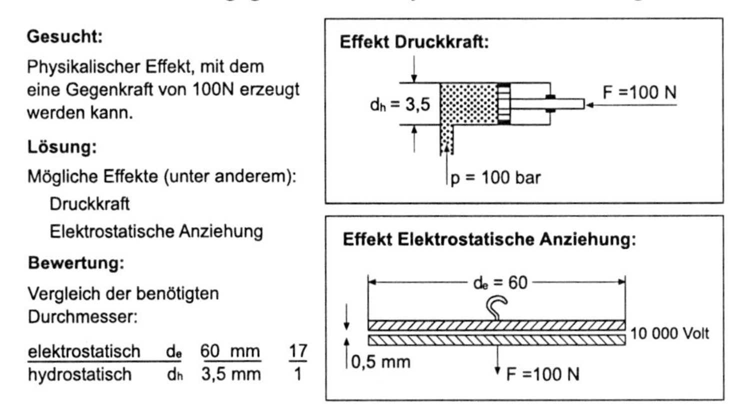


**Abb. 4-10.** Stärkevergleich physikalischer Effekte

Es zeigt sich allerdings, dass ein voreiliges Verwerfen vermeintlich „schwacher" Effekte in manchen Fällen zu einer Lösungseinschränkung führt, die Innovationen verhindern kann. Beispielsweise existieren erfolgreiche Produktlösungen am Markt, die den Effekt der elektrostatischen Anziehung zur Befestigung eines Whiteboards an der Wand nutzen: Eine stark elektrostatische Folie hält sogar auf Raufasertapete. Außerdem mochte es vor einiger Zeit noch unmöglich erscheinen, einen tonnenschweren Zug mittels Magneten zum Schweben zu bringen. Doch auch hier hat die Entwicklung des Transrapids gezeigt, dass sich der Effekt der magnetischen Anziehung beziehungsweise Abstoßung sehr wohl zur Anhebung, Führung und Beschleunigung eines Zugs nutzen lassen kann.

Schließlich ist bei der Bewertung und Auswahl von physikalischen Effekten zu beachten, dass Funktionen meist nicht durch einzelne Effekte alleine realisiert werden, sondern durch Kombinationen an physikalischen Effekten beziehungsweise so genannten Effektketten. Einzelne Wirkprinzipien zur Umsetzung von Teilfunktionen sind außerdem zu Wirkstrukturen im Gesamtprodukt zu verknüpfen. Hier sind die jeweils in Frage kommenden Effekte auf Kompatibilität zu prüfen. Nach Möglichkeit sind Effekte gleichen Typs, also beispielsweise nur mechanische, hydraulische oder elektrische Effekte auszuwählen und zu kombinieren.

Die Umsetzung neuer physikalischer Wirkprinzipien bedarf oft grundlegender konzeptueller Überlegungen und großer Anstrengungen bei der Realisierung. Eine Veränderung der wirkenden Physik bedeutet aber mitunter einen bedeutenden Technologiesprung.

### *4.2.2 Wie lassen sich Wirkprinzipien für technische Widersprüche ermitteln?*

Im Rahmen der Aufgabenklärung wird eine Vielzahl von Anforderungen ermittelt, von denen sich in der Regel etliche negativ beeinflussen. Es ist in diesem Kontext von **Zielkonflikten** die Rede. Ein typischer Zielkonflikt bei der Entwicklung eines Automobils ist die Anforderung nach einer hohen Leistung einerseits und nach einem geringen Kraftstoffverbrauch andererseits. Zielkonflikte stellen Entwickler vor große Herausforderungen, bieten aber auch Potenziale für Innovationen. Sie basieren unter anderem auf **technischen Widersprüchen**, die den Umstand beschreiben, dass die Verbesserung eines Parameters eines technischen Systems die gleichzeitige Verschlechterung eines anderen Parameters des gleichen Systems bewirkt. In physikalischen Widersprüchen sind Zielkonflikte aufs Äußerste zugespitzt und erscheinen daher zunächst meist unlösbar. Ein **physikalischer Widerspruch** entspricht der Anforderung, dass ein Produktparameter zur gleichen Zeit zwei unterschiedliche Zustände einnehmen soll, dass das Produkt also zum Beispiel sowohl heiß als auch kalt zu sein hat (Produktparameter Temperatur).

Auf der Grundlage von Patentanalysen hat der russische Ingenieur G. Altschuller seine Theorie des erfinderischen Problemlösens entwickelt, die das Ziel verfolgt, technische Erfindungen systematisch hervorzubringen. Diese Methodensammlung ist unter dem Kürzel **TRIZ** (Teorija Reschenija Izobretatel'skich Zadač) [Altschuller 1984, Terninko et al. 1997] als Innovationsorientierte Methodik populär geworden. Ansätze zur Überwindung von Widersprüchen repräsentieren darin Teilmethoden. Wurde ein Widerspruch ermittelt, existieren im Wesentlichen zwei Strategien zur Lösungsfindung: eine Kompromissfindung, bei der lediglich Gestaltparameter optimiert werden oder die Auflösung des Widerspruches, die durch die Änderung des Wirkkonzeptes geschieht. Die TRIZ-Methodik verfolgt letzteren Ansatz.

Zur Auflösung des Widerspruches können alternative **technische Effekte** herangezogen werden. Technisch nutzbare Effekte sind in unterschiedlichen Bereichen zu finden (unter anderem in der Physik, Biologie, Chemie, Mathematik). Für eine effiziente Suche bietet sich dabei die Verwendung geeigneter Informationsquellen an, beispielsweise **Physikalischer Effektesammlungen**.

Zur Auflösung physikalischer Widersprüche bietet sich die Anwendung von **Prinzipien der Separation** [Herb 2000] an. Es werden vier Prinzipien unterschieden: die Separation im Raum, die Separation in der Zeit, die Separation innerhalb eines Objektes und seiner Teile sowie die Separation durch Bedingungswechsel. Grundgedanke der Separation in der Zeit ist es beispielsweise, sich widersprechende Erfordernisse zeitlich zu trennen. Die Umsetzung des Prinzips lässt sich anhand der Wirkungsweise von Sesselliften erläutern. Diese sollen zum einen schnell fahren, damit die Fahrzeit kurz ist, zum anderen aber langsam fahren, um den Passagieren ein sicheres und bequemes Einsteigen zu ermöglichen. Die Lösung ist es, für das Ein- und Aussteigen den Sessel vom schnelllaufenden Seil abzukoppeln, damit er sich in dieser Zeitspanne sehr langsam bewegt.

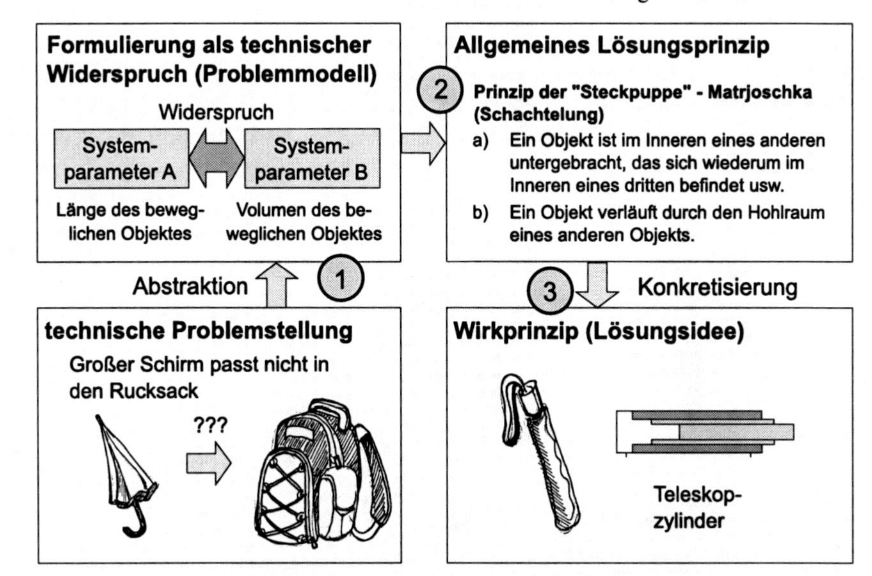


**Abb. 4-11.** Vorgehen bei der Widerspruchsorientierten Lösungssuche

Die **Widerspruchsorientierte Lösungssuche** 🗐 dient der Überwindung technischer Widersprüche. Folgende Problemstellung wird zur Erläuterung der einzelnen Schritte der Methode herangezogen: Ein Regenschirm soll im geöffneten Zustand möglichst groß sein, um Schutz vor Regen zu bieten. Im geschlossenen Zustand hat er dahingegen möglichst klein und handlich zu sein, um beispielsweise in einem Rucksack transportiert werden zu können.

Zunächst ist der technische Widerspruch im Rahmen der Aufgabenklärung oder Funktionsanalyse zu formulieren. Als Ausgangspunkt für die Ableitung technischer Widersprüche bieten sich die **Relationsorientierte Funktionsmodellierung** 🗐 und das formale Ableiten von **Problemformulierungen** 🗐 an. Die sich widersprechenden Merkmale des Systems sind den von Altschuller vorgegebenen technischen Parametern zuzuordnen. Beim Regenschirm ist beispielsweise der Parameter „Länge des beweglichen Objektes" zu verbessern, wodurch sich der Parameter „Volumen des beweglichen Objektes" verschlechtert. Für die Zuordnung der Parameter gibt es in der Regel mehrere Möglichkeiten, die alternativ oder ergänzend verfolgt werden sollten.

Im nächsten Schritt werden auf Basis der identifizierten technischen Parameter **Prinzipien zur Überwindung technischer Widersprüche** 🗐 [Altschuller 1984] ausgewählt. Als Hilfsmittel zur zielgerichteten Auswahl aus der Gesamtmenge an vierzig Prinzipien steht die so genannte Widerspruchsmatrix zur Verfügung. Sollte dieses Vorgehen nicht zum Erfolg führen, können die Prinzipien auch einzeln auf ihre Anwendbarkeit geprüft werden. Die oben durchgeführte Parameterauswahl führt zum Beispiel zum Prinzip der „Steckpuppe" (Matrojschka). Dieses besagt, dass ein Objekt im Inneren eines anderen unterzubringen ist beziehungsweise ein Objekt durch den Hohlraum eines anderen Objektes verlaufen soll.

Schließlich sind die Lösungsprinzipien auf das eigentliche Problem anzuwenden. Im Falle des Regenschirms ist eine mögliche Lösung, dass der Stiel als Teleskopzylinder ausgeführt wird, wodurch er sich für den Transport im Rucksack verkürzen lässt. Die Lösungsprinzipien sind sehr abstrakt formuliert. Dadurch eröffnet sich auf der einen Seite eine Vielzahl an konkreten Lösungsmöglichkeiten, die sich daraus ableiten lassen. Auf der anderen Seite ist für eine erfolgreiche Lösungssuche eine gewisse Erfahrung im Umgang mit den Prinzipien notwendig.

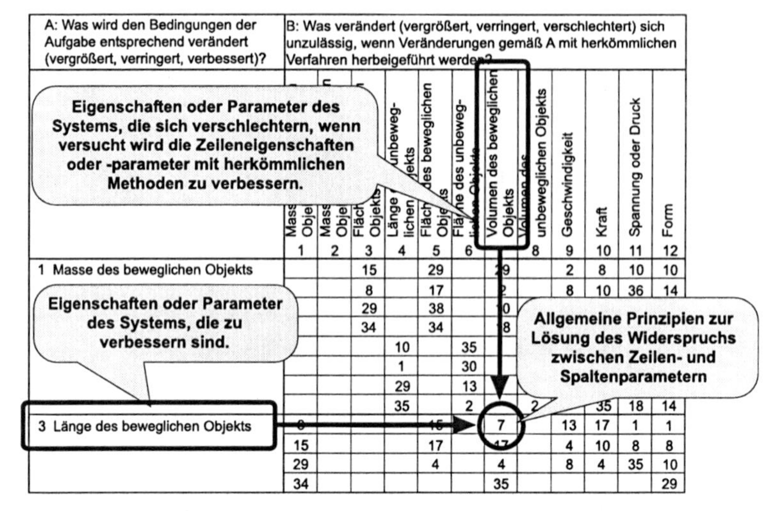


**Abb. 4-12.** Auswahl von allgemeinen Lösungsprinzipien mithilfe der Widerspruchsmatrix

Durch die Identifikation und Auflösung von technischen Widersprüchen können technische Systeme verbessert und Potenziale für Innovation geschaffen werden. Hierbei ist aber auch zu berücksichtigen, dass Widersprüche meist nicht rein technischer Natur sind, sondern aus einer Kombination von technischen, sozialen und wirtschaftlichen Faktoren bestehen.

### *4.2.3 Wie lassen sich Wirkprinzipien durch Einbezug von Wissen aus anderen Disziplinen ermitteln?*

In ähnlicher Weise wie physikalische Effekte können für Maschinen auch chemische oder biologische Effekte eingesetzt werden. Beispiele sind Vorgänge bei der Verbrennung oder der Lotuseffekt. Die Integration von Wissen aus anderen Disziplinen für die Lösung technischer Problemstellungen bietet ein hohes Potenzial zum Finden innovativer Lösungen. Die Qualität von Sammlungen derartiger Informationen hängt neben der Situation in der sie angewendet werden ganz entscheidend vom Abstraktionsgrad ihrer Darstellung ab. Sind Informationen zu konkret, führen sie zu Fixierungen, sind sie zu abstrakt, kann der Informationsgehalt zu gering sein.

**Bionik** bezeichnet eine Methode zur Ermittlung von prinzipiellen Lösungsideen mittels Integration von Wissen aus dem Bereich der Biologie [Gramann 2004, Hill 1997]. Bei dem Begriff handelt es sich um ein Kunstwort, das durch die Verknüpfung von Biologie und Technik entstand. Im Englischen ist ebenfalls der Begriff Biomimetics gebräuchlich [Vincent et al. 2006]. Das Vorgehen bei der Methodenanwendung besteht aus folgenden Handlungsabschnitten: Formulieren des Suchziels, Zuordnung biologischer Systeme, Analyse der zugeordneten Systeme und technische Umsetzung. Die Schritte werden durch drei Entscheidungspunkte erweitert, die Iterationen oder das Verlassen der Sequenz erlauben.

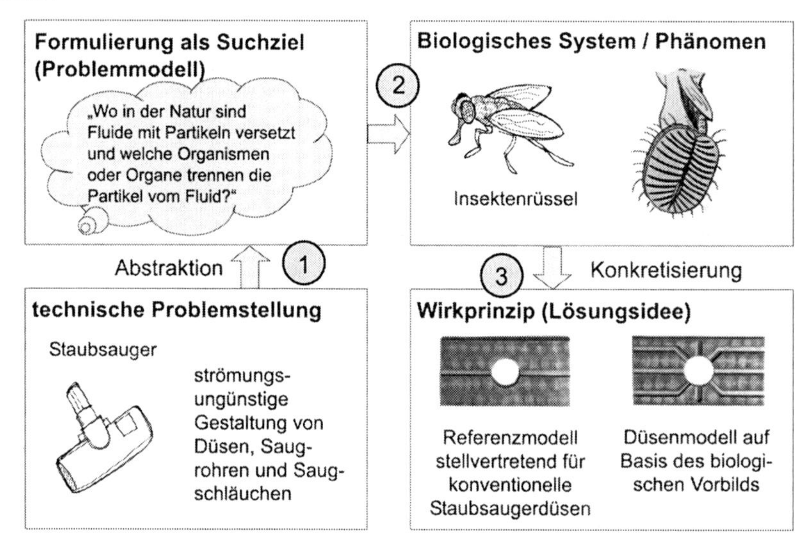


**Abb. 4-13.** Vorgehen bei der Übertragung biologischer Phänomene in die Technik (Bionik)

Das Formulieren eines Suchziels erfolgt systematisch auf Basis der Analyse der technischen Problemstellung. Diese Analyse kann durch das Aufstellen eines Funktionsmodells unterstützt werden. Welche Art von Funktionsmodellierung dabei zu bevorzugen ist, hängt von der Entwicklungssituation ab. Zentrale Funktionen eines Staubsaugers stellen beispielsweise die Ablösung des Schmutzes vom Untergrund durch die Düse, die Leitung des Luft-Schmutzgemischs durch Saugrohr und Saugschlauch, die anschließende Trennung von Schmutz und Luft im Filter sowie die Erzeugung des Luftstroms durch Gebläse und Motor dar. Als eine verbesserungswürdige Schwachstelle an konventionellen Saugern wurde unter anderem die unzulängliche Schmutzablösung durch die Fadenheber an der Düse identifiziert. Eine weitere Schwachstelle stellt die strömungsungünstige Gestaltung von Düsen, Saugrohren und Saugschläuchen dar.

Aufbauend auf dieser Systemanalyse gilt es nun, den zu verbessernden technischen Funktionen biologische Systeme zuzuordnen, die vergleichbare Funktionen erfüllen. Dementsprechende Formulierungen des Suchziels könnten beispielsweise lauten: „Welche Organismen existieren, die Partikel von Oberflächen entfernen?"

oder „Wo in der Natur sind Fluide mit Partikeln versetzt und welche Organismen oder Organe trennen die Partikel vom Fluid?“. Bei der Suche nach potenziellen Analogien bieten abstraktere Formulierungen eine höhere Trefferquote.

Generell ist die Zuordnung biologischer Systeme nicht zu unterschätzen. Aufgrund des meist nur unzureichenden spezifischen Wissenstandes unter Ingenieuren im Bereich der Biologie besteht hier eine Barriere, die den Zugang zu potenziellen biologischen Vorbildern deutlich erschwert. Um die Suche nach interessanten biologischen Systemen für den Ingenieur zu erleichtern, existieren Hilfsmittel wie zum Beispiel die **Assoziationsliste** [Gramann 2004]. Diese ermöglicht basierend auf technischen Funktionen über zugeordnete Stichwörter einen Zugang zu Suchfeldern in biologischer Literatur. Denkbare Assoziationen im Staubsaugerbeispiel sind für die Funktion „lose Stoffe heben“ Systeme der Nahrungsaufnahme in der Biologie wie Insektenrüssel, Raspelzungen von Schnecken, klebrige Zungen von Fröschen, Zungen von Katzen zur Fellpflege und einige mehr.

| Funktion | Objekt / Feld / Parameter | Assoziationen (biologisch) |
|---|---|---|
| heben | lose Stoffe | Extremitäten zum Graben (Maulwurf (Talpa europaea), Maulwurfsgrille (Gryllotalpa gryllotalpa)), Zungen, Mundwerkzeuge der Insekten (Insecta), Schweinerüssel (Suidae), Krallen |
| heben | Feststoffe | Hände, Schnäbel, Mäuler |
| bewegen | Gas | Atmung (je nach Klasse sehr unterschiedlich), Bombardierkäfer (Brachynus), Termitenbau (Isoptera), Bau des Präriehundes (Cynomys ludovicianus) |
| bewegen | Flüssigkeiten | Cilien-/Flagellenschlag, Peristaltik, Spucken, Blutgefäße (optimal verzweigtes Röhrentransportsystem), Bewegung der Zellplasmas (Plasmaströmung des Actomyosin-Systems) |

**Abb. 4-14.** Ausschnitt aus der Assoziationsliste [Gramann 2004]

Die gewonnenen potenziellen Analogien müssen in einem weiteren Schritt einer Analyse unterzogen werden. Die denkbaren Quellen wie Internet, Experten oder Fachliteratur ähneln mit Ausnahme von Patentschriften und Konkurrenzprodukten denen bei technischen Recherchen üblicherweise verwendeten Quellen. Sind relevante Informationen nicht verfügbar, ist man gezwungen, diese anderweitig zu gewinnen. In überschaubaren Fällen kann eine physikalische Modellbildung und Berechnung ausreichend sein. Häufig werden derartige Modelle aber so komplex sein, dass es sinnvoll ist, Versuche durchzuführen. Orientierende Versuche können sehr schnell und unkompliziert zu Ergebnissen führen.

Den letzten Schritt stellt die technische Umsetzung dar, also die Übertragung der biologischen Phänomene auf das eigentliche technische Problem. In der Regel werden sich biologische Vorbilder nicht direkt in technische Lösungen umsetzen lassen. Für die Umsetzung muss das biologische Vorbild in der Regel abstrahiert werden. Dabei sind diejenigen Parameter (Geometrie, Werkstoff und so weiter) zu identifizieren, die im Produkt einen entscheidenden Vorteil bringen. Im Falle der Staubsaugerdüse ist dies beispielsweise der Übergang von einem zentralen Kanal auf mehrere Kanäle auf der Düsenunterseite.

## 4.2.4 Wie lassen sich Wirkprinzipien darstellen?

Um prinzipielle Lösungen zu speichern, zu kommunizieren und im Bedarfsfall auch wieder verwenden zu können, bedarf es einer geeigneten Form der Dokumentation. Trotz der zunehmenden Virtualisierung der Produktentwicklung (CAD, Computer Aided Engineering, Virtual Reality und so weiter) spielen auch in der heutigen Zeit für die Darstellung von ersten Lösungsideen **Prinzipskizzen** eine große Rolle. Mit Hilfe von Prinzipskizzen lassen sich sowohl Geometrien als auch Kräfte und kinematische Verhältnisse darstellen. Skizzen können schematisch-abstrakte, visuell-grafische oder textuelle Informationen enthalten [Pache 2005, Müller 2006]. Um den Aufwand bei der Darstellung von Lösungsprinzipien gering zu halten, existiert für oft verwendete Lösungselemente (zum Beispiel Schrauben, Lager und Ventile) ein schematisches Vokabular. Dieses ist spezifisch ausgeprägt, je nachdem aus welcher Disziplin ein Lösungselement stammt (beispielsweise Mechanik, Pneumatik, Hydraulik oder Elektrotechnik).

| Funktion | Physikalischer Effekt | Wirkprinzip |
|---|---|---|
| Drehmoment übertragen | 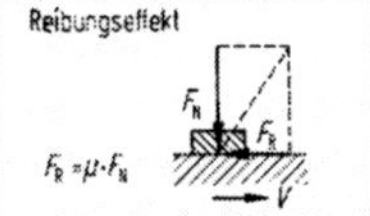 Reibungseffekt $F_R = \mu \cdot F_N$ | 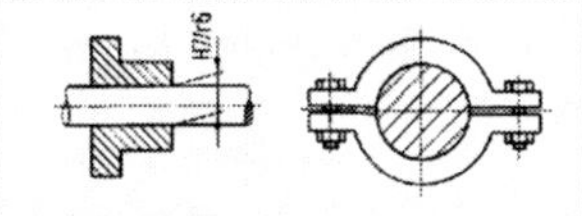 H7/r6 |
| Handkraft vergrößern | 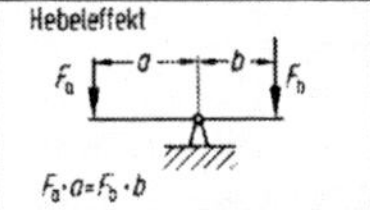 Hebeleffekt $F_a \cdot a = F_b \cdot b$ | 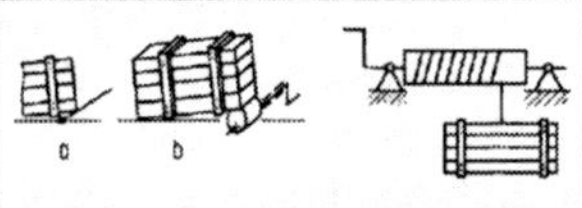 a b |

**Abb. 4-15.** Prinzipskizzen zur Darstellung von Wirkprinzipien [Pahl et al. 2005]

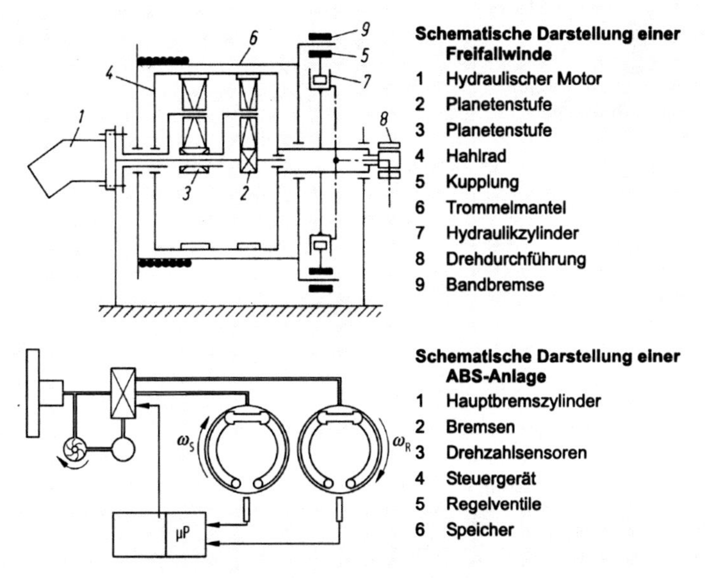


**Abb. 4-16.** Schematische Darstellung von Lösungselementen [Grote et al. 2005]

## 4.3 Beispiele für die Generierung von Wirkprinzipien

Anhand von zwei Fallbeispielen wird im Folgenden das Vorgehen zur Festlegung von innovativen Wirkprinzipien in konkreten Projektszenarios beschrieben. Im ersten Fall orientiert sich die Lösungssuche an physikalischen Effekten, im zweiten Fall geht es um die Überwindung eines technischen Widerspruches.

### *4.3.1 Konzeptentwicklung für Gelenkbremsen in Industrierobotern*

In Produktionsanlagen werden häufig Industrieroboter, zum Beispiel für Schweiß- oder Montagevorgänge, eingesetzt. In den Antrieben einzelner Gelenke von Industrierobotern sind Bremsen integriert, deren Funktion es ist, sowohl für statische als auch dynamische Anwendungsfälle definierte Bremsmomente zu realisieren. Da unkontrollierte Bewegungen des Roboters zu verhindern sind, muss die Bremse bei Stromausfall sofort schließen.

Aufbau und Funktionsweise der hier betrachteten Bauart von Roboterbremsen werden im Folgenden erläutert [Schwankl 2002]. Im geschlossenen Zustand wird ein Permanentmagnetfeld über den Innen- und Außenring des Gehäuses zum metallischen Anker geleitet. Die Magnetkräfte bewirken ein Anziehen des Ankers und wirken so den Segmentfedern entgegen, die an der Flanschnabe befestigt sind. Die Segmentfedern tragen den Anker und zentrieren ihn in radialer Richtung. Das Bremsmoment wird zwischen dem rotierenden Anker und den beiden Reibflächen des feststehenden Gehäuses durch Stahl-auf-Stahl-Reibung erzeugt.

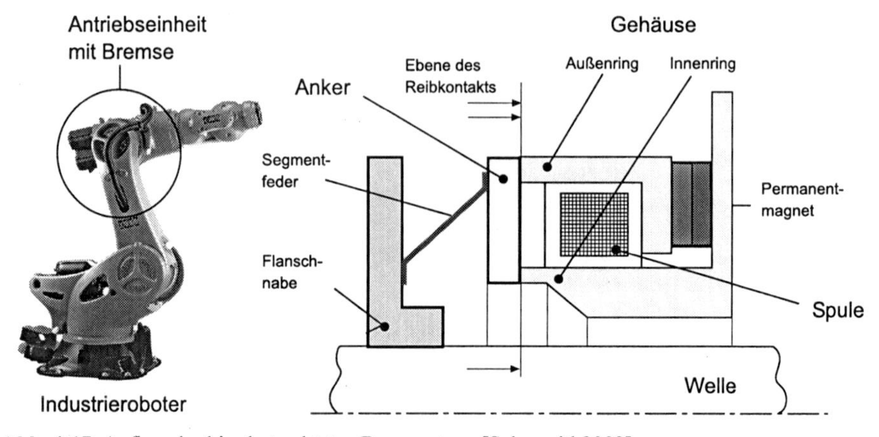


**Abb. 4-17.** Aufbau des hier betrachteten Bremsentyps [Schwankl 2002]

Soll die Bremse geöffnet werden, wird an der im Gehäuse integrierten Spule eine Spannung angelegt. Das dadurch entstehende magnetische Feld der Spule kompensiert das Feld der Permanentmagneten und die Anziehungskraft, die auf den Anker einwirkt, nimmt ab. Durch die Federkraft, die von den Segmentfedern aufgebracht wird, wird der Anker von den Polen abgehoben und in seine Ruheposition an der Flanschnabe bewegt. In diesem Zustand ist die Bremse völlig restmomentfrei, das heißt der Anker kann ungehindert rotieren.

Im Zuge der ansteigenden Fertigungskomplexität und der angestrebten verkürzten Taktzeiten steigen die Anforderungen an die in Produktionsbetrieben eingesetzten Handhabungseinrichtungen und damit auch die Anforderungen an deren Subsysteme wie Roboterbremsen. Entscheidende Anforderungen an die Bremsen betreffen wichtige Produkteigenschaften wie Lebensdauer, Verschleiß, Wärmeentwicklung, erreichbare Brems- und Haltemomente sowie eine Erhöhung der Leistungsdichte, die aufgrund einer Reduzierung des zur Verfügung stehenden Bauraumes erforderlich wird. Durch eine kritische Überprüfung wurden verschiedene Schwachstellen im oben beschriebenen Bremsenkonzept identifiziert. So ist der Bremsmomentverlauf nicht optimal, es treten hohe Streuungen bei den erzielten Bremsmomenten auf und die technischen Daten ändern sich durch das reibungsbedingte Einlaufen der Bremse.

Ziel eines Entwicklungsprojektes war es, neue Lösungsansätze für Bremssysteme zu generieren, welche die genannten Schwachstellen nicht mehr aufweisen und darüber hinaus die zusätzlichen Anforderungen nach einer geringeren Baugröße, einer höheren Leistungsdichte sowie einer höheren Verschleißkonstanz bestmöglich erfüllen. Folgende Hauptfunktionen wurden identifiziert, durch die das System im Wesentlichen beschrieben wird:

- Konstantes, hohes Brems- und Haltemoment erzeugen
- Fail-Safe Funktion erfüllen, das heißt bei Stromausfall muss die Bremse schnell schließen, um unkontrollierte Bewegungen des Roboters zu verhindern
- Restmomentfreiheit im geöffneten Zustand gewährleisten

Im Rahmen der Lösungsfindung kam das Team auf die Idee der Parallelschaltung mehrerer Wirkflächen, um ein höheres Brems- und Haltemoment erzeugen zu können. Es wurde daher im weiteren Verlauf des Projektes das Konzept einer Lamellenbremse verfolgt. Dies führte aber wiederum zu einem neuen Problem, da bei Lamellenbremsen das Trennen der Lamellen im geöffneten Zustand bisher noch nicht zufriedenstellend gelöst werden konnte. Bei allen bisher bekannten und eingesetzten Lösungsvarianten tritt in der Regel ein Restmoment auf, da die einzelnen Lamellen nicht genau geführt werden können und sie beim Lüften der Bremse keine definierte Position einnehmen.

Die **Problemformulierung** für eine erneute Lösungssuche lautete damit: „Finde eine restmomentfreie Bremse mit parallelen Wirkflächen!“ Es wurde eine intensive Recherche mit dem Fokus auf die Themen Reibung und Magnetismus durchgeführt, da diese als wichtige physikalische Bereiche identifiziert worden waren. Als Quellen dienten unter anderem eine **Physikalische Effektesammlung** und Produktkataloge verschiedener Bremsenhersteller. Es konnten wertvolle Informationen zu relevanten Merkmalen unterschiedlicher Magnetwerkstoffe gewonnen werden (zum Beispiel Magnetkraftverlauf bei Temperaturerhöhung). Hierbei stieß das Entwicklerteam auf den Effekt des Blechespreizers. Seine Wirkung besteht darin, dass sich einzelne Bleche eines Blechstapels unter dem Einfluss eines starken Magnetfeldes voneinander abstoßen. Dieser Effekt wird in der Blechverarbeitung dazu genutzt, aneinanderhaftende Bleche zu vereinzeln.

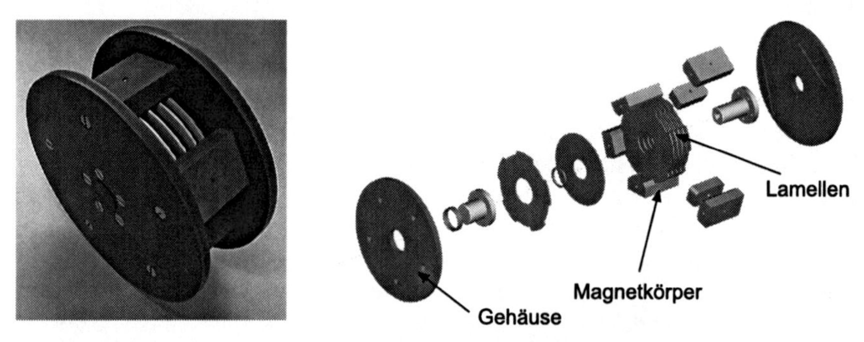


**Abb. 4-18.** Neues Konzept einer restmomentfreien Lamellenbremse

Schließlich konnte ein innovatives Konzept für eine fast restmomentfreie Lamellenbremse entwickelt werden, das auf dem Blechespreizereffekt basiert. Das neuartige Konzept erfüllt die zu Beginn des Projektes definierten Anforderungen und zeichnet sich durch folgende Kennzeichen aus: Es basiert auf der magnetischen Abstoßung von Lamellen, weist keine Restmomente im gelüfteten Zustand auf und hat dadurch keine unerwünschte Erwärmung und keinen Verschleiß. Dies führt zu einem besseren Wirkungsgrad und zu einer höheren Lebensdauer.

### *4.3.2 Entwicklung eines innovativen Konzepts einer Erdbohrmaschine*

Anhand der Entwicklung eines neuartigen Konzeptes für eine Erdbohrmaschine wird die Anwendung der **Prinzipien zur Überwindung technischer Widersprüche** im Rahmen einer **Widerspruchsorientierten Lösungssuche** gezeigt. Für die Nutzung von Erdwärme zur Gebäudeheizung wird eine Tiefenbohrung niedergebracht und anschließend ein isoliertes Innenrohr abgesenkt. Nachdem das Bohrloch mit Kies gefüllt wurde, kann in einem offenen Kreislauf Heizwasser umgepumpt werden. Obwohl aufgrund des offenen Kreislaufs das Grundwasser beeinträchtigt wird und hohe Bohrkosten entstehen ist das Verfahren wirtschaftlich.

Vor allem das Handling des Bohrgestänges (Transport, Zusammenbau) verursacht die hohen Kosten beim Bohren. Das Bohrgestänge besitzt die Funktion, das Drehmoment auf den Bohrkopf zu übertragen. Außerdem ist es für die Leitung der Spülflüssigkeit, die Absenkung des Bohrkopfes mit zunehmendem Bohrfortschritt und das Hochziehen des Bohrkopfes nach dem Bohren verantwortlich.

In einem Entwicklungsprojekt sollte das Bohrkonzept verbessert werden. Um die entscheidenden Teilfunktionen zu ermitteln, wurde zunächst ein **Relationsorientiertes Funktionsmodell** erstellt. Hier ergab sich als Widerspruch im bestehenden System, dass die Funktion „Bohrgestänge absenken“ zum einen für die nützliche Funktion „Drehmoment auf den Bohrkopf übertragen" benötigt wird, auf der anderen Seite aber die schädliche Funktion „Kompliziertes Handling erfordern" verursacht. Dieser Widerspruch sollte aufgelöst werden.

Zunächst wurde die Problemstellung abstrahiert. Mit Hilfe der technischen Parameter nach Altschuller wurde die Funktion „Drehmoment übertragen" dem Parameter Leistung/Kapazität und die Funktion „Kompliziertes Handling erfordern" dem Parameter Produktivität zugeordnet. In einem weiteren Schritt wurden mithilfe der Widerspruchsmatrix potenziell anwendbare Prinzipien zur Überwindung des technischen Widerspruches ermittelt:

- Prinzip des Ersatzes mechanischer Systeme
- Prinzip der Veränderung des Aggregatzustands eines Objekts
- Prinzip der Beseitigung und Regenerierung von Teilen

Für jedes Prinzip wurde eine Frage formuliert, die im Sinne einer **Problemformulierung** den Einstieg in die Suche nach neuen Lösungsideen erleichterte. Beispielsweise wurde das Prinzip der Beseitigung und Regenerierung von Teilen folgendermaßen umformuliert: „Kann der Bohrkopf im Bohrloch verbleiben, so dass ein Gestänge zum Hochziehen entfallen und die Verrohrung unmittelbar nachgeschoben werden kann?" Als Lösungsidee bietet sich hier die Verwendung eines Einwegbohrkopfes an. Weitere Lösungsideen waren unter anderem die Verwendung eines Elektromotors zur Drehmomenterzeugung oder der Einsatz einer Bohrturbine, die den Bohrkopf hydraulisch antreibt.

| Prinzip | Prinzip des Ersatzes mechanischer Systeme | Prinzip der Veränderung des Aggregatszustands eines Objekts | Prinzip der Beseitigung und Regenerierung von Teilen |
|---|---|---|---|
| Frage | Kann die mechanische Übertragung des Drehmoments auf den Bohrkopf mit Hilfe des Bohrgestänges durch eine nichtmechanische Lösung ersetzt werden? | Kann die mechanische Übertragung des Drehmoments auf den Bohrkopf mit Hilfe des Bohrgestänges durch eine hydraulische Lösung ersetzt werden? | Kann der Bohrkopf im Bohrloch verbleiben, so dass ein Gestänge zum Hochziehen entfallen und die Verrohrung unmittelbar nachgeschoben werden kann? |
| Lösungsidee | Elektromotor zur Drehmomenterzeugung, Kabel zur Zuführung elektrischer Energie! | Bohrturbine, die mit Hydraulikflüssigkeit versorgt wird, treibt den Bohrkopf an! | Verwendung eines Einwegbohrkopfes! |

**Abb. 4-19.** Formulierung der Prinzipien als Fragen und zugehörige Lösungsideen

Durch den Vergleich und die Bewertung der verschiedenen Lösungsideen wurde schließlich ein innovatives Bohrkonzept entwickelt (in Anlehnung an [Limbeck 2003]). Es besteht aus einem elektrisch angetriebenen Einwegbohrkopf. Gegenläufig angetriebene Bohrersegmente zur Erzielung des Momentengleichgewichts werden beim Bohren über ein spezielles Doppel-Planetengetriebe angetrieben. Die Verrohrung kann beim Bohren unmittelbar nachgeschoben werden. Der Bohrkopf verbleibt im Bohrloch. Auf diese Weise konnten die Gesamtkosten für das Niederbringen der Bohrung erheblich reduziert werden.

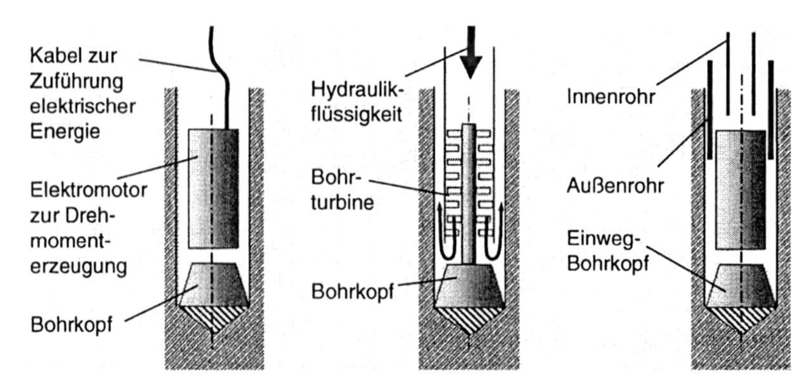


**Abb. 4-20.** Lösungsideen zur Verbesserung des Bohrkonzeptes

# 4.4 Zusammenfassung

Die Lösungssuche auf Wirkebene bietet große Potenziale für Innovationen, stellt die Entwickler aber auch vor gewisse Herausforderungen. Das Denken in eingefahrenen Lösungsmustern oder die Angst vor Fehlern sind Beispiele für diesbezügliche Kreativitätsbarrieren. Zur Unterstützung der Suche nach geeigneten Wirkprinzipien können physikalische Effekte, allgemein formulierte Prinzipien zur Überwindung technischer Widersprüche oder auch Phänomene aus der Biologie herangezogen werden. Die bewusst abstrakte Beschreibung der technischen Problemstellung ermöglicht hierbei die Loslösung von bestehenden Denkmustern und der Fixierung auf bekannte Lösungen.

Die Vielzahl der physikalischen Effekte, von denen Entwickler und Konstrukteure oftmals nur eine kleine Teilmenge in der aktuellen Situation verfügbar haben, erfordert den Einsatz geeigneter Informationssysteme. Dieses können Effektesammlungen, geeignete Physikbücher oder auch Datenbanken sein. Viele Innovationen beruhen auf der Nutzung alternativer physikalischer Effekte. Heutzutage müssen aber zunehmend auch chemische, biologische und sonstige Effekte einbezogen werden. Die Suche nach Lösungen in anderen Wissensgebieten stellt für Ingenieure aufgrund der „Sprachbarriere" mitunter eine Hürde dar. Hier bietet es sich an, die Kommunikation mit Experten aus diesen Disziplinen zu suchen. Außerdem existieren einfache Hilfsmittel für den Einstieg in die Suche nach Analogien aus anderen Disziplinen, zum Beispiel die Assoziationsliste.

Die bewusste Suche von technischen Widersprüchen ist eine wichtige Ausgangsbasis für eine mögliche Überwindung dieser Widersprüche und damit die Generierung von innovativen und optimierten neuen Lösungen. Dabei kann die Funktionsanalyse eine gute Ausgangsbasis sein. Der Weg über die Widerspruchsmatrix nach Altschuller ist nicht immer zwingend zielführend. Geübte Anwender können auch direkt auf geeignete Lösungsprinzipien zurückgreifen.

# 5 Wirkkonzepte

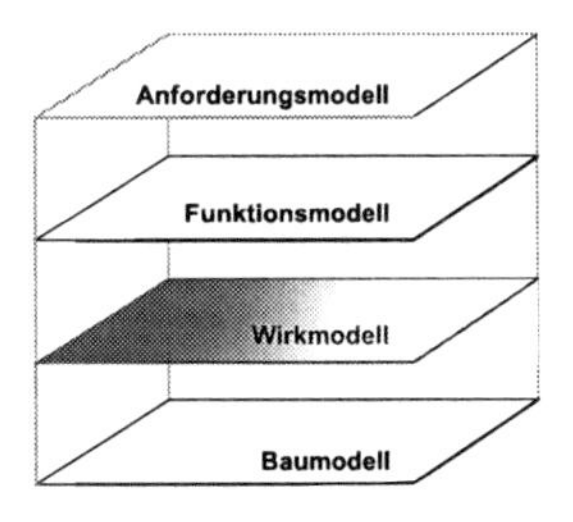


Durch die Anwendung geeigneter Vorgehensweisen und Methoden sowie mit Hilfe zugehöriger Modellvorstellungen (Anforderungs-, Funktions- und Wirkmodell) können auf den unterschiedlichen Konkretisierungsebenen eine Vielzahl von Lösungsideen für das zu entwickelnde technische System erarbeitet werden. Um die Komplexität der Aufgabenstellung handhaben zu können, ist das Gesamtsystem dazu in Teilsysteme gegliedert worden. Ferner wurden Teilfunktionen identifiziert, für welche alternative Teillösungsideen auf den unterschiedlichen Konkretisierungsebenen generiert wurden. Zur Entwicklung eines Lösungskonzeptes ist es nun notwendig, diese Vielzahl von Lösungsideen sinnvoll zu einem oder mehreren aussichtsreichen Lösungskonzepten zusammenzufassen. Geschieht dies auf Ebenen des Wirkmodells, werden die entsprechenden Lösungskonzepte als Wirkkonzepte bezeichnet. Die Erstellung von Konzepten kann jedoch ebenfalls auf Ebene des Funktions- und des Baumodells durchgeführt werden. Es existieren somit außerdem ein Funktions- und ein Baukonzept.

Es ist bei der Erstellung von Lösungskonzepten wichtig, in Alternativen zu denken, um Raum für innovative Lösungen zu schaffen. Dies ist in besonderem Maße bei einer Neuentwicklung mit besonderer Tragweite oder bei der Absicherung eigener beziehungsweise der Umgehung fremder Schutzrechtsansprüche der Fall. Dazu ist es für den Entwickler notwendig, sich zunächst einen Überblick über das erarbeitete Spektrum an Teillösungsideen zu verschaffen.

Der Fokus der hier durchgeführten Betrachtungen liegt auf der Erstellung von Wirkkonzepten. Es werden daher zunächst Grundlagen zur Ordnung des Lösungsfeldes und zur Erstellung von Wirkkonzepten geklärt. Anschließend wird auf verschiedene Methoden zur Festlegung von aussichtsreichen Wirkkonzepten eingegangen. Diese beinhalten den Umgang mit Teillösungsideen beziehungsweise einer Vielzahl von Lösungsalternativen, dem Zusammensetzen der Teillösungsideen zu Konzepten und deren abschließende Bewertung und Auswahl.

## 5.1 Entwicklung eines Spenders für Tragetaschen

Ein Unternehmen, das sich mit der Herstellung von hochwertigen, wieder verwendbaren und tragefreundlichen Kunststoff-Tragetaschen beschäftigt, wandte sich mit dem Auftrag zur Entwicklung eines Ausgabeautomaten für seine Tragetaschen an ein Ingenieurbüro [nach Birkhofer 2002]. Der Automat sollte circa 100

Taschen aufnehmen und diese jeweils gegen Einwurf einer bestimmten Münze automatisch ausgeben. Dieser sogenannte Dispenser sollte außerdem die Tragetaschen beim Ausgeben möglichst automatisch auffalten und an den Griffschlaufen so fixieren, dass die geöffnete Tasche ohne weiteres Festhalten mit beiden Händen befüllt werden kann.

Obwohl die Aufgabe wenig komplex und die Anforderungen klar erschienen, wurde die Problemstellung strukturiert und eine Gliederung in sechs **Teilfunktionen** vorgenommen:

- Taschen in Dispenser eingeben
- Taschen gegen Diebstahl sichern
- Taschen magazinieren
- Taschen vereinzeln und ausgeben
- Griffe vereinzeln
- Griffe aufhängen

Zunächst wurde festgestellt, dass es technisch schwierig realisierbar und wirtschaftlich unrentabel ist, die Teilfunktionen „Taschen in Dispenser eingeben" und „Taschen gegen Diebstahl sichern" zu automatisieren. Daher wird für diese Teilfunktionen eine manuelle Lösung angestrebt. Durch Anwendung von Kreativitätstechniken im Team konnten schnell einige **Lösungsideen** für die anderen Teilfunktionen gefunden und skizziert werden. Diese generierten Lösungsideen bezogen sich zum einen auf einzelne Teilfunktionen oder Details der Anordnung. Während bei der Teilfunktion „Taschen magazinieren" vorwiegend die Position der Lagerung betrachtet wurde, spielte bei der Teilfunktion „Taschen vereinzeln und ausgeben" die Art der Krafteinwirkung die wesentliche Rolle.

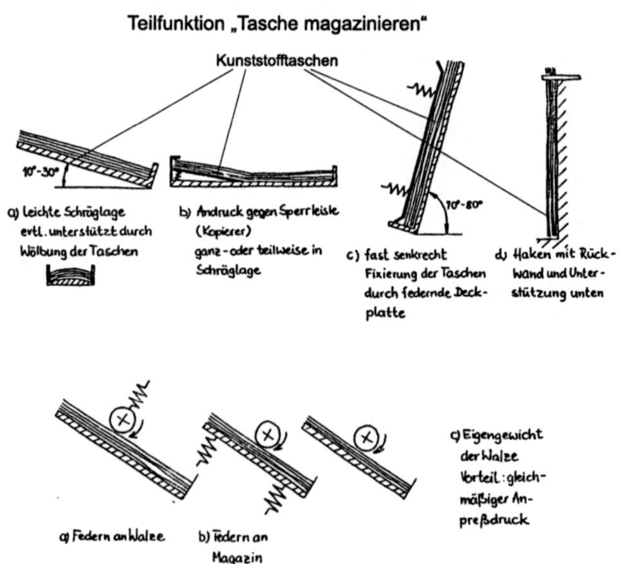


**Abb. 5-1.** Alternative Lösungsideen für einzelne Teilfunktion [Birkhofer 2002]

Zum anderen wurden auch Vorschläge erarbeitet, die einen Bezug zur gesamten Anordnung hatten. Diese Lösungsideen beschäftigen sich ebenfalls mit Teilfunktion „Taschen vereinzeln und aufgeben". Hier wurde jedoch deutlich detaillierter skizziert, wie die Anordnung der Walze beziehungsweise der magazinierten Taschen und die Führung der auszugebenden Tasche realisiert werden könnte.

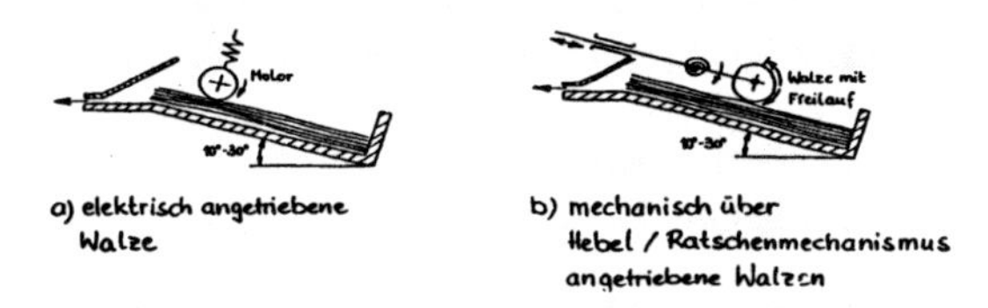


**Abb. 5-2.** Detailliertere Lösungsmöglichkeiten zur automatisierten Vereinzelung und Ausgabe einer Tasche [Birkhofer 2002]

Darüber hinaus wurden weiterhin Lösungsideen erarbeitet und skizziert, die nochmals umfassender waren und in denen mehrere Teilfunktionen berücksichtigt wurden. Es wurden hier sowohl Lösungsideen für das Vereinzeln und Ausgeben der Taschen, als auch für die Vereinzelung und das Aufhängen der Griffe erstellt. Für das Vereinzeln der Griffe überlegte man sich außerdem noch drei weitere alternative Lösungsmöglichkeiten. So könnte diese Teilfunktion durch Elektrostatik, durch die Erzeugung von Unterdruck, aber auch durch Druckluft realisiert werden.

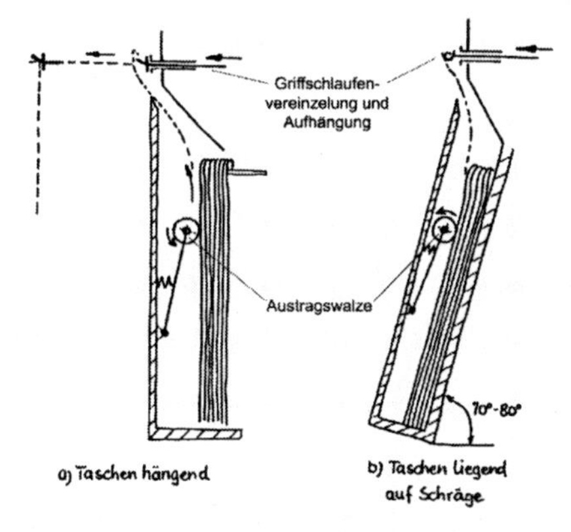


**Abb. 5-3.** Lösungsideen für automatisierte Vereinzelung und Ausgabe einer Tasche sowie die automatisierte Aufhängung der Griffschlaufen [Birkhofer 2002]

Insgesamt wiesen die Lösungsideen einen deutlich unterschiedlichen Konkretisierungs- beziehungsweise Detaillierungsgrad auf und bezogen sich auf unterschiedliche Aspekte der zu bearbeitenden Problemstellung. So bildeten die generierten Skizzen zum Teil Lösungsmöglichkeiten für einzelne Teilfunktionen, zum Teil auch Lösungsideen für mehrere Teilfunktionen ab. Einige Ideen wurden anschaulich und detailliert skizziert, andere nur mit Worten beschrieben. Auch wurden Zusatzfunktionen für den Tragetaschendispenser, wie beispielsweise eine Kombination mit einem Zigarettenausgabeautomaten, diskutiert. Der kreative Prozess führte zu einer Fülle an Vorschlägen und Lösungsideen, die zum Teil sehr vielversprechend waren und als innovativ eingestuft wurden. Große Schwierigkeiten entstanden jedoch bei der Klärung der Frage, wie nun mit diesen Zwischenergebnissen umgegangen werden sollte, da der Auftraggeber letztendlich ein bis zwei schlüssige anforderungsgerechte alternative Gesamtlösungen erwartete.

Der vorgestellte Entwicklungsprozess soll demonstrieren, dass es relativ einfach ist, eine Vielzahl von Lösungsmöglichkeiten zu generieren, aber umso schwieriger, mit der entstehenden Menge an Lösungsideen umzugehen. Es ist wichtig, dass alternative Lösungsmöglichkeiten betrachtet werden, da gerade hier das Potenzial besteht, bekannte Lösungswege zu verlassen und innovative Produkte zu entwickeln. Jedoch werden Methoden benötigt, welche die Beherrschung einer derartigen Alternativenfülle unterstützen, um letztendlich ein optimales Lösungskonzept zu generieren.

## 5.2 Methoden zur Erstellung und Auswahl von Wirkkonzepten

Ein Produkt erfüllt fast immer mehrere **Teilfunktionen**, von denen wiederum jede grundsätzlich durch verschiedene alternative **Teillösungen** erfüllt werden kann. Wählt man für jede Teilfunktion eine Teillösung aus und verknüpft diese untereinander, entsteht ein mögliches Lösungskonzept. Es ist sinnvoll, auch auf der Ebene der **Konzepte** in Alternativen zu denken und sich so einen Überblick über das erarbeitete Spektrum an Teil- und Gesamtlösungen zu verschaffen. Die alternativen Lösungskonzepte werden im Anschluss einer Bewertung unterzogen, um ein oder mehrere optimale Konzepte zu ermitteln, welche anschließend weiter detailliert werden können.

Ein **Lösungskonzept** ist eine aus mehreren **Lösungsalternativen** ausgewählte prinzipielle Lösung eines Produktes, die die wichtigsten Anforderungen, insbesondere Funktionsanforderungen, mit hoher Wahrscheinlichkeit in optimaler Weise erfüllt [nach Ehrlenspiel 2007].

Nach diesem Verständnis ist die Konzepterstellung auf den Ebenen von **Funktions-, Wirk- und Baumodell** möglich. Die erzeugten Konzepte werden dementsprechend als **Funktions-, Wirk- und Baukonzepte** bezeichnet. Der Schwerpunkt der Betrachtung liegt auf Methoden und Vorgehensweisen zur Erstellung von Wirkkonzepten sowie dem Umgang mit diesen. Sie lassen sich jedoch direkt auf die beiden anderen Arten von Konzepten übertragen.

Die Verknüpfung von Teillösungen zu einem Lösungskonzept kann rein funktional betrachtet mit den mathematischen Methoden der **Kombinatorik** durchgeführt werden. Kommt es dabei nur auf die Art der jeweils verknüpften Teillösungen an, werden Kombinationen gebildet. Soll ebenfalls die Reihenfolge der Teilfunktionen berücksichtigt werden, müssen Permutationen gebildet werden. Da die Anordnung der Teillösungen jedoch oft durch eine Funktions- oder Wirkstruktur vorgegeben ist, genügt es in der Regel die Teillösungen zu kombinieren. Das auf der Kombinatorik beruhende Vorgehen zur Generierung von Lösungskonzepten ist als „Kombinatorisches Konstruieren" [VDI 2222] bekannt. Es soll einen vollständigen Überblick über die alternativen Lösungskonzepte verschaffen und damit die Auswahl geeigneter Konzeptalternativen durch eine anschauliche Präsentation des Alternativenfeldes unterstützen.

Die rein mathematische Kombination von Teillösungen führt jedoch nicht zu einem vollständigen Lösungskonzept. Zusätzlich muss die **Systemarchitektur** des zu entwickelnden Produktes berücksichtigt werden. Hierzu zählen die geometrischen Anordnung der Lösungen zueinander sowie die Anzahl und Art der zur Realisierung verwendeten Bauteile und ihrer Schnittstellen. Diese Festlegung muss in einem gesonderten Schritt im Anschluss an die Kombination erfolgen.

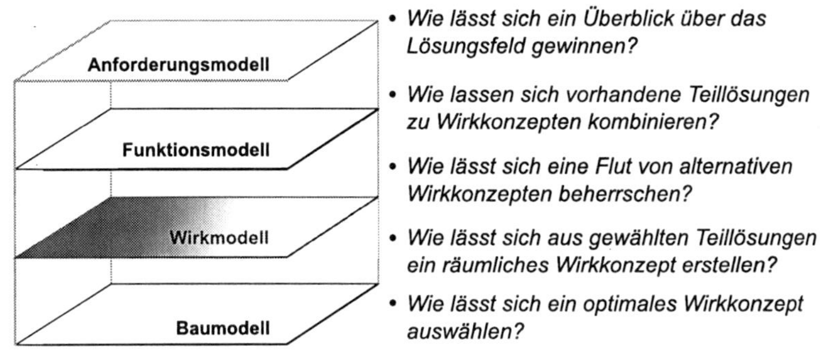


**Abb. 5-4.** Einordnung in das Münchner Produktkonkretisierungsmodell (MKM)

Alternative Wirkkonzepte werden in Anschluss an die Lösungsfindung auf der Ebene des Wirkmodells erstellt. Sie integrieren die Ergebnisse der Arbeitsschritte zur Lösungsfindung mit Hilfe von **Wirkprinzipien** und **Wirkstrukturen** und verdichten sie zu aussichtsreichen und leicht zu beurteilenden Wirkkonzepten. Die Erstellung und Auswahl von alternativen Konzepten befindet sich ebenfalls auf Wirkmodellebene, da die bereits erarbeiteten **Teillösungsideen** lediglich kombiniert und im Allgemeinen nicht weiter konkretisiert werden. Voraussetzungen für die Erstellung von Wirkkonzepten sind eine hinreichend detaillierte **Anforderungsliste** und ein adäquates Spektrum an Teilfunktionen mit zugeordneten Teillösungsideen. Aus diesen lässt sich durch systematisches Kombinieren der Teillösungsideen die Gesamtheit der alternativen Konzepte vollständig erzeugen und darstellen.

Eine weit verbreitete Methode, um einen Überblick über das aufgespannte Spektrum von Lösungsideen zu erhalten, ist die Verwendung eines **eindimensionalen Ordnungsschemas** in Sinne eines **Morphologischen Kasten**. In diesem werden die Teilfunktionen und Teillösungsideen eingetragen. Durch Kombination der verschiedenen Teillösungsideen können so sehr einfach alternative Lösungskonzepte erstellt werden. Im Allgemeinen ergibt sich aus der systematischen Kombination eine Alternativenfülle, aus der nun in einem eigenen Arbeitsschritt aussichtsreiche Lösungskonzepte extrahiert werden müssen. Dazu werden Methoden zur **Reduktion der Alternativenvielfalt** vor, während oder nach der Kombination eingesetzt. Durch eine anschließende Beurteilung dieser alternativen Konzepte lassen sich die für die weitere Entwicklungsarbeit Erfolg versprechenden Lösungen ermitteln.

### *5.2.1 Wie lässt sich ein Überblick über das Lösungsfeld gewinnen?*

Um alternative **Wirkkonzepte** zu bilden, wird zunächst ein umfassender Überblick über die Teilfunktionen und die zugeordneten Teillösungsideen benötigt. Dieser Überblick kann besonders anschaulich durch ein **Ordnungsschema** erreicht werden. Der **Morphologische Kasten** [Zwicky 1966] ist ein spezielles eindimensionales Ordnungsschema zur übersichtlichen Darstellung von Teilfunktionen und den zugehörigen Teillösungsideen.

| Teil-funktionen | Teillösungen | | | |
|---|---|---|---|---|
| | 1 | 2 | 3 | 4 |
| TA | $A_1$ | $A_2$ | | |
| TB | $B_1$ | $B_2$ | $B_3$ | |
| TC | $C_1$ | $C_2$ | $C_3$ | $C_4$ |
| TD | $D_1$ | $D_2$ | | |

Allgemein:

| | | |
|---|---|---|
| $A_i$: | i = l bis m | hier: m = 2 |
| $B_j$: | i = l bis n | hier: n = 3 |
| $C_k$: | i = l bis o | hier: o = 4 |
| $D_l$: | i = l bis p | hier: p = 2 |

**Abb. 5-5.** Schematischer Aufbau eines Morphologischen Kastens [nach Birkhofer 1980]

Die Methode des Morphologischen Kastens wurde von [Zwicky 1966] entwickelt, um die „Totalität aller Lösungen“ für eine Entwicklungsaufgabe übersichtlich darzustellen. Morphologisch bedeutet „gestaltgebend“ und soll das Erarbeiten eines Überblicks über ein Lösungsideenspektrum andeuten. Der Morphologische Kasten ist auch unter den Bezeichnungen „Morphologisches Schema“ oder nur „Morphologie“ bekannt. Der Morphologische Kasten ordnet in einem matrizenförmigen Ordnungsschema [Dreibholz 1975] den Teilfunktionen die jeweils zugehörigen Teillösungsideen zu.

Die **Teilfunktionen** werden in der Kopfspalte aufgelistet. Es bietet sich an, die ermittelten Teilfunktionen entlang einer Wirkkette abzubilden und in der entsprechenden Reihenfolge von oben nach unten in den Morphologischen Kasten einzutragen. Falls die Teilfunktionen für die alternativen Konzepte unterschiedlich stark lösungsbestimmend sind, ist es weiterhin zweckmäßig, sie in der Reihenfolge ihrer Lösungsdominanz zu ordnen. Dies erleichtert den Überblick beim nachfolgenden Kombinieren der Teillösungsideen.

Die **Teillösungsideen** werden für jede Teilfunktion zeilenweise eingetragen und dabei möglichst anschaulich und verständlich, zum Beispiel als Skizzen, dargestellt. Dies erleichtert die Beurteilung der später zu bildenden Kombinationen der Teillösungsideen erheblich und regt Assoziationen über günstige Kombinationen an. Jede Teilfunktion kann dabei eine unterschiedliche Anzahl von Teillösungsideen aufweisen.

Der Morphologische Kasten bietet somit eine Übersicht des aufgespannten Lösungsraums und erleichtert die Diskussion über alternative Lösungsideen. Er kann dabei auf unterschiedlichen Konkretisierungsebenen wie **Funktions-, Wirk- und Baumodell** eingesetzt werden. Ebenso ist die Verwendung von Teillösungsideen auf unterschiedlichen Konkretisierungsstufen (wie etwa **physikalische Effekte**, **Wirkprinzipien** oder konkrete verfügbare Bauelemente) innerhalb des Morphologischen Kastens möglich. Verdeutlich werden kann dies am Beispiel der Teilfunktion „Automatisches Öffnen und Schließen" eines Pneumatikventils. Es können neben der Nennung physikalischer Effekte wie Querkontraktion oder Biegung zusätzlich Skizzen hinterlegt werden. Diese geben Wirkstrukturen wieder oder enthalten geometrische Angaben und sind somit dem Wirk- beziehungsweise Baumodell zuzuordnen.

| Teillösung / Teilfunktion | Lösung 1 | Lösung 2 | Lösung 3 | Lösung 4 |
|---|---|---|---|---|
| Automatisches Öffnen und Schließen | Querkontraktion | Biegung | Hebel | Wärmedehnung |
| Einstellbarkeit, Bereitstellung der Betriebskraft | Druckkraft | Gravitation | Auftrieb | Schubverformung |
| Sicherung der Einstellung | Kohäsion | Adhäsion | Reibung | |

**Abb. 5-6.** Beispiel eines Morphologischen Kastens für ein Pneumatikventil

## *5.2.2 Wie lassen sich vorhandene Teillösungsideen zu Wirkkonzepten kombinieren?*

Die zusammengestellten und angeordneten **Teillösungsideen** werden anschließend zu Wirkkonzepten verknüpft. Dies kann durch die Anwendung der **Kombinatorik** erreicht werden. Kombinieren ist eine mathematische Methode, die Elemente aus einer Elementmenge zu vollständigen Kombinationen verknüpft, wobei sich diese Kombinationen nur durch die Art der in ihnen enthaltenen Elemente unterscheiden [Franke 1976]. Jede Kombination der im **Morphologischen Kasten** enthaltenen Teillösungsideen $A_i$ - $B_j$ - $C_k$ - $D_l$ et cetera repräsentiert ein eigenes **Wirkkonzept**. Durch Kombinieren aller Teillösungsideen einer Teilfunktion mit allen Teillösungsideen der jeweils anderen Teilfunktionen entsteht ein vollständiges Alternativenspektrum (Lösungsraum). Die maximale Anzahl $N_x$ an alternativen Konzepten ergibt sich als Produkt der jeweiligen Gesamtzahl an Teillösungsideen.

| Teil-funktionen | Teillösungen | | | |
|---|---|---|---|---|
| | 1 | 2 | 3 | 4 |
| TA | $A_1$ | $A_2$ | | |
| TB | $B_1$ | $B_2$ | $B_3$ | |
| TC | $C_1$ | $C_2$ | $C_3$ | $C_4$ |
| TD | $D_1$ | $D_2$ | | |

Maximale Anzahl Lösungskonzepte

$N_x = 2*3*4*2 = 48$

**Abb. 5-7.** Generierung von Lösungskonzepten durch Kombination [nach Birkhofer 1980]

Dieses Vorgehen bietet dem Anwender eine Reihe von Vorteilen bei der Erstellung alternativer Wirkkonzepte. So stellt die Kombinatorik durch ihr algorithmisches Vorgehen sicher, dass bei der Erstellung der Konzepte keine Konzeptalternative vergessen wird und somit aus der Lösungssuche ausscheidet. Darüber hinaus ist es möglich, das mathematische Verfahren der Kombinatorik zu programmieren und somit den Aufwand für diesen Schritt stark zu reduzieren. Demgegenüber steht der Nachteil, dass es sich beim Kombinieren um ein reines Generierungsverfahren handelt, das neben geeigneten auch ungeeignete beziehungsweise unsinnige Kombinationen erzeugt. Daher ist bei der Anwendung der Methode immer eine anschließende Beurteilung notwendig.

Die durch Kombination ermittelten alternativen Wirkkonzepte lassen sich in einem **Ordnungsschema** [Dreibholz 1975] oder einem **Alternativenbaum** darstellen. Ein Alternativenbaum ist die visuelle Darstellung (Baumstruktur) der durch Kombinieren erhaltenen Alternativen als Verkettung ihrer Elemente. Beim Darstellen von Konzeptalternativen in einem Alternativenbaum sind die zu kombinierenden Elemente die Teillösungen $A_i$ - $B_j$ - $C_k$ - $D_e$.

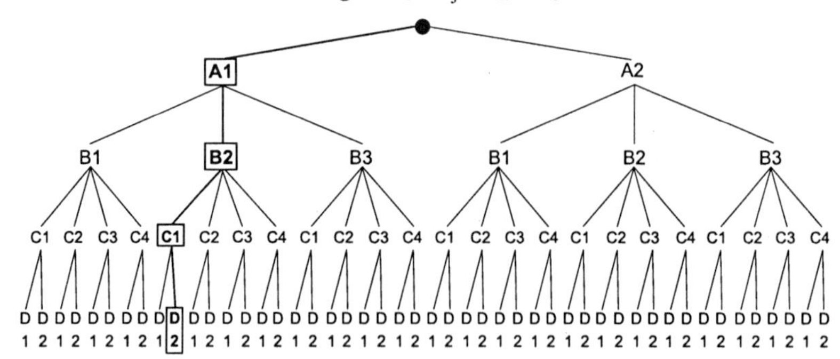


**Abb. 5-8.** Darstellung der Wirkkonzepte in einem Alternativenbaum

Die Darstellung der Wirkkonzepte im Alternativenbaum ist wegen ihrer Baumstruktur sehr übersichtlich und zeigt auch anschaulich die jeweiligen Generierungspfade der einzelnen Lösungskonzepte. Die Übersichtlichkeit geht jedoch verloren, wenn sehr viele Alternativen beziehungsweise Kombinationsstufen dargestellt werden sollen. Sie eignet sich daher besonders für die Darstellung kleiner Alternativenspektren mit weniger als etwa 50 Alternativen.

**Problematik des kombinatorischen Vorgehens**

Die beim Erarbeiten von alternativen Wirkkonzepten genutzte Kombinatorik ist ein reines Generierungsverfahren. Sie liefert deshalb keinerlei Hinweise auf die Eignung und Qualität der kombinierten alternativen Konzepte. Daraus ergeben sich folgende Probleme:

- Problem der Alternativenfülle: Bereits bei kleiner Anzahl von Teilfunktionen und Teillösungsideen ergeben sich schon Hunderte von theoretisch möglichen alternativen Lösungskonzepten.
- Problem des „Alternativenschrotts“: Erfahrungsgemäß sind mehr als 95 Prozent der theoretisch möglichen alternativen Lösungskonzepte untauglich oder gar sinnlos. Durch die Kombinatorik werden auch sinnlose Alternativen generiert, da keinerlei funktionale und strukturelle Unverträglichkeiten von Teillösungsideen untereinander berücksichtigt werden.
- Problem der geringen Ausbeute an guten und eigenständigen alternativen Konzepten: Die prinzipiell möglichen Lösungskonzepte enthalten meist viele mittelmäßige oder sich nur unwesentlich unterscheidende Teillösungsideen. Erfahrungsgemäß ergeben viele mittelmäßige Teillösungen meistens eine schlechte Gesamtlösung, die Mittelmäßigkeit verstärkt sich. Auch sehr ähnliche Alternativen werden von der Kombinatorik als eigenständige Alternativen generiert, obwohl eventuell nur unwesentliche Unterschiede in der Realisierung einer Teilfunktion bestehen.

Das Hauptproblem beim Erarbeiten von Wirkkonzepten ist daher das schnelle und gezielte Ermitteln der optimalen Konzepte aus dem möglichen Alternativenspektrum [nach Birkhofer 1980]. Lösungen dafür liegen zum einen in einer angepassten, zweckmäßigen Gestaltung des Morphologischen Kastens selbst, zum anderen in der Integration von Auswahlverfahren in die Lösungsideenkombination.

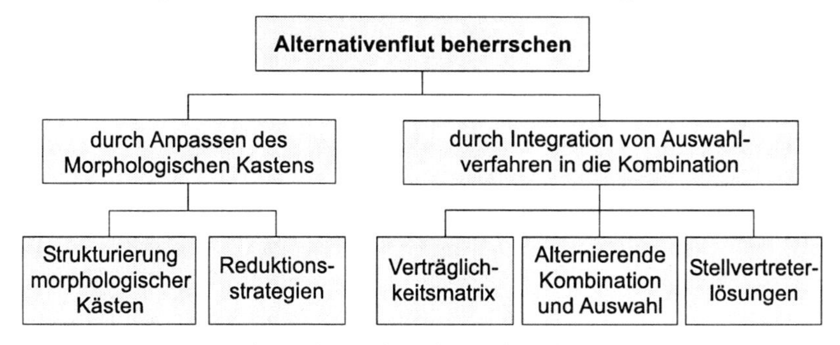


**Abb. 5-9.** Ansätze zur Beherrschung der Alternativenflut

Ein erster Ansatz zum Beherrschen der Alternativenflut besteht darin, vor der eigentlichen Kombination den Morphologischen Kasten so umzustrukturieren, dass der Aufwand für das Erarbeiten von alternativen Konzepten verringert wird.

## Strukturierung Morphologischer Kästen

Beim Kombinieren von Teillösungsideen werden als einfachste Kombinationen Paare von Teillösungsideen (Zweierkombinationen) unterschiedlicher Teilfunktionen gebildet. Diese Teillösungspaare müssen hinsichtlich ihrer Eignung als Lösungsbestandteile beurteilt werden. Die **Strukturierung** eines Morphologischen Kastens hinsichtlich der Anzahl von Teilfunktionen und Teillösungen sollte so gewählt werden, dass der Aufwand für die Beurteilung von Zweierkombinationen minimiert wird.

Die vollständige Erstellung eines Lösungsfeldes durch Kombination aller Teillösungspaare erfordert somit immer auch einen Beurteilungsaufwand. Dieser ist in erster Näherung proportional zur Gesamtzahl der Teillösungspaare. Wird von zwei Morphologischen Kästen mit gleicher Anzahl an Konzeptalternativen (Lösungsfeldumfang) ausgegangen, zeigt sich, dass dieser Beurteilungsaufwand je nach Breite des Morphologischen Kastens erheblich differieren kann [Birkhofer 1980].

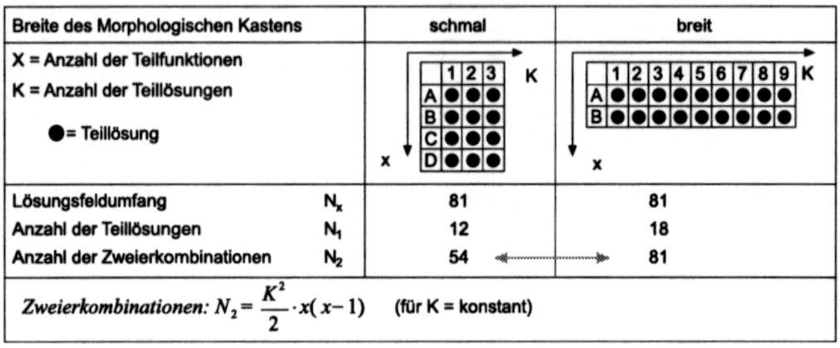

| Breite des Morphologischen Kastens | | schmal | breit |
|---|---|---|---|
| X = Anzahl der Teilfunktionen<br>K = Anzahl der Teillösungen<br>● = Teillösung | | K: 1 2 3<br>A ● ● ●<br>B ● ● ●<br>C ● ● ●<br>D ● ● ●<br>x | K: 1 2 3 4 5 6 7 8 9<br>A ● ● ● ● ● ● ● ● ●<br>B ● ● ● ● ● ● ● ● ●<br>x |
| Lösungsfeldumfang | $N_x$ | 81 | 81 |
| Anzahl der Teillösungen | $N_1$ | 12 | 18 |
| Anzahl der Zweierkombinationen | $N_2$ | 54 ⟷ | 81 |

*Zweierkombinationen:* $N_2 = \frac{K^2}{2} \cdot x(x-1)$ (für K = konstant)

**Abb. 5-10.** Schematische Beispiele für günstigen und ungünstigen Morphologischen Kasten [nach Birkhofer 1980]

Schmale Morphologische Kästen mit zwei bis drei Teillösungsideen pro Teilfunktion ergeben trotz gleicher Anzahl an alternativen Konzepten deutlich weniger Zweierkombinationen und damit weniger Beurteilungsaufwand als sehr breite Morphologische Kästen. Breite Morphologische Kästen sollten also wenn möglich vermieden werden. Treten sie dennoch auf, können sie oft in schmale überführt werden, indem die ursprünglichen Teilfunktionen in mehrere Unterfunktionen aufgeteilt und diese in einen modifizierten Morphologischen Kasten eingetragen werden, oder die Teillösungen einer Teilfunktion zu Klassen zusammengefasst werden. Die Möglichkeiten zur Umstrukturierung von Morphologischen Kästen sollte am Anfang jeder Alternativenentwicklung in die Überlegungen einbezogen werden.

## Reduktionsstrategien für Morphologische Kästen

**Reduktionsstrategien** sind Vorgehensweisen, die einen Morphologischen Kasten so reduzieren, dass aussichtsreiche Konzeptalternativen mit geringerem Aufwand gewonnen werden können [Birkhofer 1980].

Durch den Umfang eines Morphologischen Kastens ist die Anzahl der möglichen alternativen Lösungskonzepte festgelegt. Gelingt es, die Anzahl der Teilfunktionen und Teillösungsideen vor dem Kombinieren sinnvoll zu reduzieren, müssen deutlich weniger Konzeptalternativen generiert werden, so dass der Kombinations- und Beurteilungsaufwand drastisch abnehmen kann. Die Alternativenexplosion als Nachteil der Kombinatorik wird durch geeignete Reduktionsstrategien in einen Vorteil umgekehrt. Das Zurückstellen von Teilfunktionen und Teillösungsideen schneidet ganze Äste des Alternativenbaumes und damit alle darunter liegenden Teillösungskombinationen ab und spart so erheblichen Bearbeitungsaufwand. Es hat sich bewährt, Reduktionsstrategien in der nachfolgend genannten Reihenfolge anzuwenden:

- Teilfunktionen nach Wichtigkeit ordnen, sofern nicht die Betrachtung einer Wirkkette von entscheidender Bedeutung ist.
- Weniger wichtige oder lösungsbestimmende Teilfunktionen zurückstellen, beispielsweise Orientierung an den Hauptfunktionen.
- Weniger geeignete Teillösungsideen für die erste Kombination zurückstellen.
- Einzelne Teillösungsideen, wie alle mechanischen oder elektrischen Lösungen, zu Teillösungsklassen zusammenfassen.
- Eventuell zunächst nur ähnliche Lösungsklassen für die erste Kombination beachten, beispielweise hydraulische und pneumatische Lösungsideen.

Reduktionsstrategien werden bevorzugt eingesetzt, um aus einem umfangreichen Morphologischen Kasten in einem ersten Durchlauf die grundsätzlich unterschiedlichen und aussichtsreichen Lösungskonzepte zu ermitteln. Mit den zurückgestellten Teilfunktionen und Teillösungen können bei Bedarf die aussichtsreichen Konzeptalternativen angereichert werden.

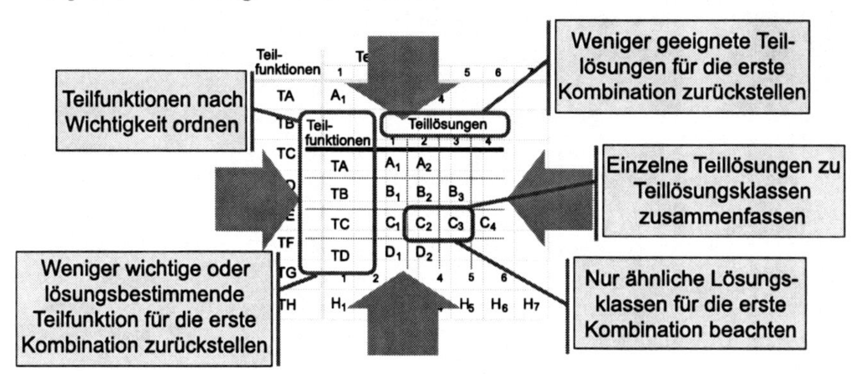


**Abb. 5-11.** Anwendung und Wirkung von Reduktionsstrategien

Durch diese Vorgehensweise wird der Morphologischen Kasten oft erheblich reduziert und die Anzahl der zu betrachtenden alternativen Wirkkonzepte drastisch eingeschränkt. Außerdem sind in einem reduzierten Morphologischen Kasten die aussichtsreichen Konzepte meist wesentlich besser zu identifizieren. Dabei muss beachtet werden, dass beim Zurückstellen ganze Lösungszweige aus dem

Alternativenbaum wegfallen und somit nicht weiter betrachtet werden. Es muss daher vor der der Durchführung eines solchen Schritts genau überprüft werden, ob hierdurch der Lösungsraum nicht unzulässig eingeschränkt wird. Hierzu ist eine möglichst genaue Vorausschau auf spätere Lösungseigenschaften erforderlich.

### *5.2.3 Wie lässt sich eine Flut von Wirkkonzeptalternativen beherrschen?*

Durch Anpassung des **Morphologischen Kastens** ist es möglich, die Anzahl der theoretischen möglichen **Wirkkonzepte** zu reduzieren. Jedoch ist diese Anpassung bei vielen Entwicklungen nur begrenzt einsetzbar. Gerade bei komplexen Produkten mit vielen **Teilfunktionen** ist es häufig nicht möglich, sich auf einige wenige Funktionen zu beschränken. Ein weiterer Ansatz zur Beherrschung der Alternativenflut besteht daher in der Integration von Auswahlverfahren in die Kombination. Dieses Vorgehen ermöglicht es dem Anwender, nur noch die Kombinationen zu erzeugen, welche untereinander verträgliche **Teillösungsideen** enthalten oder aussichtsreiche Lösungskonzepte liefern. Einige der hierzu zur Verfügung stehenden Möglichkeiten werden im Folgenden beschrieben.

#### Verträglichkeitsmatrix

Eine **Verträglichkeitsmatrix** ist eine spezielle Matrix für den vollständigen Paarvergleich von Elementen hinsichtlich ihrer Verträglichkeit [nach Pahl et al. 2005]. Die Verträglichkeit zweier **Teillösungen** ist gegeben, wenn beide Lösungen in funktioneller, geometrischer, energetischer oder anderer Hinsicht kombinierbar sind. Eine Unverträglichkeit ist somit eine Inkompatibilität zwischen Teillösungen, die ihre Kombination verhindert [nach Birkhofer 1980]. Inkompatibilitäten können durch die unterschiedlichen Eigenschaften der Teillösung selbst begründet sein, wie zum Beispiel durch Unterschiede in Handhabung, Design, **Wirkprinzip** oder Bauart. Weiterhin können sie auch aus nicht kompatiblen Anschlussbedingungen resultieren, zum Beispiel Inkompatibilität hinsichtlich geometrischer, kinematischer oder energetischer Anschlussbedingungen. Diese Unverträglichkeiten führen zum Ausschluss einer Kombination. So ist beispielsweise ein Elektromotor verträglich mit einem Stirnradgetriebe, jedoch unverträglich mit einem Hydraulikzylinder.

Die Verträglichkeitsmatrix wird hier genutzt, um die Verträglichkeit zwischen den Teillösungsideen eines Morphologischen Kastens systematisch zu untersuchen. In die Matrix werden dazu alle Teillösungsideen eines Morphologischen Kastens in der Kopfzeile und in der Kopfspalte eingetragen. Durch einen **Paarweisen Vergleich** werden alle Teillösungsideen miteinander verglichen und ihre Verträglichkeit beurteilt. Jede unverträgliche Zweierkombination wird in der Matrix gekennzeichnet. Hierbei ist unter Umständen eine Differenzierung nach Klassen notwendig, da die Verträglichkeit von weiteren Randbedingungen abhängen kann. Es empfiehlt sich außerdem für spätere Rückgriffe, gleichzeitig auch den Grund der Unverträglichkeit zu dokumentieren. Da es sich um eine symmetrische Matrix handelt, reicht es aus, nur eine Hälfte oberhalb oder unterhalb der Hauptdiagonalen auszufüllen.

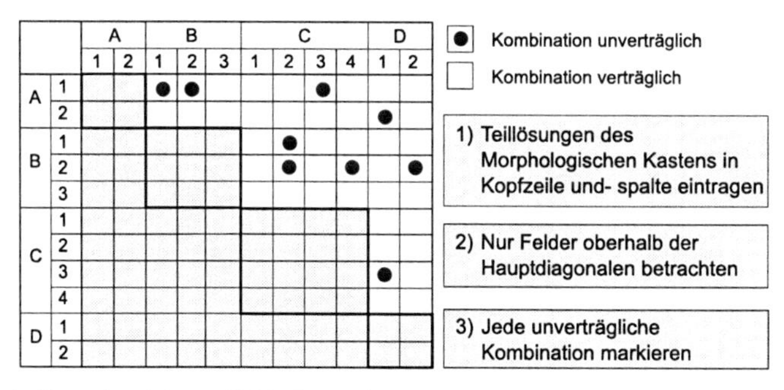


**Abb. 5-12.** Aufbau einer Verträglichkeitsmatrix

Die von alternativen Wirkkonzepten losgelöste ausschließliche Betrachtung von Zweierkombination bietet den Vorteil, dass die Objektivität der Beurteilung erheblich gefördert wird. Es ist nicht möglich, die Beurteilung von alternativen Lösungsideen auf bestimmte favorisierte Konzepte auszurichten, da es schon bei der Bearbeitung kleiner Verträglichkeitsmatrizen nicht möglich ist, den Überblick über der das gesamte Alternativenspektrum zu behalten und die Ergebnisse zu beeinflussen. Durch eine rechnerunterstützte Präsentation der Zweierkombinationen kann weiterhin der Bearbeiter von jedem Kombinatorikaufwand entlastet werden und kann sich voll auf die Beurteilung konzentrieren.

Dem gegenüber stehen die Nachteile bei der Verwendung einer Verträglichkeitsmatrix zur Beherrschung der Alternativenfülle. Zunächst ist hierbei der enorme Aufwand zu nennen, der sich bei einem umfangreichen Lösungsspektrum ergibt. Hinzu kommt, dass das beschriebene Verfahren wegen seines schnellen Wechsels zwischen Vorstellungsbildern kognitiv extrem anspruchsvoll ist. Darüber hinaus kann eine Fehlentscheidung erhebliche Auswirkungen auf die Vollständigkeit und Qualität der Wirkkonzepte haben, wird selbst aber meist nur schwer entdeckt. Weiterhin werden nur Verträglichkeiten von Zweierkombinationen betrachtet. Die Verträglichkeit von in den Konzepten eventuell vorhandenen Wirkungsketten mit mehr als zwei Teillösungen müssen gesondert durch eine nachgeschaltete Feinbeurteilung erfasst werden.

### Alternierende Kombination und Auswahl

Eine **alternierende Kombination und Auswahl** integriert Auswahlschritte in das Generierungsverfahren, indem nach jedem Kombinationsschritt sofort die erzeugten Kombinationen beurteilt werden [Birkhofer 1980]. Bei der alternierenden

Kombination und Auswahl von alternativen Konzepten wird der **Alternativenbaum** erstellt, wobei nach jeder weiteren Zuordnung von Teillösungen sofort ein Auswahlverfahren durchgeführt wird. Daraus resultierende abgebrochene Äste des Alternativenbaums werden gekennzeichnet. Die hohe Anzahl der theoretisch möglichen Lösungsideen kann durch dieses Vorgehen zum Teil erheblich eingeschränkt werden.

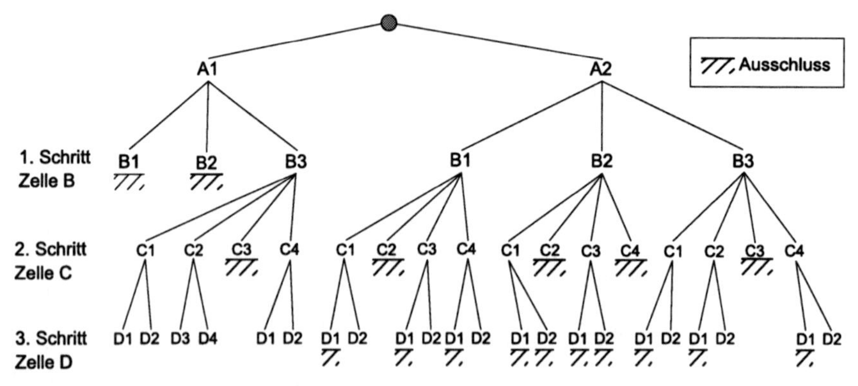


**Abb. 5-13.** Alternierende Kombination und Auswahl (schematisch)

Es empfiehlt sich, die Teilfunktionen vorher so zu ordnen, dass die lösungsbestimmenden Teilfunktionen zuerst kombiniert werden. Damit sind neu erzeugte Kombinationen besser zu beurteilen, da die bereits erzeugten Kombinationen in hohem Maße lösungsbestimmend sind. Die alternierende Kombination ist eines der effizientesten Verfahren zur Beherrschung der Alternativenflut und wird bevorzugt nach der Anwendung der **Reduktionsstrategien** eingesetzt. Dabei können gleichzeitig die Eigenschaften der Teillösungsideen selbst, ihre direkte Verträglichkeit zu benachbarten und die Verträglichkeit zu allen anderen, bisher kombinierten Teillösungsideen berücksichtigt werden. Gleichzeitig gewinnt man einen zunehmend gesamthaften Eindruck der jeweiligen Lösungskonzepte.

## Ansprache von Lösungsklassen (Stellvertreterlösungen)

Morphologische Kästen lassen unter Umständen bereits vor der Kombination deutliche Schwerpunkte hinsichtlich aussichtsreicher **Lösungsklassen** (zum Beispiel mechanische, hydraulische, elektrische Lösungen) erkennen. Durch eine gezielte „Ansprache" dieser Lösungsklassen und Konzentration auf ihre typischen Elemente können repräsentative Lösungsideen, so genannte **Stellvertreterlösungen**, ermittelt werden, die eine schnelle Abschätzung der Eignung der gesamten Lösungsklasse ermöglichen. Als Grundlage für die Erstellung der Stellvertreterlösungen können beispielsweise Vorgängerprodukte oder Lösungen des Wettbewerbs herangezogen werden. Weiterhin ist es sinnvoll, immer auch Konzepte mit in die Betrachtungen aufzunehmen, welche sich in den verwendeten Lösungsansätzen grundlegend unterscheiden.

Diese Stellvertreterlösungen lassen schnell erste Vorstellungen über die vorhandenen Lösungskonzepte erkennen und sind damit daher ein gutes Mittel, um die bisherigen konzeptionellen Überlegungen zu reflektieren. Jedoch ist darauf zu achten, dass zusätzlich vorhandene aussichtreiche Lösungsalternativen nicht übersehen werden.

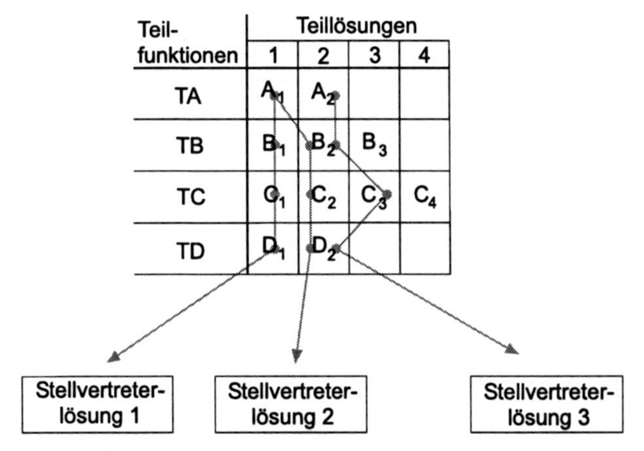


**Abb. 5-14.** Morphologischer Kasten mit Stellvertreterlösungen

## *5.2.4 Wie lässt sich aus gewählten Teillösungen ein räumliches Wirkkonzept erstellen?*

Die Kombination im **Morphologischen Kasten** basiert bisher ausschließlich auf der reinen Verknüpfung von zur Verfügung stehenden **Teillösungsideen** zu in sich konsistenten **Wirkkonzepten**. Dies geschieht jedoch aus rein funktionaler Sicht, wobei keinerlei geometrische **Merkmale** berücksichtigt wurden. Zur Erstellung eines vollständigen Wirkkonzeptes ist es jedoch ebenfalls notwendig, die räumliche Struktur, das heißt die Anordnung der Teillösungsideen zueinander, sowie deren Verbindungen festzulegen. Dieser Schritt muss für jedes betrachtete Lösungskonzept gesondert erfolgen.

Es bietet sich hierzu an, zunächst die räumliche Lage von **Wirkflächen** (Wirkorten) sowie „verbotene Gebiete" mit Hilfe von Hüllelementen zu definieren [Tjalve 1978]. Dieses Vorgehen erleichtert durch die übersichtliche Darstellung das Zusammensetzen der Teillösungsideen. Unter einem „verbotenen Gebiet" werden Bereiche des Systems zu verstanden, in denen aus systemspezifischen Gründen, wie beispielsweise Funktionalität, Gewichtsverteilung oder Sicherheitsaspekten, keine Bauteile oder Baugruppen untergebracht werden dürfen. Ein Beispiel hierfür ist der Bewegungsraum der Rotorblätter einer Windkraftanlage, der von keinem Bauteil geschnitten werden darf, da ansonsten die Rotation nicht möglich wäre.

Aus der Festlegung der Wirkorte und der verbotenen Gebiete können die strukturellen Freiheitsgrade für die Lage der einzelnen Teillösungen sowie der Verbindungselemente abgeleitet werden (**Freiheitsgradanalyse**). Mittels Anwendung der **Systematischen Variation** von Lage, Anzahl und Anordnung der Teillösungsideen können im Anschluss mögliche Wirkkonzepte erstellt werden.

Bei der räumlichen Anordnung müssen zusätzlich zu den geometrischen Einschränkungen durch verbotene Gebiete noch weitere produktspezifische Ziele und Anforderungen beachtet werden. Diese können aus der **Anforderungsliste** abgeleitet werden und Bereiche wie Wiederverwertbarkeit, Montagegerechtheit oder Design betreffen. Diese Vielzahl von Einflussfaktoren erhöht die Schwierigkeit für den Entwickler, eine unter den vorherrschenden Randbedingungen optimale räumliche Struktur für die Wirkkonzepte zu ermitteln.

Das beschriebene Vorgehen und die dabei zu beachtenden Aspekte können anschaulich am Beispiel des Antriebsstrangs eines PKWs gezeigt werden. Das Wirkkonzept der meisten Fahrzeuge sieht vereinfacht gesehen vor, dass das von einem Motor erzeugte Drehmoment über ein Getriebe gewandelt und anschließend zu der oder den angetriebenen Achsen geleitet wird.

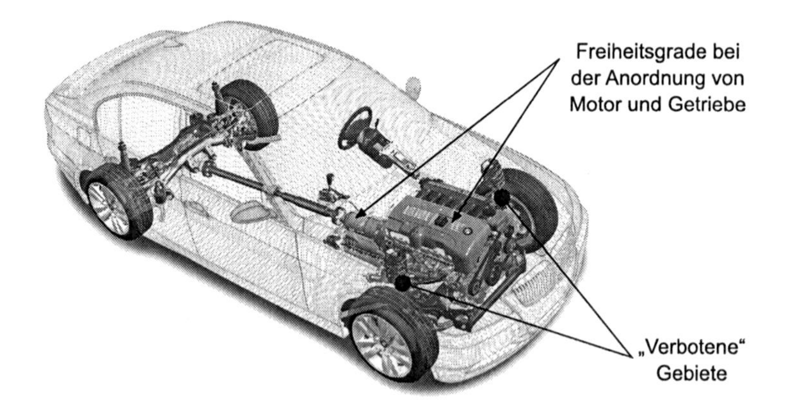


**Abb. 5-15.** Räumliche Anordnung der Teillösungen im Antriebstrang eins PKW (mit freundlicher Genehmigung der BMW Group)

Bei der räumlichen Anordnung dieser Teillösungen dürfen bestimmte Bereiche, wie zum Beispiel der Bewegungsraum der Achskinematiken oder der Fahrzeuginnenraum (verbotene Gebiete), aus funktionalen Gründen nicht geschnitten werden. Es existieren dennoch diverse strukturelle Freiheitsgrade, wie aus der Vielzahl von auf dem Markt vorhanden Konzepten ersichtlich ist. Bei der Anordnung dieser Teillösungsideen müssen zusätzlich noch weitere Anforderungen wie Raumbedarf (Package), Gewichtsverteilung und Sicherheitsaspekte berücksichtigt werden. Hinzu kommen weitere funktionale Sichten wie Akustik und thermische Belastung, die ebenfalls mit in die Erstellung der räumlichen Struktur einfließen müssen.

Dieses Beispiel zeigt, dass die räumliche Anordnung der Teillösungsideen ein sehr komplexes Gebiet mit vielen Einflussfaktoren darstellt und einen nicht zu vernachlässigenden Aufwand bedeutet. Sie besitzt jedoch auch eine hohe Bedeutung im Entwicklungsprozess, da durch die räumliche Struktur die Systemarchitektur in weiten Teilen festgelegt wird.

### *5.2.5 Wie lässt sich ein optimales Wirkkonzept auswählen?*

Mit Hilfe der Methode des **Morphologischen Kastens** ist es möglich, innerhalb kurzer Zeit eine große Anzahl alternativer Wirkkonzepte zu generieren. Durch **Strukturierung** und **Reduktion** des Alternativenspektrums kann diese Fülle zum Teil erheblich eingeschränkt werden. Die verbleibenden Wirkkonzepte sind Alternativen, die lediglich aus aussichtsreichen und untereinander verträglichen **Teillösungsideen** bestehen und als Ganzes die funktionalen **Anforderungen** erfüllen. Meist bleiben jedoch noch zu viele alternative Konzepte übrig, die nicht alle weiter konkretisiert werden können. Daher ist eine entweder dem Kombinieren nachfolgende oder häufig auch integrierte Lösungsbewertung und -auswahl notwendig.

Bei der Bewertung werden Eigenschaften, Nutzen und „Stärke" einer Lösungsidee in Bezug auf vorher festgelegte Zielvorstellungen (Anforderungen) ermittelt. Die Eigenschaften der einzelnen Lösungen werden mit den Zielvorstellungen verglichen. Die Bewertung und Auswahl ist eine Situation im Entwicklungsprozess, in der verschiedene Methoden verwendet werden, um die Alternativenvielfalt weiter einzugrenzen. Die Arbeitsschritte bei der Bewertung und Auswahl sind:

- Eigenschaften der Lösungsideen ermitteln: In diesem Schritt werden die für eine Bewertung relevanten Lösungsmerkmale ausgewählt und die Ausprägung dieser Merkmale bei den einzelnen Lösungsideen ermittelt.
- Lösungsideen bewerten: Die Eigenschaften der Lösungsideen werden mit den Anforderungen an das zukünftige Produkt verglichen. Das Ergebnis dieses Vergleichs wird für die verschiedenen Lösungen vereinheitlicht und nötigenfalls aus Gründen der Überschaubarkeit komprimiert.
- Lösungsalternative(n) festlegen: Die Ergebnisse der einzelnen Bewertungen der Lösungsideen werden miteinander verglichen; darauf aufbauend erfolgt unter Abwägung von Chancen und Risiken die Entscheidung für eine oder mehrere Lösungsalternativen.

Ergebnis dieser systematischen Bewertung und Auswahl sind eine oder mehrere alternative Wirkkonzepte, deren Teillösungen untereinander verträglich sind und die wesentlichen Anforderungen erfüllen. Voraussetzung für ein erfolgreiches Bewertungsergebnis ist, dass die Bewertung nicht nur unter einzelnen Gesichtspunkten durchgeführt wird, sondern so umfassend erfolgt, wie es der jeweilige Konkretisierungsstand zulässt. Die zu bewertenden Lösungsideen müssen hierbei einen möglichst gleichen oder zumindest ähnlichen Konkretisierungsgrad aufweisen, es muss also möglichst der gleiche Informationsstand über die Objekte vorhanden sein. Ferner muss auch die Auswahl der **Bewertungskriterien** in Abhängigkeit vom Konkretisierungsgrad der Lösungsideen getroffen werden. Zur Beurteilung beispielsweise von Herstellkosten müssen diese Kosten folglich auch in hinreichender Genauigkeit bekannt sein. Falls dies nicht möglich ist, weil zum Beispiel eine neue Idee mit einem bereits existierenden Produkt verglichen wird, so müssen die Bewertungskriterien dementsprechend angepasst und dieser Unterschied bei der Entscheidungsfindung berücksichtigt werden.

Je nach Phase und Konkretisierung der Entwicklung kommen verschiedene Bewertungsmethoden zur Anwendung. Sie unterscheiden sich zum einem in dem zu ihrer Durchführung notwendigen Aufwand, zum anderen in der Qualität ihres Ergebnisses. Die Auswahl der geeigneten Bewertungsmethode erfolgt nach Konkretisierungsgrad des Produktes und der Bedeutung der anstehenden Entscheidung. Häufig wird hierbei stufenweise vorgegangen, indem zunächst grobe/einfache und aufwandsarme Methoden angewandt werden. Im weiteren Verlauf wird die Bewertung dann zunehmend differenzierter.

Einfache Bewertungsmethoden werden vor allem in den frühen Phasen der Produktentwicklung angewandt. In späteren Phasen werden sie häufig während einer **Vorauswahl** eingesetzt, die der differenzierenden Bewertung vorgeschaltet ist. Dadurch kann der Aufwand zum Teil erheblich reduziert werden. Sie werden in den späten Phasen außerdem eingesetzt, wenn die zu treffende Entscheidung entweder keine große Tragweite hat oder sehr kurzfristig getroffen werden muss.

Bei einer einfachen Bewertung werden nur die wichtigsten Ziele aus den Anforderungen abgeleitet und formuliert. Aufgrund einer Analyse der Lösungsideen werden deren Eigenschaften zusammengestellt und diese mit Hilfe der einfachen Bewertungsmethoden verglichen. Am Ende werden eine oder mehrere Lösungsalternativen festgelegt und weiterverfolgt.

In vielen Fällen ist es ausreichend, die verbliebenen Konzeptalternativen durch einen Vergleich mit den Anforderungen zu selektieren und somit die aussichtsreichsten auszuwählen. Für eine solche systematische Vorauswahl ist eine Vorauswahlliste [nach Pahl et al. 2005] besonders geeignet. Die Lösungen werden nach aus der **Anforderungsliste** abgeleiteten KO-Kriterien ausschließlich mit ja oder nein bewertet. Sobald eine Lösung ein Kriterium nicht erfüllt, wird sie nicht weiter betrachtet. Dieses Verfahren ist sehr gut geeignet, um mit geringem Aufwand einen großen Lösungsraum zu betrachten und zu reduzieren.

Der **Vorteil-Nachteil-Vergleich** ist eine schnell durchführbare Methode, bei der die Vor- und Nachteile einer Lösungsalternative in Relation zu einer vorhandenen oder auch zu einer gedachten Lösung gesetzt werden. Zweck des Vergleiches ist es Klarheit über die Kriterien und die relativen Eigenschaften der Alternativen zu erhalten. Die Methode ist daher nicht geeignet bei komplexen Objekten mit vielen Kriterien unterschiedlicher Wichtigkeit.

Der **Paarweise Vergleich** ermöglicht einen direkten Vergleich von jeweils zwei Lösungsideen bezüglich eines einzigen Kriteriums. Er ist insbesondere dann klar durchführbar, wenn die Eigenschaften mehr qualitativ (zum Beispiel Design) als quantitativ bekannt sind. Ebenso kann er für eine Rangfolge nach Wichtigkeit der Kriterien eingesetzt werden. Die Aussagekraft ist eher als gering anzusehen, da lediglich eine Reihenfolge ermittelt werden kann.

Bei einer **Punktbewertung** werden den einzelnen Bewertungskriterien der Lösungen Punktwerte zugeordnet und pro Alternative summiert. Die Punktesumme der einzelnen Lösungsideen dient als Entscheidungshilfe bei der Auswahl einer Lösungsalternative. Nach Anwendung der einfachen Punktbewertung können fast gleichwertige Lösungsalternativen mit einer differenzierenden Bewertung genauer untersucht werden.

Die **gewichtete Punktbewertung** differenziert gegenüber der einfachen Punktbewertung die unterschiedliche Bedeutung der betrachteten Kriterien. Die Gewichtung ist nur dann für den Gesamtwert wirkungsvoll, wenn sie mit deutlichen Unterschieden erfolgt, sich die Eigenschaften in dem herauszuhebenden Kriterium stark unterscheiden und es nicht zu viele Kriterien sind.

Die **Nutzwertanalyse** basiert auf einer hierarchischen Struktur der Bewertungskriterien, verbunden mit einer Gewichtung der Kriterien. Gegenüber der gewichteten Punktbewertung unterscheidet sich das Vorgehen somit im Wesentlichen durch das hierarchische Zielsystem mit ebenfalls hierarchisch abgestuft vergebenen Gewichten. Die schrittweise Gewichtung ist besonders bei einer großen Zahl von zu betrachtenden Merkmalen von Vorteil. Sie wird vor allem bei komplexen Produkten verwendet und mit Rechnerunterstützung durchgeführt.

In Anschluss an die Bewertung sollte stets eine **Plausibilitätsprüfung** und **Sensitivitätsanalyse** zur Kontrolle der Ergebnisse durchgeführt werden [Lindemann 2007]. Weiterhin müssen Risiken und potenzielle Probleme analysiert und gegebenenfalls eine Wirtschaftlichkeitsbetrachtung durchgeführt werden. Als Abschluss wird die Auswahl der Lösungsalternativen in allen Schritten dokumentiert und eine Empfehlung für eine oder mehrere Lösungsalternativen ausgesprochen.

## 5.3 Entwicklung eines Gangschaltungssimulators für Nutzfahrzeuge

In einem Fahrsimulator für Nutzfahrzeuge [nach Graebsch 2004] soll es ermöglicht werden, die Einflüsse auf den Fahrer in allen Fahrsituationen möglichst realitätsnah zu simulieren. Hierzu gehören neben den optischen (Wahrnehmungsfeld) und akustischen (Motor- und Fahrgeräusche) Einflüssen auch die Haptik bei der Bedienung des Fahrzeuges. Die Gangschaltung ist eines der Bauteile, die, ähnlich wie das Lenkrad, über haptische Informationen Fahrer, Fahrzeug und Umwelt im Regelkreis verbinden. Eine umfassende realitätsnahe Simulation erfordert folglich die Bereitstellung eines Handschalters inklusive der auftretenden Kräfte und Momente.

Bei dem nachzubildenden Handschalter handelte es sich um eine einfache H-Schaltung. Im realen Nutzfahrzeug wird die mechanische Arbeit des Anwenders über Hydraulikzylinder an das Getriebe weitergegeben, in welchem diese Arbeit nach einer Verstärkung die Gangänderungen ermöglicht. Zum Schalten aller sechzehn Vorwärtsgänge werden am Schaltknauf die Split- und Vorgelegegruppe elektronisch geschaltet. Die einzelnen Schaltgassen sind folglich mehrfach belegt. Der Hebel lässt sich in zwei Richtungen bewegen, in denen er dem Anwender durch die Hydraulik definierte Kräfte entgegensetzt. Der Bewegungsraum ist dabei auf die Schaltkulisse beschränkt. Der Handschalter selbst gibt die Information, welcher Gang eingelegt ist, nicht an den Fahrzeugführungsrechner aus, stattdessen wird im Fahrzeug die Gangwahlinformation vom Getriebe übermittelt.

Zur Erstellung möglicher alternativer **Wirkkonzepte** für die Realisierung des Handschaltaktuators wurden zunächst die notwendigen **Teilfunktionen** ermittelt, welche die Erzeugung eines realistischen Fahreindrucks ermöglichen. Dazu wurde eine detaillierte Analyse der realen Schaltung vorgenommen und daraus die zu erfüllenden Teilfunktionen abgeleitet:

- Bewegungsfeld ermöglichen
- Schalthebel führen
- Handgegenkräfte erzeugen
- Gangwahl erkennen und an Fahrzeugführungsrechner übergeben

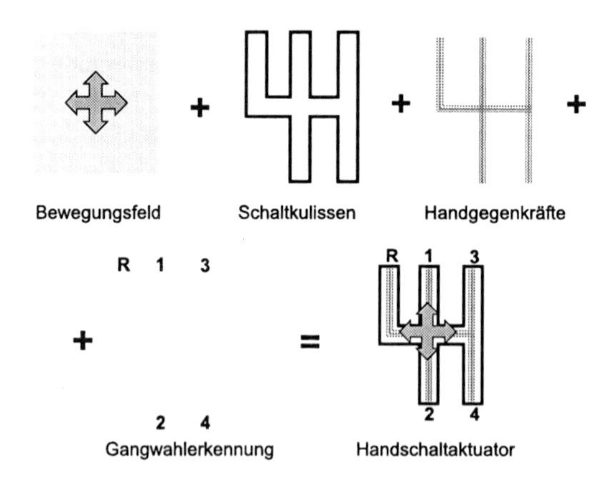


**Abb. 5-16.** Teilfunktionen des Gangschaltungssimulators [nach Graebsch 2004]

Auf dieser Grundlage konnte mit einer systematischen Suche nach **Lösungsideen** für die identifizierten Teilprobleme begonnen werden. Hierbei kamen sowohl systematischen Vorgehensweisen wie auch Kreativitätstechniken zum Einsatz. Um die gefundenen Lösungsideen für die einzelnen Teilfunktionen zu ordnen und einen gesamthaften Überblick des aufgespannten Lösungsspektrums zu erhalten, wurde ein **Morphologischer Kasten** herangezogen. In diesem wurden zur Verbesserung des Verständnisses neben den rein textuellen Beschreibungen der Lösungsideen auch Skizzen mit eingetragen.

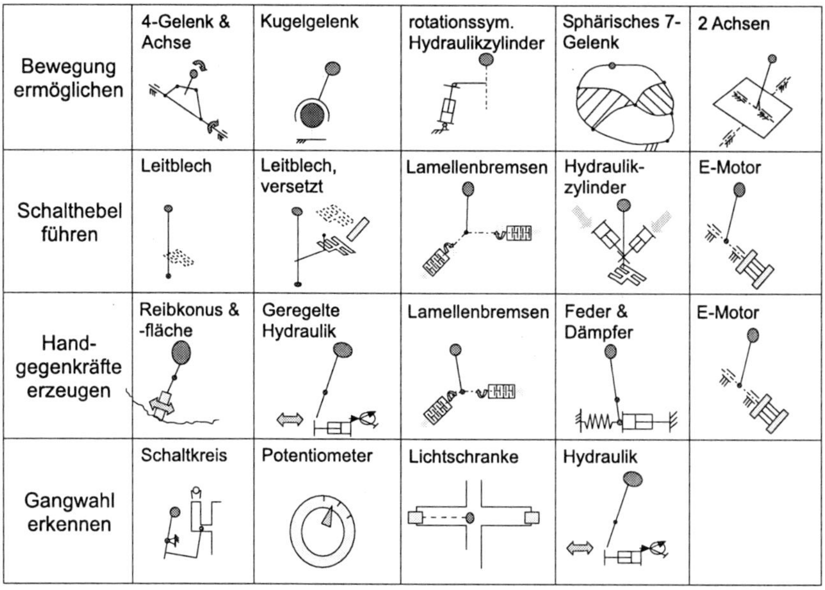

| Bewegung ermöglichen | 4-Gelenk & Achse | Kugelgelenk | rotationssym. Hydraulikzylinder | Sphärisches 7-Gelenk | 2 Achsen |
|---|---|---|---|---|---|
| Schalthebel führen | Leitblech | Leitblech, versetzt | Lamellenbremsen | Hydraulik-zylinder | E-Motor |
| Hand-gegenkräfte erzeugen | Reibkonus & -fläche | Geregelte Hydraulik | Lamellenbremsen | Feder & Dämpfer | E-Motor |
| Gangwahl erkennen | Schaltkreis | Potentiometer | Lichtschranke | Hydraulik | |

**Abb. 5-17.** Morphologischer Kasten des Gangschaltungssimulators [nach Graebsch 2004]

Mit dem erstellen Morphologischen Kasten ergaben sich bereits bei der geringen Anzahl von Teilfunktionen 500 theoretisch mögliche alternative Wirkkonzepte. Vor der weiteren Ausarbeitung der Teillösungsideen war es daher erforderlich, diese Anzahl weiter einzugrenzen, da die detaillierte Analyse und Bewertung sämtlicher Alternativen den zur Verfügung stehenden Zeitrahmen deutlich überschritten hätte. Da der Morphologische Kasten eine quadratische Form besaß, schied eine Strukturierung aus. Um den Bewertungsaufwand dennoch zu verringern, wurde entschieden, die Funktion „Gasse erkennen“ zunächst zurückzustellen und erst zu einem späteren Zeitpunkt wieder mit in die Betrachtungen aufzunehmen. Weiterhin wurde die Erstellung von **Stellvertreterlösungen** beschlossen, um auf Grundlage der zur Verfügung stehenden Informationen eine zusätzliche **Reduktion** der theoretischen alternativen Wirkkonzepte zu erreichen. Diese sollten anschließend einer Bewertung unterzogen werden, um eine Lösungsklasse auswählen und detaillierter betrachten zu können. Es wurden drei alternative Wirkkonzepte mit grundsätzlich unterschiedlichen Lösungsansätzen für die Realisierung des Handschaltaktuators aufgestellt.

Diese drei Stellvertreterlösungen wurden weiter detailliert, um eine Bewertung und Auswahl zu ermöglichen. Zunächst wurden dazu die notwendigen Bauteile und Baugruppen zur Umsetzung des Konzeptes ermittelt und mit überschlägigen Rechnungen dimensioniert. Auf dieser Basis konnten weiterhin die räumliche Anordnung der Bauteile zueinander sowie deren Schnittstellen festgelegt werden.

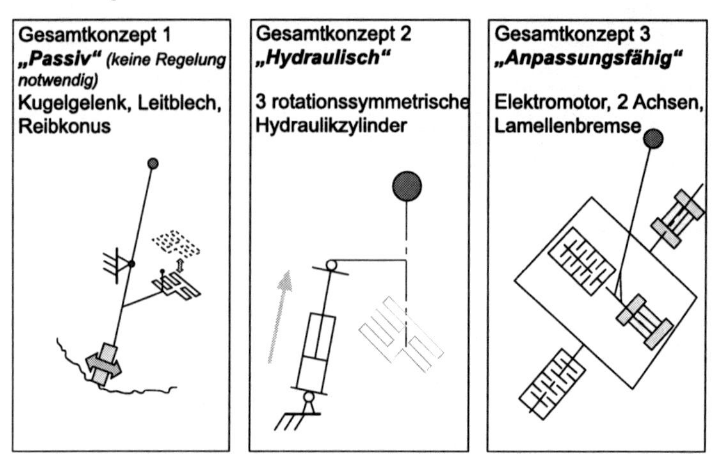


**Abb. 5-18.** Alternative Wirkkonzepte des Gangschaltungssimulators (Stellvertreterlösungen) [nach Graebsch 2004]

Für die Vorbereitung einer Bewertung wurden anschließend geeignete Bewertungskriterien ermittelt. Dazu wurde die vor und während der eigentlichen Lösungssuche erstellte und erweiterte **Anforderungsliste** herangezogen, aus der fünf grundlegende **Bewertungskriterien** abgeleitet werden konnten:

- Benötigter Bauraum (Package)
- Gewicht
- Nachbildung der Kinematik
- Erzeugung der erforderlichen Handgegenkräfte
- Güte der erzeugten Kräfte und Momente

Durch Einsatz einer **Punktbewertung** entschieden sich die Entwickler für das Wirkkonzept „Passiv“. Dieses besitzt nur ein geringes Gewicht und kann in den zur Verfügung stehenden Bauraum integriert werden. Außerdem bietet es gegenüber den beiden anderen Lösungskonzepten den entscheidenden Vorteil, dass keine Regelung und somit keine der damit verbundenen Komponenten benötigt wird, da die Nachbildung der Kräfte rein durch Reibung realisiert wird. Die Güte der erzeugten Handgegenkräfte ist bei den Lösungen mit Regelung realistischer, jedoch ist der Unterschied zur passiven Lösung nicht so deutlich, dass dies den entsprechenden Mehraufwand rechtfertigen würde.

Mit dieser Auswahl eines Wirkkonzeptes konnte anschließend zur detaillierten Auslegung und Konstruktion der einzelnen Bauteile übergegangen werden. In der weiteren Ausarbeitung zeigte sich, dass sämtliche gestellten Anforderungen mit dem gewählten Konzept erfüllt werden konnten. Die Entwicklung führte schließlich zu einem erfolgreichen Einsatz im Gesamtsystem Fahrsimulator.

## 5.4 Zusammenfassung

Die Erstellung und Auswahl von Wirkkonzepten erfolgt im Anschluss an die Lösungssuche auf Ebene des Wirkmodells. Dieser Schritt integriert die Ergebnisse der vorherigen Konkretisierungsstufen und verdichtet sie zu aussichtsreichen und leichter zu beurteilenden alternativen Konzepten. Dabei ist es wichtig, mehrere alternative Wirkkonzepte zu bilden, um Raum für innovative Lösungen zu schaffen und schließlich ein oder mehrere aussichtsreiche Konzeptalternativen zur Weiterbearbeitung auswählen zu können.

Die Festlegung von Wirkkonzepten hat entscheidenden Einfluss auf die weiteren Schritte des Entwicklungsprozesses, da hier die verwendeten Lösungsprinzipien sowie die Systemarchitektur des zu entwickelnden Produktes im Wesentlichen festgelegt werden. Werden hier Fehlentscheidungen getroffen, ist der Aufwand zur Korrektur auf den folgenden Konkretisierungsebenen deutlich höher, sofern es überhaupt noch möglich ist, Fehler auszugleichen. Es sollte daher genügend Zeit für diesen Schritt vorgesehen werden.

Um eine oder mehrere Wirkkonzepte zur weiteren Bearbeitung auswählen zu können, ist es zunächst notwendig, dass ein Überblick über den gesamten Lösungsraum gewonnen wird. Hierzu eignet sich besonders die Verwendung eines Morphologischen Kastens, in den zeilenweise die betrachteten Teilfunktionen mit den zugehörigen Teillösungsideen eingetragen werden. Durch Kombination der alternativen Teillösungsideen jeder Teilfunktion können aufwandsarm alternative Wirkkonzepte erstellt werden. Die Anwendung der Kombinatorik als reines Generierungsverfahren führt auch bei wenigen Teillösungsideen und Teilfunktionen zu einer Vielzahl von alternativen Wirkkonzepten, welche nicht alle detailliert analysiert werden können. Daher ist es notwendig, diese Alternativenfülle vor der weiteren Bearbeitung einzugrenzen. Dies kann zum einen durch eine Anpassung des Morphologischen Kastens vor der Kombination geschehen, zum anderen durch die Integration von Auswahlverfahren in die Kombinatorik. Ergebnisse dieser Schritte sind aussichtsreiche Wirkkonzepte, welche untereinander verträgliche Teillösungen enthalten und die funktionalen Anforderungen als Ganzes erfüllen.

Im Anschluss an diese rein funktionalen Betrachtungen müssen zur Erstellung eines vollständigen Wirkkonzeptes die geometrische Anordnung der einzelnen Teillösungen zueinander sowie deren Verbindungselemente festgelegt werden. Hierbei ist es hilfreich, zunächst aus funktionalen Gründen „verbotene Gebiete“ zu identifizieren und daraus die strukturellen Freiheitsgrade abzuleiten. Zusätzlich sind meist noch weitere funktionale produktspezifische Gesichtspunkte bei der räumlichen Anordnung zu beachten.

Den Abschluss bildet die Bewertung und Auswahl der Wirkkonzepte. Abhängig von Aufwand und Detaillierungsgrad der Ergebnisse lassen sich Bewertungsverfahren dabei in einfache und differenzierende Methoden einteilen, die je nach benötigter Information und Phase des Entwicklungsprozesses ausgewählt und eingesetzt werden.

# 6 Produktgestalt

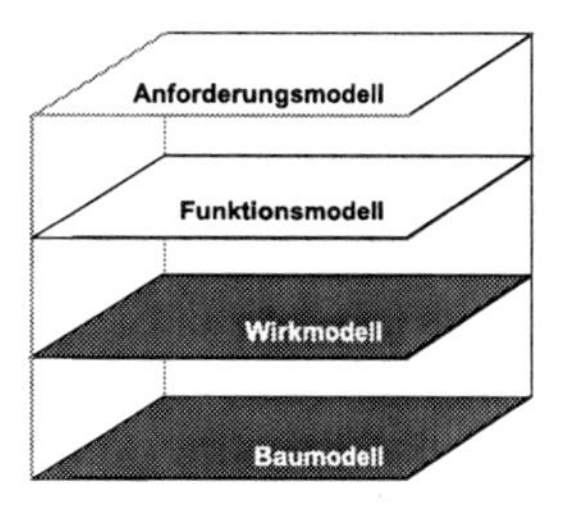


Die Eigenschaften des zu entwickelnden Produktes werden im Entwicklungsprozess sukzessive festgelegt. Dabei werden die Produktbeschreibungen beziehungsweise die generierten Produktmodelle mit jedem Schritt weiter konkretisiert und detailliert.

Auf dem Weg vom Anforderungsmodell hin zum fertigen Produkt wird in strukturierter Form zunächst das Wirkmodell erarbeitet, welches die Basis für die Produktgestalt bildet. Ausgehend von der Wirkmodellebene erfolgt eine sukzessive Annäherung an die Baumodellebene, bis diese schließlich mit der endgültigen Ausarbeitung als fertigungs- und montagetechnische Lösung erreicht wird.

Mit der Entwicklung der Produktgestalt werden hierbei schrittweise eine Reihe von Merkmalen in ihrer Ausprägung festgelegt, wodurch sich unterschiedlichste Produkteigenschaften ergeben. Durch die Vielzahl von Merkmalen und ihre vielfältigen Wechselwirkungen ergeben sich in diesem Zusammenhang Schwierigkeiten in der Entwicklung, die insbesondere daraus resultieren, dass sich bestimmte Merkmale nur indirekt beeinflussen lassen. Eine weitere Herausforderung stellt die Zunahme an Informationen dar, die sich aus Konkretisierung und Detaillierung des Produktes ergibt und den Überblick über die Problematik erschwert.

Die Beispiele und Methoden behandeln die ersten Schritte der Baumodellerarbeitung und unterstützen in der zielgerichteten Definition der Produktgestalt. Hierbei erfolgt, ausgehend von ausgewählten Wirkmodellen der Aufbau eines Lösungsfeldes von Gestaltalternativen. Die Erarbeitung von Detaillösungen, die das endgültige Baumodell auch auf detaillierter Ebene einschließt, geschieht hierauf aufbauend im Rahmen der Schaffung von Baukonzepten.

## 6.1 Entwicklung einer gestaltoptimierten Staubsaugerdüse

Im Rahmen der Entwicklung einer Staubsaugerdüse mithilfe der Nutzung biologischer Vorbilder in der Ideenfindung (Bionik) galt es die gefundenen Wirkprinzipien und -strukturen bis zum fertigen Produkt zu konkretisieren. Hierbei stand die Gestaltfindung zweier Düsenkomponenten im Zentrum der Betrachtung, zum einen die dem Rüsselapparat der Stubenfliege nachempfundene Luftkanalstruktur in der Saugdüse. Zum anderen die sich zur Partikel- und Fadenablösung aufrichtenden „Zähnchen“ in der Saugdüse, die nach den Vorbildern von Schnecken- und Katzenzungen entwickelt wurden.

Für die Kanalstruktur in der Saugdüse wurde hierzu, ausgehend von einer dem natürlichen Vorbild nachempfunden Anordnung, ein Spektrum von Gestaltalternativen entwickelt. Dazu wurden sowohl Zahl als auch Größe (Länge) und Anordnung der Luftkanäle in der Düse systematisch variiert. Die Kanalstrukturalternativen reichten dabei von nur einem quer zur Saugrichtung ausgerichteten Kanal bis zu sieben sternförmig über einen Halbkreis angeordneten Kanälen. Die Alternativen wurden im Anschluss in aus Aluminium gefertigten Prototypen umgesetzt. Um die erarbeiteten Gestaltvarianten hinsichtlich ihrer Saugleistung zu vergleichen, wurden die einzelnen Prototypen darauf aufbauend nach einem genormten Versuchsdesign getestet und dabei untereinander sowie mit einer Referenzstaubsaugerdüse verglichen.

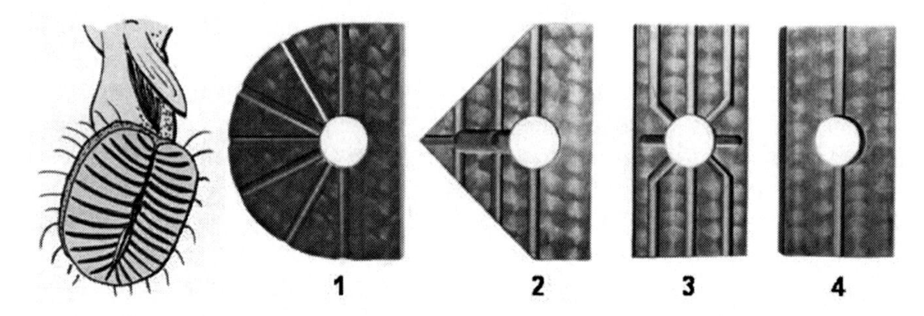


**Abb. 6-1.** Kanalstruktur des Fliegenrüssels (links), Düsenmodelle für orientierende Versuche (1-4); Düse Nr. 4 ist das Referenzmodell (konventionelle Düse) [Gramann 2004]

Zur Erarbeitung der Gestalt der in der Düse arbeitenden „Zähnchen“ wurde ein ähnliches Vorgehen gewählt. So wurde für die Zähnchen an sich zunächst mithilfe systematischer Variation der Form ein Spektrum von Gestaltalternativen erarbeitet. Ausgangspunkt der Variation stellte dabei die dem biologischen Vorbild nachempfundene relativ komplizierte Zahnform dar. Bei der Variation der Form wurden die Anzahl an Kanten und Rundungen aber auch die Anstellwinkel der Zähnchen variiert. Die entwickelten Alternativen umfassten hierbei neben den relativ komplexen Ursprungsalternativen auch deutlich einfachere Formen ähnlich einfachen Drei- oder Rechtecken. Neben der Form der Zähnchen wurden zudem unterschiedliche Anordnungsalternativen der Zähnchen innerhalb der Düse entwickelt. Zur Analyse und Bewertung dieser Anordnungs- und Gestaltvarianten wurde ein hochskaliertes, variables Testmodell angefertigt. Hierin waren die aus Aluminiumblech gefertigten Zähnchen austauschbar und auf vorgegebenen Schienen verschiebbar angeordnet. Basis bildete eine aus Aluminium gefertigte Grundplatte, auf der die Zähnchen in nahezu beliebigen Anordnungen gruppiert werden konnten. Durch die anschließenden Tests an genormten Teppichproben konnte mithilfe des dargestellten Modells die optimale Zahnform ebenso wie eine geeignete Anordnung der Zähne identifiziert werden. Insbesondere bei der Zahnform zeigten die Tests, dass die dem biologischen Vorbild nachempfundene Form deutlich zu scharfkantig war und den Versuchsteppich sogar beschädigte. Einfachere Formen hingegen erzielten den gewünschten Effekt problemlos waren für den Testteppich aber deutlich verträglicher.

**Abb. 6-2.** Modell für Zahnanordnungen (links) und Zahnformen (rechts) [Gramann 2004]

Im Anschluss an die unabhängige Variation von Düsengestalt und Zahnstruktur wurden die beiden Systeme zusammengeführt und die Favoriten beider Lösungen kombiniert getestet. Hierbei zeigten sich deutliche Unterschiede in der Leistungsfähigkeit der verschiedenen Gestaltvarianten, wodurch eine eindeutig beste Kombination aus Düsengestalt, Zahnform und -anordnung identifiziert werden konnte. Diese in einem Prototypen der Gesamtdüse realisierte Kombination wurde in einem abschließenden Versuch mit einer handelsüblichen Staubsaugerdüse verglichen. Hierbei wurden bei einmaligem Saugvorgang ca. 20% mehr Schmutz aus dem Versuchsteppich entfernt. [Gramann 2004]

## 6.2 Grundlagen und Methoden zum Erarbeiten der Produktgestalt

Unter der **Gestalt** eines materiellen Produktes wird im engeren Sinne die Gesamtheit seiner geometrisch beschreibbaren Merkmale verstanden [Ehrlenspiel 2007]. Fasst man ein Produkt hiernach als System von Gestaltelementen auf, so kann die Gestalt eines Elementes durch die Merkmale Form, Größe (Makrogeometrie) und Oberfläche (Mikrogeometrie: Rauheit) definiert werden. Das Produkt als System lässt sich durch die Gestalt aller Elemente, deren Zahl und Lage beziehungsweise Anordnung darstellen. In der Regel werden diese geometrisch beschreibbaren Merkmale dabei von den verwendeten Werkstoffarten und deren charakteristischen Eigenschaften mit beeinflusst. So verändert sich die Gestalt eines Produktes unmittelbar, wenn es beispielsweise anstatt in metallisch glänzendem Aluminium in natürlich gemasertem Holz gefertigt wird. Es ist hiernach sinnvoll im Kontext der Erarbeitung der Produktgestalt den Begriff der **Gestalt** wie folgt weiter gefasst zu definieren:

Die **Gestalt** eines materiellen Produktes setzt sich zusammen aus der Gesamtheit seiner geometrisch beschreibbaren Merkmale sowie seiner Werkstoffart und -charakteristika. Die **Produktgestalt** ist somit als die Summe geometrischer und werkstofflich beschreibbarer Merkmale eines Produktes zu verstehen.

Die Produktgestalt entsteht auf zwei Wegen, die in der Entwicklung eines Produktes teils hintereinander teils parallel begangen werden: Zum einen konkretisiert sich die Gestalt durch die Entwicklung der abstrakten und bis zu diesem Zeitpunkt bewusst lösungsneutral gehaltenen Funktionsstrukturen zu Wirkprinzipien und -strukturen. Diese bilden ein Konzept, das schon durch die geometrischen, kinematischen und stofflichen Eigenschaften sowie die Lage der einzelnen Unterstrukturen dem Produkt eine erste Gesamtgestalt verleihen (durch technische Funktion festgelegte Gestalt). Zum anderen entsteht die Produktgestalt aber auch durch die weitere, über das Wirkmodell hinausgehende, Ausarbeitung der einzelnen Komponenten sowie ihrer Schnittstellen untereinander auf Bauebene. Hierbei spielen neben den technischen Produktfunktionen Aspekte eine Rolle, die „menschbezogene" Funkionen fokussieren (beispielsweise die Ästhetik) sowie solche, die nicht nur die Nutzungsphase des Produktes sondern seinen gesamten Lebenszyklus berücksichtigen. Hierzu zählen zum Beispiel die von einem Produkt ausgehenden Umweltbeeinträchtigungen, die durch eine geeignete Materialauswahl in der Gestaltfindung berücksichtigt werden können.

Grundsätzlich lässt sich ein Produkt durch seine **Eigenschaften** beschreiben. Eigenschaften sind in diesem Kontext alles, was beispielsweise durch Beobachtungen, Messergebnisse oder allgemein akzeptierte Aussagen von einem Gegenstand festgestellt werden kann [Ehrlenspiel 2007]. Folgende konkretere Definition einer (Produkt-)Eigenschaft hat sich für die Betrachtungen im Rahmen der Gestaltfestlegung als zweckmäßig erwiesen:

Eine **Eigenschaft** setzt sich zusammen aus einem **Merkmal** und seiner **Ausprägung** [Lindemann 2007], die Ausprägung ist dabei Teil einer merkmalspezifischen Wertemenge. Eine konkrete Eigenschaft wird dadurch gebildet, dass dem entsprechenden Merkmal (beispielsweise der Form) eine Ausprägung zugeordnet wird.

Die Ausprägung eines Merkmals umfasst eine gewisse Wertemenge. Es kann sich hierbei um zwei mögliche Ausprägungen handeln (binärer Charakter), beispielsweise Merkmal vorhanden/nicht vorhanden. Eine Wertemenge kann auch diskrete Elemente enthalten (zum Beispiel die Ausprägungen braun, grün, rot-blau für das Merkmal Farbe). Ebenso sind kontinuierliche Wertebereiche möglich (beispielsweise ein Drehmoment im Bereich [0 Nm; 100 Nm]), die geschlossen, einseitig offen oder beidseitig offen sein können. Somit sind für jedes Merkmal alternative Ausprägungen denkbar. Mit Eigenschaften lassen sich neben realen Objekten auch virtuelle beziehungsweise abstrakte Objekte wie physikalische Effekte beschreiben. Merkmale von physikalischen Effekten sind beispielsweise das physikalische Teilgebiet oder die Effektstärke beziehungsweise die Größe der erzeugbaren Kräfte.

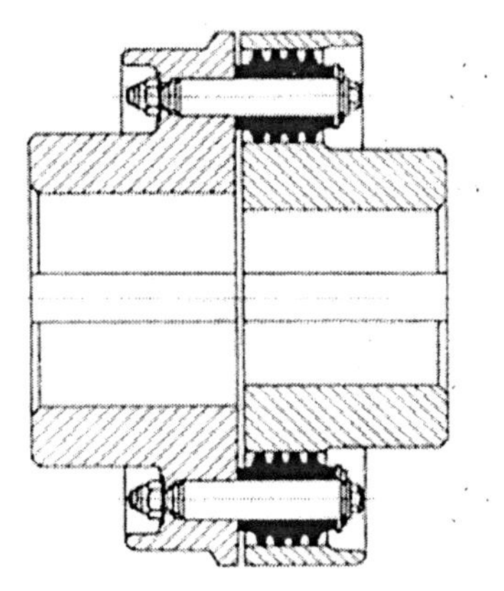

| Eigenschaften Ausgleichskupplung | |
|---|---|
| Merkmale | Ausprägung |
| Übertragbares Drehmoment | 82 Nm |
| Art des Nabenwerkstoffes | Baustahl |
| Anzahl der Elastomere | 8 |
| Art der Welle-Nabe-Verbindung | Passfeder |

**Abb. 6-3.** Beispielhafte Eigenschaften einer Ausgleichskupplung

Schon Produkte mit vergleichsweise überschaubarer Komplexität (Nussknacker, Korkenzieher, Fahrradschlösser) lassen sich über eine Vielzahl von Merkmalen beschreiben (zum Beispiel Größe, Form, Farbe, Gewicht, Teilezahl, Verbindungsstruktur der Teile, Oberflächenbeschaffenheit, Werkstoff). Um diese Vielfalt zu strukturieren ist es sinnvoll sie nach Beschaffenheits-, Funktions- und Relationsmerkmalen einzuteilen [DIN 2330, 13/2]. **Beschaffenheitsmerkmale** können vom Entwickler unmittelbar festgelegt werden und kennzeichnen beispielsweise die Geometrie, den Werkstoff oder auch die angewandten Fertigungsverfahren einer Lösung. Sie werden auch „**direkte Merkmale**" genannt. In Folge der Festlegung von Beschaffenheitsmerkmalen ergeben sich mittelbar die **Funktionsmerkmale** sowie die **Relationsmerkmale**. Beide Arten von Merkmalen können daher unter dem Begriff „**indirekte Merkmale**" zusammengefasst werden [Lindemann 2007]. Funktionsmerkmale beschreiben die von einem Objekt durchführbaren Handlungen. Relationsmerkmale kennzeichnen Eigenschaften des Objektes, die erst in Relation mit anderen Objekten zum Tragen kommen [Göker 1996].

Beschaffenheitsmerkmale und Funktionsmerkmale hängen über bestimmte Gesetzmäßigkeiten voneinander ab. Das Drehmoment eines Motors (Funktionsmerkmal) hängt von dem wirksamen Hebelarm der Kombination aus Pleuel und Kurbelwelle (Beschaffenheitsmerkmal) und der am Ende aufgebrachten Kraft durch die Expansion im Zylinder (Relationsmerkmal) ab [Lindemann 2007].

Ausprägungen indirekter Merkmale sind oft nicht ohne Weiteres ersichtlich, sie müssen vielmehr durch geeignete Prozesse der Eigenschaftsanalyse ermittelt werden. Manche indirekten Merkmale hängen über bestimmte Gesetzmäßigkeiten von verschiedenen direkten Merkmalen ab. Beispielsweise ist das Gewicht einer Komponente einerseits abhängig von seinem Volumen, das sich aus seinen geometrischen Abmaßen Länge, Breite und Höhe ergibt, andererseits aber auch von der spezifischen Dichte des verwendeten Werkstoffs.

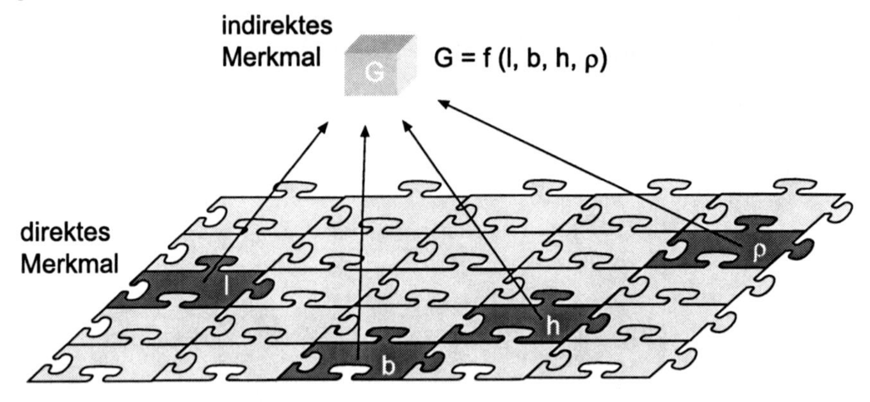


**Abb. 6-4.** Direkte und indirekte Merkmale

Der Analyseprozess ist letztlich die Anwendung dieser Gesetzmäßigkeiten zur Ermittlung der indirekten aus den direkten Merkmalen mittels Berechnung. Derartige Gesetzmäßigkeiten sind nicht immer so leicht zu formulieren wie im gerade angesprochenen Fall. Ist es nicht möglich, können die Ausprägungen indirekter Merkmale beispielsweise auch empirisch durch Prototypenversuche oder numerische Simulationen ermittelt werden.

Entwickler legen die Ausprägungen direkter Merkmale gezielt so fest, dass geforderte beziehungsweise gewünschte Eigenschaften nach Möglichkeit erreicht werden. Mithilfe der Ergebnisse einer Festigkeitsrechnung lässt sich zum Beispiel der erforderliche Werkstoff in Verbindung mit der geometrischen Festlegung einer Welle bestimmen, um so die Welle zu definieren. Bewusst oder unbewusst werden aber von jeder Festlegung auch viele weitere äußere Eigenschaften betroffen, wie beispielsweise die biegekritische Drehzahl, die Vergütbarkeit oder die Fertigungskosten der Welle.

Ist im Rahmen einer Entwicklung das Wirkmodell eines neuen Produktes festgelegt, so ist dieses weiter zu einem konkreten Produkt auszugestalten. Ausgehend von beispielweise einfachen Prinzipskizzen können hierzu unterschiedliche Vorgehensweisen genutzt werden, um erste konkrete Gestaltlösungen zu erarbeiten.

Aufbauend auf ersten Gestaltlösungsalternativen empfiehlt es sich weitere Alternativen zu entwickeln, um zu einer optimalen Lösung zu gelangen. Um hierbei die Produktgestalt in möglichst viele Richtungen zu variieren und zu innovativen Gestaltalternativen zu gelangen, empfiehlt es sich systematisch vorzugehen.

Aufbauend auf einem breiten Spektrum unterschiedlicher Gestaltalternativen stellt sich die Frage, wie diese in geeigneter Form dargestellt werden können, um es dem Entwickler später zu erlauben, eine geeignete Alternative auszuwählen. Eine geeignete Darstellung kann dabei auch als Ausgangssituation für weitere Variationen genutzt werden und somit dazu beitragen, weitere Lösungsalternativen zu entwickeln.

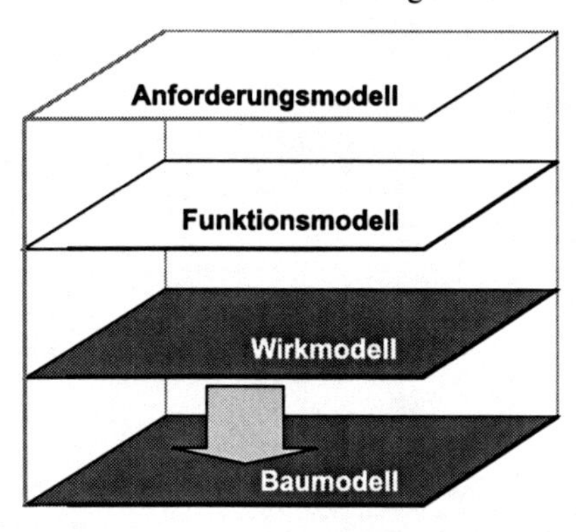


- ***Wie kann die konkrete Gestalt eines Produktes erarbeitet werden?***
- ***Wie können Gestaltungsalternativen systematisch entwickelt werden?***
- ***Wie lässt sich ein Spektrum bestehender Gestaltalternativen darstellen und ergänzen?***

**Abb. 6-5.** Einordnung der Erarbeitung der Gestalt in die Produktkonkretisierung und Übersicht über die Fragestellungen im Kontext der Gestalterarbeitung

## *6.2.1 Wie kann die konkrete Gestalt eines Produktes erarbeitet werden?*

Durch die (technischen) Wirkprinzipien und -strukturen alleine ist ein Produkt noch nicht vollständig beschrieben und konkretisiert. Es bedarf einer weiteren Detaillierung beziehungsweise Konkretisierung des Gesamtproduktes und somit sämtlicher Einzelkomponenten und ihrer Schnittstellen untereinander. Durch geeignetes Vorgehen lassen sich unterschiedliche Ausprägungen der Produktgestalt erarbeiten, um den jeweiligen Randbedingungen entsprechend eine optimale Lösung zu entwickeln.

Ausgehend von wenigen Wirkkonzepten, die in der Regel in Form von Prinzipskizzen vorliegen, können hierzu als Vorgehensweisen das **generierende** und **korrigierende Vorgehen** unterschieden werden [Dylla1991]. Beim generierenden Vorgehen wird zuerst eine Reihe unterschiedlicher möglicher Gestaltausprägungen erzeugt, aus denen in einem nächsten Schritt zielgerichtet ausgewählt wird. Mithilfe des korrigierenden Vorgehens wird dagegen zu Beginn nur eine Gestaltlösung definiert, die dann in der weiteren Bearbeitung fortschreitend auf Schwachstellen analysiert und entsprechend abgeändert oder ersetzt wird. Eine Genese erster Gestaltideen findet bei beiden Vorgehensweisen überwiegend intuitiv statt. So haben die meisten Entwickler bei der Erarbeitung eines Produktkonzeptes bereits erste konkrete Gestaltausprägungen vor Augen. Zudem kann sich der Entwickler während der initialen Gestaltfindung durch die Festlegung relevanter Gestaltparameter, wie diese in **Checklisten mit Gestaltparametern** vorliegen, unterstützen lassen. Beide Vorgehensweisen haben Vor- wie auch Nachteile. So bietet das generierende Vorgehen eine größere Chance für neue unkonventionelle Gestaltideen und somit ein breiteres Lösungsfeld. Es birgt aber Schwierigkeiten in der zielgerichteten Auswahl und kann somit später als unnötig erachtete Arbeit mit sich bringen. Die korrigierende Lösungssuche kann insbesondere dann sinnvoll sein, wenn ähnliche Anwendungsfälle bekannt sind und somit bestehende Gestaltalternativen adoptiert werden können. Sie bietet den Vorteil einer relativ zügigen Gestaltkonkretisierung, birgt aber das Risiko in sich, in einem prinzipiell ungünstigen Lösungsansatz zu verharren.

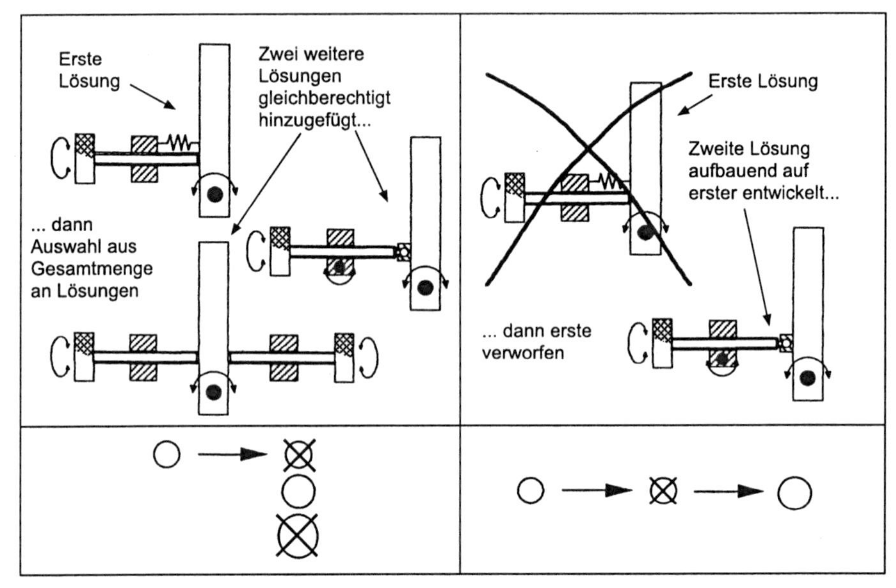


**Abb. 6-6.** Generierendes (links) und korrigierendes (rechts) Vorgehen bei der Erarbeitung von Lösungsalternativen [Günther1998]

In der Praxis ergeben sich grundsätzlich Mischformen beider Arbeitsweisen, die jeweils von den individuellen Fähigkeiten und Erfahrungen des jeweiligen Entwicklers abhängen. Grundsätzlich sollte immer das Bestreben im Vordergrund stehen, den Arbeitsaufwand zu minimieren.

### *6.2.2 Wie können Gestaltlösungsalternativen systematisch entwickelt werden?*

Erste Gestaltalternativen helfen zwar das Produkt zu konkretisieren, realisieren zu Beginn aber in der Regel weder die Funktionen noch die geforderten Eigenschaften in gewünschtem Umfang. Dies gilt für das Gesamtprodukt wie auch für seine Einzelkomponenten und ihre Schnittstellen zueinander. Durch geeignetes Vorgehen lassen sich unterschiedliche Ausprägungen der Produktgestalt erarbeiten, um den jeweiligen Randbedingungen entsprechend eine optimale Lösung zu entwickeln.

Eine bewährte Methode zum Bilden von Gestaltalternativen ist die **Systematische Variation**. Hierzu werden direkt festlegbare Merkmale in ihrer konkreten Ausprägung orientiert an festgelegten Zielen systematisch variiert. Die Systematische Variation ist eine grundsätzlich auf jedes Objekt anwendbare diskursive Methode zum Generieren von Alternativen. Je nachdem, welche Anforderungen sich aus der konkreten Entwicklungssituation heraus ergeben, können damit folgende Ziele erreicht werden:

- Erarbeitung von Lösungsalternativen.
- Verbesserung nicht zufrieden stellender Lösungen, Optimierung von Lösungen nach bestimmten Kriterien (beispielsweise Kosten, Gewicht, Bauraum).
- Finden „aller" denkbarer Lösungsmöglichkeiten zu einem Problem und Erarbeitung eines umfassenden Lösungsfeldes (Schließen von weißen Feldern zur Patentabsicherung beziehungsweise Patentumgehung).
- Absicherung einer Entscheidung durch umfassende Erschließung des Lösungsraumes.
- Ermittlung der Freiheitsgrade einer Lösung.

Grundsätzlich werden relevante Eigenschaften von realen oder virtuellen Ausgangsobjekten benannt, durch Zuordnen von Werten (Ausprägungen) zu den entsprechenden Merkmalen ergänzt und systematisch zu Eigenschaftskombinationen verknüpft. Damit entsteht ein Lösungsfeld, aus dem dann die weiter zu detaillierenden Lösungen ausgewählt werden müssen.

Zur Systematischen Variation bietet sich folgendes Vorgehen an:

1. Ausgangsobjekte bestimmen
2. Variationsziel bestimmen
3. Variationsmerkmale bestimmen
4. neue Ideen durch alternative Merkmalsausprägungen erzeugen
5. generierte Ideen auf Umsetzbarkeit prüfen, bewerten und auswählen

Die unter 5. aufgeführten Aktivitäten sind an sich nicht unmittelbar Teil der Systematischen Variation. Sie sind den Aktivitäten der Bewertung und Auswahl zuzuordnen, schließen sich allerdings in der Regel jeder Systematischen Variation in der Lösungssuche an.

### Ausgangsobjekte bestimmen

Grundsätzlich kann die Methode der Systematischen Variation auf allen Konkretisierungsstufen eingesetzt werden und somit bei der Erarbeitung von Funktions-, Wirk- oder Baumodellen unterstützen. Dementsprechend ist es wichtig zunächst zu bestimmen, auf welcher Ebene der Einstieg in die Variation erfolgen soll. Je nachdem ob funktionelle, prinzipielle oder gestalterische Alternativen erarbeitet werden sollen, ist das zur Verfügung stehende Spektrum an Lösungsmöglichkeiten größer oder kleiner.

Betrachtet man beispielsweise einen einfachen Nussknacker, so können bereits auf Ebene des Wirkmodells unterschiedliche Varianten identifiziert werden. Diese auf unterschiedlichen Wirkprinzipien basierenden Varianten unterscheiden sich dabei vornehmlich in der Art und Richtung der auszuführenden Bewegung (rotatorisch oder translatorisch) sowie der aufzubringenden Kraft zum Knacken der Nuss.

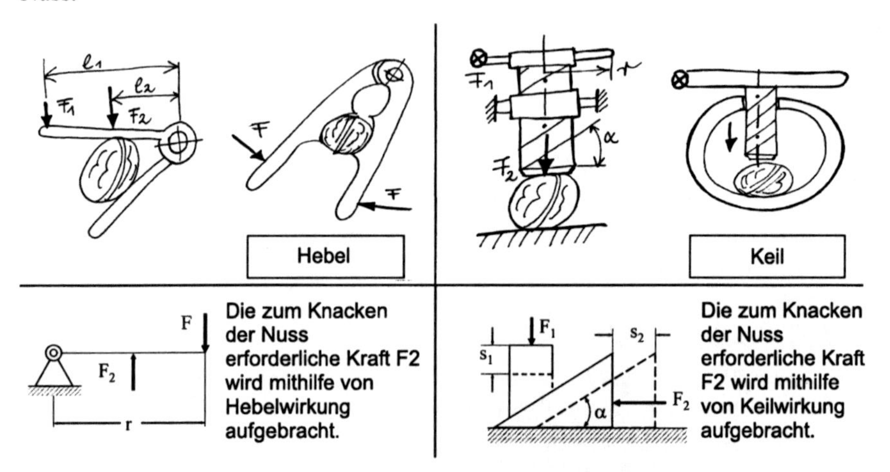


**Abb. 6-7.** Lösungsvariationen auf Wirkebene am Beispiel von Nussknackern

Ein anderes Beispiel für die geeignete Wahl des Ausgangsobjektes einer systematische Variation stellt die Ausgestaltung einer Radachsenlagerung dar. Hier kann im Wirkmodell die Anordnung der einzelnen Lager auf der Welle und relativ zum Rad variiert werden, wenn es darum geht, eine möglichst optimale Abstützung zu gewährleisten. Es reicht hierbei in der Regel die Produktdarstellung auf einem niedrigen Konkretisierungsniveau in einfachen Prinzipskizzen, eine Unterscheidung nach Lagertypen ist an dieser Stelle noch nicht relevant.

Sind die Lager in ihrer Art selbst festzulegen, so sind eine Reihe von Gestaltmerkmalen zu betrachten. Um zu einer optimalen Lösung zu kommen, bietet sich auf Gestaltebene von Wälzlagern die Variation der Form der Wälzlagerkörper an. Entscheidend für die Wahl der richtigen Wälzkörperform sind Größe und Art der wirkenden Kräfte. Während beispielsweise Zylinderrollenlager radial hoch belastbar sind aber nur in geringem Maße axial, können Kegelrollenlager auch große axiale Kräfte aufnehmen. Mit zunehmender Größe des Lagers nehmen die Belastbarkeit, jedoch auch die Kosten des Lagers zu. Auch der Bauraum stellt eine begrenzende Randbedingung dar.

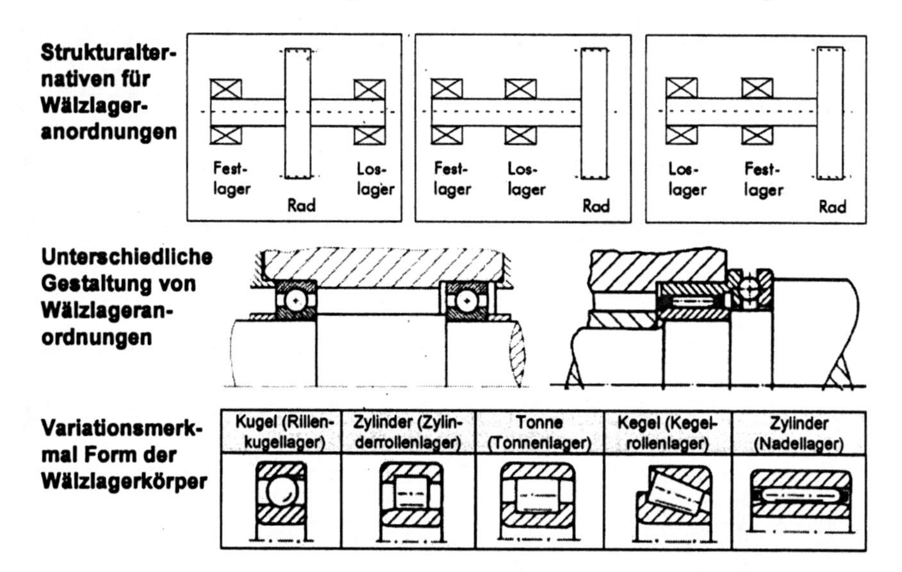


**Abb. 6-8.** Unterschiedliche Ausgangsobjekte am Beispiel einer Radachsenlagerung. Oben: Variation der Lageranordnung auf Wirkmodellebene; unten: Variation der Form von Wälzlagerkörpern auf Ebene der Gestalt (Baumodellebene)

## Variationsziel bestimmen

In der Betrachtung unterschiedlicher Erscheinungsformen von Nussknackern lässt sich eine große Varianz in Bezug auf eine Vielzahl von Merkmalen (Werkstoff, Design, Funktionalität) finden. Die Art des passenden Systems richtet sich nach dem Einsatzgebiet beziehungsweise dem Anwendungszweck des Geräts (beispielsweise Hausgebrauch oder Lifestyleobjekt). Dementsprechend gilt es für den Entwickler bei der Variation die Anforderungen und Ziele zu beachten.

Ziele für die Entwicklung sind beispielsweise die Senkung der Kosten, die Gewichtsreduzierung oder die Erhöhung der Funktionssicherheit (Robustheit). Weitere Ziele, wie die Ermöglichung kundenspezifischer Ausprägungen, ergeben sich aus den speziellen Anforderungen der Entwicklungsaufgabe. Diese Zielorientierung bei der Variation hilft auch das Variationsmerkmal als solches zu identifizieren. So kann der Wunsch nach einer Gewichtsreduktion durch Variation gewichtsbestimmender Produkteigenschaften wie beispielsweise des Werkstoffs, der Verbindungsstruktur oder der Leistungsverzweigung erreicht werden.

Ein einprägsames Beispiel für unterschiedliche Gestaltvarianten stellen unterschiedliche Ausprägungen von realisierten oder denkbaren Schraubenköpfen dar. Abhängig von formulierten Zielen können für dieselbe Gestaltvariation verschiedene Merkmale herangezogen werden (beispielsweise Form der Wirkflächen oder Zahl der Ecken).

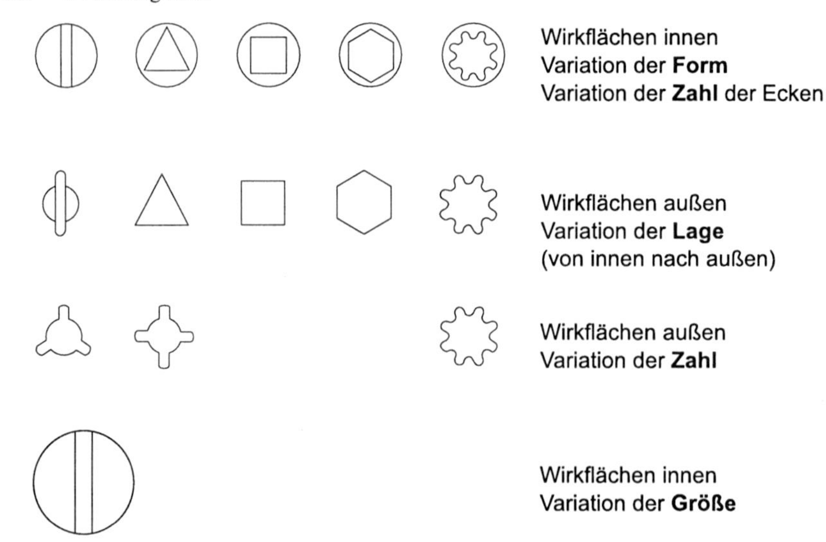


**Abb. 6-9.** Variation von Flächen und Körpern am Beispiel Schraubenkopf

Ist es beispielsweise gewünscht, eine Schraube ohne Werkzeug montieren zu können sind schwer mit den Händen zu greifende, kleine Schraubenköpfe mit feinen, innen angeordneten Kontaktflächen ungeeignet. Eine bessere Alternative stellt in diesem Zusammenhang ein in Flügelform ausgestaltete Schraubenkopf dar. Dieser erlaubt aufgrund seiner relativ zur Schraube großen und rechtwinklig zur Drehrichtung angeordneten Kontaktflächen eine sichere Kraftübertragung mit der Hand. Unter der Zielsetzung einer planen Oberfläche ohne überstehende Schraubenköpfe wäre dieser Flügelschraubenkopf hingegen vollkommen ungeeignet. Hier bieten sich unterschiedliche Senkkopfformen mit innen angeordneten Werkzeugkontaktflächen an, die in Zusammenhang mit dem entsprechend vorbereiteten zu verschraubenden Werkstück eine plane Fläche erlauben.

**Abb. 6-10.** Flügelschraube zur einfachen werkzeugfreien Montage (links), Senkkopfschraube für plane Oberflächen (rechts)

### Variationsmerkmale bestimmen

Ausgehend von einem Ausgangsobjekt und dem angestrebten Ziel der Variation werden relevante veränderbare Produkteigenschaften beziehungsweise die entsprechenden Merkmale als Zielgrößen identifiziert. Hierbei kann die Verwendung von Checklisten mit Gestaltparametern zur Systematischen Variation unterstützen.

Grundsätzlich sollten für die Variation nur direkte Merkmale herangezogen werden, da diese direkt vom Entwickler beeinflusst werden können. Trotz dieser Einschränkung kann eine Systematische Variation sehr schnell zu einem großen, kaum mehr überschaubaren Alternativenspektrum führen. Es ist unmöglich, alle denkbaren Alternativen zu erzeugen. Dies ist auch unsinnig, da es für eine konkrete Aufgabe immer auf ganz bestimmte Merkmale von Produktmodellen ankommt, die es vor der Variation basierend auf einer bestimmten Zielstellung zu ermitteln gilt. Um eine Variation effizient zu gestalten ist es deshalb unumgänglich, nur für die jeweilige Zielstellung wesentliche Merkmale in ihrer Ausprägung zu variieren.

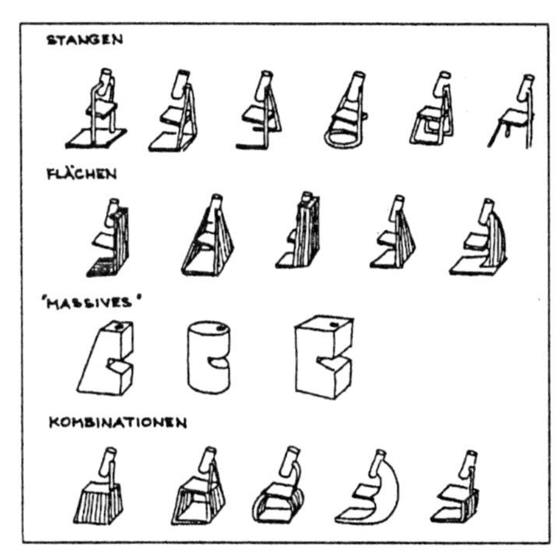


**Variationsparameter der Gestalt**

- Form
- Lage
- Zahl
- Größe (Abmessungen, Dimensionen)
- Verbindungsart und -struktur
- Kontaktart
- Kopplungsart
- Werkstoff, Stoffart, Aggregatzustand
- Zeitverlauf der Bewegung

**Abb. 6-11.** Beispiele von Parametern zur Variation der Gestalt [Tjalve 1978]

Hilfreich kann es dazu sein, bekannte Lösungen zu analysieren und daraus die wichtigen, zielführenden Merkmale zu ermitteln. Hilfe bei der Auswahl von Merkmalen können Merkmalslisten geben. Formal eignen sich Merkmale für eine systematische Variation besonders gut, wenn sie

- klar abgrenzbare, diskrete oder gar binäre Ausprägungen besitzen (beispielsweise translatorisch oder rotatorisch)
- endliche Wertebereiche mit wenigen Ausprägungen aufweisen (im Allgemeinen ungeeignet sind beispielsweise Abmessungen)
- Klassen bilden, in dem Ausprägungsbereiche mit einer Vielzahl von Ausprägungen beziehungsweise einem Ausprägungskontinuum in disjunkte Bereiche unterteilt werden (beispielsweise 0 – 10, >10 – 20, >20 – 30)

## Neue Ideen durch alternative Merkmalsausprägungen erzeugen

Durch Zuordnung neuer Ausprägungen beziehungsweise Ausprägungsbereichen zu den ausgewählten Variationsmerkmalen erhält man neue Alternativen. Die systematische Variation der Merkmalsausprägungen kann hier durch die Verwendung geeigneter **Checklisten mit Gestaltparametern** unterstützt werden. Ein besonderer Vorteil dieses Vorgehens ist, dass man dabei nicht bei den bekannten Merkmalen verharrt, sondern durch die Systematik fast zwangsläufig zu neuen Alternativen hingeführt wird.

Betrachtet man einen klassischen Hebel-Nussknacker als Ausgangsobjekt für eine Variation der Gestalt, können hier eine Reihe verschiedener Alternativen auf Gestaltebene unter Beibehaltung des Wirkprinzips erzeugt werden. Variiert werden können hierbei unterschiedlichste Parameter wie beispielsweise die Form oder Anzahl der Kontaktflächen mit der Nuss oder auch das verwendete Material einzelner Bauteile.

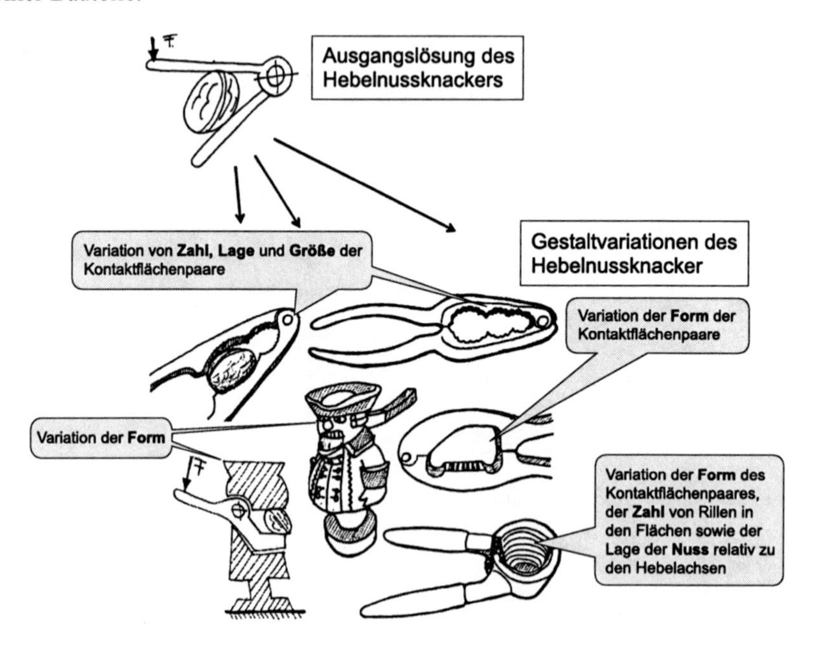


**Abb. 6-12.** Gestalterische Lösungsalternativen am Beispiel Hebelnussknacker

## Generierte Ideen auf Umsetzbarkeit prüfen, bewerten und auswählen

Für die Prüfung der generierten Ideen auf Umsetzbarkeit bieten sich Methoden der Eigenschaftsanalyse wie Schätzen, Berechnen, Simulation oder Versuch an. Durch die Anwendung mehrerer Variationsmerkmale können durch die Variation schnell sehr viele Ideen entstehen. Um der hieraus resultierenden Variantenflut zu begegnen, ist es wichtig, sich an den Anforderungen der Anforderungsliste sowie den formulierten Variationszielen zu orientieren, um unnötigen „Ideenschrott" zu vermeiden, der nach einer Prüfung auf Umsetzbarkeit ohnehin wieder wegfällt. In der Regel können etliche Ideen sehr schnell ausgeschlossen werden, da deren Umsetzbarkeit fraglich ist und einen nicht gerechtfertigten Aufwand verursachen würden.

Die unterschiedlichen als umsetzbar eingeschätzten Alternativen sind im Anschluss zu bewerten, um die bestgeeignetsten Varianten auswählen zu können. Hierfür liegen eine Reihe unterschiedlicher Bewertungsmethoden vor. Je nachdem, auf welcher Konkretisierungsstufe die Ideenbildung erfolgt, ist hier ein angepasster Aufwand zu betreiben. Bei vielen Aufgabenstellungen können bereits einfache **Bewertungsverfahren** wie **Vorteil-Nachteil-Vergleich, Paarweiser Vergleich** oder auch die Einfache **Punktbewertung** genutzt werden, um bei geringem Aufwand die besten Lösungen zu identifizieren.

Bei mehrstufigen Variationsvorgängen ist es hilfreich zu kennzeichnen, auf Basis welcher Lösung die Variation erfolgt, um die schrittweise Veränderung einer Ausgangslösung nachvollziehen zu können. An dieser Stelle ist noch einmal zu betonen, dass jeder Variationsschritt zielgerichtet zu erfolgen hat, um nicht unnötige Lösungsideen zu erzeugen. Die Variation einer Ausgangslösung kann über mehrere Schritte geschehen, bei denen jeweils ein einzelnes Ziel im Fokus steht (z. B. zunächst Durchsatzerhöhung, dann Gewichtsreduktion).

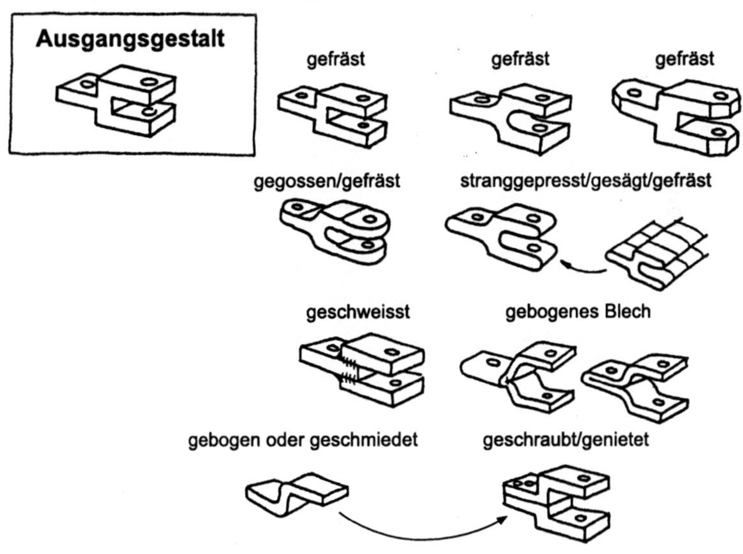


**Abb. 6-13.** Variation des Fertigungsverfahrens und Einflüsse auf die Produktgestalt [nach Tjalve 1978]

Der Unterschied zwischen direkten und indirekten Merkmalen bestimmt das Vorgehen. Merkmale, die sich beispielsweise auf die Bewegung von Mechanismen (zum Beispiel die Bewegungsart oder der zeitliche Bewegungsverlauf) oder die Kraftübertragung (zum Beispiel die Getriebeart) beziehen, können nicht direkt festgelegt werden. Generell kann die Variation einzelner Merkmale Einflüsse auf andere Merkmale nach sich ziehen, so dass immer die Auswirkungen einer konstruktiven Änderung, wie beispielsweise der Variation des Werkstoffs oder des Fertigungsverfahrens auf die Produktgestalt zu berücksichtigen sind.

### *6.2.3 Wie lässt sich ein Spektrum bestehender Gestaltalternativen darstellen und ergänzen?*

Der durch bestehende Lösungsideen aufgespannte Lösungsraum ist in der Regel vielfältig und umfangreich. Es ist dennoch davon auszugehen, dass weitere neue Lösungen im Gesamtspektrum möglicher Lösungen gefunden werden können. Mithilfe von mehreren (mindestens zwei) geeigneten Kriterien ist es möglich, gefundene Lösungen einzuordnen und in der Folge „weiße Felder" (also nicht durch Lösungsideen besetzte Felder) im Lösungsspektrum zu identifizieren, die bisher nicht erkannt und/oder berücksichtigt wurden. Neben der Berücksichtigung „sämtlicher" möglicher Alternativen erlaubt eine umfassende Erschließung von Lösungen und ihre gleichzeitig überschaubare Darstellung zudem, Entscheidungen besser abzusichern. Als Methode hierzu bietet sich die Darstellung bestehender Lösungen in Ordnungssystemen an.

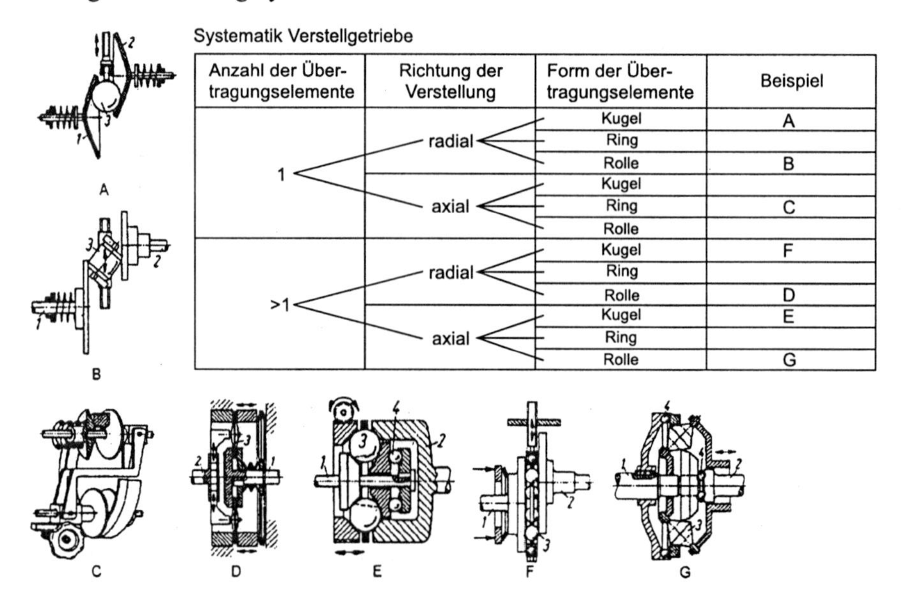
Systematik Verstellgetriebe

| Anzahl der Übertragungselemente | Richtung der Verstellung | Form der Übertragungselemente | Beispiel |
|---|---|---|---|
| 1 | radial | Kugel | A |
| | | Ring | |
| | | Rolle | B |
| | axial | Kugel | |
| | | Ring | C |
| | | Rolle | |
| >1 | radial | Kugel | F |
| | | Ring | |
| | | Rolle | D |
| | axial | Kugel | E |
| | | Ring | |
| | | Rolle | G |



**Abb. 6-14.** Alternativenbaum am Beispiel von stufenlos verstellbaren Reibradgetrieben

Eine weitere Möglichkeit der strukturierten Darstellung von alternativen Lösungsideen bieten **mehrdimensionale Ordnungsschemata** [Dreibholz 1975]. Die Dimension des Ordnungsschemas richtet sich nach der Anzahl der Gestaltmerkmale, die für eine Einordnung der Lösungsalternativen herangezogen werden. In einem derartigen Schema werden weiße Felder ersichtlich, die sich unter Umständen für die Ergänzung des Lösungsspektrums anbieten.

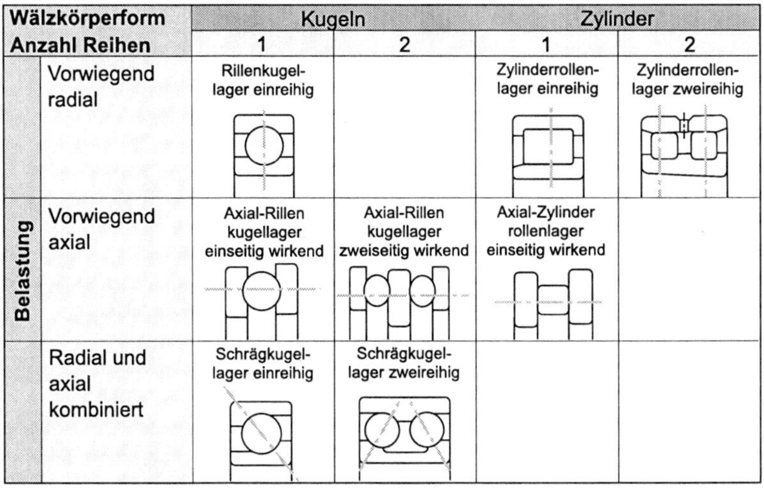

| Wälzkörperform | | Kugeln | | Zylinder | |
|---|---|---|---|---|---|
| Anzahl Reihen | | 1 | 2 | 1 | 2 |
| Belastung | Vorwiegend radial | Rillenkugellager einreihig | | Zylinderrollenlager einreihig | Zylinderrollenlager zweireihig |
| | Vorwiegend axial | Axial-Rillen kugellager einseitig wirkend | Axial-Rillen kugellager zweiseitig wirkend | Axial-Zylinder rollenlager einseitig wirkend | |
| | Radial und axial kombiniert | Schrägkugellager einreihig | Schrägkugellager zweireihig | | |

**Abb. 6-15.** Ordnungsschema für Wälzlager

Identifiziert man solche weißen Felder, können sie zu neuen Konzepten anregen. Es gibt aber auch weiße Felder, die als Lösungsansatz verworfen werden müssen, da sie nicht realisierbare Lösungen darzustellen. Beispielsweise macht ein einreihiges Zylinderrollenlager für radiale und gleichzeitig große axiale Belastung keinen Sinn, da in diesem Fall der zylindrische Wälzkörper an seinen Stirnseiten, die nur auf den dünnen Stegen der Lagerringe abwälzen können, axiale Lasten aufnehmen müsste.

Die Darstellung von mehr als zwei Dimensionen in einem Ordnungsschema wird durch eine entsprechende Anzahl zweidimensionaler Tabellen erreicht. Alternativ können vorgegebene Merkmalskombinationen innerhalb einer Tabelle verwendet werden.

## 6.3 Erarbeitung der Gestalt eines innovativen Klappradrahmens

Fahrräder werden heutzutage von unterschiedlichen Benutzern für vielfältige Zwecke eingesetzt, was schon anhand der zahlreichen Typen von Fahrrädern ersichtlich wird (Mountainbike, Rennrad, Trekkingrad, Klapprad, Tandem, Liegerad). Dem Einsatzzweck entsprechend sind auch die Anforderungen, die an die Gestalt eines Fahrradrahmens gestellt werden, teils sehr unterschiedlich. Grundsätzlich hat der Rahmen die Funktion, verschiedene charakteristische Punkte des Fahrrads miteinander zu verbinden und die im Einsatz (beispielsweise durch das Gewicht des Fahrers oder während der Fahrt auftretende Stöße) entstehenden Kräfte aufzunehmen. Durch die Wahl der Rahmengestalt lässt sich in diesem Kontext die Steifigkeit des Fahrrads maßgeblich beeinflussen.

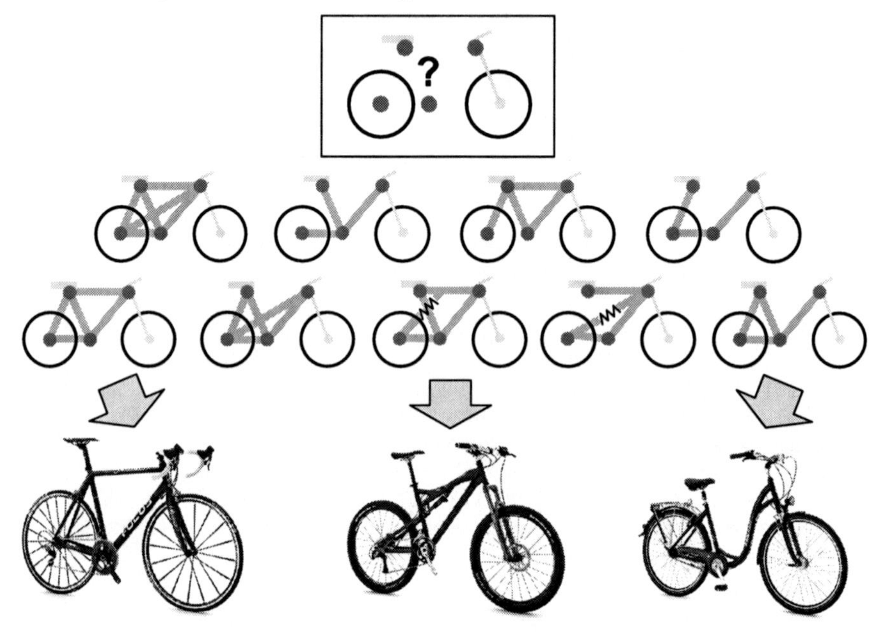


**Abb. 6-16.** Mögliche Verbindungsstrukturvarianten bei Fahrrädern (mit freundlicher Genehmigung des Herstellers der Marken Focus und Kalkhoff (Derby Cycle Werke GmbH))

Für die Wahl der Verbindungsstruktur zwischen den vier charakteristischen Punkten am Rad (Lenkerrohr, Sattel, Tretlager, Hinterradnabe) und somit der Rahmengestalt existiert theoretisch eine sehr große Zahl von Alternativen, von denen aber bereits viele von vornherein ausgeschlossen werden können. Eine wichtige Bauform ist hierbei der Diamantrahmen (klassisches Rennrad), der aus zwei verbundenen Dreiecken besteht. Bei Damenrädern wird durch die Gestaltung der Rahmenstruktur auf Kosten der Steifigkeit ein tiefer Einstieg realisiert.

Im Rahmen eines Projektes wurde ein neuartiges Klapp- beziehungsweise Faltrad entwickelt. Grundlegende Idee war, folgenden drei Defiziten bestehender Räder dieser Art zu begegnen:

- Schlechte Eignung für große Personen mit einer Körpergröße von über 1,85 m
- Hohes Fahrradgewicht
- Hoher Preis

Der Rahmen des Rades stellte bei der dargestellten Entwicklung das zentrale Element dar, um insbesondere der Problematik der körpergrößenbedingten eingeschränkten Nutzungsmöglichkeit des Rades sowie seinem hohen Gewicht entgegenzuwirken.

So wurden zunächst mögliche Lösungen für den prinzipiellen Faltmechanismus erarbeitet. Unter Ausschluss der bereits existierenden Lösungen wurden hierzu in einem Brainstorming unterschiedliche Basiskonzepte für neuartige Faltmechanismen entwickelt. Mithilfe einer sich anschließenden systematischen Variation konnten daraus Varianten entwickelt werden, die in Bezug auf die Hauptanforderungen nach Eignung für große Personen und geringem Gewicht am besten geeignet schienen. Die drei hierbei favorisierten Variationsmerkmale waren Anzahl und Freiheitsgrade der verschiedenen Gelenkpunkte, die die Art des Faltmechanismus und somit die Anzahl der Faltschritte unmittelbar beeinflussen, sowie die Querschnitte in der Trägerstruktur.

| Variationsmerkmal | Mögliche Ausprägungen |
|---|---|
| Zahl der Gelenkpunkte des Faltmechanismus | ein, zwei, drei oder vier Gelenke |
| Freiheitsgrade der Gelenkpunkte des Faltmechanismus | rotatorisch (Drehverbindung), translatorisch (Teleskopverbindung) |
| Lage der Drehachsen der rotatorischen Gelenke | horizontal in Längs oder Querrichtung, vertikal |
| Querschnitt der Trägerstruktur | Dreikant-,Vierkant- oder Rundrohre |
| Anzahl der Faltschritte | zwei oder drei Faltschritte |

**Abb. 6-17.** Zusammenstellung der Variationsmerkmale bei der Lösungssuche nach einem Faltmechanismus [nach Müller 2004]

Im Kontext der Variation der Freiheitsgrade des Faltmechanismus des Hauptrahmens wurden Varianten mit einem translatorischen Freiheitsgrad (teleskopartig zusammenschiebbares Hauptrohr) und mit einem rotatorischen Freiheitsgrad (einklappbarer Hinterbau) entwickelt. Für letztere Alternativen wurde anschließend die Lage der Drehachse variiert, was ein seitliches oder ein vertikales Einklappen des Hinterbaus erlaubte. Bezüglich der Querschnitte der Trägerstruktur mussten die Freiheitsgrade dieser Gelenkstellen unmittelbar berücksichtigt werden, um die geforderte Faltbarkeit zu gewährleisten. Der translatorische Freiheitsgrad in dem teleskopartig zusammenschiebbaren Hauptrohr bedurfte hierbei einer nicht runden Querschnittsfläche, um die Übertragung von Torsionsmomenten zu ermöglichen. Für die rotatorische Bewegung um das Sattelrohr musste dieses hingegen kreisrund ausgestaltet sein, um die Drehbewegung nicht zu behindern.

Neben der Variation von Elementen des Hauptrahmens wurden die gleichen Variationsmerkmale auch an der Vorderradgabel und ihrer Lagerung variiert, um das Einklappen der vorderen Radhälfte ebenfalls zu ermöglichen. Nachdem unterschiedliche Faltmechanismen des Hauptrahmens mit solchen für die vordere Radhälfte kombiniert wurden, konnten vier neuartige Faltmechanismen erarbeitet werden.

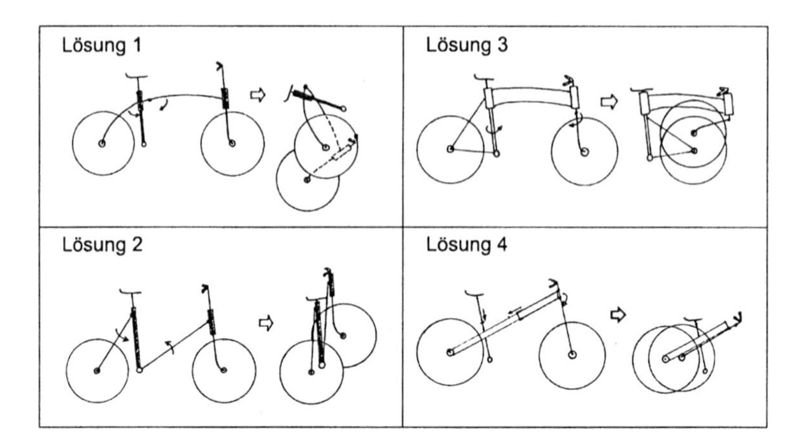


**Abb. 6-18.** Vier erarbeitete neuartige Faltmechanismen. Die Faltungsweise ist jeweils durch Pfeile gekennzeichnet [Müller 2004].

In dem sich anschließenden systematischen Bewertungs- und Auswahlprozess, in der jedes Konzept primär hinsichtlich der drei Hauptziele bewertet wurde, fiel die Entscheidung auf ein Lösungskonzept mit drei rotatorischen Gelenken, dessen Gelenkachsen teils horizontal, teils vertikal im Raum liegen.

Nachdem die grobe Produktgestalt fest stand, die in diesem Fall aus der Anordnung von Rohren und Gelenken sowie ihrer Freiheitsgrade resultierte, konnte diese weiter verfeinert werden. Hierbei stellten die Kompaktheit und somit erneut auch die Querschnittsform der Rahmenkomponenten bedeutende Aspekte dar, die ebenso wie der gewählte Rahmenwerkstoff einen entscheidenden Einfluss auf Gewicht, Steifigkeit und Festigkeit haben. Da im Rahmen des Projektes ein reduziertes Gesamtgewicht ein Hauptziel darstellte, Festigkeit und Steifigkeit aber nicht entscheidend verringert werden durften, wurde sich an dieser Stelle für Aluminium entschieden. Die hohe Steifigkeit bei gleichzeitig geringem Gewicht ließen zwar auch eine Fertigung in Karbonfaserverbundbauweise aus technischer Sicht sinnvoll erscheinen, die aufwändige und kostenintensive Verarbeitung schloss die Verwendung dieser Materialverbindungen allerdings aus.

**Abb. 6-19.** Funktionsfähiger Prototyp des Klapprades **KlaRa** fahrbereit und gefaltet

## 6.4 Zusammenfassung

Mit der Entwicklung der Produktgestalt bekommt das zuvor nur durch Wirkprinzipien und -strukturen definierte, relative abstrakte Wirkmodell eine konkrete räumliche Ausprägung. Hierbei werden eine Reihe von Produkteigenschaften festgelegt, die sich durch eine Vielzahl unterschiedlicher und untereinander abhängiger Merkmale beschreiben lassen. Eine große Herausforderung für den Entwickler ist dabei die Tatsache, dass eine Reihe dieser Merkmale - die indirekten Merkmale - nicht unmittelbar beinflussbar sind, sondern nur durch das Festlegen von direkten Merkmalen in ihrer Ausprägung bestimmt werden können.

Um trotz dieser Vielfalt von Möglichkeiten zielgerichtet vorzugehen und den Überblick nicht zu verlieren ist ein systematisches Vorgehen von großem Vorteil. Hierbei bietet sich generierendes und korrigierendes Vorgehen an, um dem Wirkmodell eine erste Gestalt zu geben. Aufbauend auf ersten Gestaltvarianten ist es sinnvoll, diese anhand unterschiedlicher Gestaltparameter systematisch zu variieren, um eine Vielfalt an unterschiedlichen Lösungen zu erhalten. Um hierbei zielgerichtet sinnvolle Lösungen zu erarbeiten, sollten bei der Variation die bestehenden Anforderungen an das zu entwickelnde Produkt nicht aus den Augen verloren werden. Checklisten mit Gestaltparametern helfen sowohl bei der initialen Gestaltvariante als auch bei der systematischen Variation der Gestalt. Sie unterstützen den Entwickler dabei dahingehend, dass ihm möglichst umfassende Variationsmöglichkeiten aufgezeigt werden, die er bei rein intuitivem Vorgehen vielleicht nicht bedacht hätte.

Ist eine Vielfalt von Lösungen erarbeitet, so ist es zielführend diese in geeigneter Art und Weise darzustellen, um die Entscheidung für eine oder einige wenige Gestaltalternativen vorzubereiten. Hierzu bieten sich die Methoden des Alternativenbaums oder mehrdimensionaler Ordungsschemata an. Durch die Strukturierung von Lösungen anhand unterschiedlicher Kriterien helfen letztere zudem „neue“ Lösungen im Gesamtlösungsspektrum zu identifizieren, die bisher nicht erkannt wurden (Weiße Felder). Durch eine umfassende Erschließung und überschaubare Darstellung der Lösungen mittels der genannten Methoden können zudem Entscheidungen besser abgesichert werden.

# 7 Baukonzepte

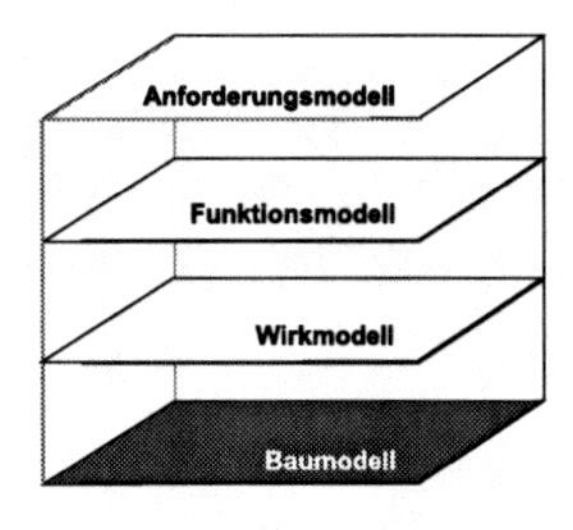


Vom Wirkkonzept ausgehend wird die Produktgestalt schrittweise unter der Berücksichtigung technischer und wirtschaftlicher Gesichtspunkte konkretisiert und detailliert. Im Rahmen der Erarbeitung von Baukonzepten werden die endgültige Form, Abmessungen und Oberflächenbeschaffenheit aller Einzelteile definiert, die Werkstoffe festgelegt, die Beschaffungs- und Herstellungsmöglichkeiten überprüft, sowie die endgültigen Kosten ermittelt. Ferner werden die für die weiteren Phasen im Produktlebenslauf (Herstellung, Montage, Transport, Nutzung, Instandhaltung, Recycling und so weiter) benötigten Unterlagen geschaffen.

Es existieren vielfältige Herausforderungen bei der Festlegung und Konkretisierung von Baukonzepten. Zum einen führen die vernetzten Abhängigkeiten der Teilfunktionen beziehungsweise der Baugruppen untereinander zu einer hohen Komplexität, welche die Festlegung des Baumodells erschwert. Außerdem sind in dieser Phase des Entwicklungsprozesses in der Regel mehrere iterative Arbeitsschritte zwischen Synthese und Analyse nötig. In der Praxis kommt es häufig zu unnötigen Iterationen, die es einzuschränken gilt, da jede Iteration Kosten und Zeit verursacht. Dies ist insbesondere der Fall, wenn Prototypen aufgebaut und getestet werden. Andererseits sind aufgrund der komplexen Zusammenhänge gewisse Iterationen erforderlich und wichtig. Schließlich stellt die parallele Bearbeitung mehrerer Konzeptalternativen auf Ebene des Baumodells und die damit einhergehende Komplexität der Aktivitäten eine Herausforderung dar.

Wichtige Fragestellungen im Zusammenhang mit der Entwicklung von Baukonzepten für technische Produkte beschäftigen sich unter anderem mit der Festlegung einer geeigneten Baustruktur sowie der optimalen Gestaltung von einzelnen Bauteilen und deren Schnittstellen.

## 7.1 Herausforderungen bei der Entwicklung einer Kupplung mit hydraulischer Dämpfung

In einem Projekt zur Entwicklung von neuartigen Kupplungen mit hydraulischer Dämpfung [Giapoulis 1998] war das Wirkkonzept der Kupplung zu Beginn des Projektes zum Teil vorgegeben. Charakteristika der betrachteten Kupplung sind die einstellbare Federsteifigkeit, die durch Kompression eines Gases realisiert wird, und die einstellbare Dämpfung, die durch die Reibungsverluste der enthaltenen strömenden Flüssigkeit (zum Beispiel Hydrauliköl), infolge von Rohrreibung und Drosselung realisiert wird. Für die beiden Drehrichtungen sind zwei isolierte Kreisläufe in der Kupplung vorgesehen. Bei einer Drehverformung der Kupplung strömt das Öl innerhalb dieser Kreisläufe in die Richtung des Luftraums und komprimiert die enthaltene Luftmenge. Die Luftmenge darf im Kreislauf nicht gleichmäßig verteilt sein, da in diesem Fall kein Dämpfungseffekt zustande kommt.

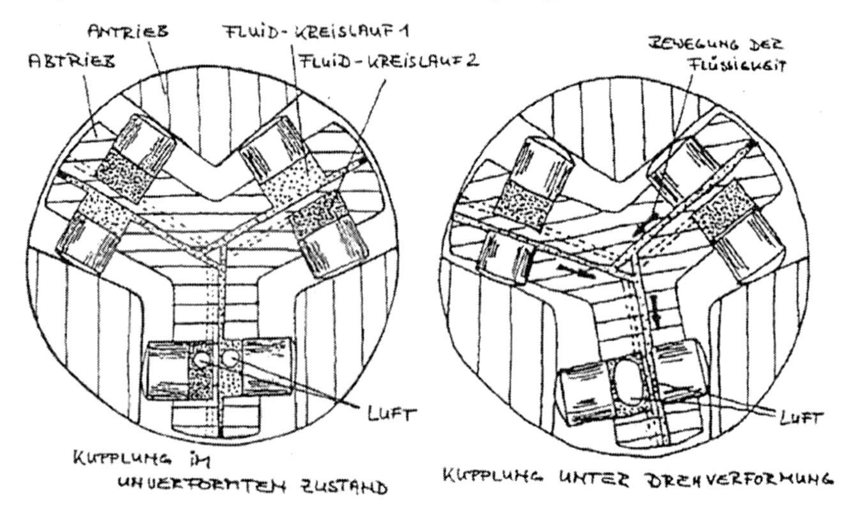


**Abb. 7-1.** Prinzipskizze der neuartigen Kupplung [Giapoulis 1998]

Im Rahmen vorangegangener Projektschritte waren für die vier Hauptfunktionen der Kupplung entsprechende Realisierungsmöglichkeiten festgelegt worden. Die erste Hauptfunktion der Kupplung ist die „Verdichtung des Fluids". Als Lösungsmöglichkeit zur Realisierung der Funktion war der Einsatz von elastischen Elementen vorgesehen. Die bestimmenden Anforderungen für die Festlegung und Konkretisierung des Baukonzeptes waren die beanspruchungs-, verformungs- und fertigungsgerechte Gestaltung dieser elastischen Elemente. Eine zweite Hauptfunktion stellt die „Trennung von Luft und Flüssigkeit" dar. Hierfür sollte eine Membran verwendet werden.

Die Realisierung der dritten Hauptfunktion „Einstellung der Dämpfung der Kupplung" sollte über den Drosseleffekt als Wirkprinzip geschehen. Der konstruktive Freiraum bei dieser Teilfunktion reduzierte sich auf die Einstellung einer variablen Durchflussöffnung. Für diese Problemstellung existierten praxiserprobte Lösungen, die direkt übernommen werden konnten. Somit konzentrierten sich die Aktivitäten des Entwicklers auf die Anpassung eines Ventils als Kaufteil an das Konzept der Kupplung. Die vierte Hauptfunktion lautet „Einstellung der statischen Federsteifigkeit der Kupplung". Diese hängt wiederum von drei Faktoren ab und kann über diese eingestellt werden: zum einen die Steifigkeit der verwendeten elastischen Elemente, zum zweiten die Luftmenge beziehungsweise das Luftvolumen, das komprimiert werden kann und zum dritten den Anfangsdruck, also den Druck, der im Kreislauf im nicht belasteten Zustand der Kupplung herrscht.

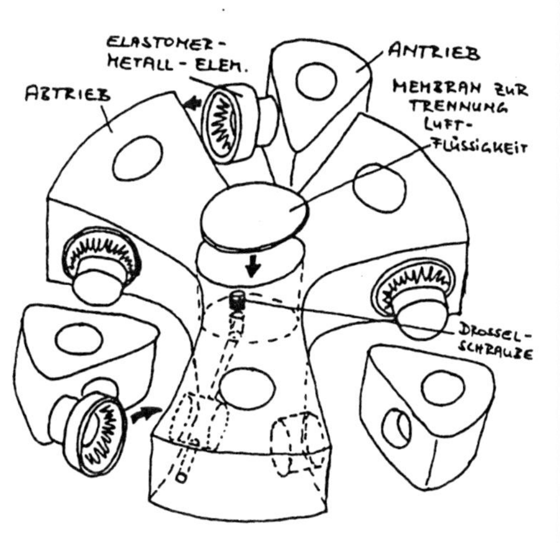


| **Teilfunktion 1:** Verdichtung des Fluids<br>**Realisierung:** elastische Elemente |
|---|
| **Teilfunktion 2:** Trennung von Luft und Flüssigkeit<br>**Realisierung:** Membran |
| **Teilfunktion 3:** Einstellung der Dämpfung<br>**Realisierung:** Drosseleffekt |
| **Teilfunktion 4:** Einstellung der Federsteifigkeit<br>**Realisierung:** elastische Elemente, Luftvolumen, Anfangsdruck |

**Abb. 7-2.** Ausgewähltes Kupplungskonzept [Giapoulis 1998]

Für die weitere Detaillierung des Wirkkonzeptes und die Erstellung eines Baukonzeptes der Kupplung ergab sich eine Reihe von Herausforderungen. Zum einen verursachte die vernetzte Abhängigkeit der Teilfunktionen beziehungsweise der Baugruppen untereinander eine hohe Komplexität. Beispielsweise bestimmen die maximale Breite und der maximale Außendurchmesser der Kupplung die maximale Größe der elastischen Elemente. Diese sollten jedoch möglichst groß sein, damit der Betriebsdruck der Flüssigkeit für das gleiche übertragbare Drehmoment möglichst klein bleibt. Daher ist ein ständiger Wechsel der Bearbeitungsebenen nötig, zwischen den einzelnen Details und dem Gesamtsystem. Bei der Gestaltung einzelner Baugruppen und Bauteile besteht die Gefahr, den Blick für das gesamte Produkt zu verlieren. Optimierungen an einer Stelle führen mitunter zu Verschlechterungen an anderer Stelle.

Eine zweite Herausforderung stellte der Umstand dar, dass zur Festlegung des Baukonzeptes und zur Generierung funktionsfähiger Kupplungsprotoypen mehrere iterative Arbeitsschritte zwischen Synthese und Analyse erforderlich waren. Erst mit der Erreichung eines gewissen Entwicklungsstandes war es möglich, spezifische lösungsabhängige Anforderungen und Schwachstellen zu erkennen. Somit existieren Iterationen, die zur Erhöhung des Wissensstandes beitragen und die für die Entwicklung und Konstruktion notwendig sind. Jedoch kommt es in der Praxis häufig auch zu unnötigen Iterationen, die es zu vermeiden oder zumindest einzuschränken gilt. Jede Iteration verursacht Kosten und Zeit, insbesondere, wenn Prototypen aufgebaut und getestet werden.

Schließlich stellt der Umstand, dass typischer Weise eine parallele Bearbeitung an mehreren Lösungskonzepten stattfindet, eine Herausforderung dar. Auch in diesem Projekt gab es ein favorisiertes Baukonzept und neben diesem alternative Konzepte, die als Rückfalllösungen gedacht waren. Für diese war zum Teil ebenfalls der Aufbau von Prototypen vorgesehen. Die Verfolgung alternativer Baukonzepte erhöht zwar die Chance, dass eine optimale Lösung gefunden wird. Besitzt das favorisierte Konzept nicht die gewünschte Qualität ist es möglich, sich auf die vorhandenen Alternativkonzepte zu konzentrieren. Auf der anderen Seite bedeutet das parallele Arbeiten an mehreren Lösungskonzepten auch einen nicht zu unterschätzenden Mehraufwand für die Entwickler. Das Springen zwischen den einzelnen Alternativen verursacht mitunter eine hohe kognitive Mehrbelastung.

Insgesamt lässt sich festhalten, dass die Entwicklung von Baukonzepten aufgrund der fortgeschrittenen Konkretisierung der Lösungen und der großen Menge an Details, die hier im Gegensatz zur Konzeptentwicklung auf Wirkebene eine Rolle spielen, eine große Herausforderung darstellt. Während bei der Erstellung des Wirkmodells noch primär die prinzipielle Funktionsfähigkeit der Lösung im Vordergrund stand, sind es jetzt vielfältige Kriterien, bezüglich derer die Lösung zu optimieren ist (Fertigung, Montage, Transport, Recycling und so weiter). Dies erfordert einen iterativen, arbeitsteiligen Prozess, in dem der erfolgreichen Kommunikation der beteiligten Spezialisten (zum Beispiel aus den Bereichen Entwicklung/Konstruktion, Simulation und Versuch) eine große Bedeutung zukommt.

## 7.2 Methoden, Prinzipien und Richtlinien für die Entwicklung von Baukonzepten

Innerhalb des Entwicklungs- und Konstruktionsprozesses findet die Erarbeitung von Baukonzepten zu einem Zeitpunkt statt, an dem bereits ein konkreter und detaillierter Entwicklungsstand erreicht ist. Im Münchener Produktkonkretisierungsmodell ist dieser Schritt auf der Ebene des Baumodells anzusiedeln.

Das **Baumodell** bezeichnet die Darstellungsform oder Repräsentation eines technischen Produktes auf der Ebene konkreter Bauelemente, wie sie anschließend gefertigt und montiert werden. **Bauelement** wird hier als Überbegriff für die Bestandteile des Gesamtproduktes gebraucht, also für einzelne Bauteile, Baugruppen oder Module. Die **Baustruktur** beschreibt die Verknüpfung der einzelnen Bauelemente innerhalb des Gesamtproduktes. Im **Baukonzept** sind sowohl die Baustruktur des Produktes beschrieben, als auch die Gestalt der einzelnen Bauteile und Baugruppen sowie die Definition der Schnittstellen. **Schnittstellen** sind hierbei als Verknüpfungen zwischen Elementen eines technischen Systems zu verstehen. Es existieren je nach Sicht auf das System verschiedene Arten von Schnittstellen, beispielsweise geometrische, materielle, energetische, informationstechnische und auch organisatorische Schnittstellen.

In der Literatur werden im Kontext des Baumodells ebenfalls die Begriffe Entwerfen und Ausarbeiten verwendet [Ehrlenspiel 2007, Pahl et al. 2005]. Unter

**Entwerfen** wird dabei der Teil des Entwickelns beziehungsweise Konstruierens verstanden, der für ein technisches Gebilde die Baustruktur nach technischen und wirtschaftlichen Gesichtspunkten eindeutig und vollständig erarbeitet. Beim **Ausarbeiten** werden die verbindlichen Unterlagen für die Produktion und Nutzung des Produktes geschaffen. Hier werden unter Berücksichtigung relevanter Normen und Vorschriften die letzten Gestaltdetails hinsichtlich Form, Werkstoff, Oberflächenbeschaffenheit und so weiter festgelegt.

Die Begriffe Entwerfen und Ausarbeiten werden hier weitgehend vermieden, da sie in einer Zeit geprägt wurden, als die Konstruktion noch am Reißbrett stattfand. Im Entwurf wurde dabei die Produktgestalt unter maßstäblicher Darstellung entwickelt, bevor die Ausarbeitung der Fertigungsunterlagen stattfand. Im Zuge der Entwicklung moderner 3D-CAD-Systeme hat sich die Vorgehensweise bei der Generierung von Baumodellen grundlegend geändert. Das Hauptarbeitsmedium ist das 3D-Geometriemodell, aus dem nach Bedarf 2D-Zeichnungen abgeleitet werden. Eine Gestaltung des Produktes auf Ebene des Baumodells, das heißt die Erstellung, Konkretisierung und Detaillierung von Baukonzepten erfordert auch in der heutigen Zeit unter anderem folgende Aktivitäten [nach Pahl et al. 2005]:

- die Festlegung der Hauptabmessungen und Untersuchung der räumlichen Verträglichkeit
- die Wahl von Werkstoffen und grundsätzlichen Fertigungsverfahren
- die Vervollständigung des Produktes durch Teillösungen für sich ergebende Nebenfunktionen.

Zur gezielten Unterstützung der Entwicklungsarbeit sind sowohl Gestaltungsprinzipien (zum Beispiel Prinzip des Kraftflusses, Prinzip des Lastausgleichs oder Prinzip der Selbsthilfe) als auch Gestaltungsrichtlinien (beispielsweise zur fertigungs-, montage- oder recyclinggerechten Produktgestaltung) anwendbar. Die Begriffe sind folgendermaßen voneinander abgegrenzt:

Ein **Gestaltungsprinzip** ist ein allgemeiner Grundsatz, der der grundsätzlichen Optimierung eines Produktes dient und die Produktgestaltung auf unterschiedlichen Konkretisierungsebenen unterstützt. **Gestaltungsrichtlinien** helfen, den jeweiligen Hauptanforderungen im Sinne eines **Design for X (Design to X)** gerecht zu werden. Eine Gestaltungsrichtlinie ist spezifischer formuliert und besitzt hinsichtlich der Produktoptimierung einen konkreteren Fokus als ein Gestaltungsprinzip (in Anlehnung an [Pahl et al. 2005]).

Eine bedeutende Fragestellung im Zusammenhang mit der Erarbeitung von Baukonzepten ist es, wie die optimale Baustruktur für ein konkretes Produkt aussieht. Neben der Festlegung der Baustruktur stellen die Optimierung der Produktgestalt und der Schnittstellen wichtige Themen dar. Ferner ist ein systematischer Umgang mit Iterationen von hoher Bedeutung für die Entwicklungsarbeit auf Ebene des Baumodells. Schließlich sind auch bei der Ableitung der Dokumente für nachgelagerte Phasen im Produktlebenslauf einige Dinge zu beachten.

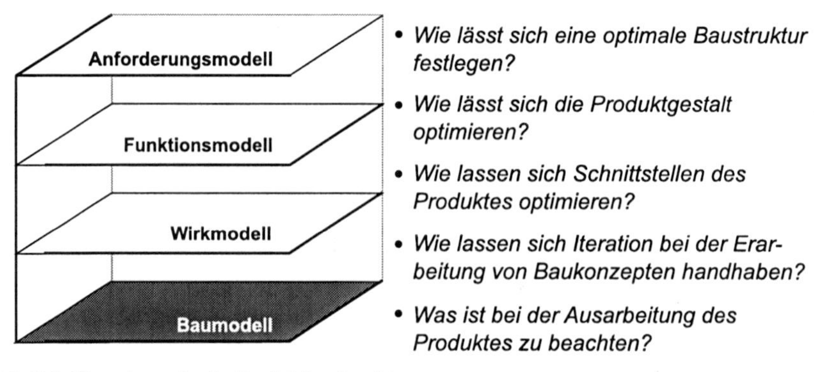


**Abb. 7-3.** Einordnung in die Produktkonkretisierung

### *7.2.1 Wie lässt sich eine optimale Baustruktur festlegen?*

Die Festlegung der **Baustruktur** (oder auch Modulstruktur) stellt eine wichtige Aufgabe bei der Generierung von Baukonzepten dar. Erst durch eine geschickte Zerlegung des Gesamtsystems in sinnvolle Teile wird deren gezielte Bearbeitung ermöglicht. Eine Chance dieser Aufteilung ist die Ermöglichung einer parallelen Bearbeitung und somit die Reduzierung der Entwicklungszeit. Dies gilt neben der Entwicklung auf für andere Bereiche wie Produktion, Beschaffung und Service. Schwierigkeiten ergeben sich jedoch durch die erhöhte Komplexität aufgrund der entstehenden Schnittstellen. Ferner ist die Beantwortung der Frage, wo die Grenzen zu legen sind, nicht immer trivial.

Ein wichtiger Schritt bei der Festlegung der Baustruktur ist die Analyse der Vernetzung zwischen einzelnen Teilsystemen, also Bauteilen und Baugruppen. Die **Einflussmatrix**, in ihrer Ausprägung auch als Design Structure Matrix bekannt [Steward 1981], ist eine Methode um die Vernetzung zwischen Systemelementen darzustellen, zu analysieren und zu optimieren. Grafisch können die Systemzusammenhänge in einem **Wirkungsnetz** dargestellt werden. Ziel der Analyse ist es, innerhalb der Struktur stark vernetzte Bereiche zu ermitteln, die zu Modulen zusammengefasst werden können.

Die rechnergestützte Auswertung von Beziehungen zwischen den Bauelementen wird mit Softwarelösungen wesentlich vereinfacht [Maurer 2007]. Mithilfe solcher Programme kann die Qualität (Stärke, Richtung) der Wechselwirkung dargestellt werden. In stärkebasierten Grafen ist außerdem der Vernetzungsgrad einzelner Elemente gut zu erkennen. Elemente mit hohem Vernetzungsgrad nehmen automatisch eine zentrale Position ein, weniger stark vernetzte Elemente liegen eher am Rand. Bei einer sehr großen Zahl an Elementen wird eine Darstellung der Zusammenhänge mittels eines Wirkungsnetzes schnell unübersichtlich, sodass verschiedene Filter helfen, die unter bestimmten Gesichtspunkten jeweils wichtigen Elemente und Vernetzungen darzustellen.

| | 1 | 2 | 3 | 4 | 5 | 6 | 7 | 8 | 9 | 10 | 11 |
|---|---|---|---|---|---|---|---|---|---|---|---|
| 1 Einspritzung | | | x | | | x | | | | | |
| 2 Glühkerze | | | x | | | x | | | | | |
| 3 Zylinderkopf | x | x | | x | x | x | x | | | | x |
| 4 Auslasskanal | | | x | | | x | | | | | x |
| 5 Einlasskanal | | | x | | | x | x | | | | |
| 6 Brennkammer | x | x | x | x | x | | | x | x | x | |
| 7 Einlassventil | | | x | | x | | | | x | | |
| 8 Abgasbehandlung | | | | | | x | | | | | |
| 9 Kolben | | | | | | x | | | | x | |
| 10 Zylinderwand | | | | | | x | | | x | | |
| 11 Auslassventil | | | x | x | | | | | x | x | |

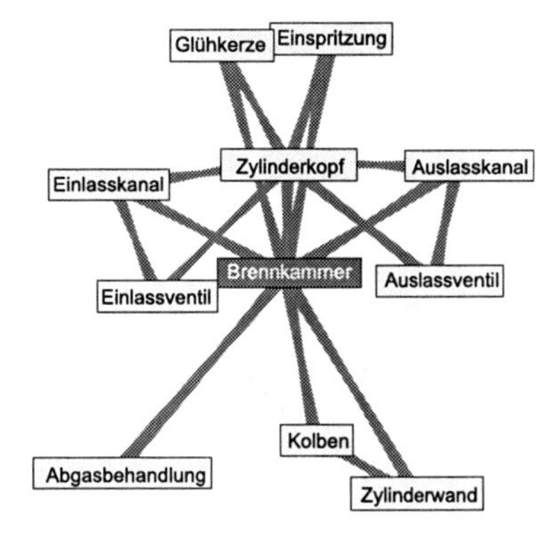


**Abb. 7-4.** Einflussmatrix und Wirkungsnetz zur Darstellung der Vernetzung der Bauelemente in der Produktstruktur (am Beispiel eines Verbrennungsmotors [Maurer 2007])

In einem Verbrennungsmotor im PKW bestehen beispielsweise zahlreiche Wechselwirkungen zwischen der Brennkammer und anderen Systemelementen. Konstruktive Änderungen an der Brennkammer haben mitunter Auswirkungen auf Kolben, Zylinderköpfe, Ein- und Auslassventile und so weiter. In einem Wirkungsnetz nimmt daher die Brennkammer eine zentrale Position ein.

Neben der Analyse der Vernetzung von Bauelementen helfen Gestaltungsprinzipien bei der zielgerichteten Festlegung einer optimalen Baustruktur, insbesondere **Prinzipien optimaler Systeme** 🗐, die sich auf die Systemarchitektur beziehen. Die **Systemarchitektur** oder Produktarchitektur [Ulrich et al. 1995] bezieht sich auf eine übergreifende Betrachtung des Produktes über mehrere Konkretisierungsebenen hinweg, also die Vernetzung zwischen Funktions- und Baumodell.

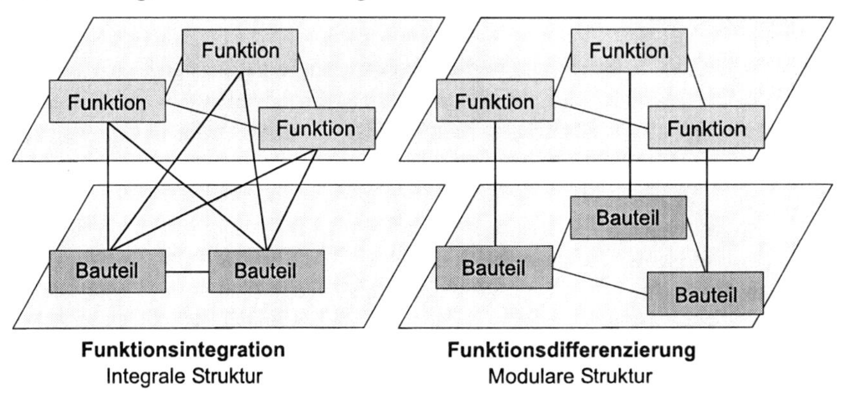


**Abb. 7-5.** Prinzipien der Funktionsintegration und Funktionsdifferenzierung

Das Prinzip der Funktionsintegration besagt, dass ein Bauteil zwei oder mehrere Funktionen erfüllt. Die Anwendung des Prinzips verspricht Vorteile hinsichtlich Kosten, Bauraum und Produktgewicht, da von einem Funktionsträger mindestens zwei Funktionen erfüllt werden, für die sonst mehrere Bauteile notwendig wären. Das Gegenteil davon ist das Prinzip der Funktionsdifferenzierung. Hier existiert im Extremfall für jede Funktion ein eigenes Bauteil. Da jede Komponente nur eine Funktion zu erfüllen hat, ergibt sich meist eine besser berechenbare und damit in der Regel eine betriebssicherere konstruktive Lösung. Das Bauelement kann besser an seine Funktion angepasst werden und hat damit eine besondere Leistungsfähigkeit. Resultat ist eine modulare Struktur. Alternativ wird bezüglich dieser Prinzipien auch von Funktionsvereinigung und Funktionstrennung [Ehrlenspiel 2007] sowie von gekoppeltem und entkoppeltem Design [Suh 1990] gesprochen.

Weitere Gestaltungsprinzipien beziehen sich auf die Bauweise des Produktes, das heißt die Art und Weise, wie die Fertigung erfolgt. Unter **Differenzialbauweise** versteht man die Auflösung eines Einzelteils in mehrere Werkstücke, die günstig gefertigt und montiert werden können. Das Prinzip wird meist bei kleinen Stückzahlen eingesetzt. Die **Integralbauweise** bezeichnet die Zusammenfassung von mehreren Einzelteilen, die aus einem einheitlichen Werkstoff bestehen. Die Anwendung dieses Prinzips ist nützlich, wenn eine hohe Stückzahl angestrebt wird. Außerdem wird insgesamt der Montageaufwand verringert und die Logistik wesentlich vereinfacht [Ehrlenspiel 2007].

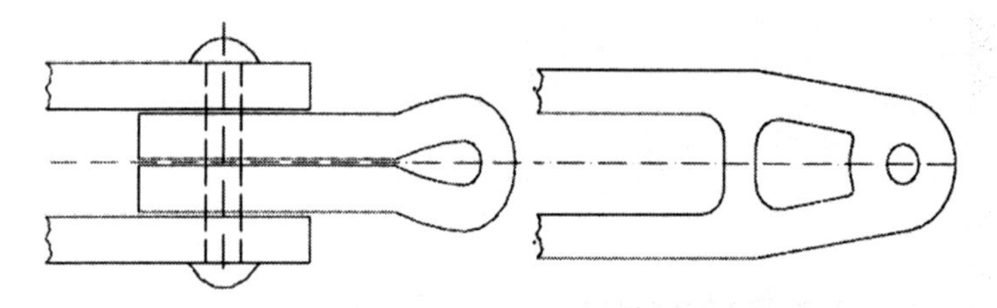

**Abb. 7-6.** Prinzipien der Differenzialbauweise und Integralbauweise

Im Unterschied zu den Prinzipien der Funktionsintegration und Funktionsdifferenzierung beziehen sich die Prinzipien der Integral- beziehungsweise Differenzialbauweise nur auf die Ebene des Baumodells. Es werden rein fertigungstechnische und keine funktionalen Aspekte betrachtet. In der praktischen Anwendung erfolgt jedoch oft eine kombinierte Umsetzung dieser Prinzipien.

Die Anwendung der Gestaltungsprinzipien wird im Folgenden am Beispiel eines **mechatronischen** Außenspiegels erläutert [Wulf et al. 2000]. In die Außenspiegel an einem Auto werden heutzutage immer mehr Funktionen integriert, wie beispielsweise eine elektrische Verstellbarkeit, eine Außenspiegelheizung, Blinker oder verschiedene Sensoren. Die zugehörigen Funktionsträger sind über elektrische Leitungen mit der Recheneinheit des Fahrzeuges zu verbinden. Um die Montagezeit und die Herstellkosten zu reduzieren, wurden die Kabel im Außenspiegel durch Leiterbahnen ersetzt. Diese können direkt in den aus Kunststoff bestehenden Spiegelträger eingespritzt werden, was eine Umsetzung des Prinzips der Integralbauweise darstellt.

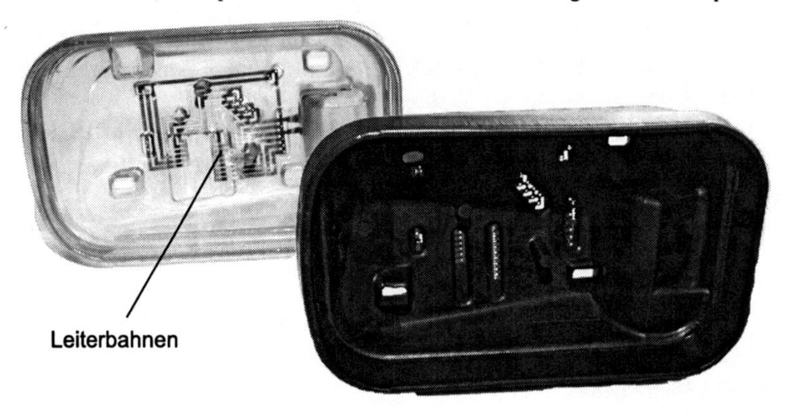


**Abb. 7-7.** Die Integralbauweise am Beispiel eines Außenspiegels

Die Festlegung einer geeigneten Baustruktur, das heißt die optimale Gliederung des Gesamtproduktes in Baugruppen und Module, spielt eine wichtige Rolle, bevor es an die Gestaltung der Einzelteile und Schnittstellen geht. Zur Unterstützung dieses Schrittes stehen matrizen- und grafenbasierte Methoden und darauf aufbauende Rechnerwerkzeuge zur Verfügung. Die Strukturierung des Systems kann ferner anhand funktionaler und fertigungstechnischer Aspekte erfolgen. Es sind aber auch weitere Sichten denkbar. So können organisatorische Aspekte die Gliederung des Produktes in Module auf Basis der involvierten Disziplinen, Entwicklungsabteilungen oder Zulieferer bestimmen.

## *7.2.2 Wie lässt sich die Produktgestalt optimieren?*

Die Festlegung der Produktgestalt einzelner Bauteile stellt einen wichtigen Bestandteil des Entwicklungs- und Konstruktionsprozesses dar. Erst durch die zunehmende Konkretisierung des Produktes auf Gestaltebene kann die Wirksamkeit eines Lösungskonzeptes nachgewiesen werden, beispielsweise durch Versuche mit Prototypen. Eine Fülle an geometrischen und stofflichen Parametern muss festgelegt werden, wobei sich jede Festlegung mehr oder weniger stark auf die Eigenschaften des Gesamtsystems auswirkt. Die Abhängigkeiten sind aufgrund ihrer Vielzahl und Verschiedenartigkeit gerade bei komplexen Produkten nur mit Mühe zu erfassen.

Alle technischen Systeme sind aus „Material" im weitesten Sinne aufgebaut. Dieses verleiht dem System Beständigkeit, verursacht jedoch gleichzeitig Kosten und verfügt über eine Masse beziehungsweise Gewicht. Damit ist einer der fundamentalsten Zielkonflikte des Maschinenbaus angesprochen: Die Struktur eines technischen Systems soll einerseits den geforderten Belastungen zuverlässig standhalten, andererseits aus statischen, dynamischen oder ökonomischen Gründen so massearm wie möglich gestaltet sein. In den Grenzen des wirtschaftlich Sinnvollen muss der Ingenieur darum meist solche Strukturen entwickeln, die bei minimaler Masse den geforderten Beanspruchungen standhalten. Die **Prinzipien optimaler Systeme** mit Fokus auf die Strukturökonomie erleichtern die Kompromissfindung zur Lösung des Zielkonfliktes zwischen Belastbarkeit und Masse einer Struktur. In diesem Zusammenhang sind besonders das Prinzip des Kraftflusses, das Prinzip der Kaskadierung und das Prinzip der belastungsgerechten Werkstoffwahl von Bedeutung.

Das Prinzip des **Kraftflusses** ist eine Modellvorstellung zur Kraftübertragung, die Entwickler und Konstrukteure dabei unterstützt, mechanische Strukturen belastungsgerecht zu gestalten. Dabei wird davon ausgegangen, dass Kräfte in Bauteilen wie eine Flüssigkeit „zirkulieren". Es handelt sich hierbei um eine rein statische Systembetrachtung. Für die Aufstellung eines Kraftflusses gelten folgende Grundsätze [Ehrlenspiel 2007]:

- Der Kraftfluss in einem Bauteil muss immer geschlossen sein. Dies führt zu Schwierigkeiten bei Strukturen, in denen Massenkräfte eine bedeutende Rolle spielen. In diesem Fall kann die Bauteilmasse als „Kraftquelle" betrachtet werden, der zum Beispiel eine „Kraftsenke" im Fundament gegenübersteht.
- In einem Kraftfluss-„Kreislauf" ändert sich die Beanspruchungsart. Es treten immer Zug, Druck und Biegung auf.
- Der Kraftfluss sucht sich den kürzesten Weg. „Kraftlinien" drängen sich in engen Querschnitten zusammen, in weiten dagegen breiten sie sich aus.

Für die kraftflussgerechte Gestaltung von Strukturen gelten Regeln. Zum einen sollte der Kraftfluss eindeutig geführt werden. Überbestimmtheiten sind dabei möglichst zu vermeiden, da sonst eine eindeutige Zuordnung des Kraftverlaufs schwer fällt. In steifen, leichten Strukturen muss der Kraftfluss auf kürzestem Wege geführt werden, beispielsweise bei Zugankern. In elastischen, arbeitsspeichernden Strukturen dahingegen ist der Kraftfluss auf weiten Wegen zu führen, zum Beispiel bei Schraubenfedern. Grundsätzlich sollten sanfte Kraftumlenkungen angestrebt werden, da scharfe Umlenkungen immer zu unerwünschten Spannungsspitzen führen.

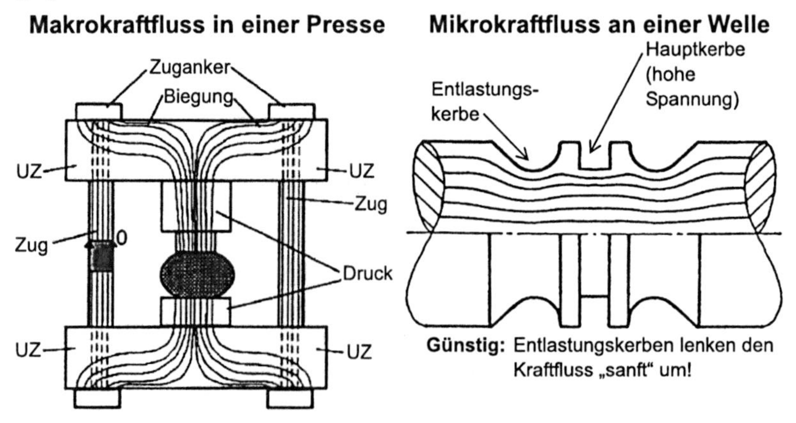


**Abb. 7-8.** Beispiele für Makrokraftfluss und Mikrokraftfluss [Ehrlenspiel 2007]

Grundsätzlich wird bei der Modellvorstellung des Kraftflusses zwischen Makrokraftfluss und Mikrokraftfluss unterschieden [Ehrlenspiel 2007]. Der Makrokraftfluss lässt sich anhand zweier Pressen unterschiedlicher Bauart darstellen. Eine C-förmige Presse unterliegt wegen ihrer asymmetrischen Bauform hohen Biegebelastungen und muss sehr massiv gebaut sein, um Verformungsprobleme zu vermeiden. In einer symmetrischen Presse mit zwei Zugankern unterliegen dagegen nur die Traversen einer Biegebelastung. Sie kann insgesamt leichter gebaut werden. Ein Beispiel für den Mikrokraftfluss ist die Betrachtung von Kerben in Wellen. Um Spannungsspitzen zu vermeiden, muss der Fluss der Kraftlinien möglichst sanft umgeleitet werden. Dies kann beispielsweise durch großzügig gestaltete Radien oder Entlastungskerben erreicht werden. Die Entlastungskerbe muss nahe der Hauptkerbe liegen und bei gleicher Tiefe einen größeren Radius haben. Die Umlenkung des Kraftflusses kommt als Hilfswirkung nicht zum Tragen, wenn die Entlastungskerbe zu weit von der Hauptkerbe entfernt ist.

Das Prinzip der Kaskadierung besagt, dass es sinnvoll sein kann, den Kraftfluss in einem System über mehrere unabhängige Pfade zu führen. Dadurch reduziert sich die in jedem der einzelnen Pfade wirkende Kraft in ihrer Größe und die betroffenen Strukturelemente müssen nicht so massiv ausgelegt werden, wodurch Material und damit auch Gewicht eingespart werden kann.

Ein Beispiel für die Anwendung des Prinzips der Kaskadierung findet sich in den Schaufelbefestigungen von Turbomaschinen. Verdichter- und Turbinenschaufeln müssen zuverlässig auf extrem schnell rotierenden Scheiben befestigt werden. Dafür haben sich vor einigen Jahren Schwalbenschwanz- beziehungsweise Tannenbaumfüße durchgesetzt. Welche Konstruktion gewählt wird, hängt von der Fliehkraftbelastung der Schaufel ab. Wird diese zu hoch, reicht der nutzbare Querschnitt zur Kraftübertragung bei einer vertretbaren Länge des Schaufelfußes nicht mehr aus. Durch Kaskadierung der Kraftübertragung im Tannenbaumfuß lässt sich jedoch der effektive Übertragungsquerschnitt bei hochbelasteten Schaufeln vergrößern.

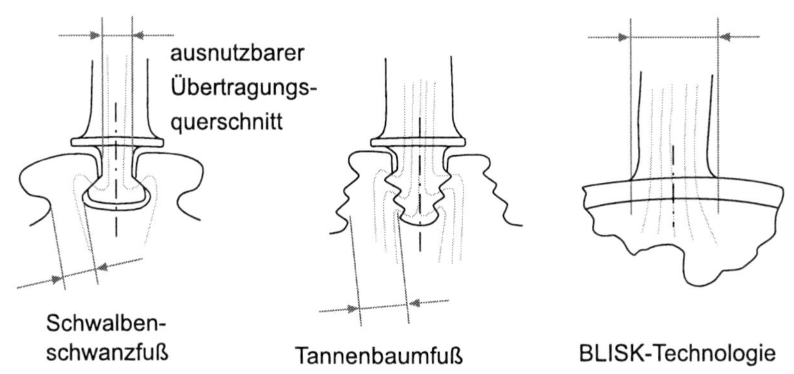


**Abb. 7-9.** Prinzip der Kaskadierung bei Schaufelfüßen in Turbomaschinen

Theoretisch kann die Zahl der Übertragungselemente im Tannenbaumfuß so weit vergrößert werden, bis schließlich fast der gesamte Querschnitt des Scheibensektors zur Kraftübertragung genutzt wird. Praktisch sind der Zähnezahl in einem Tannenbaufuß jedoch Grenzen gesetzt: Um eine gleichmäßige Kraftübertragung durch alle Zähne zu erreichen, steigen die Genauigkeitsanforderungen an die Geometrie mit zunehmender Zähnezahl stark an. Tannenbaumfüße mit zu vielen Kaskadenstufen sind nicht mehr fertigbar. In modernen Flugtriebwerken wird daher teilweise die Blisk-Technologie eingesetzt, die den theoretischen Grenzfall der Kaskadierung darstellt. Die Schaufel ist dabei stoffschlüssig mit der Scheibe verbunden.

Das Prinzip der belastungsgerechten Werkstoffwahl besagt, dass die Werkstoffe in einem technischen System der Belastungsart angepasst sein sollten. So weist Keramik beispielsweise eine sehr hohe Druckfestigkeit auf, besitzt aber nur eine geringe Zugfestigkeit. An Stellen, an denen sowohl Zug- als auch Druckbelastung vorliegt, ist daher eine geeignete Werkstoffkombination vorzusehen. Die Sandwichbauweise dient der Gewichtsreduzierung. Der im Inneren einer Sandwichkonstruktion eingebrachte Schaum ist sehr leicht, kann allerdings keine Kräfte übertragen. An Stellen mit erhöhter Belastung, zum Beispiel bei angebrachten Befestigungslaschen ist das System daher geeignet zu verstärken.

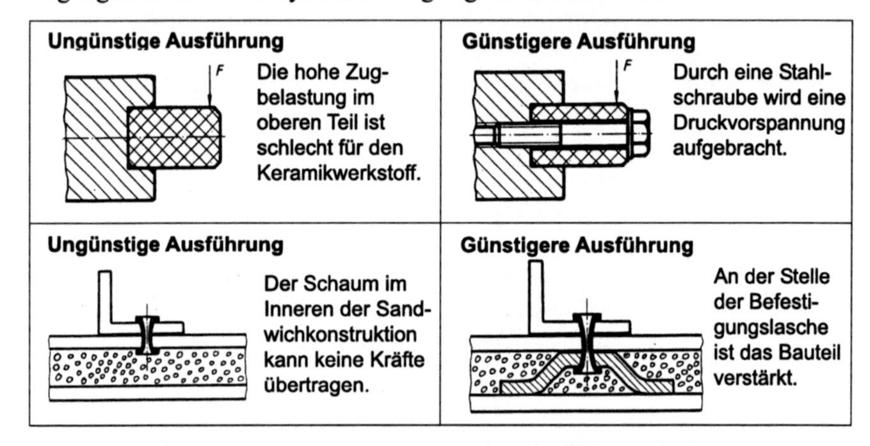


**Abb. 7-10.** Beispiele für eine belastungsgerechte Werkstoffwahl [Bode 1996]

Neben den Prinzipien zur Strukturökonomie gibt es eine Fülle von Gestaltungsrichtlinien, die bei der Gestaltung von Bauteilen eine Hilfestellung leisten, zum Beispiel die Richtlinien des Fertigungsgerechten Konstruierens oder Design for Manufacturing [Pahl et al. 2005, Ulrich et al. 1995]. Durch die Gestaltung von Form, Abmessungen und Oberflächenqualität der Bauteile beeinflusst der Entwickler die in Betracht kommenden Fertigungsverfahren, die verwendbaren Werkzeugmaschinen, die Frage der Eigenfertigung oder Fremdfertigung, die Möglichkeit von Qualitätskontrollen und so weiter. Die zur Verfügung stehenden Fertigungsverfahren beeinflussen ihrerseits wiederum die Möglichkeiten der Gestaltung und stellen damit Restriktionen für den Entwickler dar. Für die einzelnen Fertigungsverfahren existieren eigene Gestaltungsrichtlinien und Gerechtheiten (zum Beispiel urformgerecht, umformgerecht, trenngerecht und fügegerecht).

### *7.2.3 Wie lassen sich Schnittstellen des Produktes optimieren?*

**Schnittstellen** sind Verknüpfungen zwischen Elementen eines Systems, beispielsweise Verbindungen zwischen zwei Bauteilen. Diese können fest (Beispiel Schweißverbindung) oder lösbar (Beispiel Schraubverbindung) sein. Neben mechanischen Verbindungsstellen spielen weitere Schnittstellen für die Entwicklung und Konstruktion eine Rolle. Hier können unter anderem geometrische, stoffliche, energetische oder signaltechnische Schnittstellen unterschieden werden.

Die produktbezogenen Schnittstellen stehen zum Teil in engem Zusammenhang mit organisatorischen Schnittstellen, die die Folge der Arbeitsteiligkeit innerhalb eines Unternehmens sind sowie aus den vielfältigen unternehmensübergreifenden Kooperationen resultieren. So sind firmenintern, insbesondere bei komplexen Produkten, die Verantwortlichkeiten für bestimmte Baugruppen aufgeteilt. Externe organisatorische Schnittstellen existieren unter anderem zu Kunden, zum Mutterkonzern, zu Zulieferern oder zu Entwicklungspartnern.

Probleme im Zusammenhang mit Schnittstellen ergeben sich durch den Umstand, dass diese die Komplexität sowohl im Produkt als auch im Prozess erhöhen. Schnittstellen führen zu erhöhtem Kommunikations- und Abstimmungsbedarf. Aus Kosten- und Zeitgründen ist besonders bei Serienprodukten die beste Schnittstelle diejenige, die nicht existiert. Andererseits ergeben sich Schnittstellen zwangsläufig aus der Notwendigkeit heraus, ein komplexes System in Subsysteme zu gliedern. Der Betrachtung von Schnittstellen und dem richtigen Umgang mit ihnen kommt in der Entwicklung und Konstruktion eine hohe Bedeutung zu.

| Schnittstellentyp | Erläuterung |
|---|---|
| Geometrie-Schnittstellen | Zu beachten in Bezug auf räumliche Konsequenzen, die Festlegungen oder Änderungen an bestimmten Bauelementen haben (Beispiel: die Veränderung an der Klimaanlage eines Fahrzeuges tangiert die Lenkung); Unterstützung bietet hier ein digitales 3D-Geometriemodell beziehungsweise ein DMU (Digital Mock-Up) |
| Stoff-Schnittstellen | Von Bedeutung, wenn im System ein Stoffumsatz stattfindet: Wie viel wird von welchem Stoff (zum Beisiel Wasser, Kraftstoff) an welcher Stelle mit welchem Zeitverhalten und mit welchen Eigenschaften (Temperatur, Druck und so weiter) übergeben? |
| Energie-Schnittstellen | Bezieht sich auf unterschiedliche Energieformen (unter anderem mechanische, elektrische, thermische, chemische Energie); Beschreibung durch physikalische Größen wie Kraft, Drehmoment, Stromstärke, Wärmestrom, Temperatur und so weiter |
| Signal-Schnittstellen | Von Bedeutung für den Informationsfluss im Produkt, der wiederum durch Stoff- oder Energieumsätze realisiert wird; Welche Form hat das Signal? Wie wird es weitergeleitet? |

**Abb. 7-11.** Checkliste mit Schnittstellentypen innerhalb eines technischen Produktes

Zur optimierten Gestaltung von Schnittstellen tragen verschiedene Gestaltungsprinzipien bei, beispielsweise die **Prinzipien optimaler Systeme** 🗐 zu Mechanismen technischer Systeme. Diese verfolgen das Ziel, Bauteile zu entlasten oder deren Funktion gezielt zu unterstützen, damit der Mechanismus insgesamt zuverlässiger arbeitet, was sich unmittelbar in der Sicherheit, in der Wartung und damit auch in den Kosten niederschlägt. Hinsichtlich einer optimierten Gestaltung der Schnittstellen konzentrieren sich die Prinzipien auf die Schaffung von Ausgleichselementen.

Mit dem Prinzip des Lastausgleichs [Ehrlenspiel 2007] wird die gleichmäßige Aufnahme von Kräften und Momenten bei einer Leistungsverzweigung an mechanisch parallel geschalteten Wirkflächen angestrebt. Das Ziel dabei ist eine möglichst gleichmäßige mechanische Belastung von statisch unbestimmten Komponenten. Gründe für eine Parallelschaltung, wie sie auch durch das Prinzip der Kaskadierung verfolgt wird, sind unter anderem eine Verringerung von Baugröße, Gewicht und Kosten des Produktes.

Probleme, die aufgrund eines ungenügenden Lastausgleichs auftreten, werden unter anderem durch die Beseitigung des Problems oder eine Verringerung der Störgröße gelöst. Das Problem wird dadurch beseitigt, indem das System statisch bestimmt gemacht wird, beispielsweise über einen gelenkigen oder elastischen Lastausgleich. Störgrößen als Ursachen für ungleiche Lasten sind zum Beispiel in einer fehlerhaften Fertigung und Montage zu finden. Diese Störgrößen können zum Beispiel durch eine genauere Fertigung, durch Anpassungen in der Montage (Justieren) oder durch die Anwendung der Integralbauweise (Vermeidung von Schnittstellen) reduziert werden.

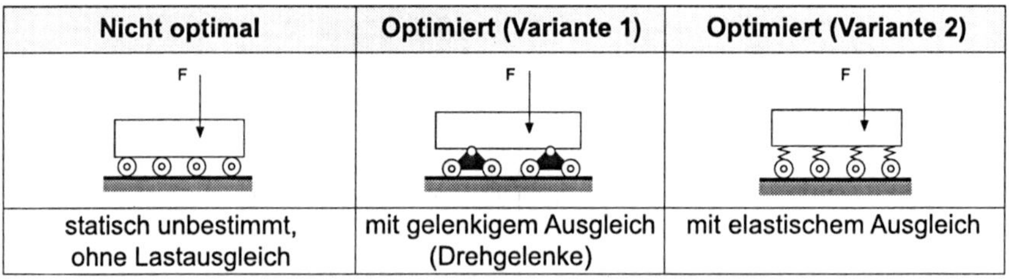

| **Nicht optimal** | **Optimiert (Variante 1)** | **Optimiert (Variante 2)** |
|---|---|---|
| F | F | F |
| statisch unbestimmt, ohne Lastausgleich | mit gelenkigem Ausgleich (Drehgelenke) | mit elastischem Ausgleich |

**Abb. 7-12.** Prinzip des Lastausgleichs [Ehrlenspiel 2007]

Das Prinzip des Kraftausgleichs [Pahl et al. 2005] verfolgt den Ausgleich beziehungsweise die Vermeidung großer Reaktionskräfte, insbesondere bei einer dynamischen Belastung des Systems. Funktionsbedingt treten in einem technischen System Kräfte und Drehmomente auf (Antriebsmoment, Umfangskraft, aufzunehmende Last und so weiter). Daneben entstehen sehr oft Kräfte und Momente, die nicht zur direkten Funktionserfüllung beitragen, sich aber nicht vermeiden lassen. Diese Reaktionskräfte belasten das Gehäuse, die Lager oder andere Elemente des Produktes zusätzlich, so dass ein Ausgleich erfolgen muss, damit die Belastung nicht zu groß wird. Für einen Kraftausgleich kommen im Wesentlichen zwei Maßnahmen in Betracht: der Einsatz von Ausgleichselementen oder das Anstreben symmetrischer Anordnungen.

Die Prinzipien des Lastausgleichs und Kraftausgleichs weisen gewisse Ähnlichkeiten auf, insbesondere hinsichtlich der Lösungsmaßnahmen (zum Beispiel das Einbringen elastischer Ausgleichselemente). Der Unterschied ist, dass sich der

Lastausgleich auf Massenkräfte bezieht, die von außen auf das System wirken. Der Kraftausgleich bezieht sich dahingegen auf Reaktionskräfte, die durch die Funktion des Systems entstehen. Beim Lastausgleich erfolgt außerdem eine statische, beim Kraftausgleich eine dynamische Betrachtung des Systems.

Das Prinzip des Kraftausgleichs wird beispielsweise zur Impulsentkopplung bei Werkzeugmaschinen mit Linearantrieb eingesetzt. Durch den Aufbau des Linearmotors entstehen eine Kraft im Primärteil des Antriebs sowie eine gegengleiche Reaktionskraft im Sekundärteil. In der Praxis wird der Motorschlitten am Primärteil befestigt, während die Kraft im Sekundärteil ebenso auftritt, aber nicht genutzt wird. Dabei muss lediglich der Primärteil die hohen Beschleunigungskräfte auf das Werkzeug übertragen. Üblicherweise überträgt der Sekundärteil die Kraft mit dem gleichen Ruck auf das Maschinenbett und erzeugt so Deformationen und Schwingungen. Ohne Ausgleichsmaßnahmen entsteht so für das Maschinenbett eine hohe Belastung.

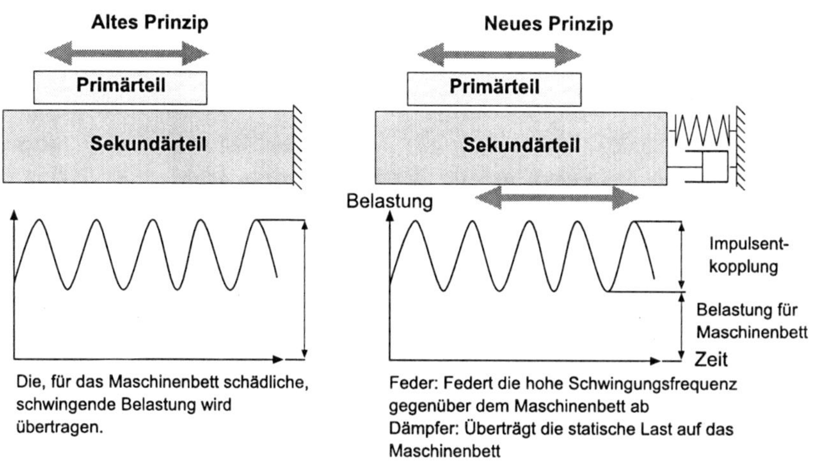


**Abb. 7-13.** Prinzip des Kraftausgleichs: Impulsentkopplung bei Werkzeugmaschinen

Durch eine Impulsentkopplung kann jedoch dieser Belastung entgegengewirkt werden. Hierbei wird dem Sekundärteil ein Freiheitsgrad hinzugefügt, so dass sich dieser unter dem Einfluss der Reaktionskraft bewegen kann. So wird ein Teil der Reaktionskraft in einen Impuls überführt, bevor die Kraft dann abgeschwächt in das Maschinenbett geleitet wird. Damit sich der Sekundärteil nicht über den Deckungsbereich des Primärteils hinweg bewegen kann, wird der Sekundärteil mit einem Feder-Dämpfer-System mit dem Maschinenbett verbunden. Dadurch wird erreicht, dass die statischen Kraftanteile in das Maschinenbett geleitet werden. Die dynamischen hochfrequenten Kraftanteile werden mit der Eigenbewegung des Sekundärteils „aufgezehrt".

Unter dem Prinzip der Selbsthilfe [Pahl et al. 2005, Ehrlenspiel 2007] versteht man eine konstruktive Anordnung, bei der durch eine geschickte Wahl und Anordnung der Systemelemente eine unterstützende Wirkung erzeugt wird, die es dem System ermöglicht, die Funktion besser zu erfüllen. Die Selbsthilfe ergibt sich aus dem Zusammenspiel zwischen Ursprungs- und Hilfswirkung. Die Ursprungswirkung entspricht dabei in vielen Fällen der Wirkung des Systems ohne Selbsthilfe. Die Hilfswirkung ergibt sich entweder aus funktionsabhängigen Kräften und Momenten (zum Beispiel Axialkraft aus Schrägverzahnung, Zentrifugalkraft) oder durch eine geeignete Wahl des Kraftflusses. Bei der Selbsthilfe lassen sich verschiedene Ausprägungen unterscheiden:

- Selbstverstärkung: Bei Normallasten ergibt sich eine Hilfswirkung, die mit der Ursprungswirkung eine verstärkende Gesamtwirkung erzeugt. Der Vorteil liegt in der Kraft- und Leistungsverstärkung und somit dem höheren Gebrauchsnutzen des Produktes.
- Selbstausgleich: Hier kann sich bei Normallast eine Hilfswirkung einstellen, die der ursprünglichen Wirkung entgegen wirkt und damit einen Ausgleich schafft, damit das System trotz einer eventuellen Störung betriebsbereit ist.
- Selbstschutz: Bei einer Überlast tritt eine Hilfswirkung ein, bei der eine Umverteilung der Hauptgröße stattfindet um das System zu schützen. Die Hilfswirkung ist dabei anderer physikalischer Natur oder ist durch eine andere Kraftleitung als die Ursprungswirkung charakterisiert.

Ein Beispiel für die Anwendung des Prinzips der Selbsthilfe im Kontext der Optimierung von Schnittstellen sind Wellendichtungen [Pahl et al. 2005]. Die Dichtung stellt dabei die Schnittstelle zwischen dem rotierenden Teil (Welle) und dem feststehenden Teil (Gehäuse) dar. Hier wird der Betriebsdruck, gegen den abgedichtet werden muss, zur Erzeugung der Hilfswirkung herangezogen. Durch eine geschickte Anordnung werden die Dichtlippen durch den Betriebsdruck stärker an die Welle gepresst (Selbstverstärkung). Das Prinzip findet in ähnlicher Form in schlauchlosen Autoreifen Anwendung.

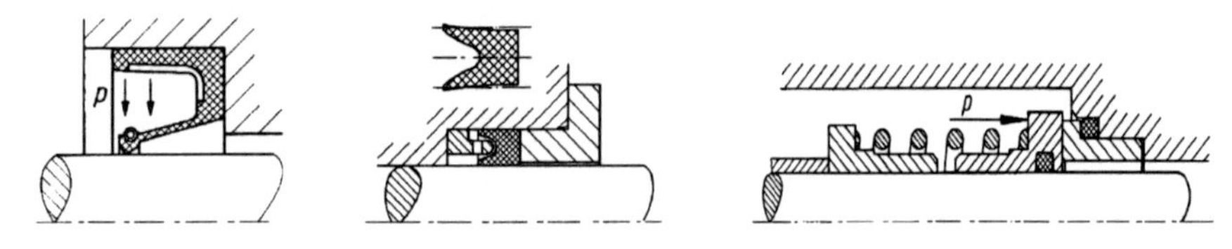


**Abb. 7-14.** Prinzip der Selbsthilfe am Beispiel von Wellendichtungen [Pahl et al. 2005]

Insbesondere bei der Entwicklung von **mechatronischen** Produkten [Gausemeier et al. 2006a] kommt der Betrachtung der Schnittstellen eine besondere Bedeutung zu. Damit sind sowohl die technischen Schnittstellen im Produkt, als auch die organisatorischen Schnittstellen zwischen den Spezialisten aus den beteiligten Disziplinen (Mechanik, Elektrik/Elektronik, Informationstechnik) gemeint.

Ferner spielen Schnittstellen in der Produktion eine große Rolle, beispielsweise in der Montage bei dem Fügen von Bauteilen. Gestaltungsrichtlinien zum Montagegerechten Konstruieren beziehungsweise Design for Assembly [Pahl et al. 2005, Andreasen et al. 1988] können verschiedene Ziele verfolgen, zum Beispiel das Vereinfachen, Vereinheitlichen und Automatisieren der Montage sowie die Erhöhung der Montagequalität.

### *7.2.4 Wie lassen sich Iterationen bei der Erarbeitung von Baukonzepten handhaben?*

Die Generierung optimaler Baukonzepte ist ein komplexer Vorgang. Es sind viele gestalterische Parameter festzulegen. Ergänzungen oder Änderungen beeinflussen die bereits gestalteten Zonen. Auf Anhieb wird man vermutlich nie gleich die optimale Gestalt finden. Daher ist der Prozess durch zahlreiche **Iterationen** gekennzeichnet. Manche Arbeitsschritte sind mehrfach zu durchlaufen, wenn ein höherer Informationsstand erreicht ist.

In der Praxis sind jedoch neben den notwendigen Iterationen, die zum Beispiel aufgrund von Informationsdefiziten erforderlich sind, viele unnötige Iterationen zu beobachten [Hutterer 2005]. Diese ergeben sich unter anderem aufgrund von Problemen in der Kommunikation von an der Entwicklung beteiligten Bereichen (Konstruktion, Berechnung, Versuch). Ein zweiter Grund für unnötige Iterationen sind Medienbrüche, beispielsweise zwischen Prinzipskizze und CAD-Modell, zwischen Geometriemodell und Simulationsmodell (**Finite-Elemente-Methode FEM**) oder zwischen dem Ergebnisdokument einer Schwachstellenanalyse und der Maßnahmenliste für die Konstruktion. Diese Medienbrüche können dazu führen, dass wichtige Informationen aus einem Arbeitsschritt nicht als Input für weitere Schritte zur Verfügung stehen. Gelingt es, Iterationen auf ein notwendiges Maß zu reduzieren, lassen sich enorme zeitliche und finanzielle Vorteile erzielen.

Iterationen innerhalb der jeweiligen Konkretisierungsebenen sind oftmals erforderlich. Hier kann mit Hilfe eines systematischen Vorgehens erreicht werden, dass die Zahl dieser Iterationen gering gehalten wird. Kritisch sind Iterationen vor allem dann, wenn sie über verschiedene Konkretisierungsebenen hinweg stattfinden. Dies ist beispielsweise der Fall, wenn die Produktgestalt festgelegt sowie vielleicht sogar schon ein Hardware-Prototyp getestet wurde, und dann nochmals eine Anpassung des Funktionsmodells notwendig wird.

Der erste Ansatz zur Vermeidung unnötiger Iterationen ist ein gezieltes Wechselspiel zwischen Synthese und Analyse. Hierbei ist in jedem Schritt ein angemessener Aufwand zu betreiben. Außerdem müssen die jeweils geeigneten Modelle, Methoden und Werkzeuge herangezogen werden. Die Synthese im Sinne der Festlegung von Gestaltparametern erfolgt auf Ebene des Baumodells hauptsächlich im CAD-System. Die Analyse im Sinne der Ermittlung relevanter Gestalteigenschaften kann auf unterschiedliche Weise erfolgen: durch Einschätzungen von Experten, durch Versuche oder durch Berechnungen und Simulationen. Um eine effiziente Kommunikation zwischen den verschiedenen Funktionsbereichen (beispielsweise Konstruktion und numerische Simulation) zu ermöglichen, sowie eine Abstimmung der Aktivitäten in den jeweiligen Bereichen zu gewährleisten, bietet sich unter anderem der Einsatz einer **Bauteil-Lastfall-Matrix** [Herfeld 2007] an. Diese enthält die für die Konstruktion relevanten Bauteile, die für die Simulation relevanten Lastfälle, und deren gegenseitige Beeinflussung.

Der Analyseaufwand hängt von der Art des Versuchs (orientierender Versuch oder Hauptversuch, teilfaktoriell oder vollfaktoriell, Komponententest oder Gerätetest) beziehungsweise der Art der Berechnung ab (Genauigkeit des FEM-Netzes, Komplexität des mathematischen Modells und so weiter). Der nötige Aufwand für die Eigenschaftsanalyse ergibt sich auch aus der Frage heraus, welche Informationen der Konstrukteur benötigt: Ist er an exakten Werten zur Auslegung eines Bauteils interessiert? Oder reichen gröbere Werte zum rein qualitativen Vergleich von Lösungsalternativen aus?

Unnötige Iterationen können auch durch eine geschickte Kombination von Analysemethoden vermieden werden. Wird beispielsweise vor dem Aufbau eines Prototypen eine **Failure Mode and Effects Analysis (FMEA)** durchgeführt, können offensichtliche Schwachstellen im Entwicklungsmodell bereits im Vorfeld erkannt werden, um dadurch zeit- und kostenintensive Schleifen im Versuch einzusparen. Eine FMEA kann beispielsweise im Rahmen eines moderierten Workshops unter Einbezug von Erfahrungsträgern aus verschiedenen Disziplinen und Projekten durchgeführt werden.

Da nicht alle gestalterischen Details im Baumodell auf einmal festgelegt werden können, muss der Entwickler Prioritäten setzen. Er muss entscheiden, welche Schritte nacheinander durchzuführen sind sowie welche Elemente des Systems zuerst und welche nachgelagert zu betrachten. Folgende **Grundprinzipien** helfen dabei, Prioritäten im Vorgehen festzulegen [Ehrlenspiel 2007, Pahl et al. 2005]:

- vom Groben zum Feinen
- vom Qualitativen zum Quantitativen
- vom Abstrakten zum Konkreten
- von Hauptaspekten zu Nebenaspekten

In der Anwendung dieser Grundprinzipien bedeutet das beispielsweise, dass die gestaltungsbestimmenden Hauptfunktionsträger zu ermitteln sind. Diese sind zunächst grob zu gestalten, das heißt Werkstoff und Gestalt sind vorläufig auszulegen. „Grob gestalten" heißt, räumlich und maßlich zutreffend, aber vorläufig und unter Weglassen von zurzeit nicht interessierenden Einzelheiten die Gestalt festlegen. Nach der Grobgestaltung erfolgt die Feingestaltung. Erst im Anschluss sind Nebenfunktionsträger zu gestalten.

Wichtig hierbei ist außerdem die Zielorientierung [Lindemann 2007]. Hierunter ist zu verstehen, dass jede Handlung einer Zielsetzung folgt und erarbeitete Ergebnisse hinsichtlich der Erreichung dieser Ziele überprüft werden können. Eine erhöhte Zielorientierung wird beispielsweise durch die Aufstellung von **Problemformulierungen** erreicht. Bei dem Treffen von Gestaltfestlegungen hat vor allem eine Orientierung an technischen und wirtschaftlichen Zielen zu erfolgen. Grundlegende Anforderungen unabhängig von der Art des Produktes sind Eindeutigkeit, Einfachheit und Sicherheit [Pahl et al. 2005]. Die Einhaltung dieser Grundregeln der Gestaltung („einfach, eindeutig und sicher") lässt ein hohes Maß guter Realisierungschancen erwarten, weil mit ihnen Funktionserfüllung, Wirtschaftlichkeit und Sicherheit bewusst angesprochen und miteinander verknüpft sind. Neben diesen Gestaltungsregeln existiert eine Vielzahl weiterer Entwicklungsziele und spezifischer Gerechtheiten, die zu berücksichtigen sind und die je nach Entwicklungssituation mehr oder weniger im Vordergrund stehen.

### *7.2.5 Was ist bei der Ausarbeitung des Produktes zu beachten?*

Unter **Ausarbeiten** wird der Teil der Entwicklung und Konstruktion verstanden, der das Baumodell eines technischen Produktes durch endgültige Vorschriften für Form, Bemessung und Oberflächenbeschaffenheit aller Einzelteile, Festlegen aller Werkstoffe, Überprüfung der Herstellungs- und Gebrauchsmöglichkeiten sowie der endgültigen Kosten ergänzt [nach Pahl et al. 2005]. Es werden hier die verbindlichen Unterlagen für die weiteren Phasen im Produktlebenslauf geschaffen, unter anderem für Beschaffung, Fertigung, Montage, Transport, Service, Betrieb und Recycling.

Beim Ausarbeiten werden letzte Gestaltdetails festgelegt beziehungsweise optimiert, beispielsweise hinsichtlich Form, Werkstoff, Oberfläche, Toleranzen und Passungen. Schwerpunkt des Ausarbeitens ist die Generierung der Fertigungsunterlagen, insbesondere von Einzelteilzeichnungen, Gruppen-Zeichnungen, der Gesamtzeichnung sowie der Stückliste. Diese Dokumente lassen sich in der Regel aus dem 3D-CAD-Modell ableiten und werden samt der Geometriedaten in PDM-Systemen verwaltet. Von großer Bedeutung für die Gewährleistung von optimalen Nachfolgeprozessen ist die Prüfung der Unterlagen unter anderem hinsichtlich folgender Kriterien:

- Einhaltung von Normen, insbesondere Werknormen
- Eindeutige und fertigungsgerechte Bemaßung
- Vollständige Angabe sonstiger erforderlicher Fertigungsangaben

Grundlage für eine Strukturierung beziehungsweise Ordnung der Fertigungsunterlagen ist die **Produktstruktur** [DIN 6789 1990] (auch Erzeugnisgliederung genannt [Pahl et al. 2005]), die sich im Zeichnungs- und Stücklistensatz widerspiegelt. Die Produktstruktur kann sich an verschiedenen Gesichtspunkten orientieren, zum Beispiel an Funktions-, Fertigungs- oder Montageaspekten. Um den Arbeitsablauf in der Montage abzubilden, haben sich **Montagevorranggrafen** [Friedmann 1989] bewährt, aus denen ersichtlich wird, in welcher Reihenfolge das Produkt zu montieren ist. Da eine Erzeugnisgliederung sowohl den Aufbau der Fertigungsunterlagen als auch den Fertigungsfluss stark beeinflusst beziehungsweise umgekehrt von ihr bestimmt wird, hat es sich in der Praxis als zweckmäßig erwiesen, alle beteiligten Betriebsbereiche (Entwicklung/Konstruktion, Normung, Arbeitsvorbereitung, Fertigung, Montage, Einkauf) bei ihrer Aufstellung zu beteiligen. Eine optimale Produktstruktur spielt vor allem auch bei variantenreichen Produkten (Plattform-, Modularisierungs-, Baureihen- und Baukastenansätze) eine bedeutende Rolle für die Beherrschung der Komplexität.

Grundsätzlich werden neben den Fertigungsdokumenten noch weitere Unterlagen benötigt, zum Beispiel Montage- und Transportvorschriften sowie Prüfvorschriften zur Qualitätssicherung. Für den späteren Gebrauch des Produktes werden Betriebs-, Wartungs- und Instandsetzungsanleitungen zusammengestellt. Bevor ein Produkt die endgültige Freigabe zur Serienproduktion erhält, wird durch die Zulassungsabteilung eine **Gefährdungsanalyse** [Neudörfer 2005] durchgeführt.

## 7.3 Entwicklung eines Baukonzeptes für eine Kupplung mit hydraulischer Dämpfung

Ausgangspunkt des im Folgenden betrachteten Ausschnitts aus einem Entwicklungsprojekt ist das Wirkkonzept einer Kupplung mit hydraulischer Dämpfung [Giapoulis 1998]. Hauptfunktionsträger sind im Wesentlichen elastische Elemente, durch welche die Verdichtung eines Fluids realisiert wird, sowie eine Membran, die der Trennung von Luft und Flüssigkeit im System dient. Daher wurde im Projekt auf die Auslegung dieser Bauteile ein Schwerpunkt gelegt. Das Vorgehen des Entwicklers bei der Detaillierung des Lösungskonzeptes und der Erstellung des **Baumodells** der Kupplung war durch einen gezielten Wechsel zwischen Analyse- und Syntheseschritten mit jeweils angepasstem Aufwand geprägt.

Nach der Festlegung der groben Gestalt der elastischen Elemente im ersten Konzept wurde eine erste **FEM-Analyse** durchgeführt. Ziel dieser Analyse war es, den Grad der Ausbeulung der Elemente aufgrund der Druckbelastung der Flüssigkeit im Betrieb zu ermitteln. In diesem Schritt wurde die Rolle der Wandstärke, des Elastomerwerkstoffes und der nötigen Verstärkungsrippen geklärt. Die Analyse dieser Aspekte wurde durch einfache, mit geringem Aufwand realisierbare FEM-Modelle ermöglicht. Die Gestalt des elastischen Elementes konnte dadurch mit geringem Simulationsaufwand analysiert und grob festgelegt werden.

In einem daraufhin erarbeiteten 3D-Baumodell wurde die Geometrie auf konkreterer Ebene modelliert. Das Verhindern des Ausbeulens durch einen Metallrahmen konnte mithilfe eines detaillierteren Simulationsmodells auf der Stirnseite des elastischen Elementes optimiert werden. Darüber hinaus konnten in dieser Phase alle Übergangsradien durch feinere, aber ungefähr zehnfach aufwändigere FEM-Modelle berücksichtigt und optimiert werden. Die endgültige Gestalt der elastischen Elemente wurde in den darauf folgenden Schritten nach statischen Belastungskriterien ausgelegt. Offen blieb die Frage bezüglich der Dauerfestigkeit, sowie der inneren Erwärmung aufgrund der Dämpfung des Elastomers. Da diese Eigenschaften nur mit einem enormen Aufwand mittels FEM simulierbar sind, wurde für diese Analyse ein Prototypenversuch gewählt.

Die endgültige Form des Kupplungsprototypen zeichnet sich durch folgende Eigenschaften aus: Die Hauptelemente des Prototypen sind der Kupplungskörper aus Metall, die Gummi-Metall-Elemente, die Abtriebselemente und die Elemente mit der Gummimembran für die Trennung von Luft und Flüssigkeit in der Mitte des Kupplungskörpers. In den Metallkörper werden die Räume für die Gummi-Metall-Elemente, die radialen Verbindungskanäle und beidseitig zwei körpermittige, axiale Räume eingearbeitet, die nicht miteinander kommunizieren.

Jedes Gummi-Metall-Element bildet, mit dem Metallkörper abgeschlossen, eine mit Flüssigkeit gefüllte Kammer (Flüssigkeitsraum). Durch die radialen Verbindungskanäle werden jeweils die Flüssigkeitsräume der in gleicher Drehrichtung liegenden Gummi-Metall-Elemente mit dem gleichen Raum in der Mitte der Kupplung verbunden. Die drei Flüssigkeitsräume in der anderen Drehrichtung sind mit der gegenüberliegenden Kammer in der Mitte der Kupplung verbunden.

Dadurch werden die beiden Kreisläufe für die entsprechenden Drehrichtungen gebildet. Jeder der beiden Räume in der Mitte der Kupplung wird durch eine Gummimembran von der Luftkammer getrennt. Die Abtriebselemente sind zweiteilig. Auf diese Weise ist es möglich, die Kolben der Gummi-Metall-Elemente einzuklemmen, damit die Kolben, die gerade nicht unter Druck stehen, mit den Abtriebselementen im Betrieb in ständigem Kontakt bleiben.

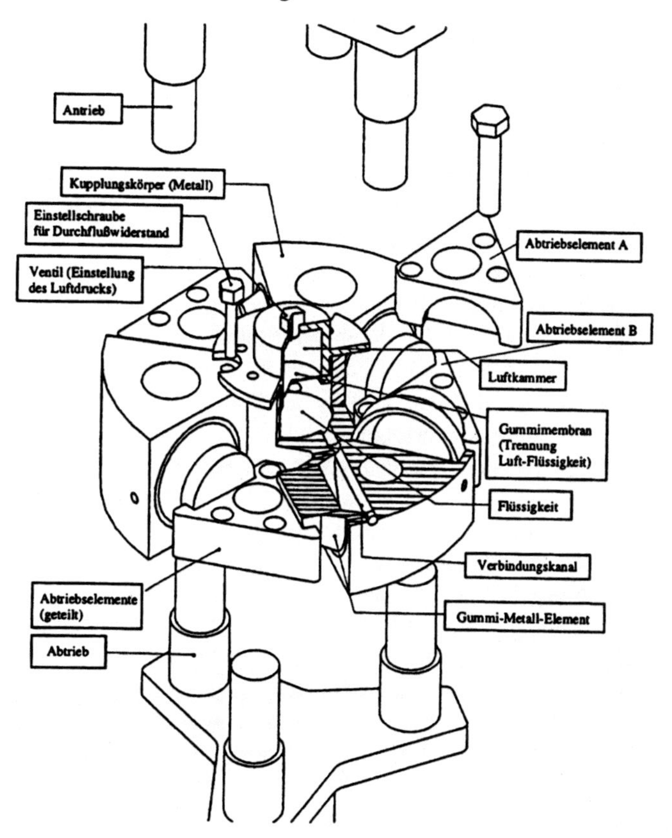


**Abb. 7-15.** Dreidimensionales Baumodell des Kupplungsprototypen [Giapoulis 1998]

Werden die in derselben Richtung liegenden Elemente bei einer Drehverformung der Kupplung unter Druck gesetzt, wird die Luftmenge komprimiert. Die Trennungsmembran in der Mitte der Kupplung verformt sich, und die Flüssigkeit fließt innerhalb eines Kreislaufs, von den Flüssigkeitsräumen durch die Verbindungskanäle in den mittigen Raum der Kupplung. Im zweiten Kreislauf fließt die Flüssigkeit in entgegengesetzter Richtung. Durch die Einstellschrauben kann der Durchflusswiderstand in den Verbindungskanälen und dadurch die Dämpfung der Kupplung eingestellt werden. Durch ein Einwegventil, das über dem Luftbehälter in der Mitte der Kupplung befestigt ist, lässt sich der Luftdruck im unbelasteten Zustand regulieren.

Der beschriebene Entwicklungsprozess ist durch ein iteratives Vorgehen, die schrittweise Konkretisierung des Kupplungskonzeptes zum endgültigen Baumodell sowie durch einen gezielten Wechsel zwischen Synthese- und Analyseschritten gekennzeichnet. Durch ein Vorgehen nach dem **Grundprinzip** „vom Groben zum Feinen“ konnte insbesondere in den Analyseschritten durch die Wahl eines geeigneten Verifikationsmodells ein angemessener Aufwand betrieben werden.

## 7.4 Zusammenfassung

Die Entwicklung von Baukonzepten beziehungsweise Baumodellen ist geprägt durch eine hohe Komplexität aufgrund des zunehmenden Konkretisierungs- und Detaillierungsgrades des zu bearbeitenden Produktes. Um diese Komplexität bewältigen zu können, ist es daher eine wichtige Aufgabe, eine geeignete Strukturierung des Systems in Module und Baugruppen vorzunehmen. Die Definition einer geeigneten Baustruktur kann dabei durch den Einsatz von matrizen- und grafenbasierten Methoden sowie den darauf basierenden Rechnerwerkzeugen unterstützt werden. Je nach Zielsetzung bietet es sich dabei an, den Grad der Modularität des Produktes zu erhöhen oder zu verringern.

Neben der zielgerichteten Festlegung der Gestalt einzelner Bauteile und Baugruppen kommt der Betrachtung der Schnittstellen eine hohe Bedeutung zu. Als Hilfsmittel für die Entwicklung und Konstruktion stehen in diesem Stadium eine Reihe von Gestaltungsprinzipien und Gestaltungsrichtlinien zur Verfügung, die in Abhängigkeit der angestrebten Zielsetzungen (Funktion, Fertigung, Montage und so weiter) auszuwählen und anzuwenden sind. Die der Optimierung dienenden Prinzipien beziehen sich dabei unter anderem auf die Strukturökonomie, also das Verhältnis zwischen Belastbarkeit und Masse einer Struktur. In diesem Kontext ist die Modellvorstellung des Kraftflusses hilfreich. Andere Prinzipien beziehen sich auf die Mechanismen im Produkt und dienen der Optimierung der Funktionsweise, beispielsweise durch Lastausgleich, Kraftausgleich oder Selbsthilfe.

Das Vorgehen bei der Erarbeitung von Baukonzepten ist ferner durch viele Iterationen bestimmt, also das wiederholte Durchlaufen bereits ausgeführter Schritte. Iterationen sind zum Teil aufgrund der Arbeitsteiligkeit und sich ändernde Informations- und Wissensstände erforderlich. Ziel ist es aber, unnötige Iterationen zu vermeiden, da diese in der Regel zeit- und kostspielig sind. Dies kann beispielsweise durch einen geschickten Wechsel zwischen Synthese- und Analyseschritten realisiert werden. In jedem Schritt sind geeignete Entwicklungs- und Verifikationsmodelle zu wählen, deren Erarbeitung und Weiterentwicklung mit angemessenem Aufwand zu betreiben ist.

# 8 Sichere und zuverlässige Produkte

Der Zuverlässigkeit, Verfügbarkeit und vor allem der Sicherheit eines Produktes wird vom Markt eine sehr hohe Bedeutung beigemessen. Die Produktentwicklung leistet einen wesentlichen Beitrag zur Gewährleistung dieser Produkteigenschaften. Der gezielte Einsatz geeigneter Methoden und Modelle auf den verschiedenen Ebenen der Produktkonkretisierung unterstützt den Entwickler dabei.

Sicherheit und Zuverlässigkeit haben viele Gemeinsamkeiten. Ihre Aspekte beschreiben immer zukünftiges Verhalten unter vereinbarten oder festgelegten Bedingungen und tragen damit Wahrscheinlichkeitscharakter. Sie unterscheiden sich darin, dass Aspekte der Sicherheit nur eine Teilmenge der Zuverlässigkeit umfassen, nämlich die Ereignisse und Zustände, die zu Gefährdungen von Mensch, Maschine und Umwelt führen können. Während die Zuverlässigkeit eine berechenbare Größe darstellt, spielt bei der Sicherheit auch die subjektive Akzeptanz von Individuen und Gesellschaft eine Rolle.

## 8.1 Sicherheit und Zuverlässigkeit von Windkraftanlagen

Die Bedeutung der Windenergie und die Größe der zu ihrer Nutzung eingesetzten Windkraftanlagen sind in den letzten Jahren rasant angestiegen. In den vergangenen zehn Jahren hat sich die installierte Leistung in Deutschland verzehnfacht, die Nennleistung der eingesetzten Anlagen ist gleichzeitig um den Faktor acht gestiegen. Für die in den nächsten Jahren im Offshore Bereich geplanten Anlagen sollen diese Leistungen noch weiter steigen [Bauer et al. 2007].

Es wurde jedoch beobachtet, dass die Schadenhäufigkeit der im Betrieb befindlichen Anlagen relativ hoch ausfällt und die Lebensdauer einer Vielzahl von Anlagen deutlich unter den erwartenden Werten zurückbleibt. Dabei wurden Schäden an unterschiedlichen Baugruppen, wie Rotorblättern, mechanischem Antriebsstrang und dem elektrischen System festgestellt. Einen Schwerpunkt der Schäden stellen jedoch die mechanischen Komponenten dar. Hierbei sind insbesondere die eingesetzten Getriebe zu nennen [Bauer et al. 2005].

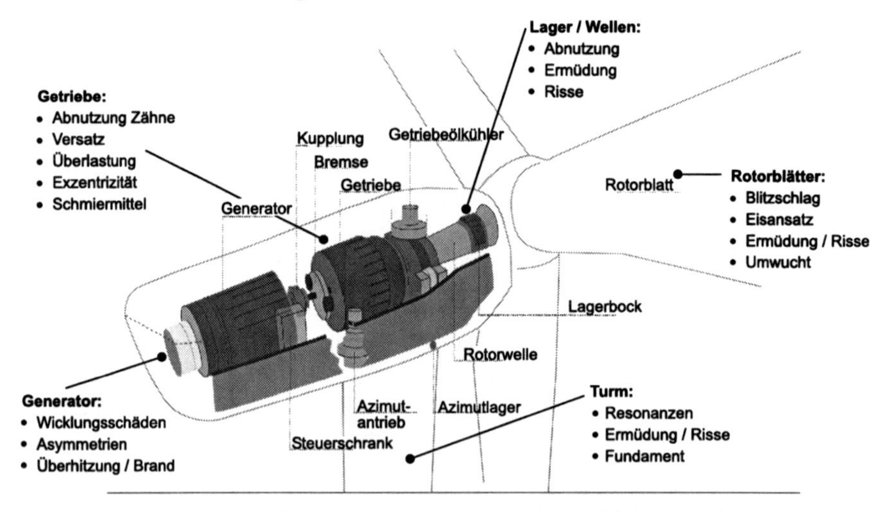


**Abb. 8-1.** Baugruppen und Schäden an Windkraftanlangen [nach Johnson 2003]

Die Belastungen des mechanischen Antriebsstranges sind durch die vorherrschende Antriebscharakteristik mit schnell und häufig wechselnden Drehzahlen und Momenten hoch dynamisch und nur schwer vorhersehbar. Dies führt dazu, dass die bekannten Modelle zur Berechnung und Auslegung der Getriebe nur sehr begrenzt auf Windkraftanlagen übertragen werden können, da die realen Bedingungen nicht in ausreichender Weise wiedergegeben werden. Zudem können infolge der rasanten Leistungssteigerung kaum Erfahrungen aus kleineren Baureihen genutzt werden. Dies führt in Kombination mit den ebenfalls schwierigeren Umweltbedingungen und den aufwändigeren Wartungs- und Reparaturmöglichkeiten zu den beobachteten hohen Schadensraten und geringen Lebensdauern der Anlagen. Die Art der auftretenden Schäden im mechanischen System betreffen beispielsweise Laufbahnschälungen der Lager sowie Graufleckigkeit und Flankeneinbrüche der Verzahnungen [Bauer et al. 2005, Bauer et al. 2007].

Neben diesen mechanischen Schäden treten weiterhin Fehler im elektrischen System wie im Generator oder der Steuer- und Leistungselektronik auf. Diese Schäden sind teilweise auf Blitzschlag zurückzuführen, der entweder eine Beschädigung der Rotorblätter hervorruft oder einen Schaden der Elektrik. Ein großes Problem in diesem Zusammenhang stellt ein Brand in einer Windkraftanlage dar. Da aufgrund der Turmhöhen ein Löschen meist nicht möglich ist, kommt daher nur ein kontrollierter Abbrand in Frage, was in vielen Fällen einem Totalverlust der Anlage entspricht. Es existieren bereits Konzepte und Lösungen, um gegen Blitzschlag vorzugehen, jedoch werden ältere Anlagen meist nicht entsprechend nach- oder umgerüstet, so dass dieser Schadenfall immer noch auftritt.

**Abb. 8-2.** Schäden an Windkraftanlagen (mit freundlicher Genehmigung von Gesamtverband der Deutschen Versicherer (links) und Allianz AG (rechts) 2008)

Die aufgezeigte hohe Bedeutung der **Zuverlässigkeit** und die damit verbundenen Probleme sind bei Offshore Anlagen deutlich ausgeprägter. Damit trotz der meteorologisch bedingten erschwerten oder zeitweise unmöglichen Erreichbarkeit vor allem in den Wintermonaten eine hohe Anlagenverfügbarkeit erreicht werden kann, müssen sämtliche damit verbundenen Komponenten bezüglich Zuverlässigkeit, Zugänglichkeit und ihrer Wartungs- und Servicefreundlichkeit optimiert werden. Hinzu kommen die deutlich erschwerten Randbedingungen durch die hohe Luftfeuchtigkeit, den hohen Gehalt an salzhaltigen Wassertropfen in der Luft sowie dem ebenfalls salzigen Spritzwasser (Gischt), welche einen wirksamen Schutz aller Teile gegenüber Korrosion und weiteren schädlichen Ablagerungen erfordern. Dies gilt vor allem für sämtliche Komponenten des elektrischen und elektronischen Systems [Kaltschmitt et al. 2006].

Neben diesen hohen Zuverlässigkeitsanforderungen ist weiterhin die **Sicherheit** der Anlagen von starkem Interesse. Es muss gewährleistet sein, dass bei einer Kollision mit Schiffen nicht das Schiff durch Beschädigungen an der Anlage weiter gefährdet wird. Außerdem sind Notfallrettungsräume in der Windkraftanalage erforderlich, in denen sich Personen auch über einen längeren Zeitraum aufhalten können, falls die Anlage aufgrund der Wettersituation nicht erreichbar ist [Kaltschmitt et al. 2006].

Ein weiterer Gesichtspunkt vor allem in kälteren Regionen ist die Bildung von Eisablagerungen auf den Rotorblättern. Je nach Wettersituation können sich kontinuierliche Eisschichten von mehreren Zentimetern Dicke aufbauen. Dies führt primär zu einer Veränderung der Strömungsverhältnisse, welche die Energieausbeute verschlechtert. Weiterhin werden durch die teilweise erheblichen ungleichmäßig verteilten zusätzlichen Massen starke statische und dynamische Lasten erzeugt, welche aufgrund der entstehenden Vibrationen eine Schädigungen des mechanischen Triebstranges hervorrufen und zur Notabschaltung der Anlage führen. Die abgelagerten Eisschichten stellen außerdem ein erhebliches Sicherheitsrisiko für Personen und Güter in der Umgebung der Anlage dar. Die Eisbrocken können mit erheblichen Geschwindigkeiten abgeworfen werden und bis zu 100 Meter weit fliegen. Insbesondere gilt dies für Anlagen, die sich in der Nähe von Straßen und Autobahnen befinden. Es sind daher entsprechende Enteisungsmaßnahem notwendig oder die Anlage ist stillzusetzen, was sich negativ auf die Verfügbarkeit und die Energieausbeute auswirkt [Durstewitz 2003, Volkmer et al. 2006].

**Abb. 8-3.** Vereisungen an Rotorblättern (mit freundlicher Genehmigung von M. Durstewitz, Institut für Solare Energieversorgungstechnik)

Das Beispiel der Windkraftanlagen zeigt, dass es für den Entwickler von erheblicher Bedeutung ist, die Anforderungen an Sicherheit und Zuverlässigkeit ihrer Produkte zu kennen und richtig verstehen zu können. Hierbei ist es vor allem wichtig die genauen Einsatzbedingungen und Betriebszustände zu kennen, da ansonsten eine zuverlässige und sichere Auslegung nicht möglich ist. Weiterhin müssen sämtliche Fälle von möglichen Störungen, Schäden oder Gefährdungen und deren Auswirkungen eingeschätzt werden. Gerade bei hochkomplexen und völlig neuartigen Produkten ist daher eine systematische und strukturierte Vorgehensweise unumgänglich.

## 8.2 Grundlagen der Sicherheit und Zuverlässigkeit

Die Themen Sicherheit und Zuverlässigkeit haben eine grundlegende Bedeutung in der Entwicklung technischer Produkte. Der Stellenwert von Zuverlässigkeit ist für viele Kunden ein wesentliches Kriterium zur Gesamtbeurteilung eines Produkts. Bei Kundenbefragungen wird sie daher regelmäßig an erster oder zweiter Stelle genannt [Bertsche et al. 2004]. Nach [Pahl et al. 2005] ist „sicher“ eine der drei Grundregeln für die Gestaltung erfolgreicher Produkte und bezieht sich sowohl auf die Funktionserfüllung als auch den Schutz von Mensch und Umwelt.

Die Funktionssicherheit eines Produktes betrifft in erster Linie die Zuverlässigkeit eines Systems, während „sicher" in der Produktentwicklung im Sinne von frei von Gefahren für Mensch und Umwelt zu verstehen ist [Neudörfer 2005].

**Zuverlässigkeit** ist die Wahrscheinlichkeit dafür, dass eine Betrachtungseinheit (Produkt, Verfahren) während einer definierten Zeitdauer unter angegebenen Funktions- und Umgebungsbedingungen nicht ausfällt [nach VDI 4001, Bertsche et al. 2004].
**Sicherheit** ist eine immaterielle Eigenschaft eines Produkts, die bewirkt, dass innerhalb vorgesehener Lebensdauer und festgelegter Betriebsbedingungen vom Produkt oder Verfahren keine Gefährdungen für Mensch, Maschine und Umwelt beziehungsweise keine höheren Risiken als das akzeptiere Restrisiko ausgehen [in Anlehnung an Neudörfer 2005].

Sicherheit und Zuverlässigkeit haben viele gemeinsame Aspekte und beeinflussen sich teilweise gegenseitig. Beide beziehen sich immer auf das zukünftige Verhalten eines Produktes unter definierten Randbedingungen und besitzen somit einen Wahrscheinlichkeitscharakter. Der grundsätzliche Unterschied besteht jedoch darin, dass bei Überlegungen zur Zuverlässigkeit im Wesentlichen wirtschaftliche Aspekte eine Rolle spielen, während Sicherheitsstrategien darauf ausgerichtet sind ein akzeptiertes Risiko für Menschen, Maschine und Umwelt zu gewährleisten. Die Sicherheit eines Produktes hat folglich auch einen starken rechtlichen Aspekt [Neudörfer 2005].

Das Ziel der Sicherheitstechnik ist es, die Gefahren unterhalb des vereinbarten Grenzrisikos zu bringen. Unter **Gefahr** wird im sicherheitstechnischen Sinn ein objektiv vorhandenes Potenzial verstanden, aus dem sich Beeinträchtigungen, Schäden oder Unfälle ergeben können. Eine **Gefährdung** entsteht, wenn ein zeitliches und räumliches Zusammentreffen der konkreten Gefahren und des Menschen möglich ist. Das **Risiko** ist schließlich die hieraus abgeleitete Wahrscheinlichkeitsaussage zu den Gefährdungen von Mensch, Maschine und Umwelt und deren Schwere [nach Neudörfer 2005].

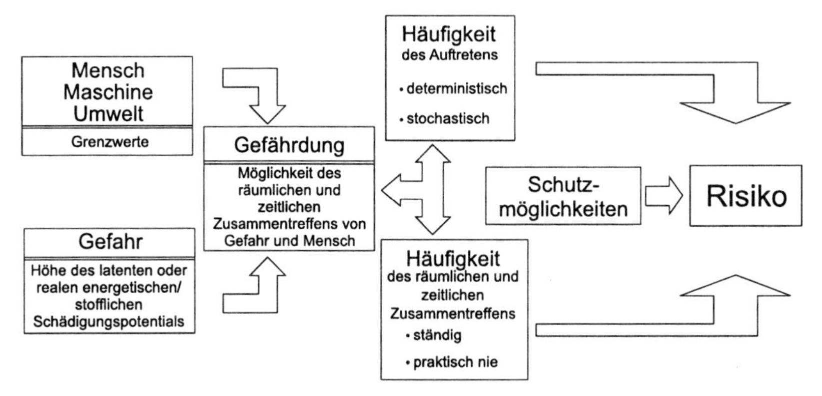


**Abb. 8-4.** Zusammenhang von Gefahr, Gefährdung und Risiko [nach Neudörfer 2005]

Die Maßnahmen zur Sicherheit zielen folglich darauf ab, eine Situation zu schaffen, in der das Risiko kleiner als das gerade noch vertretbare und akzeptierte Risiko eines technischen Vorgangs oder Zustandes ist. Ein Risiko wird durch die Häufigkeit und den zu erwartenden Schadensumfang beschrieben. Der Idealzustand einer völligen Sicherheit im Sinne von Freisein von Gefahren kann somit nie erreicht werden. Es muss dem Entwickler bewusst sein, dass stets ein gewisses Restrisiko verbleibt. Es werden lediglich die technischen und wirtschaftlichen Grenzen angestrebt, die aber nie vollständig erreicht werden können.

Die Betrachtungen zur Sicherheit beziehen sich im Wesentlichen auf drei Bereiche [Pahl et al. 2005, VDI 2244]. Die **Betriebssicherheit** umfasst Einschränkungen von Gefährdungen bei Betrieb von technischen Systemen, so dass sie selbst oder die Umgebung keinen Schaden nehmen. Die **Arbeitssicherheit** beschäftigt sich mit Maßnahmen zur Verminderung von Gefährdungen von Menschen beim Gebrauch eines technischen Systems. Die **Umweltsicherheit** soll sicherstellen, dass die Umwelt des Systems keinen Schaden nimmt. Um diese Ziele zu erreichen, werden Schutzmaßnahmen eingesetzt, welche die Aufgabe haben das Risiko auf ein akzeptiertes Niveau zu reduzieren.

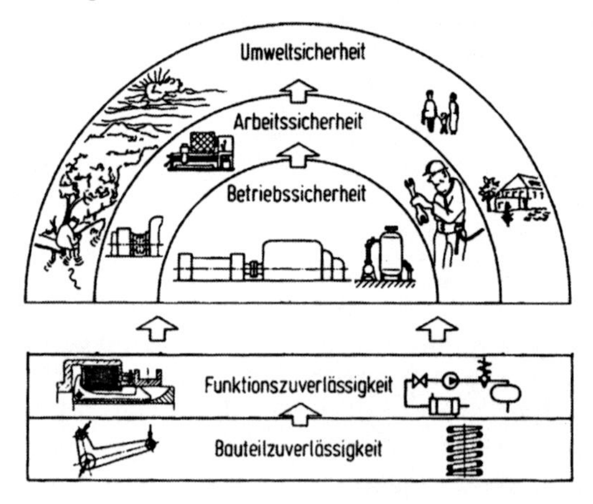


**Abb. 8-5.** Zusammenhang von Sicherheit und Zuverlässigkeit [nach Pahl et al. 2005]

Im Gegensatz dazu haben Betrachtungen zur Zuverlässigkeit das Ziel, die Funktionsfähigkeit von Bauteilen oder eines gesamten technischen Systems innerhalb eines bestimmten Zeitraums unter definierten Rand- und Einsatzbedingungen zu gewährleisten. Wichtig ist in diesem Zusammenhang die Verfügbarkeit eines Systems, welche als Maß für die Zuverlässigkeit einer Maschine oder Anlage herangezogen wird.

**Verfügbarkeit** ist die Wahrscheinlichkeit dafür, dass sich ein System während einer definierten Zeitspanne in einem funktionsfähigen Zustand befindet, wenn es vorschriftsmäßig betrieben und instandgehalten wurde [Bertsche et al. 2004].

Die Verfügbarkeit ist somit das Verhältnis aus der Zeit, in der das System zur Nutzung zur Verfügung steht, zur vereinbarten Zeitdauer. Sie ist von enormer Wichtigkeit und daher in den meisten Fällen vertraglich festgelegt. Von entscheidender Bedeutung für den Entwickler und den Kunden ist, welche Auswirkungen die Nichtverfügbarkeit eines Systems hat. So kann bei Ausfall einer Produktionsanlage der gesamte Herstellprozess zum Stillstand kommen. Wichtig sind bei diesen Betrachtungen ebenfalls die Instandhaltbarkeit und die Reparierbarkeit, die ebenfalls Einfluss auf die Verfügbarkeit eines Systems haben. Die verfügbare Zeit beispielsweise einer Werkzeugmaschine ergibt sich aus der festgelegten Betriebszeit abzüglich der Zeiten für unvorhergesehene Reparaturen infolge von Bauteilausfällen, Wartezeiten auf erforderliche Ersatzteile sowie geplanten Wartungsarbeiten, welche innerhalb der vorgesehenen Betriebszeit durchgeführt werden.

Bei den Überlegungen zur Zuverlässigkeit und Verfügbarkeit eines Systems spielen daher in erster Linie Wirtschaftlichkeitsbetrachtungen eine Rolle. Es muss jedoch ebenfalls immer mit beachtet werden, welche Auswirkungen ein Versagen oder **Fehler** auf die Sicherheit des Systems hat. Es ist nicht möglich, die von den Ausfällen von Bauteilen ausgehenden Gefahren exakt vorauszusagen. Sie sind somit immer von stochastischer Natur und es können lediglich übergeordnete Gesetzmäßigkeiten abgeleitet werden.

### *8.2.1 Wie lassen sich die Zuverlässigkeit eines Systems ermitteln sowie Schwachstellen und ihre Auswirkungen analysieren?*

Die Entwicklung zuverlässiger Produkte erfordert eine Vielzahl von Maßnahmen während der gesamten Entwicklung von der ersten Produktidee bis hin zur Planung der Serienfertigung. Nur eine durchgängige Berücksichtigung der **Zuverlässigkeit** garantiert die Qualität des Produktes während seines Einsatzes. Dies beinhaltet Analysen, Berechnungen, Simulationen, Versuche und die Beobachtung der Endprodukte sowohl auf Ebene von Bauteilen und Baugruppen als auch für das Gesamtsystem. Zur Ermittlung der Zuverlässigkeit (**Zuverlässigkeitsanalyse**) von technischen Systemen können grundlegend zwei unterschiedliche Ansätze unterschieden werden.

Bei der qualitativen Analyse wird systematisch und erfahrungsbasiert nach Schwachstellen und ihren Auswirkungen auf das System gesucht. Hierfür eignen sich die Methoden **Fault Tree Analysis (FTA, Fehlerbaumanalyse)**, **Failure Mode and Effects Analysis (FMEA)** oder die **Failure Mode, Effects and Criticality Analysis (FMECA)** [Bertsche et al. 2004]. Diese Methoden liefern dabei lediglich eine rein qualitative Aussage über die Zuverlässigkeit eines Systems und die Auswirkungen eines möglichen Fehlverhaltens.

Die quantitative Analyse strebt hingegen eine quantitative Prognose des erwarteten Systemausfallverhaltens an. Die Zuverlässigkeit beziehungsweise das Ausfallverhalten wird dabei mit Methoden der Statistik und Wahrscheinlichkeitstheorie (Boole, Markoff) berechnet. Außerdem kann auch hier die Fehlerbaumanalyse in angepasster Form eingesetzt werden. Die zu untersuchenden Produkte werden dazu als Systeme angesehen, die aus mehreren Bauteilen (**Systemelementen**) aufgebaut sind. Das Ausfallverhalten der einzelnen Bauelemente kann zum Beispiel aus Versuchs- und Simulationsergebnissen abgeleitet werden. Das Ausfallverhalten des ganzen Produktes kann aus einer Systembetrachtung gewonnen werden, welche die Bauteilzuverlässigkeiten in entsprechender Weise verknüpft.

**Abb. 8-6.** Möglichkeiten zur Analyse von Zuverlässigkeit und Systemfehlverhalten [nach Bertsche et al. 2004]

Die abstrakte Beschreibung von Systemen kann mit Hilfe der Logik und der Schaltungstechnik durchgeführt werden. Diese Betrachtung mit logischen Symbolen unter Beachtung der logischen Gesetzmäßigkeiten (Rechenregeln) dient der exakten und nachvollziehbaren Abbildung von Systemen. Sie dient damit als Grundlage für verschiedene Berechnungen, wie zum Beispiel der Berechnung von Bauteilzuverlässigkeiten oder Ausfallraten und -wahrscheinlichkeiten. Diese Beschreibungsform führt weiterhin zu einem besseren Verständnis des Systems und dem Erkennen von Zusammenhängen und Abhängigkeiten.

Zur Darstellung dieser Systeme können Tabellen, Symbole und Gleichungen verwendet werden, die miteinander verknüpft werden. In der Booleschen Algebra existieren eine Reihe von Theoremen, die zum Berechnen beziehungsweise Vereinfachen der resultierenden Gleichungen verwendet werden. Beispielweise eignen sich **Karnaugh-Diagramme** zur Vereinfachung von logischen Schaltnetzwerken [Beuth 2006]. Im Folgenden wird kurz auf die Berechnung der Zuverlässigkeit und die dazu verwendeten Kenngrößen eingegangen.

Die Zuverlässigkeit oder Überlebenswahrscheinlichkeit eines Systems ist definiert als die Wahrscheinlichkeit dafür, dass das System während einer definierten Zeitdauer unter gegebenen Randbedingungen nicht ausfällt. Es ist eine empirische Zuverlässigkeitsfunktion R(t) definiert, die den zeitlichen Verlauf der Zuverlässigkeit R angibt. Diese kann aus dem Verhältnis von überlebenden Einheiten zur

Zahl der Ausgangsysteme berechnet werden. Die Ausfallwahrscheinlichkeit F(t) ist der zur Überlebenswahrscheinlichkeit komplementäre Begriff.

Unter der Ausfallrate λ(t) versteht man das Verhältnis der durchschnittlichen Zahl von Ausfällen pro Zeit zur Zahl der überlebenden Systeme. Zur Vereinfachung kann davon ausgegangen werden, dass eine konstante Anzahl von Ausfällen je Zeiteinheit vorliegt. Im Falle eines sehr ausgereiften Produkts kann weiterhin angenommen werden, dass nur eine geringe Anzahl Ausfälle im Betrachtungszeitraum auftreten. Somit kann die Zuverlässigkeit vereinfacht direkt aus der Ausfallrate berechnet werden.

Der tatsächliche Verlauf der Ausfallrate über der Zeit ist die typische Badewannenkurve. Zu Beginn der Einsatzdauer treten verstärkt Frühausfälle zum Beispiel infolge Montage- oder Fertigungsfehlern auf. Anschließend sinkt die Ausfallrate auf ein stabiles Niveau ab, um zum Ende der Lebensdauer wieder anzusteigen. In dieser Phase treten Verschleiß- und Ermüdungsausfälle auf.

Zuverlässigkeit R(t): $R(t) = \frac{n(t)}{n_0}$

Ausfallwahrscheinlichkeit F(t): $F(t) = 1 - R(t) = \frac{N(t)}{n_0}$

Ausfallrate $\lambda(t) = \frac{dN(t)}{dt} * \frac{1}{n(t)} \approx \frac{N(t)}{n(t)} * \frac{1}{t}$

**Bei ausgereiften Systemen:**

Ausfallrate $\lambda(t) = \frac{N(t)}{n_0} * \frac{1}{t} = \frac{F(t)}{t} = \frac{1 - R(t)}{t}$

**Zusammenhang mit Zuverlässigkeit:**

$$R(t) = e^{-\lambda * t}$$

Mit:

n(t) = Zahl der überlebenden Systeme

$n_0$ = Zahl der Ausgangssysteme

N(t) = Zahl der Ausfälle

**Reihenschaltung/Serienschaltung**

$$R_{ges} = R_1 * R_2 * R_3 * \ldots * R_n$$

$$n = 2: \; F_{ges} = F_1 + F_2 - F_1 * F_2$$

**Parallelschaltung**

$$n = 2: \; R_{ges} = R_1 + R_2 - R_1 * R_2$$

$$F_{ges} = F_1 * F_2 * F_3 * \ldots * F_n$$

**Abb. 8-7.** Formeln zur Berechnung der Zuverlässigkeit

Bei der Berechnung von Gesamtsystemen können zwei unterschiedliche Schaltungsarten der Systemelemente unterschieden werden. Voneinander unabhängige, funktionserfüllende Elemente werden in Reihenschaltung angeordnet. Dies hat zur Folge, dass beim Ausfall eines Elementes das gesamte System versagt. In Systemen, die die Erfüllung ein und derselben Aufgabe auf verschiedenen Wegen zulassen, sind die einzelnen Elemente in einer Parallelschaltung angeordnet und werden auch als redundant bezeichnet. Die Zuverlässigkeit ist bei diesen Systemen höher, da der Ausfall eines Elementes nicht zwangläufig zum Versagen des Gesamtsystems führt.

Neben den Betrachtungen zur Zuverlässigkeit müssen auch Aussagen über die **Sicherheit** eines Systems getroffen werden. Die **Gefährdungsanalyse** dient neben der Identifikation von Gefährdungen und Risiken auch zum Festhalten notwendiger Maßnahmen und Prüfungen sowie zur Erfassung sicherheitsrelevanter Benutzerinformationen. Die Durchführung einer Gefährdungsanalyse ist festgelegt in der EG-Maschinenrichtline und Voraussetzung für eine CE-Kennzeichnung. Die Gefährdungsanalyse besteht konkret aus folgenden Schritten:

- Definieren des Anwendungsbereiches der Maschine
- Identifizieren der Gefährdung
- Abschätzen des Risikos durch die Gefährdung
- Definieren der zu erreichenden Schutzziele
- Bestimmen der Anforderungen und Maßnahmen zum Beseitigen der Gefährdung und zum Begrenzen des Risikos
- Feststellen der Übereinstimmung mit den festgelegten Anforderungen und Maßnahmen

Bei der Gefährdungsanalyse können zwei prinzipielle Arten unterschieden werden: die prospektive (vorausschauende) und die retrospektive (nachträgliche) Gefährdungsanalyse. Während prospektiv Risiken und damit verbundene mögliche Gefährdungen betrachtet werden, behandelt man retrospektiv die Ursachen bereits eingetretener Gefährdungen. In Folge jeder dieser Arten von Analyse werden konstruktive Maßnahmen eingeleitet. Generell gilt, dass bei Konstruktionen mit hohem Neuheitsgrad eher vorausschauende Methoden, bei Anpassungs- und Variantenkonstruktionen eher nachträgliche Methoden eingesetzt werden [Neudörfer 2005].

Eine verkürzte Gefährdungsanalyse ist dann möglich, wenn eine Maschine entsprechend einer Produktnorm gebaut wird. Ansonsten muss eine ausführliche Gefährdungsanalyse durchgeführt werden.

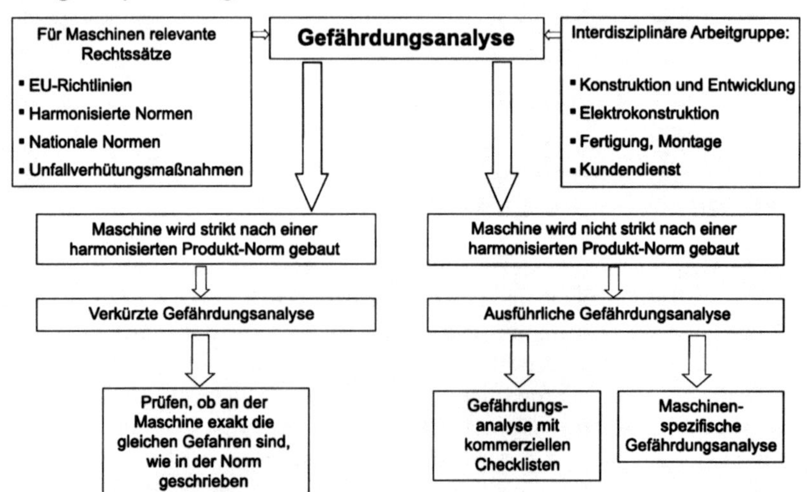


**Abb. 8-8.** Verfahren zur Gefährdungsanalyse [nach Neudörfer 2005]

Für die **Risikobewertung**, wie sie im Rahmen einer Gefährdungsanalyse durchzuführen ist, haben sich folgende Verfahren bewährt [Neudörfer 2005]:

- Analytische Verfahren
- Multiplikative Verfahren
- **Risikografen**

Analytische Verfahren finden vor allem in Bereichen mit hohem Gefährdungspotenzial wie etwa in der Luft- und Raumfahrttechnik, sowie Kerntechnik Anwendung. Mit Methoden wie der Fehlerbaumanalyse kann die Vernetzung von Gefährdungen in einem komplexen System transparent gemacht werden.

Bei multiplikativen Verfahren steht die Quantifizierung des **Risikos** im Vordergrund. Zur Charakterisierung der Höhe des Risikos wird eine Kennzahl, oft auch als Risikoprioritätszahl RPZ bezeichnet, verwendet. Die Risikoprioritätszahl erhält man aus der Multiplikation der Eintrittswahrscheinlichkeit und der Auswirkung eines schädlichen Ereignisses. Ab einer bestimmten Höhe der Risikoprioritätszahl müssen geeignete Sicherheitsmaßnahmen eingeleitet werden. Es ist zu beachten, dass diese RPZ nicht mit der FMEA Risikoprioritätszahl übereinstimmt. Mit der FMEA ist ebenfalls eine Bestimmung des Risikos einer Komponente möglich, jedoch zielt sie eher auf die Qualitätssicherung ab. Die Gefährdungsanalyse berücksichtigt hingegen den Zusammenhang zwischen Gefahr und menschlicher Interaktion.

Die Abschätzung des Risikos mit Hilfe von Risikografen erfolgt über ein geeignetes Zuordnungs- und Klassifizierungsschema sowie unter Verwendung eines Entscheidungsbaums. Diese ermöglichen es somit, das Risiko auf Grundlage einiger weniger charakteristischer Parameter abzuschätzen. Die sinnvolle Kombination der vier verwendeten Beurteilungskriterien Schadensausmaß, Aufenthaltsdauer, Gefahrenabwendung und Eintrittswahrscheinlichkeit führt zur Einordnung in acht Risikoanforderungsklassen.

### *8.2.2 Wie lassen sich Sicherheits- und Zuverlässigkeitsanforderungen ermitteln?*

Bei der Ermittlung und Ableitung von Sicherheits- und Zuverlässigkeitsanforderungen muss dem Entwickler stets bewusst sein, dass ein Zustand absoluter **Sicherheit** beziehungsweise **Zuverlässigkeit** nicht erreicht werden kann. Es muss ein Kompromiss gefunden werden, wie viel die zusätzliche Sicherheit beziehungsweise Zuverlässigkeit kostet und welcher zusätzliche Aufwand aufgrund der gegebenen Randbedingungen gerechtfertigt ist. Die angestellten Überlegungen sind somit auch immer wirtschaftlicher Natur.

Die Einflüsse auf die Sicherheit und Zuverlässigkeit eines technischen Systems sind nach [Bertsche et al. 2004] verkürzte Entwicklungszeiten, höhere **Komplexität**, größere Funktionalität sowie gestiegene **Kundenanforderungen** bei gleichzeitig verringerten Produkt- und Produktionskosten. Da Anstrengungen zur Sicherheit und Zuverlässigkeit mit zusätzlichem Aufwand verbunden sind und häufig nicht zur Funktionsfähigkeit beitragen, stellen sie in gewisser Weise einen **Zielkonflikt** dar. Die eingesetzten Methoden und Prinzipien können hierbei auf allen Ebenen der Produktkonkretisierung umgesetzt werden. Bei Sicherheitsanforderungen wird zunächst stets die unmittelbare Sicherheitstechnik auf Wirkmodellebene angestrebt. Falls dies nicht möglich oder zu aufwendig ist, werden Methoden der mittelbaren und hinweisenden Sicherheitstechnik auf Baumodellebene angewandt [DIN 31000, VDI 2244].

Die Ermittlung von **Anforderungen** zur Zuverlässigkeit eines technischen Systems ist zumeist darauf ausgerichtet, die Produktgesamtkosten über den gesamten Lebenszyklus hinweg (Lebenslaufkosten) zu minimieren, sofern nicht Sicherheitsanforderungen widersprechen. Hohe Anforderungen an die Zuverlässigkeit sind stets mit Aufwand und damit auch Kosten verbunden. Gleichzeitig sinken bei hoher Zuverlässigkeit Garantie-, Reparatur- und Instandhaltungskosten, so dass ein Optimum gefunden werden kann. Es reicht dabei zumeist nicht aus, lediglich die Herstellkosten zu optimieren, da einerseits die Zuverlässigkeit hohen Einfluss auf die Wahrnehmung durch den Kunden hat und sie andererseits häufig Vertragsbestandteil ist. Der Hersteller muss situativ entscheiden, welche Anforderungen angebracht sind, um sein Produkt erfolgreich am Markt platzieren zu können.

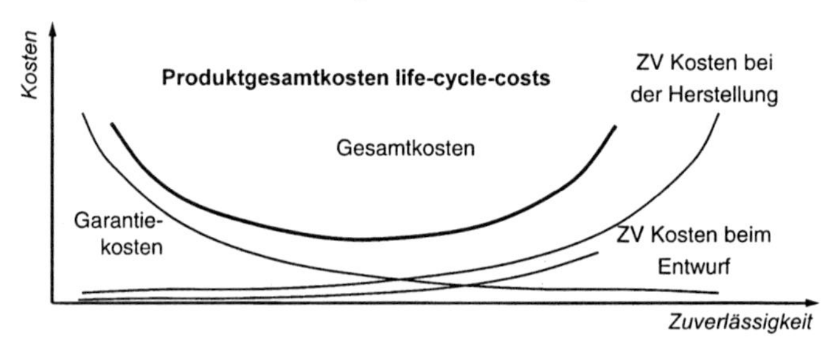


**Abb. 8-9.** Abhängigkeit von Zuverlässigkeit und Kosten [nach Bertsche et al. 2004]

Entscheidend für das Erreichen der angestrebten Zuverlässigkeit ist die konsequente Ermittlung von **Risiken** während des Entwicklungsprozesses um frühzeitig fehlervermeidende Maßnahmen ergreifen und einbringen zu können. Eine wichtige Quelle für Anforderungen ist dabei auch die Analyse bestehender Systeme, um Anforderungen ableiten zu können. Es existieren jedoch zahlreiche Probleme bei der Ermittlung von Anforderungen an einzelne Bauteile und Baugruppen. Folgende Aspekte sind dabei vielfach nur unzureichend bekannt:

- Beanspruchungskollektive (Belastung, Temperatur, ...)
- Ausfallverhalten beziehungsweise „Lebensdauer-Verteilungen“ funktionskritischer oder risikoreicher Bauteile
- Zusammenhang zwischen der Lebensdauer im Ein-Stufen-Versuch (Wöhlerlinie) und Lastkollektiven (Lebensdauerlinie)
- Verhalten der Bauteile bei gegenseitiger Abhängigkeit im System

Es liegen dem Entwickler häufig nur ungenügende Aufzeichnungen, Auswertungen und Zusammenfassungen von Ausfalldaten während der Entwicklung, Prototypenerprobung und beim Kunden vor. Es fehlen zuverlässigkeitsorientierte Datenbanken, auf die bei Bedarf zugegriffen werden kann. Ein weiterer wichtiger Punkt ist, dass Untersuchungen zur Zuverlässigkeit immer langwierig und kostspielig sind, da sie stets eine statistische Absicherung erfordern.

Bei der Festlegung von Anforderungen zur Sicherheit technischer Produkte spielen vornehmlich rechtliche Aspekte eine Rolle. Alle Tätigkeiten eines Entwicklers sind von den drei großen Rechtsgebieten öffentliches Recht, Zivilrecht und Strafrecht betroffen. Er trägt Verantwortung für die von ihm entworfenen Produkte, deren aus der Entwicklung resultierende Fehler und die daraus entstehenden Schäden. Tritt ein Schadensfall ein, kann der verantwortliche Entwickler je nach Sachlage haftbar sein.

| Tatbestand | | Rechtsfolgen | | Rechtsquelle |
|---|---|---|---|---|
| 1 | 2 | Nr. | 3 | 4 |
| Personenschäden | Fahrlässige Tötung | 1 | Strafrechtliche Verfolgung | Strafgesetzbuch StGB |
| | Fahrlässige Körperverletzung | 2 | - Ahndung einer Ordnungswidrigkeit<br>- Rückgriff (Regress) der gesetzlichen Unfallversicherer<br>- Strafrechtliche Verfolgung | Ordnungswidrigkeitsgesetz OWiG<br>Sozialgesetzbuch SGB VII<br>§230 StGB |
| Sachschäden | | 3 | Zivilrechtliche Haftung nach Delikt- bzw. Vertragsrecht | Produkthaftungsgesetz PrdHG<br>Bürgerliches Gesetzbuch BGB |

**Abb. 8-10.** Rechtsfolgen von Konstruktionsfehlern [nach Neudörfer 2005]

Eine wichtige Quelle für Sicherheitsanforderungen sind CE-Richtlinien (Communautés Européennes), die von der Europäischen Union verabschiedet und von den Mitgliedsstaaten in nationales Recht umgesetzt werden müssen. Ihre Beachtung und Umsetzung ist daher für alle Hersteller, Importeure und Händler juristisch verbindlich. Durch die Anbringung einer CE-Kennzeichnung [93/68/EWG], wie sie für den Verkauf sämtlicher Maschinen und Anlagen (nicht Fahrzeugen) innerhalb der Europäischen Union verpflichtend ist, erklärt der Hersteller die Übereinstimmung mit den geltenden Richtlinien. Die Verantwortung tragen die Unterzeichner (üblicherweise die Verantwortlichen für Entwicklung und Produktion) persönlich. Für Maschinen- und Anlagenhersteller sind die wichtigsten zu beachtenden Richtlinien:

- Maschinenrichtlinie [98/37/EWG]
- Niederspannungsrichtlinie [73/23/EWG]
- Elektromagnetische Verträglichkeit [89/336/EWG]
- Produktsicherheitsrichtlinie [92/59/EWG]
- Produkthaftungsrichtlinie [85/374/EWG]

In diesen Richtlinien ist beispielsweise die Durchführung einer **Gefährdungsanalyse** mit anschließender **Risikobewertung** und Ableitung geeigneter Sicherheitsmaßnahmen verbindlich in Maschinenrichtlinien vorgeschrieben und damit eine Voraussetzung für die CE-Kennzeichnung. Bei der Durchführung der Gefährdungsanalyse sind dabei beabsichtigte und auch unbeabsichtigte sicherheitsgefährdende Handlungen des Benutzers zu berücksichtigen.

Nach dem Produkthaftungsgesetz als nationale Umsetzung der Produkthaftungsrichtlinie ist jeder Hersteller bereits bei Entwicklung und Herstellung verpflichtet, den neuesten Stand der Technik und Wissenschaft sowie Fehlgebrauch zu berücksichtigen sowie Neuentwicklungen zu testen. Außerdem ist eine fortlaufende Kontrolle der Produktion notwendig. Weiterhin sind verständliche Instruktionen/Anleitungen, Warnungen vor **Gefahren** sowie Hinweise auf den Gefährdungsumfang und Restrisiko zu verfassen. Über die gesamte Nutzungsdauer besteht die Verpflichtung zu Produktbeobachtung im gesamten Vertriebsgebiet auch in Kombination mit anderen Produkten. Bei einem ernsthaften Verdacht sind Warnungen zu verbreiten und gegebenenfalls ein Rückruf durchzuführen.

Neben diesen verbindlichen Richtlinien existieren weiterhin **Normen**. Diese werden unter Mitwirkung von interessierten Kreisen erarbeitet und von anerkannten Institutionen angenommen. Sie dienen der Vereinheitlichung von materiellen beziehungsweise immateriellen Gütern zum Nutzen einer Gruppe Interessierter oder der Allgemeinheit. Normen haben infolge der technischen Entwicklung meist eine kurze Lebensdauer und sind im juristischen Sinne nicht unbedingt verbindlich. Die Einhaltung der Normung kann im Rechtsstreit jedoch von Vorteil sein. Die wichtigsten zu beachtenden Normen sind globale (ISO, IEC), europäische (CEN, CENELEC), nationale (DIN) sowie firmeninterne Normen.

Weiterhin sind Vorschriften zu beachten, die meist umfangreicher als Normen sind und sich vorwiegend auf Produkte oder Marktgebiete konzentrieren. Sie werden häufig national verfasst und zielen auf die Minimierung von Unfallrisiken ab. Da sie zumeist eine rechtliche Verpflichtung beinhalten, ist ihre Einhaltung zwingend erforderlich und wird vielfach staatlich geprüft.

### *8.2.3 Wie lässt sich die Sicherheit und Zuverlässigkeit mit Hilfe von Funktionsmodellen erhöhen?*

Die Erstellung von **Funktionsmodellen** bietet sich zunächst im Rahmen einer umfassenden Systemanalyse an. Diese wird häufig als Vorbereitung für die qualitativen und quantitativen Methoden der Zuverlässigkeitsermittlung verwendet. Der Einsatz einer **Funktionsmodellierung** hilft dabei einen Überblick über das Gesamtsystem zu gewinnen und somit das Systemverständnis zu erhöhen.

Die untersuchten Fragestellungen sind hier primär nicht unter funktionalen Gesichtspunkten, sondern hinsichtlich Sicherheits- und Zuverlässigkeitsaspekten zu betrachten. Dies bedeutet, dass unter einer schädlichen Funktion in diesem Zusammenhang eine solche Funktion zu verstehen ist, die zu einem Fehler führt oder von der direkt oder indirekt eine Gefährdung für Mensch, Maschine oder Umwelt ausgeht.

Die Art der eingesetzten Funktionsmodellierung hängt hierbei von der Aufgabenstellung, dem technischen System und dem Fokus der Untersuchungen ab. Bei der Betrachtung von Energie, Stoff und Informationsumsätzen bietet es sich an, die **Umsatzorientierte Funktionsmodellierung** zu verwenden. Zur Abbildung und Analyse von Abhängigkeiten und Beziehungen zwischen den einzelnen Funktionen kann die **Relationsorientierte Funktionsmodellierung** herangezogen werden. Diese bietet gleichzeitig die Möglichkeit eine Unterteilung in nützliche und Schädliche Funktionen vorzunehmen. Weiterhin können auch andere Modellvorstellungen wie **Nutzerorientiere Funktionsmodellierung** zur Darstellung der Interaktionen von Mensch und technischem System oder logische Netzwerke verwendet werden.

Es stehen zwei alternative Ansätze zur Verfügung, um mithilfe von **Funktionsmodellen** die Sicherheit und Zuverlässigkeit technischer Systeme gezielt zu beeinflussen [Augustin 1985]. Diese sind zum einen die gezielte Unterdrückung von schädlichen **Funktionen**, zum anderen die Realisierung nützlicher Funktionen, ohne dass eine damit verbundene schädliche Funktion auftritt.

Die gezielte Unterdrückung von schädlichen Funktionen ist dann besonders geeignet, wenn bereits ein technisches System vorliegt, an dem diese auftreten. In diesem Fall wird das bestehende Produkt zunächst einer ausführlichen Systemanalyse unterzogen und die schädlichen Funktionen identifiziert. Im Anschluss erfolgt eine detaillierte Analyse der physikalischen und geometrischen Zusammenhänge, die dazu beitragen, dass die ermittelte schädliche Funktion auftritt. Daraus können geeignete Maßnahmen abgeleitet werden, um diese zu verhindern.

Die zweite Aufgabenstellung besteht darin, eine bestimmte nützliche Funktion zu ermöglichen, ohne dass eine andere damit verknüpfte schädliche Funktion auftritt. Hierzu eignet sich vor allem die Relationsorientierte Funktionsmodellierung, da mit ihr schädliche Funktionen und deren Beziehungen identifiziert werden können. Es erfolgt ebenfalls eine Analyse der geometrischen und physikalischen Zusammenhänge der betroffenen nützlichen Funktion, um daraus eine Möglichkeit abzuleiten diese ohne das Auftreten der schädlichen Funktion zu realisieren.

Das Vorgehen mit Hilfe eines relationsorientierten Funktionsmodells wird am Beispiel eines Geländers verdeutlicht, an welchem bereits nach geringer Einsatzdauer ein Versagen infolge von Korrosion festgestellt wurde. Das Geländer wird aus einem verzinkten Blech hergestellt und vor Ort aus mehreren Einzelteilen montiert um es den örtlichen Gegebenheiten anzupassen. Dazu ist ein nachträgliches Anbringen von Bohrungen erforderlich. Bei der Herstellung der Bohrungen und bei der Handhabung der Einzelteile wird die Zinkschicht jedoch teilweise beschädigt und die entsprechenden Stellen müssen nachbehandelt werden. Dies ist aus Zeit- und Kostengründen jedoch häufig nicht der Fall. Um die Zusammenhänge nachvollziehen zu können, wurde ein Relationsorientiertes Funktionsmodell der Montage des Geländers erstellt.

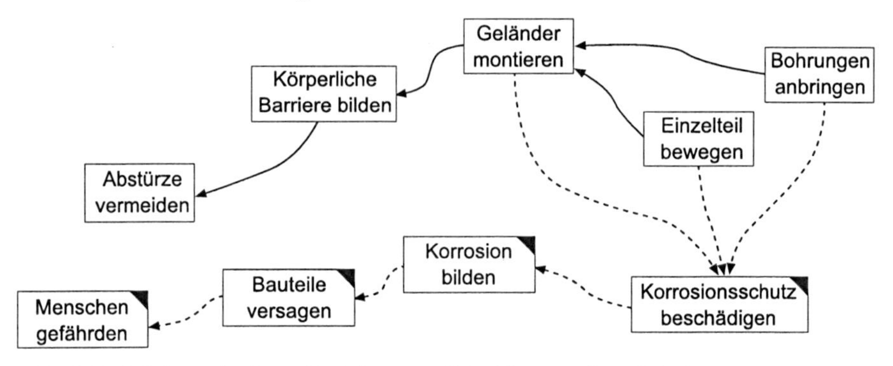


**Abb. 8-11.** Relationsorientiertes Funktionsmodell der Montage eines Geländers

Aus diesem einfachen Modell ist ersichtlich, dass die nützlichen Funktionen „Einzelteile handhaben" und „Bohrungen anbringen" für die Kette an schädlichen Funktionen verantwortlich ist. Da eine vollständige Vormontage nicht möglich, ist besteht die Aufgabe folglich darin, eine Möglichkeit zu finden, die geforderten nützlichen Funktionen zu ermöglichen, ohne aber gleichzeitig die schädlichen Funktionen zu verursachen.

Eine einfache Lösung besteht darin, anstelle des verzinkten Materials einen rostfreien Edelstahl einzusetzen, bei dem Beschädigungen in Form von Bohrungen oder Kratzern keine Auswirkungen auf die Korrosionsbeständigkeit haben. Die Zuverlässigkeit des Systems Geländer konnte somit durch eine geeignete einfache Maßnahme deutlich erhöht werden.

## *8.2.4 Wie lassen sich Sicherheit und Zuverlässigkeit bei Wirkmodellen einbeziehen?*

Die angewandten **Wirkprinzipien und -strukturen** müssen sowohl unvorhersehbaren stochastischen, als auch vorhersehbaren deterministischen **Fehlern** und **Gefahren** entgegenwirken. Die unterschiedliche Wirkungsweise dieser beiden Gefährdungen bedingen somit unterschiedliche Prinzipien zu ihrer Behebung und die verwendeten Ansätze unterscheiden sich erheblich [Neudörfer 2005].

Diese **Prinzipien der Sicherheitstechnik** lassen sich nach der Art des Auftretens von Fehlern in zwei Gruppen einteilen. Bei den stochastischen Fehlern und Gefahren sind dies: Prinzip des sicheren Bestehens (safe life), das Prinzip des beschränkten Versagens (fail safe) und das Prinzip der Redundanz.

Die Maßnahmen den deterministischen Fehlern und Gefahren entgegenzuwirken sind unter den Begriffen unmittelbare Sicherheitstechnik, mittelbare Sicherheitstechnik und hinweisende Sicherheitstechnik [DIN 31000] zusammengefasst.

### Stochastische Gefährdungen

Die stochastischen **Gefährdungen** lassen sich vor allem auf Bauteilausfälle beziehungsweise -versagen zurückführen. Sie zielen damit in erster Linie auf die **Zuverlässigkeit** eines Produktes und können, aber müssen nicht die Sicherheit der Betroffenen beeinträchtigen. Nicht jede Erhöhung der Zuverlässigkeit führt damit zu einer Erhöhung der Sicherheit und umgekehrt. Die Maßnahmen, den stochastischen Gefährdungen entgegenzuwirken, verfolgen das Ziel, die zeitabhängige Wahrscheinlichkeit zu erhöhen, mit der ein Produkt die geforderte Funktionalität erfüllt. Dies bedeutet, die verwendeten Methoden haben das Ziel die Auswirkungen zufälliger, gefahrenverursachender Fehler zu beherrschen.

Bei der Anwendung des Prinzips des sicheren Bestehens sind die Bauteile und ihr Zusammenhang so beschaffen, dass sie „safe for life", also sicher während der vorgesehenen Einsatzzeit sind. Beispiele sind Lenkhebel für PKW, die Achse einer Kranseiltrommel oder eines LKW. Diese Sicherheit kann erzielt werden durch ausreichend sichere Auslegung der Teile entsprechend den im Gesamtlebenszeitraum zu erwartenden Beanspruchungen und Umweltbedingungen. Ferner sind gründliche Werkstoff-, Fertigungs- und Montagekontrollen erforderlich. Die Teile werden schließlich unter erhöhten Lastbedingungen und unter erschwerten Umweltbedingungen eine ausreichende Zeit geprüft. Konkrete Maßnahmen [Pahl et al. 2005] zur Gewährleistung des „Fail-Safe"-Prinzips sind:

- Umfassende Klärung der Belastung (Art der Kräfteeinwirkung, Kräfte, Zeitdauer)
- Klärung der Umgebung und Randbedingungen
- Klärung der möglichen und außerordentlichen Einflüsse und Zustände
- Entsprechende Auslegung der Teile und Baugruppen nach bewährten Hypothesen und Verfahren
- Erstellung von Funktionsmustern und Prototypen
- Durchführung von Tests

Das Prinzip des beschränkten Versagens (fail safe) bedeutet, dass es während der Einsatzzeit des Produkts zu einer Funktionsstörung kommen kann (zum Beispiel einer Komponente), ohne dass dies zum Versagen des Gesamtsystems oder zu schwerwiegenden Folgen führt.

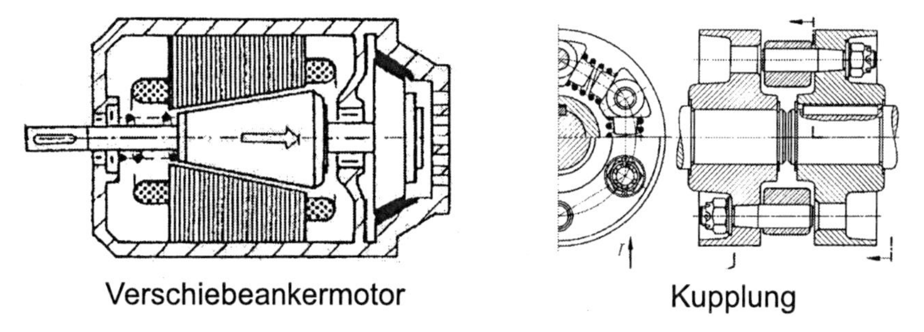


**Abb. 8-12.** Beispiele für Anwendung des „Fail-Safe"-Prinzips [Neudörfer 2005, Pahl et al. 2005]

Eine torsionselastische Kupplung muss beispielsweise bei Aufzugsantrieben auch nach Bruch der Druckfedern nach wie vor Drehmoment auf die Seiltrommel übertragen können. Das Versagen ist beschränkt auf die elastische Eigenschaft der Kupplung, Bei einem Ausfall der Druckfedern erfolgt die Drehmomentübertragung durch Festkörperkontakt. Beim Verschiebeanker-Motor lüftet im Normalbetrieb beim Anlaufen des Motors die aus dem elektromagnetischen Feld resultierende Axialkraft des konischen Läufers die Kegelbremse gegen die Federkraft. Bei Stromausfall wird die Bremse durch die Schraubenfeder automatisch eingedrückt und der Motor somit abgebremst. Der Verschiebeankermotor wird beispielsweise als Bremsmotor in Krananlagen eingesetzt.

Unter dem Prinzip der redundanten Anordnung (**Redundanz**) versteht man eine „Überflüssigkeit" in dem Sinne, dass durch Mehrfachanordnung von Bauteilen beziehungsweise Aggregaten gleiche Funktionen realisiert werden. Fällt einer der redundant angeordneten Funktionsträger aus, übernimmt der andere dessen Aufgabe und die Funktionsfähigkeit des Gesamtsystems wird nicht oder nur geringfügig eingeschränkt. Die Anwendung des Prinzips der Redundanz ist meist mit zusätzlichen Kosten, Aufwand, Bauraum und Gewicht verbunden. Es ist jedoch ein wirksames Mittel um die Funktionsfähigkeit und damit die Verfügbarkeit des Systems zu erhöhen.

Es werden zwei unterschiedliche Arten von Redundanz unterschieden. Bei der kalten Redundanz, auch als Standby bezeichnet, ist das Redundanzelement bis zum Ausfall des arbeitenden Elements keiner oder nur geringen Belastungen ausgesetzt. Beispiele für kalte Redundanz sind Notstromaggregate in Kraftwerken sowie unterbrechungsfreie Stromversorgungen. Bei der heißen Redundanz (Parallelbetrieb) ist das Redundanzelement von Anfang aktiv und in der Lage, die entsprechende Funktion zumindest eingeschränkt in Bezug auf Leistung und Zeit zu übernehmen. Alle eingesetzten Elemente sind somit stets den gleichen Belastungen ausgesetzt. Beispiele für die Verwendung von heißer Redundanz sind die Verwendung von drei Triebwerken im Flugzeug, ein zweimotoriger Schiffsantrieb oder Zwillingsreifen bei LKW.

Es gibt auch redundant angeordnete Elemente, die die gleiche Funktion erfüllen, aber auf verschiedenen physikalischen Wirkprinzipien aufbauen. Man spricht in diesem Fall auch von Prinzipienredundanz. Dadurch wird es ermöglicht systematische Fehler bei der Auslegung des Systems zu vermeiden. Deutlich wird dies bei der Handbremse im Fahrzeug. Bei Ausfall der Hauptbremskreise, bei der die Kraftweiterleitung durch eine Hydraulikflüssigkeit geschieht, kann das Fahrzeug mit der Handbremse, bei der die Kraftübertragung durch einen Seilzug erfolgt, verzögert und zum Stillstand gebracht werden. Auch in Hochdrucksystemen bestehend aus Druckkesseln und Druckleitungen werden Sicherheitssysteme eingesetzt, welche auf unterschiedlichen Wirkprinzipien beruhen. So existiert neben dem Sicherheitsventil zur Regulierung des Drucks vielfach eine Bersteinrichtung für den Fall, dass das Sicherheitsventil versagt.

## Deterministischen Gefährdungen

Die Maßnahmen gegen deterministische **Gefährdungen** sind darauf ausgerichtet, diese während der voraussichtlichen Lebensdauer eines Systems zu beseitigen. Diese Art von Gefährdung entsteht aus den verwendeten physikalischen Prinzipien sowie dem Aufbau der Maschine. Die betroffenen **Systemelemente** lassen sich aufgrund ihrer Funktion nicht beseitigen. Die Gefährdungen sind daher während der gesamten Lebensdauer mit einer Eintrittswahrscheinlichkeit vorhanden.

Die Prinzipien der unmittelbaren Sicherheitstechnik beruhen auf dem Grundsatz, eine mögliche Gefahr durch entsprechende Auswahl von **Wirkprinzipien** und -strukturen ganz zu vermeiden. Ein technisches System ist dann unmittelbar sicher, wenn aus seinem Lösungsprinzip heraus keinerlei Gefährdung entsteht beziehungsweise ein vernachlässigbares Ausfallrisiko besteht.

Ein technisches Produkt kann durch geeignete Wahl von physikalischen Effekten, Wirkbewegungen und Wirkflächen sowie durch energetische Gestaltungsmaßnahmen unmittelbar sicher konzipiert werden. Sichere **physikalische Effekte** sind zum Beispiel wasserhydraulische statt elektrische Energieübertragung in explosionsgefährdeten Räumen oder die Verwendung von Niederspannung (12 Volt statt 240 Volt). Ebenso ermöglicht es die Verwendung von Maschinenprinzipien ohne mechanische Wirkbewegung oder gekapselte Bauweisen Gefahren unmittelbar zu vermeiden. Die energetischen Maßnahmen sehen eine Begrenzung der Energie, die Unterbrechung des Kraftflusses zur Gefahrenstelle oder die gezielte Verformung von Maschinenteilen zur Reduzierung von Gefährdungen vor.

**Sichere physikalische Effekte und Wirkstrukturen**

Gekapselter Kompressor

Offene Bauweise

Geschlossene, integrierte Bauweise

Einklemmgefahr

**Energetische Gestaltungsmaßnahmen:**

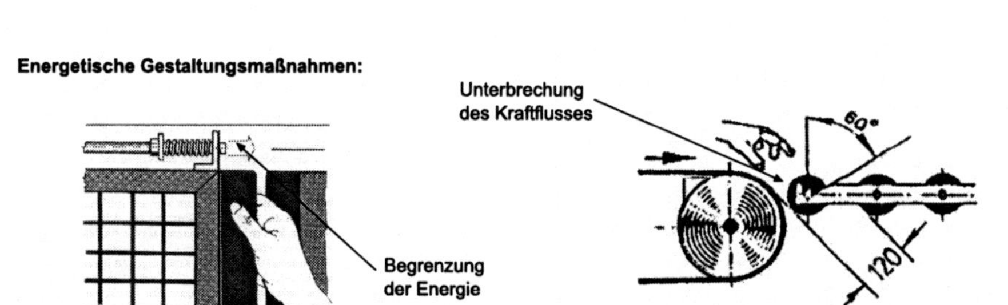


**Abb. 8-13.** Anwendung der unmittelbaren Sicherheitstechnik [nach Neudörfer 2005]

## *8.2.5 Wie lässt sich die Sicherheit im Baumodell erhöhen?*

Auf Ebene des **Baumodells** können zur Erhöhung der **Sicherheit** eines Produkts die Prinzipien der unmittelbaren, der mittelbaren und der hinweisenden Sicherheitstechnik zur Anwendung kommen. Die Abgrenzung besteht darin, dass die Methoden der unmittelbaren Sicherheitstechnik darauf ausgerichtet sind, mögliche **Gefahren** von vornherein zu vermeiden. Im Gegensatz dazu sichert die mittelbare Sicherheitstechnik vor funktionellen Gefahren, die eine gewollte technologische Funktion besitzen und daher nicht durch das Prinzip des Systems vermeidbar sind. Diese Gefahren müssen durch besonders gestaltete Bauteile oder -gruppen unwirksam gemacht werden. Die hinweisende Sicherheitstechnik hingegen soll lediglich auf Gefahren hinweisen und schützt selbst nicht vor möglichen Gefahren.

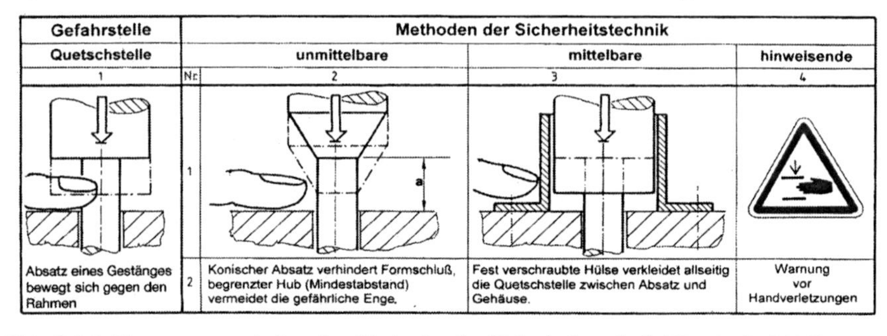


**Abb. 8-14.** Abgrenzung zwischen den Methoden der Sicherheitstechnik [Neudörfer 2005]

Von den Prinzipien der unmittelbaren Sicherheitstechnik können im Baumodell die verwendeten Stoffe und Materialien so ausgewählt werden, dass eine **Gefährdung** für den Menschen vermieden wird. So wird beispielsweise in einem Elektrorasierer, der häufig in Räumen mit hoher Luftfeuchtigkeit eingesetzt wird, ein magnetischer Schwingankerantrieb eingesetzt, wobei alle spannungsführenden Teile in nicht leitenden Kunststoff eingelassen sind. Neben der sicherheitsgerechten Materialauswahl können außerdem die Lage und Gestaltung von vorhandenen Wirkflächen beeinflusst werden. Die Verwendung scheibenförmiger (Hand-) Räder an Stelle von Speichenrädern verhindern Quetschungen, wenn die Spalte zu stillstehenden Teilen wesentlich kleiner als die Fingerspitzen sind.

Weiterhin kann ein zugangssicheres Maschinenprinzip beziehungsweise eine zugangssichere Maschinengestaltung verwendet werden, um ein System unmittelbar sicher zu gestalten. Durch die Nichterreichbarkeit der Gefahrenstellen werden Verletzungen vermieden. Das Produkt ist dazu vom Lösungsprinzip her so zu konstruieren, dass der Mensch als unfallerleidendes und schadenauslösendes Subjekt keinen Zugang hat und somit keine negativen Vorgänge ausgelöst werden können. Bei der Gestaltung mechatronischer Systeme ist zu beachten, dass vielfach durch Anwendung der mittelbaren Sicherheitstechnik (Schutzeinrichtungen) einfacher zu realisierende Lösungen gefunden werden können. Hier muss ein geeigneter Kompromiss zwischen Schutzwirkung und Aufwand gefunden werden.

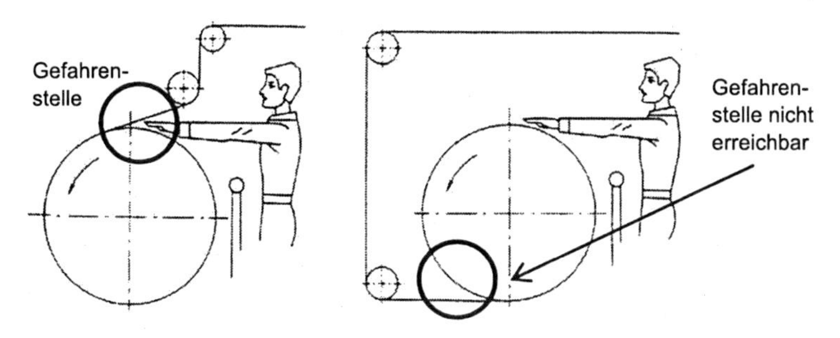


**Abb. 8-15.** Vermeidung des Zusammentreffens von Menschen mit Gefahrstellen [Augustin 1985]

Allein durch die Anwendungen der unmittelbaren Sicherheitstechnik kann aus funktionalen Gründen nicht immer ein ausreichender Schutz gewährleistet werden. In diesem Fall können Prinzipien der mittelbaren Sicherheitstechnik eingesetzt werden. Die mittelbare Sicherheitstechnik wird größtenteils durch Schutzeinrichtungen realisiert. Sie lassen sich nach [Neudörfer 2005] in die vier Grundtypen trennende, abweisende, ortsbindende Schutzeinrichtungen sowie Schutzeinrichtungen mit Annäherungsreaktion unterteilen.

Die trennenden Schutzeinrichtungen sichern Gefahrenstellen, indem sie dem räumlichen und zeitlichen Zusammentreffen von Person und Gefahrenstelle durch ruhende materielle Sperren entgegenwirken und so verhindern, dass die Person die Gefahrenstelle erreicht. Sie können nach [Neudörfer 2005] in die Grundbauarten Verkleidungen, Verdeckungen, Umzäunungen und Abschirmungen unterteilt werden. Zu den trennenden Schutzeinrichtungen zählen weiterhin Verriegelungen und Zuhaltungen. Sie ermöglichen durch eine logische Freigabe und Sperre von Funktionen, dass eine festgelegte Reihenfolge bestimmter Tätigkeiten strikt eingehalten wird. Bei einer Verriegelung muss für eine bestimmte Tätigkeit erst eine andere bewusste Handlung durchgeführt werden, zum Beispiel eine Schutzeinrichtung entriegelt werden. Bei hohen Risiken werden Zuhaltungen angewandt, um eine Fehlbedienung zu verhindern. Dabei müssen zunächst sichere Zustände eingetreten sein, bevor Handlungen erlaubt werden.

Bei abweisenden Schutzeinrichtungen werden bewegte materiellen Sperren eingesetzt, bei denen Personen oder Körperteile zwangsläufig von der Gefahr getrennt werden. Diese Art der Schutzeinrichtungen war früher weit verbreitet, wurde aber im Laufe der Zeit durch wirkungsvollere Systeme ersetzt. Ein Beispiel hierfür ist ein Fingerabweiser.

Ortsbindende Schutzeinrichtungen sind nichttrennende Schutzeinrichtungen. Sie binden eine Person oder bestimmte Körperteile an einen sicheren Ort, räumlich von der Gefahr getrennt. Umgesetzt wird dies beispielsweise durch geeignete steuerungstechnische Maßnahmen wie einer Zweihandschaltung.

Schutzeinrichtungen mit Annäherungsreaktion sind ebenfalls nichttrennend. Sie überwachen mit Hilfe von Sensoren bestimme Schutzfelder und lösen bei einem Eindringen über die Steuerungstechnik eine Sicherheitsfunktion aus. Als Sensoren können kontaktempfindliche wie auch berührungslos wirkende Systeme verwendet werden. In mechatronischen Systemen kommen hauptsächlich die beiden letzten Typen von Schutzeinrichtungen zur Anwendung.

Darüber hinaus werden Schutzsysteme eingesetzt, die bei Bestehen einer Gefahr selbsttätig eine Schutzreaktion aktivieren, um Gefährdungen von Personen und Gegenständen zu verhindern. Dies kann zum Beispiel durch Außerbetriebnahme (Stillsetzen) oder Verhinderung der Inbetriebnahme einer Maschine erfolgen. Ein Schutzsystem hat folgende Anforderungen zu erfüllen [Pahl et al. 2005]:

- Warnung: Meldung, über Tatsache des Eingriffs und die Art der Gefährdung
- Selbstüberwachung: Reagieren auf Fehler im Schutzsystem.
- Mehrfache, prinzipverschiedene und unabhängige Schutzsysteme: Existenz eines primären und sekundären Schutzkreises, vor allem wenn Schäden größeren Ausmaßes möglich sind.
- Bistabilität: Ein Schutzsystem löst bei einem definierten Zustand aus, ohne dabei Zwischenzustände zu berücksichtigen.
- Wiederanlaufsperre: Verhindert das unkontrollierte Anlaufen der Maschine nach Auslösen des Schutzsystems.
- Prüfbarkeit: Die Funktionsweise eines Schutzsystems muss prüfbar sein. Dabei darf die Schutzfunktion selbst nicht verloren gehen.

Abschließend sind in Zusammenhang mit mittelbarer Sicherheitstechnik die Schutzorgane zu nennen. Diese sind aufgrund ihrer Funktionsfähigkeit in der Lage eine Schutzreaktion auszuüben, ohne dass dafür eine externe Signalumsetzung benötigt wird. Als Beispiele für Schutzorgane sind Überdruckventile in hydraulischen oder pneumatischen Anlagen, elektrische Schmelzsicherungen, Sicherheits-Rutsch-Kupplungen und der Sicherheitsgurt im PKW zu nennen.

Die Maßnahmen der hinweisenden Sicherheitstechnik sind dann notwendig, wenn eine Restgefahr beim Nutzen der Maschine sich weder durch die mittelbare noch unmittelbare Sicherheitstechnik in ausreichender Weise entschärfen lässt. Der Hersteller muss deshalb dafür sorgen, dass der Benutzer Gefahren rechtzeitig erkennt und durch statische Sicherheitsinformationen beziehungsweise durch aktive Warneinrichtungen darauf aufmerksam gemacht wird. Diese Maßnahmen dienen nicht dazu, die Gefährdung für den Menschen direkt herabzusetzen, sondern können lediglich auf die Gefahr hinweisen und so durch das jeweilige Verhalten zur Erhöhung der Sicherheit beitragen.

Zu den statischen Sicherheitsinformationen zählen Hinweise auf potenzielle Gefahren. Dies kann durch die Anbringung von Text, Bildzeichen, Sicherheitszeichen oder Markierungen erfolgen. Daneben gibt es aktive Warneinrichtungen, die durch Lichtsignale, aktive Schemata, akustische Signale oder bewegte Gegenstände auf Fehler und Gefahren aufmerksam machen sollen.

Bei der Verwendung dieser Einrichtungen ist zu berücksichtigen, dass die hinweisende Sicherheitstechnik immer nur eine ergänzende Maßnahme zur unmittelbaren beziehungsweise mittelbaren Sicherheitstechnik darstellen kann. Sie ist als alleinige Sicherheitsmaßnahme weder geeignet noch zuverlässig, da sie vom Benutzer immer nicht wahrgenommen oder auch ignoriert werden kann.

## 8.3 Verminderung des Unfallrisikos einer Ringspinnmaschine

Ein Hersteller von Ringspinnmaschinen [nach Augustin 1985] beschäftigt sich mit der Reduzierung der Verletzungsgefahr im Fall einer Betriebsstörung einer Anlage. Bei einem Fadenriss innerhalb der Anlage verfängt sich der abgerissene Faden in einer Welle und bildet dort einen Wickel. Dieser muss von einem Bediener manuell entfernt werden, wobei wiederholt Verletzungen auftraten. Aufgrund der Häufigkeit dieser Unfälle wurde eine Verbesserung dieser Situation angestrebt.

Eine Ringspinnmaschine dient der Verarbeitung des so genannten Vorgarns zu einem web- oder strickbaren Faden. Das Vorgarn wird auf so genannten „Kopsen“ aufgewickelt und angeliefert. Es besteht aus Baumwolle, Synthetik oder einem Gemisch dieser beiden Stoffe. Die beiden Hauptarbeitsschritte der Maschine sind das Strecken und das Drehen des Vorgarns. Das Strecken erfolgt in einem Streckwerk, welches aus mehreren Walzen und Riemchenpaaren besteht. Die Drehzahlen sind beim jeweils folgenden Paar um den gewünschten Streckfaktor erhöht. Das Drehen des gestreckten Vorgarns zu einem Faden findet beim Aufwickeln des Fadens unmittelbar nach dem letzten Walzenpaar des Streckwerkes statt. Erst nach dem Drehen hat der Faden seine endgültige Festigkeit erreicht.

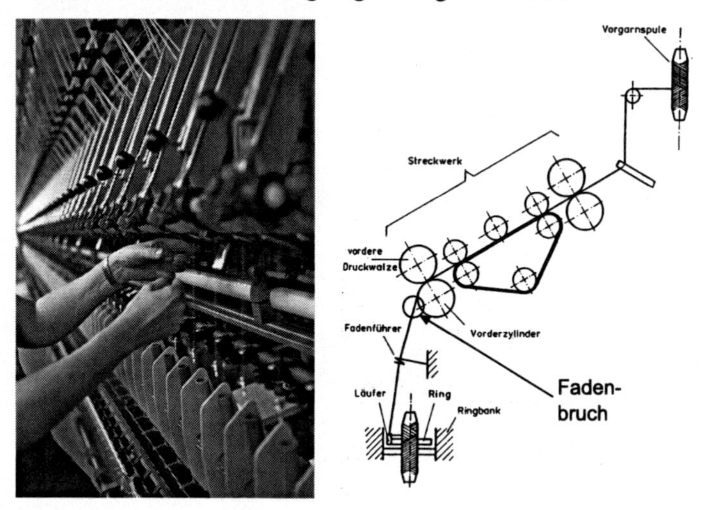


**Abb. 8-16.** Ringspinnmaschine und schematische Darstellung der Funktionsweise [Augustin 1985] (mit freundlicher Genehmigung der Zwickauer Kammgarn GmbH)

Zunächst wurde eine ausführliche Analyse des Unfallhergangs und der Auswirkungen durchgeführt. Die Ursache für den betrachteten Unfall an Ringspinnmaschinen ist ein Fadenbruch mit anschließender Wickelbildung. Der Bruch des Fadens erfolgt meist unmittelbar hinter dem aus Vorderzylinder und vorderer Druckwalze bestehenden letzten Walzenpaar, da an dieser Stelle einerseits die Belastung durch den Aufwickelvorgang anliegt, andererseits der Faden noch nicht seine volle Festigkeit erreicht hat. Da dieser Umstand bereits bekannt war, befindet sich in diesem Bereich eine Absaugvorrichtung, welche einen gebrochenen Faden abführen soll. Diese funktioniert jedoch aufgrund von Verschmutzung, ungenügender Zentrierung oder zu geringer Ansaugleitung häufig nicht reibungslos. In diesem Fall wird das gestreckte Vorgarn häufig um den Vorderzylinder gezogen und bildet einen Wickel, dessen Festigkeit in weiten Grenzen variiert. Um Produktionsausfälle gering zu halten wird dieser Wickel im laufenden Betrieb durch eine Bedienperson entfernt und der Faden neu geknüpft. Zum Entfernen des Wickels wird dieser mit einem Messer aufgeschnitten und abgenommen, sofern er sich nicht von selbst gelöst hat. Der Handgriff des Messers muss nach den Unfallverhütungsvorschriften beim Aufschneiden mit beiden Händen gefasst werden. Dies erfolgt jedoch häufig nicht, so dass sich die Bediener beim Abrutschen des Messers Schnittwunden an Hand und Unterarmen zufügen können. Bei Rechtshändern treten diese Verletzungen an der linken Hand auf, bei Linkshändern an der rechten Hand. Die Schwere der Verletzungen reicht von kleinen Schnitten bis zu Sehnendurchtrennungen, wobei die kleineren Verletzungen überwiegen.

Im Anschluss an die Analyse des Unfallgeschehens wurde ein **Relationsorientiertes Funktionsmodell** des betrachteten Unfall-Maschine-Systems erstellt. Es sollte verwendet werden, um die in Zusammenhang mit dem Unfallgeschehen schädlichen **Funktionen** identifizieren und daraus geeignete Maßnahmen ableiten zu können um das Unfallrisiko zu verringern. Da das Modell sehr umfangreich war, wurde es anschließend auf die für die vorliegende Betrachtung notwendigen **Elemente** und **Operationen** verkürzt und analysiert. Darauf aufbauend wurden **Konzepte** zur Beseitigung der schädlichen Funktionen abgeleitet.

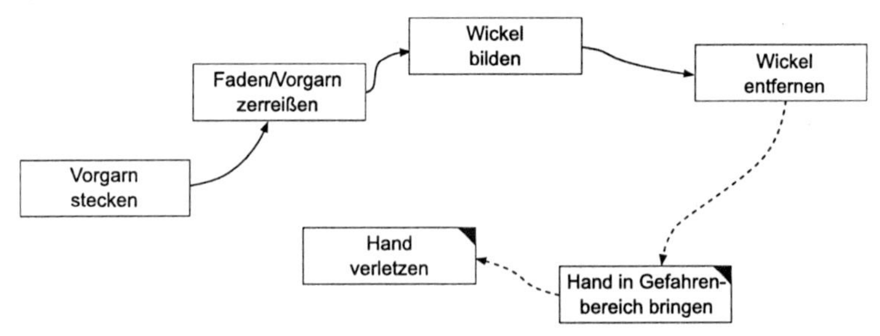


**Abb. 8-17.** Vereinfachtes Funktionsmodell des Unfall-Maschine-Systems [Augustin 1985]

Die Analyse des Funktionsmodells zeigte, dass unter anderem die Operation „Wickel bilden" nicht für den gewünschten Betriebsablauf notwendig ist und folglich ohne Einschränkungen entfernt werden kann. Es musste somit ein Konzept gefunden werden, bei dem sich kein Wickel bildet, wenn das Vorgarn gebrochen ist. Diese Zielsetzung war auch bei anderen Spinnereibetrieben und Forschungsinstituten vorhanden, so dass bereits die wesentlichen Einflussgrößen auf die Wickelbildung bekannt waren. Eine der ermittelten Einflussgrößen ist das Verhältnis von Walzendurchmesser zu Faserlänge. Die Entwickler kamen daher zum Entschluss die Konstruktion des Streckwerks so zu verändern, dass eine Wickelbildung zumindest erschwert wird. Es wurde ein Konzept ausgearbeitet, in dem der vordere Zylinder durch einen Riemen ersetzt wird, dessen Führung in Verbindung mit einem Abstreifblech die Wickelbildung erschwert. Im Prinzip entspricht diese Maßnahme einer Vergrößerung des Durchmessers der Walze.

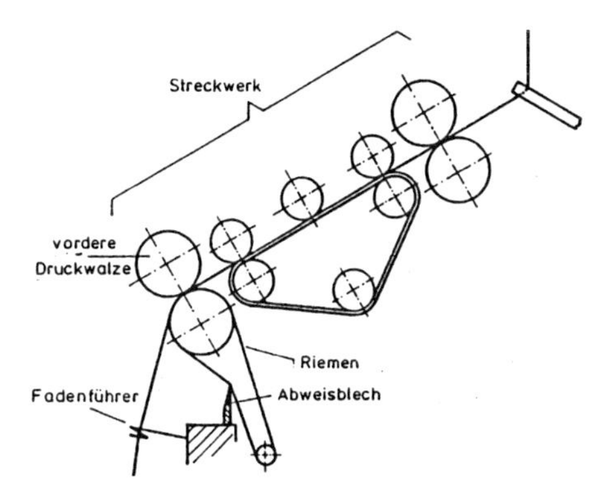


**Abb. 8-18.** Prinzipskizze einer verbesserten Spinnstelle [Augustin 1985]

Neben diesem Konzept zur Umgestaltung des Streckwerkes wurde weiterhin beschlossen, dass das zum Auftrennen des Wickels verwendete Messer im Sinne der Unfallverhütung verbessert werden musste. Dies bedeutet, dass die Operation „Wickel entfernen" so zu Realisieren ist, dass die schädliche Funktion „Hand verletzen" nicht mehr auftritt.

Zunächst wurde nach alternativen **physikalischen Effekten** gesucht, die das Durchtrennen der Fäden ermöglichen und gleichzeitig ein geringes Unfallrisiko darstellen. Es zeigte sich jedoch, dass keine geeigneten Effekte gefunden werden konnten, so dass der Effekt „Keilwirkung" beibehalten wurde. Anschließend wurden die geometrischen Zusammenhänge des Unfall-Maschine-Systems genauer betrachtet. Aus der Analyse der Bewegungsabläufe des Bedieners ist ersichtlich, dass die Bewegung des Messers von rechts nach links (bei Rechtshändern) als gefährlich einzustufen und daher zu vermeiden ist. Weiterhin zeigte eine Analyse der Größenverhältnisse von menschlicher Hand und Wickel, dass es zweckmäßig ist, ein System zu entwickeln, welches nur kleine und bewegte Objekte schneidet.

Aus diesen Ansätzen wurden zwei neuartige Messer zur Entfernung des Wickels entworfen. Zum einen entstand ein Messer, bei dem die Schneide durch eine Feder in das Innere des Handgriffs gezogen wird, wenn nicht der Knopf in der Mitte des Griffes nach oben geschoben wird. Durch diese Lage des Knopfes ist die Lage des Daumens relativ zum Handgriff festgelegt und die Schneide weist automatisch nach rechts. Die Nutzung der Größenunterschiede zwischen den Fasern und der Hand führten weiterhin zu einem handelsüblichen Messer, bei dem die Schneide mit einem Abdeckblech versehen wird. Die Maße dieses Bleches wurden so gewählt, dass die Hände nicht mehr oder nur noch leicht verletzt werden. Dieses zweite Konzept wurde in Versuchen erfolgreich getestet und kann außerdem von den Betrieben leicht selbst hergestellt werden.

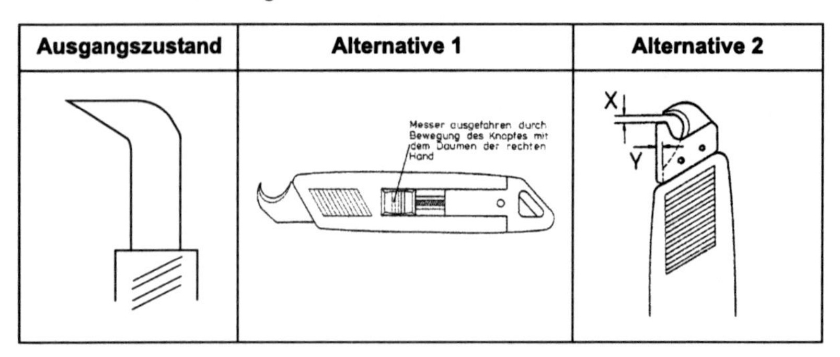


**Abb. 8-19.** Alternative Konzepte zur unfallsicheren Gestaltung des Messers [Augustin 1985]

## 8.4 Zusammenfassung

Die Themen Sicherheit und Zuverlässigkeit besitzen eine hohe Bedeutung bei der Entwicklung technischer Produkte. Sie beeinflussen zum einen sehr stark die Wahrnehmung eines Produktes durch den Kunden, zum anderen spielen in diesem Zusammenhang stets wirtschaftliche und rechtliche Überlegungen eine Rolle.

Sicherheit und Zuverlässigkeit beziehen sich auf zukünftiges Verhalten eines Systems und besitzen viele Gemeinsamkeiten. Die Abgrenzung besteht darin, dass unter Zuverlässigkeit eine ordnungsgemäße Funktionserfüllung zu verstehen ist. Wichtig ist in diesem Zusammenhang auch die Verfügbarkeit eines Systems. Hingegen sind Maßnahmen zur Erhöhung der Sicherheit darauf ausgerichtet, einen Schutz vor Gefahren für Mensch, Maschinen und Umwelt zu erzielen. Hierbei ist zu beachten, dass die verantwortlichen Entwickler für eventuelle Schäden und deren Konsequenzen haftbar gemacht werden können.

Zur Bestimmung von Sicherheit und Zuverlässigkeit können verschiedene quantitative und qualitative Methoden auf Bauteil- und Systemebene eingesetzt werden. Die Festlegung von Anforderungen zur Zuverlässigkeit erfolgt meist mit dem Ziel die Lebenslaufkosten zu optimieren, während bei Sicherheitsanforderungen Richtlinien, Gesetze, Normen und Vorschriften einzuhalten sind.

Die hierzu eingesetzten Prinzipien der Sicherheitstechnik können auf allen Ebenen der Produktkonkretisierung zur Anwendung kommen. Sie werden nach Art des Auftretens von Gefährdungen in zwei Gruppen unterteilt. Um stochastischen Fehlern entgegenzuwirken werden die Maßnahmen der unmittelbaren, mittelbaren und hinweisenden Sicherheitstechnik in der genannten Reihenfolge angewandt. Zur Verminderung von Auswirkungen deterministischer Gefahren können das Prinzip des sicheren Bestehens (safe life), das Prinzip des beschränkten Versagens (fail safe) und das Prinzip der Redundanz eingesetzt werden.

Bei Einsatz dieser Prinzipien muss bedacht werden, dass absolute Sicherheit beziehungsweise Zuverlässigkeit nie erreichbar ist. Es muss immer ein Kompromiss zwischen Anforderungen und erforderlichem Aufwand gefunden werden.

# 9 Produktgewicht

Das Gewicht eines Produktes ist in Hinblick auf seine Fertigung, Nutzung und Entsorgung sowie über den gesamten Lebenszyklus hinweg ein wichtiger Faktor. In der Produktion spielt das Gewicht in Bezug auf Materialkosten aber auch in der Handhabung von Teilen bei der Bearbeitung und Montage eine Rolle. Der Transport eines Produktes verteuert sich bei größerem Gewicht und größeren Abmaßen ebenfalls. Die geplante Transportart eines Produktes sollte bei der Festlegung der Gewichtsziele für ein Produkt berücksichtigt werden, damit beispielsweise der Transport im Flugzeug nicht durch ein zu hohes Produktgewicht verhindert wird und sich so Auslieferungszeiten deutlich verlängern. Die Entsorgungskosten eines Produktes hängen stark von seiner Masse ab. Hier haben allerdings auch die Materialkombination und Demontagefähigkeit wesentlichen Einfluss auf die entstehenden Kosten.

In der Nutzungsphase eines Produktes haben das Gewicht und dessen Verteilung Auswirkungen auf die Handhabung aber auch den Energieverbrauch des Produktes. Dass der Energieverbrauch durch eine höhere zu beschleunigende Masse beispielsweise bei Kraftfahrzeugen steigt, ist leicht nachvollziehbar. Ebenso wirken sich höhere zu beschleunigende Massen negativ auf Beschleunigungs- und Verzögerungszeiten von dynamischen Systemen aus. Eine schlechte Massenverteilung innerhalb eines Produktes kann aber ebenfalls zu höherem Energieverbrauch führen, da durch ungünstig verteilte Massen hohe Momente entstehen. Auch Eigenfrequenzen und Eigenformen eines Produktes ändern sich bei veränderter Massenverteilung.

Bei der Handhabung von Produkten spielt deren Gewicht ebenfalls eine erhebliche Rolle. So ist bei Handstaubsauggeräten der Motor, also ein schweres Element des Gerätes, meist nah am Griff angebracht, um die Handhabung zu erleichtern. Weiterhin kann das Produktgewicht und dessen Verteilung die Sicherheit des Produktes erheblich beeinflussen.

Es ist nicht immer ausschließlich das Ziel das Produktgewicht zu verringern. Bei einigen Produkten wirkt sich ein höheres Gewicht durch hochwertigere Materialien positiv auf die Produkteinschätzung der Kunden aus, wie beispielsweise bei Möbeln oder auch hochwertigen Küchengeräten. Weiterhin gibt es Produkte, die ein gewisses minimales Gewicht benötigen, um ihre Funktion überhaupt erfüllen zu können. Hier sind unter anderem Schirmständer oder Kräne zu nennen.

## 9.1 Auswirkungen des Gewichts auf eine Hochgeschwindigkeits-Schleifmaschine

Im Rahmen eines Entwicklungsprojektes [Wulf 2002] war es das Ziel eine Hochgeschwindigkeits-Verzahnungsschleifmaschine zu entwickeln, die eine Halbierung der bis dahin üblichen Fertigungszeiten erlaubte. Dazu sollte die Technologie des High-Speed-Grindings (Hochgeschwindigkeitsschleifen) zur Anwendungsreife entwickelt werden, bei der Werkzeugdrehzahlen bis zu 40.000 Umdrehungen pro Minute realisiert werden. Um die Vorteile der im Vergleich zu konventionellen Maschinen zehnfach höheren Schnittgeschwindigkeiten ausnützen zu können, musste sowohl die Geschwindigkeit, als auch die Dynamik einer solchen Maschine deutlich erhöht werden.

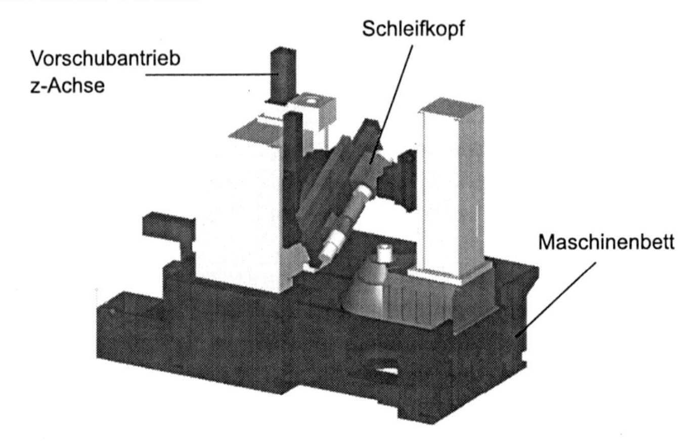


**Abb. 9-1.** CAD-Modell der zu optimierenden Verzahnungsschleifmaschine [Wulf 2002]

Für ein bestehendes Maschinenkonzept wurden eine Frequenzganganalyse durchgeführt und die drei dominanten Eigenformen analysiert, um die strukturellen Schwachpunkte des aktuellen Systems aufzuzeigen. Als kritische Elemente wurden der Vorschubantrieb der z-Achse, der Schleifkopf sowie das Maschinenbett identifiziert. Das Ziel der Entwicklung war es, eine Reduzierung der Eigenfrequenzen und deren Amplituden zu erreichen. Eine verwendete Maßnahme in der Gestaltungsphase war es, die bewegten Massen an Vorschubantrieb und Schleifkopf soweit wie möglich zu reduzieren. Dies bewirkte in der Folge tatsächlich eine Absenkung der Eigenfrequenzen, zog aber eine Erhöhung der Amplituden der Eigenformen nach sich. Die reine Reduzierung der bewegten Masse hatte also negative Auswirkungen auf die dynamische Steifigkeit des Gesamtsystems. Auch die auftretenden Momente in der Maschine verändern sich bei unterschiedlichen Massenverteilungen. Dies kann dazu führen, dass die geforderten Bearbeitungskräfte nicht mehr aufgebracht werden können oder dass durch die neu auftretenden Momente andere Eigenformen entstehen, die beispielsweise zu höherem Werkzeugverschleiß führen können. In diesem Beispiel resultierte demnach eine reine Berücksichtigung der Masse, nicht aber der Massenverteilung, in ungewünschten Eigenschaften des Systems. Da die gewünschten **Produkteigenschaften** durch die gewählten gestalterischen Maßnahmen nicht gewährleistet werden konnten, waren aufwändige Nacharbeiten an Axialantrieb und Schleifkopf notwendig.

Eine Berücksichtigung des Produktgewichts erst spät in der Entwicklung und eine reine Betrachtung der Masse ohne Berücksichtigung ihrer Verteilung haben also in diesem Fall dazu geführt, dass das angestrebte **Entwicklungsziel** nur durch aufwändige Nacharbeit erreicht wurde. Eine Betrachtung des Produktgewichts bereits auf Funktionsebene hätte dieses Problem vielleicht verhindern können. Es ist also wichtig, das Produktgewicht und die Massenverteilung bereits früh in der Entwicklung zu berücksichtigen.

## 9.2 Maßnahmen zur Optimierung des Produktgewichts

Das Produktgewicht stellt ein wichtiges **Design-for-X**-Kriterium dar, unter anderem, da es sich in allen Phasen des **Produktlebenszyklus** auf die entstehenden Kosten auswirkt. In der Fertigung wirkt es sich auf Materialkosten, in der Logistik auf Transportkosten und bei der Nutzung vor allem auf die Energiekosten aus.

Eine Berücksichtigung des Produktgewichts in der Entwicklung ist also in vielen Fällen wichtig und notwendig. Eine reine Anwendung der klassischen **Prinzipien des Leichtbaus** [Klein 2000] wie Strukturoptimierung, die Auswahl von Leichtbauwerkstoffen oder auch der Einsatz von Sandwichbauweisen alleine ist nicht zielführend. Vielmehr müssen auf allen Ebenen des Münchener Produktkonkretisierungsmodells Aspekte des Produktgewichts berücksichtigt werden.

Ein wichtiger Punkt sind an dieser Stelle die Vernetzung und die Abhängigkeiten des Produktgewichts mit anderen Eigenschaften. So hat eine geringe Masse einerseits den Vorteil, dass Materialkosten gesenkt werden können und der Ressourcenverbrauch sowie Energieeinsatz von dynamischen Systemen reduziert werden. Andererseits kann die Forderung nach extrem niedrigerem Produktgewicht auch zu deutlich höheren Kosten führen, wenn beispielsweise anstatt in großen Mengen genutzten Metallen dazu Faserverbundwerkstoffe eingesetzt werden müssen. Höhere **Anforderungen** an die Sicherheit von Produkten können ebenfalls im Widerspruch mit der Forderung nach einer Senkung des Gewichts stehen. Dies ist zum Beispiel der Fall, wenn Öltanker aus Sicherheitsgründen doppelwandig verkleidet werden müssen.

## *9.2.1 Wie können Gewichtsziele ermittelt werden?*

Wie bei allen wichtigen Produkteigenschaften ist es auch beim Gewicht wesentlich, zu Beginn der Entwicklung Zielwerte festzulegen. Werden nicht bereits am Anfang einer Entwicklung Gewichtsziele definiert, besteht die Gefahr, dass das Produkt am Ende für die geplante Nutzung zu schwer wird oder einen zu hohen Kraftstoff- oder Energieverbrauch aufweist. Auch Transport- und Fertigungskosten können steigen, wenn ein Produkt schwerer wird.

Zu Beginn der Produktentwicklung ist noch nicht klar, welche **Funktionen**, Bauteile und **Module** das Produkt am Ende aufweisen wird, weshalb eine Einschätzung des zukünftigen Produktgewichts schwierig ist. Weiterhin können auch im Zusammenhang mit dem Produktgewicht **Zielkonflikte** auftreten, die in möglichst frühen Phasen erkannt und aufgelöst werden sollen. So besteht beispielsweise ein Konflikt, wenn das Gewicht einer Fahrzeugkarosserie gesenkt, die Steifigkeit aber gleich bleiben oder erhöht werden soll, um eine optimale Fahrzeugsicherheit zu gewährleisten.

Durch eine frühe Berücksichtigung des Produktgewichts bereits in der Zieldefinition können die Marktchancen eines Produkts erhöht werden, da leichte Produkte einfacher handhabbar sind und geringe Betriebskosten ein wichtiges Verkaufsargument darstellen. Dies gilt besonders bei Investitionsgütern wie beispielsweise Produktionsmaschinen.

Zur Definition von Gewichtszielen können unterschiedliche Quellen genutzt werden. Es kann beispielsweise ein **Benchmarking** [Fahrni 2002] in Bezug auf das Produktgewicht von Vorgänger- oder Konkurrenzprodukten durchgeführt und aus diesen Ergebnissen die Ziele für das geplante Produkt abgeleitet werden. Hier sind allerdings geplante neue Funktionalitäten, die in den Benchmarkprodukten eventuell noch nicht umgesetzt sind, ebenfalls mit einzubeziehen. Eine Aufstellung der Gewichtsstrukturen des Vorgängerproduktes kann beispielsweise anhand einer **ABC-Analyse** bei der Ermittlung von Einsparpotenzialen unterstützen.

| | max. Kräfte (N) | | | | | | | |
|---|---|---|---|---|---|---|---|---|
| | Frauen | | | | Männer | | | |
| | körpernah (100 mm) | | körperfern (300 mm) | | körpernah (100 mm) | | körperfern (300 mm) | |
| Höhe | 600 mm | 1000 mm | 600 mm | 1000 mm | 600 mm | 1000 mm | 600 mm | 1000 mm |
| Perzentile | | | | | | | | |
| 1 | 157 | 145 | 107 | 81 | 525 | 317 | 281 | 187 |
| 5 | 203 | 186 | 139 | 98 | 684 | 422 | 359 | 239 |
| 10 | 284 | 214 | 177 | 129 | 708 | 451 | 378 | 250 |
| 50 | 488 | 279 | 276 | 184 | 854 | 634 | 512 | 343 |
| 90 | 598 | 473 | 381 | 271 | 1041 | 968 | 640 | 462 |
| 95 | 637 | 493 | 388 | 298 | 1086 | 1031 | 691 | 484 |
| 99 | 674 | 525 | 451 | 386 | 1185 | 1327 | 798 | 697 |

**Abb. 9-2.** Hebekräfte [Bundesamt für Wehrtechnik und Beschaffung 1989]

Wird ein Produkt entwickelt, das von Menschen zur Nutzung bewegt werden muss, so ist zu beachten, dass die zu bewegenden Massen nicht zu groß werden. Um hierzu Grenzwerte zu ermitteln, sind Ergonomienormen [beispielsweise DIN 33411] geeignet. So können je nach Zielgruppe die Maximalgewichte bestimmt werden.

Weiterhin ist es wichtig, bereits bei der Zielfindung, beziehungsweise Anforderungsklärung, Zielkonflikte in Bezug auf das Gewicht zu erkennen und wenn möglich aufzulösen. Ein solcher Zielkonflikt ist beispielsweise, dass ein Baukran, da er häufig transportiert werden muss, ein möglichst geringes Gewicht aufweisen soll, aber ein gewisses minimales Gewicht benötigt, um überhaupt seine Funktion des Lastentransportes erfüllen zu können.

### *9.2.2 Wie kann das Produktgewicht im Funktionsmodell berücksichtigt werden?*

Die Berücksichtigung des Produktgewichts im Funktionsmodell kann Potenzial für deutliche Gewichtsersparnis am Produkt liefern, gestaltet sich aber relativ aufwändig. Eine **Funktionsgewichtsanalyse** von Vorgänger- oder Konkurrenzprodukten ermöglicht es, die Funktionsgewichtsstruktur des geplanten Produktes abzuleiten.

Um auf Funktionsebene das Gewicht berücksichtigen zu können, muss zunächst ermittelt werden, welcher Anteil des Gewichts zur Erfüllung der einzelnen Teilfunktionen aufgewendet wird. Dies geschieht analog der Funktionskostenermittlung im **Target Costing** [Stößer1999, Nißl 2006, Seidenschwarz 2006]. Die Ermittlung von Funktionsgewichten ist aber deutlich aufwändiger als die Ermittlung von Bauteilgewichten. Die Problematik besteht in diesem Fall darin, dass ein Bauteil mehrere Funktionen vereinen kann oder eine Funktion durch verschiedene Bauteile erfüllt wird. Es muss also eingeschätzt werden, welchen Anteil an der Funktionserfüllung einzelne Bauteile besitzen.

Das Vorgehen zur Funktionsgewichtsanalyse gestaltet sich wie folgt. Zunächst wird auf Bauteilebene die Gewichtsstruktur des Vorgänger- oder Konkurrenzproduktes erstellt. Die Bauteile und zugehörigen Gewichte werden dann in die Zeilen einer Tabellenkalkulation eingetragen. In die Spalten werden die Funktionen des Produktes aufgetragen. Nun wird bestimmt, welche Funktion von den Bauteilen zu welchem Anteil erfüllt wird. Dies geschieht durch Schätzung der Funktionsanteile durch Experten. Danach werden die Funktionsanteile mit den Bauteilgewichten multipliziert und durch Addition der Funktionsgewichtsanteile die Funktionsgewichte ermittelt. Dadurch ergibt sich eine Rangfolge der Funktionsgewichte. Dieses ermöglicht eine ABC-Analyse zur Ermittlung von Einsparpotenzialen.

Es kann auch anhand einer Rangfolge der Funktionen nach ihrer Wichtigkeit eine Einschätzung vorgenommen werden, welche Funktionen bisher ein zu hohes Gewicht aufweisen und welche auf Grund ihrer Wichtigkeit einen höheren Gewichtsanteil einnehmen dürften. Auf diese Weise kann unter Berücksichtigung der neu geplanten Funktionen für das zu entwickelnde Produkt eine Soll-Rangfolge für die Funktionsgewichte erstellt und den einzelnen Funktionen realistische Zielfunktionsgewichte zugeordnet werden.

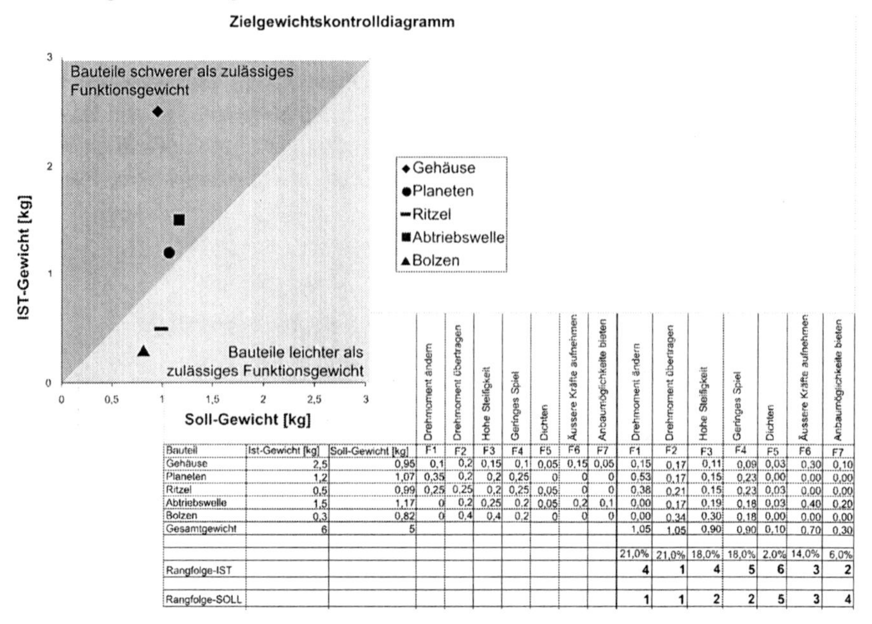


| | | | Drehmoment ändern | Drehmoment übertragen | Hohe Steifigkeit | Geringes Spiel | Dichten | Äussere Kräfte aufnehmen | Anbaumöglichkeite bieten | Drehmoment ändern | Drehmoment übertragen | Hohe Steifigkeit | Geringes Spiel | Dichten | Äussere Kräfte aufnehmen | Anbaumöglichkeite bieten |
|---|---|---|---|---|---|---|---|---|---|---|---|---|---|---|---|---|
| Bauteil | Ist-Gewicht [kg] | Soll-Gewicht [kg] | F1 | F2 | F3 | F4 | F5 | F6 | F7 | F1 | F2 | F3 | F4 | F5 | F6 | F7 |
| Gehäuse | 2,5 | 0,95 | 0,1 | 0,2 | 0,15 | 0,1 | 0,05 | 0,15 | 0,05 | 0,15 | 0,17 | 0,11 | 0,09 | 0,03 | 0,30 | 0,10 |
| Planeten | 1,2 | 1,07 | 0,35 | 0,2 | 0,2 | 0,25 | 0 | 0 | 0 | 0,53 | 0,17 | 0,15 | 0,23 | 0,00 | 0,00 | 0,00 |
| Ritzel | 0,5 | 0,99 | 0,25 | 0,25 | 0,2 | 0,25 | 0,05 | 0 | 0 | 0,38 | 0,21 | 0,15 | 0,23 | 0,03 | 0,00 | 0,00 |
| Abtriebswelle | 1,5 | 1,17 | 0 | 0,2 | 0,25 | 0,2 | 0,05 | 0,2 | 0,1 | 0,00 | 0,17 | 0,19 | 0,18 | 0,03 | 0,40 | 0,20 |
| Bolzen | 0,3 | 0,82 | 0 | 0,4 | 0,4 | 0,2 | 0 | 0 | 0 | 0,00 | 0,34 | 0,30 | 0,18 | 0,00 | 0,00 | 0,00 |
| Gesamtgewicht | 6 | 5 | | | | | | | | 1,05 | 1,05 | 0,90 | 0,90 | 0,10 | 0,70 | 0,30 |
| | | | | | | | | | | | | | | | | |
| | | | | | | | | | | 21,0% | 21,0% | 18,0% | 18,0% | 2,0% | 14,0% | 6,0% |
| Rangfolge-IST | | | | | | | | | | 4 | 1 | 4 | 5 | 6 | 3 | 2 |
| | | | | | | | | | | | | | | | | |
| Rangfolge-SOLL | | | | | | | | | | 1 | 1 | 2 | 2 | 5 | 3 | 4 |

**Abb. 9-3.** Funktionsgewichtsanalyse am Beispiel eines Planetengetriebes

Bei der Erstellung von **Funktionsmodellen** und der Planung von zukünftigen Produktfunktionen sollte immer beachtet werden, dass zusätzliche Funktionen in der Regel auch ein höheres Produktgewicht nach sich ziehen, da meist weitere Bauteile zu deren Erfüllung benötigt werden. Bei der Entwicklung von Bohrmaschinen müssen beispielsweise gesetzliche Vorgaben über die zulässige Dosis an Vibrationen, der die Benutzer täglich ausgesetzt sein dürfen, eingehalten werden. Es muss also mit der Vibrationsreduzierung eine neue Funktion umgesetzt werden, die nicht zu einer wesentlichen Erhöhung des Produktgewichts führen soll. Ein Bewusstsein für diese Problematik kann durch die Funktionsgewichtsanalyse geschaffen werden. Die Schwierigkeit, dem Anstieg der geforderten und umzusetzenden Funktionen zu begegnen, ohne dass eine weitere Gewichtszunahme verursacht wird, kann dadurch alleine aber nicht ausgeräumt werden.

Auf Funktionsebene sollten bereits erste Überlegungen angestellt werden, welche Funktionen später räumlich vernetzt sein müssen, um ein möglichst optimales Produktgewicht zu erzielen. Dazu ist zu berücksichtigen, welche Stoff-, Energie- und Informationsflüsse für das zukünftige Produkt vorgesehen sind. Funktionen, die von den Produktumsätzen nacheinander durchlaufen werden müssen, sollten demnach räumlich möglichst nah beieinander angeordnet werden, um nicht unnötig viele Transporte durch Rohre, Kabel oder andere Trägermedien zwischen einzelnen Systemelementen nach sich zu ziehen. Diese Überlegungen werden im Wirkmodell konkretisiert.

### *9.2.3 Wie können gewichtsparende Wirkprinzipien bestimmt werden?*

Die Entwicklungsschwerpunkte eines Produktes sollen ab möglichst frühen Entwicklungsphasen berücksichtigt werden. Dies gilt auch für das Produktgewicht. Dementsprechend sollten das Gewicht und eine mögliche Verteilung der Massen im Produkt bereits im **Wirkmodell** intensiv betrachtet werden, um die zuvor definierten Gewichtsziele erreichen zu können. Auf Wirkebene ergibt sich dabei aber die Schwierigkeit, dass sich allein aus den Wirkprinzipien nicht direkt auf das zukünftige absolute Produktgewicht schließen lässt. Dazu müssen in dieser Phase auf jeden Fall Schätzungen und Vergleiche herangezogen werden. Bei diesen Schätzungen besteht das Problem, dass auch wenn ein **Wirkprinzip** zur Wahl steht, noch nicht festgelegt ist, mit welchem Material dieses Prinzip umgesetzt werden soll, was wesentlichen Einfluss auf das Gewicht des späteren Bauteils hat. Eine Abschätzung des resultierenden Produktgewichts für verschiedene physikalische Prinzipien ist aber zum Beispiel anhand von Vergleichen mit Vorgängerprodukten möglich und kann als **Bewertungskriterium** in die Konzeptentscheidung einfließen. Ob beispielsweise zum Aufbringen einer Kraft ein Hydraulikzylinder oder ein Piezoelement verwendet wird, hat Auswirkungen auf das Produktgewicht, die sich bereits auf Wirkebene abschätzen lassen.

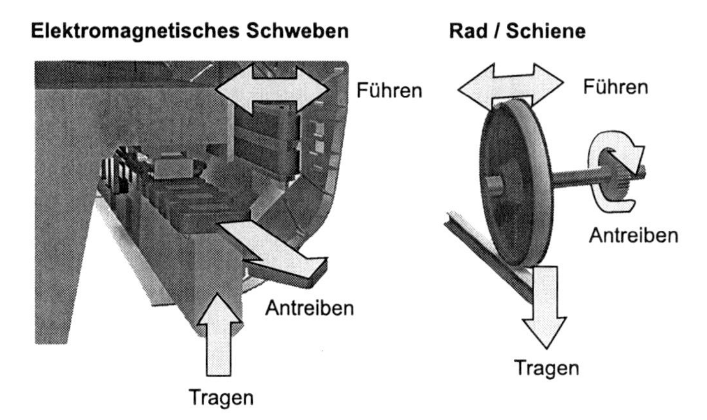


**Abb. 9-4.** Vergleich der Wirkprinzipien von Transrapid und Rad/Schiene-System (mit freundlicher Genehmigung der Transrapid International GmbH & Co. KG)

Der Transrapid als Magnetschwebebahn weist beispielsweise nur ein etwa halb so hohes Gewicht pro Sitzplatz auf wie ein ICE3. Hier führt die Änderung des Wirkprinzips von einem Rad/Schiene-Antrieb hin zur Magnetbahn dazu, dass Antrieb und Bremsen nicht in das Fahrzeug eingebaut werden müssen, sondern es kann fast der gesamte Antrieb in den Fahrweg integriert werden. Dies zieht eine erhebliche Gewichtsreduktion des bewegten im Vergleich zum konventionellen System nach sich [Schach et al. 2006].

Auch Widersprüche, die in Bezug auf das Produktgewicht auftreten könnten, sollten bereits im Wirkmodell betrachtet werden. Zum Überwinden dieser Widersprüche kann die **Widerspruchsorientierte Lösungssuche** [Altschuller 1984] genutzt werden, um zielgerichtet Möglichkeiten zu deren Auflösung zu entwickeln. Wenn beispielsweise der Konflikt auftritt, dass bei reduziertem Gewicht die Steifigkeit eines Bauteils ebenfalls geringer wird, liefert die Widerspruchsmatrix unter anderem als Anregung zur Lösungssuche das „Prinzip des Ersatzes mechanischer Systeme". Dieses Prinzip besagt, dass ein mechanisches System durch ein optisches, akustisches oder geruchsaktives System zu ersetzen ist. Der Ersatz eines mechanischen Systems zur Informationsübertragung durch ein elektronisches, wie es beim Wechsel von Steuerung über Schubstangen und Stahlseile zu Fly-by-Wire (elektrische Steuerung) in Flugzeugen der Fall war, kann durch dieses Prinzip angeregt werden und ermöglicht eine deutliche Gewichtsreduzierung bei gleicher Systemfunktionalität.

Im Wirkmodell sind, wie bereits im Funktionsmodell, die Umsätze des Produktes, das heißt Stofffluss, Energiefluss und Informationsfluss, zu beachten. Auf dieser Ebene werden für das Produktgewicht wesentliche Entscheidungen getroffen, wie unter anderem die Bestimmung der Energieart oder auch der Informationsträger. Diese Festlegungen in Kombination mit den Überlegungen der Funktionsvernetzung haben wesentlichen Einfluss auf die Umsetzung in der Ausgestaltung des Produktes. So wird beispielsweise bestimmt, welche Art von Energietransport durch das Produkt notwendig ist, ob ein Energiespeicher, wie beispielsweise ein Tank für Kraftstoff oder auch Batterien, vorgesehen werden muss, was wesentliche Auswirkungen auf Produktgewicht und -verteilung hat.

### *9.2.4 Wie können gestalterische Maßnahmen zur Gewichtsoptimierung eingesetzt werden?*

Bei der der Erarbeitung von **Baukonzepten** und Festlegung der Produktgestalt wird das Produktgewicht durch die endgültige Auswahl des Werkstoffs und **Ausarbeitung** der geometrischen **Gestalt** der Bauteile definiert. Dabei kommen aber nicht nur Aspekte des Produktgewichts ins Spiel, sondern es müssen auch alle anderen Anforderungen an das Produkt, beispielsweise in Bezug auf Beanspruchungen, Fertigung, Einkauf oder Vertrieb berücksichtigt werden. Hier ist der optimale Weg zur Erfüllung aller Anforderungen für das ausgewählte Produktkonzept zu finden.

Auf dieser Konkretisierungsebene kommen die „klassischen" **Prinzipien des Leichtbaus** zum Einsatz. Dabei handelt es sich um den Einsatz neuer Werkstoffe, die Entwicklung neuer Fertigungsverfahren oder auch den Einsatz von computergestützten Berechnungswerkzeugen.

Bei Produkten mit einem deutlichen Entwicklungsschwerpunkt auf der Optimierung des Produktgewichts kommen immer häufiger Leichtbauwerkstoffe zum Einsatz. Dabei handelt es sich um Metalllegierungen, wie zum Beispiel Magnesiumlegierungen, oder auch Kunststoffe und Faserverbundwerkstoffe. Im Bereich der Leichtbauwerkstoffe findet eine intensive Entwicklung statt, mit dem Ziel das spezifische Gewicht der Werkstoffe zu verringern, dabei aber gleichzeitig die Materialeigenschaften, wie zum Beispiel Steifigkeit oder Zugfestigkeit zu verbessern. Oft werden Werkstoffe mit definierten Eigenschaften für spezielle Anwendungen entwickelt und eingesetzt. Besonders Faserverbundwerkstoffe können durch die Anordnung von Fasern und Schichten gewünschte Werkstoffeigenschaften bei geringem spezifischen Gewicht ermöglichen. Hierzu werden ebenfalls Sandwichbauweisen meist mit Waben aus Aluminium oder Kunststoffen eingesetzt. Zur Herstellung und Verarbeitung dieser Werkstoffe werden oft neue Fertigungsverfahren benötigt. Die spezielle Entwicklung dieser Werkstoffe und Verfahren kann aber zu deutlich höheren Produktkosten führen.

**Abb. 9-5.** Strukturoptimierung am Flugzeugflügel mittels FEM-Berechnung [CADplus 2003]

Neben der Werkstoffauswahl spielt die **Optimierung der Produktstruktur** und Materialverteilung eine wichtige Rolle, um die Gewichtsanforderungen an ein Produkt einhalten zu können. Hierzu wird häufig die **numerische Simulation** eingesetzt, die beispielsweise mittels **Finite-Elemente-Analysen** aufzeigt, an welchen Stellen Material eingespart werden kann und an welchen Stellen ein Bauteil den geforderten Belastungen noch nicht standhält. Besonders bei Gussteilen wird dieses Vorgehen oft genutzt.

Eine weitere Möglichkeit Gewicht einzusparen bietet sich darin, Bauteile in **Integral-** anstatt **Differenzialbauweise** auszulegen, da dadurch das Gewicht für Verbindungselemente entfällt. Bei Turbinenschaufeln verbessert sich durch die Integralbauweise neben dem Produktgewicht auch der Kraftverlauf vom Schaufelfuß in die Scheibe.

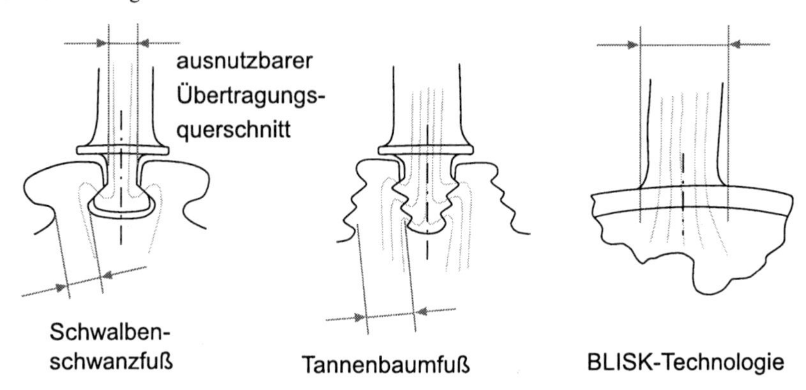


**Abb. 9-6.** Integral- im Vergleich zu Differenzialbauweise bei Turbinenschaufeln

Wird in der Entwicklung ausschließlich der Schwerpunkt auf die Reduzierung des Gewichts gelegt, kann dies negative Auswirkungen auf Eigenschaften des Systems nach sich ziehen. Die Gewichtsreduktion von Teilen der Karosserie eines Automobils kann zu ungewollten akustischen Effekten führen, die unter Umständen aus Zeitgründen kurzfristig mit schweren Tilgern gelöst werden müssen. Dies führt in der Gesamtbilanz sowohl in Bezug auf das Gewicht als auch auf die Kosten zu Nachteilen.

Neben der Reduzierung des Gewichts bedeutet Gewichtsoptimierung besonders bei dynamischen Systemen auch, eine optimale Gewichtsverteilung innerhalb des Produktes zu erzielen. Diese hat wesentlichen Einfluss auf die Funktionalität des Produktes. Wenn beispielsweise bei einem Kraftfahrzeug mit Frontantrieb der größte Teil des Gewichts auf der Hinterachse lastet, wirkt sich dies negativ auf die Fahreigenschaften aus. Die ungünstige Massenverteilung kann in diesem Fall unter anderem dazu führen, dass sich die Traktion des Fahrzeugs verschlechtert, also die Fahrzeugsicherheit eingeschränkt ist. Bei Werkzeugmaschinen kann sich durch ungünstige Massenverteilung und daraus resultierenden Eigenfrequenzen und -formen die erzielbare Fertigungsgenauigkeit reduzieren oder der Werkzeugverschleiß erhöhen. Dies bedeutet, dass bei ungünstiger Massenverteilung die funktionalen Anforderungen an das Produkt nicht eingehalten werden können.

Das Bewusstsein für die Wichtigkeit einer guten Massenverteilung innerhalb eines Produktes ist für dessen Realisierung allein aber nicht ausreichend. Es müssen zusätzlich unter anderem auch physikalische Anforderungen und Rahmenbedingungen berücksichtigt werden. Wird etwa ein Steuergerät thermisch ungünstig in der Nähe eines Verbrennungsmotors angeordnet um eine scheinbar optimale Massenverteilung zu erzielen, kann sich in der Testphase herausstellen, dass dieses Steuergerät vor den thermischen Einwirkungen geschützt werden muss. Dies wird in der Regel durch zusätzliche Bauteile (zum Beispiel Wärmeschutzbleche oder auch separate Kühlluftleitungen) realisiert, was den vorher gewonnen Gewichtsvorteil zumindest teilweise wieder zunichte macht. Eine optimale Massenverteilung in einem Produkt zu erzielen ist somit von vielen Einflussfaktoren abhängig. Zu diesen gehören unter anderem funktionale und wirkprinzipielle Zusammenhänge, die räumlichen Möglichkeiten, die durch **Bauraum** und Anforderungen vorgegeben sind, Fragen der Produktsicherheit oder auch die Materialauswahl. Alle relevanten Aspekte zu berücksichtigen ist demnach ein komplexes Problem, dem in der Produktentwicklung entsprechende Aufmerksamkeit geschenkt werden muss.

## 9.3 Gewichtsoptimierung in der Luftfahrtindustrie

In der Luftfahrtindustrie ist schon seit langer Zeit die Optimierung des Flugzeuggewichts ein Entwicklungsschwerpunkt. Bei möglichst geringem Leergewicht soll eine möglichst hohe Zuladung realisiert werden, um den Energieverbrauch und damit die Energiekosten pro transportiertem Passagier oder pro Container zu reduzieren und die Reichweite des Flugzeuges zu steigern. Besonders bei Passagierflugzeugen gibt es jedoch den Trend, immer mehr Unterhaltungselektronik vorzusehen, was zu einer deutlichen Erhöhung des Flugzeuggewichts führt.

Mit dieser Problematik musste man sich bei der Entwicklung des Airbus A380 auseinandersetzen. Im Durchschnitt 555 Passagiere sollen in dem 72 Meter langen und 24 Meter hohen Flugzeug mit einer Spannweite von 79 Metern transportiert werden. Das maximale Startgewicht des A380 ist dabei um etwa 40 Prozent größer als das der ersten Boeing 747 [Spaeth 2005].

Ziel in der Entwicklung war es die hohen Anforderungen an Zuladung, Reichweite und Wirtschaftlichkeit dadurch zu erreichen, dass durch eine Reduzierung des Flugzeuggewichts und den Einsatz optimierter Triebwerke die Treibstoffkosten möglichst gering gehalten werden.

Damit einher gehen jedoch viele konstruktive Herausforderungen, um die Strukturfestigkeit bei gleichzeitig geringstmöglichem Gewicht für einen wirtschaftlichen Betrieb sicherzustellen. Während diese Problematik generell bei neuen Luftfahrtentwicklungen auftritt, kamen beim A380 noch während der Entwicklung zusätzlich gewichtssteigernde Kundenwünsche hinzu, unter anderem eine aufwändigere Unterhaltungselektronik sowie zusätzlicher Lärmschutz.

Die genutzten Möglichkeiten zur Gewichtsreduktion erstrecken sich von der Verwendung neuer, leichter und hochfester Materialien über innovative Konzepte und Technologien bis hin zu Berechnungs- und Produktionsverfahren.

Im Bereich der metallischen Werkstoffe werden Legierungen auf Aluminium-, Titan- und Nickelbasis unter anderem im Fahrwerk genutzt. Zur Realisierung hochintegrierter Schaltkreise kommen reinste Siliziummaterialien zum Einsatz. Wegen seiner hervorragenden Leichtbaueigenschaften wird verstärkt die Legierung Al-Li (Aluminium-Lithium) eingesetzt. Diese zeichnet sich dadurch aus, dass Lithium die Dichte des Aluminiums mit jedem Prozent Beimischung um etwa 3 Prozent senkt, gleichzeitig der Elastizitätsmodul um 6 Prozent steigt. So wird ein klassischer Widerspruch, nämlich die Reduzierung des Gewichts bei gleichzeitiger Steigerung der Steifigkeit, zumindest teilweise beseitigt. Insgesamt wird die Gewichtsersparnis durch Kombination neuer innovativer Legierungen auf etwa 10 Prozent beim A380 eingeschätzt. Die erstmalige Anwendung von Aluminiumkabeln für elektrische Leitungen in einem Verkehrsflugzeug erbrachte zum Beispiel 300 kg Gewichtsersparnis [Ziegler et al. 2005]. Gegenüber der konventionellen Verwendung von Kupferkabeln bedeutet dies eine Gewichtseinsparung von 20 Prozent.

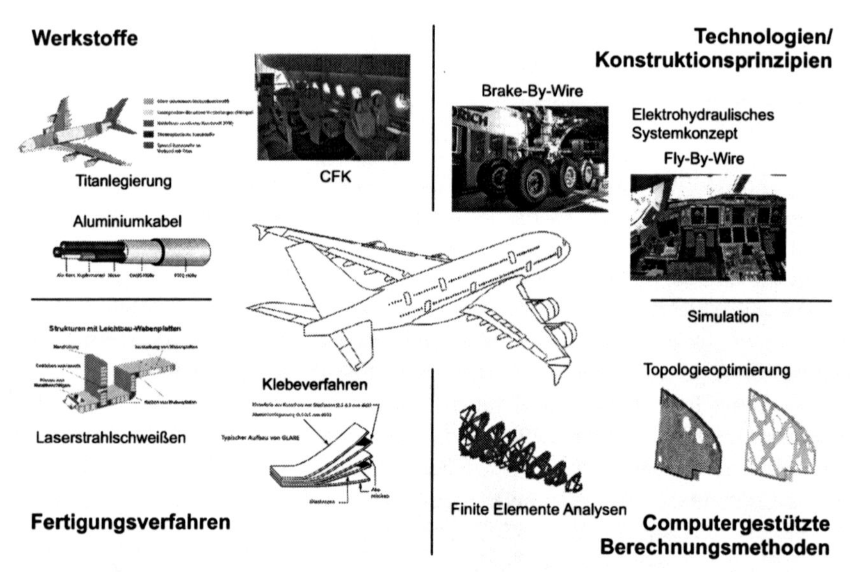


**Abb. 9-7.** Maßnahmen zur Gewichtsreduzierung im A380 (mit freundlicher Genehmigung von Andreas Spaeth, www.aspapress.com)

Darüber hinaus kommt dem Einsatz innovativer Verbundwerkstoffe eine immer größere Rolle zu. Im Flügelmittelkasten, dem Verbindungsstück zwischen beiden Flügeln und dem Rumpf, wird beispielsweise durch den Einsatz von faserverstärkten Kunststoffen ein Gewichtsvorteil von etwa 1,5 Tonnen erzielt. Als weiteres neuartiges Material wird der Verbundwerkstoff GLARE verwendet (Glas Fibre Reinforced Aluminium), ein glasfaserverstärktes Aluminiumlaminat. Im Vergleich zu konventionellem Aluminium ergeben sich hier deutliche Gewichtsvorteile. Der Gesamtwerkstoffmix der A380 enthält etwa 61 Prozent Aluminiumbauteile, 10 Prozent Titan und Stahl sowie 22 Prozent Verbundwerkstoffe [Spaeth 2005].

Durch neue Technologien und Fertigungsverfahren lassen sich ebenfalls Gewichtsersparnisse realisieren. So ermöglicht der Einsatz eines Fly-By-Wire-Systems eine Schwerpunktverlagerung, wodurch fast 40 Quadratmeter der Fläche der Höhenleitwerksflossen und damit auch erhebliches Gewicht eingespart werden [Ziegler et al. 2005]. Der Einsatz eines Hochdruckhydrauliksystems mit einem verbesserten Sicherheitskonzept brachte über eine Tonne Gewichtsersparnis gegenüber der konventionellen Bauweise. Dabei wurde der Hydraulikdruck in einem zivilen Passagierflugzeug erstmals auf die im militärischen Bereich üblichen

5000 psi anstatt 3000 psi ausgelegt. Da der Druck definiert ist als Kraft pro Fläche, lässt sich eine bestimmte Kraft, beispielsweise zum Bewegen eines Ruders, bei höherem Druck der Hydraulikflüssigkeit mit einem geringeren Leitungsquerschnitt realisieren. Zusätzlich brachte die Umstellung des Flugsteuerungssystems von drei hydraulischen auf nunmehr zwei hydraulische und zwei elektrische Steuerkreise, die völlig unabhängig voneinander arbeiten, neben einem weiteren Gewichtsvorteil sogar noch einen Sicherheitsgewinn mit sich [Figgen et al. 2005].

Durch innovative Fertigungsverfahren wie das Laserstrahlschweißen kann weiterhin gleichzeitig Gewicht gespart und die Funktionserfüllung verbessert werden. Früher benötigten die Längsverstrebungen, die mit der Außenhaut vernietet waren, einen eigenen Fußteil, hinzu kam das Gewicht der Nieten und des benötigten Dichtmittels. All diese Elemente können bei der geschweißten Verbindung entfallen. Neben den Vorteilen in Bezug auf das Flugzeuggewicht führt diese neue Ausführung zu einer erhöhten Beschädigungs- und Materialermüdungsresistenz sowie zu verkürzten Produktionszeiten. Verwendung findet dieses Verfahren beim A380 beispielsweise bei der Beplankung der vorderen und hinteren Rumpfunterschale [Figgen et al. 2005]. Gegenüber herkömmlichen Methoden wurden dadurch 10 Prozent Gewicht eingespart [Spaeth 2005, Borchard-Tuch 2007].

**Abb. 9-8.** Die A380 (mit freundlicher Genehmigung der Deutschen Lufthansa AG)

Auch die Klebetechnik unterstützt die Leichtbauweise, da sie die Verwendung von Leichtmetalllegierungen, faserverstärkten Kunststoffen und Sandwichbauteilen möglich macht. Hier tragen weitere Neuerungen zur Gewichtsreduktion bei. So werden Klebstoffe für das Fügen von Kompositen und zur Verstärkung von Konstruktionselementen beispielsweise im Flugzeugrumpf eingesetzt. Ohne neuentwickelte spezielle Spaltfüllmaterialien hätte der großdimensionierte, aus Verbundmaterial bestehende Mittelkasten für die Tragwerksaufhängung nicht gefertigt werden können. Generell finden sich Klebetechnikanwendungen sowohl im Innenbereich als auch bei der Herstellung hochbeanspruchter Fügeverbindungen, wie zum Beispiel bei Außenblechversteifungen oder bei Sandwichstrukturen aus Aluminium- oder Kunststoffwaben [Borchard-Tuch 2007].

Weiterhin können auch Berechnungsmethoden wie rechnergestützte Optimierungsverfahren gezielt dazu beitragen die Bauteile optimal auszulegen und dabei Gewichtsreduzierungen zu realisieren. Es wurden zur **Topologieoptimierung** beispielsweise der Rippenstrukturen des Vorflügels neue Berechnungsprogramme eingesetzt. Dabei wurde in einem ersten Schritt eine steifigkeitsoptimierte Struktur berechnet, die dann durch mathematische Variation von Wandstärken und Steghöhen weiter auf Lebensdauer und Beugeverhalten optimiert wurde. Dies brachte einen Gewichtsvorteil von etwa einer halben Tonne.

Wie an diesem Beispiel deutlich wird, gibt es viele verschiedene Maßnahmen, die zur Optimierung des Produktgewichts herangezogen werden können. Trotz dieser Fülle an ergriffenen Maßnahmen wurden die gesetzten Gewichtsziele für den A380 nur mit Mühe erreicht. Daraus wird erkenntlich, dass eine Betrachtung des Produktgewichts eine hohe Bedeutung über den gesamten Entwicklungsprozess hinweg besitzt, um der Rolle des Produktgewichts für den Produktlebenslauf gerecht zu werden.

## 9.4 Zusammenfassung

Das Gewicht eines Produktes hat wesentliche Auswirkungen auf die Funktionserfüllung und die Kosten, die für ein Produkt im Laufe seines Lebenszyklus entstehen. Dies beginnt bei den Materialkosten und geht über die Transportkosten zu den Betriebs- beziehungsweise Energiekosten. Aus diesem Grunde ist es sowohl für den Produzenten als auch den Kunden eines Produktes relevant, wie hoch das Gewicht eines Produktes ist.

Auch die Verteilung der Masse innerhalb eines Produktes ist dabei von Interesse. Sie hat Auswirkungen auf die dynamischen Eigenschaften eines Produktes und kann sich somit direkt auf die Funktionserfüllung des Produktes (zum Beispiel Eigenformen einer Werkzeugmaschine) oder auch das Komfortgefühl des Kunden (beispielsweise in Kraftfahrzeugen) auswirken. Das Produktgewicht weist demnach komplexe Wechselwirkungen mit anderen Produkteigenschaften wie unter anderem der Sicherheit und der Steifigkeit auf.

Sowohl das Produktgewicht als auch die Massenverteilung innerhalb eines Produktes müssen also schon von möglichst frühen Entwicklungsphasen an berücksichtigt werden. Auf Funktionsebene kann beispielsweise die Ermittlung von Funktionsgewichten eingesetzt werden, um Einsparpotenziale aufzuzeigen. Die Auswahl gewichtssparender Wirkprinzipien liefert einen Beitrag dazu, bereits auf der relativ abstrakten Wirkebene der Forderung nach einem optimalen Produktgewicht nachzukommen. Auf der Ebene des Baumodells unterstützen der Einsatz von Leichtbauprinzipien und Simulationswerkzeugen sowie neuartige Materialien die Gestaltung eines Produktes mit optimaler Masse und Massenverteilung.

# 10 Montagegerechte Produkte

Unter der Montage eines Produkts wird der Zusammenbau von Bauteilen oder Baugruppen mit allen notwendigen Hilfsarbeiten nach der Teilefertigung verstanden [Stoll 1995]. Die Montage beeinflusst in starkem Maße Qualität, Kosten und Time-to-Market eines Produkts. So beansprucht die Montage 15 bis 70 Prozent der Gesamtfertigungszeit. Für den Maschinenbau im Allgemeinen ergeben sich Montagezeitanteile – je nach Komplexität des Produkts und abhängig von der jeweiligen Fertigungstiefe – zwischen 20 und 45 Prozent, in der Elektro- und Feinwerktechnik zwischen 40 und 70 Prozent [Lotter et al. 2006]. Neben den hohen Zeitanteilen werden große Anteile der Herstellkosten eines Produkts in der Montage verursacht. Dies sind bei Produkten aus dem Maschinenbau bis zu 70 Prozent [Gairola 1981, Grunwald 2001], bei elektromechanischen Bauteilen sogar bis zu knapp 90 Prozent [Schmidt 1992]. Die Verantwortung und Einflussnahme auf die Kosten dagegen liegt nur zu einem sehr geringen Anteil bei der Montage, der höchste Anteil der Kosten wird in der Entwicklung sowie in der Fertigungs- und Montageplanung verantwortet.

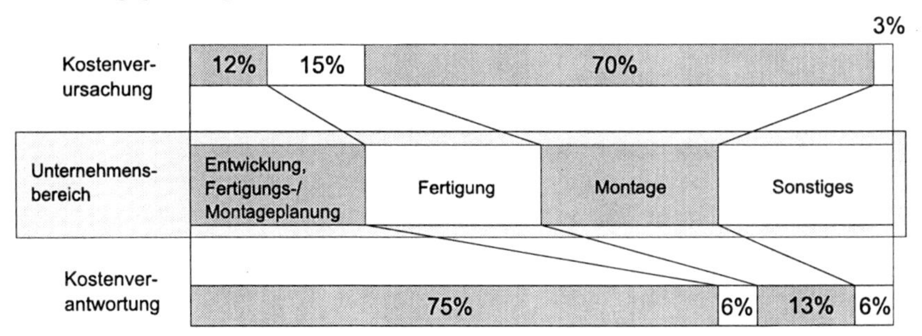


**Abb. 10-1.** Kostenverantwortung und -verursachung, beispielhaft an Produkten aus dem Maschinenbau [nach Gairola 1981]

Deshalb kommt der Montagegerechten Produktgestaltung eine hohe Bedeutung zu und der Einfluss des Produkts auf die Montage sollte besonders berücksichtigt werden. Dazu eignen sich verschiedene Methoden und Vorgehensweisen auf den unterschiedlichen Produktkonkretisierungsebenen, um Fragestellungen, die im Entwicklungsprozess in Zusammenhang mit der Montage aufgeworfen werden, zu beantworten.

## 10.1 Montagegerechte Gestaltung eines Reihenschalters

Das im Folgenden dargestellte Beispielprodukt – ein elektromechanischer Reihenschalter – gehört zu einer Produktfamilie von Schaltern, die Standardlösungen und kundenspezifische Ausführungen umfasst. Reihenschalter werden vorwiegend in Haushaltsgeräten wie beispielsweise Waschmaschinen verbaut. Sie dienen hier als Schalter zum Einstellen des Waschprogramms, zum Starten des Waschvorgangs und für weitere Bedienfunktionen. Die Reihenschalter werden als eine Einheit in die Front der Waschmaschine integriert. Die entsprechenden Reihenschalter basieren dabei meist auf einer Grundvariante, die an die jeweiligen Vorgaben des Herstellers und Kunden angepasst werden können. Dabei ist in den letzten Jahren ein Trend zu kürzeren Markt- und Produktzyklen sowie zu einer Erhöhung der Variantenvielfalt festzustellen.

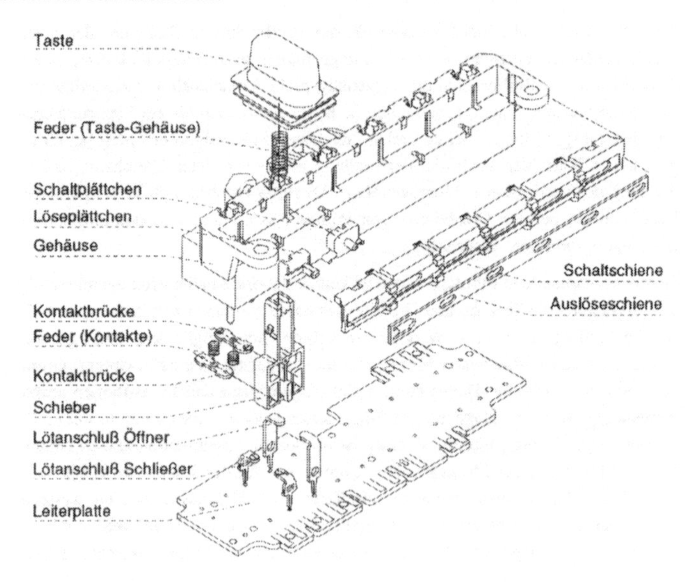


**Abb. 10-2.** Ausgangsvariante eines Reihenschalters [Schmidt 1992, Wach 1994]

Der betrachtete Reihenschalter ist von einem mittelständischen Unternehmen in annähernd 150 unterschiedlichen Ausführungen innerhalb weniger Jahre gefertigt worden. Dabei reichten die Stückzahlen von wenigen Hundert bis zu einigen Tausend pro Monat. Die Schalter wurden baugleich über maximal 2-3 Jahre hergestellt, die Montagekosten lagen in der Größenordnung von 30 Prozent der Herstellkosten. Die im Schaltergehäuse in beliebiger Anzahl nebeneinander angeordneten Schieber nehmen einzelne Kontaktbrücken auf. Je nach Bestückung der Schieber mit den entsprechenden Kontaktbrücken können öffnende oder schließende Kontakte zwischen den Lötanschlüssen erreicht werden. Bei der Betätigung der einzelnen Schaltelemente über die Tasten werden die Schieber durch eine in den Schaltplättchen befindliche Mimik im Schieber arretiert. Diese

Arretierung kann durch nochmaliges Betätigen des Schalters wieder gelöst werden. Zudem sind die einzelnen Schaltelemente miteinander über die Auslöseschiene gekoppelt, so dass nach der Betätigung eines dafür vorgesehenen Schaltelements die Arretierung anderer Schaltelemente ebenfalls gelöst werden kann. Die üblichen Varianten des Reihenschalters unterscheiden sich hinsichtlich der Zahl der Tasten, der Befestigung des Gehäuses in der Waschmaschine, der Kontaktbelegung (unterschiedliche Spannungen, Stromstärken) und der elektrischen Anschlüsse (Leiterplatten oder Steckkontakte). Die hohe Variantenvielfalt in Verbindung mit den stark variablen Stückzahlen führen zu vielfältigen Herausforderungen an die Entwicklung, Fertigung und Montage von Reihenschaltern.

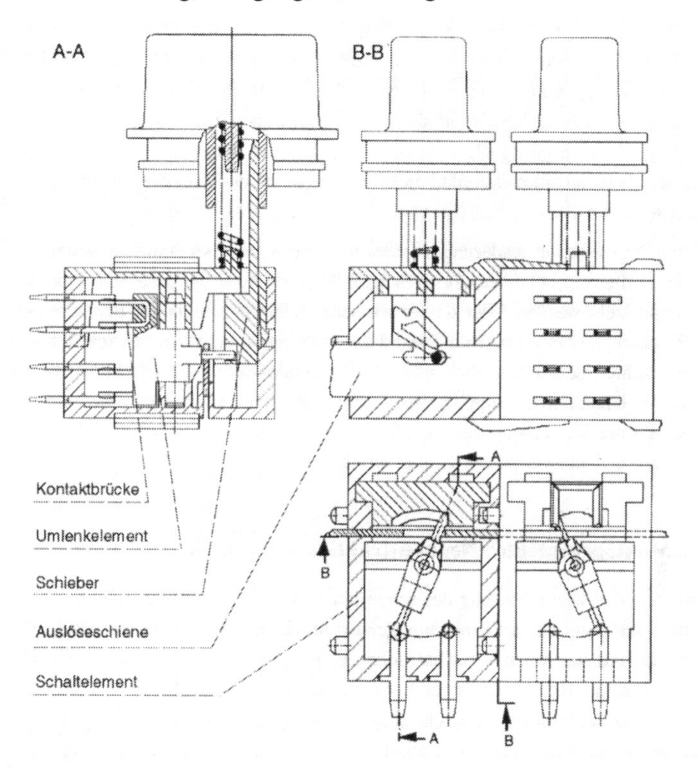


**Abb. 10-3.** Montagegerechte Weiterentwicklung des Reihenschalters durch einen modularen Aufbau des Schalters [Wach 1994]

In einem Entwicklungsprojekt sollte der Reihenschalter so weiterentwickelt werden, dass er aus Montagesicht möglichst geringe Kosten und Aufwände verursacht [Wach 1994]. Der Zwang zu sehr kurzen Lieferzeiten bei relativ niedrigen Stückzahlen erfordert bei neuen Varianten die Verwendung möglichst vieler Gleichteile und die Nutzung bereits vorhandener Montageanlagen. Bei der Planung der Montage sowie bei der konstruktiven Gestaltung waren insbesondere kostenintensive, kaum automatisierbare Arbeitsschritte in die Überlegungen einzubeziehen. Dazu gehörten das Fügen der Leiterplatte (mehrfache statische Überbestimmung durch das Einfädeln der diversen Lötanschlüsse) sowie das Einsetzen von Schraubenfedern in die Schieber. Problematisch war auch das Einschieben der Auslöse- in die Schaltschiene und das Einsetzen der vormontierten Schalt- und Auslöseschiene in das Gehäuse. Die im Projekt entwickelte Lösung erlaubt eine wirtschaftliche Fertigung und Montage unter den genannten Anforderungen. Das Grundprinzip dieser Lösung basiert auf einer mehrteiligen modularen Ausführung des Schalters. Die modularen Schaltelemente werden über Schnappverbindungen montiert, wobei die Module ohne eine nähere elektrische Spezifikation vormontiert werden. Je nach den geforderten elektrischen Funktionen können dann auftragsspezifisch die vormontierten Schaltelemente mit den entsprechenden Kontakten bestückt und in beliebiger Reihenfolge aneinandergesetzt werden. Als weitere Lösungsalternative wurde das Gehäuse als einteiliges Spritzgussteil entwickelt. Dieses bietet besonders bei sehr hohen Stückzahlen pro Variante weitere Kostenvorteile in der Montage, schränkt jedoch bezüglich der möglichen Varianten stark ein.

Am Beispiel des Reihenschalters wird deutlich, dass verschiedene konstruktive Maßnahmen wie beispielsweise die Strukturierung des Produkts in **Module** oder die Nutzung einer **Integralbauweise** Kosten und Zeitaufwand für die Montage reduzieren können. Dabei können ganz unterschiedliche Ausführungen als **montagegerecht** bezeichnet werden, je nachdem, welche Rahmenbedingungen (Stückzahlen, Anzahl der Varianten, vorhandene Montageanlage und -kompetenzen im Unternehmen) gegeben sind und wie sich daraus das Verhältnis von Entwicklungsaufwand zu Nutzen in der Montage gestaltet.

## 10.2 Methoden zur Analyse und Gestaltung montagegerechter Produkte

Die **Montage** stellt einen wichtigen Schritt im Erstellungsprozess eines Produkts dar und lässt sich folgendermaßen definieren [Stoll 1995, Lotter et al. 2006]:

> Die **Montage** umfasst den Zusammenbau eines Produkts mit vorgegebener Funktion in einer bestimmten Zeit aus einer Vielzahl an Einzelteilen, die zu unterschiedlichen Zeitpunkten im Produkterstellungsprozess mit unterschiedlichen Fertigungsverfahren hergestellt werden. Neben dem Zusammenbau gehören auch alle notwendigen ergänzenden Hilfsarbeiten dazu.

Der Montageprozess kann in folgende Teiloperationen eingeteilt werden:

- Handhaben: Zwei oder mehrere Körper (Bauteile, Baugruppen) werden in eine bestimmte räumliche Anordnung (Position und Orientierung) gebracht.
- Fügen: Sichern dieser gegenseitigen Beziehung gegen äußere Störungen.
- Kontrollieren: Sicherstellen, dass der Zusammenbau wie geplant erfolgt ist.

Die VDI-Richtlinie 2860 [VDI 2860] ergänzt die Kernaufgaben der Montage um zusätzliche Tätigkeiten des Justierens und weitere Sonderoperationen.

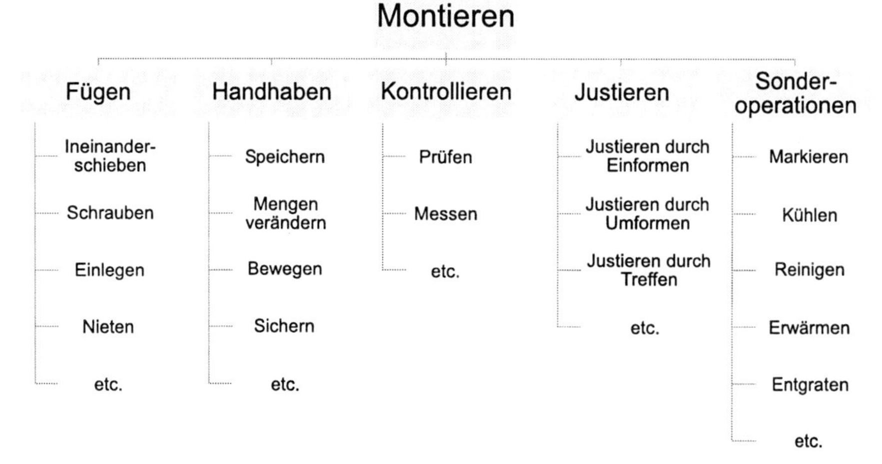


**Abb. 10-4.** Umfang der Operationen in der Montage [nach Lotter et al. 2006 und VDI 2860]

Weiterhin lassen sich Art und Operationen der Montage nach dem jeweiligen Automatisierungsgrad unterscheiden. Unter der automatisierten Montage sind Montageoperationen zusammengefasst, die von Vorrichtungen oder Robotern ohne menschliches Einwirken durchgeführt werden [Andreasen et al. 1988]. Die manuelle Montage hat dabei – trotz der hohen Aufwändungen an Personal und Zeit – viele Vorzüge und ermöglicht den wirtschaftlichen Zusammenbau kleiner Stückzahlen, die in vielen verschiedenen **Varianten** gefertigt werden. Produkte mit kurzer Produktlebensdauer sollten ebenfalls manuell montiert werden, um die Montage schnell an den häufigen Produktwechsel anpassen zu können. Die automatisierte Montage hingegen weist eine hohe Produktivität in Bezug auf kurze Durchlaufzeiten und hohe Stückzahlen auf, erfordert jedoch eine hohe Teilequalität der Bauteile und Baugruppen, um wirtschaftlich zu erfolgen [Andreasen et al. 1988, Lotter et al. 2006]. Zwischen manueller Montage und automatisierter Montage sind halbautomatische Montagesysteme (auch hybride oder flexible Montagesysteme genannt) zu finden. Diese verknüpfen die Vorteile aus manueller und automatisierter Montage. Sie erreichen dadurch ein möglichst hohes Maß an Variabilität und Flexibilität hinsichtlich **Produktvarianten** sowie Stückzahlschwankungen und Produktänderungen unter Beibehaltung einer hohen Produktivität [Schmidt 1992].

Zu den wesentlichen Einflussfaktoren auf die Montage gehören das Produkt, die Montagevorgänge und die Montageanlage. Die Montagevorgänge und Montageanlage werden dabei hauptsächlich im Rahmen der betrieblichen **Montageplanung** festgelegt. Zu den Aufgaben der Montageplanung zählen die Analyse von Produkt und Anforderungen, die Grob- und Feinplanung des Montageablaufs und die Anordnung, Konfiguration, Auswahl und Detaillierung von Betriebsmitteln [Grunwald 2001]. Das **Montagegerechte Entwickeln und Konstruieren** hat hingegen das Ziel, den aus der **Produktgestalt** resultierenden Aufwand für die Betriebsmittel, das Personal sowie die Steuerung der Montage zu minimieren [Stoll 1995]. Dabei sind je nach Rahmenbedingungen (vorhandene Montageanlagen, Stückzahlen, Varianten) unterschiedliche Produktvarianten als **montagegerecht** zu werten.

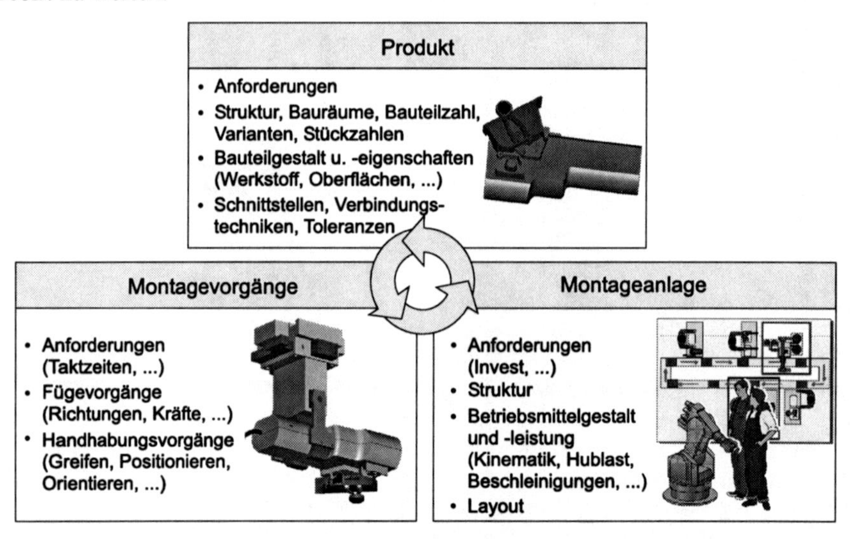


**Abb. 10-5.** Einflussgrößen auf die Montage und Zusammenwirken von Produkt, Montagevorgang und Montageanlage [nach Bichlmaier 2000, Grunwald 2001]

Das allgemeine Ziel der **Montagegerechten Produktgestaltung** lässt sich in folgende Teilziele gliedern und konkretisieren [nach Lotter et al. 2006]:

- Minimierung der Montage- und Einarbeitungszeit bei der manuellen Montage
- Einsatz von möglichst einfachen und zuverlässigen Hilfsmitteln in der automatisierten Montage
- Wirtschaftliche Sicherung der Produktqualität
- Hohe Wiederholhäufigkeit von Montageabläufen trotz einer großen Anzahl an Produktvarianten.

Nur wenn es gelingt, die drei Gestaltungsbereiche Produkt, Montagevorgang und Montageanlage optimal aufeinander abzustimmen, kann die Montage eines Produkts effizient erfolgen. Die wechselseitige Beeinflussung muss dabei besonders berücksichtigt werden. Aus diesem Grund kommt der **Integrierten Produktentwicklung/Inegrierten Produktpolitik (IPP)** eine besondere Bedeutung zu [Ehrlenspiel 2007]. Es ist eine intensive Zusammenarbeit aller bei der Produktentwicklung und -erstellung beteiligten Personen über alle Entwicklungs- und Planungsphasen hin anzustreben. Dazu sind auf allen Konkretisierungsebenen unterschiedliche Produkt- und Unternehmensinformationen notwendig, die sehr allgemeine Fragestellungen wie beispielsweise die Flexibilisierung der Montageanlagen und der gesamten Montage bis hin zur detaillierten Festlegung der Oberflächengüten einer spezifischen Produktvariante beeinflussen.

Um die optimale Gestaltung und Abstimmung von Produkt, Montagevorgängen und -anlage zu erreichen, bietet sich ein dreistufiges Vorgehen an, das sich an den Ebenen der Produktkonkretisierung orientiert. Grundlage dieses Vorgehens ist die Ermittlung, Abstimmung und Dokumentation der **Anforderungen**, die bei der Entwicklung montagegerechter Produkte beachtet werden müssen. Im **Funktionsmodell** wird das Produkt in seinen funktionalen Zusammenhängen beschrieben und die Produktstruktur wird durch das Zusammenfassen von **Teilfunktionen** zu **Funktionseinheiten** und **-modulen** definiert. Die Festlegung des Funktionsmodells hat vorrangig Auswirkungen auf die Produkt- und Anlagenstruktur, die sich stark gegenseitig beeinflussen. So haben Festlegungen der Anlagenstruktur beispielsweise auf Grund von Rahmenbedingungen im Unternehmen erheblichen Einfluss auf die Gestaltung des Funktionsmodells und der Produktstruktur. Aufbauend auf dem Funktionsmodell wird das **Wirkmodell** des Produkts erarbeitet. Bei der Montagegerechten Entwicklung beinhaltet dies die Definition und Gestaltung der Verbindungstechnik und der Montageverfahren. Als letzten Schritt ist das **Baumodell** zu konkretisieren. Dazu gehört die Gestaltung der Bauteile in Form, Gestalt und Abmessungen und die Festlegung der Handhabungstechniken bei der Montage. Die einzelnen Gestaltungsschritte werden dabei meist iterativ durchlaufen, da Erkenntnisse und Festlegungen beispielsweise bei den Montageverfahren eine nachträgliche Anpassung der Anlagenstruktur notwendig machen können.

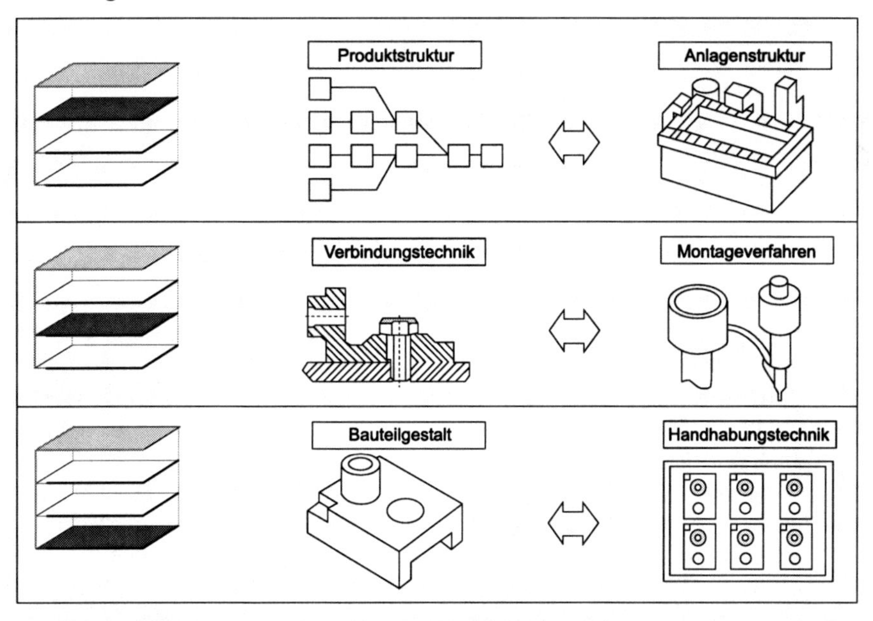


**Abb. 10-6.** Produktkonkretisierung und grundsätzliches Vorgehen bei der Montagegerechten Produktgestaltung [nach Lotter et al. 2006]

### *10.2.1 Wie können Anforderungen und Ziele für montagegerechte Produkte ermittelt und festgelegt werden?*

Vor der Festlegung der Produktstruktur, der Verbindungstechnik und der Bauteilgestalt sind die **Anforderungen** und Ziele für eine **Montagegerechte Entwicklung** des Produkts zu definieren und im **Anforderungsmodell** zu dokumentieren. Dies kann eine umfassende Analyse des gesamten **Produktprogramms** sowie der zur Verfügung stehenden Ressourcen (beispielsweise in Form von im Unternehmen vorhandenen Montageanlagen und Fachkenntnissen) erforderlich machen. Neben den unternehmensinternen fertigungs- und montagetechnischen Rahmenbedingungen sind auch Informationen aus dem Vertrieb, dem Marketing und weiteren betroffenen Fachabteilungen zu beschaffen (beispielsweise Angaben über die abzusetzenden Stückzahlen und der geplanten Laufzeit des Produkts). Auch Fragestellungen nach einer Recyclingstrategie und damit nach der Demontage fließen in die Festlegung der Anforderungen und Ziele an das Produkt ein.

Die wesentlichen montagebestimmenden Anforderungen stammen aus folgenden Bereichen und sollten vor den weiteren Entwicklungsschritten definiert werden [nach Pahl et al. 2005]:

- Einzelprodukt oder **Produktprogramm**
- Stückzahl und Anzahl der **Varianten**
- Sicherheitstechnische und gesetzliche Restriktionen
- Fertigungs- und Montagebedingungen
- Prüfanforderungen und Qualitätsmerkmale
- Transport- und Verpackungsanforderungen
- Montage- und Demontageanforderungen hinsichtlich Instandhaltung, Wartung und Recycling
- Gebrauchsbedingte Anforderungen für Montageoperationen durch den Anwender
- Verwendung bekannter **Schnittstellen** für die Verbindungstechnik

Die in der **Anforderungsliste** gesammelten Anforderungen müssen während des gesamten Entwicklungsprozesses aktualisiert und geprüft werden. Die Anforderungen stellen auch die wesentlichen Kriterien dar, an Hand derer unterschiedliche Produktkonzepte später bewertet und ausgewählt werden. Unterstützt wird die Festlegung der Anforderungen durch verschiedene detaillierte **Checklisten** und Hilfsmittel [Gairola 1981, Bäßler 1987]. Da der Automatisierungsgrad der Montage einen hohen Einfluss auf die Produktgestaltung hat, sind hier grundsätzliche Entscheidungen zu treffen, die in die Anforderungsliste für ein Produkt eingehen. So macht beispielsweise die Festlegung einer automatisierten Montage die Festlegung enger Toleranzen notwendig. Andererseits erleichtert das Denken in automatisierter Montage auch eine manuelle Montage, weshalb wichtige Anforderungen und Ziele für die automatisierte Montage auch für die manuelle Montage geprüft werden sollten.

### *10.2.2 Wie kann die Produktstruktur montagegerecht gestaltet werden?*

Nach Sammlung und Bewertung der Anforderungen und Entwicklungsziele sind auf Funktionsebene die Produktstruktur und damit der Aufbau und die Gliederung des Produkts in Baugruppen, Komponenten und Einzelbauteile zu definieren. Als Hilfsmittel für eine montagegerechte Strukturierung des Produkts kann ein **Funktionsmodell** (sowohl als einfache Funktionsliste, Funktionsbaum oder auch als Funktionsnetz) dienen, in dem die Teilfunktionen und deren Zusammenhänge abgebildet sind. Darauf aufbauend werden die **Funktionen** in **Funktionseinheiten** zusammengefasst, die aus Montagesicht als Montageeinheiten betrachtet werden können. Im Zusammenhang mit einer möglichst Montagegerechten Gestaltung sind folgende Strategien hilfreich und können bei der Gestaltung der Produktstruktur genutzt werden [nach Pahl et al. 2005]:

- Reduzieren der Teileanzahl
- Gliedern der Produktstruktur und des Montageablaufs
- Vereinheitlichen und Vereinfachen der Montageoperationen.

#### Reduzieren der Teileanzahl

Eine erste Betrachtung gilt einer Reduzierung der Teileanzahl des Produkts. Dies wirkt sich bei der Serienproduktion direkt in einer Verringerung der Montageoperationen und meist auch in einer Reduzierung der Montagezeit und -kosten aus. So können beispielsweise Bauteile oder Baugruppen, die keinen Beitrag zur Gesamtfunktion des Produkts leisten oder deren **Teilfunktionen** von anderen Bauteilen übernommen werden können, weggelassen werden (Prinzip Minimalstruktur). Das Funktionsmodell muss dahin gehend überprüft werden, ob es unwichtige oder nicht zu berücksichtigende Funktionen enthält. Stehen die Funktionen in ihrem Umfang fest, ist durch das Zusammenfassen mehrerer Funktionen in einem Bauteil eine weitere Reduzierung der später in der Montage zu montierenden Bauteile zu erreichen (**Funktionsintegration**).

Am Beispiel eines Reflektors mit integrierter Fassung und Transformator lassen sich die Funktionsintegration und die Auswirkungen auf die Montage verdeutlichen. Während bei der dargestellten Ausgangslösung viele Einzelteile jeweils eine oder nur wenige Funktionen übernehmen, sind verschiedene Teilfunktionen in der überarbeiteten montagegerechten Lösung in einem Bauteil zusammengefasst. So stellt die Außenseite des Transformators das Gehäuse dar und übernimmt zusätzlich die ursprüngliche Funktion des Gehäuses, den Reflektor zu tragen. Außerdem sind die elektrischen Anschlüsse des Transformators direkt an die Lampenfassung und die Kabelschuhe gelötet, weitere Bauteile zur Herstellung des Anschlusses entfallen damit. Durch diese Maßnahmen sind deutlich weniger Bauteile zu montieren und die neue Lampe baut insgesamt wesentlich kompakter.

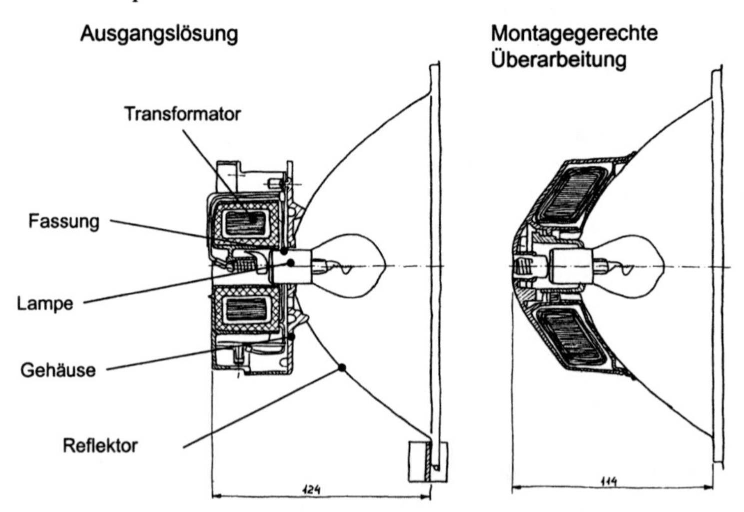


**Abb. 10-7.** Funktionsintegration am Beispiel eines Reflektors [nach Andreasen et al. 1988]

## Gliedern der Produktstruktur und der Montageoperationen

Ist eine weitere Reduzierung der Teileanzahl nicht mehr zu erreichen oder sinnvoll, können das Produkt in seinem Aufbau gegliedert und die Montageoperationen in ihrem Ablauf festgelegt werden. Aus Montagesicht kommt der Ermöglichung einer Montage mit Vor- und Endmontagestufen und damit der Strukturierung des Produkts in Montagemodule eine besondere Bedeutung zu. Diese **Module** sollen dabei möglichst wenige und möglichst gleichartige Schnittstellen aufweisen sowie separat geprüft werden können. Vor allem bei mechatronischen Produkten stellt dies eine besondere Herausforderung dar, da die eigentliche Funktion des Moduls nicht separat geprüft werden kann, sondern oft erst im Zusammenwirken mit weiteren Modulen im Gesamtsystem – insbesondere mit der Elektrik und Software. Das Prinzip der Gliederung in Vor- und Endmontage ist beispielsweise bei der Montage von Kraftfahrzeugen stark ausgeprägt: zahlreiche vormontierte Module wie Motor und Cockpit werden als Einheit in das Gesamtfahrzeug montiert. Neben einer Gliederung in verschiedene Montagestufen stellt die parallele Montage von Bauteilen eine weitere Möglichkeit zur Gliederung eines Produkts dar. Dazu werden voneinander unabhängige Montagegruppen definiert, diese können zeitgleich montiert werden. Dieses Prinzip ist beispielsweise bei der Bestückung von Leiterplatten realisiert.

Im Zusammenhang mit der Festlegung von **Varianten** wirkt sich eine Variantenbildung, die möglichst spät auf gleichen Montageplätzen erfolgt, besonders günstig auf die Montage aus. Dadurch werden möglichst viele identische Montageoperationen erreicht. In der Folge können identische Montageanlagen,

Fachwissen und Montagekompetenzen für viele verschiedene Varianten genutzt werden und ermöglichen hohe Rationalisierungspotenziale durch beispielsweise größere Losgrößen. Ferner wird der unternehmensinterne logistische und technische Aufwand zur Handhabung, zum Speichern und zum Transport der Varianten im Gegensatz zu einer frühen Entstehung von Varianten deutlich verringert. Durch diese Maßnahmen wird außerdem eine gleichbleibend hohe Qualität über alle Varianten hinweg sichergestellt, da Lerneffekte ermöglicht und Fehlerquellen resultierend aus einer hohen Anzahl an verschiedenen Arbeitsschritten vermieden werden.

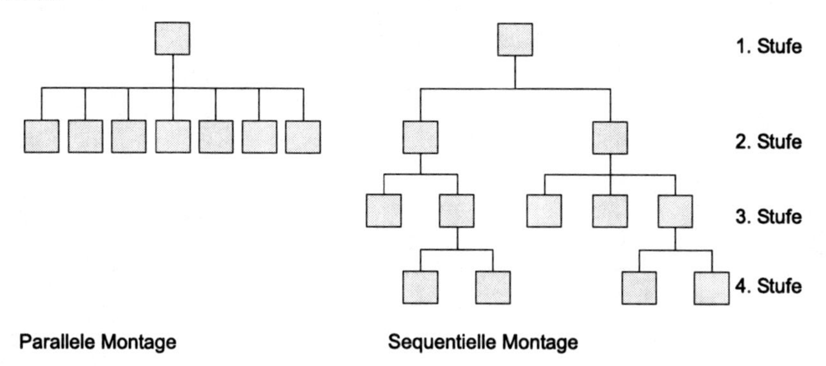


**Abb. 10-8.** Gliederung der Produktstruktur und der Montageoperationen für die parallele und sequentielle Montage

## Vereinheitlichen und Vereinfachen von Montageoperationen

Eine weitere Strategie zur Entwicklung montagegerechter Produkte ist das Vereinheitlichen und Vereinfachen der Montageoperationen. Grundlegendes Konstruktionsprinzip ist der Einsatz eines Basisteils, das als Start- oder Grundgefügeteil fungiert und auf dem alle weiteren Montageschritte aufbauen. So ermöglicht die Schachtelbauweise als eine Ausprägung eines Basisteils (auch Formschluss- oder Schalenbauweise genannt) einheitliche Fügerichtungen und Fügeverfahren für eine Montagegruppe. Die zu montierenden Bauteile werden formschlüssig vom Basisteil gehalten und über ein Sicherungsteil gegen Herausfallen gesichert. Weitere Ausprägungen von Basisteilen sind bei einer Schichtbauweise oder einer Nestbauweise zu finden. Bei der Schichtbauweise (auch Sandwich- oder Stapelbauweise genannt) wird jedes Montageteil vom Basisteil oder vom zuletzt montierten Bauteil aufgenommen. Die Montagereihenfolge ist nicht veränderbar. Die Nestbauweise hingegen ermöglicht eine parallele und in der Reihenfolge frei wählbare Montage. Besonders die Schichtbauweise und die Nestbauweise können durch den Einsatz von zentrierenden Formelementen zusätzlich unterstützt werden, wodurch eine weitere Vereinfachung der Montageoperationen erreicht werden kann.

Eine weitere Möglichkeit zur Vereinfachung und Rationalisierung von Montageoperationen stellt das Zusammenfassen von Fertigungs- und Montageoperationen dar. Dies ist beispielsweise bei selbstbohrenden Schrauben realisiert: zusätzlich zur Montageoperation des Befestigens des Bauteils mit einer Schraube wird die notwendige Bohrung eingebracht. Neben einer Beeinflussung der Montageoperationen Handhaben und Fügen können auch das Prüfen und Kontrollieren bei oder nach der Montage durch eine gute Zugänglichkeit und das Ermöglichen von Sichtkontrollen erleichtert werden, wenn dies bereits bei der Produktstrukturierung Berücksichtigung findet.

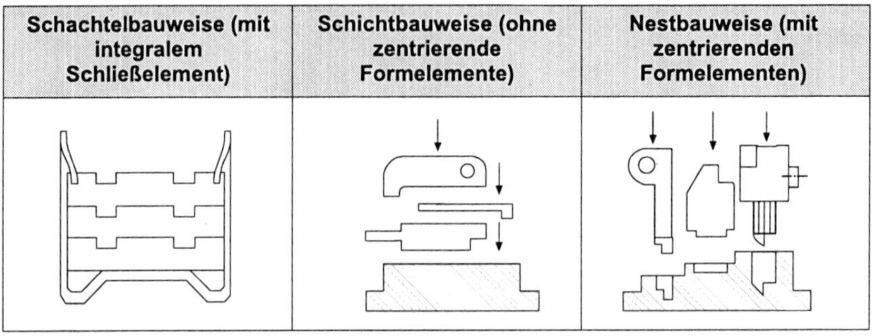

| Schachtelbauweise (mit integralem Schließelement) | Schichtbauweise (ohne zentrierende Formelemente) | Nestbauweise (mit zentrierenden Formelementen) |
| --- | --- | --- |
| | | |

**Abb. 10-9.** Verschiedene konstruktive Ausführungen von Basisteilen [nach Lotter et al. 2006]

## *10.2.3 Wie können Verbindungen und Fügestellen montagegerecht gestaltet werden?*

Aufbauend auf die Strukturierung des Produkts in Montagegruppen und der Festlegung der grundsätzlichen Montagereihenfolge können die Verbindungen und Fügestellen zwischen den Bauteilen und Montagegruppen in ihrem Wirkprinzip definiert werden. Die Verbindungsstellen sind **Schnittstellen** verschiedenster Art zwischen einzelnen Bauteilen und Montagebaugruppen und können nach verschiedenen Gesichtspunkten unterschieden werden (beispielsweise geometrische, stoffliche und elektrische Merkmale der Schnittstellen). Der Hauptfokus bei der Gestaltung der Schnittstellen liegt auf der Betrachtung der Montageoperation Fügen. Dahingehend sind unterschiedliche Alternativen zu suchen und nach Montageaufwand (Personal, Zeit, Kosten) und Qualität zu bewerten.

Die grundsätzliche Vorgehensweise gliedert sich in die Auswahl und Definition des Verbindungsverfahrens und der Verbindungsmethode und in die montagegünstige Gestaltung dieser Verbindung. Dabei sind Fragen ausgehend vom **Produktprogramm** zu berücksichtigen (beispielsweise welche Normen sollen Berücksichtigung finden, welche Anforderungen stellt ein Baukasten, in dem die Montagebaugruppe eingesetzt werden soll an Schnittstellen). Die Festlegung der Verbindungen und Fügestellen muss darauf abzielen, das Fügen zu automatisieren sowie die Fügestellen eindeutig und prüfbar zu gestalten. Zur Festlegung des richtigen Verbindungsverfahrens und der richtigen Verbindungsmethode existieren zahlreiche **Checklisten** und **Gestaltungsregeln** [Gairola 1981, Schmidt 1992].

Als einfache Möglichkeit zur Überprüfung der Montagegerechtheit der Verbindungen und Fügestellen eignet sich eine Untersuchung hinsichtlich folgender Fragestellungen [Pahl et al. 2005]:

- Kann die Anzahl der Fügestellen und -elemente reduziert werden?
- Können die Fügestellen und -elemente vereinheitlicht werden?
- Können die Fügestellen und -elemente vereinfacht werden?

Ansätze zum Reduzieren von Fügestellen bietet der Wechsel von einem Fügeverfahren mit mehreren Fügeelementen (beispielsweise Schraubverbindungen) hin zu einem Fügeverfahren mit wenigen (beispielsweise Nieten, Klammern) oder keinen Fügeelementen (Kleben). Zur Vereinfachung des Fügevorgangs ist auf geradlinige Fügebewegungen und auf ein leichtes Einführen durch beispielsweise Anfasen der Fügepartner zu achten [Andreasen et al. 1988].

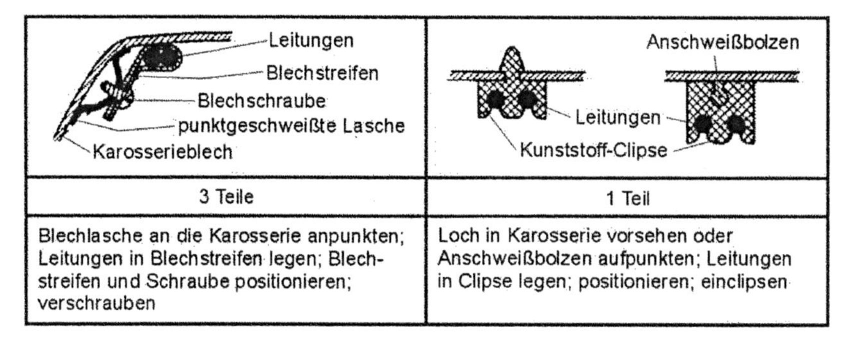


**Abb. 10-10.** Reduzierung des Montageaufwands durch Auswahl des richtigen Fügeverfahrens [Ehrlenspiel et al. 2005]

## *10.2.4 Wie können Bauteile montagegerecht gestaltet werden?*

Für die Montagegerechte Gestaltung des **Baumodells** sind vor allem die Montageoperationen Handhaben und Transportieren ausschlaggebend. Durch entsprechende Maßnahmen soll die Handhabung und der Transport der Fügeteile ermöglicht und vereinfacht werden. Um dies zu erreichen, müssen die Arbeiten zum Erkennen, Ordnen, Ergreifen und Bewegen der Fügeteile unterstützt werden. Folgenden Bauteileigenschaften kommt dabei besondere Bedeutung zu, sie sollten entsprechend den **Gestaltungsrichtlinien zur Montagegerechten Produktgestaltung** Berücksichtigung finden [Gairola 1981]:

- Form: Die Form der Bauteile sollte entweder komplett symmetrisch sein oder eine ausgeprägte Asymmetrie aufweisen.
- Masse: Eine zu große Bauteilmasse führt zu aufwändigen Montagemitteln mit großem Energie- und Platzbedarf. Bei der automatisierten Montage können hohe Bauteilmassen außerdem zu Schwingungen und dadurch zu relativ langen

Taktzeiten führen. Durch verschiedene Maßnahmen (Leichtbau, Verwendung von Werkstoffen mit geringem spezifischen Gewicht, Differenzialbauweise) kann der Einfluss der Bauteilmasse reduziert werden.

- Abmessungen: Die Handhabungsmöglichkeiten und -aufwände hängen stark von den Bauteilabmessungen ab. Dabei stehen abhängig von den Bauteilabmessungen nur bestimmte Handhabungsgeräte zur Verfügung. Auch bei der manuellen Montage führen beispielsweise zu kleine Abmessungen zu einem deutlich erhöhten Aufwand.
- Toleranzen: Besonders bei der automatisierten Montage spielen Toleranzen eine bedeutende Rolle. So können Toleranzen, die für die eigentliche Funktion keinen Einfluss haben, darüber entscheiden, ob oder wie reibungslos die automatische Handhabung funktioniert. Zur Herstellung von Bauteilen mit hohen Toleranzanforderungen sind möglicherweise eine hochpräzise Fertigung oder Anpassungen der Bauteile nach der Fertigung während den Montageschritten (beispielsweise durch Anpassen der Bauteile über Reiben oder Schleifen) notwendig.
- Oberflächen: Bauteile mit besonderen Oberflächenanforderungen müssen bei den Montageoperationen zusätzlich berücksichtigt werden. So müssen für Bauteile mit stoßempfindlicher Oberfläche besondere Vorkehrungen (beispielsweise in Form weicher Unterlagen) getroffen werden.
- Elastische Eigenschaften: Bauteile mit elastischen Eigenschaften können die Montage positiv beeinflussen, da sie – bedingt durch die Elastizität – durch Nachgeben der Form höhere Toleranzen beim Montieren ermöglichen und dadurch das Fügen erleichtern. Vorsicht ist jedoch geboten, wenn die Bauteile zu elastisch werden: hier wird das Handhaben zu einem Problem, da das Bauteil zu nachgiebig ist.

| | | |
|---|---|---|
| **Bevorzugen von lagestabilen Fügeteilen** | 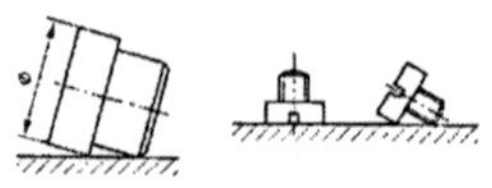 | 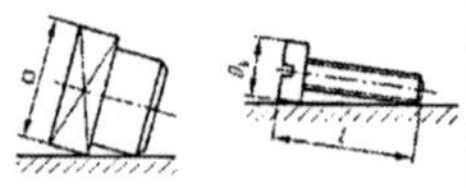 |
| **Vermeiden von Verklemmungen gleicher Fügeteile** | 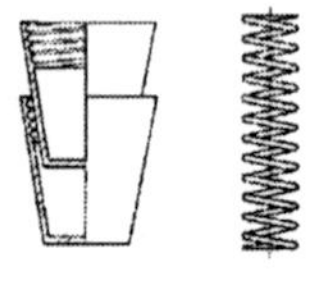 | 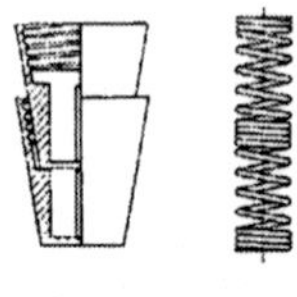 |

**Abb. 10-11.** Exemplarische Gegenüberstellung von günstiger und ungünstiger Bauteilgestaltung auf Baumodellebene [Pahl et al. 2005]

Zur Montagegerechten Gestaltung von Bauteilen sind die entsprechenden Bauteileigenschaften hinsichtlich ihrer Montageeignung zu überprüfen und das Bauteil gegebenenfalls durch konstruktive Maßnahmen anzupassen. Zahlreiche Sammlungen von **Gestaltungsregeln** unterstützen bei der Auswahl und dem Einsatz von Maßnahmen zur Montagegerechten Gestaltung von Bauteilen auf Baumodellebene [Gairola 1981, Pahl et al. 2005].

### *10.2.5 Wie lassen sich Produkte bezüglich ihrer Eignung zur Montage bewerten?*

Den Produkt gestaltenden Schritten auf den unterschiedlichen Produktkonkretisierungsebenen müssen Analyse und Bewertung des Produkts vorausgehen (beispielsweise auf Basis des Vorgängerprodukts bei einer Produktverbesserung) oder nachfolgen (beispielsweise für die Lösungsalternativen bei der Neuentwicklung eines Produktes oder einer Baugruppe). Dazu eignen sich verschiedene **Bewertungsverfahren**.

| Anforderungen \ Verfahren zur Bewertung der Montagegerechtheit | Checklisten | System vorbestimmter Zeiten | Methode nach Gairola | DFA nach Boothroyd |
|---|---|---|---|---|
| Konstruktionsbegleitender Einsatz | + | - | - | + |
| Quantifizierbare Ergebnisse | - | + | + | + |
| Hinweis auf Schwachstellen | + | 0 | 0 | + |
| Geringer Aufwand beim Einsatz | 0 | - | - | 0 |
| Dokumentation der Ergebnisse | + | + | + | + |
| Vergleich mit ähnlichen Produkten | - | 0 | + | + |
| Legende: | +: Kriterium erfüllt | | | |
| | 0: Kriterium teilweise erfüllt | | | |
| | -: Kriterium nicht erfüllt | | | |

**Abb. 10-12.** Vergleich unterschiedlicher Bewertungsverfahren der Montagegerechtheit von Bauteilen und Produkten [nach Stoll 1995]

#### Checklisten zur Bewertung der Montageeignung

**Checklisten** liegen in verschiedenen Formen vor. Dies können zum einen Stichpunktlisten wichtiger Anforderungen aus Montagesicht an das Produkt sein, aber auch Sammlungen von **Gestaltungsregeln**, Lösungskataloge und Beispielsammlungen [Andreasen et al. 1988, Dahl 1990, Pahl et al. 2005]. Mit diesen Hilfsmitteln kann der Anwender überprüfen, ob oder inwieweit Bedarf für Anpassungen und Änderungen des Produkts hinsichtlich einer optimierten Gestaltung aus Montagesicht besteht. Für spezifische Produkte, beispielsweise für Getriebe, existieren bereits angepasste und erweiterte Checklisten für die Montagegerechte Gestaltung, die sehr schnell die wichtigen Gestaltparameter erkennen und überprüfen lassen [Huber 1995]. Zu den Vorteilen der Checklisten zählen der relativ geringe Aufwand bei der Nutzung sowie die einfache Anwendbarkeit. Zu den Nachteilen gehört, dass die Ergebnisse nicht quantifiziert werden können.

### Bewertungsverfahren nach Gairola

Ziel der Methode zur Bewertung der Montagegerechtheit eines Produktes nach Gairola [Gairola 1981] ist die Verringerung des Montageaufwands. Es fließen folgende Kriterien in die Bewertung ein:

- Allgemeine Eigenschaften des Montageobjekts (beispielsweise Form, Masse)
- Handhabungseigenschaften des Montageobjekts (beispielsweise über eine Bewertung der Eigenschaft Greifbarkeit des Objekts)
- Komplexität der Fügeaufgabe (beispielsweise Art und Umfang der Fügebewegungen)
- Eigenschaften des Verbindungsverfahrens (beispielsweise Bewertung der Verbindungsgestaltung)

Als Grundlage zur Bewertung der Montagegerechtheit bezüglich der oben genannten Kriterien dienen Arbeitsblätter, an Hand derer der Anwender die Eigenschaften des Bauteils klassifiziert. Zur Untersuchung des Kompliziertheitsgrads des Fügevorgangs werden **Montagevorranggrafen** eingesetzt, in denen die Beziehungen der Bauelemente zueinander dargestellt werden. Diese Methode ist insgesamt als sehr aufwändig zu bewerten und fordert vom Anwender Routine und umfangreiche Kenntnisse bei der Bewertung. Sie ermöglicht jedoch insbesondere einen quantifizierbaren Vergleich zwischen ähnlichen Produkten.

### System vorbestimmter Zeiten (MTM)

Bei einer Bewertung nach dem System vorbestimmter Zeiten, wie beispielsweise der MTM-Methode (Methods-Time-Measurement) nach Antis [Antis et al. 1969], wird der Montageaufwand für ein Produkt oder eine Montagebaugruppe quantitativ nach Zeitaufwänden erfasst. Dabei erfolgt eine Ermittlung der Montagezeit durch Analyse der Bewegungsabläufe bei der manuellen Montage. In die Bewertung fließen die Arbeitsplatzgestaltung, die verwendeten Betriebsmittel, der Produktaufbau und die Gestaltung der Einzelbauteile ein. Ausgangspunkt für eine Bewertung mit dem System vorbestimmter Zeiten sind detaillierte Einzelteilzeichnungen. Zudem muss der Bearbeiter umfangreiche Kenntnisse und Erfahrungen mit einer Bewertung der Standardzeiten besitzen, weshalb die Methode vor allem im Bereich der Arbeitsplanung eingesetzt wird. Für einen Produkt gestaltenden Einsatz ist dieses Verfahren nur bedingt nutzbar.

### DFA-Analyse nach Boothroyd

Beim DFA-Verfahren (Design for Assembly) nach Boothroyd [Boothroyd et al. 2002] werden die Montagekosten differenziert nach manueller und automatisierter Montage ermittelt. Dabei werden Kennziffern errechnet, die eine quantitative Aussage über die Montagegerechtheit einer Baugruppe ermöglichen. Grundlage für die Bewertungen sind Tabellen und Kennziffern, die aus Umfragen in verschiedenen Unternehmen stammen. Einzelne Bauteile werden dabei in Bezug auf ihre Handhabung sowie auf ihre Eignung zum Zusammenbau bewertet und ergeben so in ihrer Zusammenstellung die Gesamtbewertungszahl DE (Design Efficiency) für ein Produkt oder eine Montagebaugruppe.

| Verbindungselement | Zeitdauer (Sekunden) | | |
|---|---|---|---|
| | Min. | Max. | Durchschnitt |
| Schraube 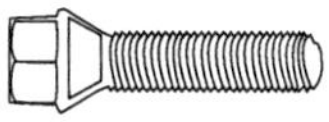 | 7,5 | 13,1 | 10,3 |
| Schnapp-verbindung 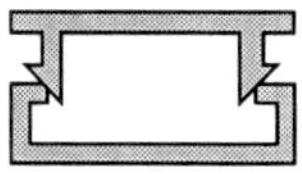 | 3,5 | 8,0 | 5,9 |
| Bolzen 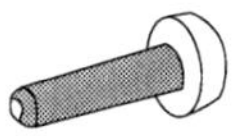 | 3,1 | 10,1 | 6,8 |

**Abb. 10-13.** Typische Handhabungs- und Fügezeiten für verschiedene Fügeteile [nach Boothroyd et al. 2002]

### Weitere Verfahren

Es existieren weitere Methoden und Verfahren zur Bewertung der Montagegerechtheit von Produkten. Die Assembly Evaluation Method (AEM) nach Hitachi [Miyakawa et al. 1986] basiert auf einer Zerlegung in Elementarvorgänge beim Fügen und einer Bewertung mit Kennzahlen. Sie eignet sich sehr gut zur Analyse der Montagegerechtheit bei der Konzeptentwicklung und ermöglicht insbesondere den Vergleich von unterschiedlichen Lösungsalternativen. Zum erweiterten Gebiet der Bewertung der Montagegerechtheit zählen auch CAD-Methoden, die den Zusammenbau von Baugruppen und Produkten darstellen sowie die Montierbarkeit überprüfen lassen (CAD, Digital Mockup, Simulationen der Montage und Produktionsabläufe).

Um die Montagegerechtheit der Produktstruktur zu analysieren eignen sich weiter verschiedene Darstellungen der Arbeitsabläufe in der Montage. Eine besonders wichtige Form der Abbildung der logisch-zeitlichen Struktur des Montageablaufs stellt der **Montagevorranggraf** dar, der die Verknüpfungen von einander abhängigen und sich beeinflussenden Montageschritten aufzeigt. Aus dem Montagevorranggraf wird ersichtlich, in welcher Reihenfolge das Produkt zu montieren ist [Friedmann 1989].

## 10.3 Montagegerechte Gestaltung eines Pneumatikventils

Pneumatische Sicherheitsventile stellen vielfältige Anforderungen an die Entwicklung, Fertigung und Montage. Oftmals bestehen diese Produkte zwar aus einer relativ geringen Anzahl an Bauteilen, die zugehörigen Montagevorgänge sind zum Teil jedoch recht aufwändig und nehmen viel Zeit in Anspruch. Das im Folgenden dargestellte Sicherheitsventil bestand in seiner Ausgangslösung aus 14 Bauteilen und sollte in einem Entwicklungsprojekt hinsichtlich seiner Montageeigenschaften optimiert werden [Bichlmaier 2000]

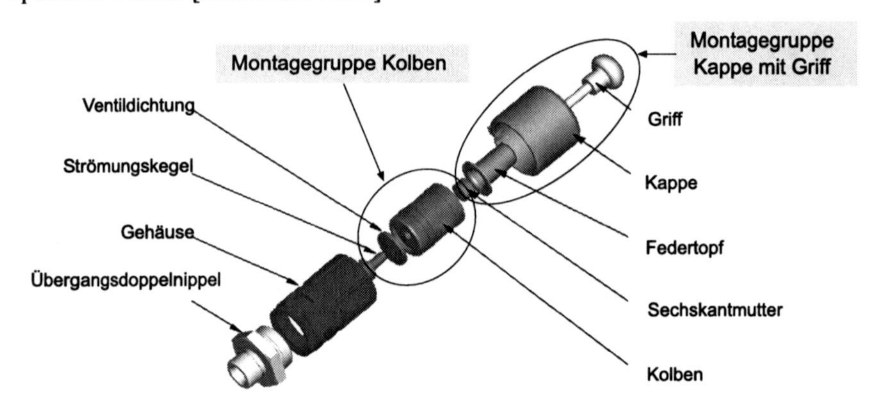


**Abb. 10-14.** Pneumatisches Sicherheitsventil in seiner Ausgangslösung, dargestellt als Explosionsdarstellung [nach Bichlmaier 2000], die Bauteile Sicherungsring und Feder mit Zylinderstift sind nicht abgebildet

Die 14 Bauteile des pneumatischen Sicherheitsventils werden in den beiden Montagebaugruppen Kolben (bestehend aus Kolben, Sechskantmutter, Ventildichtring, Strömungskegel und Sicherungsring) und Kappe mit Griff (bestehend aus Kappe, Federtopf, Griff und Feder mit Zylinderstift) vormontiert. Diese Montagegruppen werden bei der Endmontage in das Gehäuse eingesetzt und montiert. Die Baugruppe Kappe mit Griff erfüllt vorrangig die Funktion der manuellen Handentlüftung des Ventils, die Baugruppe Kolben schaltet in seinen verschiedenen Stellungen verschiedene Wege durch das Ventil. Der Übergangsdoppelnippel ermöglicht die Anbindung an unterschiedliche pneumatische Anschlussmaße.

Bei der Montage der Baugruppe Kolben sind das Auftragen von Gewindekleber auf die Sechskantmutter sowie das Bündigschleifen des Kolbens mit Ventildichtring nach erfolgter Vormontage besonders kritische Montageschritte (Fertigungsoperation während der Montage). Nachdem der Übergangsdoppelnippel in das Gehäuse eingeschraubt worden ist, wird der Kolben gefettet, in das Gehäuse eingesetzt und der Sicherungsring montiert. Diese Operation ist ungünstig, da der Ring mit einem Spezialwerkzeug gespannt werden muss. Anschließend wird die Montagebaugruppe Kappe mit Griff vormontiert. Diese Operation ist sehr aufwändig, da die Feder mit entsprechenden Betriebsmitteln stark vorgespannt werden muss. Bevor nun die Kappe mit Griff auf das Gehäuse aufgeschraubt werden kann, muss das Gewinde am Gehäuse genau dosiert gefettet werden. Wird zu wenig Fett aufgetragen, besteht die Gefahr, dass das Gewinde beschädigt wird. Bei zu starkem Fetten gelangt das überschüssige Fett während des Prüfvorgangs in das pneumatische System.

Im Rahmen des Entwicklungsprojektes sollten neben dem Ventil auch der Montagevorgang und die Montageanlage überarbeitet und optimiert werden. Beim Produkt sollten insbesondere die Montageeigenschaften verbessert werden. Bei der Montageanlage war die Hauptzielsetzung der Übergang von der Handmontage zur automatisierten Montageanlage. Nach Generierung mehrerer **Lösungsalternativen** konnte gemeinsam mit der Montageplanung ein optimiertes Ventilkonzept vorgestellt werden.

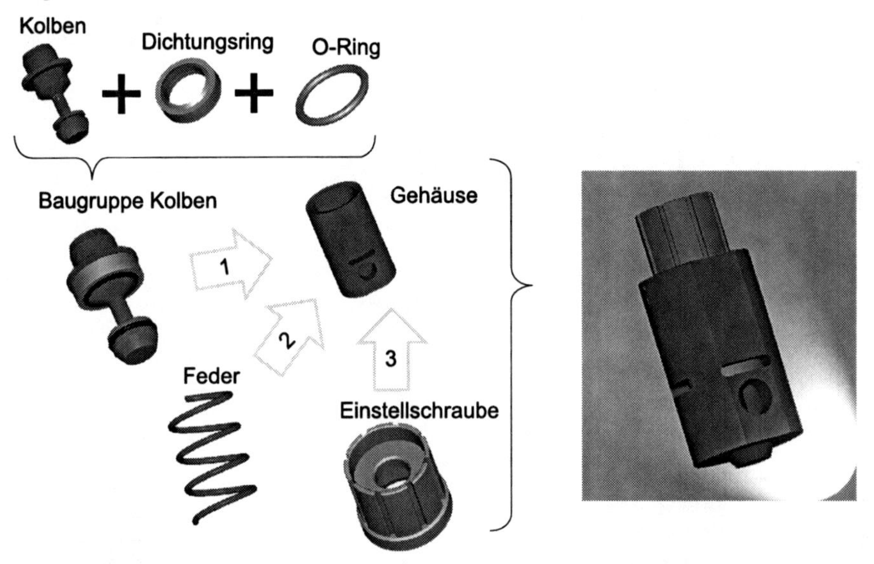


**Abb. 10-15.** Montagegerechtes Konzept des Pneumatikventils [nach Bichlmaier 2000]

Zu den konstruktiven Maßnahmen, die eine deutlich **montagegerechtere** Produktstruktur und **-gestalt** ermöglichten, gehörte schwerpunktmäßig eine Reduzierung der Teileanzahl durch die **Funktionsintegration**. So konnte die Baugruppe Kolben von fünf auf drei Bauteile reduziert werden: die Funktionen des Strömungskegels, des Kolbens sowie des Griffes zur Handentlüftung wurden komplett im Kolben realisiert. Die **Funktionen** von Federtopf und Kappe wurden in das Gehäuse integriert. Durch die Verlagerung der Variantenbildung in späte Montagephasen wurde der Übergangsdoppelnippel aus der Montagefolge genommen, die Anbindung an die pneumatischen Systeme erfolgt nun erst bei der Systemintegration, die beim Kunden stattfindet. Aufwändige Montageschritte wie das Vorspannen der Feder und das Einsetzen des Sicherungsringes entfielen auf Grund der Konzeptänderung ebenfalls. Die Vorspannung der Feder konnte durch eine Feder kleinerer Bauart ebenfalls als Montageoperation vermieden werden.

Insgesamt konnte durch die konstruktiven Änderungen die Anzahl der Bauteile von 14 auf 6 reduziert werden.

Um die konstruktiven Veränderungen und die Montagezeit für das neue Ventil abschätzen zu können, wurde ein **Montagevorranggraf** für das Ventil erarbeitet, in dem die verschiedenen Montageschritte und Montagezustände graphisch dargestellt und verbal beschrieben sind. Nach Analyse der nun erzielten Montagezeit konnte mit der DFA-Analyse nach Boothroyd eine Reduzierung der Montagezeit von 95 auf 32 Sekunden ermittelt werden.

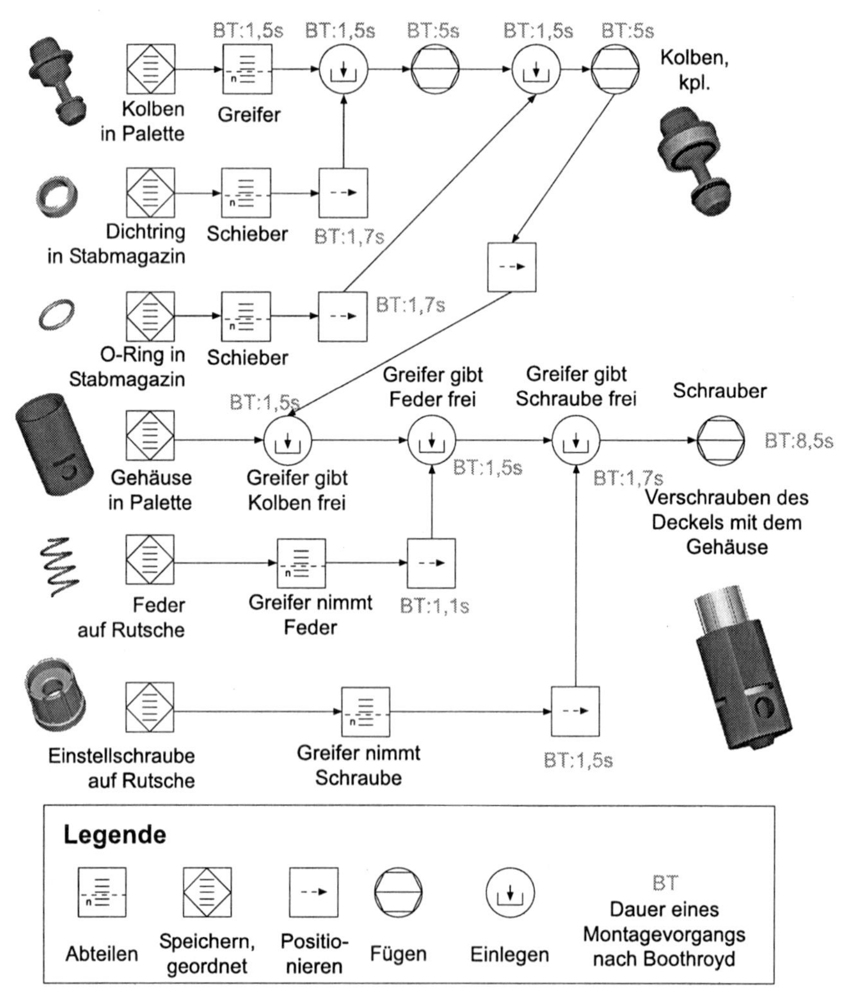


**Abb. 10-16.** Montagevorranggraf und Bewertung der Montagegerechten Konstruktion eines pneumatischen Sicherheitsventils [nach Bichlmaier 2000, Symbole nach VDI 2860]

## 10.4 Zusammenfassung

Die Montage spielt im Produktlebenszyklus eine wichtige Rolle in Bezug auf Kosten, Zeit und Qualität des Produkts. Wird ein Produkt mit dem Ziel eines optimalen Montageablaufs gestaltet, so spricht man von einer Montagegerechten Konstruktion und Gestaltung. Die wesentlichen Maßnahmen dazu können unter folgenden Gesichtspunkten zusammengefasst werden [Andreasen et al. 1988, Pahl et al. 2005]:

- Grundregel der „Einfachen Gestaltung“: Vereinfachen, Vereinheitlichen, Reduzieren von beispielsweise Montageoperationen, Fügestellen und Bauteilen.
- Grundregel der „Eindeutigen Gestaltung“: Vermeiden von Über- und Unterbestimmtheiten wie beispielsweise Symmetrien.

Auf Grund der vielfältigen Wechselbeziehungen, die zwischen dem Produkt, den Montagevorgängen und den Montageanlagen bestehen, muss die Montage auf allen Ebenen der Produktkonkretisierung (Anforderungsklärung, Funktions-, Wirk- und Baumodell) berücksichtigt werden. Bei der Anforderungsklärung steht die Sammlung, Dokumentation und Berücksichtigung der Anforderungen, die sich aus Montagevorgängen und Montageanlagen ergeben, im Mittelpunkt. Die Anforderungssammlung aus Montagesicht stellt die Grundlage für die Gestaltung und Bewertung eines Produkts in Bezug auf seine Eignung zur Montage dar. Darauf aufbauend wird eine möglichst montagegerechte Produktstruktur festgelegt. Dazu eignet sich eine funktionale Betrachtung des Produkts, um es in Montagebaugruppen zu gliedern, die vor- oder parallel montiert werden können. Die in der Produktstruktur festgelegten Einzelbauteile und Montagebaugruppen werden über verschiedenartige Fügestellen in Verbindung gebracht. Dabei können sowohl unterschiedliche Fügeverfahren als auch unterschiedliche Gestaltungsmöglichkeiten der Fügestellen genutzt werden. Schließlich sind die Einzelbauteile in ihrem Baumodell möglichst montagegerecht zu gestalten. Dies betrifft vorrangig die Montageschritte des Greifens, Handhabens und Speicherns und erfordert die darauf abgestimmte Gestaltung verschiedenster Bauteilmerkmale wie Gewicht, Abmessungen und Symmetrie.

Als Werkzeuge und Methoden, die bei der Montagegerechten Produktgestaltung eingesetzt werden können, existieren zahlreiche Checklisten und Gestaltungsrichtlinien sowie Sammlungen von Beispielen und Lösungsprinzipien. Zur Analyse und Bewertung der Montageeignung eines Produkts können verschiedene konstruktionsbegleitende quantitative und qualitative Verfahren eingesetzt werden. Zu den bekanntesten gehören das Design for Assembly-Verfahren nach Boothroyd [Boothroyd et al. 2002] oder zahlreiche Checklisten, die Hinweise und Unterstützung bei der Montagegerechten Gestaltung geben (beispielsweise [Pahl et al. 2005]).

# 11 Variantenreiche Produkte

In den vergangenen Jahrzehnten ist bei vielen Unternehmen die Variantenvielfalt kontinuierlich angestiegen, sowohl auf Produkte- als auch auf Teileebene. Ursachen sind beispielsweise im gehobenen Anspruchsniveau der Kunden zu finden. Kundenanforderungen sind heute wesentlich differenzierter, Kunden verlangen häufig Produkte, die auf ihre individuellen Bedürfnisse hin angepasst sind. Hinzu kommen eine erhöhte Innovations- und Technologiedynamik, massiv verkürzte Entwicklungszeiten und Produktlebenszyklen sowie die Auswirkungen der Informations- und Wissensgesellschaft. Die Gefahren einer explodierenden Variantenvielfalt sind unter anderem intransparente Entwicklungs- und Herstellungskosten und ein gestiegenes Entwicklungs- und Innovationsrisiko. Außerdem werden die Produkte und Prozesse anfälliger gegenüber Einflüssen wie zum Beispiel Nachfrageschwankungen oder technischen Änderungen. Daher kommt dem Variantenmanagement im Unternehmen, also der Beherrschung und gezielten Beeinflussung der Variantenvielfalt, eine hohe Bedeutung zu.

## 11.1 Variantenvielfalt im Automobilbereich

Die Bedeutung der Variantenvielfalt und die damit verbundene Problematik lassen sich gut am Beispiel der Automobilindustrie in Deutschland darstellen. Innerhalb von zwei Jahren sind bei der BMW Group zehn neue Fahrzeugmodelle in die Produktion gegangen, drei wichtige Modelle überarbeitet und 18 neue Motoren eingeführt worden [Panke 2005]. Bei Mercedes wurden alleine für das Jahr 2006 20 neue Modelle angekündigt [Priemer 2006].

Neben der Vielfalt der Modelle wächst auch die Anzahl an Bauteilvarianten drastisch. So gab es im Jahr 2004 für den BMW X3 90.000 verschiedene Dachhimmel, 3.000 unterschiedliche Türen und 324 Varianten der Hinterachse [Stockmar 2004]. Bei der Audi AG stieg im Jahre 2004 beim Modellwechsel auf den damals aktuellen Audi A6 (C6) die Zahl der theoretisch möglichen Türinnenverkleidungen um den Faktor 30 von 608 auf über 18.800 [Schlott 2005]. Ferner gab es über 10.000 Möglichkeiten eines Sitzes und 152 Varianten für den Handschuhkasten [Alders 2004]. Bei DaimlerChrysler geht die Individualisierung beim Kleintransporter sogar noch wesentlich weiter als beim Pkw. Weil nahezu jedes Fahrzeug auf die speziellen Kundenbedürfnisse ausgerichtet werde, gebe es im Prinzip keine Serienfertigung [Vollrath 2003].

Diese permanente Steigerung der Variantenvielfalt hat unweigerlich eine Steigerung der Komplexität auf Produkt-, Teile- und Prozessebene, eine unüberschaubare, kaum handhabbare Variantenzahl sowie eine Erhöhung der Kosten zur Folge. Nach einer 2004 in der Automobilbranche durchgeführten Umfrage des Network of Automotive Excellence (NoAE) entstehen 30 Prozent der Varianten ohne Kundenwunsch oder werden vom Kunden nicht bewusst wahrgenommen beziehungsweise nicht bestellt. Weiterhin sagten 80 Prozent der Teilnehmer aus, dass eine große Variantenvielfalt zu sinkender Rentabilität führe [Stockmar 2004]. Somit besteht die Notwendigkeit zum richtigen Umgang mit der Variantenvielfalt.

## 11.2 Methoden zur Entwicklung variantenreicher Produkte

Die Handhabung variantenreicher technischer Produkte erfordert ein Verständnis für die Erscheinungsformen und Ursachen der Variantenvielfalt sowie eine Kenntnis möglicher Lösungsansätze zur Beherrschung der Variantenvielfalt in Form von Strategien, Methoden und Gestaltungsrichtlinien.

**Varianten** sind technische Systeme mit einem in der Regel hohen Anteil identischer Komponenten, die Ähnlichkeiten in Bezug auf Geometrie, Material oder Technologie aufweisen [Renner 2007]. Varianten unterscheiden sich voneinander in mindestens einer Beziehung oder einem Element. Unterschiede existieren bezüglich der Ausprägungen mindestens eines Merkmals [Firchau 2003, Gembrys 1998]. Die **Variantenvielfalt** kennzeichnet sowohl die Anzahl als auch die Unterschiedlichkeit der Varianten eines Typs. Die Unterschiedlichkeit der Varianten lässt sich dabei im Gegensatz zur Anzahl nur sehr selten eindeutig bestimmen [Gembrys 1998]. Eine **Produktfamilie** besteht aus einer Menge verwandter Produkte, das heißt einer Menge von Produktvarianten. Unter **Produktprogramm** werden alle auf dem Markt angebotenen Produkte eines Unternehmens verstanden.

Die äußere Variantenvielfalt tritt als Angebotsvielfalt auf Produktebene auf, während die innere Variantenvielfalt in der Produktion eines Unternehmens auf Baugruppen- oder Teileebene vorliegt. Ein Produktprogramm wird sowohl durch seine Breite als auch durch seine Tiefe beschrieben [Lingnau 1994]. Programmbreite kennzeichnet dabei die Anzahl unterschiedlicher Produktarten (zum Beispiel Automobil, Motorrad) beziehungsweise einzelner Baureihen. Die Programmtiefe bezieht sich auf die Anzahl unterschiedlicher Varianten eines Produktes, beispielsweise die Anzahl der Varianten innerhalb einer Fahrzeugbaureihe.

Die Ursachen der Variantenvielfalt lassen sich in unternehmensinterne und -externe Ursachen gliedern. Die externen Ursachen resultieren aus Faktoren wie Markt, Wettbewerb und Technologie, auf die das Unternehmen kaum Einfluss hat. Unternehmensinterne Randbedingungen lassen sich hauptsächlich auf technische und organisatorische Defizite zurückführen, die zu einer unnötigen Variantenvielfalt auf Produkt- und Teileebene führen.

Am Markt nimmt die Nachfrage nach Standardprodukten ab, Kunden verlangen immer häufiger Produkte, die auf ihre individuellen Bedürfnisse hin angepasst sind [Lindemann et al. 2006]. Die Reaktion der Unternehmen ist vielfach eine **Individualisierung** des Angebots. Außerdem führt die Internationalisierung der Märkte zum Teil zu äußerst divergierenden länderspezifischen Anforderungen an die Produkte und wird so Verursacher der Variantenvielfalt im Produktprogramm vieler Unternehmen. Beispielsweise bestehen unterschiedliche ergonomische Anforderungen an die Produkte bedingt durch anatomische Unterschiede in der Bevölkerung. Auch klimatische Umgebungsbedingungen können zu veränderten Anforderungen führen (zum Beispiel Kühlung, Schmierung, Kapselung).

Die Globalisierung und Deregulierung der Märkte führt zu einer Ausweitung der Intensität und Dynamik und damit zur Zunahme der Komplexität des Wettbewerbs. Unternehmen sehen sich einer größeren Anzahl an Konkurrenzprodukten gegenüber. Um nicht die Gunst der Kunden zu verlieren, bestimmt der aktuelle Stand der Wettbewerberprodukte die Entwicklung der eigenen Produkte mit, die Entwicklungszyklen werden kürzer. Zur Erhaltung der Wettbewerbsfähigkeit sehen viele Unternehmen die Notwendigkeit zur Differenzierung gegenüber der Konkurrenz und zur konsequenten Markt- und Kundenorientierung. Auf die Sättigung von Märkten reagieren die Hersteller mit der Entwicklung zusätzlicher Produktvarianten in wenig besetzten Marktnischen, die von anderen Wettbewerbern möglichst noch nicht besetzt sind. Zusätzliche Marktanteile und Wettbewerbsvorteile erhoffen sich Unternehmen durch ein breit gestreutes Angebotsprofil und damit eine Diversifizierung der Produkte. Dies ist vor allem der Fall, wenn sich die übrigen Bedingungen wie beispielsweise Qualität, Preis, Lieferzeit und Service nicht wesentlich von der Konkurrenz abheben.

Neben sich ändernden Kundenwünschen ist es auch der technologische Fortschritt, der eine ständige Weiterentwicklung von Produkten erzwingt. Die gravierendsten Veränderungen sind hierbei im Bereich der Informations- und Kommunikationstechnologien zu beobachten. Außerdem werden Anforderungen zum Teil vom Gesetzgeber in Form von Normen, Vorschriften, Richtlinien oder Gesetzen formuliert, beispielsweise im Bereich der Sicherheits- und Umwelttechnik.

Interne Ursachen der Variantenvielfalt resultieren unter anderem aus Defiziten in den unternehmenseigenen technischen und organisatorischen Rahmenbedingungen. Eine hohe Anzahl variantenspezifischer sowie eine geringe Anzahl standardisierter Teile führen hier zu einer erhöhten **Komplexität** [Schuh et al. 2001]. In Folge der immer kürzer werdenden Produktlebenszyklen erfahren viele Produkte eine kurzfristige Überarbeitung oder Neuentwicklung. Hier werden vielfach vorhandene Lösungen bei Vorgänger- oder ähnlichen Produkten nur ungenügend berücksichtigt. Die interne Variantenvielfalt steigt in Folge der mangelnden Übertragung bereits bestehender Teile in neue Produkte und des hohen Anteils an Neukonstruktionen an Stelle von Änderungs- oder Anpassungskonstruktionen. Ferner existieren häufig historisch gewachsene Produktprogramme, bei denen keine konsequente, kontinuierliche Reduzierung des Teilestammes durchgeführt wird. Vielfach wird Kunden zugesichert, dass sie auch nach Jahren nahezu alle Ersatzteile direkt vom Hersteller beziehen können, was die langfristige Pflege des Teilestammes verlangt.

Ursache für organisatorische Defizite ist unter anderem der Umstand, dass die einzelnen Abteilungen im Unternehmen unterschiedliche Zielsetzungen haben, die sich zum Teil als konfliktreich erweisen. Der Vertrieb fordert aus markt- und kundenstrategischen Gründen mehr Varianten, die Fertigung befürwortet ein höheres Maß an Standardisierung und Einheitlichkeit zur Erhaltung der Wirtschaftlichkeit der Produktion. Diese Zielkomplexität erfordert einen hohen Abstimmungs- und Koordinationsaufwand. Ein Mangel an Kommunikation, Koordination und Zusammenarbeit innerhalb und zwischen den Unternehmensbereichen kann wiederum zu einer unnötig hohen Anzahl an Produktvarianten führen.

Die Bedeutung der Variantenvielfalt lässt sich in Chancen und Probleme unterteilen. Chancen entstehen primär durch Möglichkeiten der **Differenzierung** und eines erhöhten Kundennutzens. Probleme entstehen vor allem durch eine erhöhte Komplexität und Intransparenz sowie den daraus resultierenden Kosten.

Die Erhöhung der nach außen sichtbaren, das heißt vom Kunden wahrgenommenen Variantenvielfalt bietet die Chance der Erfüllung zusätzlicher Kundenwünsche. Sie trägt zur Bedienung neuer Marktsegmente oder zum Erschließen weiterer Kundenkreise und damit zur Steigerung des Unternehmensumsatzes bei. Eine Produktdifferenzierung ermöglicht es, Produkte in mehreren Preislagen anzubieten und so verschiedene Kaufkraftgruppen anzusprechen. Die Kundenbindung wird durch das Produktprogramm beeinflusst. Ein breites und immer wieder aktualisiertes Produktprogramm (Diversifikation) erzeugt Kaufreize sowohl bei neuen Zielgruppen, als auch auf Folgeaufträge bei bereits bestehenden Kunden.

Das Problem einer zunehmenden Produkt- und Teilezahl ist der Anstieg der Komplexität in allen Unternehmensbereichen (Fertigung und Montage, Einkauf und Logistik, Vertrieb und Service, und so weiter). Eine hohe Zahl eigengefertigter Komponenten sowie ein Variantenentstehungspunkt auf früher Wertschöpfungsstufe führen beispielsweise zu einer erhöhten Produktionskomplexität. Diese zeigt sich unter anderem in einer steigenden Zahl abzuwickelnder Fertigungsaufträge, kleineren Losgrößen und einer häufigeren Umstellung der Produktion.

Eines der größten Probleme liegt in den Kosten der Variantenvielfalt. Diese spiegeln sich nur begrenzt und schwer erkennbar in den Herstellkosten der Produkte wider, da sie vor allem in Bereichen wie Entwicklung und Konstruktion, Vertrieb, Qualitätssicherung, Verwaltung, Rechnungswesen und so weiter zu einem Kostenanstieg führen [Ehrlenspiel 2007]. Hohe, intransparente Gemeinkosten lassen sich mit konventionellen Methoden der Kostenrechnung kaum bestimmten Bauteilen oder Produkten zuordnen. Eine nicht verursachungsgerechte Zuordnung der Kosten birgt jedoch die Gefahr, dass Kosten treibende Varianten nicht oder erst spät identifiziert werden und der Aufwand zur Erstellung und Verwaltung der Varianten viel höher als der spätere Gewinn ist. Die Exoten des Produktspektrums werden daher typischerweise zu Preisen unterhalb der tatsächlich verursachten Kosten verkauft [Schuh et al. 2001].

**Variantenmanagement** umfasst alle Maßnahmen mit denen die Variantenvielfalt innerhalb eines Unternehmens bewusst beeinflusst wird. Dies gilt auf Produkt- und Prozessseite. Ziel muss daher eine Reduzierung und Beherrschung der Komplexität sein, was eine minimale interne Komplexität (Variantenvielfalt) bei einer gleichzeitig genügend hohen Vielfalt zu Markt und Kunden hin bedeutet.

Vor allem die Entwicklung und Konstruktion hat durch die Festlegung von Produktkonzept und -gestalt einen maßgeblichen Anteil an der Entstehung von Varianten. Als wichtige technische Maßnahmen des Variantenmanagements haben sich bei variantenreichen Serienprodukten die **Modularisierung** (Modulbauweise), **Produktplattformen**, **Baukastensysteme** und **Baureihen** etabliert [Ehrlenspiel 2007, Pahl et al. 2005, Schuh et al. 2001]. Die Modularisierung und Plattformstrategie zielt dabei primär auf den Aufbau einer geeigneten Produktstruktur beziehungsweise **Produktarchitektur** ab, wobei der Definition möglichst einheitlicher Schnittstellen eine hohe Bedeutung zukommt. Mit Baukasten- und Baureihenansätzen sollen Synergieeffekte im gesamten Produktprogramm erreicht werden. Zur Beherrschung der Vielfalt auf Teileebene existieren Ansätze der Standardisierung und Normung (Verwendung von Gleichteilen, Wiederholteilen, Kaufteilen und so weiter).

Einen Schritt weiter als die genannten Maßnahmen gehen die Strategien der **Kundenindividuellen Massenproduktion** (Mass Customization) [Piller 1998] und der **Produktindividualisierung** [Lindemann et al. 2006], die auf eine optimale Befriedigung von Kundenbedürfnissen abzielen. Hier erfolgt ebenso wie bei den bereits genannten Ansätzen eine Vorentwicklung der Produktstruktur und des Variantenprogrammes. Darüber hinaus erfolgt jedoch eine auftragsspezifische Anpassung des Produktes an individuelle Kundenbedürfnisse. Um dies zu angemessenen Kosten am besten erfüllen zu können, sind unter anderem flexible Leistungssysteme (Produkte und Prozesse) notwendig.

Die Thematik der Variantenvielfalt ist auf allen Ebenen der Produktkonkretisierung von Bedeutung. Je nach Konkretisierungsgrad existieren unterschiedliche Ansätze für einen bewussten und zielgerichteten Umgang mit Varianten. Diese beziehen sich einerseits auf die Analyse der Variantenvielfalt bei existierenden Produktprogrammen und andererseits auf eine zielgerichtete Beeinflussung und Beherrschung auf Anforderungs-, Funktions-, Wirk- und Bauebene.

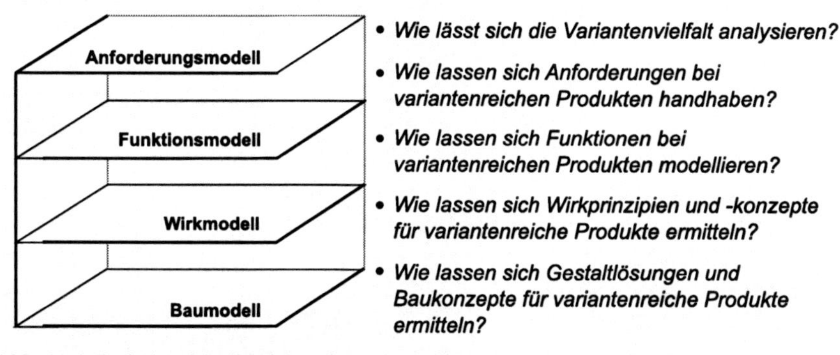


**Abb. 11-1.** Bedeutung von Varianten im Rahmen der Produktkonkretisierung

### *11.2.1 Wie lässt sich die Variantenvielfalt analysieren?*

Variantenreiche Produkte und Produktprogramme zeichnen sich im Vergleich zu Einzelprodukten durch eine erhöhte Intransparenz und Komplexität aus. Bevor Maßnahmen zur Beeinflussung der Variantenvielfalt eines Produktes oder Produktprogrammes ergriffen werden können, sind mehrere Schritte notwendig:

- eine Analyse der vorherrschenden sowie der geplanten Variantenvielfalt,
- die Bestimmung der strategischen Stoßrichtung der Entwicklung und
- die Ermittlung der Potenziale des Produktes in Bezug auf Maßnahmen des technischen Variantenmanagements, insbesondere Baukastenansätze.

Variantenvielfalt und die damit zusammenhängende Komplexität lässt sich für verschiedene Betrachtungsumfänge untersuchen. Die Potenziale zur **Differenzierung** beziehungsweise **Standardisierung** sind sehr verschieden, je nachdem, welche Produktstrukturebene betrachtet wird. Ebenen mit steigender Komplexität sind: Bauteile, Baugruppen, Module und Produkte. Auf der Bauteilebene ist aufgrund der geringeren Komplexität die Realisierbarkeit eines Baukastensystems am größten. Hier wird von Standardbauteilen gesprochen (Norm-, Gleich, Wiederholteile). Mit zunehmender Komplexität in den oberen Ebenen sinkt die Umsetzungswahrscheinlichkeit eines Baukastenansatzes. Das Risiko steigt, da die Umfänge immer mehr spezifische Teile und Funktionen enthalten und die an sie gestellten Anforderungen immer zahlreicher werden. Auf Modul- oder Produktebene sind durch eine zunehmende Standardisierung die Einsparpotenziale am größten. Das lässt sich auf die deutlich höheren Herstell- und Entwicklungskosten als bei Einzelteilen zurückführen. Folglich sind hier durch Skalen- oder Synergieeffekte in der Regel auch größere Einsparungen zu erzielen.

Zur Analyse der vorherrschenden Variantenvielfalt stehen verschiedene Methoden und Werkzeuge zur Verfügung. Bei der **ABC-Analyse** [Daenzer et al. 1999] erfolgt die Gegenüberstellung des gesamten Produktprogrammes nach dem Beitrag zum Gesamtumsatz beziehungsweise zum Deckungsbeitrag. Tragen 80 Prozent der Produktvarianten zu weniger als 20 Prozent des Umsatzes bei, muss eine große Anzahl nicht gängiger Varianten als real unwirtschaftlich gewertet werden. Ebenso ist es hilfreich, die Entwicklung der Teilevielfalt im Laufe der Zeit zu betrachten sowie den jeweils anteiligen Umsatz und die Produktion pro Sachnummer in den vergangenen Jahren zu vergleichen [Ehrlenspiel 2007]. Mit dem **Variantenbaum** ist eine systematische Analyse und Darstellung der Variantenvielfalt möglich. Die Struktur orientiert sich zum Beispiel an der Montagereihenfolge [Schuh 1988] oder an den kundenseitigen Möglichkeiten der Produktkonfiguration. In Kombination mit einer ABC-Analyse lässt sich feststellen, welche Produktvarianten bei den Kunden besonders gefragt sind und welche eher zu den Exoten zählen. Bei zunehmender Teilezahl und Kombinationsmöglichkeiten verliert der Variantenbaum jedoch an Übersichtlichkeit. Eine weitere Methode ist die **Variant Mode and Effects Analysis (VMEA)** [Caesar 1991], die auf wirtschaftlichen Kennzahlen zur Bewertung der Variantenvielfalt basiert.

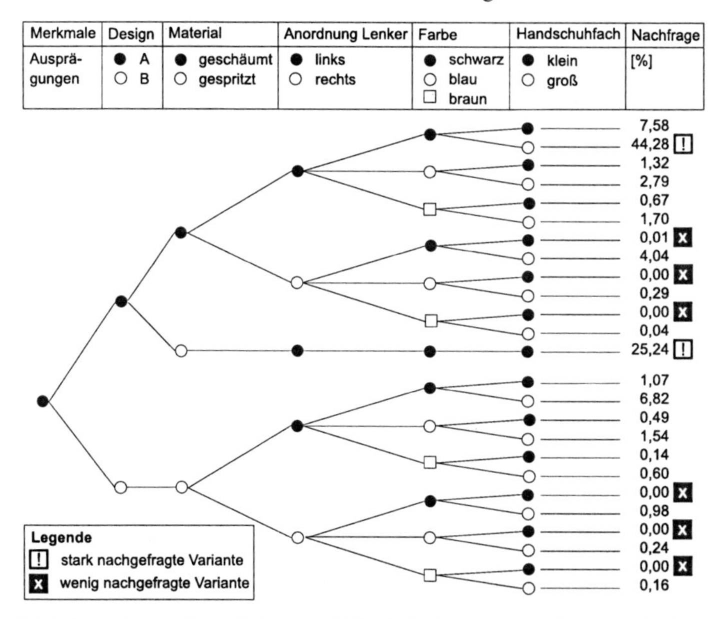


**Abb. 11-2.** Variantenbaum eines einfachen PKW-Cockpits zur Darstellung der Variantenvielfalt

Wurde die vorherrschende Variantenvielfalt eingehend analysiert, sind hinsichtlich der übergeordneten Zielsetzung der Entwicklung strategische Stoßrichtungen zu definieren. Als Maßnahme des Variantenmanagements kommt beispielsweise ein Baukastenansatz in Frage. Je nachdem, welche Effekte durch ein Baukastensystem primär erzielt werden sollen, ändert sich die Gestaltung des Systems. Mögliche Stoßrichtungen mit unterschiedlichem Entwicklungsfokus sind zum Beispiel die Reduktion der unternehmensinternen Variantenzahl, die Optimierung der Anforderungen oder die Erhöhung der Flexibilität. Die unterschiedlichen Stoßrichtungen lassen sich in einem **Netzdiagramm** übersichtlich darstellen.

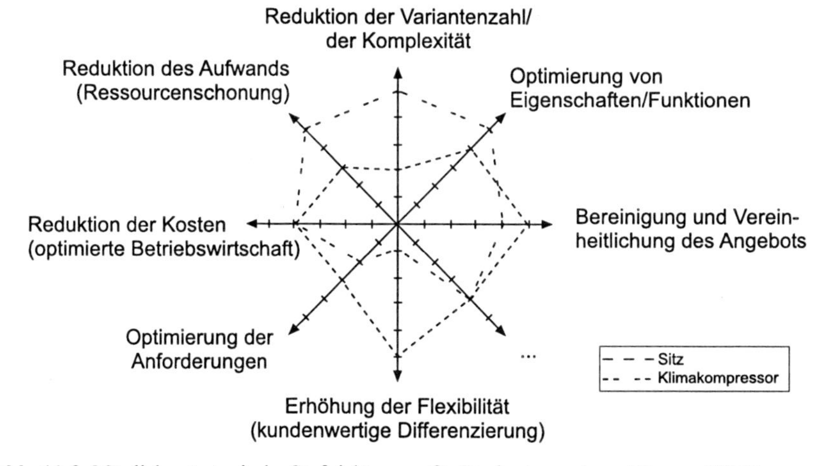


**Abb. 11-3.** Mögliche strategische Stoßrichtungen für Baukastensysteme [Renner 2007]

So steht beispielsweise bei der Baukastenentwicklung für Sitze im Automobil neben der Variantenbeherrschung die Erhöhung der Flexibilität im Vordergrund, um dem Kunden ein höheres Maß an Individualisierung zu ermöglichen [Renner 2007]. Beim in der Kundenwahrnehmung geringer angesiedelten Klimakompressor hingegen ist die Reduzierung der internen Variantenzahl das primäre Ziel. Da bei beiden Systemen unterschiedliche Ziele im Vordergrund stehen, werden sich die Baukastenkonzepte unterscheiden. Zwischen den einzelnen Kriterien herrschen zum Teil starke Interdependenzen. Dies liegt daran, dass sich diverse Stoßrichtungen gegenseitig beeinflussen können. Mit der Reduktion der Variantenzahl geht etwa eine Verringerung des Aufwands einher. Jedoch stehen die Reduktion der Variantenzahl und die Erhöhung der Flexibilität unter Umständen im Widerspruch. Eine isolierte Betrachtung der Kriterien ist daher nicht möglich.

Gerade mithilfe von Baukastensystemen soll die gewünschte externe (Differenzierungs-)Vielfalt mit einer möglichst geringen internen Vielfalt realisiert werden. Nicht alle Systeme oder Komponenten eignen sich aber in gleichem Maße zur Abbildung in Baukastensystemen. Um Baukastensysteme mit einer hohen Effizienz zu erreichen, müssen zahlreiche Voraussetzungen erfüllt sein. Diese betreffen das anvisierte Baukastensystem, dessen Komponenten oder Bausteine, die notwendigen Schnittstellen und die zu verwirklichenden Eigenschaften und Funktionen. Die zugehörigen Kriterien erlauben die Beurteilung der Güte eines Baukastensystems sowie der Baukastenfähigkeit der betrachteten Elemente. Nur wenn ein System oder eine Komponente grundsätzlich baukastenfähig ist, kommt eine weitere Baukastenentwicklung in Betracht. Bei der Entwicklung von Baukastensystemen ist darauf zu achten, dass entsprechende Anforderungen und Randbedingungen gelten und die Elemente baukastengerecht ausgeführt werden. Zur diesbezüglichen Analyse eines technischen Systems bietet sich die Verwendung einer Checkliste für Baukastensysteme an [Renner 2007].

| Gesamtes Baukastensystem | Schnittstellen |
|---|---|
| • spart Entwicklungszeit und -kosten<br>• erlaubt "einfache" Erzeugung der Varianz<br>• ermöglicht Kundenindividualität bzw. Differenzierung<br>• erlaubt mit wenigen Komponenten viele Kombinationen<br>• besitzt übersichtlichen und gut strukturierten Aufbau<br>• ermöglicht einfache, schnelle und kostengünstige Anpassungen<br>• ist flexibel erweiterbar | • sind festgelegt und verbindlich<br>• sind sinnvoll platziert<br>• sind realisiert als einfache, standardisierte und verwechslungssichere Fügestellen<br>• liegen bei verschiedenen Varianten eines Bausteins räumlich immer an der gleichen Stelle<br>• sind flexibel anpassbar an zukünftige Entwicklungen<br>• sind ausführlich dokumentiert |
| **Bausteine** | **Eigenschaften/Funktionen** |
| • Varianz in kostengünstigen Bausteinen<br>• hohe Wiederholrate bei Grundbausteinen<br>• ausreichende Kombinierbarkeit von Bausteinen mit Nachbarbausteinen<br>• Baugruppen bestehen aus Bausteinen mit ähnlichem Lebenszyklus | • Vermeidung einer Funktionsuntererfüllung<br>• Reduzierung einer Funktionsübererfüllung so weit wie möglich<br>• Integrierbarkeit zukünftiger Funktionen |

**Abb. 11-4.** Checkliste für Baukastensysteme [nach Renner 2007]

Schon bei den strategischen Überlegungen in den frühen Phasen der Entwicklung eines variantenreichen Produktprogrammes sind die Auswirkungen auf Prozessebene, das heißt die Einflüsse in den Bereichen Entwicklung, Produktion, Beschaffung, Logistik, Service und so weiter, zu berücksichtigen. Beispielsweise ergeben sich je nach Beschaffenheit des Produktes und seiner Teile (Größe, Gewicht, Art der Schnittstellen) in der Montagelogistik Wirtschaftlichkeitsgrenzwerte in Abhängigkeit der Variantenzahl. So kann ein Monteur eine gewisse Anzahl von Varianten für ein Modul noch alleine im Montagezeittakt handhaben. Bei einer größeren Variantenzahl ist dann eine zweite Person erforderlich.

### *11.2.2 Wie lassen sich Anforderungen bei variantenreichen Produkten handhaben?*

Da mittels der Baukastenbauweise übergreifende Synergien genutzt werden sollen, gewinnt das Anforderungsmanagement in diesem Zusammenhang noch mehr an Bedeutung. Im Gegensatz zur Entwicklung einzelner Produkte zielt die Baukastenentwicklung auf mehrere Produkte ab. Demzufolge sind die Anforderungen aller betrachteten (Baukasten-)Produkte zu berücksichtigen.

Im Vergleich zu der Entwicklung eines Einzelproduktes ergibt sich bei einer Baukastenentwicklung eine Steigerung der Komplexität, die sich unter anderem auf folgende Aspekte zurückführen lässt:

- Spreizung der Anforderungen: Aufgrund des übergreifenden Ansatzes können die Ausprägungen gleicher Anforderungen (zum Beispiel Beschleunigung, Motorleistung) für einzelne Produkte verschiedener Segmente bei einer Baukastenentwicklung stark unterschiedlich sein. Diese Art der Anforderungsdivergenz tritt bei Entwicklung von Einzelprodukten in der Regel nicht auf.
- Einsatzzeitpunkte der Baukastenprodukte: Die Anlaufzeitpunkte der einzelnen Produkte liegen oftmals weit auseinander. Hieraus resultiert eine zusätzliche Unschärfe bezüglich Stabilität, Konkretisierungs- und Bekanntheitsgrad der Anforderungen.
- Rückkopplung zwischen Baukastensystemen: Werden mehrere unterschiedliche Baukastensysteme eingesetzt, sind wechselseitige Auswirkungen zu berücksichtigen. So beeinflussen sich beispielsweise im Automobil ein Baukasten für das Cockpit und ein Baukasten für das Heiz-/Klimagerät gegenseitig.
- Sourcing- und Lieferantenstrategien: Um die Abhängigkeit von einzelnen Lieferanten zu vermeiden, kooperiert ein Hersteller von Gesamtsystemen (Hersteller von Endkundenprodukten) häufig bei unterschiedlichen Modellreihen mit verschiedenen Zulieferern. Die hieraus zwangsläufig resultierende Vielfalt an technischen Lösungen wird durch ein Baukastensystem reduziert, weil identische oder ähnliche Bausteine übergreifend Verwendung finden. Jedoch besteht die Gefahr der Abhängigkeit von einzelnen Lieferanten.

- Werke und Standorte: Die einzelnen Modellreihen eines Herstellers von Gesamtsystemen werden häufig in verschiedenen Werken gefertigt. Bei einem übergreifenden Baukastenansatz muss sichergestellt sein, dass jedes betroffene Werk in der Lage ist, entsprechende Baukastenkomponenten zu verbauen.

Zur Schaffung von Synergieeffekten und zur direkten Kostensenkung bieten sich grundsätzlich zwei Strategien an: die Anforderungsoptimierung und die Anforderungsharmonisierung.

Hauptziel der **Anforderungsoptimierung** ist es, etwaige Übererfüllungen durch zu hohe Anforderungen zu vermeiden und somit die Produktkosten zu verringern. In der Regel steigen die Kosten, je höher der Anspruch an die Ausprägungen der zu erfüllenden Anforderungen ist. Deshalb bietet es sich generell an, alle Ausprägungen der Anforderungen auf ihre Plausibilität hin zu überprüfen. Dabei muss darauf geachtet werden, aufgrund ausgeprägten Sparwillens oder Sparzwängen die Anforderungen nicht zu weit herunterzusetzen. Anderenfalls entspricht das Produkt nicht den Kundenerwartungen und der Marktanteil sinkt.

Die **Anforderungsharmonisierung** ist speziell im Umfeld der Baukastenentwicklung notwendig. Um den wiederholten Einsatz verschiedener Bausteine zu ermöglichen, sollten die Baukastenprodukte zur Effizienzsteigerung möglichst ähnliche Anforderungen aufweisen. Da dieser Idealfall in der Praxis selten auftritt, ist eine Harmonisierung der Anforderungen notwendig. Diese bezweckt eine Angleichung der Zielwerte, um mögliche Zielkonflikte zwischen den betrachteten Produkten verringern oder gar vermeiden zu können. Für eine Anforderungsharmonisierung müssen in der Regel Kompromisse eingegangen werden, die sich oft als Funktionsüber- und Funktionsuntererfüllung bemerkbar machen. Die daraus resultierenden Auswirkungen müssen in jeder Situation untersucht und von den entsprechenden Verantwortlichen gebilligt werden. Dabei ist es notwendig, Anforderungen auf ihre Kundenwertigkeit hin zu überprüfen. Mittels einer Kanalisierung können die möglichen Ausprägungen von Anforderungen angeglichen werden [Ehrlenspiel 2007]. Bei der Ermittlung sinnvoller Größenstufen für die Ausprägungen von Anforderungen kann man sich an geometrisch gestuften Normzahlreihen orientieren.

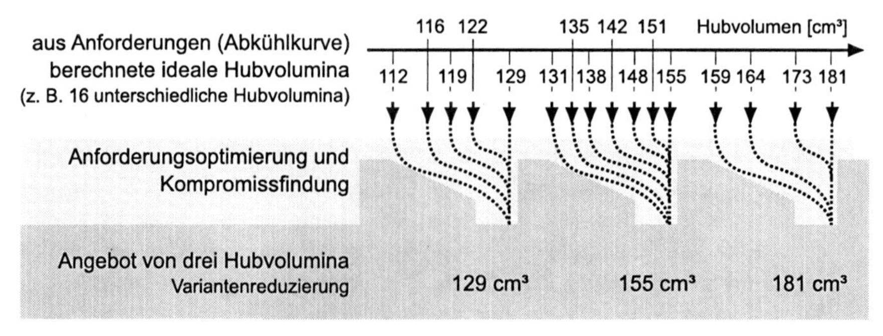


**Abb. 11-5.** Harmonisierung der Anforderungen am Beispiel eines variantenreichen Klimakompressors [nach Renner 2007]

Im Beispiel eines Klimakompressors ergeben sich anforderungsgerecht ausgelegt 16 unterschiedliche Hubvolumina, deren Verschiedenartigkeit teilweise nur geringfügig ist. Durch das Zusammenlegen von Hubvolumina kann die Variantenanzahl auf lediglich drei reduziert werden, um den Klimakompressor wirtschaftlicher zu realisieren. Die Anforderungsharmonisierung führt zum Teil zu einer Funktionsübererfüllung, beispielsweise durch die Steigerung des Hubvolumens von 112 auf 129 $cm^3$.

Geht man von einzelnen Anforderungen über zu der Gesamtheit der Anforderungen an ein variantenreiches Produktprogramm, ist es wichtig ein stimmiges Zielsystem aufzustellen. Ein Baukastenzielsystem hat dabei zwei Hauptausrichtungen: zum einen sind Ziele zu berücksichtigen, die das geplante Baukastensystem in seiner Gesamtheit erreichen muss. Hierzu zählen beispielsweise die zu nutzenden Synergieeffekte und der zur Entwicklung notwendige Aufwand. Zum anderen sind auch Zielvorgaben betroffen, welche sich an die einzelnen Produktvarianten richten. Es werden zunächst die einzelnen Zielsysteme je Produktvariante aufgestellt. Das Zielsystem für das gesamte Produktprogramm setzt sich aus der Summe aller Einzelzielsysteme zusammen. Infolge von Kompromissen treten Abweichungen auf, die sich in Über- oder Untererfüllungen äußern. Diese Prozedur wird durchgeführt, bis für alle betroffenen Produktvarianten stimmige Zielsysteme erreicht sind. Vereinfacht lässt sich ein Baukastenzielsystem in einem **Netzdiagramm** darstellen, beispielsweise mit den Achsen Kosten, Gewicht, Funktion.

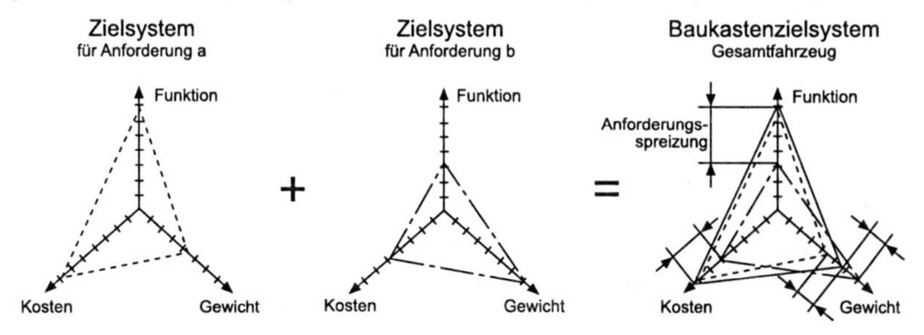


**Abb. 11-6.** Vereinfachte Darstellung eines Baukastenzielsystems in einem Netzdiagramm

Für die weitere Baukastenentwicklung ist es notwendig, die Spreizung der jeweiligen Anforderungen zu kennen. Diese zeigt an, wie eng beziehungsweise wie weit die spezifischen Ausprägungen der Anforderungen an die einzelnen Produktvarianten beieinander oder auseinander liegen. Angesichts des übergreifenden Einsatzes von Bausteinen ist es notwendig zu wissen, ob und in wie weit sich Anforderungen der betroffenen Produktvarianten unterscheiden. Je ähnlicher die Werte sind, desto eher kann ein entsprechendes Baukastensystem realisiert werden. Durch Gegenüberstellung der einzelnen Zielsysteme können solche Unterschiede in den Anforderungen identifiziert werden. Dabei bietet es sich an, eine sinnvolle Clusterung der Anforderungen vorzunehmen, zum Beispiel nach den Kriterien Spreizung (hoch, mittel, gering) und Festlegbarkeit (langfristig, mittelfristig, kurzfristig). Auf dieser Basis kann in den folgenden Schritten die Bildung alternativer Gestaltungsansätze des Baukastensystems erfolgen.

### *11.2.3 Wie lassen sich Funktionen bei variantenreichen Produkten modellieren?*

Die Problematik der Variantenvielfalt spiegelt sich auf Funktionsebene wider. Für Einzelprodukte oder einzelne Varianten im Produktprogramm lassen sich Funktionsmodelle aufstellen. Wie sieht aber die Abbildung der Funktionalität des gesamten Produktprogrammes oder eines Baukastensystems aus? Vergleicht man die Funktionsmodelle der einzelnen Varianten, so wird man vermutlich feststellen, dass sie viele gemeinsame Funktionen enthalten. Jedoch gibt es mit hoher Wahrscheinlichkeit auch Unterschiede.

Bei der Funktionsbetrachtung im Zusammenhang mit variantenreichen Produkten bietet sich somit eine Funktionsklassifikation an [Ehrlenspiel 2007, Pahl et al. 2005]. Die Gesamtfunktion gibt den von den einzelnen Varianten des Baukastensystems geforderten Zweck an. Die Gesamtfunktion wird in Teilfunktionen aufgeteilt, die notwendig sind, um die Gesamtfunktion zu erfüllen. Im weiteren Verlauf der Produktkonkretisierung kommt es dann darauf an, eine geeignete Zuordnung der einzelnen Teilfunktionen zu mehr oder weniger häufig eingesetzten Bausteinen zu finden. Die Teilfunktionen werden je nach Häufigkeit des Vorkommens im Gesamtsystem und der Bedeutung für das Baukastensystem unterschiedlich benannt. Folgende Begriffe sind dabei zweckmäßig:

- Eine Grundfunktion ist eine Teilfunktion, die bei jeder zu erfüllenden Gesamtfunktion vorkommt. Grundfunktionen sind in einem System grundlegend, immer wiederkehrend und unerlässlich. Ein Grundbaustein wird daher auch als Muss-Baustein bezeichnet.
- Eine Sonderfunktion stellt eine ergänzende, aufgabenspezifische Teilfunktion dar, die nicht in allen Gesamtfunktionsvarianten vorkommen muss. Sie wird durch einen Sonderbaustein erfüllt, der zum Grundbaustein eine spezielle Ergänzung oder ein Zubehör darstellt und daher Kann-Baustein ist.
- Die Anpassfunktion ist zum Anpassen an andere Systeme und Randbedingungen notwendig. Sie wird stofflich durch Anpassbausteine verwirklicht. Diese sind maßlich nur zum Teil festgelegt und müssen im Einzelfall aufgrund nicht vorhersehbarer Randbedingungen in ihren Abmessungen angepasst werden. Sie brauchen nicht in allen Gesamtfunktionen vorzukommen und können als Muss- oder Kann-Bausteine auftreten. Anpassfunktionen können eventuell auch notwendig sein, um Sonderfunktionen mit Grundfunktionen zu verknüpfen. Anpassfunktionen haben somit Schnittstellencharakter.
- Die Auftragsspezifische Funktion stellt eine spezielle Teilfunktion für Einzelaufträge dar, die damit das Baukastensystem auch für spezielle Wünsche geeignet macht. Diese Funktion wird über so genannte Nicht-Bausteine verwirklicht, die nicht Bestandteil des eigentlichen Baukastensystems sind. Ihre Anwendung führt zu einem Mischsystem als Kombination von Bausteinen und Nicht-Bausteinen.

Die Aufstellung einer Funktionsstruktur, das heißt die Aufgliederung der Gesamtfunktion in Teilfunktionen und deren Verknüpfung, erfolgt so, dass möglichst wenige gleiche und wiederkehrende Teilfunktionen vorkommen. Varianten mit hohem Absatz sind soweit wie möglich mit Grundfunktionen und dann mit Sonderfunktionen zu erfüllen. Zahl und Umfang der Sonder- und speziell der Anpassfunktionen sind klein zu halten. Die Darstellung der Funktionsstruktur kann beispielsweise in einem **Umsatzorientierten Funktionsmodell** erfolgen.

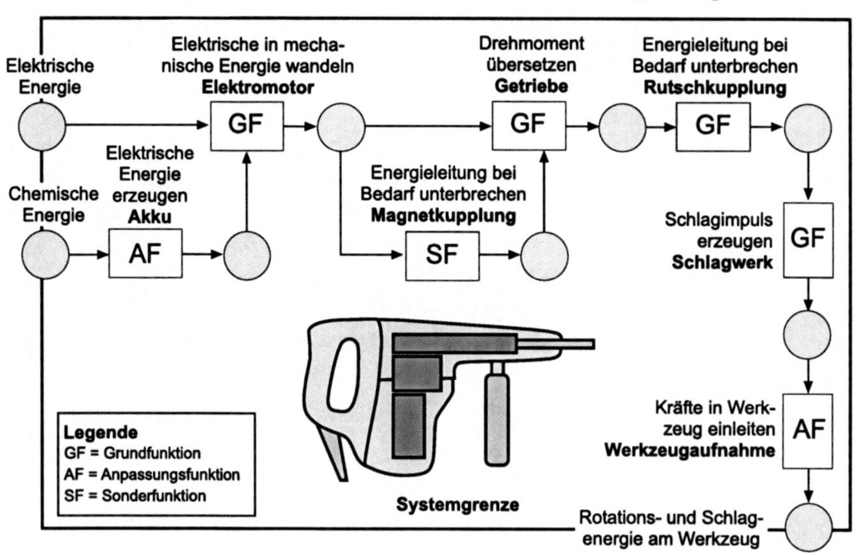


**Abb. 11-7.** Umsatzorientiertes Funktionsmodell eines variantenreichen Bohrhammers

Als Beispiel werden die Funktionen eines variantenreichen Produktprogrammes für elektropneumatische Bohrhämmer beschrieben, das als Baukastensystem ausgeführt ist. Grundfunktionen (Grundbausteine), die in jedem Baukastenprodukt vorkommen, sind unter anderem die Wandlung elektrischer in mechanische Energie (Elektromotor), die Übersetzung des Drehmomentes (Getriebe), die Unterbrechung der Energieleitung bei einem Verhaken des Bohrers (Rutschkupplung) und die Erzeugung eines Schlagimpulses (Schlagwerk). Als Sonderfunktion kommt in einem Teil der Geräte eine zusätzliche Kupplung zum Einsatz. Diese unterbricht dann die Energieleitung zwischen Motor und Getriebe, wenn die Sicherheit des Anwenders gefährdet ist, beispielsweise wenn der Anwender bei einem Verhaken des Bohrers nicht die erforderliche Gegenkraft aufbringen kann, um das Drehmoment abzufangen. Diese Sicherheitsfunktion wird als Kann-Baustein zum Beispiel durch eine magnetische Kupplung realisiert. Eine weitere Sonderfunktion in höherwertigen Gerätevarianten ist zum Beispiel eine Diebstahlsicherung.

Anpassfunktionen betreffen unter anderem die Versorgung des Motors mit elektrischer Energie. Hier sind in der Konkretisierung der zugehörigen Anpassbausteine unterschiedliche Länder- beziehungsweise Spannungsvarianten vorzusehen. Außerdem existieren Gerätevarianten mit Akku zur Energieversorgung.

Weitere Anpassbausteine sind die Handgriffe (hinterer Handgriff und Seitenhandgriff), welche Schnittstellen des Gerätes zum Anwender darstellen. Schließlich stellt die Fixierung und Einleitung von Kräften in das Werkzeug (Werkzeugaufnahme) eine Anpassfunktion dar. Im beschriebenen Beispiel sind keine auftragsspezifischen Funktionen vorgesehen.

### *11.2.4 Wie lassen sich Wirkprinzipien und -konzepte für variantenreiche Produkte ermitteln?*

Auf Basis der Anforderungen und Funktionen können Wirkprinzipien und Wirkkonzepte für die Realisierung eines variantenreichen Produktprogrammes entwickelt werden. Dabei herrscht gegenüber den Konzepten für Einzelprodukte eine erhöhte Komplexität. Eine zentrale Herausforderung ist es, die Variantenvielfalt auch auf Ebene des Wirkmodells auf das notwendige Maß zu begrenzen. Dem Aufbau einer geeigneten **Produktstruktur** sowie dem Zeitpunkt der Variantenentstehung kommen hier eine entscheidende Bedeutung zu. Folgende Strategien beziehungsweise Gestaltungsprinzipien haben sich in der Praxis etabliert:

- Die **Modularisierung** basiert auf der Zerlegung eines Systems in leicht austauschbare Teile (**Module**). Sie dient der Unterteilung des Gesamtsystems in überschaubare Einheiten, die unabhängig voneinander entwickelt, beschafft und produziert werden können. Die Definition geeigneter **Schnittstellen** ist dabei Voraussetzung für die Bildung und den Austausch von Modulen.
- Mit **Plattform** wird die Zusammenfassung derjenigen Komponenten, Schnittstellen und Funktionen bezeichnet, die über eine ganze **Produktfamilie** vereinheitlichbar und daher zeitlich stabil sind [Schuh et al. 2001]. Die Plattformbauweise kann als ein Sonderfall der Modularisierung aufgefasst werden.
- Bei **Baukastensystemen** wird eine möglichst große Zahl an Produktvarianten aus einer möglichst geringen Anzahl an Bausteinen (Bauteilen, Baugruppen) mit unterschiedlicher Funktion und Gestalt zusammengesetzt [Biegert 1971].
- Bei **Baureihen** erfolgt die Variantenbildung durch Skalierung beziehungsweise Größenstufung bei ansonsten gleicher Funktion, gleicher konstruktiver Ausführung und gleichen Schnittstellen [Ehrlenspiel 2007, Pahl et al. 2005].

Ein Merkmal dieser Ansätze ist die funktionale Zerlegung und damit eine verbesserte Konfigurierbarkeit des Produktes. Weiterhin wird eine klare Trennung von unveränderlichen und variablen Produktbereichen verfolgt. Eine Differenzierung des Produktes erfolgt mit Hilfe der variablen Produktbereiche. Ebenso sollen Wechselwirkungen zwischen Produktelementen, zum Beispiel bei Änderungen, eingegrenzt werden. Für die Bildung von Modulen existieren verschiedenste Kriterien, zum Beispiel Funktionen, Montagereihenfolge, Lebenszyklus, Disziplinen, Marktsegmente oder die (minimale) Schnittstellenzahl [Pulm 2004]. Bei der Definition eines Baukastensystems kann eine Orientierung an folgenden Parametern erfolgen [Biegert 1971, Kohlhase 1997, Ponn 2000]: Baukastennutzer, Systemabgrenzung, Baukastenstruktur und Reinheit des Baukastensystems.

| Parameter | Ausprägungen und Beispiele | |
|---|---|---|
| Baukastennutzer | Herstellerbaukasten<br>z. B. Getriebebaukasten | Anwenderbaukasten<br>z. B. Heimwerkersystem |
| Systemabgrenzung | Geschlossener Baukasten<br>z. B. Heimwerkersystem | Offener Baukasten<br>z. B. Baugerüstsystem |
| Baukastenstruktur | Strukturgebundener Baukasten<br>z. B. Sitzbaukasten Automobil | Modularer Baukasten<br>z. B. Möbelsystem |
| Reinheit | Reinsystem<br>z. B. Elektrowerkzeugbaukasten | Mischsystem<br>z. B. Sonderwerkzeugmaschinen |

**Abb. 11-8.** Klassifikation von Baukastensystemen

Man differenziert hinsichtlich des Baukastennutzers zwischen Anwenderbaukästen und Herstellerbaukästen. Als Herstellerbaukasten wird ein Baukastensystem bezeichnet, welches beim Hersteller zusammengebaut und danach im Allgemeinen nicht mehr verändert wird (zum Beispiel PKW-Baukastensystem, Getriebebaukasten). Ein Anwenderbaukasten ist im Gegensatz dazu ein vom Anwender jeweils umzubauender Baukasten (beispielsweise Heimwerkersystem, Küchenmaschinensystem). Die Bestandteile des Systems werden als Bausteine beim Hersteller produziert und anschließend vom Benutzer montiert beziehungsweise konfiguriert. Sie können wieder in ihre Bausteine zerlegt werden, um diese dann zur Bildung neuer Kombinationsformen zu verwenden.

Hinsichtlich der Systemabgrenzung werden geschlossene und offene Baukästen unterschieden. Ein geschlossenes Baukastensystem ist durch ein vorgegebenes Bauprogramm mit endlich festgelegter Variantenzahl, das heißt der Zahl an Kombinationsmöglichkeiten der einzelnen Bausteine gekennzeichnet (zum Beispiel Heimwerkersystem). Ein offenes Baukastensystem ist im Gegensatz dazu in seinen Variations- und Kombinationsmöglichkeiten offen (beispielsweise bei Baugerüstsystemen). Die Darstellung und Planung des Systems in seinem vollen Umfang ist nicht möglich. Es existiert nur ein Baumusterplan mit Beispielen, aus denen der Anwender typische Anwendungsmöglichkeiten des Baukastens ersieht. Ansonsten existieren unendliche viele Varianten für Baukastenprodukte.

Ein weiteres Kriterium ist die Baukastenstruktur. Bei strukturgebundenen Baukastensystemen sind die Bausteinvarianten für bestimmte Funktionen an bestimmte Plätze der Produktstruktur gebunden, sie können nicht an jedem beliebigen Platz eingesetzt werden (zum Beispiel Sitzbaukasten im Automobil). Dies entspricht den Modularisierungskonzepten mit einer Produktplattform. Bei modularen Baukastensystemen sind die Bausteine nicht an Platzhalter in der Struktur gebunden, so dass sich die Produktstrukturen der Baukastenprodukte im Aufbau unterscheiden (beispielsweise bei Möbelsystemen).

Die Reinheit eines Baukastensystems bezieht sich auf die Verwendung oder Nicht-Verwendung von auftragsspezifischen, das heißt kundenindividuellen Elementen. Reinsysteme sind Baukastensysteme, bei denen sich die Erzeugnisse aus einem gegebenen Bausteinvorrat zusammensetzen (zum Beispiel bei Elektrowerkzeugen). Bei Mischsystemen erfahren die Produktvarianten lediglich eine partielle Anwendung der Baukastenbauweise. Gewisse Systemumfänge, so genannte Nicht-Bausteine, werden erst bei Vorliegen von Aufträgen kundenindividuell entwickelt und gefertigt (beispielsweise im Sonderwerkzeugmaschinenbau).

Kombiniert man die Ausprägungen der diskutierten Parameter, ergeben sich unterschiedliche Gesamtkonzepte für Baukastensysteme. So kann ein Baukastensystem zum Beispiel ein teilweise modulares, offenes Reinsystem oder ein strukturgebundenes, geschlossenes Mischsystem sein. Die Wahl eines geeigneten Baukastengesamtkonzeptes hängt unter anderem von der übergeordneten Stoßrichtung der Baukastenentwicklung sowie von der Produktstrukturebene (Bauteil, Baugruppe, Produkt) ab, auf die sich der Baukastenansatz bezieht.

- Ist die übergeordnete Zielsetzung die Reduktion des Aufwands in Entwicklung und Produktion, wird also ein Höchstmaß an Standardisierung angestrebt, so bietet sich ein strukturgebundenes, geschlossenes Reinsystem an.
- Wird mit dem Baukastenansatz jedoch ein Höchstmaß an Flexibilität verfolgt, um eine Vielzahl unterschiedlicher Kundenwünsche bestmöglich zu bedienen, dabei aber trotzdem Synergieeffekte in Entwicklung und Produktion zu erreichen, bietet sich ein modulares, offenes Mischsystem an.

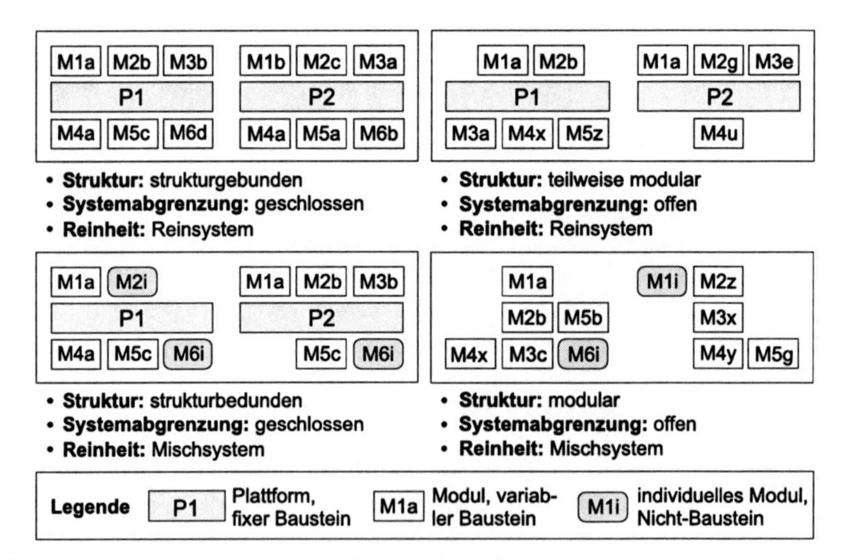


**Abb. 11-9.** Baukastengesamtkonzepte – Formen der Modularisierung

Einen Schritt weiter als die reine Konfiguration von Produktvarianten aus einer vordefinierten Produktstruktur geht die Strategie der **Produktindividualisierung** [Lindemann et al. 2006, Baumberger 2007], bei der eine optimale Befriedigung von Kundenbedürfnissen verfolgt wird. Hierfür werden, vergleichbar den auftragsspezifischen Bausteinen, gewisse Produktumfänge kundenindividuell entwickelt beziehungsweise angepasst. Um dies in einem wirtschaftlich angemessenen

Rahmen zu erreichen, bedarf es bei der Produktstrukturplanung der Wahl eines optimalen Individualisierungsgrads. Mit Individualisierungsgrad wird das Verhältnis zwischen Standardisierung und Freiräumen in der Produktstruktur bezeichnet. Bereiche der Produktstruktur mit zunehmendem Individualisierungsgrad sind: fixe Bereiche, obligatorische und optionale Alternativen, skalierbare Bereiche, prinzipielle Lösungen sowie definierte und allgemeine Freiräume. Dienstleistungen ergänzen das individualisierte Sachprodukt um immaterielle Leistungsbestandteile (zum Beispiel Finanzierung, Wartung) [Lindemann et al. 2006].

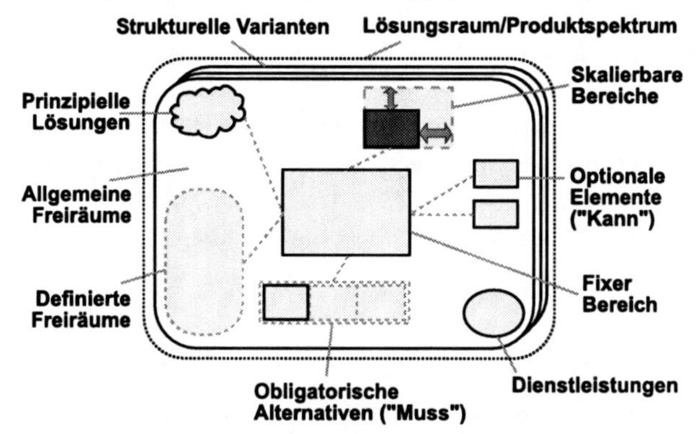


**Abb. 11-10.** Metamodell der Produktstruktur eines variantenreichen Produktprogrammes, deren Elemente einen unterschiedlichen Individualisierungsgrad besitzen [Lindemann et al. 2006]

Gegenüber der Entwicklung von Einzelprodukten bedarf es bei der Entwicklung von Wirkkonzepten für variantenreiche Produktprogramme einer höheren Flexibilität. Teilweise müssen dieselben Funktionen je nach Produktvariante oder kundenspezifischer Ausprägung auf unterschiedliche Weise realisiert werden. Hier bietet der Einsatz **mechatronischer** Lösungen große Potenziale [Gausemeier et al. 2006a]. Der Software-Anteil steigt in vielen Produkten, unter anderem aufgrund der ausgeprägten Flexibilität der Software [Bender et al. 2005].

Zur Reduzierung der internen Vielfalt ist darauf zu achten, dass nach Möglichkeit für ähnliche Funktionen die gleichen **Wirkprinzipien** angewandt werden. Gerade bei der zeitlich unterschiedlichen Entstehung einzelner Produkte ist es wichtig, Wirkprinzipien übergreifend als Standard festzulegen. Die Dimensionierung erfolgt erst in der konkreten Ausführung nach den individuellen Anforderungen.

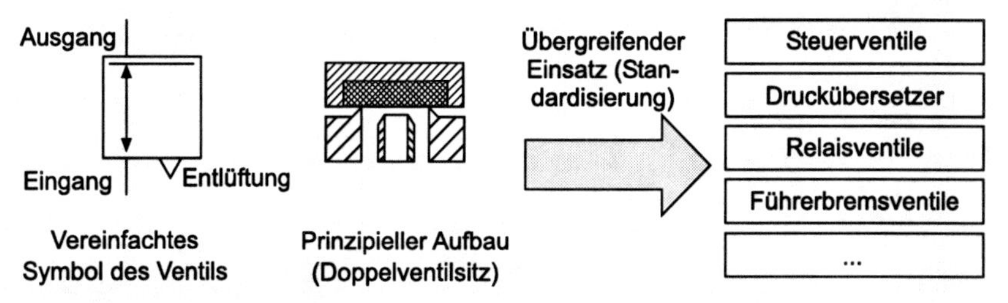


**Abb. 11-11.** Standardisierung von Wirkprinzipien am Beispiel eines Regelventils in pneumatischen Systemen [nach Monz 2006]

Ein Beispiel ist der Einsatz eines bewährten Ventilprinzips in pneumatischen Systemen [Monz 2006]. Die Funktion des betrachteten Ventils ist das Regeln des pneumatischen Drucks. Das Ventil wird dabei mechanisch durch einen pneumatischen, pneumatisch-mechanischen oder elektrischen Aktuator betätigt, bis der Regeldruck erreicht wird. Am Eingang des Ventils liegt in der Regel ein höherer Druck an und durch eine Betätigung wird der Eingang zum Ausgang hin geöffnet. Dadurch strömt Druckluft zur Ausgangsseite und erhöht mit zeitlichem Verzug den Ausgangsdruck bis zum Regelwert. Übersteigt der Ausgangsdruck den Regelwert, so findet durch eine Entlüftung ein Druckabbau statt. Die Entlüftung weist zumeist eine direkte Verbindung zur Atmosphäre auf mit entsprechendem Druck. Die beschriebene Funktion wird in allen Geräten innerhalb des gesamten Bremssystems benötigt, in denen ein pneumatischer Druck zu regeln ist, zum Beispiel bei Steuerventilen, Druckübersetzern, Relaisventilen, Führerbremsventilen und Druckluftminderventilen. Eine Standardisierung des Wirkprinzips stellt beispielsweise die Ausführung als Doppelventilsitz in allen Geräten dar.

## *11.2.5 Wie lassen sich Gestaltlösungen und Baukonzepte für variantenreiche Produkte ermitteln?*

Der Übergang von Funktionen über Wirkprinzipien und Wirkkonzepten hin zu Gestaltlösungen und Baukonzepten wird durch die Verknüpfung von Funktionen und Funktionsträgern unterstützt. Funktionsträger stellen in der Produktstruktur Komponenten (Bauteile, Baugruppen, **Plattformen** oder **Module**) dar. Herausforderungen ergeben sich hier unter anderem durch die zahlreichen Abhängigkeiten der Komponenten in der Baustruktur einerseits und in der Verknüpfung der Funktionen und Komponenten andererseits.

| Komponenten<br>**Funktionen** | Lehnenrahmen | Sitzrahmen | Kopfstütze | Polster | Bezüge | Verstellkinematik | Steuergeräte | Antriebe | ... |
|---|---|---|---|---|---|---|---|---|---|
| Seitenführung gewährleisten | | | | x | x | | | | |
| Längsführung gewährleisten | | | x | x | x | | | | |
| ermüdungsfreies Fahren gewährleisten | | | | x | x | | x | | |
| Sitz kühlen | | | | | | | x | | |
| Sitz beheizen | | | | | | | x | | |
| Sitzposition horizontal verstellen | | x | | | | x | x | x | |
| Sitzhöhe verstellen | | x | | | | x | x | x | |
| Sitzneigung verstellen | | x | | | | x | x | x | |
| Sitztiefe verstellen | | x | | x | | x | x | x | |
| Sitzlehnenneigung verstellen | x | | | | | x | x | x | |
| ... | | | | | | | | | |

**Abb. 11-12.** Verknüpfungsmatrix zwischen Funktionen und Komponenten am Beispiel eines Vordersitzes im Automobil [nach Renner 2007]

An dieser Stelle ist die Definition einer geeigneten **Systemarchitektur** von hoher Bedeutung, also die Festlegung der Baustruktur und deren Verknüpfungen zur Funktionsstruktur. Eine Darstellung des Systems zum Zwecke der Strukturanalyse und -optimierung kann in Grafen- und Matrizenform erfolgen [Maurer 2007]. Mit der Visualisierung der Verknüpfung von Funktionen und Komponenten anhand einer **Verknüpfungsmatrix** werden mehrere Absichten verfolgt:

- die Bestimmung und Optimierung der Abhängigkeiten,
- die Optimierung der Funktions- und Baustruktur sowie
- die Bestimmung des optimalen Modularisierungsgrades.

Zur Optimierung der Funktions- und Baustruktur sowie zur Optimierung deren Vernetzung bieten sich zahlreiche Operationen zur **Systematischen Variation** an, zum Beispiel das Hinzufügen, das Löschen oder das Substituieren von Verknüpfungen zwischen Funktionen und Komponenten. Durch eine Variation der funktionalen Vernetzung ist es möglich, die Modularität der Baustruktur zu beeinflussen. Der Grad der Ähnlichkeit von Funktions- und Baumodell hinsichtlich der Struktur ist ein wesentliches Kriterium für die Ausprägung der Modularität. Je größer der Grad der Übereinstimmung zwischen der Funktionsstruktur und der physischen Realisierung in der Baustruktur ist, desto modularer ist die Architektur möglich. Die Wahl des Modularitätsgrades erfolgt dabei im Spannungsfeld zwischen Funktionsoptimierung, Standardisierung und Überdimensionierung. Hier können je nach Zielsetzung und Anforderungen die **Prinzipien optimaler Systeme** bei der Gestaltung unterstützen (Funktionsdifferenzierung, Funktionsintegration, **Differenzialbauweise**, **Integralbauweise**). Zur rechnerunterstützten Visualisierung, Analyse und Optimierung der Produktstruktur bieten sich Rechnerwerkzeuge an, die auf Matrizen- und Grafentheorie basieren [Maurer 2007].

Bei der Gestaltung von variantenreichen Produktprogrammen beziehungsweise Baukastensystemen kommt den **Schnittstellen** eine besondere Bedeutung zu. Hier ist zwischen organisatorischen und technischen Schnittstellen zu unterscheiden. Die organisatorischen Schnittstellen beinhalten den Informationsfluss zwischen den einzelnen Teilprozessen (Entwicklung, Simulation, Versuch, Fertigung und so weiter) und den zugehörigen Verantwortlichen. Dabei spielen die Parameter Zeit und Qualität eine wichtige Rolle. Ist die Qualität der Informationen schlecht, so muss später oft mit erheblichem Aufwand nachgebessert beziehungsweise geändert werden. Kommen Informationen nicht zur rechten Zeit, gibt es erhebliche Störungen im Prozess. Die Folge sind häufig Terminverzug und erhöhte Kosten. Bei den technischen Schnittstellen werden unter anderem geometrische, stoffliche, energetische und informationstechnische Gesichtspunkte unterschieden.

Die Bedeutung der Schnittstellen wird am Beispiel einer digitalen Fotokamera erläutert. Geometrische Schnittstellen bestehen unter anderem zu Batterien/Akkus, zum Stativ, zum externen Blitzlicht, zum Objektiv und zum Speicherchip. Eine energetische Schnittstelle stellt die Energieversorgung (Batterien/Akkus) der Kamera dar. Eine informationstechnische Schnittstelle besteht darüber hinaus zum Speicherchip. Je nach Leistungsdaten (Auflösung, maximale Bildgröße, Belichtungszeiten, Gewicht, Zusatzfunktionen) und Preissegment der Kamera sind sowohl die Kamera als auch die weiteren Komponenten auszulegen. Im Rahmen eines Baukastenansatzes sind dabei varianten- beziehungsweise modellübergreifende Synergieeffekte zu erzielen.

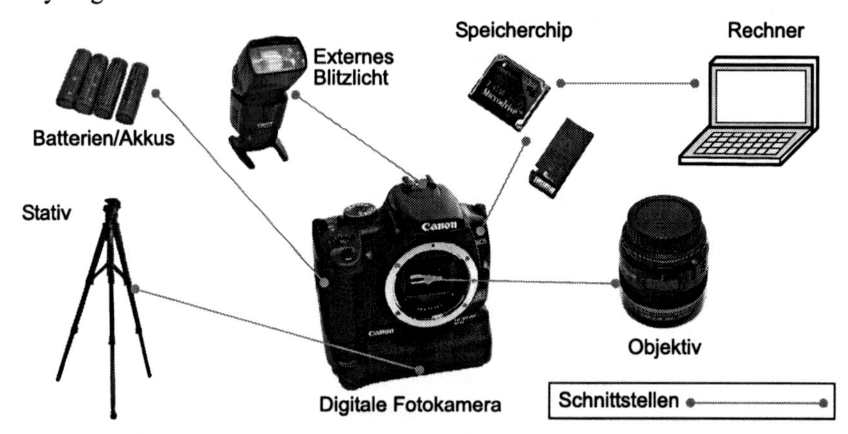


**Abb. 11-13.** Bedeutung der Schnittstellen am Beispiel einer digitalen Fotokamera

Die Gestaltung variantenreicher Produkte auf Ebene des Baumodells steht im Spannungsfeld zwischen Standardisierung und Differenzierung. Maßnahmen der **Standardisierung** umfassen unter anderem die Verwendung von **Baureihen** [Pahl et al. 2005, Ehrlenspiel 2007]. Dies sind Produkte mit gleicher Funktion, gleichem Wirkkonzept sowie möglichst gleichen Werkstoffen und Fertigungsverfahren. Die einzelnen Varianten unterscheiden sich lediglich in Leistungsdaten, Abmessungen und davon abhängigen Größen (Gewicht, Kosten). Weitere Maßnahmen sind die Standardisierung von Schnittstellen, die Anwendung von Parametrik (schnelle Anpassung der Geometrie durch die Variation vordefinierter Parameter) und die Verwendung von Kauf-, Gleich- und Wiederholteilen.

Maßnahmen zur **Differenzierung** umfassen unter anderem die **Produktindividualisierung** [Lindemann et al. 2006], bei der das Produkt in optimaler Weise an die Bedürfnisse individueller Kunden angepasst wird. Maßnahmen mit ähnlichem Fokus sind die Gestaltung von Sonderbausteinen eines Baukastensystems nach individueller Kundenspezifikation, die Differenzierung im Design, die Berücksichtigung von ästhetischen Aspekten und Nutzerpräferenzen sowie die Berücksichtigung von ergonomischen Aspekten in der Nutzerschnittstelle.

| Maßnahmen zur Standardisierung | Maßnahmen zur Differenzierung |
|---|---|
| • Verwendung von Baureihen<br>• Anwendung von Normzahlreihen<br>• Standardisierung von Schnittstellen<br>• Anwendung von Parametrik<br>• Verwendung von Kaufteilen<br>• Verwendung von Wiederholteilen<br>• Verwendung von Gleichteilen | • Produktindividualisierung<br>• Gestaltung von Sonderbausteinen nach individueller Kundenspezifikation<br>• Differenzierung im Design (ästhetische Aspekte)<br>• Berücksichtigung ergonomischer Aspekte in der Nutzerschnittstelle |

**Abb. 11-14.** Maßnahmen zur Standardisierung und Differenzierung

Möglichkeiten zur Produktindividualisierung werden am Beispiel eines Hochdruckreinigers exemplarisch erläutert [Baumberger 2007, Gahr 2006]. Um eine ergonomische Nutzung des Gerätes zu ermöglichen, kann der Handgriff der Reinigungspistole an die Handgröße und -form des Anwenders angepasst werden. Ferner kann die Größe der Räder variiert werden, um das Gerät an örtliche Gegebenheiten anzupassen (zum Beispiel Holzterrasse mit Treppen). Jedoch besitzen derartige geometrische Modifikationen oft auch Auswirkungen auf andere Komponenten. In diesem Falle wird bei der Vergrößerung des Raddurchmessers eine Längenanpassung des Standfußes sowie der Achsaufnahmen erforderlich.

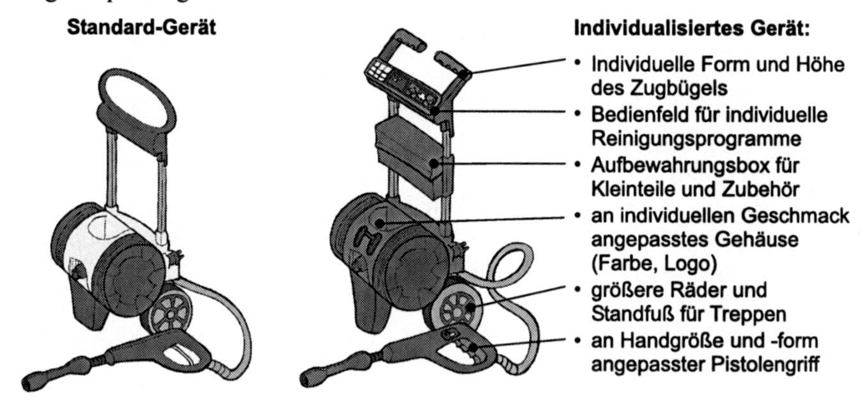


**Abb. 11-15.** Möglichkeiten der Individualisierung am Beispiel eines Hochdruckreinigers

## 11.3 Entwicklung eines variantenreichen Produktprogrammes für Automobilsitze

Fahrzeugsitze bestehen aus zahlreichen Baugruppen und Einzelteilen. Gerade bei den Sitzanlagen stieg in den letzten Jahren im Premiumsegment die Möglichkeit zur kundenseitigen Individualisierung stark an. Dies liegt darin begründet, dass der (Vorder-)Sitz eine der wichtigen Schnittstellen zwischen Mensch und Automobil darstellt. Sobald ein Kunde sich im Fahrzeug befindet, kommt er mit dem Sitz in Berührung – egal ob bei stehendem oder fahrendem Fahrzeug. Der Sitz muss zahlreiche funktionale Anforderungen optimal erfüllen. Hierzu gehören unter anderem der Seitenhalt sowie die Abstützung der Oberschenkel und des Rückens. Aufgrund der langen Sitzzeiten sind außerdem Komfortmerkmale besonders wichtig, wie zum Beispiel die Vermeidung von Druckstellen, ein angenehmes Klima zwischen Person und Sitzoberfläche sowie ein entspanntes Sitzen. Etliche Komfortmerkmale sind aber von der Anatomie abhängig, weshalb zahlreiche Verstellmöglichkeiten für den Kunden vorzuhalten sind. Zusätzlich möchten viele Kunden gerne ihren persönlichen Sitz zusammenstellen, wozu neben funktionalen Ausstattungen auch materielle oder farbliche Merkmale zählen.

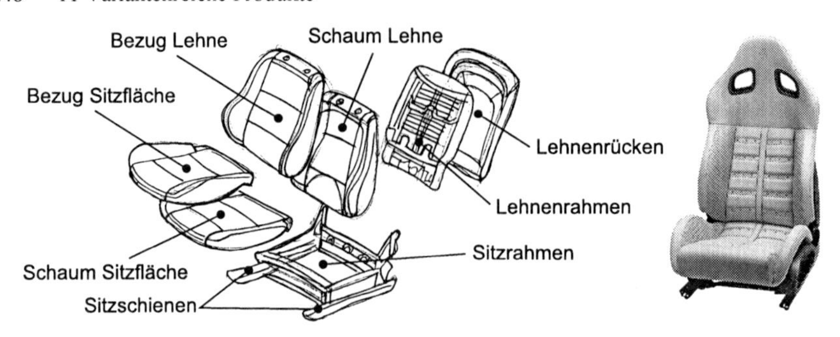


**Abb. 11-16.** Schematischer Aufbau eines Vordersitzes

Früher waren die Vielfalt der Fahrzeugmodelle und somit auch die Vielfalt der Sitze überschaubar. Die einzelnen Baureihen wurden mit jeweils spezifischen Sitzanlagen bedient. Dadurch konnte eine anforderungsgerechte und optimierte Entwicklung realisiert werden (zum Beispiel hinsichtlich Bauraum, Komfort und Kosten). Analog zur Stückzahl abgesetzter Fahrzeuge stieg auch die Vielfalt im Produktportfolio der Automobilhersteller an. Zugleich erhöhte sich damit die Variantenzahl der Sitzanlagen exorbitant, wobei immer mehr Funktionen aus höheren auch in niedrigeren Fahrzeugklassen Einzug hielten. Neu hinzugekommene Komfortfunktionen und Individualisierungen verstärken diesen Effekt.

Um die gestiegene Komplexität auf einem definierten Kostenniveau beherrschen zu können, sind neue Ansätze gefragt, die übergreifende Synergien nutzen. Im Folgenden wird die Baukastenentwicklung für Sitze bei einem Automobilhersteller beschrieben [Renner 2007]. Die Analyse der Anforderungen ergab, dass derzeit zahlreiche Variantentreiber existieren. Hierbei wird zwischen Anforderungen unterschiedlicher Fahrzeugklassen (beispielsweise Mittel- und Oberklasse), verschiedener Fahrzeugarten (Limousine, Coupé, Roadster und so weiter) und generellen Anforderungen (zum Beispiel Crashnormen) unterschieden. Folgende Variantentreiber wurden unter anderem identifiziert:

- Design (räumliche Wirkung des Sitzes im Fahrzeug, Nahtbilder, Farben)
- funktionale Anforderungen (Komfort, Easy-entry-Funktion)
- monetäre Anforderungen (Herstellkosten, Montagekosten)
- Ausstattungsmerkmale (elektrische Verstellung, Sitzbelüftung)
- verschiedenartige technische Umsetzung gleicher Funktionen (Ausführung als Schweiß- oder Tiefziehkonstruktion)
- Bauraumanforderungen (zum Beispiel schmalere oder niedrigere Fahrzeuge)

Auf Basis der Analyse ließen sich die baukastenspezifischen Anforderungen identifizieren. Auch bei den Komponenten existieren allgemeingültige und fahrzeugspezifische Anforderungen. Für alle Sitzschienen gelten zum Beispiel unabhängig vom Einsatzfahrzeug gewisse Crashnormen. Stark divergierende Ausprägungen kristallisierten sich dagegen bei der Spurweite der Sitzschienen heraus. Um bei voll besetzter Rückbank den drei Fondpassagieren einen angemessenen Sitzkomfort zuteil werden zu lassen, muss Platz für jeweils drei Füße unter den

Vordersitzen vorgehalten werden. Die Spurweite der Sitzschienen ist aber unter anderem von der lichten Weite zwischen Seitenschweller und Mitteltunnel abhängig, die je nach Fahrzeugbreite unterschiedlich ausfällt.

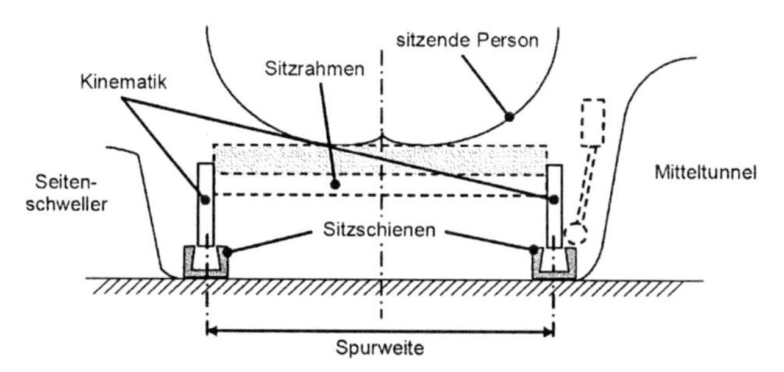


**Abb. 11-17.** Unterschiedliche Spurweiten der Sitzschienen aus Komfortgründen

Diese Komfortanforderung hat unterschiedliche Spurweiten zur Folge. Hinsichtlich des übergreifenden Baukastengedankens bedeutet dies einen Zielkonflikt. Einerseits soll der jeweils mögliche Komfort realisiert werden. Andererseits erfordert die Anbindung des identischen Sitzrahmens unterschiedliche Kinematiken, wodurch die Variantenvielfalt ansteigt. Dies widerspricht dem Ziel des **Baukastensystems**, die Variantenvielfalt zu reduzieren und übergreifende Synergien zu nutzen. Zur Lösung dieses Zielkonflikts boten sich im Rahmen der Anforderungsklärung drei Handlungsalternativen an:

- Anforderungsharmonisierung: Hiermit können die unterschiedlichen Spurweiten der kleinsten angeglichen werden, um die Kinematik als Gleichteil zu nutzen. Mit dieser Lösung werden bewusst Kompromisse bezüglich des Komfortpotenzials bei größeren Fahrzeugen in Kauf genommen.
- Erfüllung der spezifischen Anforderungen: Ohne Rücksicht auf die Variantenvielfalt können die jeweiligen Spurweiten umgesetzt werden. Der Komfortgewinn wird mit einer Vielfalt an Kinematiken erkauft.
- Kompromissfindung durch Anpassbausteine: Um den jeweiligen Komfort bei gleichzeitiger Schaffung von Synergieeffekten durch Gleichteile sicherzustellen, finden Anpassbausteine Verwendung, welche die unverändert einsetzbare Kinematik den unterschiedlichen Spurweiten anpassen.

Die aufgezeigten Handlungsalternativen wurden unter den geltenden Rahmenbedingungen bewertet. Hierzu wurde für jede Alternative ein Zielsystem erarbeitet. Mit den einzelnen Zielsystemen kann die Güte der Zielerfüllung bestimmt werden. Zielsysteme können mittels **Netzdiagrammen** in reduzierter Form schematisch dargestellt werden. In diesem Fall wurden die Eigenschaften Komfort, Kosten und Gewicht herangezogen, wobei die Achsen den Erfüllungsgrad der jeweiligen Anforderung darstellen. In der Realität sind mitunter weitaus mehr Kriterien relevant. Die Visualisierung mittels Netzdiagrammen stellt eine starke Vereinfachung des Sachverhalts dar, die jedoch die wesentlichen Aspekte der unterschiedlichen Zielsysteme veranschaulicht.

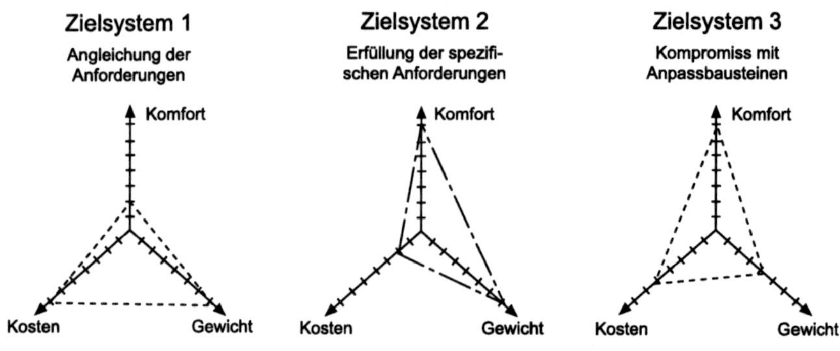


**Abb. 11-18.** Bewertung der Handlungsalternativen mithilfe von Zielsystemen

Somit ergeben sich folgende Zielsysteme für die Sitzgestelle:

- Zielsystem 1: Die Harmonisierung der Anforderungen ermöglicht den Einsatz von Gleichteilen, was eine optimale Kostensituation zur Folge hat. Im Gegensatz dazu werden nicht alle Komfortanforderungen erfüllt. Die Harmonisierung ist gewichtsneutral, das heißt das geforderte Gewicht der Sitzstruktur wird hiervon nicht beeinflusst.
- Zielsystem 2: Durch die Entwicklung angepasster Kinematiken werden alle Komfortanforderungen optimal erfüllt, aber die zusätzlich anfallenden Aufwendungen für Entwicklung, Absicherung und Produktion verschlechtern die Kostensituation drastisch. Diese Maßnahme ist ebenfalls gewichtsneutral und kann die jeweiligen Gewichtsanforderungen sogar optimal erfüllen.
- Zielsystem 3: Der Einsatz von Anpassbausteinen macht Kompromisse notwendig. Neben dem übergreifenden Einsatz der Kinematik wird die optimale Erfüllung der Komfortanforderungen durch (kostengünstige) Anpassbausteine erreicht. Der Kostenvorteil der Gleichteileverwendung wird durch zusätzlich anfallende Kosten für die Anpassbausteine teilweise reduziert. Wegen der hinzukommenden Bausteine wird das Produktgewicht negativ beeinflusst.

Zur Bewertung sind die einzelnen Zielsysteme mit ihren Vor- und Nachteilen sowie den einhergehenden Kompromissen untereinander abzuwägen. Im vorliegenden Fall überwogen die Vorteile der Kompromisslösung, sodass die zusätzlichen Kosten für die Entwicklung und Produktion der Anpassbausteine gegenüber den anderen Alternativen in Kauf genommen wurden. Bei einer umfassenden Bewertung müssen weitere Aspekte berücksichtigt werden, wie zum Beispiel die zu erwartenden Stückzahlen (Sonder- oder Serienausstattung), Fertigung, Montage und so weiter. Ferner sind die erzielbaren Skaleneffekte mit den jeweiligen Lieferantenstrategien abzugleichen.

Der nächste Schritt war die Funktionsbetrachtung und Bestimmung der Kernelemente. Um einerseits der Forderung nach der Reduzierung der Variantenvielfalt und andererseits der Forderung nach der Differenzierung der einzelnen Sitze nachkommen zu können, wurde die aus Sitz- und Lehnenrahmen bestehende Metallstruktur als Kernelement des Baukastensystems definiert (Grundbaustein). Da die Metallstruktur dem Kunden meist verborgen bleibt, sind Vereinheitlichungen unbemerkt möglich. Mit den Polstern und Bezügen sind die kundenwertigen Komponenten losgelöst vom Baukastenansatz, um eine Differenzierung zu ermöglichen. Es handelt sich also um so genannte Nicht-Bausteine. Die Optik und Haptik eines Sitzes kann somit vergleichsweise kostengünstig variiert werden, je nach Designstrategie oder Kundenwünschen. Die kostenintensive Entwicklung und Absicherung vielfältiger Metallstrukturen reduziert dieser Baukastenansatz durch den übergreifenden Einsatz. Für den Kunden sollten sich hieraus keine Nachteile ergeben. Weitere Funktionen, die in vielen Fahrzeugvarianten verwendet werden und bei denen sich daher die Ausführung als Grundbaustein anbietet, sind die Sitzlängsverstellung, die Lehnenneigungsverstellung und die Lordosenstütze. Selten verwendete Sonderfunktionen sind beispielsweise eine Massagefunktion (im komfortorientierten Sitz) und die sitzintegrierte Gurtfunktion (für Cabrios relevant).

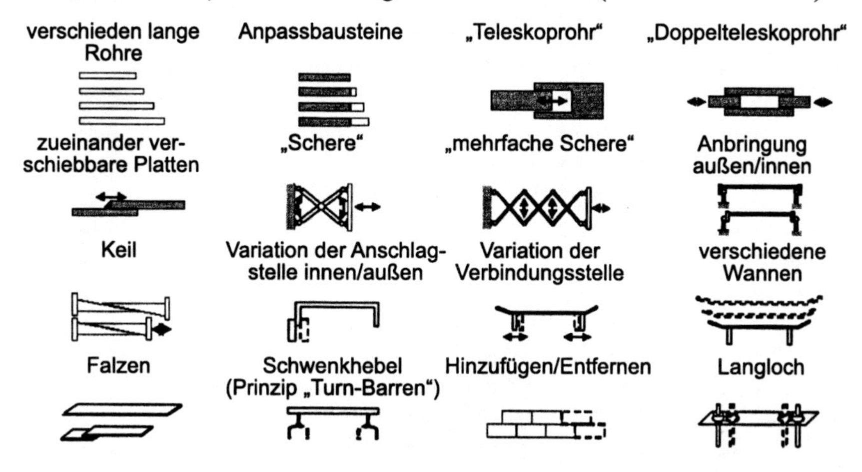


**Abb. 11-19.** Wirkprinzipien zur Breitenanpassung von Sitzgestellen [Renner 2007]

Um eine konstruktive Breitenanpassung der Sitzgestelle in der Metallstruktur der Sitzanlage zu realisieren, wurden in einer Kreativsitzung verschiedene Wirkprinzipien erarbeitet. Beispiele für Lösungsideen sind Teleskoprohre, Schermechanismen und Keile zur Längenverstellung. Andere Lösungsideen basieren auf einer **Systematischen Variation** der Verbindungsstelle bei der Montage der Sitzgestelle. Bei dieser prinzipiellen Betrachtung wurden Faktoren wie Realisierbarkeit, Kraftflüsse, Montierbarkeit und Kosten noch nicht berücksichtigt.

Mit Hilfe dieses Vorgehens, das hier nur ausschnittsweise wiedergegeben ist, wurde ein komplettes Baukastensystem für Fahrzeugsitze entwickelt. Der Baukastenansatz konzentriert sich vor allem auf die Metallstruktur des Sitzes. Hier konnten mittels einer gezielten Gleichteilestrategie hohe Kosteneinsparpotenziale und Synergieeffekte für die Produktion erreicht werden. Durch die Anpassung von Polstern und Bezügen blieb ein ausreichender Raum zur Differenzierung gegenüber den verschiedenen Kundengruppen bestehen.

## 11.4 Zusammenfassung

Seit einigen Jahrzehnten ist in vielen Branchen eine extreme Zunahme der Variantenzahl auf Produkt- und Teileebene zu beobachten. Hierfür gibt es viele Ursachen, beispielsweise ein gestiegenes Anforderungsniveau der Kunden, die immer häufiger Produkte verlangen, die auf ihre individuellen Bedürfnisse hin angepasst sind. Eine weitere Ursache ist die Globalisierung und Deregulierung der Märkte, die zu einer Ausweitung der Intensität und Dynamik des Wettbewerbs führt. Eines der größten Probleme einer ausufernden Variantenvielfalt ist die damit einhergehende Steigerung der Komplexität in allen Unternehmensbereichen (Entwicklung, Produktion, Beschaffung und so weiter) und die damit verbundenen Kosten.

Variantenmanagement umfasst alle Maßnahmen mit denen die Variantenvielfalt innerhalb eines Unternehmens bewusst beeinflusst wird. Die übergeordnete Zielsetzung ist es, die Anzahl der zum Kunden hin sichtbaren Produktvarianten (externe Vielfalt) mit einer minimalen internen Vielfalt zu realisieren. Hierfür stehen verschiedene Strategien, Methoden und Werkzeuge zur Verfügung.

Auf Ebene der Anforderungen ergibt sich bei der Entwicklung variantenreicher Produktprogramme gegenüber der Entwicklung einzelner Produkte eine Steigerung der Komplexität. Diese lässt sich unter anderem auf eine Spreizung der Anforderungen und eine Wechselwirkung der Zielsysteme verschiedener Varianten im gesamten Produktprogramm zurückführen. Hier sind geeignete Strategien anzuwenden, beispielsweise eine Anforderungsoptimierung oder -harmonisierung.

Bei der Erstellung von Funktionsmodellen ist es im Zusammenhang mit variantenreichen Produkten zielführend, Funktionen nach deren Bedeutung für das gesamte Produktprogramm und der Häufigkeit des Vorkommens zu klassifizieren. Es werden beispielsweise Grundfunktionen, Sonderfunktionen, Anpassfunktionen und auftragsspezifische Funktionen unterschieden.

Bei der Ermittlung von Wirkprinzipien und Wirkkonzepten besteht im Kontext der Variantenvielfalt das Ziel, die Komplexität auf Wirkebene zu begrenzen und Synergieeffekte zwischen Produktvarianten zu nutzen. Dies kann zum Beispiel durch den standardisierten Einsatz von Wirkprinzipien erreicht werden. Etablierte Strategien des Variantenmanagements in diesem Kontext sind die Modularisierung und Plattformbauweise sowie der Einsatz von Baukastensystemen und Baureihen. Bei der Entwicklung von Baukastengesamtkonzepten sind Überlegungen hinsichtlich der Baukastennutzer, der Systemabgrenzung, der Baukastenstruktur und der Reinheit des Baukastensystems erforderlich.

Bei der Definition von Gestaltlösungen und Baukonzepten für variantenreiche Produkte ist ein optimaler Modularisierungsgrad zu bestimmen. Zum Zwecke der Darstellung und Optimierung der Systemarchitektur bieten sich dabei matrizen- und grafenbasierte Methoden und Werkzeuge an. Außerdem kommt hier der Betrachtung der Schnittstellen eine besondere Bedeutung zu. Die Gestaltung variantenreicher Produkte auf Bauebene steht generell im Spannungsfeld zwischen Standardisierung und Differenzierung. Für beide Richtungen existieren Gestaltungsrichtlinien, die dem Entwickler Unterstützung bieten.

# 12 Nachhaltige Produkte

Das stetige Bevölkerungswachstum und die fortschreitende Industrialisierung führen zu einer kontinuierlich größer werdenden Belastung für die Umwelt, was seit geraumer Zeit in einem erhöhten Stellenwert von Umweltfragen in der Gesellschaft und damit auch in neuen Gesetzgebungen resultiert. Nachdem in der Entwicklung und Konstruktion von Produkten bereits die wesentlichen Produkteigenschaften für alle Lebenslaufphasen festgelegt werden, besteht in diesen frühen Phasen des Lebenslaufes ein wichtiger Stellhebel, Produkte umweltgerecht und ökologisch nachhaltig zu gestalten. Dabei sollte der Entwickler nicht nur die umweltspezifisch vorgeschriebenen Gesetze und Normen umsetzen; vielmehr gilt es für den Entwickler Auswirkungen auf die Umwelt entlang des Produktlebenszyklus frühzeitig zu antizipieren, um diese schon in den frühen Phasen der Entwicklung und Konstruktion zu berücksichtigen.

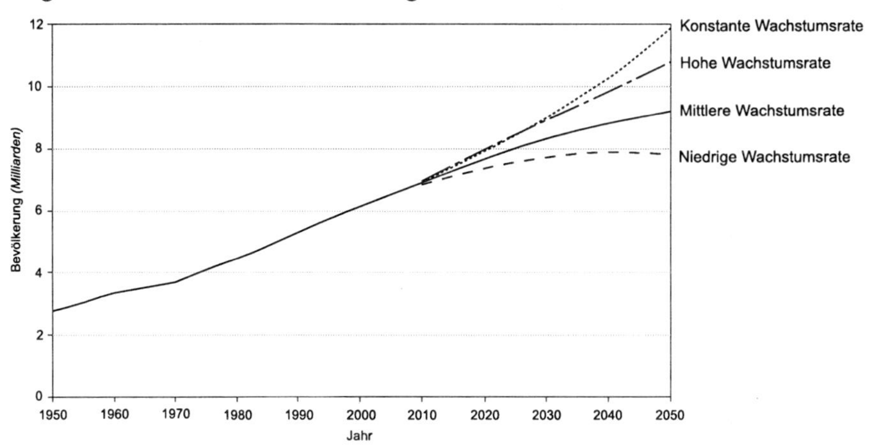


**Abb. 12-1.** Bevölkerungsprojektionen [nach United Nations 2006]

So wird beispielsweise schon in der Produktentwicklung festgelegt, welchen Energieträger und damit Rohstoff eine Maschine zum Betrieb nutzt. Auch die umweltgerechte Materialwahl oder das frühzeitige Festlegen der Verwertungsmöglichkeiten des Produktes sind Ansatzpunkte zur Entwicklung und Konstruktion ökologisch nachhaltiger Produkte. Diese Beispiele zeigen, dass die Entwicklung und Konstruktion nachhaltiger Produkte auf den verschiedenen Ebenen der Produktkonkretisierung stattfinden kann.

## 12.1 Entwicklung eines verwertungsgerechten Toasters

Der Toaster TT62 wurde im Jahr 1988 entwickelt. Bei der damaligen Entwicklung wurden recyclingspezifische Normen nur teilweise berücksichtigt [Mörtl 2002]. Die ganzheitliche Betrachtung aller Phasen entlang des Produktlebenslaufes fand nicht statt, was in verschiedensten Umweltbeeinträchtigungen durch das Produkt entlang der Lebenslaufphasen resultierte. Beispielsweise fand bei der Produkterstellung keine Kennzeichnung von Kunststoffteilen statt, was das Recycling und damit die ökologisch nachhaltige Verwertung des Toasters unmöglich machte. Aufgrund der mittlerweile geänderten Umweltrichtlinien sowie dem Markttrend zu ökologisch nachhaltigen Produkten beschloss der Hausgerätehersteller, dass es dringend notwendig ist, bei der Entwicklung des Nachfolgeproduktes (Toaster TT22) verstärkt auf eine recyclingfreundliche Produktgestaltung hinzuarbeiten. Dabei standen eine gute Zerlegbarkeit und eine Schonung der verwendeten Ressourcen im Vordergrund.

Um diese Ziele zu erreichen, wurde eine enge Zusammenarbeit zwischen den Entwicklern des Toasters sowie Mitarbeitern des Recycling-Fachbetriebs, welcher den Toaster später zerlegen sollte, vereinbart. Eine gemeinsam durchgeführte Ist-Analyse eingesetzter Werkstoffe des Toasters TT62 sowie die Analyse der Verbindungsstruktur und Verbindungsarten benachbarter Bauteile, Baugruppen und Module ermöglichte es, Schwachstellen hinsichtlich der Verwertung aufzudecken. Insbesondere wurde eine hohe Anzahl unterschiedlicher Materialien, untereinander unverträgliche Kunststoffe, schlecht trennbare Verbindungen sowie ein Kabelgewirr bei der mechanischen Verwertung festgestellt. Diese Auswertung stellte eine breite Ausgangsbasis für die Überarbeitung und Neukonstruktion des Nachfolgetoasters (TT22) dar.

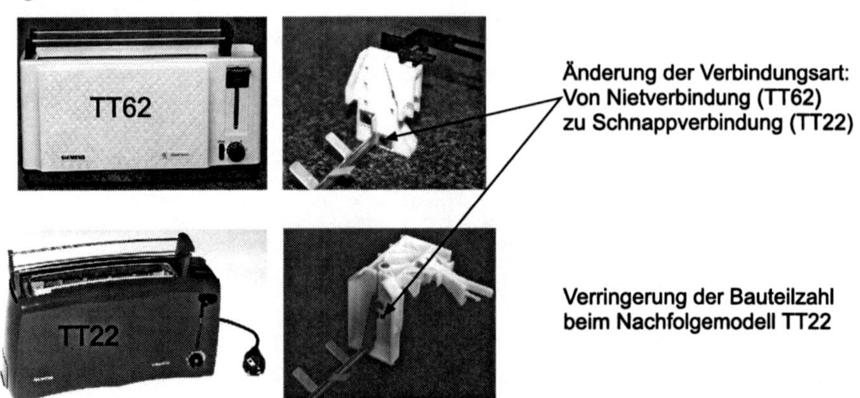


**Abb. 12-2.** Verwertungsgerechtes Entwickeln und Konstruieren am Beispiel der Änderungen des Toasters TT22 gegenüber dem Vorgängermodell TT62 [nach Dietrich et al. 2000, Mörtl 2002]

Bei der Entwicklung und Konstruktion wurden konsequent Gestaltungsregeln, Checklisten sowie Wissen über ausgewählte Recyclingtechnologien genutzt (zum

Beispiel firmeninternes Qualitätshandbuch, Gestaltungsregeln für Schraubverbindungen). Somit erfüllte das neu gestaltete Produkt die Anforderungen einer verwertungsgerechten Produktgestaltung, wodurch frühzeitig auf das Ende des Produktlebenszyklus Einfluss genommen werden konnte.

Es stellte sich heraus, dass im Zuge der recyclinggerechten Gestaltung des neuen Toastermodells (TT22) die Herstellungskosten um circa 30 Prozent gesenkt werden konnten, ohne die Ausstattungsmerkmale gegenüber dem Vorgängermodell zu reduzieren. Als Fazit kann gezogen werden, dass eine intensive Produktanalyse und die frühzeitige strategische Entscheidung zur Berücksichtigung von Umweltaspekten bei der Produktentwicklung zur verbesserten Verwertbarkeit und geringeren Herstellkosten führten. Somit konnte durch die ganzheitliche Herangehensweise ein Zielkonsens zwischen ökonomisch und ökologisch nachhaltiger Produktentwicklung erzielt werden.

## 12.2 Methoden zur Entwicklung nachhaltiger Produkte

Für ein Verständnis der zunehmenden Bedeutung des Umweltgedankens müssen die Zusammenhänge zwischen Umwelt, Bevölkerung, Industrie und Abfallwirtschaft bekannt sein. Das Bevölkerungswachstum in den vergangenen Jahrzehnten führte zu einem erhöhten Konsum von Produkten und Dienstleistungen und damit auch zu einem Wachstum des Energieverbrauchs. Mit der Leistungserstellung als auch mit der Nutzung von Produkten einher geht eine Zunahme des Abfalls und auch des Verbrauchs von Rohstoffen. Dies hat wiederum zur Folge, dass die Umwelt durch Abgase und Schadstoffe belastet wird, was sich dann in Krankheiten in der Bevölkerung niederschlagen kann und weitere Umweltveränderungen, wie beispielsweise eine langfristige Änderung des Klimas, nach sich ziehen kann. Jedoch sind Reaktionen der Natur oftmals erst nach vielen Jahren erkennbar, weshalb eine globale, zeitlich weit vorausschauende Betrachtung der Auswirkungen menschlichen Handelns, also von Produkten und Dienstleistungen, unbedingt notwendig ist. Dazu zählt zum Beispiel auch eine differenzierte Betrachtung von regional unterschiedlich ausgeprägten Faktoren wie das zur Verfügung stehende Rohstoffvorkommen oder auch die klimatischen Randbedingungen. Die unterschiedlichen Ausprägungen der Faktoren führen dazu, dass sich der Umgang mit den Produkten auch hinsichtlich umweltspezifischer Aspekte (zum Beispiel Auswahl der Werkstoffe, Nutzungsdauer, Form des Recyclings) weltweit sehr stark unterscheidet.

Für den Begriff der Nachhaltigkeit wurden in der Vergangenheit zahlreiche mögliche Definitionen geschaffen, wobei hier eine Möglichkeit der Definition nach Detzer et al. [1999] herausgegriffen wird, welcher sich am Brundtland-Bericht von 1987 orientiert:

Dauerhafte Entwicklung ist Entwicklung, die die Bedürfnisse der Gegenwart befriedigt, ohne zu riskieren, dass künftige Generationen ihre eigenen Bedürfnisse nicht befriedigen können.

Dabei ist von Bedeutung, dass der Begriff der Nachhaltigkeit weit über den Umweltschutz hinausgeht und sowohl ökonomische als auch soziale Aspekte einbezieht.

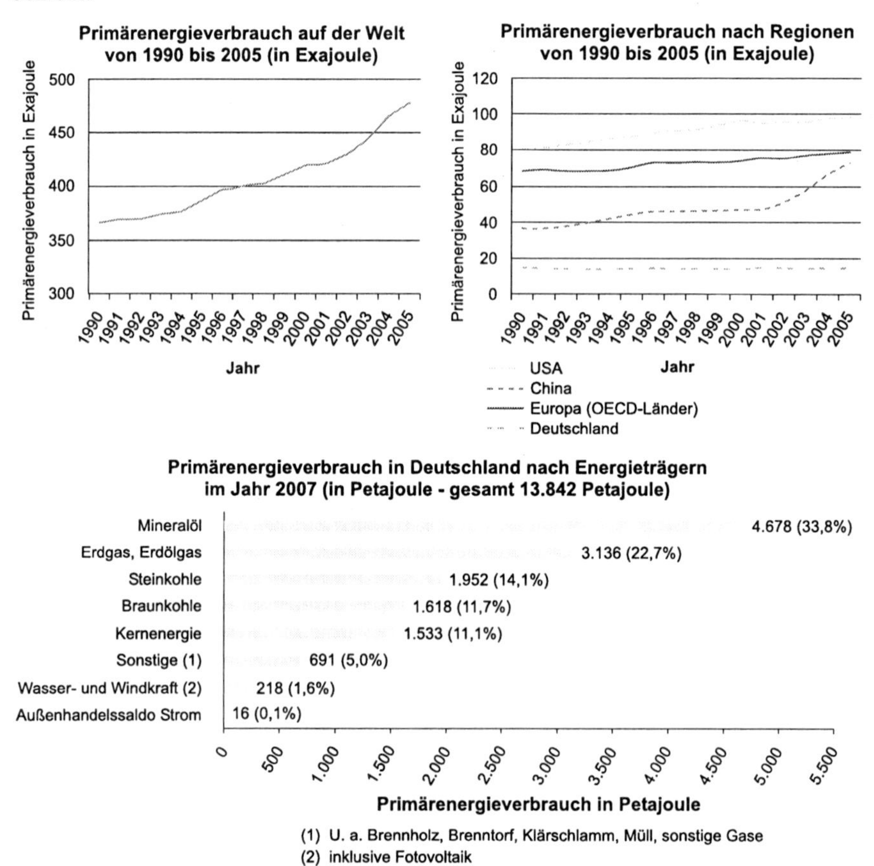


**Abb. 12-3.** Entwicklung des weltweiten Primärenergieverbrauchs von 1990-2005 sowie Aufteilung des Primärenergieverbrauchs in Deutschland nach Energieträgern in 2007 [nach Bundesministerium für Wirtschaft und Technologie 2008]

Eine nachhaltige Ressourcennutzung bedeutet im ökologischen Sinne somit beispielsweise, dass verwendete Ressourcen als Bestandteil oder zur Nutzung eines Produktes wieder- und weiterverwendet werden können beziehungsweise diese nicht verschwendet werden. Zudem sollten die Ressourcen so gewählt werden, dass es zu keinen nachhaltigen Beeinträchtigungen der Gesundheit nachfolgender Generationen kommt, welchem ebenfalls durch eine umweltgerechte Ressourcennutzung vorgebeugt werden kann.

Vor dem Hintergrund der gezielten Unterstützung nachhaltiger Produktgestaltung wurden in den vergangenen Jahren verschiedene Begriffe geprägt, welche im Kontext mit den folgend vorgestellten Methoden und Herangehensweisen stehen. Dabei sind insbesondere das „Design for Environment", das „Design for Recycling", sowie die Schlagworte „Ecodesign" [Abele et al. 2008], „Industrial Ecology" oder auch „Integrierte Produktpolitik" hervorzuheben. Deren Ziel ist es, vom nachsorgenden Umweltschutz in Form von Maßnahmen am Lebensende (zum Beispiel nachträgliche Behandlung von schädlichen Abgasen) zu vorsorgenden, ökologisch nachhaltigen Maßnahmen am Beginn des Lebenszyklus (zum Beispiel bewusste, frühzeitig integriert stattfindende Vermeidung von schädlichen Abgasen) zu kommen.

### *12.2.1 Wie lassen sich Umweltbeeinträchtigungen eines Produktes möglichst umfassend erkennen und bewerten?*

Die Gewinnung und der anschließende Verbrauch von Ressourcen sowohl zur Produkterstellung als auch zur -nutzung stellen für eine Vielzahl von Produkten eine teils erhebliche Belastung für die Umwelt dar. Darüber hinaus treten Umweltbeeinträchtigungen auch beim Vertrieb und bei der Entsorgung der Produkte auf.

Somit kommt es in den verschiedensten Phasen des Produktlebenslaufes zu Beeinträchtigungen der Umwelt. Erst die Untersuchung sämtlicher Produktlebensphasen erlaubt eine umfassende und aussagekräftige Ermittlung verschiedenster Umwelteinwirkungen und somit den Vergleich unterschiedlicher Lösungsalternativen bezüglich ihrer Umweltverträglichkeit. Zudem können erst basierend auf einer ganzheitlichen Betrachtung des Lebenslaufes die Identifikation und die Priorisierung von Verbesserungspotenzialen in der Weiterentwicklung von Produkten stattfinden.

Eine Strategie nachhaltigen Wirtschaftens, deren Kerngedanke in einer ganzheitlich vorausschauenden Betrachtung späterer Lebenslaufphasen besteht, stellt die **Integrierte Produktpolitik (IPP)** dar. Diese ist wie folgt definiert [Umweltpakt Bayern 2001]:

> Integrierte Produktpolitik fördert und zielt auf eine stetige Verbesserung von Produkten (und Dienstleistungen) hinsichtlich ihrer Wirkungen auf Menschen und Umwelt entlang des gesamten Produktlebensweges.

Nach dieser Definition der Integrierten Produktpolitik soll die Wirkung auf den Menschen und die Umwelt im Allgemeinen verbessert werden. Diese Formulierung steht dafür, dass ökologische, ökonomische und soziale Wirkungen im Sinne einer nachhaltigen Entwicklung grundsätzlich als gleichrangig zu sehen sind [IHK 2001].

Nach einer Mitteilung der EU-Kommission an den Europäischen Rat und das Europäische Parlament im Jahr 2003 [Kommission der Europäischen Gemeinschaften 2003] sind verschiedene Randbedingungen für die Integrierte Produktpolitik und daraus abgeleitete Schlussfolgerungen zu berücksichtigen.

| Randbedingung | Schlussfolgerung |
|---|---|
| Die Anzahl der Produkte nimmt insgesamt zu. | IPP sollte die Umweltauswirkungen größerer Mengen von Produkten verringern. |
| Die Verschiedenheit von Produkten und Dienstleistungen nimmt zu. | Politische Vorgaben für ein Produkt müssen flexibel sein, um viele Varianten gleichzeitig zu berücksichtigen. |
| Durch Technologiesprünge und Innovationen entstehen ständig neue Arten von Produkten. | IPP muss sich die Kreativität zum Wohle der Umwelt wie auch der Wirtschaft zunutze machen. |
| Produkte werden zunehmend international gehandelt. | IPP muss den weltweiten Handel und internationale Vereinbarungen beachten. |
| Produkte werden komplexer und somit befindet sich das Know-How über Produkte zunehmend in den Händen der Entwickler. | IPP muss dafür sorgen, dass die Hersteller und Entwickler mehr Verantwortung für vereinbarte Gesundheits-, Sicherheits- und Umweltkriterien wahrnehmen. |
| Eine unangemessene Nutzung und Entsorgung wirken sich auch bei makelloser Produktgestaltung wesentlich auf die Umwelt aus. | Der Hersteller kann nicht für die Umweltschäden unangemessener Benutzung und Entsorgung seiner Produkte verantwortlich gemacht werden. |
| Durch zunehmende Komplexität, Arbeitsteilung und Globalisierung steigt die Anzahl unterschiedlicher Akteure am Produktlebenszyklus. | IPP soll zur Verbesserung der Informationsflüsse entlang der Wertschöpfungskette beitragen. |

**Abb. 12-4.** Randbedingungen der IPP und abgeleitete Schlussfolgerungen [nach Kommission der Europäischen Gemeinschaften 2003]

Ausgehend von diesen Randbedingungen und Schlussfolgerungen stellte die EU-Kommission ein Konzept zur IPP auf, welches aus den fünf folgenden Kerngrundsätzen besteht:

- Denken in Lebenszyklen: Um die kumulativen Auswirkungen entlang des Lebenszyklus zu verringern, soll dieser ganzheitlich, das heißt „von der Wiege bis zur Bahre“ betrachtet werden. So soll vermieden werden, dass die isolierte Betrachtung von einzelnen Lebenszyklusphasen zum Verschieben von Umweltbelastungen in andere Phasen führt.
- Zusammenarbeit mit dem Markt: Das Angebot von und die Nachfrage nach umweltgerechteren Produkten soll durch Anreize gefördert werden.
- Einbeziehung aller Beteiligten: Alle Beteiligten entlang des Produktlebenszyklus sollen in ihrem jeweiligen Einflussbereich nachhaltig handeln, und auch die Zusammenarbeit zwischen den Beteiligten ist zu fördern.

- Laufende Verbesserung: Um Umweltauswirkungen während des gesamten Produktlebenszyklus unter Berücksichtigung des Marktes zu verringern, sind häufig Verbesserungen sowohl bei der Gestaltung, der Herstellung, der Verwendung oder der Entsorgung eines Produktes möglich. Dabei sollen sich Unternehmen auf die effizientesten Verbesserungen konzentrieren können.
- Unterschiedliche politische Instrumente: Im Rahmen der IPP besteht ein Trend zu freiwilligen Initiativen, wobei auch aufgrund der Verschiedenheit der Produkte und der jeweils Beteiligten am Produktlebenszyklus feste Vorschriften erforderlich sein können.

Diese fünf Grundsätze adressieren die Wichtigkeit einer ganzheitlichen Erfassung von Informations-, Energie- und Stoffflüssen entlang des Produktlebenszyklus. Somit stellt die IPP eine bedeutende Strategie dar, um Umweltbeeinträchtigungen umfassend erkennen und bewerten zu können. In diesem Zusammenhang sind unterstützende Instrumente wie beispielsweise die **Ökobilanz** zu nennen. Dieses Informations-, Planungs-, und Kontrollinstrument der Produktpolitik dient dazu, eine übergreifende Umwelt- und Recyclingstrategie für das Produkt zu formulieren. Die Ökobilanz soll dabei nicht nur einen lokal begrenzten und zeitlich eingeschränkten Charakter aufweisen. Vielmehr sollte diese langfristig und weitblickend angelegt sowie allgemein anerkannt, akzeptiert und vergleichbar sein. Diese Anforderungen erschweren oftmals die Erstellung einer Ökobilanz. Eine Ökobilanz besteht neben der Festlegung des Ziels und des Untersuchungsrahmens aus verschiedenen Einzelanalysen, welche nach der Norm „Produkt-Ökobilanz – Prinzipien und allgemeine Anforderungen“ [DIN EN ISO 14040] beispielsweise eine Sachbilanz und eine Wirkungsbilanz sein können. Bei der Sachbilanz werden zum Beispiel die Luft-, Wasser- und Bodenbelastung, der Verbrauch von Wasser, Rohstoffen und Energie, der Flächenverbrauch sowie Abfallströme aufgeführt. Vor dem Hintergrund der Wirkungsbilanz werden die aus den Umweltbelastungen resultierenden Umweltauswirkungen, wie zum Beispiel Lärm, Geruch, Strahlung, Ozonbildung und -abbau, Human- und Ökotoxizität beschrieben. Neben der Ökobilanz sind abschließend im Zusammenhang mit der ganzheitlichen Erfassung von Umweltbeeinträchtigungen beispielsweise noch die Kurzbilanzierungsverfahren MIPS – Material-Input pro Serviceeinheit [Schmidt-Bleek 1998], sowie KEA – der kumulierte Energieaufwand [VDI 4600] zu nennen.

### *12.2.2 Wie können umweltbeeinflussende Produktaspekte auf Anforderungsebene einfließen?*

Die Erfassung und Dokumentation von Anforderungen an ein (weiter) zu entwickelndes Produkt stellt einen wesentlichen Schritt in der Produktkonkretisierung dar. Dabei ist es von großer Bedeutung auch Anforderungen hinsichtlich der ökologischen Nachhaltigkeit zu definieren, um teuren Maßnahmen am Lebensende vorzubeugen und hin zu Maßnahmen am Beginn des Produktlebenszyklus zu gelangen.

Bei der Identifikation umweltspezifischer Anforderungen sieht man sich jedoch der Herausforderung gegenübergestellt, dass Einwirkungen des Produktes auf die Umwelt über den gesamten Produktlebenslauf sowohl qualitativ als auch quantitativ nicht absehbar sind. „Qualitativ" bedeutet, dass die Existenz der Auswirkung bei der Anforderungsklärung noch nicht bekannt ist. „Quantitativ" dagegen bedeutet, dass man mögliche Auswirkungen zwar bereits identifiziert hat, diese jedoch noch nicht quantifizierbar sind (zum Beispiel Klimawandel). Um dieser Unsicherheit bei der Anforderungsklärung zu begegnen, bietet es sich an, verschiedene Bilanzierungsverfahren anzuwenden. Dabei lassen sich einerseits Anforderungen direkt ableiten und zudem lassen sich diese auf Basis der Bilanzen quantifizieren. Auch eine Priorisierung und Gewichtung von Anforderungen kann anhand der Daten der jeweils verwendeten Bilanzierungsverfahren erfolgen.

Durch die Berücksichtigung umweltrelevanter Anforderungen kann es zu Zielkonflikten mit weiteren Anforderungen, häufig in Bezug auf die Wirtschaftlichkeit des zu entwickelnden Produktes, kommen. Um Anforderungen in diesem Kontext gegeneinander abzuwägen, bietet sich ein situativ angepasster Einsatz von Methoden wie zum Beispiel **Quality Function Deployment (QFD)**, **Failure Mode and Effects Analysis (FMEA)**, Checklisten oder auch Regelsammlungen an. Neben diversen Bilanzierungsverfahren und dem gezielten Einsatz von Methoden sind bei der Anforderungsklärung zudem verschiedenste Gesetze und Normen zu beachten. Dabei seien beispielsweise die Gefahrstoffverordnung, das Kreislaufabfallwirtschaftsgesetz sowie die Verpackungsordnung angesprochen.

### *12.2.3 Wie lassen sich Funktionsmodelle in der umweltgerechten Produktentwicklung nutzen?*

Um etwaige Umweltbeeinträchtigungen eines Produktes ganzheitlich erfassen zu können beziehungsweise um diese frühzeitig im Innovationsprozess zu identifizieren, gilt es, das betrachtete System zunächst auf einer geeigneten Abstraktionsebene zu betrachten. In diesem Zusammenhang sind die unterschiedlichen Möglichkeiten einer Funktionsmodellierung aufzugreifen. Diese ermöglichen es, Wechselwirkungen zwischen Funktionen des Produktes aufzudecken und können somit auch zur Identifikation von Stellhebeln beitragen, welche insbesondere für die ökologische Nachhaltigkeit des jeweils betrachteten Produktes relevant sind.

Vor diesem Hintergrund sind die **Umsatzorientierte Funktionsmodellierung**, bei welcher Stoff-, Energie-, und Signalumsätze im Produkt betrachtet werden, sowie die **Relationsorientierte Funktionsmodellierung**, welche erlaubt, schädliche Funktionen zu identifizieren und daraus Problemformulierungen für (weiter) zu entwickelnde Produkte abzuleiten, von Bedeutung.

Die Umsatzorientierte Funktionsmodellierung trägt dazu bei, insbesondere während der Lebenslaufphasen Produktion, Nutzung und Entsorgung/Verwertung auftretende Stoff- und Energieflüsse darzustellen sowie die Eigenschaftsänderungen der betrachteten Medien entlang des Flusses darzustellen. Ein einfaches Beispiel dient dazu, den Nutzen von Umsatzorientierten Funktionsmodellen bezüglich der ökologischen Nachhaltigkeit greifbar zu machen.

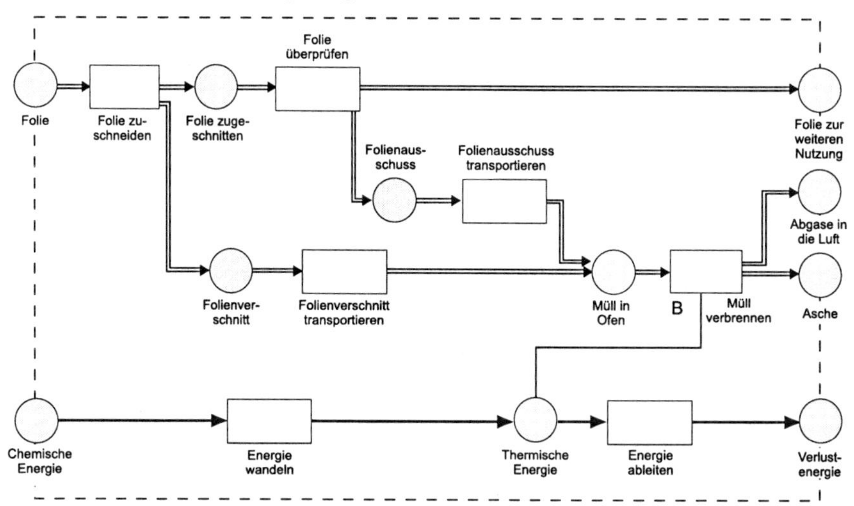


**Abb. 12-5.** Umsatzorientiertes Funktionsmodell einer Folienverarbeitungsanlage

Das Umsatzorientierte Funktionsmodell zeigt innerhalb der Systemgrenze, welche vor dem Hintergrund der jeweiligen Entwicklungsaufgabe sinnvoll zu wählen ist, wie Folie als Rohmaterial in einem Stofffluss zugeschnitten und überprüft wird. Die zugeschnittene Folie kann in weiteren Prozessschritten, welche in diesem Beispiel nicht mehr dargestellt sind, beispielsweise in der Verpackungsindustrie eingesetzt werden. Aus diesem einfachen Beispiel lassen sich zahlreiche Handlungsschwerpunkte in Bezug auf die ökologische Nachhaltigkeit dieser Schneid- und Überprüfungsvorrichtung ableiten, da neben dem eigentlichen Prozess des Zuschneidens der Folie auch betrachtet wird, was mit den Abfällen aus der Folienbearbeitung geschieht. Zudem ist der Energiefluss zur Bereitstellung thermischer Energie für den Ofen zur Verbrennung der Folienabfälle und des Folienausschusses dargestellt.

Ein aus dem Funktionsmodell ableitbarer Fokus stellt die möglicherweise unnötig hohe Erzeugung von Folienverschnitt dar. Hier könnte man beispielsweise ein Konzept zur Minimierung beziehungsweise zur vollständigen Vermeidung von Folienverschnitt andenken und diskutieren. Ein weiterer Angriffspunkt stellt zudem der Zustand „Folienausschuss" dar. Hier wäre erneut die Funktion „Folie zuschneiden" im Detail zu analysieren, da durch ungenaues Zuschneiden bereits der Folienausschuss erzeugt wird. Der Einsatz genaueren Schneidwerkzeugs beziehungsweise eine Verminderung der Abnutzung (Abstumpfung) des Schneidwerkzeugs wären hier mögliche Handlungsalternativen. Bei der Festlegung auf bestimmte Handlungsschwerpunkte ist es zudem sinnvoll, wenn im Funktionsmodell neben der Betrachtung qualitativer Aspekte zusätzlich quantifizierte Daten als Entscheidungsbasis hinterlegt werden. Ist beispielsweise der Folienverschnitt sehr hoch, während sich der Folienausschuss in einem tolerierbaren Rahmen hält, so wird der Handlungsschwerpunkt in einer Minimierung des Folienverschnittes liegen. Geht man weg von der „Nutzung" der Folie hin zur Entsorgung der Folienabfälle, so lassen sich aus dem Funktionsmodell ebenfalls zahlreiche bezüglich der ökologischen Nachhaltigkeit relevante Aspekte ableiten. Ein Ansatzpunkt hierbei wäre, weg von der Verbrennung des Folienmülls hin zu einem anderweitigen stofflichen Recycling des Abfalls zu gelangen. Belässt man jedoch den Schritt der Verbrennung des Folienmülls, so könnte man beispielsweise eine Filterung der Abgase vorsehen, bevor diese an die Luft abgegeben werden. Ein weiteres Beispiel besteht darin, die Energie, welche bei der Verbrennung des Müll entsteht, nicht als Verlustenergie abzuführen sondern anderweitig im System erneut einzuspeisen (zum Beispiel zum Heizen der Fabrikhalle). Somit könnte man sowohl das System ökologisch nachhaltiger gestalten als auch mit Kosteneinsparungen hinsichtlich des Energieverbrauchs rechnen, womit ein Zielkonsens zwischen kosten- und umweltgerechter Produktentwicklung erzielt wird. Das beschriebene Umsatzorientierte Funktionsmodell zeigt, dass eine Analyse des betrachteten Systems auf abstrakter Ebene hilft, übergreifende Zusammenhänge – auch insbesondere hinsichtlich der ökologisch nachhaltigen Produktentwicklung – im betrachteten System zu erkennen.

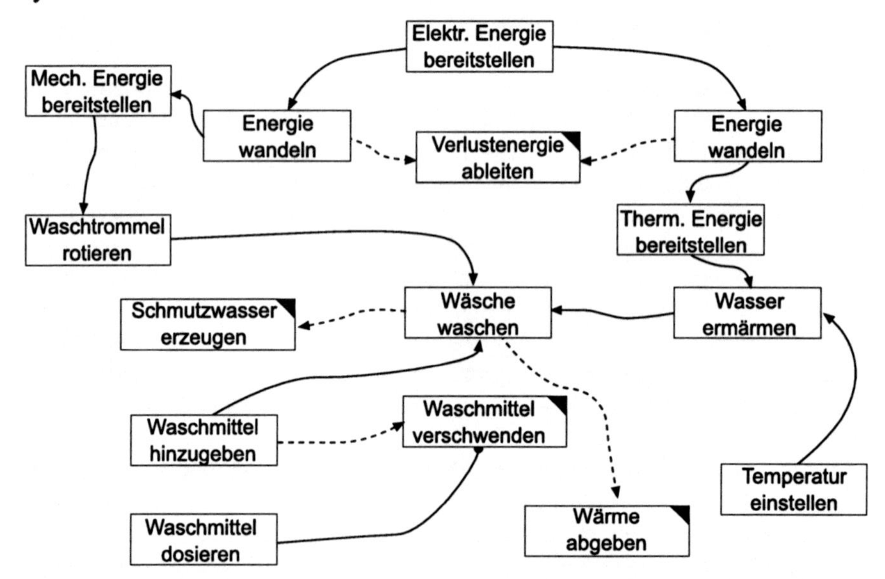


**Abb. 12-6.** Relationsorientiertes Funktionsmodell zur Produktanalyse einer Waschmaschine

In Ergänzung zum Umsatzorientierten Funktionsmodell bietet der Einsatz der Relationsorientierten Funktionsmodellierung die Chance zusätzlicher Erkenntnisse. Das Beispiel einer Relationsorientierten Funktionsmodellierung zur abstrahierten Produktanalyse einer Waschmaschine soll zum Verständnis der Nutzung dieser Methode im Kontext der ökologisch nachhaltigen Produktentwicklung beitragen. Dabei sind insbesondere die Identifikation „schädlicher Funktionen" und deren Interaktion mit weiteren Funktionen des Systems von Interesse, um Problemformulierungen unter anderem vor dem Hintergrund der ökologischen Nachhaltigkeit ableiten zu können.

Im Beispiel steht die nützliche Funktion „Wäsche waschen" im Mittelpunkt. Dafür werden unter anderem die Funktionen „Waschtrommel rotieren" und „Wasser erwärmen" benötigt. Bei der Wandlung der elektrisch eingespeisten Energie in thermische sowie mechanische Energie, welche für den Waschvorgang benötigt wird, wird Verlustenergie abgeführt, da ein Wirkungsgrad der Wandlung von 100 Prozent nicht erreicht werden kann. Hier lässt sich bereits eine erste **Problemformulierung** bezüglich der umweltgerechten Produktentwicklung ableiten. Diese lautet: „Finde eine Möglichkeit, elektrische Energie in mechanische Energie (beziehungsweise thermische Energie) zu wandeln unter der Bedingung, dass sich die abgeleitete Verlustenergie vermindert".

Auch die Funktion „Waschmittel hinzugeben" stellt eine nützliche Funktion dar, welche für die Funktion „Wäsche waschen" benötigt wird. Jedoch wird in vielen Fällen zu viel Waschmittel hinzugegeben, was eine Ressourcenverschwendung (Funktion „Waschmittel verschwenden") verursacht. Dahingehend wurde bereits die Funktion „Waschmittel dosieren" eingeführt, um diese Ressourcenverschwendung zu vermeiden. Durch das Vorsehen der Funktion „Waschmittel dosieren" trägt man sowohl zu einer umweltgerechten Entwicklung als auch zu einem in der Nutzungsphase kostengünstigen Betrieb der Waschmaschine bei. Somit lässt sich auch hier ein Zielkonsens zwischen Kosten- und Umweltaspekten erzielen.

Die vorgestellten Beispiele der Relationsorientierten und der Umsatzorientierten Funktionsmodellierung zeigen, dass eine Systembetrachtung auf der abstrahierten Funktionsebene Schwachstellen im Produkt und somit Handlungsschwerpunkte hinsichtlich der umweltgerechten Produktentwicklung aufzeigen kann.

### *12.2.4 Wie können auf Wirkmodellebene umweltbeeinflussende Produktaspekte berücksichtigt werden?*

Die Auswahl der im Produkt zu verwirklichenden Wirkmodelle und die damit einhergehenden physikalischen Effekte spielen eine wichtige Rolle in Bezug auf die Entwicklung ökologisch nachhaltiger Produkte. Dies lässt sich dadurch erklären, dass physikalische Effekte teilweise nur durch spezielle, möglicherweise umweltschädigende Materialen erzielt werden können. Zudem können bestimmte physikalische Effekte die Auswahl unterschiedlicher Werkstoffe in einem Bauteil oder einer Baugruppe bedingen, was sich hinsichtlich der Recycelbarkeit der Produkte aufgrund der dann gegebenenfalls nicht mehr möglichen verwertungsgerechten Gestaltung negativ auswirken kann. Ein weiteres Problem, welches sich bei der Auswahl und Festlegung des Wirkmodells ergibt, besteht darin, dass eine Reihe von Auswirkungen (insbesondere Langzeitauswirkungen) neuer Produkte bei ihrer Erstnutzung unbekannt sind und noch keinerlei Information bezüglich dieser in Erfahrung zu bringen sind. In diesem Kontext ist beispielhaft der erstmalige Einsatz von Katalysatoren in Kraftfahrzeugen genannt. Dabei war bei der Gestaltung des Katalysators nicht bekannt, wie eine umweltgerechte Rücknahme und Entsorgung des Katalysators am Lebensende aussehen kann. Auch die anhaltende Diskussion zur Strahlenbelastung durch Mobiltelefone stellt ein Beispiel dar, dass Langzeitauswirkungen bei Produkten zum Teil nicht ausreichend geklärt sind.

Um den angesprochenen Problemstellungen in Bezug auf die Entwicklung ökologisch nachhaltiger Produkte zu begegnen, stehen verschiedenste Lösungsansätze zur Verfügung. So bietet es sich bei der Bewertung und beim Vergleich verschiedener Lösungsalternativen an, Leistungsbilanzen (In- und Output) hinsichtlich der Produktnutzung zu erstellen und zu vergleichen. Hierbei sind insbesondere lösungsneutrale Kenngrößen, wie zum Beispiel der Energieverbrauch oder Wirkungsgrade, zu nutzen. Gegebenenfalls bietet es sich an, auf Äquivalenzkenngrößen (zum Beispiel $CO_2$-Äquivalenten) zur Bewertung der Lösungsalternativen zurückzugreifen.

Weiterhin ist es bei der Erstellung, Bewertung und Auswahl geeigneter Lösungsalternativen wichtig, Verwertungsmöglichkeiten sämtlicher im Produkt genutzter Materialien sowie deren mögliche Einflüsse auf den jeweils zugehörigen Entwicklungsprozess zu antizipieren. Zudem kann die Erstellung von Szenarios im Rahmen unsicherer Erwartungen bezüglich der Umweltauswirkungen des Produkts den Erstellungs- und Auswahlprozess geeigneter Lösungsalternativen unterstützen. Auch die Anwendung der **Widerspruchsorientierten Lösungssuche** bietet sich auf der Wirkmodellebene an [Altschuller 1984, Terninko et al. 1997]. Insbesondere die Parameter „Energieverluste" und „Materialverluste" sind hinsichtlich der Entwicklung ökologisch nachhaltiger Produkte in Betracht zu ziehen.

Auch die Beachtung von **Prinzipien optimaler Systeme** in energetischer Hinsicht ist vor dem Hintergrund der Entwicklung ökologisch nachhaltiger Produkte von Bedeutung. Insbesondere bei der Erstellung der Wirkmodelle aber auch bei der Bewertung und Auswahl der Lösungsalternativen sind das Prinzip zur Vermeidung von Irreversibilität und das Prinzip zur Suche nach regenerativen Lösungen in das Vorgehen einzubeziehen. Die Vermeidung von Irreversibilität bedeutet, dass die Umwandlung mechanischer oder elektromagnetischer Energieformen nach Möglichkeit in andere mechanische oder elektromagnetische Energieformen, nicht jedoch in Wärme erfolgen soll. Voraussetzung dafür ist die Zuführung aller Energieumsätze in einem technischen System zum energetischen Hauptumsatz. Die Suche nach regenerativen Lösungen ist eine praxisorientierte Umformulierung des Prinzips zur Vermeidung von Irreversibilität. Dies bedeutet, dass Lösungen, welche die (nicht vermeidbaren) irreversiblen Energieverluste eines technischen Systems so weit wie möglich reduzieren, zu priorisieren sind.

### *12.2.5 Wie können Aspekte der Umweltverträglichkeit auf Baumodellebene berücksichtigt werden?*

Die Erstellung des Baumodells hat wesentlichen Einfluss auf die Verwertungsmöglichkeiten eines Produktes nach seiner Nutzung. Doch schon während der Nutzung kann es zu Verschleiß und Ausfall von einzelnen Komponenten kommen, weshalb bei der Festlegung der Gestalt auf einfache Austauschbarkeit von Baugruppen und Bauteilen sowie auf eine nachhaltige Werkstoffauswahl geachtet werden sollte. Auch die Anpassbarkeit hinsichtlich sich ändernder Anforderungen an ein Produkt lässt sich bereits in den frühen Phasen des Produktlebenszyklus, nämlich beim Entwurf und der Ausarbeitung eines Produktes, beeinflussen. Diese Anpassbarkeit ist insbesondere bei Produkten, die über einen langen Zeitraum in Nutzung sind, vonnöten.

Vor diesem Hintergrund ist zunächst die VDI-Richtline 2243 [VDI 2243] angeführt, welche sich mit dem „Konstruieren recyclinggerechter technischer Produkte – Grundlagen und Gestaltungsregeln“ auseinandersetzt. Danach lassen sich unter anderem Aspekte der reinigungsgerechten, aufarbeitungsgerechten, sortiergerechten sowie der Remontagegerechten Gestaltung unterscheiden. Weiterhin geht VDI-Richtlinie 2243 auch auf die demontagegerechte Gestaltung ein, welche vor dem Hintergrund der recyclinggerechten, ökologisch nachhaltigen Produktentwicklung näher beschrieben ist.

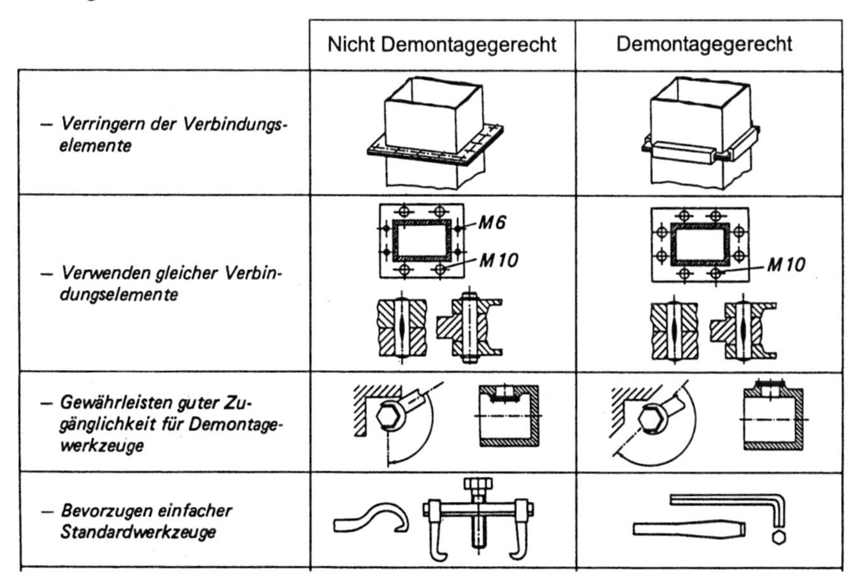


**Abb. 12-7.** Beispiele für demontagegerechte Fügestellen [nach VDI 2243]

Für ein kosteneffizientes und ein dadurch oft überhaupt erst durchführbares Recycling ist es wünschenswert, dass der Zerlegevorgang der unterschiedlichen Bauteile einer Baugruppe in kurzer Zeit von statten geht. Dafür sind im Produkt möglichst wenige und einfach lösbare Verbindungen vorzusehen. Die Verbindungen sind zudem vor Korrosion und Verschmutzung zu schützen. Um die Demontage und somit weitere Verwertung einzelner Bauteile zu unterstützen, muss bei der Festlegung der Gestalt bereits auf Zugänglichkeit der Demontagewerkzeuge sowie auf die Verwendung von Standardwerkzeugen geachtet werden.

Um bei einem Ausfall eines Produktes eine möglichst einfache Reparatur oder den Austausch bestimmter Komponenten zu erleichtern, bietet sich oftmals ein modularer Produktaufbau an. Hinsichtlich der Phase der Produktion im Produktlebenszyklus sind zudem noch die Vermeidung von Verschleiß und die Verschleißlenkung auf ausgewählte, wertmäßig untergeordnete Bauteile hervorzuheben. Zur Erläuterung, wie produktionsabfallminderndes Konstruieren aussehen kann, dient ein Beispiel zur Fertigung von Kleinteilen aus Abfällen gleicher Materialstärke [VDI 2243].

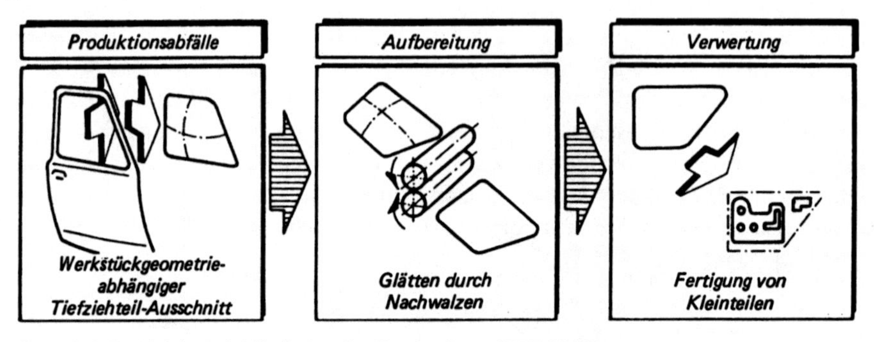


**Abb. 12-8.** Produktionsabfallminderndes Konstruieren [VDI 2243]

Bei der Materialwahl, welche ebenfalls mit der Festlegung der Gestalt einhergeht, gilt es folgende Punkte zu berücksichtigen:

- Wahl kreislauffähiger Werkstoffe
- Minimierung der Werkstoffvielfalt
- Kombination untereinander verträglicher Werkstoffe
- Verzicht auf Schadstoffe
- Trenn- und Separierbarkeit der Werkstoffe und Schadstoffe

Kreislauffähige Werkstoffe lassen sich hierbei sowohl bei Kunststoffen, bei Metallen als auch bei Glas und Keramik finden. So lassen sich Thermoplaste beispielsweise durch Einschmelzen recyceln, wobei der irreversible Abbau, Alterung, inkompatible Verunreinigungen, Qualitätsschwankungen sowie die benötigte Sortenreinheit oftmals limitierende Faktoren darstellen. Weiterhin lassen sich auch Duroplaste und Elastomere werkstofflich recyceln, indem sie als Zumischung für Füllstoff dienen können. Beim Recycling von Metallen kann man von einem theoretischen Verwertungsgrad von nahezu 100 Prozent ausgehen. Dabei findet das Recycling durch metallurgische Prozesse statt, wobei auch hier darauf hingewiesen werden muss, dass die Wiederverwertung zur Originalware aufgrund genauer Legierungszusammensetzungen meist nicht wieder möglich ist. Glas und Keramik können werkstofflich ebenfalls durch Reinigung und anschließendes Einschmelzen recycelt werden, wobei hier von einem geringeren Verwertungsgrad auszugehen ist, da in der Produktion große Anteile an Primärmaterial benötigt werden. Der Vergleich umweltrelevanter Materialwerte kann durch den Zugriff auf Materialdatenbanken, wie zum Beispiel IdeMat [Faculty of Design, Engineering and Production, University of Delft 2008], Campus [Chemie Wirtschaftsförderungs-GmbH 2008], oder euroMAT [Fachgebiet Systemumwelttechnik, TU Berlin 2008] unterstützt werden.

Ein weiterer Aspekt, welcher bei der Festlegung der Gestalt hinsichtlich der ökologischen Nachhaltigkeit in Erwägung zu ziehen ist, besteht in der Berücksichtigung und Einarbeitung von Upgrademöglichkeiten im Produkt [Phleps 1999, Mörtl 2002]. Ziel eines Upgrades ist es, weitere Nutzungsphasen des Produktes und somit eine Lebensdauerverlängerung zu ermöglichen und zudem das Produkt an neue Funktionen anzupassen und somit eine Modernisierung am bestehenden Produkt einzuleiten. Dabei sind grundlegende Regeln wie ein modularer Produktaufbau, die gute Zugänglichkeit aller Bauteile, zeitloses Design sowie die Standardisierung von Schnittstellen zu berücksichtigen. Zudem muss bei der Gestaltung des Produktes eine frühzeitige Berücksichtigung des Innovationspotenzials von Funktionsträgern stattfinden. Zum Beispiel unterscheidet sich bei Werkzeugmaschinen oftmals die Langlebigkeit der Mechanik von der Kurzlebigkeit der verwendeten Elektronik.

## 12.3 Entwicklung eines umweltgerechten PET-Flake-Wäschers

In einem Unternehmen der Getränkeabfüllanlagenproduktion sollte ein neuer PET-Flake-Wäscher entwickelt werden, der geeignet ist, eine alte bestehende Anlage zu ersetzen. PET-Flake-Wäscher werden in Recyclinganlagen eingesetzt, in denen aus alten PET-Getränkeflaschen Granulat für die Neuproduktion von lebensmitteltauglichen Verpackungen, wie beispielsweise Getränkeflaschen, gewonnen wird. Durch das Entfernen von Etiketten und Leimresten wird durch solche Anlagen die Ausschussrate von PET-Material reduziert sowie die Qualität des sich anschließenden Reinigungsprozesses erhöht.

Zu Beginn des Projektes galt es, den Produktlebenslauf des neu zu entwickelnden Wäschers zu analysieren und mit den verschiedenen am Lebenslauf beteiligten Funktionsbereichen zu diskutieren. Hierauf aufbauend wurden Verbesserungsmaßnahmen identifiziert und nach ihrem Aufwand-Nutzen-Verhältnis priorisiert. In einem ersten Schritt wurden Lösungsansätze erarbeitet, die sich bezüglich Aufwand und Dauer mit dem engen Zeitplan für die Entwicklung, Konstruktion und Fertigung bis zum vertraglich festgelegten Zeitpunkt der Inbetriebnahme vereinbaren ließen.

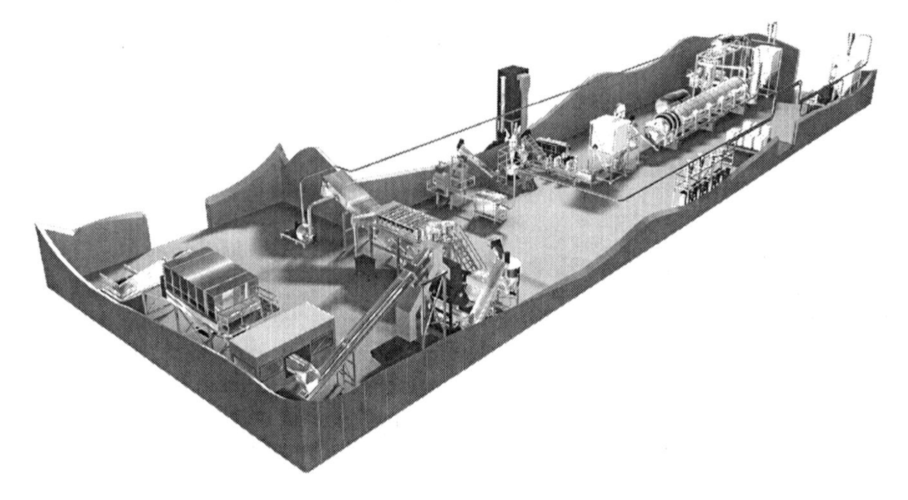

**Abb. 12-9.** Anlage für das PET-Recycling von Flasche zu Flasche [Heßling 2006]

Die erarbeiteten Lösungsansätze für die Optimierung des Wäschers fokussierten folgende Ziele für seine Nutzungsphase:

- Erhöhung der Recycling-Quote und der Qualität von PET durch verbesserte Funktionserfüllung
- Erhöhung der Verfügbarkeit während des Betriebs
- Energiesparende Wirkprinzipien zur Funktionserfüllung
- Senkung des Energieverbrauchs

Zur Verbesserung der Fertigungs- und der Recyclingphase wurden folgende Strategien gewählt:

- Standardisierung und Modularisierung
- Sinnvoller Materialeinsatz und Materialeinsparung

Konkrete Verbesserungspotenziale, die in der Gesamtlebenslaufbetrachtung identifiziert wurden, waren in der Fertigung beispielsweise der Schweißverzug bei großen Edelstahlbaugruppen, dem im Rahmen der Optimierung durch fertigungsgerechtere Konstruktionen begegnet werden sollte. Auch eine hohe Anzahl unterschiedlich gefertigter Bauteile stellte ein Potenzial zur Verbesserung dar. Hierbei wurde über verschiedene Ansätze – wie einer Erhöhung der Gleichteileanzahl und der Verringerung der Varianten auf Teileebene – zur Verringerung der unterschiedlichen genutzten Fertigungsverfahren und zur Optimierung der Recyclingmöglichkeiten beigetragen.

Die ausgewählten Lösungsansätze zur Energieverbrauchssenkung sind auf die Schwachstelle des bislang sehr hohen Wärmebedarfs für den Reinigungsprozess zurückzuführen. Für die zu reinigenden 2.000 kg PET-Material pro Stunde wird ein Waschprozess mit einer Laugentemperatur von 80°C für ein optimales Reinigungsergebnis benötigt. Nach der Produktanalyse und Ideenfindung fiel die Entscheidung auf eine aufwändige Isolierung der die Lauge berührenden Teile. Damit konnten die Abstrahlungsverluste von 25 kW auf 1,7 kW reduziert und das Heizsystem um 23 kW geringer dimensioniert werden. Neben geringeren Investitionskosten für das kleinere Heizsystem konnte hierdurch eine jährliche Wärmeenergieeinsparung von 170.000 kWh realisiert werden. Zur Erzeugung der weiterhin benötigten Wärmeenergie entschied sich das Unternehmen trotz der höheren Investitionskosten für den Energieträger Gas, um so geringere Betriebskosten und eine bessere Ressourcennutzung zu erzielen.

**Abb. 12-10.** Aufwändige Isolierung des Wäschers zur Reduktion der nötigen Heizenergie während der Nutzungsphase [Heßling 2006]

Zur Reduktion der nicht unerheblichen Energiemenge von circa 50 kW zur mechanischen Reinigung wurden parallel Machbarkeitsstudien zum vielversprechenden Einsatz von Ultraschall vorgenommen, die aufgrund des hohen Zeitbedarfs der Studien allerdings nicht mehr für die erste Konstruktion berücksichtigt werden konnten. Bei der Durchführung von verschiedenen Versuchsreihen stellte sich heraus, dass einige am Markt verwendete Kleber mit ihren zähen, mechanischen Eigenschaften dem Prozess der Ultraschallreinigung widerstehen. Langfristig könnten erhebliche Vorteile durch den Austausch dieser Kleber durch recyclingfreundlichere Ersatzstoffe erzielt werden. Diese strategisch günstigen Veränderungen am Markt können beim PET-Recycling aber noch nicht vorausgesetzt werden. Daher schied die Ultraschallreinigung als Wirkprinzip trotz der Vorteile bezüglich des benötigten Energieverbrauchs aus. Eine Kombination zwischen dem mechanischen Wirkprinzip und dem Einsatz von Ultraschall war aufgrund der hohen Investitionskosten nicht erstrebenswert.

Im Rahmen der Untersuchungen zur Reinigung mit Ultraschall wurden gleichzeitig die Messverfahren zur Beurteilung der Qualität des Reinigungsverfahrens weiterentwickelt. Diese erlaubten Untersuchungen zur Optimierung des Wirkprinzips der mechanischen beziehungsweise hydraulischen Reinigung nach Inbetriebnahme am Wäscher. Ein weiterer ausgewählter Lösungsansatz war die Erhöhung der Verfügbarkeit der Maschine. Diese wurde zum einen durch eine wartungs- und instandhaltungsgerechte Konstruktion erreicht, zum anderen durch eine geringere Fehlerrate. Es wurde die Methode der **Failure Mode and Effects Analysis** (FMEA) angewendet, um mögliche Fehler im Voraus zu beseitigen. Auf Basis der Baustruktur und der zugehörigen Funktionen wurden mögliche Fehlfunktionen definiert. Durch gezielte Verringerung der Fehlfunktionen konnte somit die Verfügbarkeit der Maschine erhöht werden.

Zur Verbesserung des Anlagenrecyclings wurde der Mix der verwendeten Materialien stark reduziert und leicht recycelbare Materialien verwendet. In der Umsetzung wurde fast ausschließlich Edelstahl eingesetzt. Aus Kostengründen ist als einzige große Baugruppe das Gerüst komplett aus Schwarzstahl. Die Konstruktion besteht aus einem optimierten Materialeinsatz und verwendet möglichst viele Gleichteile.

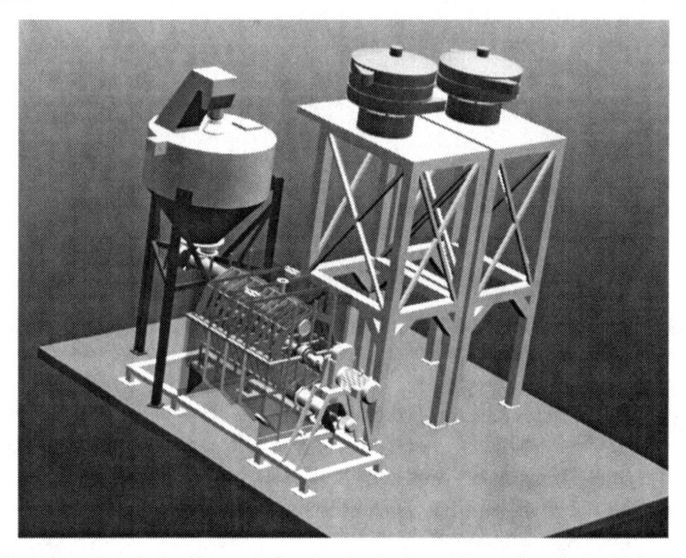

**Abb. 12-11.** Erste überarbeite Konstruktion des in der Recyclinganlage in Betrieb genommenen PET-Flake-Wäschers [Heßling 2006]

Aufgrund der guten Ergebnisse der ersten Optimierung wurde in einem zweiten Projektabschnitt eine umfassende Überarbeitung des PET-Flake-Wäschers vorgenommen, der einige der langfristigen Lösungsansätze weiterverfolgte. Auf Basis neuer und erweiterter Erkenntnisse während der Erstellung des ersten Flake-Wäschers wurde der Schritt der Analyse des Produktlebenslaufes ein weiteres Mal durchgeführt. Dabei wurden die bestehenden Probleme und die Material- und Energieströme während des Produktlebenslaufes detaillierter untersucht. Im Rahmen der Analyse wurden die Methoden der **Relationsorientierten Funktionsmodellierung**, der **Umsatzorientierten Funktionsmodellierung** sowie die **Black-Box** Methode angewandt.

Mithilfe der unterschiedlichen Analyseergebnisse gelang es, das Produkt auf die wesentlichen Funktionen zu reduzieren und einige Schwachstellen schon in den frühen Entwicklungsphasen zu eliminieren. Mit der **IPP**-gerechten Erweiterung der Systemgrenzen unter Einbeziehung der im PET-Recyclingprozess vor- und nachgelagerten Maschinen wurden weitere Einsparpotenziale aufgedeckt. Die Anwendung der Methoden der **Systematischen Variation** und des **Morphologischen Kastens** unterstützte die Entwicklung eines neuartigen Konzeptes und die gegenseitige Abstimmung der einzelnen Teillösungen aufeinander.

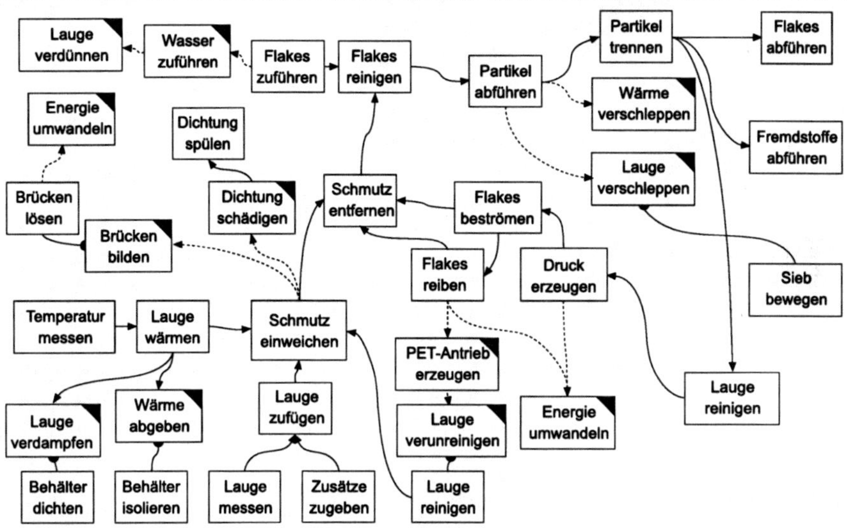


**Abb. 12-12.** Relationsorientiertes Funktionsmodell des Waschbereichs des PET-Flake-Wäschers

Zahlreiche neue Lösungsideen wurden in der Folge entwickelt und dokumentiert. Unter Anwendung eines Morphologischen Kastens und mithilfe eines mehrstufigen Bewertungsverfahrens wurden verschiedene Konzepte erarbeitet und bewertet. Das bestbewertete Konzept wurde anschließend in dem grundlegend neuen PET-Flake-Wäscher umgesetzt.

Dieser Wäscher zeichnete sich durch eine Reihe quantifizierbarer Verbesserungen aus. So konnte durch die dargestellten Maßnahmen eine Reduktion des benötigten Bauraums um zwei Drittel sowie eine Reduzierung des Grundflächenbedarfs um 30 Prozent bei gleichzeitiger Senkung von Herstellungskosten um gut 60 Prozent und Materialeinsatz um 50 Prozent für die Fertigungsphase erzielt werden. In der Nutzungsphase wurden Einsparungen von 30 Prozent des Energieverbrauchs, 85 Prozent der Betriebsmittel und 55 Prozent der Betriebskosten realisiert. Schließlich konnten durch die frühzeitige Berücksichtigung von Verwertungsaspekten der im Produkt verwendeten Materialien sämtliche Bauteile so gestaltet werden, dass eine einfache und sortenreine Trennung der einzelnen Materialien bei der Entsorgung möglich wird, die wiederum die Grundlage für effizientes Materialrecycling bildet.

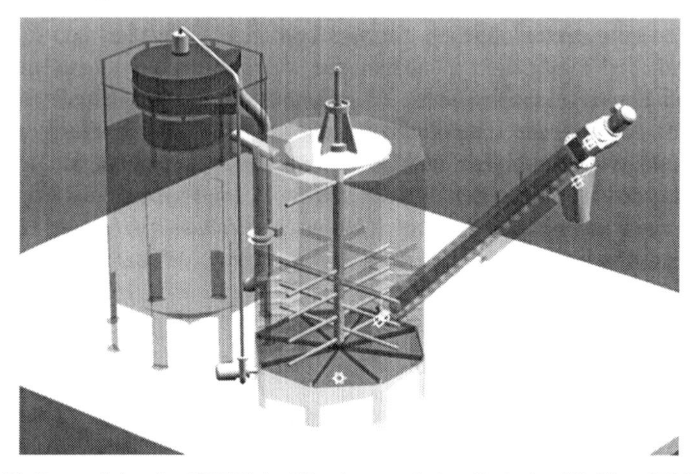

**Abb. 12-13.** Konstruktion des PET-Flake-Wäschers nach dem Redesign [Heßling 2006]

## 12.4 Zusammenfassung

Das zunehmende Umweltbewusstsein in der Gesellschaft schlägt sich auch in der Entwicklung ökologisch nachhaltiger Produkte nieder. Dabei kann eine Unterstützung des Entwicklungs- und Konstruktionsprozesses auf den verschiedensten Ebenen entlang der Produktkonkretisierung stattfinden. Diese Herangehensweise lässt häufig einen Zielkonsens zwischen der ökologischen und ökonomischen Nachhaltigkeit zu, obschon zunächst häufig ein Konflikt zwischen den beiden Zieldomänen vermutet wird. Vor diesem Hintergrund ist von großer Bedeutung, den Produktlebenszyklus ganzheitlich zu antizipieren und somit mögliche Umweltschädigungen des (weiter) zu entwickelnden Produktes frühzeitig zu identifizieren. Dafür ist im Sinne der Integrierten Produktpolitik die Zusammenarbeit mit verschiedensten Beteiligten entlang des Produktlebenslaufes anzustreben.

So sind schon auf der Ebene der Anforderungsklärung umweltspezifische Aspekte einzubeziehen, sei es auf Basis von festgeschriebenen Gesetzen und Normen oder auch auf Basis von Bilanzierungsverfahren hinsichtlich der ökologischen Nachhaltigkeit. Der Einsatz von Funktionsmodellen eignet sich, um Schwachstellen hinsichtlich der Nachhaltigkeit eines zu entwickelnden Produktes frühzeitig aufzudecken und um darauf aufbauend Handlungsschwerpunkte abzuleiten. Auch auf der Wirkmodellebene und der Baumodellebene gibt es zahlreiche Ansatzpunkte hinsichtlich einer umweltgerechten Produktentwicklung. Hier sind insbesondere die Schonung von Ressourcen sowie die verwertungsgerechte Gestaltung von Produkten hervorzuheben. Abschließend sei noch angeführt, dass die Erstellung, Bewertung und Auswahl von Lösungsalternativen ebenfalls von Aspekten der ökologischen Nachhaltigkeit begleitet sein sollte. Hier bietet sich der Vergleich umweltspezifischer Kennzahlen an.

# 13 Optimierte Produkte – systematisch von Anforderungen zu Konzepten

Das **Spektrum technischer Produkte** ist sehr groß. Jede Produktart und Branche ist durch spezielle Anforderungen und Rahmenbedingungen gekennzeichnet, welche die Produktentwicklung in diesem Bereich beeinflussen. Die Anforderungen an die erstellten Produkte sind unterschiedlich, je nachdem, ob es sich um Konsumgüter oder Investitionsgüter oder um Großserienprodukte oder eine kundenspezifische Individuallösung handelt. Die Branchen, in denen technische Produkte zum Einsatz kommen, erstrecken sich beispielsweise von der Automobiltechnik, über den Anlagenbau, die Medizintechnik, die Produktionstechnik, die Medizintechnik bis hin zu Haushaltsgeräten und Sportgeräten.

Die Komplexität der Produkte kann sehr unterschiedlich sein. So sind Flugzeuge, Automobile und Produktionsanlagen aufgrund der Zahl an Bauteilen und Schnittstellen sowie deren Vernetzungen äußerst komplex. Dahingegen weisen Gegenstände des Alltags wie Nussknacker oder Schrauben eine vergleichsweise geringe Komplexität hinsichtlich der Produktstruktur auf, die Prozesse der Auslegung, Produktion oder Distribution können sich jedoch durch eine sehr hohe Komplexität auszeichnen. Der Charakter der Produkte des Maschinenbaus ist zunehmend mechatronisch geprägt. Neben den mechanischen Komponenten sind zunehmend auch elektronische und softwaretechnische Anteile im Produkt zu finden. Ferner ist der Trend einer zunehmenden Integration und Miniaturisierung der einzelnen Komponenten zu beobachten. Darüber hinaus sind heutzutage nicht mehr alleine die reinen Sachprodukte von Bedeutung. Verstärkt sind auch die zugehörigen Dienstleistungen zu berücksichtigen, so dass Produkte als Leistungsbündel zu verstehen sind.

Für die Produktentwicklung ist die **Vielfalt der Anforderungen** von Bedeutung, die an ein Produkt gestellt werden. Wichtig für den Erfolg eines Produkts am Markt ist es, dass es die Bedürfnisse der Kunden berücksichtigt, so dass diese bereit sind, es zu kaufen. Kunden stellen zahlreiche Anforderungen beispielsweise hinsichtlich Funktion, Kosten, Design und Ergonomie. Neben einem ausreichend großen Absatzmarkt für die angebotenen Produkte ist es für den Unternehmenserfolg auch von Bedeutung, dass die Leistungserbringung wirtschaftlich erfolgt. Dies betrifft alle für die Leistungserstellung notwendigen Bereiche wie Entwicklung, Fertigung, Montage, Beschaffung, Logistik und so weiter. Neben der reinen Menge an Anforderungen sind deren Wechselwirkungen zu berücksichtigen. Teilweise beeinflussen sich Anforderungen positiv, zum Teil ergeben sich erhebliche Zielkonflikte, die in Abhängigkeit der Situation das Setzen von Prioritäten und/oder das Eingehen von Kompromissen erfordern.

Wesentliche Produkteigenschaften, denen von Markt und Kunden eine hohe Bedeutung beigemessen werden, sind Sicherheit und Zuverlässigkeit. Sie beeinflussen zum einen sehr stark die Wahrnehmung des Produkts durch den Kunden, zum anderen beinhalten sie rechtliche und wirtschaftliche Aspekte für das Unternehmen. Beide Eigenschaften beschreiben zukünftiges Verhalten des zu entwickelnden Produkts unter vereinbarten oder festgelegten Bedingungen und tragen damit Wahrscheinlichkeitscharakter. Das Produktgewicht und dessen Verteilung hingegen beeinflussen die Handhabung und den Energieverbrauch des Produkts und stehen damit auch im unmittelbaren Interesse von Kunden und Anwendern. Darüber ist das Produktgewicht ein wichtiger Faktor in vielen Phasen des Produktlebenslaufes, beispielsweise in der Produktion in Bezug auf die Handhabung von Teilen bei der Bearbeitung und Montage. Auch die geplante Transportart ist bei der Festlegung der Gewichtsziele zu berücksichtigen, damit zum Beispiel der Transport im Flugzeug nicht durch ein zu hohes Produktgewicht verhindert wird.

Für den Hersteller ist die Montagegerechtheit des Produkts eine wichtige Anforderung, da die Montage wesentlichen Einfluss auf Ziele wie Kosten, Zeit und Qualität besitzt. Es gilt, die Wechselwirkungen zwischen dem Produkt, den Montagevorgängen und den Montageanlagen zu berücksichtigen. Eine große Rolle in Bezug auf die Montagegerechtheit spielt die Gestaltung der Produktstruktur und der Schnittstellen zwischen einzelnen Bauteilen. Außerdem ist in vielen Branchen eine Explosion der Variantenvielfalt auf Produkt- wie auf Teileebene zu beobachten. Dieser Umstand ist in der Entwicklung neuer Produkte zu berücksichtigen. Innerhalb des gesamten Produktprogramms besteht die Notwendigkeit, übergreifende Synergien zu erzielen, die isolierte Betrachtung einzelner Produkte reicht nicht mehr aus. Die variantengerechte Produktgestaltung ist ein mittelbar wirkendes Entwicklungsziel mit Auswirkungen auf die für den Kunden relevanten Produkteigenschaften (Leistung, Gewicht, Kosten und so weiter) sowie die Prozesse beim Hersteller (Fertigung, Montage, Logistik).

Aufgrund der wachsenden Belastung der Umwelt und des erhöhten Stellenwerts von Umweltfragen in der Bevölkerung besteht schließlich die Notwendigkeit, Produkte umweltgerecht und ökologisch nachhaltig zu gestalten. Dafür gilt es, die Auswirkungen von Produkten auf die Umwelt entlang des gesamten Produktlebenszyklus zu antizipieren und schon in frühen Phasen in die Entwicklung und Konstruktion mit einfließen zu lassen.

Angesichts des großen Spektrums an Produktarten, Branchen und Anforderungen ergeben sich vielfältige Herausforderungen für die Produktentwicklung. **Entwicklungssituationen und Entwicklungsprozesse sind äußerst komplex.** Diese Komplexität äußert sich in der Anzahl der Einflussfaktoren, die es zu berücksichtigen gilt, der Vielzahl an Wechselwirkungen und der Änderungsdynamik. Wichtige Einflussbereiche sind unter anderem Absatzmärkte und Kunden, Wettbewerber und Zulieferer, Gesellschaft und Politik, Normen und Gesetze. Die Situation des Entwicklers wird außerdem bedingt durch die Art der Aufgabe, ob es sich beispielsweise um eine Neuentwicklung oder eine Anpassungskonstruktion handelt. Schließlich führen Arbeitsteiligkeit im Unternehmen, die Aufteilung der Aufgaben und Verantwortlichkeiten sowie die Beteiligung vieler verschiedener Disziplinen am Entwicklungsprozess zu einer erhöhten Komplexität. Es herrscht die Notwendigkeit einer erfolgreichen Kommunikation zwischen allen Beteiligten. Den Iterationen im Prozess kommt eine hohe Bedeutung zu: es gilt unnötige Iterationen zu vermeiden oder zumindest zu minimieren und mit den notwendigen Iterationen bewusst umzugehen.

Die **Konzeptentwicklung** ist ein Teil der Produktentwicklung, der durch den Umgang mit vorläufiger und vager Information bezüglich des angestrebten Produkts gekennzeichnet ist. Das Handeln ist hier immer von Unsicherheit und Risiko geprägt. Dennoch sind Entscheidungen zu treffen, die weitreichende Konsequenzen für den gesamten Produktlebenslauf haben. Die Definition von Funktions-, Wirk- und Baukonzepten legt den Grundstein für den späteren Erfolg des Produkts am Markt. Daher kommt der Konzeptentwicklung eine hohe Bedeutung innerhalb des Entwicklungsprozesses zu. Entwickler als Menschen nehmen hier eine zentrale Position ein. Ihre Kreativität ist erforderlich für die Generierung innovativer Ideen und deren Umsetzung in markt- und kundengerechte Produkte.

Um angesichts der Herausforderung von zunehmend komplexeren Entwicklungssituationen und -prozessen zu Lösungen zu gelangen, welche die an sie gestellten Anforderungen in optimaler Weise erfüllen, sind in der Konzeptentwicklung und Gestaltung technischer Produkte Situationsbezug und Systematik erforderlich.

Systematik beinhaltet dabei verschiedene Aspekte. Ein Ansatz ist der gezielte Umgang mit Information und Wissen. Hierbei hilft die **Nutzung von Produktmodellen** die vorliegende Komplexität bewusster zu handhaben. Je nach Situation und Aufgabe werden verschiedene Modelle eingesetzt. Zielmodelle helfen der Erfassung und Strukturierung gewünschter Systemeigenschaften. Problemmodelle unterstützen die Generierung eines besseren Problem- und Systemverständnisses. Entwicklungsmodelle dienen der Spezifikation von Struktur und Beschaffenheit des zu entwickelnden Produkts. Verifikationsmodelle werden aufgestellt, um die für eine Bewertung wichtigen Eigenschaften des Produkts zu ermitteln.

Systematik heißt auch, in Abhängigkeit der konkreten Situation unter Berücksichtigung der angestrebten Ziele die dafür erforderlichen Aktivitäten einzuleiten. Hierfür existieren verschiedene **Vorgehensmodelle der Produktentwicklung**. Das Münchener Vorgehensmodell (MVM) bildet die Produktentwicklung als Prozess der Problemlösung ab. Die umfassende Beschäftigung mit der Problemstellung bildet darin einen Schwerpunkt. Der Netzwerkcharakter des Modells unterstützt eine situationsgerechte Navigation durch den Entwicklungsprozess. Das Münchener Produktkonkretisierungsmodell (MKM) unterstützt ebenfalls eine situative Navigation und orientiert sich dabei an dem Konkretisierungsgrad der im Prozess erarbeiteten Produktmodelle.

Der Produktkonkretisierungsgrad repräsentiert eine wichtige Dimension, an der sich Entwickler und Konstrukteure in ihren Aktivitäten orientieren können, um zielorientiert und systematisch vorzugehen. Das Anforderungsmodell wird zu Beginn des Entwicklungsprojekts aufgestellt und in Schritten konkretisiert und detailliert. Es bietet den Rahmen für die Lösungssuche und -bewertung. Das Funktionsmodell beschreibt die Lösung auf abstraktem Niveau, wodurch die Loslösung von bekannten Lösungen und Vorprägungen ermöglicht wird. Im Wirkmodell werden die für die Funktion relevanten Aspekte der Lösung dargestellt. Das Baumodell schließlich beschreibt das Produkt schließlich in seiner konkreten Gestalt. Produktionsrelevante Details stehen hier im Vordergrund.

Im Entwicklungsprozess findet tendenziell ein Fortschreiten vom Abstrakten zum Konkreten, vom Ganzen zu den Details, vom Vorläufigen zum Endgültigen statt. Jedoch sind in Abhängigkeit der Situation oftmals Rücksprünge erforderlich. Die Problemlösung und die Produktkonkretisierung repräsentieren zwei Sichten des Entwicklungsprozesses, die nicht voneinander losgelöst betrachtet werden dürfen. Je nach Entwicklungssituation steht mal die eine, mal die andere Sicht im Vordergrund.

Für eine systematische Durchführung von Arbeitsschritten stehen schließlich vielfältige **Methoden und Hilfsmittel** zur Verfügung. Deren Auswahl und Anwendung haben wiederum unter Berücksichtigung situativer Erfordernisse zu erfolgen. Der Einsatz von Arbeitsmethoden fördert unter anderem die Ziel- und Handlungsorientierung, hilft Entwicklern dabei, mit den natürlichen Grenzen der individuellen intellektuellen Fähigkeiten umzugehen und ermöglicht eine verbesserte Kooperation und Kommunikation im Team. Der zu erwartende Nutzen ist dabei immer am Aufwand zu spiegeln, der mit einer expliziten Methodenanwendung verbunden ist. Viele Methoden gehen jedoch mit einer gewissen Übung sozusagen in Fleisch und Blut über und werden implizit angewandt.

Gestaltungsprinzipien und -richtlinien enthalten wertvolle Hinweise, wie technische Produkte in Abhängigkeit bestimmter Zielsetzungen zu gestalten, optimieren und auszulegen sind. Eine Herausforderung ist es, in der Fülle an verfügbaren Prinzipien und Richtlinien diejenigen zu identifizieren, die im konkreten Anwendungsfall relevant sind. Hier hängt der Erfolg unter anderem von der Verfügbarkeit geeigneter Werkzeuge und Checklisten ab, die eine strukturierte Darstellung der Information sowie einen gezielten Zugriff auf relevante Details ermöglichen. Auch die Übertragung von Gestaltungsprinzipien auf den eigenen Fall ist mitunter nicht trivial, wenn diese sehr allgemein und abstrakt formuliert sind. Hier helfen Anwendungsbeispiele dem Verständnis, dürfen aber nicht zu Fixierungen führen.

Die Unterstützung der Systematik im Entwicklungsprozess kann auf verschiedene Weise erfolgen: durch die Verwendung geeigneter Produktmodellen, durch eine situative Prozessnavigation unter Zuhilfenahme von Vorgehensmodellen und durch einen zielgerichteten Einsatz von Methoden, Checklisten, Gestaltungsrichtlinien und Werkzeugen. Die Auswahl und Anwendung der zur Verfügung stehenden Hilfsmittel hat in Abhängigkeit der Erfordernisse der Entwicklungssituation zu erfolgen. Gelingt dies, können die Ziel- und Handlungsorientierung im Entwicklungsprozess gefördert und die Risiken in der Produktentwicklung minimiert werden.

# Literatur


**Abele et al. 2008:**
Abele, E.; Anderl, R.; Birkhofer, H.; Rüttinger, B. (Hrsg): EcoDesign. Von der Theorie in die Praxis. Berlin: Springer 2008.

**Ahrens 2000:**
Ahrens, G.: Das Erfassen und Handhaben von Produktanforderungen. Berlin: TU, Diss. 2000.

**Akao 1992:**
Akao, Y.: QFD - Quality Function Deployment. Landsberg/Lech: Moderne Industrie 1992.

**Alders 2004:**
Alders, K.: Komplexitätsmanagement bei der Audi AG. In: 6. Internationales Automobil-Forum, Graz (Österreich), 19.-20. Oktober 2004. Landsberg/Lech: Moderne Industrie 2004.

**Altschuller 1984:**
Altschuller, G. S.: Erfinden – Wege zur Lösung technischer Probleme. Berlin: Verlag Technik 1984.

**Andreasen et al. 1988:**
Andreasen, M. M.; Kähler, S.; Lund, T.: Design for Assembly. Berlin: Springer 1988.

**Antis et al. 1969:**
Antis, W.; Honeycutt, J. M.; Koch, E. N.: Die MTM-Grundbewegungen. Düsseldorf: Maynard 1969.

**Augustin 1985:**
Augustin, W.: Sicherheitstechnik und Konstruktionsmethodiken. Sicherheitsgerechtes Konstruieren. Bremerhaven: Wirtschaftsverlag NW 1985. (Schriftenreihe der Bundesanstalt für Arbeitsschutz, Fb. 412)

**Bäßler 1987:**
Bäßler, R.: Integration der montagegerechten Produktgestaltung in den Konstruktionsprozess. Stuttgart: Univ., Diss. 1987.

**Bauer et al. 2007:**
Bauer, E.; Gellermann, T.; Wikidal, F.: Erhöhung der Betriebssicherheit des Maschinenstranges von WEA's durch umfassende Schadensanalytik. 10. AZT-Expertentage 2007.

**Bauer et al. 2005:**
Bauer, E.; Wikidal, F.; Gellermann, T.: Überblick über Schäden am mechanischen Strang von Windenergieanlagen. Tagungsband Antriebstechnisches Kolloquium. Aachen: ATK 2005.

**Baumberger 2007:**
Baumberger, G. C.: Methoden zur kundenspezifischen Produktdefinition bei individualisierten Produkten. (Produktentwicklung München, Band 75). Zugl. München: TU, Diss. 2007.

**Bender et al. 2005:**
Bender, K.; Dominka, S.; Koç, A.; Pöschl, M.; Russ, M.; Stützel, B.: Embedded Systems – qualitätsorientierte Entwicklung. Berlin: Springer 2005.

**Bertram 2002:**
Bertram, T.: Eine Erfolgsgeschichte – von der mechanischen zur mechatronischen Bremse. 47. Internationales Wissenschaftliches Kolloquium Maschinenbau und Nanoechnik – Hochtechnologien des 21. Jahrhunderts. Ilmenau: Technische Universität 2002.

**Bertsche et al. 2004:**
Bertsche, B.; Lechner, G.: Zuverlässigkeit im Fahrzeug- und Maschinenbau. Ermittlung von Bauteil- und System-Zuverlässigkeiten. Berlin: Springer 2004.

**Beuth 2006:**
Beuth, K.: Digitaltechnik. Würzburg: Vogel 2006.

**Bichlmaier 2000:**
Bichlmaier, C.: Methoden zur flexiblen Gestaltung von integrierten Entwicklungsprozessen. München: Utz 2000. (Produktentwicklung München, Band 39). Zugl. München: TU, Diss. 2000.

**Biegert 1971:**
Biegert, H.: Die Baukastenbauweise als technisches und wirtschaftliches Gestaltungsprinzip. Karlsruhe: TH, Diss. 1971.

**Birkhofer 1980:**
Birkhofer, H.: Analyse und Synthese der Funktionen technischer Produkte. Düsseldorf: VDI-Verlag 1980.

**Birkhofer 2002:**
Birkhofer, H.: Vom Produktvorschlag zum Produktflop - mit Planung und Methodik ins Desaster. In Strohschneider S.; von der Werth, R. (Hrsg.): Ja, mach nur einen Plan. Pannen und Fehlschläge - Ursachen, Beispiele, Lösungen. 2. Aufl. Bern: Hans Huber 2002, S. 92-108.

**Bode 1996:**
Bode, E.: Konstruktionsatlas. Darmstadt: Vieweg 1996.

**Boothroyd et al. 2002:**
Boothroyd, G.; Dewhurst, P.; Knight, W.: Product Design for Manufacture and Assembly. New York: Marcel Dekker, 2002

**Borchard-Tuch 2007:**
Borchard-Tuch, C.: Neue Werkstoffe für die A380. Schweizer Laboratoriums Zeitschrift Jg. 64 Nr. 1, 2007, S. 29-32.

**Braun 2005:**
Braun, T.: Methodische Unterstützung der strategischen Produktplanung in einem mittelständisch geprägten Umfeld. München: Dr. Hut 2005. (Produktentwicklung, Band 60). Zugl. München: TU, Diss. 2005.

**Breiing et al. 1993:**
Breiing, A.; Fleming, M.: Theorie und Methoden des Konstruierens. Berlin, Heidelberg: Springer 1993

**Bruegge et al. 2000:**
Bruegge, B.; Dutoit, A. H.: Object-Oriented Software Engineering: Conquering Complex and Changing Systems. Upper Saddle River: Prentice Hall 2000.

**BSH 2006:**
BSH Bosch Siemens Hausgeräte GmbH: Protos. Der Pflanzenölkocher. München: 2006.

**Bundesamt für Wehrtechnik und Beschaffung 1989:**
Bundesamt für Wehrtechnik und Beschaffung: Handbuch der Ergonomie. Koblenz: Bundesamt für Wehrtechnik und Beschaffung 1989.

**Bundesministerium für Wirtschaft und Technologie 2008:**
Bundesministerium für Wirtschaft und Technologie: BMWi - Energiestatistiken. [entnommen am 05.02.2008, URL: http://www.bmwi.de/BMWi/Navigation/Energie/energiestatistiken.html]

**Buzan 1993:**
Buzan, T.: The Mind Map Book. London: BBC 1993.

**Caesar 1991:**
Caesar, C.: Kostenorientierte Gestaltungsmethodik für variantenreiche Serienprodukte. Düsseldorf: VDI-Verlag 1991.

**Chemie Wirtschaftsförderungs-GmbH 2008:**
Chemie Wirtschaftsförderungs-GmbH: Campus - the plastics database. [entnommen am 04.02.2008, URL: http://www.campusplastics.com/index.php]

**Daenzer et al. 1999:**
Daenzer, W. F.; Huber, F. (Hrsg.): Systems Engineering – Methodik und Praxis. 10., durchgesehene Auflage. Zürich: Industrielle Organisation 1999.

**Dahl 1990:**
Dahl, B.: Entwicklung eines Konstruktionssystems zur Unterstützung der montagegerechten Produktgestaltung. Aachen: RWTH, Diss 1990.

**Danner 1996:**
Danner, S.: Ganzheitliches Anforderungsmanagement für marktorientierte Entwicklungsprozesse. Aachen: Shaker 1996. (Konstruktionstechnik München, Band 24). Zugl. München: TU, Diss. 1996.

**Deifel 2001:**
Deifel, B.: Requirements Engineering komplexer Standardsoftware. München: TU, Diss. 2001.

**Detzer et. al 1999:**
Detzer, K.; Dietzfelbinger, D.; Gruber, A.; Uhl, W.; Wittmann, U.: Nachhaltig Wirtschaften - Expertenwissen für umweltbewusste Führungskräfte in Wirtschaft und Politik. Augsburg: Kognos 1999.

**Dietrich et al. 2000:**
Dietrich, K. H.; Dorn, T.; Mörtl, M.; Rath, S.: Leitfaden zur recyclinggerechten Produktentwicklung. Entstanden während des BMBF-Verbundprojekts „ProMeKreis" im Rahmen von „Produktion 2000 – Wirtschaften in Kreisläufen", Laufzeit 11/1996 02/2000. München: TU 2000.

**DIN 2330, 13/2:**
DIN 2330, 13/2: Begriffe und Benennungen. Allgemeine Grundsätze. Berlin: Beuth 1993.

**DIN 31000:**
DIN 31000: Allgemeine Leitsätze für das sicherheitsgerechte Gestalten technischer Erzeugnisse. Berlin: Beuth 2007.

**DIN 33411:**
DIN 33411: Körperkräfte des Menschen. Berlin: Beuth 1982.

**DIN 6789:**
DIN 6789: Dokumentationssystematik. Aufbau technischer Produktdokumentationen. Berlin: Beuth 1993.

**DIN 69905:**
DIN 69905: Projektwirtschaft Projektabwicklung Begriffe. Berlin: Beuth 1997.

**DIN EN ISO 14040:**
DIN EN ISO 14040: Umweltmanagement - Ökobilanz - Grundsätze und Rahmenbedingungen. Berlin: Beuth 2006.

**DIN ISO 1219-1:**
DIN ISO 1219-1: Fluidtechnik - Graphische Symbole und Schaltpläne - Teil 1: Graphische Symbole für konventionelle und datentechnische Anwendungen. Berlin: Beuth 2007.

**Dörner 2000:**
Dörner, D: Die Logik des Mißlingens. Strategisches Denken in komplexen Situationen. 13. Auflage. Reinbek: Rowohlt 2000.

**Dreibholz 1975:**
Dreibholz, D.: Ordnungsschemata bei der Suche von Lösungen. Konstruktion 27, 1975, S. 233-240.

**Durstewitz 2003:**
Durstewitz, M.: Windenergie in kalten Klimaregionen. In: Erneuerbare Energien, Ausgabe 12/2003, ISSN 1436-8773. Hannover: SunMedia Verlags- und Kongreßgesellschaft für Erneuerbare Energien mbH 2003.

**Dylla 1991:**
Dylla, N.: Denk- und Handlungsabläufe beim Konstruieren. München: Hanser 1991. (Konstruktionstechnik München, Band 5). Zugl. München: TU, Diss. 1990.

**Ehrlenspiel 2007:**
Ehrlenspiel, K.: Integrierte Produktentwicklung – Denkabläufe Methodeneinsatz Zusammenarbeit. 3., überarb. Auflage. München: Hanser 2007.

**Ehrlenspiel et al. 2005:**
Ehrlenspiel, K.; Kiewert, A.; Lindemann, U.: Kostengünstig Entwickeln und Konstruieren. Kostenmanagement bei der integrierten Produktentwicklung. 5., bearbeitete Auflage. Berlin: Springer 2005.

**Eiletz 1999:**
Eiletz, R.: Zielkonfliktmanagement bei der Entwicklung komplexer Produkte – am Beispiel PKW-Entwicklung. Aachen: Shaker 1999. (Konstruktionstechnik München, Band 32). Zugl. München: TU, Diss. 1999.

**Erdell 2006:**
Erdell, E.: Methodenanwendung in der Hochbauplanung – Ergebnisse einer Schwachstellenanalyse. München: Dr. Hut 2006. (Produktentwicklung München, Band 66). Zugl. München: TU, Diss. 2006.

**Fachgebiet Systemumwelttechnik, TU Berlin 2008:**
Fachgebiet Systemumwelttechnik, TU Berlin: euroMAT - Das Design for Environment Tool. [entnommen am 04.02.2008, URL: http://www.euromat-online.de/]

**Faculty of Design, Engineering and Production, University of Delft 2008:**
Faculty of Design, Engineering and Production, University of Delft: IdeMat. [entnommen am 04.02.2008, URL: http://www.io.tudelft.nl/research/dfs/idemat/index.htm]

**Fahrni 2002:**
Fahrni, F.: Erfolgreiches Benchmarking in Forschung und Entwicklung, Beschaffung und Logistik. München: Hanser 2002.

**Felgen 2007:**
Felgen, L.: Systemorientierte Qualitätssicherung für mechatronische Produkte. München: Dr. Hut 2007. (Produktentwicklung München, Band 72). Zugl. München: TU, Diss. 2007.

**Figgen et al. 2005:**
Figgen, A.; Plath, D.; Morgenstern, K.: A 380. München: GeraMond Verlag 2005.

**Firchau 2003:**
Firchau, N. L.: Variantenoptimierende Produktgestaltung. Göttingen: Cuvillier 2003. Zugl. Braunschweig: TU, Diss. 2003.

**Förster 2003:**
Förster, M.: Variantenmanagement nach Fusionen in Unternehmen des Anlagen- und Maschinenbaus. München: TU, Diss. 2003.

**Franke 1976:**
Franke, H.-J.: Untersuchungen zur Algorithmisierbarkeit des Konstruktionsprozesses. Fortschritts-Berichte VDI-Z, Reihe 1, Nr. 47. Düsseldorf: VDI-Verlag 1976.

**French 1988:**
French, M. J.: Invention and evolution. Cambridge: University Press 1988.

**Friedmann 1989:**
Friedmann, T.: Integration von Produktentwicklung und Montageplanung durch neue, rechnerunterstützte Verfahren. Karlsruhe 1989. (Forschungsberichte aus dem Institut für Werkzeugmaschinen und Betriebstechnik der Universität Karlsruhe, Band 25). Zugl.: Karlsruhe, Univ., Diss. 1989.

**Fuchs 2005:**
Fuchs, D.: Konstruktionsprinzipien für die Problemanalyse in der Produktentwicklung. München: Dr. Hut 2005. (Produktentwicklung München, Band 58). Zugl. München: TU, Diss. 2005.

**Gahr 2006:**
Gahr, A.: Pfadkostenrechnung individualisierter Produkte. München: Dr. Hut 2006. (Produktentwicklung München, Band 67). Zugl. München: TU, Diss. 2006.

**Gairola 1981:**
Gairola, A.: Montagegerechtes Kontruieren. Ein Beitrag zur Konstruktionsmethodik. Darmstadt: TH, Diss. 1981.

**Gausemeier et al. 2006a:**
Gausemeier, J.; Feldmann, K. (Hrsg.): Integrative Entwicklung räumlicher elektronischer Baugruppen. München: Hanser 2006.

**Gausemeier et al. 2006b:**
Gausemeier, J.; Hahn, A.; Kespohl, H.-D.; Seifert, L.: Vernetzte Produktentwicklung. Der erfolgreiche Weg zum Global Engineering Networking. München: Hanser 2006.

**Gembrys 1998:**
Gembrys, S.-N.: Ein Modell zur Reduzierung der Variantenvielfalt in Produktionsunternehmen. Berlin: IPK 1998. (Berichte aus dem Produktionstechnischen Zentrum Berlin) Zugl. Berlin: TU, Diss. 1998.

**Giapoulis 1998:**
Giapoulis, A.: Modelle für effektive Konstruktionsprozesse. Aachen: Shaker 1998. (Konstruktionstechnik München, Band 27). Zugl. München: TU, Diss. 1996.

**Göker 1996:**
Göker, H. M.: Einbinden von Erfahrung in das konstruktionsmethodische Vorgehen. (Fortschritts-Berichte VDI Reihe 1 Nr. 268) Düsseldorf: VDI-Verlag 1996.

**Grabowski et al. 1993:**
Grabowski, H.; Anderl, R.; Erb, J.; Polly, A.: Integriertes Produktmodell. Berlin: Beuth 1993.

**Graebsch 2004:**
Graebsch, M.: Nachbildung der Charakteristik einer Einfach H-Gangschaltung für den Fahrsimulator. Unveröffentlichte Semesterarbeit. München: TU, Lehrstuhl für Fahrzeugtechnik 2004.

**Gramann 2004:**
Gramann, J.: Problemmodelle und Bionik als Methode. München: Dr. Hut 2004. (Produktentwicklung München, Band 55). Zugl. München: TU, Diss. 2004.

**Grote et al. 2005:**
Grote, K.-H.; Feldhusen, J. (Hrsg): Dubbel - Taschenbuch für den Maschinenbau. 21., neubearbeitete und erweiterte Auflage. Berlin: Springer 2005.

**Grunwald 2001:**
Grunwald, S.: Methode zur Anwendung der flexiblen integrierten Produktentwicklung und Montageplanung. München: TU, Diss. 2001.

**Günther 1998:**
Günther, J.: Individuelle Einflüsse auf den Konstruktionsprozess. Aachen: Shaker 1998. (Konstruktionstechnik München, Band 30). Zugl. München: TU, Diss. 1998.

**Gustafsson 2001:**
Gustafsson, A.: Conjoint Measurements. Berlin: Springer, 2001

**Herb 2000:**
Herb, R. (Hrsg.): TRIZ – Der systematische Weg zur Innovation. Landsberg/Lech: Moderne Industrie 2000.

**Herfeld 2007:**
Herfeld, U.: Matrix-basierte Verknüpfung von Komponenten und Funktionen zur Integration von Konstruktion und numerischer Simulation. München: Dr. Hut 2007. (Produktentwicklung München, Band 70). Zugl. München: TU, Diss. 2007.

**Heßling 2006:**
Heßling, T.: Einführung der Integrierten Produktpolitik in kleinen und mittelständischen Unternehmen. München: Dr. Hut 2006. (Produktentwicklung München, Band 62). Zugl. München: TU, Diss. 2006.

**Hill 1997:**
Hill, B.: Innovationsquelle Natur: Naturorientierte Innovationsstrategie für Entwickler, Konstrukteure und Designer. Aachen: Shaker 1997.

**Huber 1995:**
Huber, T.: Senken von Montagezeiten und -kosten im Getriebebau. München: Hanser 1995. (Konstruktionstechnik München, Band 23). Zugl.: München: TU, Diss. 1995.

**Humpert 1995:**
Humpert, A.: Methodische Anforderungsverarbeitung auf Basis eines objektorienterten Anforderungsmodells. Paderborn: HNI-Verlagsschriftenreihe 1995.

**Hutterer 2005:**
Hutterer, P.: Reflexive Dialoge und Denkbausteine für die methodische Produktentwicklung. München: Dr. Hut 2005. (Produktentwicklung München, Band 57). Zugl. München: TU, Diss. 2005.

**IHK 2001:**
IHK für Nürnberg und Mittelfranken: Management ökologischer Produktentwicklung. Leitfaden des Bayerischen Staatsministeriums für Landesentwicklung und Umweltfragen. München: 2001.

**Isermann 1999:**
Isermann, R.: Mechatronische Systeme – Grundlagen. Berlin: Springer 1999.

**Johnson 2003:**
Johnson, B.; Allianz nähert sich zustandsorientierter Instandhaltung. In: Erneuerbare Energien, Ausgabe 12/2003, ISSN 1436-8773. Hannover: SunMedia Verlags- und Kongreßgesellschaft für Erneuerbare Energien mbH 2003.

**Jung 2006:**
Jung, C.: Anforderungsklärung in Interdisziplinärer Entwicklungsumgebung. München: Dr. Hut 2006. (Produktentwicklung München, Band 61). Zugl. München: TU, Diss. 2006.

**Kairies 2007:**
Kairies, P.: So analysieren Sie Ihre Konkurrenz. Renningen-Mlamsheim: expert-Verlag 2007

**Kaltschmitt et al. 2006:**
Kaltschmitt, M.; Streicher, W.; Wiese, A. (Hrsg): Erneuerbare Energien. Systemtechnik, Wirtschaftlichkeit, Umweltaspekte. Berlin: Springer 2006

**Kickermann 1995:**
Kickermann, H.: Rechnerunterstützte Verarbeitung von Anforderungen im methodischen Konstruktionsprozess. Braunschweig: Institut für Konstruktionslehre, Maschinen- und Feinwerkelemente, 1995.

**Kim et al. 2007:**
Kim, J. H.; Lee, K.-P.; You, I. K.: Correlation Between Cognitive Style and Structure and Flow in Mobile Phone Interface: Comparing Performance and Preference of Korean and Dutch Users. In: Aykin, N. (Ed.): Usability and Internationalization. Berlin: Springer 2007, S. 531-540.

**Klein 2000:**
Klein, B.: Leichtbau-Konstruktion. Braunschweig/Wiesbaden: Vieweg 2000

**Kohlhase 1997:**
Kohlhase, N.: Strukturieren und Beurteilen von Baukastensystemen. Düsseldorf: VDI-Verlag 1997.

**Koller et al. 1994:**
Koller, R.; Kastrup, N.: Prinziplösungen zur Konstruktion technischer Produkte. Berlin: Springer 1994.

**Kommission der Europäischen Gemeinschaften 2003:**
Kommission der Europäischen Gemeinschaften: Mitteilung der Kommission an den Rat und an das Europäische Parlament - Integrierte Produktpolitik,
Auf den ökologischen Lebenszyklus-Ansatz aufbauen. Brüssel: KOM 2003.

**Limbeck 2003:**
Limbeck, F.: Lei(d)tfaden der Patentvermarktung. 4. aktualisierte Auflage. Köln: Institut der deutschen Wirtschaft 2003.

**Lindemann 2007:**
Lindemann, U.: Methodische Entwicklung technischer Produkte. Berlin: Springer 2007.

**Lindemann et al. 2007:**
Lindemann, U.; Hübner, W.: Energiemanagement - Analyse und virtuelle Abbildung der energetischen Zusammenhänge im Kraftfahrzeug. In: ATZ/MTZ-Konferenz Energie 2007, München, 26.-27.06.2007. München: Vieweg Technology Forum 2007.

**Lindemann et al. 2006:**
Lindemann, U.; Reichwald, R.; Zäh, M. F.: Individualisierte Produkte. Komplexität beherrschen in Entwicklung und Produktion. Berlin: Springer 2006.

**Lingnau 1994:**
Lingnau, V.: Variantenmanagement. Produktionsplanung im Rahmen einer Produktdifferenzierungsstrategie. Berlin: Erich Schmidt 1994. (Betriebswirtschaftliche Studien 85) Zugl. Berlin: TU, Diss. 1994.

**Lotter et al. 2006:**
Lotter, B.; Wiendahl, H.-P.: Montage in der industriellen Produktion. Ein Handbuch für die Praxis. Berlin: Springer 2006.

**Lüthje et al. 2004:**
Lüthje, C; Herstatt, C.: The Lead User method: an outline of empirical findings and issues for future research. In: R&D Management 34. Oxford: Blackwell Publishing 2004, S. 553-568.

**Marca et al. 1989:**
Marca, D. A.; McGowan, C. L.: SADT – Structured Analysis and Design Technique. New York: McGraw-Hill 1989.

**Matthiesen 2002:**
Matthiesen, S.: Ein Beitrag zur Basisdefinition des Elementmodells "Wirkflächenpaare & Leitstützstrukturen" zum Zusammenhang von Funktion und Gestalt technischer Systeme. Karlsruhe: TH, Diss. 2002.

**Maurer 2007:**
Maurer, M.: Structural Awareness in Complex Product Design. München: Dr. Hut 2007. (Produktentwicklung München, Band 74). Zugl. München: TU, Diss. 2007.

**Meerkamm 2006:**
Meerkamm, H. (Hrsg.): 17. Symposium "Design for X". Neukirchen, 12.-13.10.2006. Erlangen: Friedrich-Alexander-Universität Erlangen-Nürnberg, Lehrstuhl für Konstruktionstechnik 2006.

**Miyakawa et al. 1986:**
Miyakawa, S. and Ohashi, T.: The Hitachi Assembly Evaluation Method (AEM). In: Proc. International Conference on Product Design for Assembly, Newport, Rhode Island, April 15-17, 1986.

**Monz 2006:**
Monz, A.: Entwicklung eines Prozesses zur Standardisierung der Ventiltechnologie von Bremssteuerungsgeräten. Unveröffentlichte Diplomarbeit Nr. 1066. München: TU, Lehrstuhl für Produktentwicklung 2006.

**Mörtl 2002:**
Mörtl, M.: Entwicklungsmanagement für langlebige, upgradinggerechte Produkte. München: Dr. Hut 2002. (Produktentwicklung München, Band 51). Zugl. München: TU, Diss. 2002.

**Müller 2006:**
Müller, F.: Intuitive digitale Geometriemodellierung in frühen Entwicklungsphasen. München: Dr. Hut 2007. (Produktentwicklung München, Band 65). Zugl. München: TU, Diss. 2006.

**Müller 2004:**
Müller, M.: Entwicklung eines innovativen Klapprades und Betrachtung von Produktmodellen. Unveröffentlichte Semesterarbeit Nr. 2161. München: TU, Lehrstuhl für Produktentwicklung 2004.

**93/68/EWG:**
N. N.: CE-Kennzeichnungsrichtlinie (93/68/EWG). Richtlinie des Rates vom 22. Juli 1993 zur Änderung der Richtlinie 89/392/EWG für Maschinen und anderer Richtlinien.

**89/336/EWG:**
N. N.: EMV-Richtlinie (89/336/EWG). Richtlinie des Rates vom 03.05.1989 zur Angleichung der Rechtsvorschriften der Mitgliedsstaaten über die elektromagnetische Verträglichkeit.

**98/37/EWG:**
N. N.: Maschinenrichtlinie (98/37/EWG). Richtlinie des Rates vom 22. Juni 1998 zur Angleichung der Rechtsvorschriften der Mitgliedsstaaten für Maschinen.

**73/23/EWG:**
N. N.: Niederspannungsrichtlinie (73/23/EWG). Richtlinie des Rates für elektrische Betriebsmittel zur Verwendung innerhalb bestimmter Spannungsgrenzen.

**85/374/EWG:**
N. N.: Produkthaftungsrichtlinie (85/374/EWG). Richtlinie des Rates vom 25. Juli 1985 zur Angleichung der Rechts- und Verwaltungsvorschriften der Mitgliedstaaten über die Haftung für fehlerhafte Produkte.

**92/59/EWG:**

N. N.: Produktsicherheitsrichtlinie (92/59/EWG). Richtlinie des Rates vom 29. Juni 1992 über die allgemeine Produktsicherheit.

**CADplus 2003:**

N. N.: Topologie-Optimierung bei der Entwicklung des Airbus A380. CADplus, Ausgabe 5, 2003, S. 44-45.

**Neudörfer 2005:**

Neudörfer, A.: Konstruieren sicherheitsgerechter Produkte. Berlin: Springer 2005.

**Nißl 2006:**

Nißl, A.: Modell zur Integration der Zielkostenverfolgung in den Produktentwicklungsprozess. München: Dr. Hut 2006. (Produktentwicklung München, Band 64). Zugl. München: TU, Diss. 2006.

**Otto et al. 2001:**

Otto, K. N.; Wood, K. L.: Product Design. Techniques in Reverse Engineering and New Product Development. Upper Saddle River: Prentice Hall 2001.

**Pache 2005:**

Pache, M.: Sketching for Conceptual Design. München: Dr. Hut 2005. (Produktentwicklung München, Band 59). Zugl. München: TU, Diss. 2005.

**Pahl et al. 2005:**

Pahl, G.; Beitz, W.; Feldhusen, J.; Grote, K.H.: Konstruktionslehre. Berlin: Springer 2005.

**Panke 2005:**

Panke, H.: Rede bei der IAA Presse-Konferenz am 12.09.2005. [entnommen am 10.03.2008, URL: http://www.7-forum.com/news/Rede-von-Dr-Helmut-Panke-bei-der-IAA-Pre-839.html].

**Phleps 1999:**

Phleps, U.: Recyclinggerechte Produktdefinition – Methodische Unterstützung für Upgrading und Verwertung. Aachen: Shaker 1999. (Konstruktionstechnik München, Band 34). Zugl. München: TU, Diss. 1999.

**Piller 1998:**

Piller, F.: Kundenindividuelle Massenproduktion: Die Wettbewerbsstrategie der Zukunft. München: Hanser 1998.

**Ponn 2000:**

Ponn, J.: Literaturrecherche zur Baukasten- und Variantenproblematik in der Produktentwicklung. Unveröffentlichte Semesterarbeit Nr. 1967. München: TU, Lehrstuhl für Produktentwicklung 2000.

**Ponn 2007:**

Ponn, J.: Situative Unterstützung der methodischen Konzeptentwicklung technischer Produkte. München: Dr. Hut 2007. (Produktentwicklung München, Band 69). Zugl. München: TU, Diss. 2007.

**Priemer 2006:**

Priemer, B.: Audi, BMW, Mercedes: Das bringt die Zukunft. [entnommen am 10.03.2008, URL: http://www.auto-motor-und-sport.de/news/auto_produkte/hxcms_article_108819_13987.hbs].

**Pulm 2004:**

Pulm, U.: Eine systemtheoretische Betrachtung der Produktentwicklung. München: Dr. Hut 2004. (Produktentwicklung München, Band 56). Zugl. München: TU, Diss. 2004.

**Renner 2007:**
Renner, I.: Methodische Unterstützung funktionsorientierter Baukastenentwicklung am Beispiel Automobil. München: Dr. Hut 2007. (Produktentwicklung München, Band 68). Zugl. München: TU, Diss. 2007.

**Rodenacker 1976:**
Rodenacker, W. G.: Methodisches Konstruieren. Zweite Auflage. Berlin: Springer 1976.

**Roth 1994a:**
Roth, K.: Konstruieren mit Konstruktionskatalogen. Band 1: Konstruktionslehre. Berlin: Springer 1994.

**Roth 1994b:**
Roth, K.: Konstruieren mit Konstruktionskatalogen. Band 2: Konstruktionskataloge. Berlin: Springer 1994.

**Rude 1998:**
Rude, S.: Wissensbasiertes Konstruieren. Habilitationsschrift. Aachen: Shaker 1998.

**Rumbaugh et al. 1993:**
Rumbaugh, J.; Blaha, M.; Premerlani, W.; Eddy, F.; Lorensen, W.: Objektorientiertes Modellieren und Entwerfen. München: Hanser 1993.

**Schach et al 2006:**
Schach. R.; Jehle, P.; Naumann, R.: Transrapid und Rad-Schiene-Hochgeschwindigkeitsbahn. Berlin: Springer 2006

**Scheer 2001:**
Scheer, A.-W.: ARIS – Modellierungsmethoden, Metamodelle, Anwendungen. Berlin: Springer 2001.

**Schlott 2005:**
Schlott, S.: Wahnsinn mit Methode. Automobil Produktion (2005) 01, S. 38-42.

**Schmidt 1992:**
Schmidt, M.: Konzeption und Einsatzplanung flexibel automatisierter Montagesysteme. München: TU, Diss. 1992.

**Schmidt-Bleek 1998:**
Schmidt-Bleek, F.: Das MIPS Konzept. München: Droemer Knaur 1998.

**Schuh 1988:**
Schuh, G.: Gestaltung und Bewertung von Produktvarianten. Aachen: TH, Diss. 1988.

**Schuh et al. 2001:**
Schuh, G.; Schwenk, U.: Produktkomplexität managen. Strategien - Methoden - Tools. München: Hanser 2001.

**Schwankl 2002:**
Schwankl, L.: Analyse und Dokumentation in den frühen Phasen der Produktentwicklung. München: Dr. Hut 2002. (Produktentwicklung München, Band 49). Zugl. München: TU, Diss. 2002.

**Seidenschwarz 2006:**
Seidenschwarz, W.: Target Costing. München: Vahlen 2006.

**Spaeth 2005:**
Spaeth, A.: Airbus A 380. Königswinter: Heel Verlag 2005

**Steward 1981:**
Steward, D.: The Design Structure System: A Method for Managing the Design of Complex Systems. IEEE Transaction on Engineering Management 28 (1981) 3, pp 79-83.

**Stockmar 2004:**
Stockmar, J.: Variantenmanagement: Varianten vermeiden, beherrschen, reduzieren, finanzieren. Ergebnisse einer Umfrage 2004. In: 6. Internationales Automobil-Forum, Graz (Österreich), 19.-20. Oktober 2004. Landsberg/Lech: Moderne Industrie 2004.

**Stoll 1995:**
Stoll, G.: Montagegerechte Produkte mit feature-basiertem CAD. München: Hanser 1995. (Konstruktionstechnik München, Band 21). Zugl.: München: TU, Diss. 1994.

**Stößer 1999:**
Stößer, R.: Zielkostenmanagement in integrierten Produkterstellungsprozessen. Aachen: Shaker 1999. (Konstruktionstechnik München, Band 33). Zugl. München: TU, Diss. 1999.

**Stricker 2006:**
Stricker, H.: Bionik in der Produktentwicklung unter der Berücksichtigung menschlichen Verhaltens. München: Dr. Hut 2006. (Produktentwicklung München, Band 63). Zugl. München: TU, Diss. 2006.

**Suh 1990:**
Suh, N. P.: The Principles of Design. New York: Oxford University Press 1990.

**Terninko et al. 1997:**
Terninko, J.; Zusman, A.; Zlotin, B.: Step by Step TRIZ: Systematic Innovation. Nottingham, Newhampshire: 1997.

**Tjalve 1978:**
Tjalve, E.: Systematische Formgebung für Industrieprodukte. Düsseldorf: VDI-Verlag 1978.

**Ullman 1997:**
Ullman, D. G.: The Mechanical Design Process. Second Edition. New York: McGraw Hill 1997.

**Ulrich et al. 1995:**
Ulrich, K. T.; Eppinger, S. D.: Product Design and Development. New York: McGraw-Hill 1999.

**Umweltpakt Bayern 2001:**
Umweltpakt Bayern; Bayerische Staatskanzlei (Hrsg.): Umweltpakt Bayern – Nachhaltiges Wirtschaften im 21. Jahrhundert. München: Bayerische Staatskanzlei 2001.

**United Nations 2006:**
United Nations (Department of Economic and Social Affairs; Population Division): World Population Prospects: The 2006 Revision. [entnommen am 05.02.2008, URL: http://www.un.org/esa/population/publications/wpp2006/wpp2006.htm]

**VDI 2206:**
VDI-Richtlinie 2206: Entwicklungsmethodik für mechatronische Systeme. Düsseldorf: VDI-Verlag 2004.

**VDI 2221:**
VDI-Richtlinie 2221: Methodik zum Entwickeln und Konstruieren technischer Systeme und Produkte. Düsseldorf: VDI-Verlag 1993.

**VDI 2222:**
VDI-Richtlinie 2222: Blatt 1: Konstruktionsmethodik. Konzipieren technischer Produkte. Düsseldorf: VDI-Verlag 1977

**VDI 2243:**
VDI-Richtlinie 2243: Recyclingorientierte Produktentwicklung. Düsseldorf: VDI-Verlag 2002.

**VDI 2244:**
VDI-Richtlinie 2244: Konstruieren sicherheitsgerechter Erzeugnisse. Düsseldorf: VDI-Verlag 1985.

**VDI 2860:**
VDI-Richtlinie 2860: Montage- und Handhabungstechnik; Handhabungsfunktionen, Handhabungseinrichtungen; Begriffe, Definitionen, Symbole. Berlin: Beuth 1990.

**VDI 4001:**
VDI-Richtlinie 4001: VDI-Handbuch Technische Zuverlässigkeit. Blatt 1 und 2. Berlin: Beuth 1985.

**VDI 4600:**
VDI-Richtlinie 4600: Kumulierter Energieaufwand - Begriffe, Definitionen, Berechnungsmethoden. Düsseldorf: VDI-Verlag 1997.

**Vincent et al. 2006:**
Vincent, J. F. V.; Bogatyreva, O. A.; Bogatyrev, N. R.; Bowyer, A.; Pahl, A.-K.: Biomimetics – its practice and theory. In: Journal of the Royal Society Interface 3 (2006) 9.

**Volkmer et al. 2006:**
Volkmer, P.; Müller, F.; Volkmer, D.: Vereisung: Wetterbeobachtung reicht nicht aus. In: Erneuerbare Energien, Ausgabe 08/2006, ISSN 1436-8773. Hannover: SunMedia Verlags- und Kongreßgesellschaft für Erneuerbare Energien mbH 2006.

**Vollrath 2003:**
Vollrath, K.: Boxenstopp für Kleintransporter.
AI Automobil Industrie 48 (2003) 5, S. 44-45.

**Wach 1994:**
Wach, J. J.: Problemspezifische Hilfsmittel für die integrierte Produktentwicklung. München: Hanser 1994. (Konstruktionstechnik München, Band 12). Zugl.: München: TU, Diss. 1993.

**Wulf 2002:**
Wulf, J.: Elementarmethoden zur Lösungssuche. München: Dr. Hut 2002. (Produktentwicklung München, Band 50) Zugl. München: TU, Diss. 2002.

**Wulf et al. 2000:**
Wulf, J.; Schuller, J.: Entwicklungsmethodik für mechatronische Karosseriesysteme. In: Mechatronik-Mechanisch/Elektrische Antriebstechnik, Wiesloch, 29.-30.03.2000. Düsseldorf: VDI EKV 2000, S. 181-198. (VDI-Berichte 1533)

**Ziegler et al. 2005:**
Ziegler, P.-M.; Benz. B.: Fliegendes Rechnernetz. IT-Technik an Bord des Airbus A380. c't 2005, Heft 17, S. 84-91.

**Zwicky 1966:**
Zwicky, F.: Entdecken, Erfinden, Forschen im morphologischen Weltbild. München: Droemer Knaur 1966.

# Bildnachweis

| Abbildungsnummer: | Quelle: |
|---|---|
| 1-4 | *Oben links:* Bosch Siemens Hausgeräte GmbH |
| | *Oben mittig:* TU München |
| | *Oben rechts:* RECARO GmbH & Co. KG |
| | *Mitte mittig:* MAN Nutzfahrzeuge Gruppe |
| | *Unten mittig:* KUKA Roboter GmbH |
| | *Unten rechts:* Lufthansa AG |
| 1-10 | TU München |
| 2-15 | TU München |
| 3-3 | *Rechts:* CL CargoLifter GmbH & Co. KG |
| 3-17 | Bosch Siemens Hausgeräte GmbH |
| 4-13 | TU München |
| 4-17 | KUKA Roboter GmbH |
| 4-18 | TU München |
| 5-15 | BMW Group |
| 6-1 | TU München |
| 6-2 | TU München |
| 6-10 | TU München |
| 6-16 | Derby Cycle Werke GmbH (Hersteller der Marken Focus und Kalkhoff) |
| 6-19 | TU München |
| 7-7 | TU München |
| 8-2 | *Links:* Gesamtverband der Deutschen Versicherer (gdv) |
| | *Rechts:* Allianz AG |
| 8-3 | M. Durstewitz (Institut für Solare Energieversorgungstechnik, ISET) |
| 8-16 | Zwickauer Kammgarn GmbH |

| | |
|---|---|
| 9-4 | Transrapid International GmbH & co. KG |
| 9-7 | Andreas Spaath (www.aspapress.com) |
| 9-8 | Lufthansa AG |
| 11-13 | TU München |
| 11-16 | RECARO GmbH & Co. KG |
| 12-2 | TU München |
| 12-10 | TU München |

# Anhang A Checklisten und Hilfsmittel

# A1 Anforderungsmodell

## *A1-1 Checkliste zur Anforderungsklärung*

Eine Checkliste kann zur Anforderungsklärung herangezogen werden, damit keine wesentlichen Aspekte übersehen und somit nicht durchdacht werden. Checklisten zur Anforderungsklärung sollten regelmäßig aktualisiert werden, um aktuelle Kundenbedürfnisse und Veränderungen in Normen und Gesetzen berücksichtigen zu können [nach Pahl et al. 2005].

| **Haupt-merkmale** | **Beispiele** |
|---|---|
| Geometrie | Größe, Höhe, Länge, Durchmesser, Raumbedarf, Anzahl, Anordnung, Anschluss, Ausbau und Erweiterung |
| Kinematik | Bewegungsart, Bewegungsrichtung, Geschwindigkeit, Beschleunigung |
| Kräfte | Kraftgröße, Kraftrichtung, Krafthäufigkeit, Gewicht, Last, Verformung, Steifigkeit, Federeigenschaften, Stabilität, Resonanzen, Dynamisches Verhalten |
| Energie | Leistung, Wirkungsgrad, Verlust, Reibung, Ventilation, Zustandsgrößen wie Druck, Temperatur, Feuchtigkeit, Erwärmung, Kühlung, Anschlussenergie, Speicherung, Arbeitsaufnahme, Energieumformung |
| Stoff | Physikalische, chemische, biologische Eigenschaften des Eingangs- und Ausgangsproduktes, Hilfsstoffe, vorgeschriebene Werkstoffe (Nahrungsmittelgesetze u. ä.), Materialtransport, Logistik |
| Signal | Eingangs- und Ausgangssignale, Anzeigeart, Betriebs- und Überwachungsgeräte, Signalform |
| Sicherheit | Unmittelbare Sicherheitstechnik, Schutzsysteme, Betriebs-, Arbeits- und Umweltsicherheit, CE-Sicherheitssiegel |
| Ergonomie | Mensch-Maschine-Beziehung: Bedienung, Bedienungsart, Übersichtlichkeit, Beleuchtung, Formgestaltung, Haptik, Gebrauchstauglichkeit |
| Fertigung | Einschränkung durch Produktionsstätte, größte herstellbare Abmessungen, bevorzugtes Fertigungsverfahren, Fertigungsmittel, mögliche Qualität und Toleranzen, Beschaffungsmöglichkeiten |
| Kontrolle | Prüfmöglichkeit, besondere Vorschriften (TÜV, ASME, DIN, ISO, CE, AD-Merkblätter) |
| Montage | Besondere Montagevorschriften, Zusammenbau, Einbau, Baustellenmontage, Fundamentierung, Inbetriebnahme, Endprüfung |
| Transport | Begrenzung durch Hebezeuge, Bahnprofil, Transportwege nach Größe und Gewicht, Versandart und -bedingungen, Container, Luftfracht |
| Gebrauch | Geräuscharmut, Verschleißrate, Anwendung und Absatzgebiet, Einsatzort (z. B. schwefelige Atmosphäre, Tropen) |
| Instandhaltung | Wartungsfreiheit bzw. Anzahl und Zeitbedarf der Wartung, Inspektion, Austausch und Instandsetzung, Anstrich, Säuberung |
| Recycling | Wiederverwendung, Wiederverwertung, Weiterverwendung, Weiterverwertung, Endlagerung, Beseitigung |
| Kosten | Zul. Herstellkosten, Werkzeugkosten, Investition und Amortisation, Betriebskosten |
| Termin | Ende der Entwicklung, Netzplan für Zwischenschritte, Lieferzeit |

## *A1-2 Suchmatrix zur Anforderungsklärung*

Die Suchmatrix nach [Roth 1994] unterstützt durch gezielte Fragen in 90 Suchfeldern die Klärung von Anforderungen für den gesamten Produktlebenslauf.

| Eigenschaften u. Bedingungen / Lebenslaufphasen | | a/b | Technisch-physikalische: Technologische u. funktionelle | Technisch-physikalische: Physikalische u. naturbezogene | Menschbezogene: Physisch | Menschbezogene: Psychisch |
|---|---|---|---|---|---|---|
| 1 | 2 | | 1 | 2 | 3 | 4 |
| Herstellung | Produktplanung, Entwicklung, Konstruktion | 1 | 1.1 Stand der Technik, Entwicklungs-Know-how | 1.2 Bekannte Naturgesetze und -effekte, Stoffe | 1.3 Stand der Arbeitswissenschaft, verfügbare ergonom. Versuchseinrichtg. | 1.4 Motivation u. Ausbildung des Entwickl.-pers., Konstruktionsmethodik |
| | Arbeitsvorbereitung und Teilefertigung | 2 | 2.1 Verfügbare Fertigungs- u. Betriebsmittel, technologisches Know-how | 2.2 Technologische Materialeigenschaften, fertigungsbedingte Belastungen | 2.3 Teilehandhabung, Verletzungsgefahr durch Grate, Fügbarkeit (Fase) | 2.4 Qualifikation des Fertigungspersonals, fertigungsgerechte Bemaßung |
| | Montage | 3 | 3.1 Verfügbare Montagewerkzeuge und Hilfsmittel | 3.2 Montagebedingte Belastungen, Klima bei Baustellenmontage | 3.3 Teilehandhabung: Gewicht, Größe | 3.4 Teileerkennbarkeit, Verwechslungsgefahr |
| Verteilung | Transport | 4 | 4.1 Verfügbare Transportmittel (Lademaße), Ladegeschirre | 4.2 Spezielle klimatische Bedingungen (z.B. Seetransport) | 4.3 Gewichte, Griffe, Schwerpunkte, Sicherheit beim Beladen | 4.4 Kennzeichnung empfindlicher Teile u. der Lastangriffsstellen |
| | Lagerung | 5 | 5.1 Platzbedarf, Gewicht, Verpackung | 5.2 Lagerungsbedingte Alterung | 5.3 Handhabung im Lager, Stapelbar-, Standfestigkeit | 5.4 Rücksicht auf ungelernte Lagerarbeiter |
| | Vertrieb | 6 | 6.1 Werbewirksame technische Prinzipe | 6.2 Korrosionsbeständigkeit. Klimaunabhängigkeit u.ä. als Verkaufsargument | 6.3 Ergonomische Vorzüge gegenüber der Konkurrenz | 6.4 Firmenimage, Vorführeignung, Herkunftsinformation |
| Verwendung | Betrieb und Stillstand | 7 | 7.1 Funktion, Zuverlässigkeit, Lebensdauer, Wirkungsgrad, Klapp- oder Zusammenlegbarkeit, Rücksicht auf Nachbarsysteme | 7.2 Betriebsbedingte Belastungen u. Bewegungen, klimatische Umgebungsbedingungen, Verfügbarkeit von Wasser und Luft | 7.3 Ergonomische Bedingungen, Sicherheit, Vermeiden von Belästigungen (z.B. Wärme, Geräusche), Hygiene | 7.4 Einfache sinnfällige Bedienung, Bedienungsanleitungen, Aussehen in Ruhestellung und Betrieb |
| | Wartung | 8 | 8.1 Zahl der Wartungsstellen, verfügbare Werkzeuge | 8.2 Wartungsbedingte Belastungen und Bewegungen | 8.3 Zugänglichkeit und Sicht zu Wartungsstellen | 8.4 Markierung von Wartungsstellen, Wartungsplan |
| | Reparatur | 9 | 9.1 Austauschbarkeit von Verschleißteilen | 9.2 Reparaturbedingte Belastungen und Bewegungen | 9.3 Bewegungsspielraum, Kraft u. Sicht bei Reparaturen | 9.4 Fehlersuchpläne, Verschleißanzeige |
| Rückführung | Recycling | 10 | 10.1 Wiederverwendung, Wiederverwertung, Weiterverarbeitung | 10.2 Grad der Umweltbelastung | 10.3 Gefährdung durch Gifte, Strahlung | 10.4 Einfluss auf Firmenimage bei Verursachung von Umweltschäden |

| Wirtschaftliche | | Normative | | Sonstige |
|---|---|---|---|---|
| Kostenbezogene | Organisatorische u. planerische | Juristische und gesellschaftliche | Normen und Richtlinien | Sonstige |
| 5 | 6 | 7 | 8 | 9 |
| 1.5 Entwicklungskosten | 1.6 Entwicklungsdauer, Rücksicht auf übergeordnete Unternehmensziele | 1.7 Schutzrechte für Lösungsprinzipe | 1.8 VDI-Richtlinien | 1.9 Berücksichtigung von Trends, Moden, politischen Entwicklungen |
| 2.5 Fertigungslöhne, Materialkosten, Maschinenkosten | 2.6 Lieferanten, Fertigungsplanung, Investitionen | 2.7 Schutzrechte für Fertigungstechnologien | 2.8 Normen für Fertigungsmittel (DIN, ISO), Stoffnormen | 2.9 Rohstoffmarkt, Arbeitsmarkt, Automatisierung |
| 3.5 Montagelöhne, Werkzeugkosten | 3.6 Stückzahlen, Lagerhaltung von Werkstoffen, Halbzeugen usw. | 3.7 Schutzrechte für Montagetechnologien | 3.8 Werkzeugnormen, Normen für Verbindungen | 3.9 Rohstoffmarkt, Arbeitsmarkt, Automatisierung |
| 4.5 Transportkosten, Zölle | 4.6 Wahl eigener Transportmittel oder Inanspruchnahme von Spediteuren | 4.7 Haftung für Transportschäden, Zollbestimmungen | 4.8 Normen für Verkehrsmittel Fördermittel, Verpackungen | 4.9 Langfristige Änderungen von Transportmitteln oder Lagerungstechniken |
| 5.5 Raumkosten, Kapitalkosten | 5.6 Durchschnittliche Lagerzeiten, Lagerorganisation | 5.7 Vorschriften über zulässige Lagerungsdauern | 5.8 Normen für Lagerregale, Türen, Tore | 5.9 Langfristige Änderungen von Transportmitteln oder Lagerungstechniken |
| 6.5 Erzielbare Verkaufserlöse, verfügbarer Werbeaufwand | 6.6 Vertriebswege, Vertriebsorganisation | 6.7 Verbraucherschutzgesetze, Garantieleistungen, Konventionalstrafen | 6.8 Werksinterne Vertriebsrichtlinien | 6.9 Marktforschung, Absatzmärkte (Inland, Ausland) |
| 7.5 Lohnkosten für Bedienungspersonal, Kapitalkosten, Raumkosten, Kosten für Energie- und Betriebsstoffe | 7.6 Inbetriebsetzungstermin, Nutzungsdauer, Stillstandszeiten | 7.7 Arbeitsschutzgesetze, Sicherheitsbestimmungen und -vorschriften | 7.8 TÜV, VDE-, VDI-Richtlinien, ISO-, DIN- Konstruktions-, Güte-, Typ-, Prüf- und Sicherheitsnormen | 7.9 Leistungen von Konkurrenzprodukten, Eindrücke von Messen u. Ausstellungen, Schrifttum, eigene ältere Produkte |
| 8.5 Wartungskosten | 8.6 Wartungsintervalle | 8.7 Wartungsverträge | 8.8 Wartungsrichtlinien, Normen für Betriebsmittel | 8.9 Trend zur Wartungsfreiheit |
| 9.5 Direkte Reparaturkosten infolge Ausfallzeiten | 9.6 Kundendienstorganisation, Reparatur im Werk oder in Vertragswerkstatt | 9.7 Verträge mit Einzelhändlern u. Werkstätten | 9.8 Werkzeugnormen | 9.9 Trend zum Austausch statt Reparatur |
| 10.5 Recyclingkosten bzw. -erlöse | 10.6 Öffentlichkeitsarbeit zum Umweltschutz | 10.7 Umweltschutzgesetze | 10.8 Werksinterne Richtlinien | 10.9 Allgemein gestiegenes Umweltbewusstsein |

# A2 Funktionsmodell

## *A2-1 Umsatzorientierte Funktionsmodellierung*

### Grundlagen und formale Regeln

Zentraler Baustein im Umsatzorientierten Funktionsmodell stellt die Darstellung einer Funktion dar. Diese wird über eine Operation beschrieben und besitzt einen Ein- und Ausgangszustand.

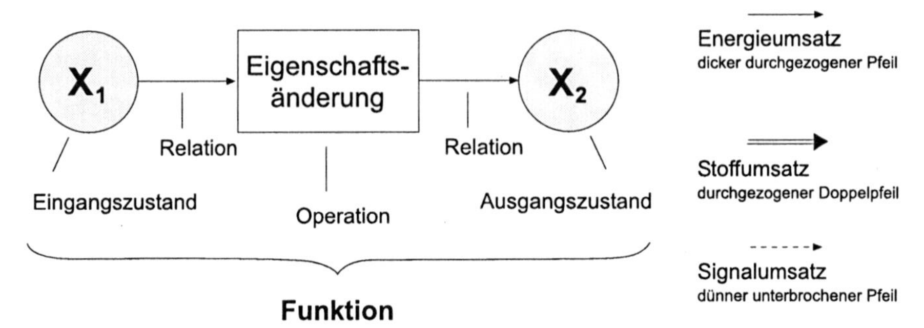


**Abb. A2-1.** Formaler Aufbau einer Funktion im Umsatzorientierten Funktionsmodell

Man unterscheidet drei Arten von Wirkrichtungen der Relationen, die in unterschiedlichen Pfeilsymbolen dargestellt werden:

| | |
|---|---|
| → Einfach wirkend | Bei **einfach wirkenden** Relationen deutet die Pfeilspitze die Richtung der gewünschten Zustandsänderung und definiert damit eindeutig Ein- und Ausgangszustand einer Funktion. |
| ↔ Doppelt wirkend | **Rückwirkende Relationen** bei Zustandsänderungen, die sowohl in der einen als auch in der Gegenrichtung ablaufen können - beispielsweise bei oszilierenden Transportvorgängen -, werden durch einen Doppelpfeil beschrieben. |
| — Ungerichtet | **Ungerichtete Relationen** ohne Orientierung durch eine Pfeilspitze werden dann nötig, wenn eine Unterscheidung von Ein- und Ausgangszustand nicht mehr möglich ist, beispielsweise auf Grund von Gleichgewichtsbedingungen für Kräfte und Momente. |

**Abb. A2-2.** Wirkrichtungen von Relationen im Umsatzorientierten Funktionsmodell

Folgende formale Regeln gelten bei der Erstellung Umsatzorientierter Funktionsmodelle:

- Reihenfolgeregel: Die Bausteine Zustand, Relation und Operation werden ausschließlich in der Reihenfolge Zustand-Relation-Operation-Relation-Zustand-Relation-Operation-Relation-Zustand usw. verwendet
- Flussregel: Die Art des Umsatzes kann sich innerhalb des Hauptumsatzes nicht ändern, die Relationsart ändert sich im gesamten Umsatz nicht (Flussregel).
- Vollständigkeitsregel: Ein Hauptumsatzes beginnt mit einem oder mehreren Zuständen und endet mit einem oder mehreren Zuständen.

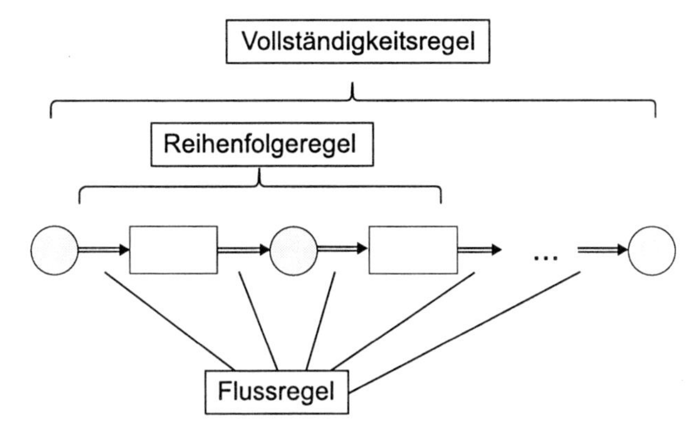


**Abb. A2-3.** Reihenfolge-, Vollständigkeits- und Flussregel

Des Weiteren kann ein Zustand mehreren Operationen oder eine Operation mehreren Zuständen zugeordnet sein:

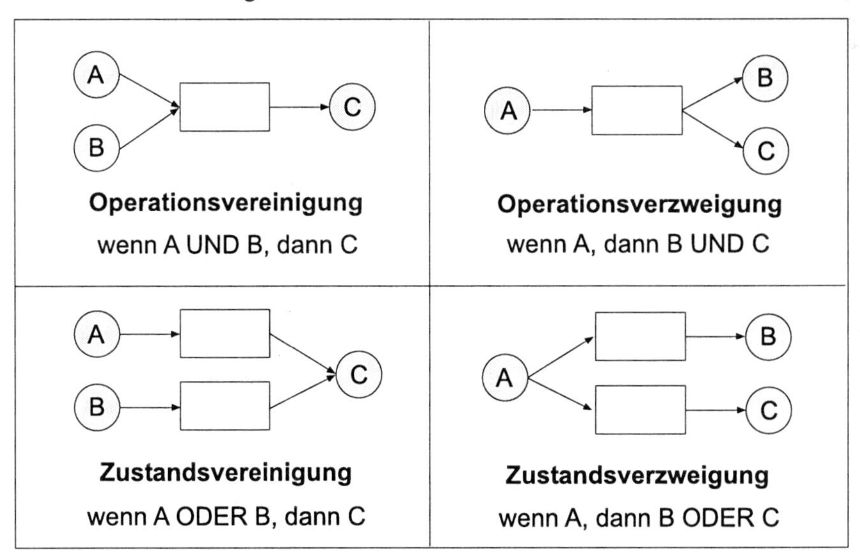


**Abb. A2-4.** Formale Strukturvereinigung und -verzweigung

Mit den damit definierten Elementen und formalen Regeln lassen sich die Anordnungen Reihenschaltung, Parallelschaltung und Kreisschaltung aufbauen:

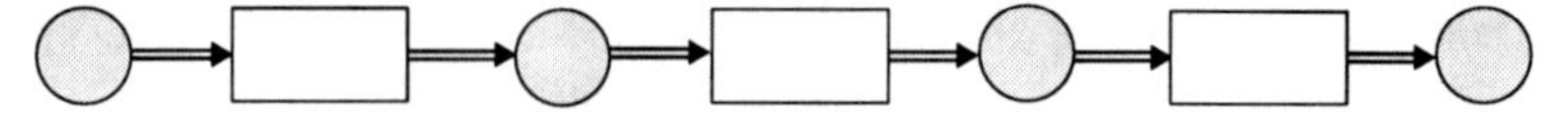

**Abb. A2-5.** Reihenschaltung

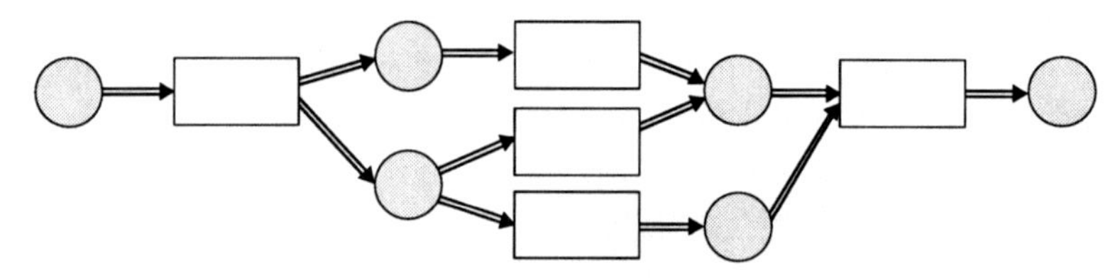

**Abb. A2-6.** Parallelschaltung

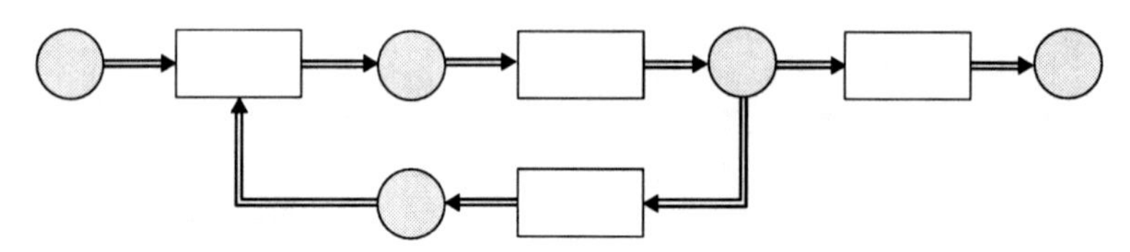

**Abb. A2-7.** Kreisschaltung

Bei der Modellierung der Nebenumsätze gelten grundsätzlich dieselben Regeln wie für die Modellierung des Hauptumsatzes (Reihenfolge-, Vollständigkeits- und Flussregel, Strukturvereinigung und -verzweigung). Grundsätzlich werden im Nebenumsatz Zustände herbeigeführt, die mit Operation im Hauptumsatz in Verbindung stehen. Die Nebenumsätze wiederum können weitere Nebenumsätze besitzen.

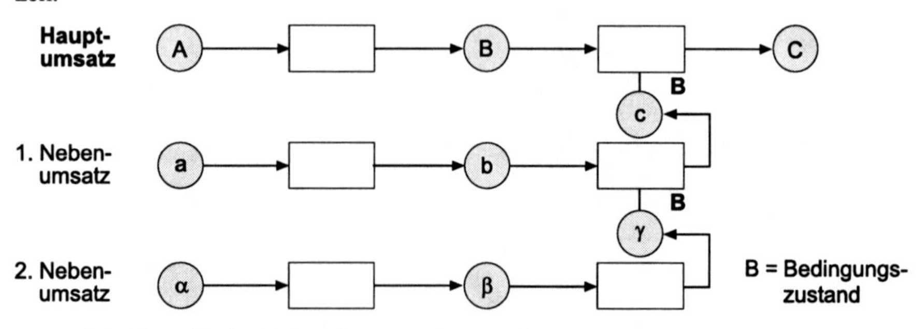


**Abb. A2-8.** Hierarchische Verknüpfung von Haupt- und Nebenumsätzen

Die Nebenumsätze können über verschiedene Zustände mit dem Hauptumsatz verknüpft werden. Folgende Darstellung und Tabelle gibt eine Übersicht über die drei möglichen Verknüpfungen zwischen Haupt- und Nebenumsätzen:

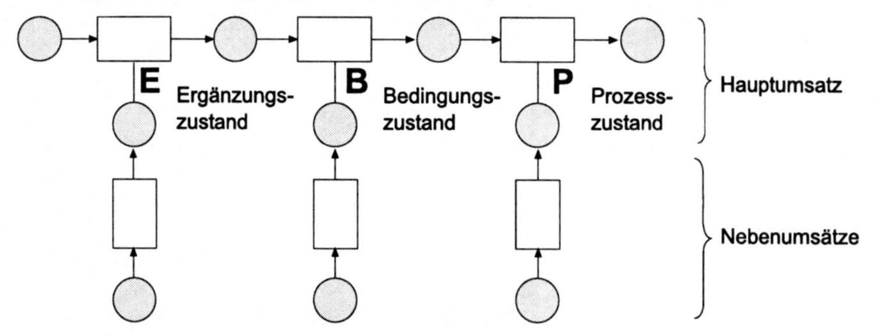


**Abb. A2-9.** Verknüpfung von Hauptumsatz und Nebenumsätzen

| Bezeichnung des Zustands im Nebenumsatz | Beschreibung | Beispiel |
|---|---|---|
| **Ergänzungszustand** | Ein Hauptumsatz führt zu einem Zustand in einem Nebenumsatz, der sich aufgrund von Gleichgewichtsbedingungen oder Erhaltungssätzen zwangsweise ergibt. | Im Hauptumsatz wird ein Drehmoment in einem Getriebe gewandelt, das entstehende Reaktionsmoment muss im Getriebegehäuse abgestützt werden (Nebenumsatz Reaktionsmoment abstützen). |
| **Bedingungszustand** | Ein Zustand im Nebenumsatz ist notwendig für eine Operation im Hauptumsatz. Liegt dieser Zustand nicht vor, kann die Operation im Hauptumsatz nicht erfolgen. | Der Anschluss zur Stromversorgung eines Elektromotors muss geschlossen sein, damit der Motor elektrische Energie in mechanische Energie wandeln kann. |
| **Prozesszustand** | Ein Nebenumsatz knüpft an die Eigenschaftsänderung des Hauptumsatzprodukts an. | Im Hauptumsatz wird ein Objekt transportiert, mittels eines Sensors wird die Position in einem Nebenumsatz ermittelt. |

**Abb. A2-10.** Übersicht und Beschreibung der Verknüpfungen zwischen Haupt- und Nebenumsätzen

## *A2-2 Checkliste zur Variation der Funktion*

Folgendes Vorgehen sollte bei der Systematischen Variation eines Umsatzorientierten Funktionsmodell gewählt werden:

1. Aufbau des Funktionsmodells.
2. Systematisches Ableiten von Alternativen des Funktionsmodells auf Grundlage der gegebenen Variationsmöglichkeiten unter Berücksichtigung der Zielformulierungen.
3. Prüfen der physikalischen bzw. wirkgeometrischen Umsetzbarkeit der Alternativen
4. Bewertung und Auswahl umsetzbarer Alternativen

Zur Unterstützung des Entwicklung von alternativen Funktionsmodellen kann folgende Checkliste verwendet werden:

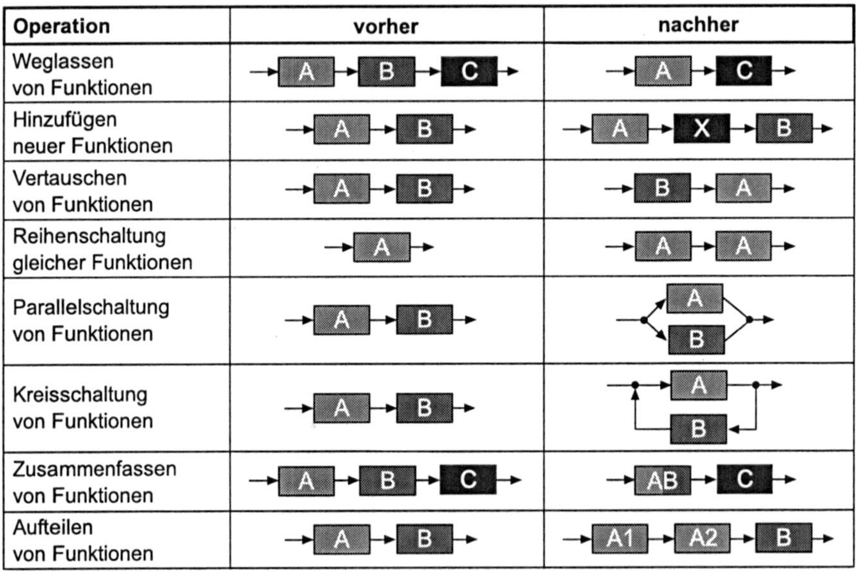

| Operation | vorher | nachher |
|---|---|---|
| Weglassen von Funktionen | → A → B → C → | → A → C → |
| Hinzufügen neuer Funktionen | → A → B → | → A → X → B → |
| Vertauschen von Funktionen | → A → B → | → B → A → |
| Reihenschaltung gleicher Funktionen | → A → | → A → A → |
| Parallelschaltung von Funktionen | → A → B → | A, B (parallel) |
| Kreisschaltung von Funktionen | → A → B → | A, B (Kreis) |
| Zusammenfassen von Funktionen | → A → B → C → | → AB → C → |
| Aufteilen von Funktionen | → A → B → | → A1 → A2 → B → |

**Abb. A2-11.** Mögliche Operationen zur Systematischen Variation eines Umsatzorientierten Funktionsmodells

## *A2-3 Relationsorientierte Funktionsmodellierung*

### Grundlagen und formale Regeln

Es werden zwei Arten von Funktionen unterschieden: nützliche und schädliche Funktionen, die wie unten abgebildet dargestellt werden. Das Funktionsmodell wird durch die sinnvolle Verknüpfung unterschiedlicher technischer Funktionen gebildet. Zur Verknüpfung der Funktionen stehen drei Relationsarten zur Verfügung, die in folgenden Relationsmustern verwendet werden:

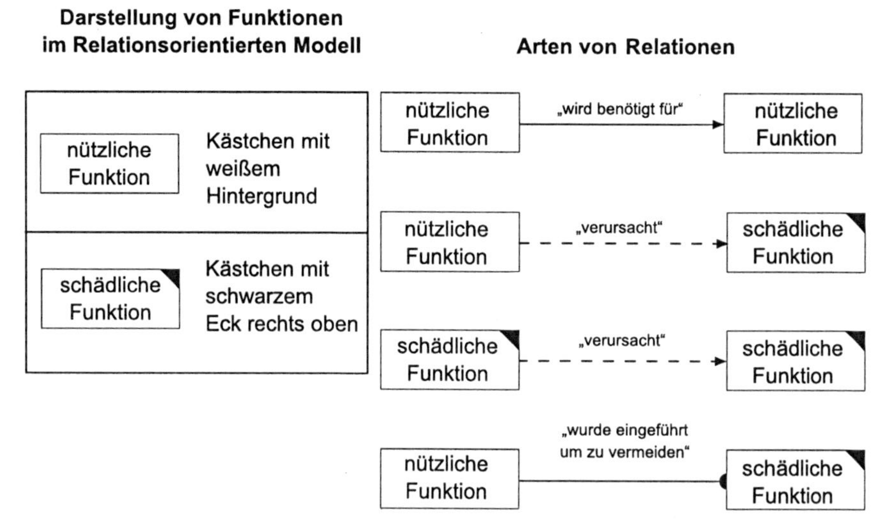


**Abb. A2-12.** Darstellung von Funktionen und Arten von Funktionen im Relationsorientierten Funktionsmodell

Der Aufbau des Funktionsmodells erfolgt durch systematisches „Befragen“ des betrachteten technischen Systems. Dabei bietet sich folgendes formales Vorgehen an:

1. Fragen Sie sich: „Was ist die wesentliche nützliche Funktion des betrachteten Systems?“ und zeichnen Sie diese auf.
2. Fragen Sie sich: „Was ist die wesentliche schädliche Funktion des betrachteten Systems?“ und zeichnen Sie diese auf.
3. Stellen Sie die 4 Fragen an die wesentliche nützliche Funktion und ergänzen Sie das Funktionsmodell um die zusätzlichen Funktionen und ihre Verknüpfungen.
4. Stellen Sie die 4 Fragen an die wesentliche schädliche Funktion und ergänzen Sie das Funktionsmodell um die zusätzlichen Funktionen und ihre Verknüpfungen.

5. Befragen Sie die neu hinzugekommenen Funktionen analog zu den Punkten 3 und 4. Ergänzen Sie das Funktionsmodell um die zusätzlichen Funktionen und ihre Verknüpfungen.
6. Brechen Sie den Aufbau des Funktionsmodells ab, wenn alle wichtigen nützlichen und schädlichen Funktionen des betrachteten Systems abgebildet sind. Dies ist meist nach 2 bis 3 Durchgängen der Fall.

*Vier Fragen an nützliche Funktionen*

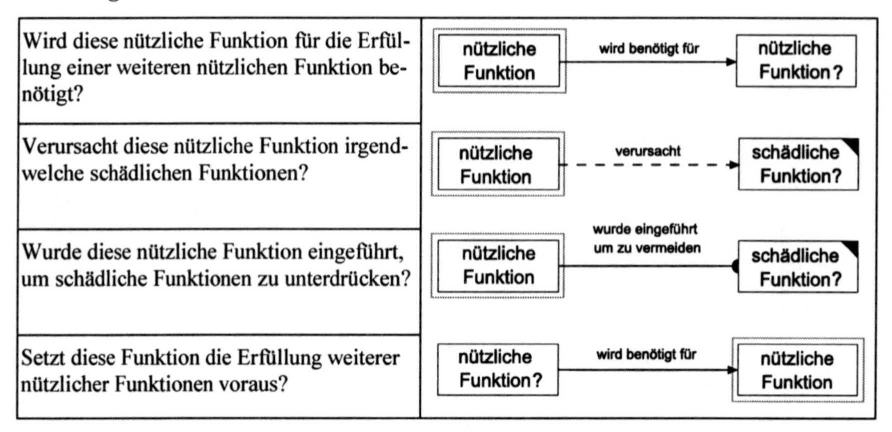


**Abb. A2-13.** Vier Fragen an nützliche Funktionen zum Erstellen von Relationsorientierten Funktionsmodellen

*Vier Fragen an schädliche Funktionen*

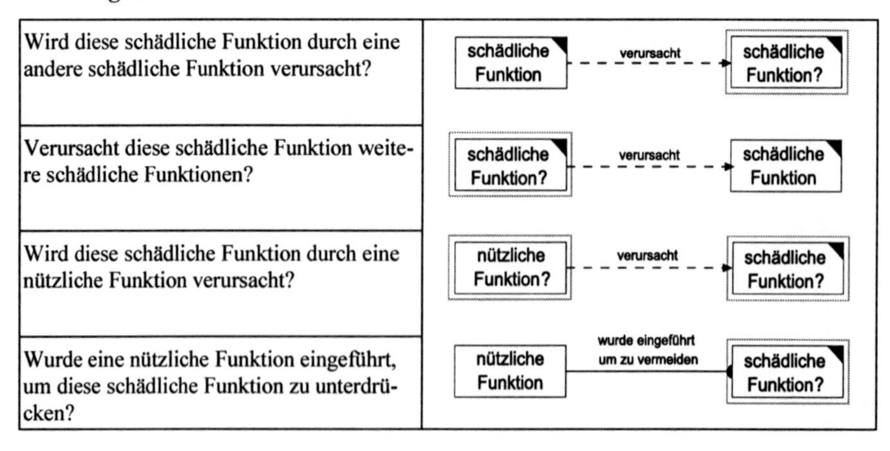


**Abb. A2-14.** Vier Fragen an schädliche Funktionen zum Erstellen von Relationsorientierten Funktionsmodellen

## *A2-4 Problemformulierungen*

Aufbauend auf ein Relationsorientiertes Funktionsmodell können Problemformulierungen abgeleitet werden. Nützliche Funktionen werden durch runde Klammern gekennzeichnet, schädliche Funktionen durch eckige Klammern. Problemformulierungen werden in folgenden Schritten aus dem Funktionsmodell abgeleitet:

1. Beginnend mit der wesentlichen nützlichen oder der wesentlichen schädlichen Funktion des Modells werden alle Funktionen mit einer Ordnungsnummer versehen. Dabei bekommen Funktionen eine umso höhere Nummer, je „weiter entfernt" sie von der wesentlichen nützlichen oder schädlichen Funktion sind.
2. Beginnend mit der Funktion Nr. 0 werden bei der Ableitung von Problemformulierungen charakteristische Konstellationen zwischen Funktionen des Modells nach formalen Regeln in Handlungsanweisungen umgesetzt. Die Problemformulierungen zu einer Funktion werden fortlaufend nummeriert.

Er ergeben sich für unterschiedliche charakteristische Konstellationen entsprechende Problemformulierungen. In der folgenden Tabelle sind diese zusammengestellt.

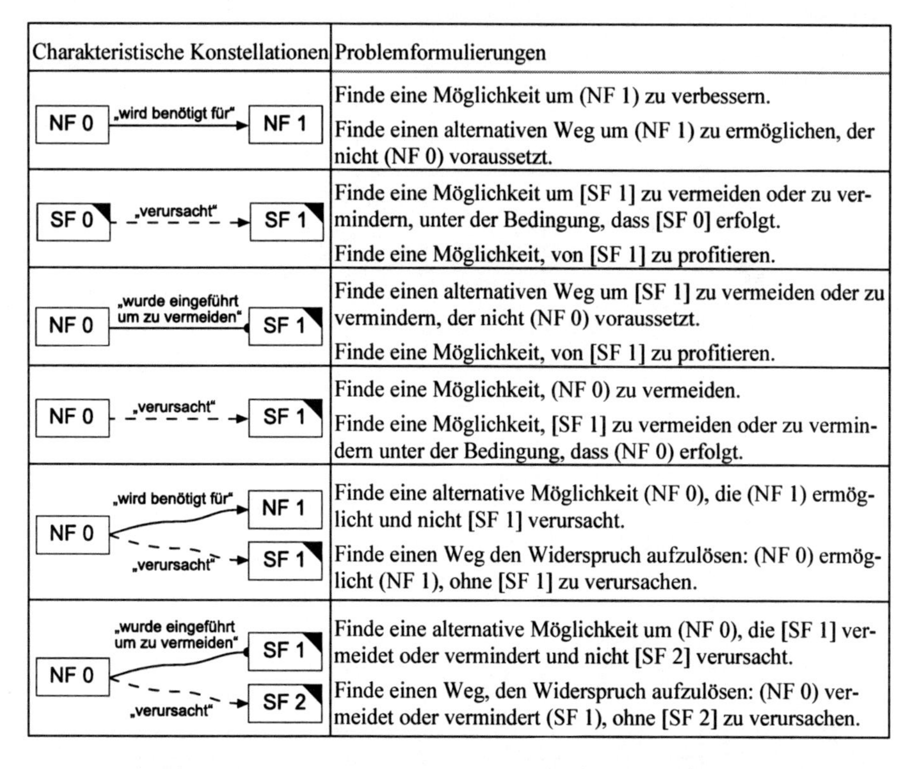

| Charakteristische Konstellationen | Problemformulierungen |
|---|---|
| NF 0 „wird benötigt für" NF 1 | Finde eine Möglichkeit um (NF 1) zu verbessern.<br>Finde einen alternativen Weg um (NF 1) zu ermöglichen, der nicht (NF 0) voraussetzt. |
| SF 0 „verursacht" SF 1 | Finde eine Möglichkeit um [SF 1] zu vermeiden oder zu vermindern, unter der Bedingung, dass [SF 0] erfolgt.<br>Finde eine Möglichkeit, von [SF 1] zu profitieren. |
| NF 0 „wurde eingeführt um zu vermeiden" SF 1 | Finde einen alternativen Weg um [SF 1] zu vermeiden oder zu vermindern, der nicht (NF 0) voraussetzt.<br>Finde eine Möglichkeit, von [SF 1] zu profitieren. |
| NF 0 „verursacht" SF 1 | Finde eine Möglichkeit, (NF 0) zu vermeiden.<br>Finde eine Möglichkeit, [SF 1] zu vermeiden oder zu vermindern unter der Bedingung, dass (NF 0) erfolgt. |
| NF 0 „wird benötigt für" NF 1; NF 0 „verursacht" SF 1 | Finde eine alternative Möglichkeit (NF 0), die (NF 1) ermöglicht und nicht [SF 1] verursacht.<br>Finde einen Weg den Widerspruch aufzulösen: (NF 0) ermöglicht (NF 1), ohne [SF 1] zu verursachen. |
| NF 0 „wurde eingeführt um zu vermeiden" SF 1; NF 0 „verursacht" SF 2 | Finde eine alternative Möglichkeit um (NF 0), die [SF 1] vermeidet oder vermindert und nicht [SF 2] verursacht.<br>Finde einen Weg, den Widerspruch aufzulösen: (NF 0) vermeidet oder vermindert (SF 1), ohne [SF 2] zu verursachen. |

**Abb. A2-15.** Charakteristische Konstellationen im Relationsorientierten Funktionsmodell und entsprechende Problemformulierungen

## *A2-5 Nutzerorientierte Funktionsmodellierung*

Bei einer Nutzerorientierten Funktionsmodellierung werden verschiedene Anwendungsfälle in einem Modell skizziert. Die Modellierung ist angelehnt an die Use-Case-Diagramme der Modellierungssprache UML [Rumbough et al. 1993, Brügge et al. 2000]. Zur Modellierung stehen verschiedene Bausteine zur Verfügung:

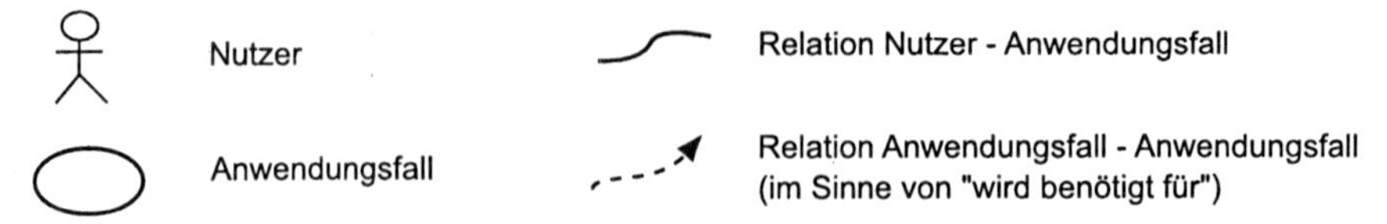


**Abb. A2-16.** Bausteine zur Modellierung eines Nutzerorientierten Funktionsmodells

Am Beispiel eines Handrührgeräts soll die Zusammenstellung eines Nutzerorientierten Funktionsmodells erläutert und gezeigt werden. Dabei kann beispielsweise untersucht werden, mit welchen Nutzern das Gerät in welchen Anwendungen in Berührung kommt. Die Nutzerorientierte Funktionsmodellierung stellt ein Werkzeug bereit, um die Beanspruchungen, denen ein Handrührgerät ausgesetzt ist, zu erfassen und zu dokumentieren [Lindemann 2007].

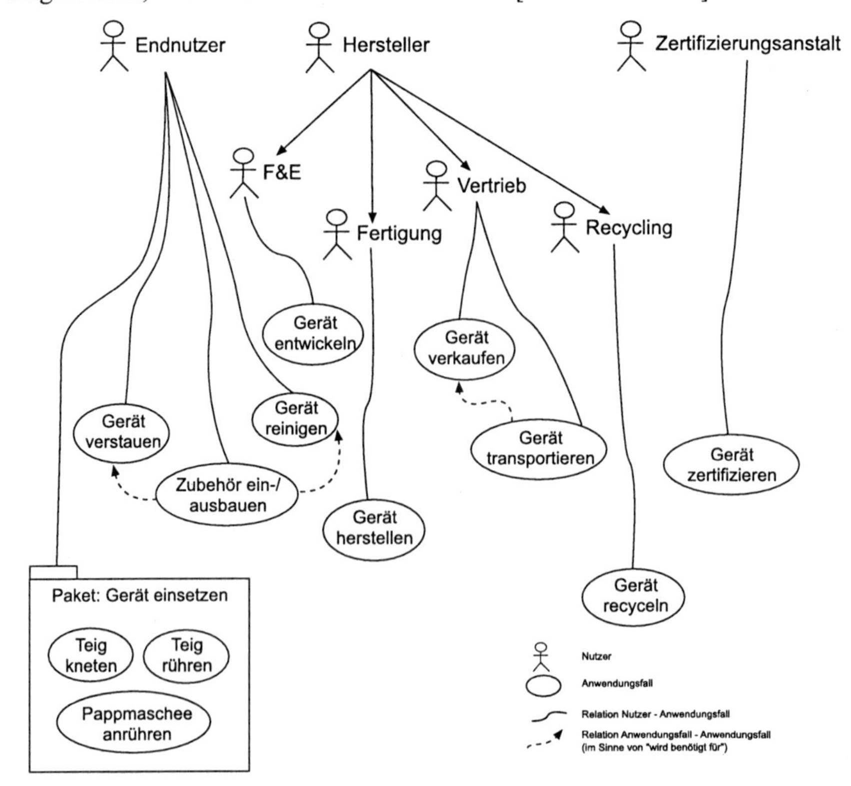


**Abb. A2-17.** Nutzerorientierte Funktionsmodellierung am Beispiel eines Handrührgeräts

# A3 Wirkmodell

## *A3-1 Lösungssuche mit physikalischen Effekten*

Bei vielen konstruktiven Aufgaben kann die Lösungssuche mit Hilfe von physikalischen Effekten neue Sichtweisen eröffnen und Denkblockaden auflösen. Papierbasierte oder digitale Effektsammlungen unterstützen die systematische Suche nach geeigneten Effekten zur Realisierung der Systemfunktion. Sie enthalten in strukturierter Form Informationen zu den jeweiligen Effekten, zum Beispiel Skizzen, Formeln und Anwendungsbeispiele. Als Grundlage für die Lösungssuche mit physikalischen Effekten kann ein Umsatzorientiertes Funktionsmodell dienen.

| Nr | Schritt | Methoden und Werkzeuge |
|---|---|---|
| 1 | Abstraktion der Problemstellung: Ermittlung zu realisierender Funktionen, physikalische Beschreibung des Problems über physikalische Eingangs- und Ausgangsgrößen | Umsatzorientierte Funktionsmodellierung |
| 2 | Lösungssuche auf abstraktem Niveau: Auswählen geeigneter physikalischer Effekte zur Realisierung der Funktion | Effektesammlung, Auswahlmatrix |
| 3 | Übertragung auf die Problemstellung: Konkretisierung der physikalischen Effekte zu Wirkprinzipien durch Ergänzung um geometrische und stoffliche Aspekte | Kreativitätstechniken (zum Beispiel Brainstorming, Methode 6-3-5), Systematische Variation |

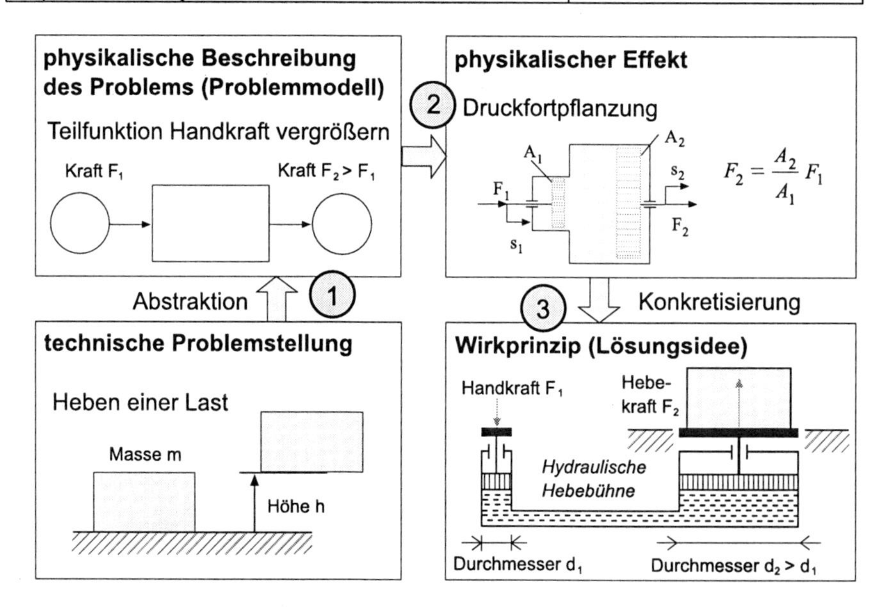

## *A3-2 Physikalische Effektesammlung*

**Liste physikalischer Effekte**

| Nr | Effekt | Nr | Effekt |
|---|---|---|---|
| | **Statik starrer Körper** | 27 | Stick-Slip-Effekt |
| 01 | Hebel (einseitig) | | **Schwingungen** |
| 02 | Hebel (zweiseitig) | 28 | Gravitationspendel |
| 03 | Keil | 29 | Resonanz |
| 04 | Kniehebel | 30 | Eigenfrequenz |
| 05 | Übertotpunkt | 31 | Stehende Welle |
| 06 | Seileck | | **Molekularkräfte** |
| 07 | Flaschenzug | 32 | Kohäsion fester Körper |
| | **Elastizität fester Körper** | 33 | Adhäsion |
| 08 | Elastische Dehnung | 34 | Kapillardruck |
| 09 | Elastische Biegung (1) | 35 | Kapillarwirkung |
| 10 | Elastische Biegung (2) | 36 | Diffusion |
| 11 | Scherung | 37 | Osmose |
| 12 | Torsion | 38 | Piezo-Effekt |
| 13 | Querkontraktion | | **Ideale Gase** |
| | **Dynamik** | 39 | Gesetz von Gay Lussac |
| 14 | Trägheit (translatorisch) | 40 | Gesetz von Boyle-Mariotte |
| 15 | Trägheit (rotatorisch) | | **Ruhende Flüssigkeiten** |
| 16 | Stoß (allgemein) | 41 | Druckkraft |
| 17 | Stoß (elastisch) | 42 | Druckfortpflanzung |
| 18 | Corioliskraft | 43 | Gravitationsdruck |
| 19 | Zentrifugalkraft | 44 | Auftrieb |
| 20 | Gravitation | | **Strömungen** |
| 21 | Präzessionsmoment | 45 | Gesetz von Toricelli |
| 22 | Hysterese | 46 | Konti-Gleichung |
| 23 | Plastische Verformung | 47 | Gesetz von Bernoulli |
| | **Reibung** | 48 | Staudruck |
| 24 | Coulomb´sche Reibung | 49 | Gesetz von Hagen-Poiseuille |
| 25 | Rollende Reibung | 50 | Druckabfall (Rohrleitung) |
| 26 | Umschlingungsreibung | 51 | Viskose Reibung |

| Nr | Effekt |
|---|---|
| 52 | Magnuseffekt |
| 53 | Profilauftrieb |
| 54 | Strömungswiderstand |
| | **Elektrik** |
| 55 | Gesetz von Ohm |
| 56 | Elektrische Ladung |
| 57 | Coulomb´sche Kraft |
| 58 | Elektrostatische Anziehung (Abstoßung) |
| 59 | Dielektrische Wärmeverluste |
| | **Magnetismus** |
| 60 | Magnetische Anziehung (Abstoßung) |
| 61 | Magnetostriktion |
| | **Elektromagnetismus** |
| 62 | Elektromagnetische Anziehung (Abstoßung) |
| 63 | Gesetz von Biot-Savart |
| 64 | Induktion (1) |
| 65 | Induktion (2) |
| 66 | Lorentzkraft |
| 67 | Hall-Effekt |
| 68 | Wirbelstrom (1) |
| 69 | Wirbelstrom (2) |

| Nr | Effekt |
|---|---|
| | **Elektrische Leitung** |
| 70 | Thermoeffekt |
| 71 | Peltier-Effekt |
| 72 | Halbleiter |
| 73 | Transistoren |
| 74 | Elektrokinetischer Effekt |
| 75 | Stoßionisation |
| 76 | Laser |
| 77 | Vakuumentladung |
| | **Wärmelehre** |
| 78 | Änderung des Aggregatzustandes |
| 79 | Wärmedehnungsanomalie |
| 80 | Wärmedehnung |
| | **Wärmetransport** |
| 81 | Konvektion |
| 82 | Wärmeleitung |
| 83 | Wärmespeicherung |
| 84 | Wärmestrahlung |
| | **Akustik** |
| 85 | Saite |
| 86 | Dopplereffekt |
| 87 | Schalldruck |

## Physikalische Größen – Variable Größen

| Bezeichnung | Zeichen | Einheit |
|---|---|---|
| Fläche | $A$ | $m^2$ |
| Beschleunigung | $a$ | $m/s^2$ |
| Coriolis-beschleunigung | $a_c$ | $m/s^2$ |
| Normalbescheunigung | $a_n$ | $m/s^2$ |
| Flussdichte | $B$ | $T$ |
| Kapazität | $C$ | $F$ |
| Wellengeschwindigkeit | $c$ | $m/s$ |
| Elektrische Feldstärke | $E$ | $V/m$ |
| Energie | $E_{Energie}$ | $J$ |
| Kraft | $F$ | $N$ |
| Corioliskraft | $F_c$ | $N$ |
| Normalkraft | $F_n$ | $N$ |
| Zentrifugalkraft | $F_z$ | $N$ |
| Frequenz | $f$ | $Hz$ |
| Magnetische Feldstärke | $H$ | $A/m$ |
| Höhe | $h$ | $m$ |
| Elektrische Stromstärke | $I$ | $A$ |
| Polares Trägheitsmoment | $I_p$ | $kgm^2$ |
| Sperrstrom | $I_{Sp}$ | $A$ |
| Torsionsträgheitsmoment | $I_t$ | $kgm^2$ |
| Massenträgheitsmoment | $J_m, I$ | $kgm^2$ |
| Teilchenstromdichte | $J$ | $mol/m^2 s$ |
| Induktivität | $L$ | $H$ |
| Drehimpuls | $L_i$ | $Nms$ |
| Länge | $l$ | $m$ |

| Bezeichnung | Zeichen | Einheit |
|---|---|---|
| Drehmoment | $M$ | $Nm$ |
| Masse | $m$ | $kg$ |
| Anzahl der Windungen | $N$ | |
| Leistung | $P$ | $W$ |
| Druck | $p, p_d$ | $Pa$ |
| Impuls | $p, p_i$ | $Ns$ |
| Elektrische Ladung | $Q$ | $C$ |
| Wärmemenge | $Q$ | $J$ |
| Elektrischer Widerstand | $R$ | $\Omega$ |
| Hebelarm/Radius | $r$ | $m$ |
| Entropie | $S$ | $kcal/K$ |
| Weg | $s$ | $m$ |
| Temperatur | $T$ | $K$ |
| Zeit | $t$ | $s$ |
| Elektrische Spannung | $U$ | $V$ |
| Volumen | $V$ | $m^3$ |
| Geschwindigkeit | $v, v_r$ | $m/s$ |
| Arbeit | $W$ | $J$ |
| Winkel | $\alpha, \beta, \varphi$ | $^\circ$ |
| Magnetischer Fluß | $\Phi$ | $Wb$ |
| Elektrischer Leitwert | $\kappa = 1/R$ | $S = 1/\Omega$ |
| Wellenlänge | $\lambda$ | $m$ |
| Schubspannung | $\tau$ | $N/m^2$ |
| Winkel-geschwindigkeit | $\omega$ | $Hz = 1/s$ |
| Winkel-beschleunigung | $\dot{\omega}$ | $1/s^2$ |
| Präzessionsgeschwindigkeit | $\omega_p$ | $Hz$ |

## Physikalische Größen – Materialkonstanten und Koeffizienten

| Bezeichnung | Zeichen | Einheit |
|---|---|---|
| Spezifische Wärmekapazität | $c$ | $kJ/kgK$ |
| Auftriebsbeiwert | $c_a$ | dimensionslos |
| Widerstandsbeiwert | $c_w$ | dimensionslos |
| Diffusionskoeffizient | $D$ | $m^2/s$ |
| Elastizitätsmodul | $E$ | $N/m^2$ |
| Emissionsgrad | $e$ | dimensionslos |
| Schubmodul | $G$ | $N/m^2$ |
| Federkonstante | $k$ | $N/m$ |
| Seebeck Koeffizient | $\alpha_S$ | $V/K$ |
| Wärmeübertragungskoeffizient | $\alpha$ | $W/Km^2$ |
| Wärmeausdehnungskoeffizient | $\alpha_a$ | $1/K$ |
| Dielektrischer Verlustwinkel | $\delta$ | ° |
| Dielektrizitätszahl | $\varepsilon_r$ | $F/m$ |

| Bezeichnung | Zeichen | Einheit |
|---|---|---|
| Oberflächenspannung | $\kappa_{Oberfläche}$ | $N/m$ |
| Elektrische Leitfähigkeit | $\kappa = 1/\rho$ | $1/\Omega m$ |
| Rohrverlustzahl | $\lambda$ | dimensionslos |
| Wärmeleitfähigkeit | $\lambda_l$ | $W/mK$ |
| Querkontraktionszahl (Poissonzahl) | $\mu$ | dimensionslos |
| Reibwert | $\mu_r$ | dimensionslos |
| Dynamische Viskosität | $\eta$ | $Pa \cdot s$ |
| Peltierkoeffizient | $\pi$ | dimensionslos |
| Dichte | $\rho_d$ | $kg/m^3$ |
| Spezifischer Widerstand | $\rho_w$ | $\Omega mm^2/m$ |
| Stefan-Boltzmann-Konstante | $\sigma$ | $W/m^2K^4$ |
| Elektrokinetisches Potential | $\xi$ | $V$ |

## Physikalische Größen – Naturkonstanten

| Bezeichnung | Zeichen | Wert [Einheit] |
|---|---|---|
| Ortsfaktor (Erdbeschl.) | $g$ | $9{,}81\,[m/s^2]$ |
| Plank´sches Wirkungsquantum | $h$ | $6{,}63 \cdot 10^{-34}\,[J/K]$ |
| Boltzmannkonstante | $k$ | $1{,}38 \cdot 10^{-23}\,[J/K]$ |
| Allgemeine Gaskonstante | $R$ | $8{,}31\,[J/molK]$ |

| Bezeichnung | Zeichen | Wert [Einheit] |
|---|---|---|
| Dielektrizitätskonstante | $\varepsilon_0$ | $8{,}85 \cdot 10^{-12}\,[C/Vm]$ |
| Permeabilität | $\mu_0$ | $4\pi \cdot 10^{-7}\,[mkg/s^2A^2]$ |

## Auswahlmatrix für physikalische Effekte

| E \ A | | $F$ | $p_i$ | $s$ | $v$ | $a$ | $M$ | $L$ | $\varphi$ | $\omega$ | $\dot{\omega}$ | $f$ | $p_d$ | $V$ | $m$ | $I$ | $U$ | $E$ | $H$ | $T$ | $Q$ |
|---|---|---|---|---|---|---|---|---|---|---|---|---|---|---|---|---|---|---|---|---|---|
| | | 1 | 2 | 3 | 4 | 5 | 6 | 7 | 8 | 9 | 10 | 11 | 12 | 13 | 14 | 15 | 16 | 17 | 18 | 19 | 20 |
| $F$ | 1 | 01;02<br>03;04<br>05;06<br>07;16<br>24;25<br>26;32<br>33;42 | 14<br>15 | 01;02<br>03;08<br>09;10<br>11;13<br>18;19<br>20;35<br>44;58<br>60;61 | 14;15<br>17;18<br>51;52<br>53;54<br>66;68<br>69;87 | 14<br>15 | 01<br>02 | | 03<br>06<br>26 | 18<br>19<br>52 | | | 41 | 44 | 17<br>18<br>19<br>20 | 62<br>63 | 38<br>58 | 57 | 60 | 37<br>80 | |
| $p_i$ | 2 | 14;15 | | | 14;15 | | | | | | | | | | | | | | | | |
| $s$ | 3 | 08;09<br>10;11<br>13;44<br>58;60 | | 01;02<br>03;11<br>13;35<br>42 | 01<br>02 | | 01<br>02 | | | | | 29<br>31 | 43 | | | 63 | | | | 79<br>80 | |
| $v$ | 4 | 14;15<br>51 | 14<br>15 | 01;02<br>45 | 01;02<br>03;46 | | | | | 01<br>02 | | | 47 | | | | 64;65<br>74 | | | | |
| $a$ | 5 | 14;15 | | | | 01;02 | | | | 18;19 | | | | | | | | | | | |
| $M$ | 6 | 01;02 | | | | | | 14;15 | 12 | 21 | 14;15 | 30 | | | | | | | | | |
| $L$ | 7 | | | | | | | | | | | | | | | | | | | | |
| $\varphi$ | 8 | | | | | | 12 | | | | | | | | | | | | | | |
| $\omega$ | 9 | | | 01<br>02 | | | 14;15<br>21 | 14<br>15 | | | | | | | | | | | | | |
| $\dot{\omega}$ | 10 | | | | | | 14;15 | | | | | | | | | | | | | | |
| $f$ | 11 | 85 | | 20 | 27;86 | | | | | | | | | | 30 | | | | | 30 | |
| $p_d$ | 12 | | | 34;43 | 48;50 | | | | | | | | | 37;39 | | | | | | 39 | |
| $V$ | 13 | | | | | | | | | | | | 39;40<br>49 | | | | | | | | |
| $m$ | 14 | | | | | | | | | | | | | | | | | | | | |
| $I$ | 15 | | | 64;65<br>66;67 | | | | | | | | | | | | 64;65<br>75 | 55;66<br>67;72<br>77 | | | | |
| $U$ | 16 | 38<br>58 | | 38<br>56 | 64;65<br>68;69<br>74 | | | | | 68<br>69 | | | 74 | | | 55;66<br>67,72<br>77 | 64<br>65 | | | 70 | |
| $E$ | 17 | | | | | | | | | | | | | | | | | | | | |
| $H$ | 18 | | | | | | | | | | | | | | | | | | | | |
| $T$ | 19 | | | | | | | | | | | | | | | | | | | | 78 |
| $Q$ | 20 | 22;23<br>24 | | 22;23<br>24 | | | | | | | | 59;68<br>69 | | | | 71 | | | | 81;82<br>83,84 | |

**Sammlung physikalischer Effekte (Auswahl)**

| Nr. | Name / Beschreibung | Prinzipskizze | Formel / Beispiel |
|---|---|---|---|
| 01 | Hebel (einseitig)<br>Starrer, um eine Achse drehbar gelagerter Körper mit einseitigem Hebelarm. | 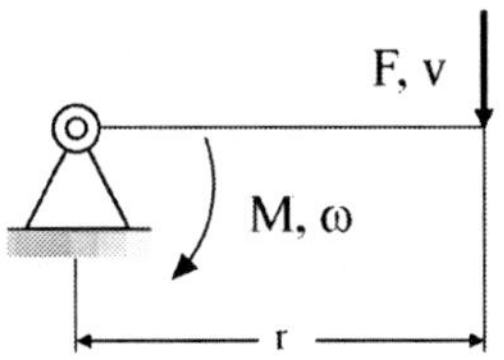 F, v; M, ω; r | $M = F \cdot r$<br>$v = \omega \cdot r$<br>Drehmomentschlüssel, Nussknacker |
| 02 | Hebel (zweiseitig)<br>Starrer, um eine Achse drehbar gelagerter Körper mit zweiseitigem Hebelarm. | 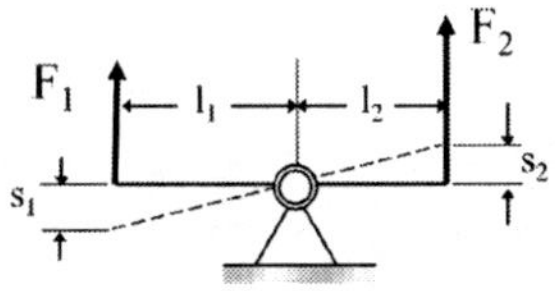 $F_1$, $F_2$, $l_1$, $l_2$, $s_1$, $s_2$ | $\frac{l_1}{l_2} = \frac{F_2}{F_1} = \frac{s_1}{s_2}$<br>$\dot{s} = v, \quad \ddot{s} = a$<br>Wippe, Kraftübersetzung |
| 03 | Keil<br>Zwei um den Winkel α zur Basis geneigte Ebenen, auf die senkrecht stehende Flankenkräfte ausgeübt werden. | 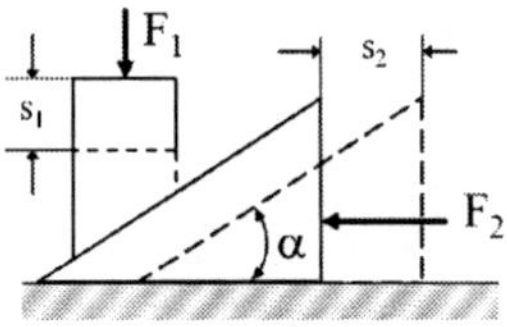 $F_1$, $s_2$, $s_1$, $F_2$, α | $F_2 = F_1 \frac{s_1}{s_2}$<br>$F_2 = \tan\alpha \cdot F_1$<br>Gewinde, Wegübersetzung, Bewegungsschraube |
| 04 | Kniehebel<br>Spezielle Hebelanordnung, die es ermöglicht sehr hohe Kraftübersetzungen ($F_2 \to \infty$) zu generieren. | 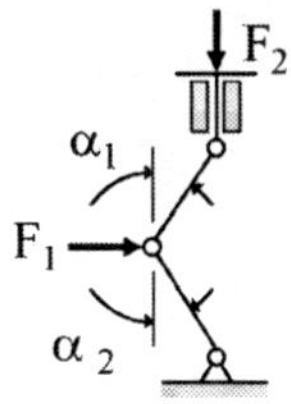 $F_2$, $\alpha_1$, $F_1$, $\alpha_2$ | $F_2 = \frac{F_1}{\tan\alpha_1 + \tan\alpha_2}$<br>Backenbrecher, Kniehebelpresse |
| 05 | Übertotpunkt<br>Spezielle Hebelanordnung, stark mit dem Kniehebel verwandt. Öffnen bzw. Schließen der Anordnung geschieht durch Überwinden des Totpunkts. 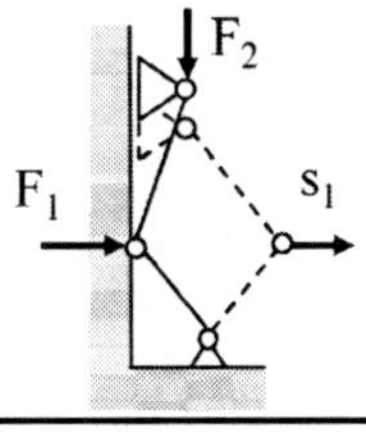 | $F_2$, $F_1$, $s_1$ | Türverriegelungen, Flaschenverschlüsse |

| Nr. Name / Beschreibung | Prinzipskizze | Formel / Beispiel |
|---|---|---|
| 06 Seileck<br>Methode zur Ermittlung des Schnittpunkts der Wirkungslinien mehrer Kräfte mit unterschiedlichen Angriffspunkten. | 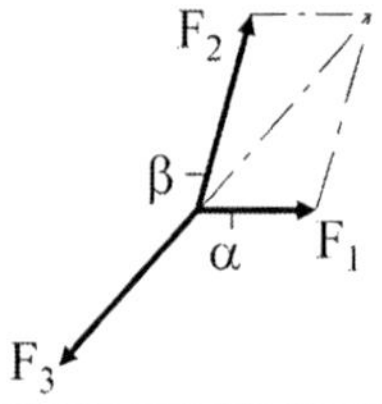 $F_2$, $\beta$, $\alpha$, $F_1$, $F_3$ | $F_3 = F_1 \cos\alpha + F_2 \cos\beta$<br>Seilstatik |
| 07 Flaschenzug<br>n/2 fest übereinander und n/2 lose angeordnete Rollen werden abwechselnd von einem Seil umschlungen, das einseitig befestigt ist. | 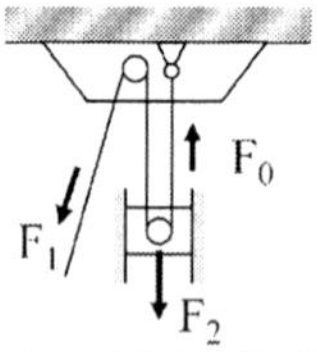 $F_0$, $F_1$, $F_2$<br>n = Anzahl der Rollen | $F_1 = \frac{1}{n} F_2$<br>$F_2 = F_1 + F_0$<br>Hebezeug |
| 08 Elastische Dehnung<br>Bei einem (stabförmigen) Körper erzeugt eine Zug- oder Druckkraft eine elastische Längenänderung. | 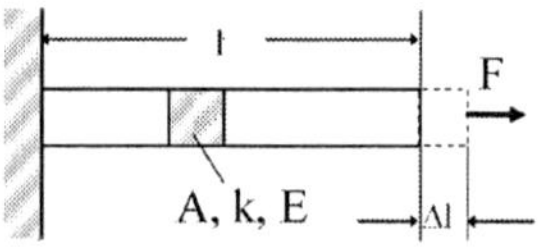 l, F, A, k, E, Δl | $F = k \cdot \Delta l$<br>$F = EA\frac{\Delta l}{l}$<br>Zugstab, Federwaage |
| 09 Elastische Biegung (1)<br>Die Einwirkung eines Biegemoments auf ein Volumenelement (Biegestab) resultiert in einer elastischen Verformung. | 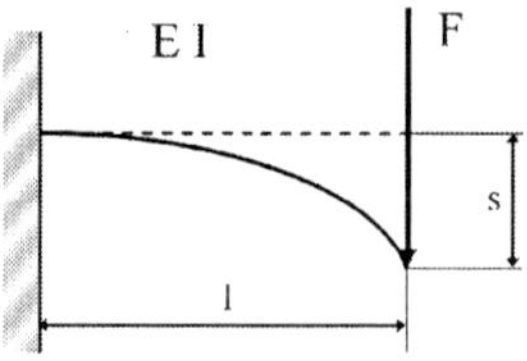 E I, F, s, l | $F = \frac{3EI}{l^3} s$<br>Waage |
| 10 Elastische Biegung (2)<br>Die Einwirkung eines Biegemoments auf ein Volumenelement (Biegestab) resultiert in einer elastischen Verformung. | 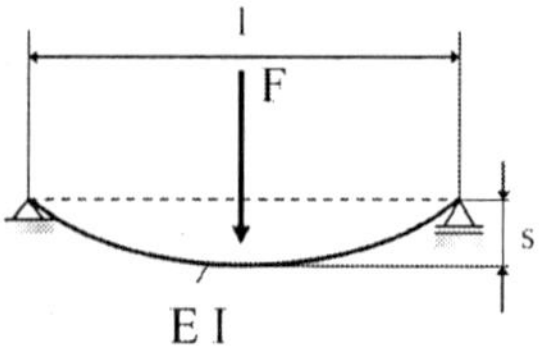 l, F, s, E I | $F = \frac{48EI}{l^3} s$<br>Blattfeder |
| 11 Scherung<br>Schubkraft (Krafteinwirkung parallel zu zwei gegenüberliegenden Körperflächen) verursacht eine Scherung (elastische Schubverformung). | 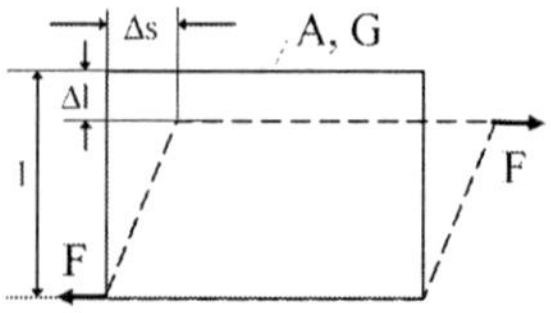 Δs, A, G, Δl, l, F, F | $F = GA\sqrt{\frac{2\Delta l}{l}}; \quad \Delta l = \frac{\Delta s^2}{2l}$<br>Schraubenfeder |

| Nr. Name / Beschreibung | Prinzipskizze | Formel / Beispiel |
|---|---|---|
| 12 Torsion | | $M = \frac{GI_t}{l}\varphi$ |
| Schubkraft (Verdrehung der Schichten gegeneinander) verursacht eine Verdrillung (elastische Schubverformung) der Enden eines zylindrischen Stabes. | φ, G, d, $I_t$, M, l | Torsionsfeder |
| 13 Querkontraktion | | $F = \frac{EA}{\gamma}\Delta r$ <br> $\Delta d = \gamma \frac{d_0}{l_0}\Delta l$ |
| Querschnittabnahme bei gleichzeitiger Längenzunahme eines auf Zug beanspruchten Bauteils. | $l_0+\Delta l$, $l_0$, $d_0$-$\Delta d$ $=\Delta r$, F, r, $d_0$, A, E, γ | Zugversuch, Flaschenverschluss |
| 14 Trägheit (translatorisch) | | 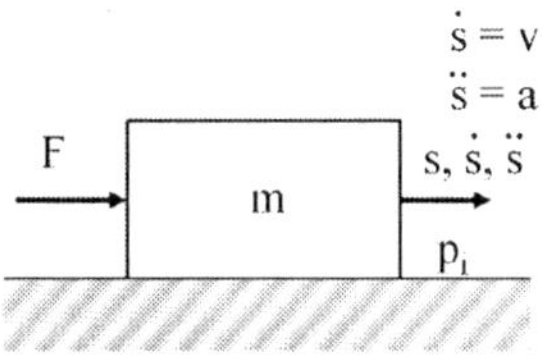 $F = ma$ <br> $F = \frac{d}{dt}p_i = \frac{d}{dt}(m\vec{v})$ |
| Widerstand eines Körpers mit Masse gegen eine Bewegungsänderung. | $\dot{s} = v$, $\ddot{s} = a$, F, m, $s, \dot{s}, \ddot{s}$, $p_i$ | Raketenantrieb, Stoßvorgänge |
| 15 Trägheit (rotatorisch) | | $M = \frac{d}{dt}(L_i)$ <br> $L_i = I_p\omega$ |
| Widerstand eines Körpers mit Masse gegen eine Bewegungsänderung. | M, $I_p$, ω | Schwungscheibe |
| 16 Stoß (allgemein) | | $F_2 = \frac{\Delta t_1}{\Delta t_2}F_1$ <br> $F_1, F_2 = const.$ |
| Zusammenprall zweier Körper bei Übertragung eines Impulses. | $F_1$, $V_1$, $m_1$, $F_2$, $V_2$, $m_2$, $\Delta t_1$, $\Delta t_2$ | Hammer |
| 17 Stoß (elastisch) | | $F = \sqrt{\frac{k}{m}}mv$ |
| Zusammenprall zweier Körper ohne bleibende Verformung. | m, k, F, v | Billardkugeln, Abschlag beim Golfen |

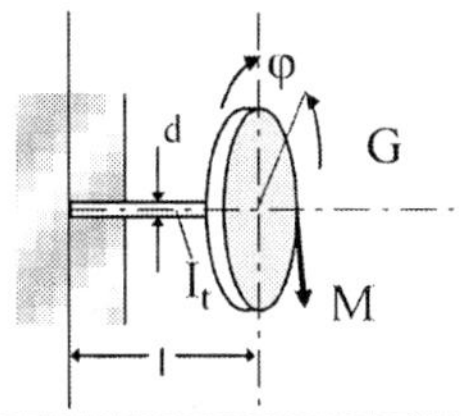

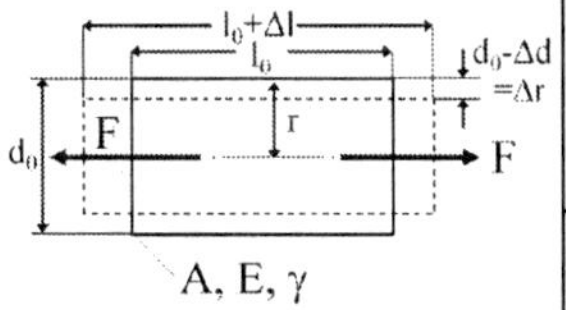

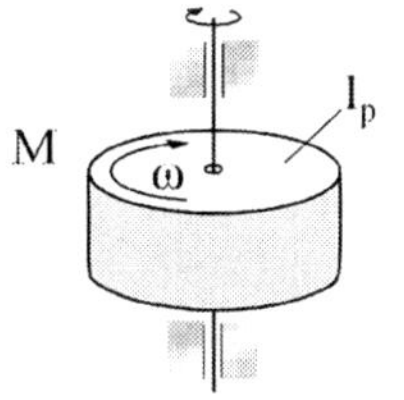

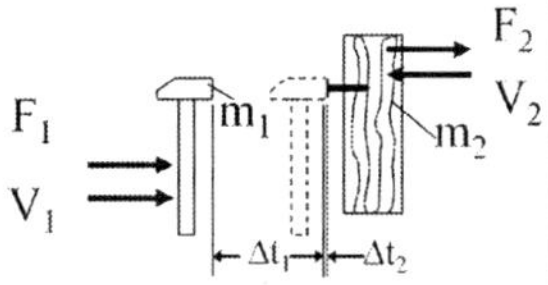

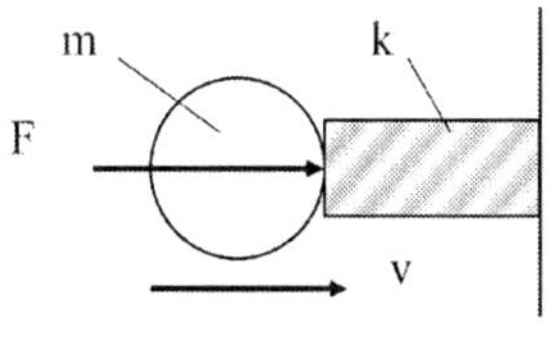

| Nr. Name / Beschreibung | Prinzipskizze | Formel / Beispiel |
|---|---|---|
| 18 Corioliskraft<br>Scheinkraft im rotierenden Bezugssystem auf mitbewegten Beobachter, welche diesen schräg von der Drehachse wegtreibt. | 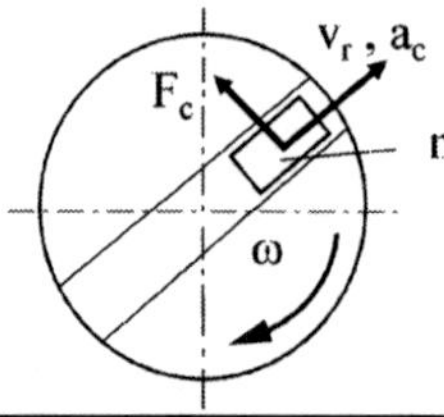 $v_r$, $a_c$; $F_c$; m; ω | $F_c = 2m\omega v_r$<br>$a_c = 2 v_r \omega$<br>Föttingerkupplung |
| 19 Zentrifugalkraft<br>Scheinkraft im rotierenden Bezugssystem, die einen mitbewegten Beobachter radial nach außen von der Drehachse wegtreibt. | 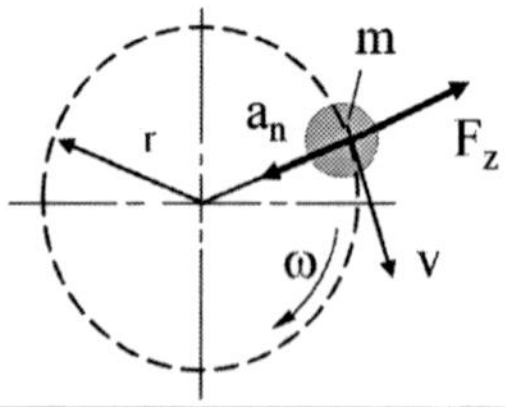 m; r; $a_n$; $F_z$; ω; v | $F_z = mr\omega^2$<br>$a_n = r\omega^2$<br>Zentrifuge, Fliehkraftregler |
| 20 Gravitation<br>Massenabhängige gegenseitige Anziehung von Körpern (hier nur Betrachtung der an der Erdoberfläche auf alle Körper wirkenden Schwerkraft). | 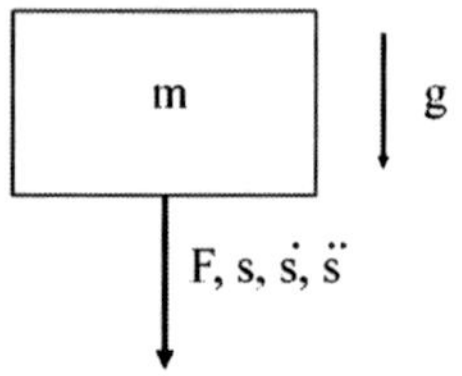 m; g; F, s, $\dot{s}$, $\ddot{s}$ | $F = mg$<br>Gewichtskräfte, Waage |
| 21 Präzessionsmoment<br>Zwangsdrehung, bei der ein Kreisel aus der ursprünglichen Drehachse kippt und unter dem Winkel $\vartheta$ um diese „eiert". | 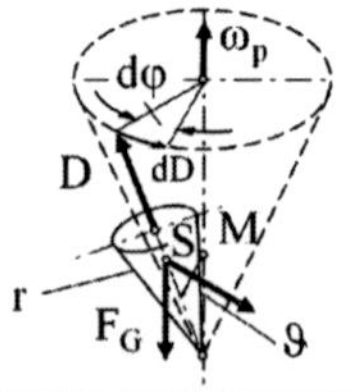 $\omega_p$; dφ; D; dD; S; M; r; $F_G$; $\vartheta$ | $M = I_p \cdot \omega \cdot \omega_p$<br>Kreisel |
| 22 Hysterese<br>Elastische Nachwirkungen bei schneller periodischer Belastung, die in einer Hystereseschleife resultieren, wobei Wärme frei wird. | 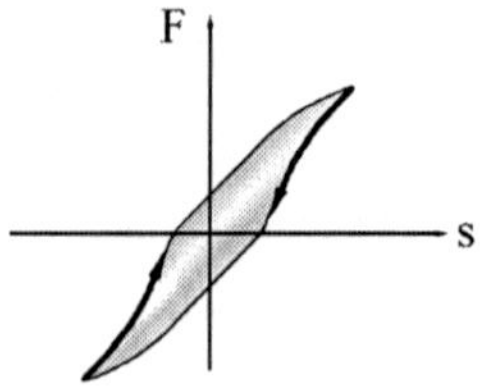 F; s | $Q_z = \oint F ds$<br>Ultraschallschweißen |
| 23 Plastische Verformung<br>Dauerhafte irreversible Formänderung eines Werkstoffes unter Wärmeabgabe. | 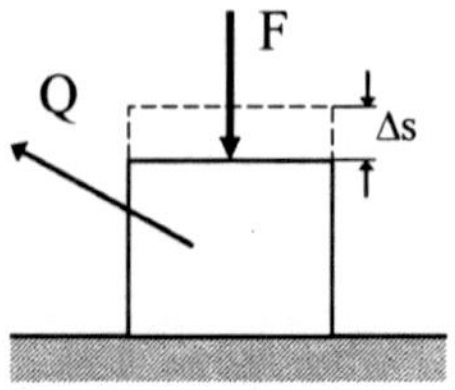 F; Q; Δs | $Q = \int F ds$<br>Schmieden |

| Nr. Name / Beschreibung | Prinzipskizze | Formel / Beispiel |
|---|---|---|
| 24 Coulomb´sche Reibung<br>In Kontakt stehende Körper lassen sich nur gegenseitig bewegen, wenn Reibungswiderstandskräfte überwunden werden. | 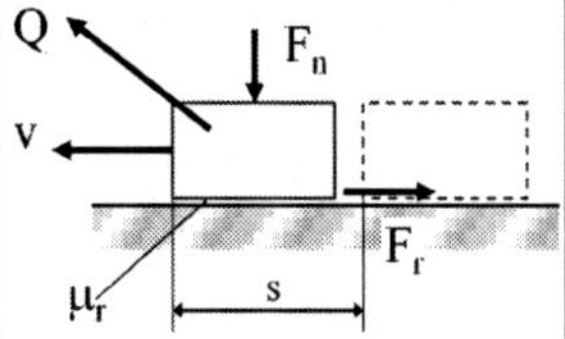 Q, $F_n$, v, $F_r$, $\mu_r$, s | $F_r = \mu_r \cdot F_n$<br>$Q = \mu_r \cdot F_r \cdot s$<br>Bremse, Reibschluss, Reibschweißen |
| 25 Rollende Reibung<br>Reibungswiderstand, der bremsend auf bereits rollende Körper bzw. der Rollbewegung entgegen wirkt. | 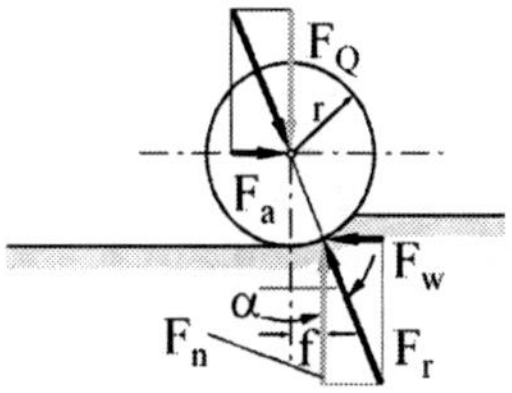 $F_Q$, r, $F_a$, $F_w$, α, $F_n$, f, $F_r$ | $F_w = \mu_r \cdot F_Q$<br>$\mu_r = \tan\alpha = \frac{f}{r}$<br>Rollwiderstand, Kraftfahrzeug, Eisenbahn |
| 26 Umschlingungsreibung<br>Haftreibung eines Seiles auf einer festen, vom Seil umschlungenen Rolle. | 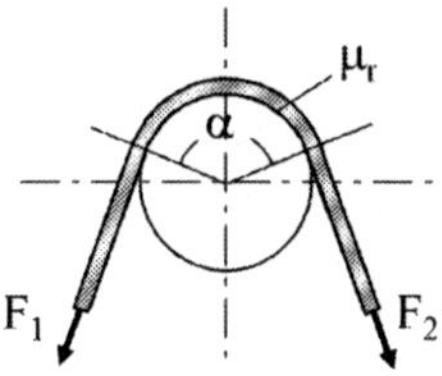 $\mu_r$, α, $F_1$, $F_2$ | $F_2 = e^{\mu_r \alpha} F_1$<br>$F_r = \left(e^{\mu_r \alpha} - 1\right) F_1$<br>Ankerspill, Schiffspoller, Bandbremse, Seilbefestigung |
| 27 Stick-Slip-Effekt<br>Wechselhafter Übergang zwischen Haft- und Gleitreibung. | 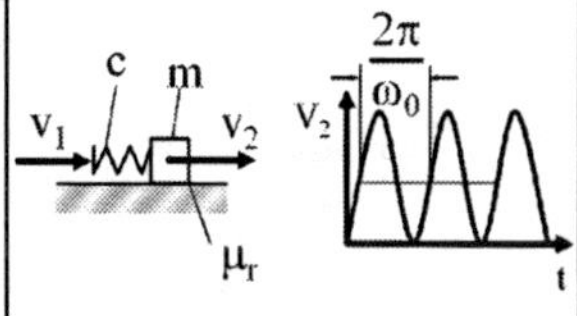 c, m, $v_1$, $v_2$, $\mu_r$, $2\pi/\omega_0$, t | $w_0 = \sqrt{\frac{c}{m}}$<br>Werkzeugmaschinenschlitten, Scheibenwischerrubbeln |
| 28 Gravitationspendel<br>Schwingungssystem bestehend aus einem Pendelarm und einer frei beweglichen Masse, die von der Schwerkraft angezogen wird. | 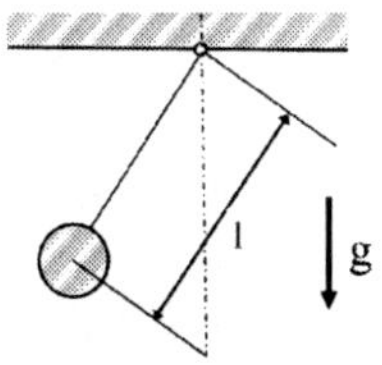 l, g | $f = \frac{1}{2\pi}\sqrt{\frac{g}{l}}$<br>Pendeluhr |
| 29 Resonanz<br>Mitschwingen eines Systems bei Anregung durch äußere Kräfte, deren Frequenz nahe der Eigenfrequenz des Systems ist. | 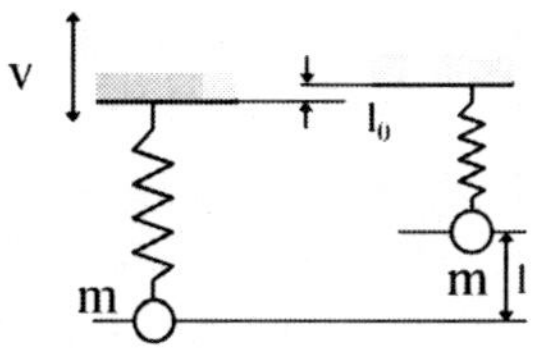 v, $l_0$, m, m, l | $l = \frac{l_0}{1-(f/\omega_0)^2}$<br>Zungenfrequenzmesser |

| Nr. | Name / Beschreibung | Prinzipskizze | Formel / Beispiel |
|---|---|---|---|
| 30 | Eigenfrequenz<br>Wenn ein freier ungedämpfter Schwinger einmalig aus der Ruhelage angeregt wird, führt er Schwingungen mit konstanter Eigenfrequenz aus. | 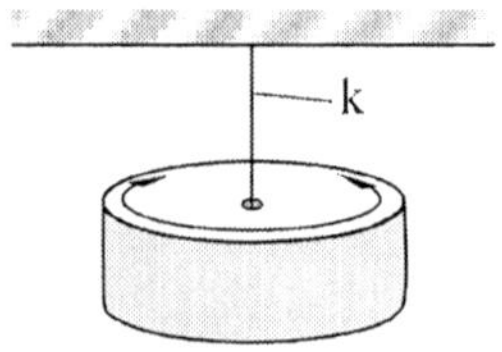 k | $f = \frac{1}{2\pi}\sqrt{\frac{k}{m}}$<br>$M = 4\pi^2 I_p \rho f^2$<br>Bestimmung von Massen bzw. Trägheitsmomenten |
| 31 | Stehende Welle<br>Interferenz zweier Wellen gleicher Frequenz, Wellenlänge und Amplitude, die sich entgegenlaufen. | 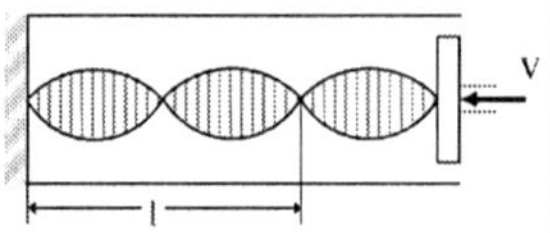 v, l | $l = \frac{c}{f}$<br>Kund´sches Rohr, Wellenlängenmesser |
| 32 | Kohäsion fester Körper (KFK)<br>Zusammenhang zwischen den Molekülen eines Körpers durch gegenseitige Anziehung; Zusammenhalt der Materie. | 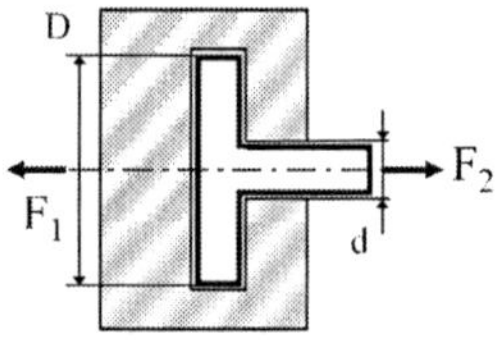 D, $F_1$, $F_2$, d | $F_1 = F_2$<br>für $D > d$<br>Formschluss |
| 33 | Adhäsion<br>Zusammenhang zwischen den Molekülen zweier Körper durch gegenseitige Anziehung; Haftung an den Grenzflächen. | 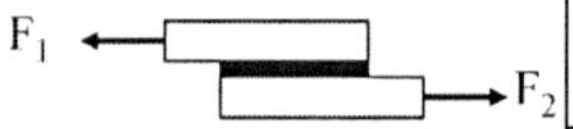 $F_1$, $F_2$ | $F_1 = F_2 < \tau_{zul} \cdot A$<br>Stoffschluss, Kleben, Löten |
| 34 | Kapillardruck<br>Eine Flüssigkeit steigt in einem engen Rohr um eine gewisse Höhe an, wenn die Innenfläche zuvor gut benetzt war. | 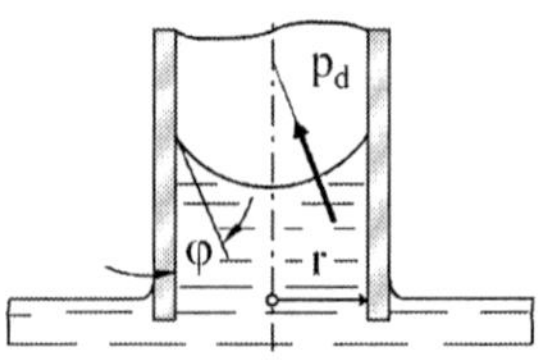 $p_d$, φ, r | $p_d = 2\kappa \cos\varphi \frac{1}{r}$<br>Docht, Kapillare |
| 35 | Kapillarwirkung<br>Eine Flüssigkeit steigt in einem engen Rohr um eine gewisse Höhe an, die von dem Rohrradius abhängig ist. | 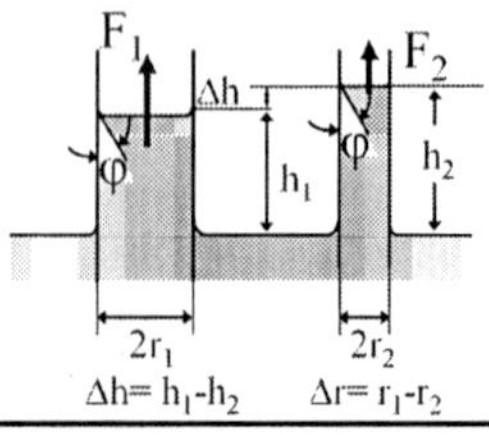 $F_1$, $F_2$, Δh, φ, $h_1$, $h_2$, $2r_1$, $2r_2$, $\Delta h = h_1 - h_2$, $\Delta r = r_1 - r_2$ | $F = \sum_0 2\pi r$<br>$\sum_0$ : Oberflächenspannung<br>Schwamm |

| Nr. | Name / Beschreibung | Prinzipskizze | Formel / Beispiel |
|---|---|---|---|
| 36 | Diffusion<br>Unter Diffusion versteht man das selbständige Vermischen der Moleküle als Folge ihrer thermischen Bewegung. | 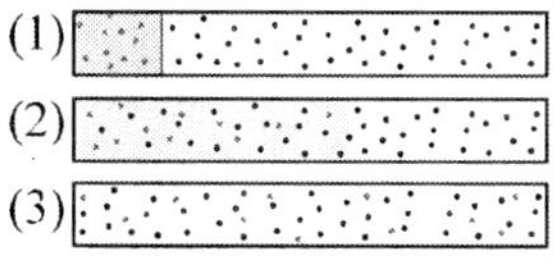 (1)<br>(2)<br>(3) | $J = -D\frac{\partial c}{\partial x}$<br>Schweißzusatz in der Schweißnaht |
| 37 | Osmose<br>Druck zwischen zwei durch eine semipermeable Membran getrennten Lösungen (Bestreben der Teilchen nach Konzentrazionsausgleich). | 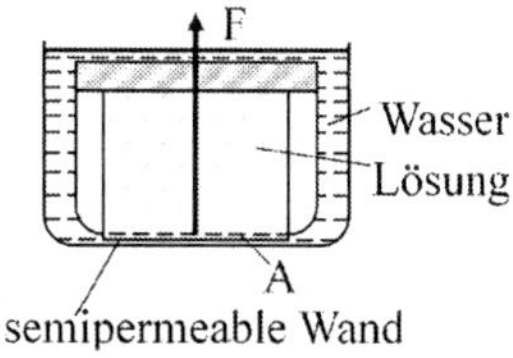 F<br>Wasser<br>Lösung<br>A<br>semipermeable Wand | $F = A\frac{n}{V}RT$<br>Filter, Manometer |
| 38 | Piezo-Effekt<br>Das Anlegen einer elektrischen Spannung an einen piezokeramischen Körper verursacht eine Formänderung und umgekehrt. | 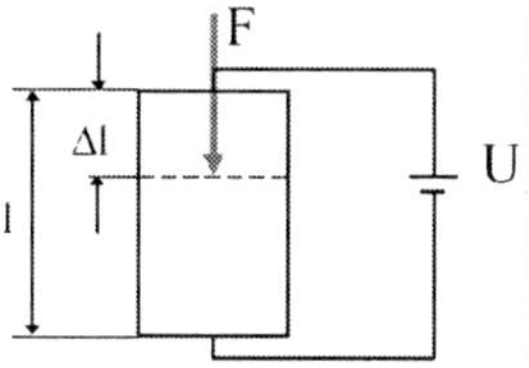 F<br>Δl<br>l<br>U | $\Delta l = d \cdot U$<br>$F = c \cdot \Delta l$<br>Piezoelektrischer Kraftgeber, Dehnungsmesser, Piezozünder |
| 39 | Gesetz von Gay Lussac<br>Das Volumen eines eingeschlossen Gases ist zu der absoluten Temperatur proportional, solange der Druck nicht verändert wird. | 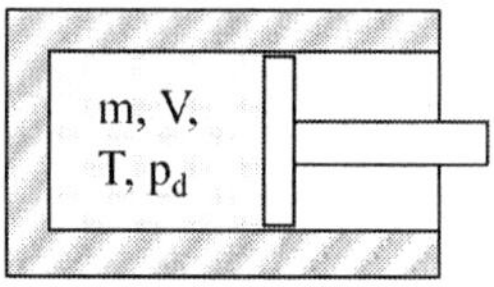 m, V,<br>T, $p_d$ | $p_d = mRT\frac{1}{V}; \quad \rho = \frac{m}{V}$<br>Verbrennungsmotor |
| 40 | Gesetz von Boyle-Mariotte<br>Das Volumen eines eingeschlossenen Gases gleicher Temperatur ist seinem Druck umgekehrt proportional. | 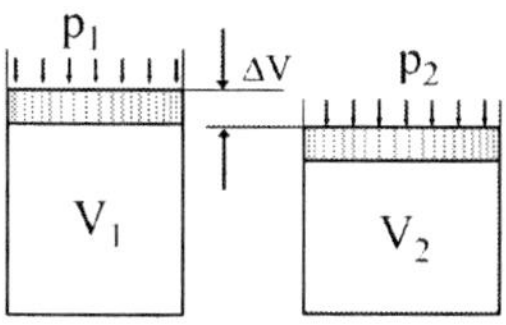 $p_1$<br>ΔV<br>$p_2$<br>$V_1$<br>$V_2$ | $\Delta V = \left(1 - \frac{p_{d1}}{p_{d2}}\right) \cdot V_1$<br>Pneumatische Feder |
| 41 | Druckkraft<br>Durch einen Druck auf eine Fläche ausgeübte Kraft. 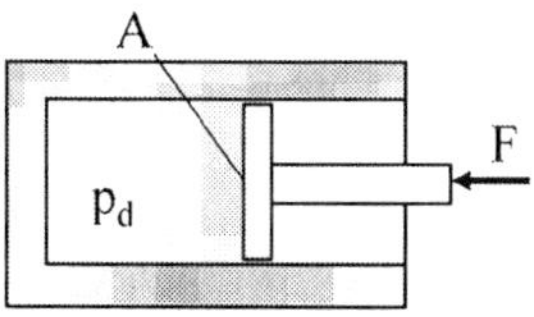 | A<br>$p_d$<br>F | $F = A p_d$<br>Kolben, Verbrennungsmotor |

| Nr. | Name | Beschreibung | Prinzipskizze | Formel | Beispiel |
|---|---|---|---|---|---|
| 42 | Druckfortpflanzung | Die Kräfte an den Kolben verhalten sich wie die Kolbenflächen, d. h. wie die Quadrate der Kolbendurchmesser. | 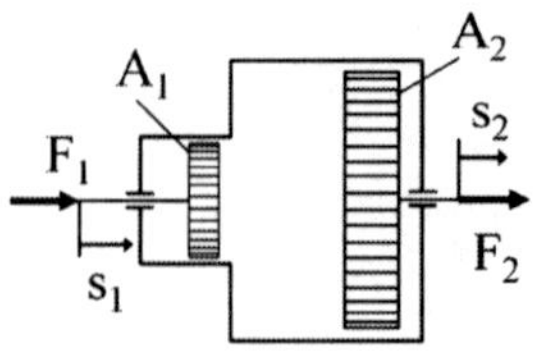 | $F_2 = \frac{A_2}{A_1} F_1; \quad s_2 = \frac{A_1}{A_2} s_1$ | Hydraulik, Pneumatik, Hebeeinrichtungen, Bremsen, Bremskraftverstärker |
| 43 | Gravitationsdruck | Druck einer jeden Flüssigkeit, welche diese in Folge ihrer eigenen Gewichtskraft erfährt, auch Schweredruck genannt. | 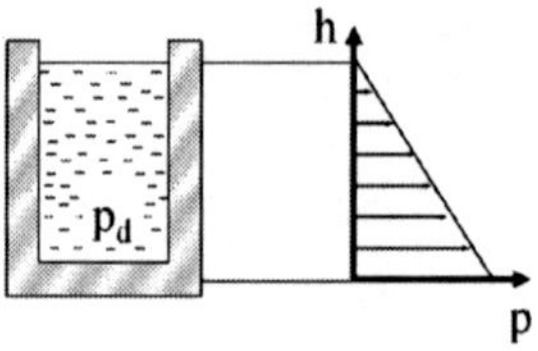 | $p_d = \rho g h$ | Hochbehälter |
| 44 | Auftrieb | Nach oben gerichtete Kraft, die an einem ins Wasser eingetauchten Körper wirkt und gleich der Gewichtskraft des verdrängten Fluidvolumens ist. | 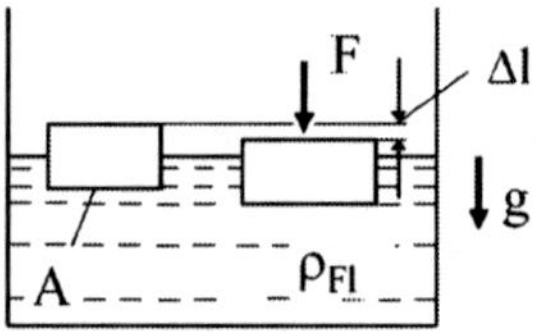 | $F = \rho_{Fl} g A \cdot \Delta l$<br>$A \cdot \Delta l = V$ | Schwimmventil, Schiff |
| 45 | Gesetz von Toricelli | Ausströmen von inkompressiblen Fluiden aus Behältnissen. | 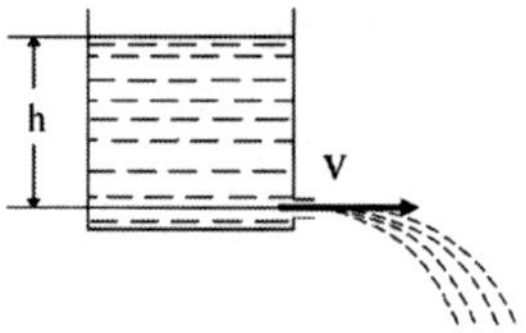 | $v = \sqrt{2gh}$ | Bierfass |
| 46 | Konti-Gleichung | Durchfussgleichung für inkompressible Fluide. | 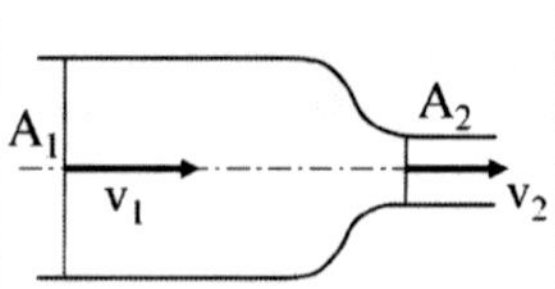 | $v_2 = \frac{A_1}{A_2} v_1$ | Hydraulik |
| 47 | Gesetz von Bernoulli | In einer stationären Strömung ist die Summe aus statischem und dynamischem Druck konstant. | 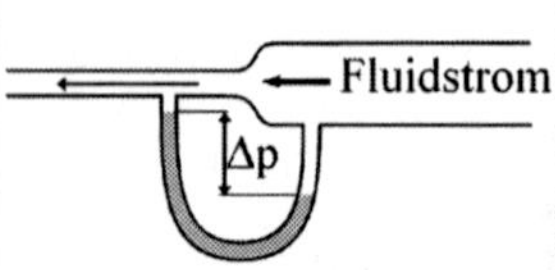 | $v = \sqrt{\frac{2(\Delta p + \rho g h)}{\rho \left(1 - (A_2/A_1)^2\right)}}$ | Düse, Turbinenrad, Tragflügel |

| Nr. Name / Beschreibung | Prinzipskizze | Formel / Beispiel |
|---|---|---|
| **48 Staudruck**<br>Dynamischer oder kinetischer Druck, resultierend aus der Anströmgeschwindigkeit des Fluides. | 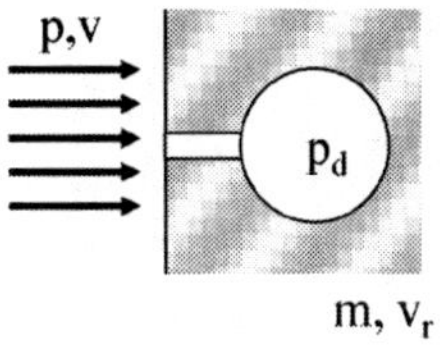 p,v<br>$p_d$<br>m, $v_r$ | $p_d = \frac{\rho}{2} v^2$<br><br>Düse, Turbinenleitrad, Wasserstrahlpumpe |
| **49 Gesetz von Hagen-Poiseuille**<br>Für laminare Strömungen in einem Rohr bildet sich ein parabolisches Strömungsprofil mit Maximum in der Mitte aus. | 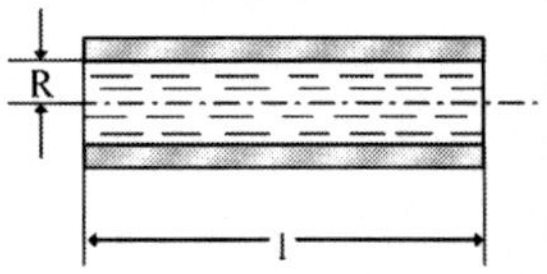 R<br>l | $\dot{V} = \frac{\pi R^4}{8 \eta l} \Delta p_d$<br><br>Laminare Rohrströmung |
| **50 Druckabfall (Rohrleitung)**<br>Beim Durchströmen eines Rohres tritt ein Druckabfall auf. | 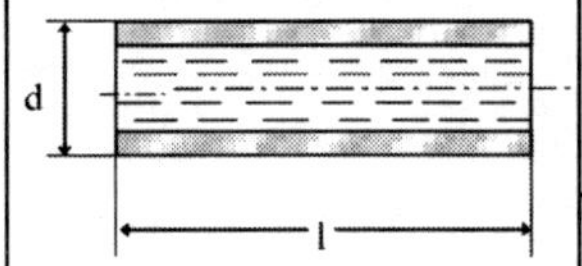 d<br>l | $p_d = \lambda_v \frac{l}{d} \frac{\rho}{2} v^2$<br><br>Ölpipelines, Trinkwassernetz |
| **51 Viskose Reibung**<br>Zwischen einer festen Wand und einer bewegten Platte befindet sich eine Flüssigkeitsschicht, es tritt viskose Reibung auf. | 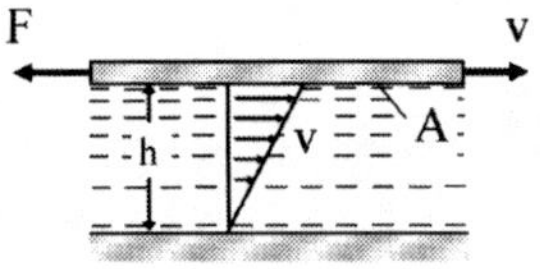 F v<br>h v A | $F = A \eta \frac{dv}{dh}; \quad v = \frac{h}{\eta A} F;$<br>$\vec{F} \parallel \vec{v}$<br><br>Flüssigkeitsdämpfung, Ölschmierung, Gleitlager |
| **52 Magnuseffekt**<br>Durch Rotation des Zylinders nimmt die Strömungsgeschwindigkeit an der Oberseite zu und der statische Druck ab (Querkraft nach oben. | 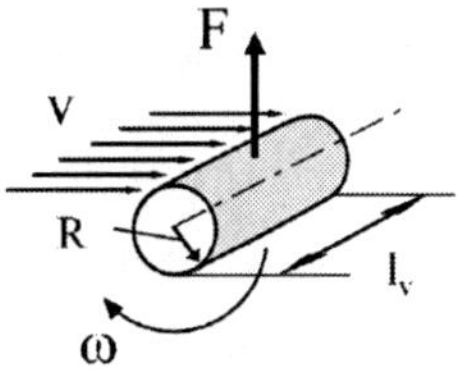 F<br>v<br>R<br>$l_v$<br>ω | $F = 2 \pi R^2 \rho \omega l_v$<br><br>Schiffsantrieb |
| **53 Profilauftrieb**<br>Am umströmten Körper wirkt auf der Unterseite ein Über- und auf der Unterseite ein Unterdruck (höhere Strömungsgeschwindigkeit). | 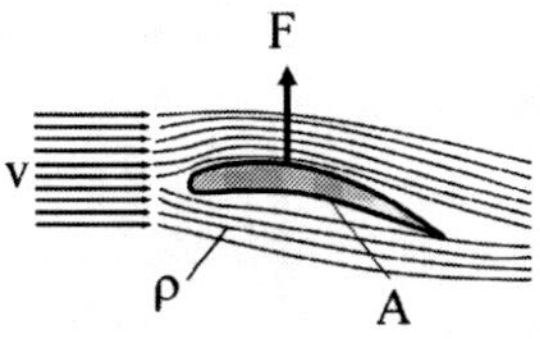 F<br>v<br>ρ A | $F = c_a \frac{\rho}{2} A v^2$<br>$\vec{F} \perp \vec{v}$<br><br>Tragflügel, Kreiselverdichter |

| Nr. | Name / Beschreibung | Prinzipskizze | Formel / Beispiel |
|---|---|---|---|
| 54 | Strömungswiderstand<br>Proportionalitätsfaktor $c_w$ zwischen Druckabfall und Widerstandskraft; von Form des Körpers abhängig. | 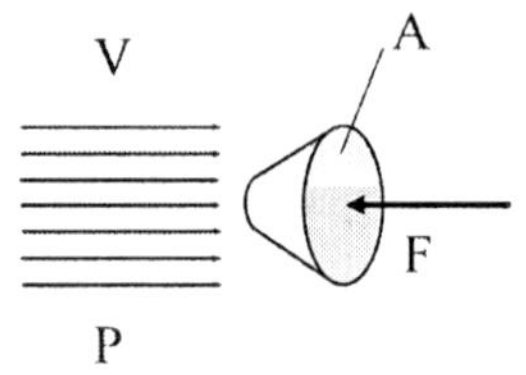 V, A, F, P | $F = c_w \frac{\rho}{2} v^2$<br>$\vec{F} \parallel \vec{v}$<br>Landeklappen, Fallschirm |
| 55 | Gesetz von Ohm<br>In einem elektrischen Leiter ist die Stromstärke der Spannung direkt und dem Widerstand umgekehrt proportional. | 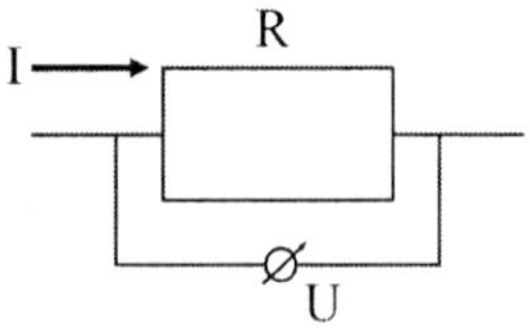 I, R, U | $I = \frac{U}{R}; \quad R = \frac{\rho l}{A}$<br>Spannungsteiler, Schiebewiderstand |
| 56 | Elektrische Ladung<br>Quantisierte Ladungsmenge, immer an Materie gebunden wird durch Elektronen oder Ionen transportiert. | 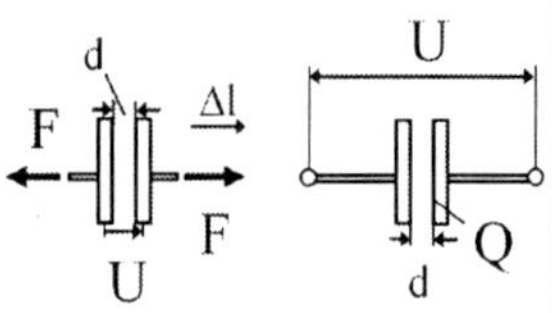 d, Δl, F, F, U, U, Q, d | $U = \frac{F}{Q} d = \frac{Q}{\varepsilon A} d$<br>$\varepsilon = \varepsilon_0 \cdot \varepsilon_r$<br>Kondensator |
| 57 | Coulomb´sche Kraft<br>Kraft, die auf eine elektrische Punktladung in einem elektrischen Feld wirkt. | 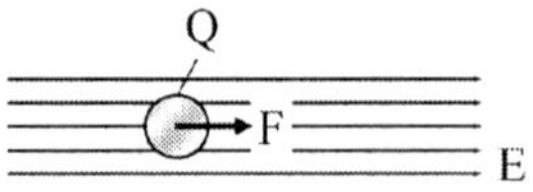 Q, F, E | $F = QE$<br>Elektronenstrahlröhre, Fernseher |
| 58 | Elektrostatische Anziehung (Abstoßung)<br>Basierend auf elektrostatischen Wechselwirkungen zwischen permanenten oder induzierten elektrostatischen Ladungen. | 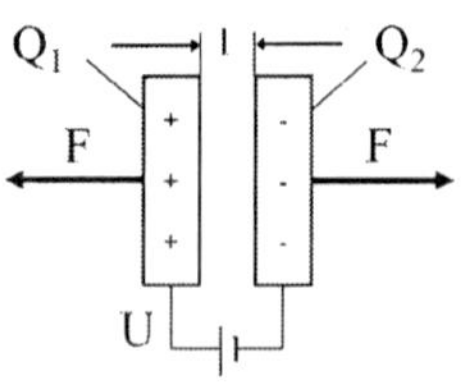 $Q_1$, l, $Q_2$, F, F, U | $F = \frac{1}{2} \frac{C}{l} U^2; \quad C = \frac{\varepsilon_0 \varepsilon_r A}{l}$<br>Photokopierer, Plattenkondensator |
| 59 | Dielektrische Wärmeverluste<br>Energie, die ein Isolierstoff im Wechselfeld absorbiert und in Verlustwärme umwandelt. | 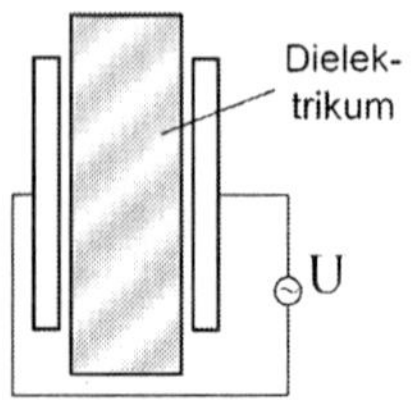 Dielektrikum, U | $Q = 2\pi U^2 C f \tan\delta$<br>Kunststoffschweißen, Verkleben von Sperrholz |

| Nr. | Name / Beschreibung | Prinzipskizze | Formel / Beispiel |
|---|---|---|---|
| 60 | Magnetische Anziehung (Abstoßung)<br>Gleichartige Pole eines Magneten stoßen sich ab, ungleichartige Pole ziehen sich an. 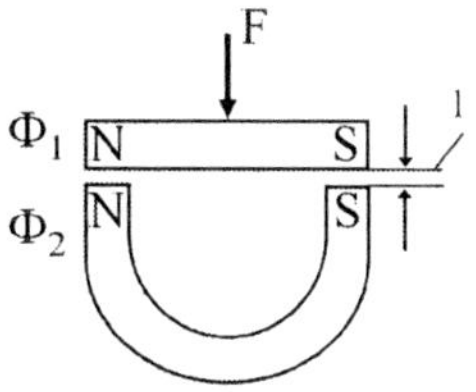 | F, $\Phi_1$, N, S, $\Phi_2$, N, S, l | $F = \frac{1}{2}\mu_0 A H^2$<br>Magnetische Federung, Magnetkupplung |
| 61 | Magnetostriktion<br>Ferromagnetika andern je nach Magnetfeldstärke geringfügig ihre Länge, wodurch im magnetischen Wechselfeld Ultraschall erzeugt wird. | 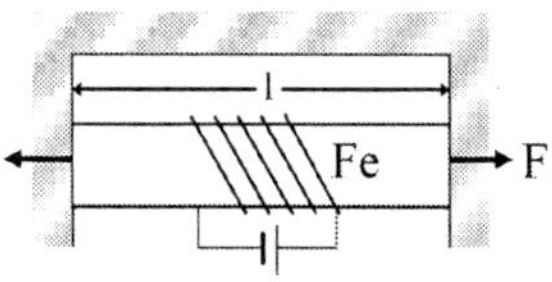 l, Fe, F | $F = k[l(B) - l(B_0)]$<br>Ultraschall |
| 62 | Elektromagnetische Anziehung (Abstoßung)<br>Moleküle mit einem magnetischen Dipol richten sich im Magnetfeld aus und erhöhen dadurch die Kraftflussdichte. | 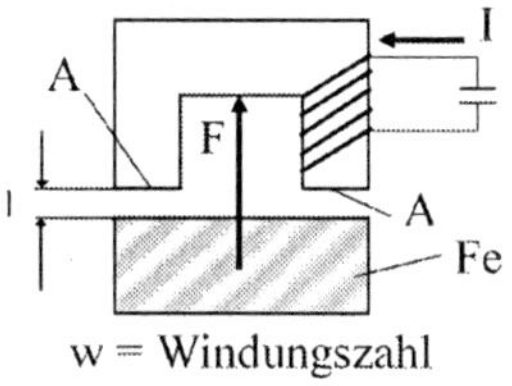 A, I, F, l, A, Fe, w = Windungszahl | $F = \frac{\mu_0 w^2 A}{l^2} I^2$<br>Elektromagnet |
| 63 | Gesetz von Biot-Savart<br>Magnetfeldstärke für beliebige Leitergeometrie. Beitrag des Leiterstücks der Länge l vom stromdurchflossenen Leiter. | 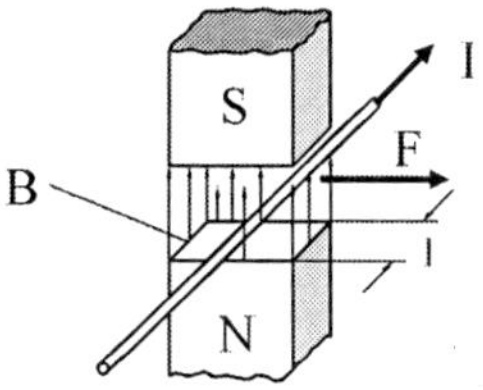 S, I, F, B, l, N | $l = \frac{F}{BI}$<br>Elektromotor, Generator, Lautsprecher |
| 64 | Induktion (1)<br>Bei einer zeitlichen Änderung des Magnetflusses durch eine offene Oberfläche wird eine Spannung induziert. | 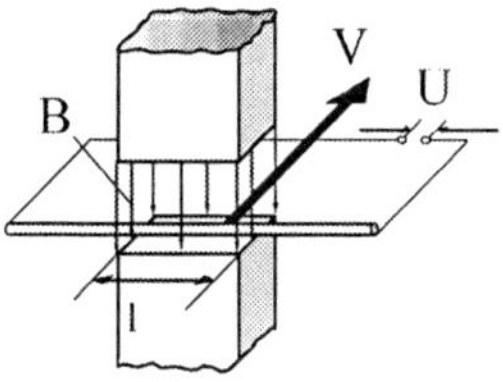 V, U, B, l | $I = \frac{F}{B}\frac{1}{l}; \quad v = \frac{1}{Bl}U$<br>Elektromotor, Lautsprecher, Drehspulmesswerk |
| 65 | Induktion (2)<br>Durch einen von der Spule 1 erzeugten magnetischen Fluss, wird in der Spule 2 eine Spannung induziert. | 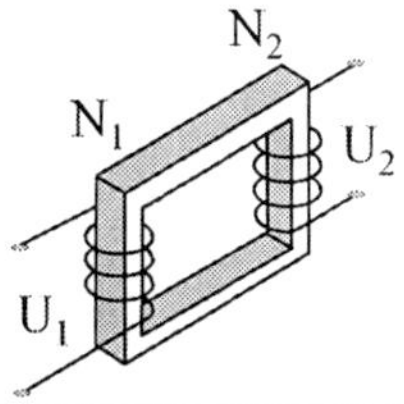 $N_2$, $N_1$, $U_2$, $U_1$ | $U_2 = \frac{N_2}{N_1}U_1; \quad I_2 = \frac{N_2}{N_1}I_1$<br>Transformator, Übertrager |

| Nr. Name / Beschreibung | Prinzipskizze | Formel / Beispiel |
|---|---|---|
| 66 Lorentzkraft | | $F = QBv$ |
| Kraft auf einen Massepunkt mit positiver elektrischer Ladung, der mit Relativgeschwindigkeit gegen Erreger eines Magnetfeldes bewegt. | F, v, B | Hallsonde |
| 67 Hall-Effekt | | $I = \frac{U}{BR} d$ |
| In einer stromdurchflossenen Leiterplatte im Magnetfeld werden die Elektronen durch die Lorentzkraft senkrecht abgelenkt, es entsteht eine Hall-Spannung. | A, $U_H$, d, v, $F_L$, e⁻, B | Magnetfeldmessung, Hallmultiplikator |
| 68 Wirbelstrom (1) | | $U = kB \frac{d\omega}{dt}$ |
| Induzierte Ströme in einem Leiter, der einer Magnetfeldänderung ausgesetzt ist, wirken dem ursprünglichen Magnetfeld entgegen. | ω, N, S, $U_{sp}$ | Gleichstromdynamo, Beschleunigungsmesser |
| 69 Wirbelstrom (2) | | $Q = const \cdot B^2 G \omega^2$<br>$\omega = 2\pi f$ |
| In einem elektrisch leitfähigen Körper, der sich in einem Wechselmagnetfeld befindet, entsteht infolge von Wirbelströmen Wärme. | Q, Elektromagentisches Wechselfeld | Induktionserwärmung |
| 70 Thermoeffekt | | $U = \alpha_S (T_2 - T_1)$ |
| Fließt Strom durch eine Metallkombination (Thermoelement), so entsteht zwischen den beiden Berührungsstellen eine Temperaturdifferenz. | A, B, $T_1$, $T_2$, U | Temperaturmessung, Thermoelement |
| 71 Peltier-Effekt | | $Q = \pi I$ |
| Erwärmung bzw. Abkühlen an einer Phasengrenze zweier verschiedener elektronischer oder ionischer Leiter bei Stromfluss (Umkehrung des Thermoeffekts). | $P_k$, $T_k$, I, $U_b$, $P_w$, $T_w$ | Kühlaggregat |

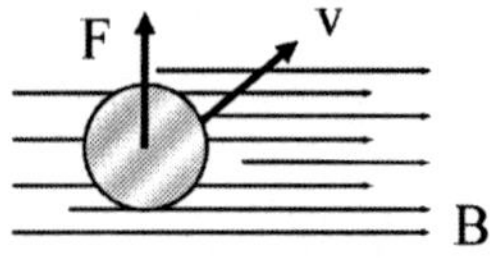

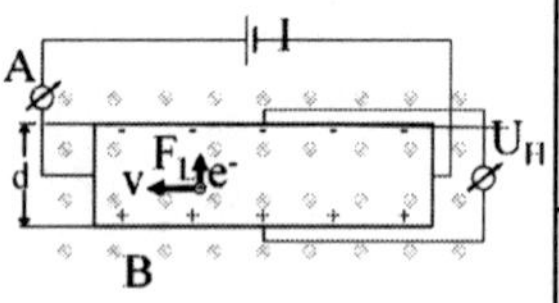

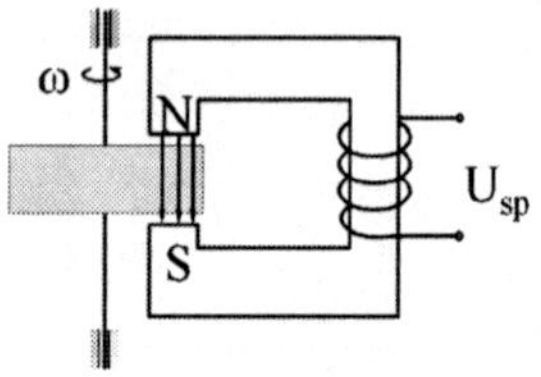

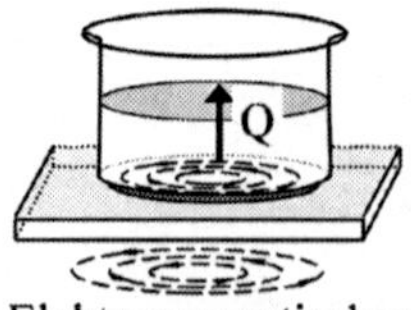

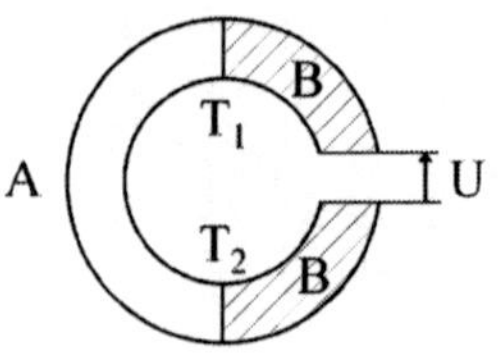

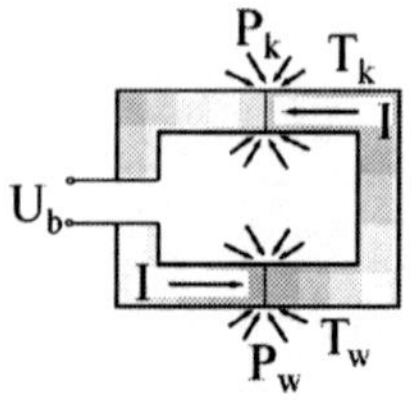

| Nr. Name / Beschreibung | Prinzipskizze | Formel / Beispiel |
|---|---|---|
| 72 Halbleiter<br>Material, mit einer elektrischen Leitfähigkeit, die je nach Temperatur zwischen derer metallischer Leiter (T hoch) und nicht metallischen Isolatoren (T bei 0 K) variiert. | 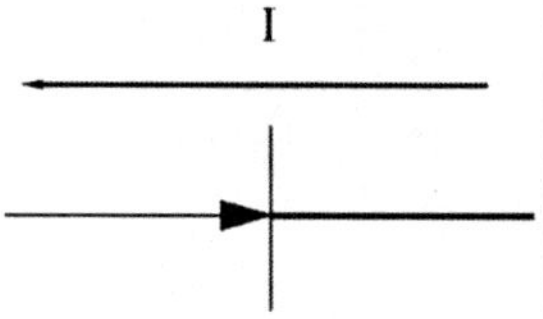 I | $I = I_{SP}\left(e^{\frac{eU}{kT}} - 1\right)$<br>Diode |
| 73 Transistoren<br>Besteht aus einem in Durchlassrichtung und einem in Sperrrichtung gepolten Gleichrichter. | 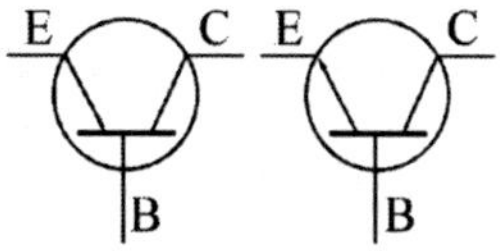 E C E C B B | <br>Computertechnik, Transistorradio |
| 74 Elektrokinetischer Effekt<br>An der Oberfläche eines Festkörpers bildet sich eine elektrochemische Doppelschicht. Es kommt zur Ladungstrennung und es entsteht elektrischer Strom. | 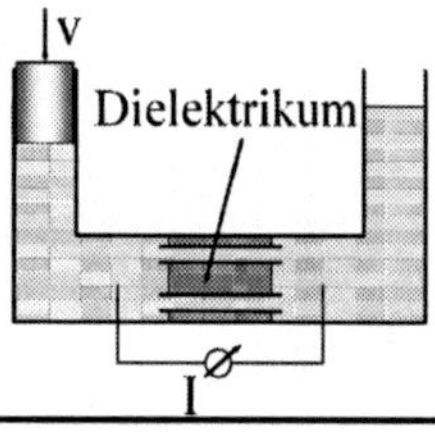 V Dielektrikum I | $U = \frac{\varepsilon_r \varepsilon_0 \xi l}{\eta \kappa} p_d = \frac{l \eta}{\xi \varepsilon_r \varepsilon_0} v$<br>Hydroelektrische Wasserpumpe |
| 75 Stoßionisation<br>Tritt in einer gasgefüllten Röhre ein hochenergetisches Teilchen ein, ionisiert dieses ein Gasatom. In Folge Sekundärionisation entsteht eine Ladungslawine. | 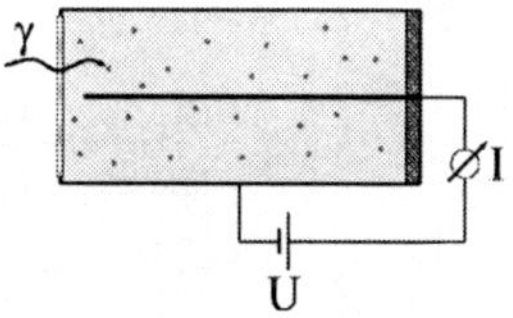 γ I U | <br>Zählrohr |
| 76 Laser<br>Der Übergang vieler Atome in den Grundzustand führt zu einer intensiven, monochromatischen, kohärenten und eng gebündelten Strahlung. | 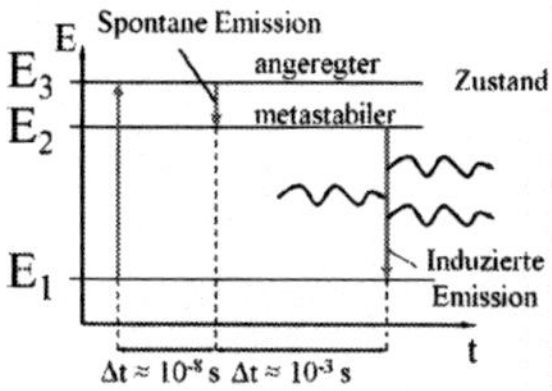 E Spontane Emission $E_3$ angeregter Zustand $E_2$ metastabiler $E_1$ Induzierte Emission $\Delta t \approx 10^{-8}$ s $\Delta t \approx 10^{-3}$ s t | $\Delta E = h \cdot f = \frac{hc}{\lambda}$<br>Laserschweißen, Laserpointer |
| 77 Vakuumentladung<br>Elektrische Entladung im Vakuum zwischen zwei Leiterplatten. | 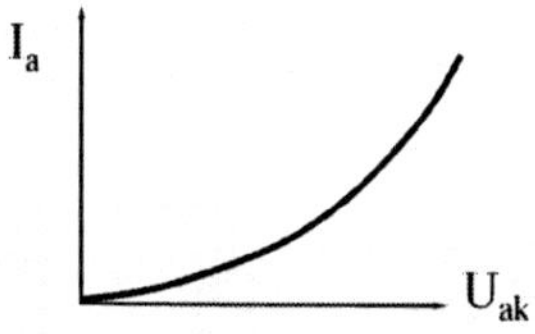 $I_a$ $U_{ak}$ | $U_{ak} = const.\ I_a^{2/3}$<br>Elektronenstrahlröhre, Diode |

| Nr. | Name<br>Beschreibung | Prinzipskizze | Formel<br>Beispiel |
|---|---|---|---|
| 78 | Änderung des Aggregatzustands<br>Eine Aggregatszustandsänderung ist immer mit Energiezufuhr oder -abfuhr bei konstanter Temperatur am Phasenübergang verbunden. | 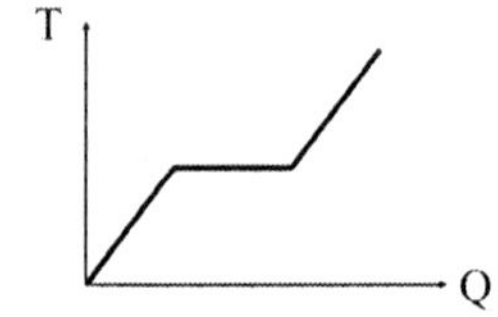 T, Q | Bei Phasenübergang gilt:<br>$T = const.$<br>Temperaturkonstanthalter |
| 79 | Wärmedehnungsanomalie<br>Wasser hat unter Normaldruck bei 3,98 °C das kleinste Volumen und die größte Dichte, es dehnt sich bei Erwärmung und bei Abkühlung. | 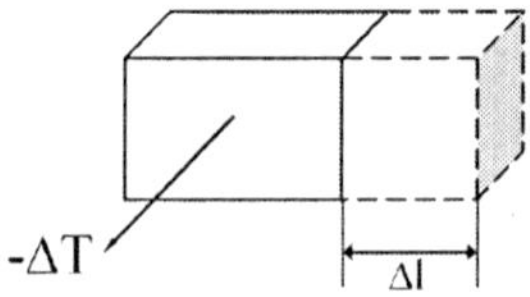 -ΔT, Δl | Sprengen von Gestein mit Wasser |
| 80 | Wärmedehnung<br>Bei zunehmender Temperatur dehnen sich Körper aus, wobei ein linearer Zusammenhang zwischen Temperatur und Längenänderung festzustellen ist. | 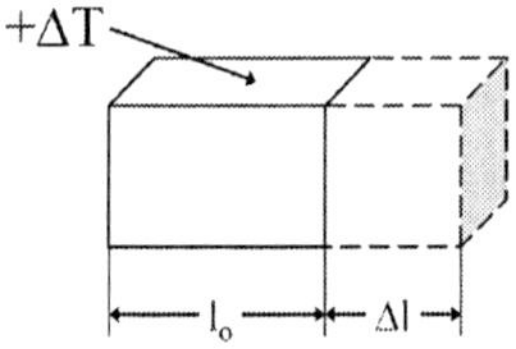 +ΔT, $l_o$, Δl | $\Delta l = l_0 \alpha \Delta T$<br>$F = \alpha E A \Delta T = k\left(l_{T_1} - l_{T_0}\right)$<br>Thermostat, Thermometer, Bimetall, Schrumpfsitz |
| 81 | Konvektion<br>Wärmeübertragung mit gleichzeitigem Stofftransport durch freie oder erzwungene Strömung von Materie. | 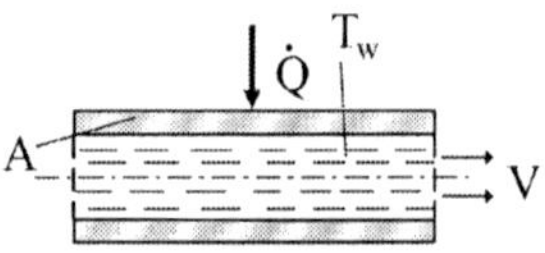 $\dot{Q}$, $T_W$, A, V | $\dot{Q} = h\,A(T_W - T_F)$<br>Heizkörper, Wärmetauscher |
| 82 | Wärmeleitung<br>Wärmetransport im Inneren eines Körpers oder einer Phase durch Gitterschwingungen und bewegliche Ladungsträger. | 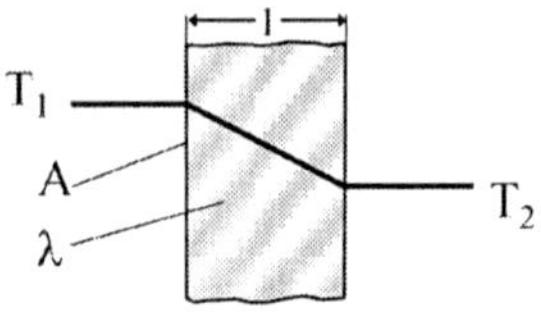 l, $T_1$, A, λ, $T_2$ | $\dot{Q} = \frac{\lambda A}{l}(T_1 - T_2)$<br>Wärmetauscher, Isolator |
| 83 | Wärmespeicherung<br>Ein Wärmespeicher ist ein Körper, der als Energiesenke fungiert und Wärme aufnimmt. | 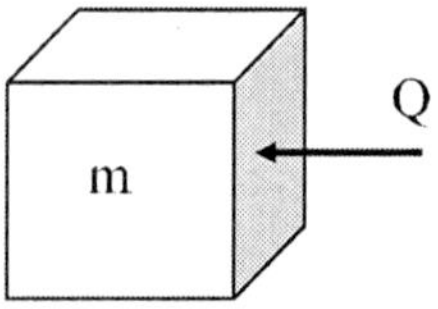 Q, m | $Q = c\,m\,(T_2 - T_1)$<br>Kachelofen |

| Nr. | Name | Beschreibung | Prinzipskizze | Formel | Beispiel |
|---|---|---|---|---|---|
| 84 | Wärmestrahlung | Wärmeübergang durch elektromagnetische Strahlung; im Vakuum einzige Form des Wärmetransports. | | $\dot{Q} = e\sigma A\left(T_2^{\,4} - T_1^{\,4}\right)$ | Heizflächen, Heizstrahler |
| 85 | Saite | Seilartiger, schwingungsfähiger Körper, der zwischen zwei Punkten eingespannt ist. | | $f = \frac{1}{2l}\sqrt{\frac{1}{A\rho}F}$ | Frequenzeinstellung bei Saiteninstrumenten (Gitarre) |
| 86 | Dopplereffekt | Ein Beobachter nimmt das Herannahen einer Schall- oder Lichtquelle als Frequenzerhöhung, ein Entfernen als Frequenzerniedrigung wahr. | | $f_E = f_S \frac{1 + v_E/c}{1 + v_S/c}$ | Geschwindigkeitsmessung |
| 87 | Schalldruck | Durch die Schallschwingung hervorgerufener Wechseldruck; analog zum mechanischen Druck. | | $F = \rho c A v$ | Mikrofon |

## *A3-3 Widerspruchsorientierte Lösungssuche*

Die von Altschuller begründete Methode nimmt ihren Ausgangspunkt bei Zielkonflikten, die auf Widersprüchen innerhalb eines technischen Systems basieren. Die Verbesserung eines Parameters (Teilziels) des Systems bewirkt dabei die gleichzeitige Verschlechterung eines anderen Parameters (Teilziels). Durch die Anwendung allgemeiner Lösungsprinzipien ist es hier möglich, die Widersprüche aufzulösen und innovative Lösungsideen zu generieren. Der Zugriff auf geeignete Prinzipien kann über die sogenannte Widerspruchsmatrix erfolgen. Dieser Ansatz ist ein Bestandteil der TRIZ-Methodik.

| Nr | Schritt | Methoden und Werkzeuge |
|---|---|---|
| 1 | Abstraktion der Problemstellung: Formulierung als technischer Widerspruch, Zuordnung der sich widersprechenden Merkmale des Systems zu vorgegebenen technischen Parametern | Relationsorientierte Funktionsmodellierung, Problemformulierung, 39 technische Parameter nach Altschuller |
| 2 | Lösungssuche auf abstraktem Niveau: Auswählen geeigneter allgemeiner Lösungsprinzipien | Widerspruchsmatrik, 40 innovative Prinzipien nach Altschuller |
| 3 | Übertragung auf die Problemstellung: Anwendung der Lösungsprinzipien auf das konkrete technische Problem | Kreativitätstechniken (zum Beispiel Brainstorming, Methode 6-3-5), Systematische Variation |

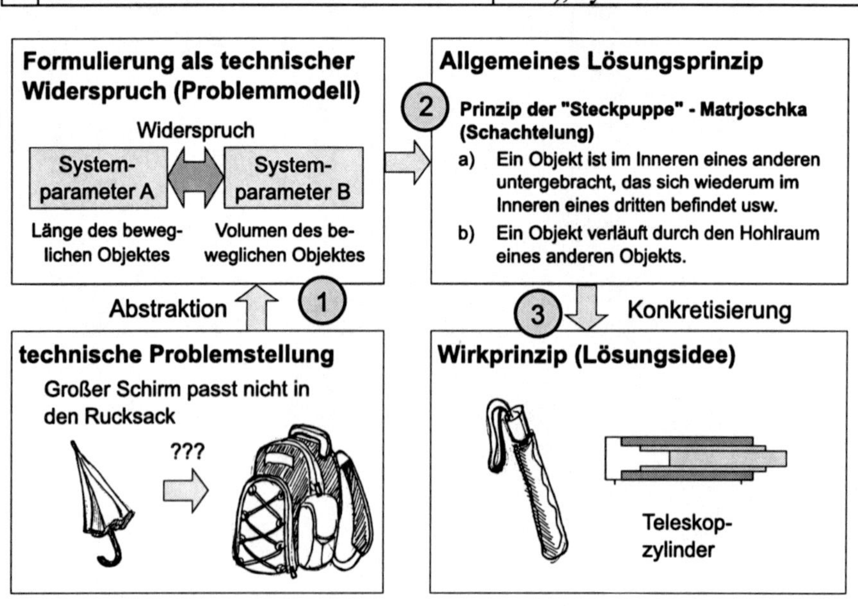

## *A3-4 Prinzipien zur Überwindung technischer Widersprüche*

### 39 technische Parameter nach Altschuller

**1. Masse eines beweglichen Objektes**

Die von der Schwerkraft verursachte Kraft, die ein bewegtes Objekt auf die ihn vor dem Fallen bewahrende Auflage ausübt. Ein bewegtes Objekt verändert seine Position aus sich hieraus oder aufgrund externer Kräfte.

**2. Masse eines unbeweglichen Objektes**

Die von der Schwerkraft verursachte Kraft, die ein stationäres Objekt auf seine Auflage ausübt. Ein stationäres Objekt verändert seine Position weder aus sich heraus noch aufgrund externer Kräfte

**3. Länge eines beweglichen Objektes**

Länge, Höhe oder Breite eines Körpers in Bewegungsrichtung. Die Bewegung kann intern oder durch externe Kräfte verursacht sein.

**4. Länge eines unbeweglichen Objektes**

Länge, Höhe oder Breite eines Körpers in der durch keine Bewegung gekennzeichneten Richtung.

**5. Fläche eines beweglichen Objektes**

Ebene bzw. Teilebene eines Objektes, welche aufgrund interner oder externer Kräfte ihre räumliche Position verändert.

**6. Fläche eines unbeweglichen Objektes**

Ebene bzw. Teilebene eines Objektes, welche aufgrund interner oder externer Kräfte ihre räumliche Position nicht verändern kann.

**7. Volumen eines beweglichen Objektes**

Volumen eines Objektes, welches aufgrund interner oder externer Kräfte seine räumliche Position verändert.

**8. Volumen eines unbeweglichen Objektes**

Volumen eines Objektes, welches aufgrund interner oder externer Kräfte seine räumliche Position nicht verändern kann.

**9. Geschwindigkeit**

Das Tempo, mit dem eine Aktion oder ein Prozess zeitlich vorangebracht wird.

**10. Kraft**

Die Fähigkeit, physikalische Veränderungen an einem Objekt hervorrufen zu können. Die Veränderung kann vollständig oder teilweise, permanent oder temporär sein.

**11. Spannung oder Druck**

Die Intensität der auf ein Objekt einwirkenden Kräfte, gemessen als Kraft oder Spannung pro Fläche.

**12. Form**

Die äußerliche Erscheinung oder Kontur eines Objektes. Die Form kann sich vollständig oder teilweise, permanent oder temporär aufgrund einwirkender Kräfte verändern.

**13. Stabilität der Zusammensetzung des Objektes**

Die Widerstandsfähigkeit eines ganzen Objektes gegen aufgezwungene Formänderungen oder Instabilität.

**14. Festigkeit**

Die Fähigkeit eines Objektes, innerhalb definierter Grenzen Kräfte oder Belastungen auszuhalten, ohne zerstört zu werden.

**15. Haltbarkeit (Dauer des Wirkens) eines beweglichen Objektes**

Die Zeitspanne, während der ein sich räumlich bewegendes Objekt in der Lage ist, seine Funktion erfolgreich zu erfüllen.

**16. Haltbarkeit (Dauer des Wirkens) eines unbeweglichen Objektes**

Die Zeitspanne, während der ein räumlich fixiertes Objekt in der Lage ist, seine Funktion erfolgreich zu erfüllen.

**17. Temperatur**

Der Verlust oder Gewinn von Wärme als mögliche Gründe für Verlängerungen an einem Objekt während des geforderten Funktionsablaufes.

**18. Helligkeit (Sichtverhältnisse)**

Lichtenergie pro beleuchteter Fläche, Qualität und Charakteristik des Lichtes, Grad der Ausleuchtung.

**19. Energieverbrauch eines beweglichen Objektes**

Der Energiebedarf eines sich aufgrund interner oder externer Kräfte räumlich bewegenden Objektes.

### 20. Energieverbrauch eines unbeweglichen Objektes

Der Energiebedarf eines sich trotz äußerer Kräfte räumlich nicht bewegenden Objektes.

### 21. Leistung, Kapazität

Das für die betreffende Aktion benötigte Verhältnis aus Aufwand und Zeit. Dient zur Charakterisierung benötigter, aber unerwünschter Veränderungen in der Leistung eines Systems.

### 22. Energieverluste

Unfähigkeit eines Objektes Kräfte auszuüben, insbesondere wenn nicht gearbeitet oder produziert wird.

### 23. Materialverluste

Abnahme oder Verschwinden von Material, insbesondere wenn nicht gearbeitet oder produziert wird.

### 24. Informationsverluste

Abnahme oder Verlust an Informationen oder Daten.

### 25. Zeitverluste

Zunehmender Zeitbedarf zur Erfüllung einer vorgegebenen Funktion.

### 26. Materialmenge

Die benötigte Zahl an Elementen oder die benötigte Menge eines Elementes für die Erzeugung eines Objektes.

### 27. Zuverlässigkeit (Sicherheit)

Die Fähigkeit, über eine bestimmte Zeit oder Zyklenanzahl die vorgegebene Funktion erfüllen zu können.

### 28. Messgenauigkeit

Der Grad an Übereinstimmung zwischen gemessenem und wahrem Wert der zu messenden Eigenschaft.

### 29. Fertigungsgenauigkeit

Das Maß an Übereinstimmung mit Spezifikationen.

### 30. Von außen auf das Objekt wirkende schädliche Faktoren

Die auf ein Objekt einwirkenden, Qualität und Effizienz beeinflussenden äußeren Faktoren.

**31. Vom Objekt selbst erzeugte schädliche Faktoren**

Intern erzeugte Effekte, die die Qualität und Effizienz eines Objektes beeinträchtigen.

**32. Fertigungsfreundlichkeit**

Komfort und Einfachheit, mit der ein Produkt erzeugt werden kann.

**33. Bedienkomfort**

Komfort und Einfachheit, mit der ein Objekt bedient oder benutzt werden kann.

**34. Instandsetzungsfreundlichkeit (Reparaturfreundlichkeit)**

Komfort und Einfachheit, mit der ein Objekt nach Beschädigung oder Abnutzung wieder in den arbeitsfähigen Zustand zurückversetzt werden kann.

**35. Adaptionsfähigkeit, Universalität**

Die Fähigkeit, sich an veränderliche externe Bedingungen anpassen zu können.

**36. Kompliziertheit der Struktur**

Anzahl und Diversität der Einzelbestandteile einschließlich deren Verknüpfung. Weiterhin ist hier die Schwierigkeit, ein System als Benutzer zu beherrschen, gemeint.

**37. Kompliziertheit der Kontrolle und Messung**

Anzahl und Diversität von Elementen bei der Steuerung und Kontrolle des Systems, aber auch der Aufwand, mit akzeptabler Genauigkeit zu messen.

**38. Automatisierungsgrad**

Die Fähigkeit, ohne menschliche Interaktion zu funktionieren.

**39. Produktivität (Funktionalität)**

Das Verhältnis zwischen Zahl der abgeschlossenen Aktionen und des dazu notwendigen Zeitbedarfes.

# Widerspruchsmatrix (1 / 10)

A: Was wird den Bedingungen der Aufgabe entsprechend verändert (vergrößert, verringert, verbessert)?

B: Was verändert (vergrößert, verringert, verschlechtert) sich unzulässig, wenn Veränderungen gemäß A mit herkömmlichen Verfahren herbeigeführt werden?

| A \ B | Masse des beweglichen Objekts 1 | Masse des unbeweglichen Objekts 2 | Länge des beweglichen Objekts 3 | Länge des unbeweglichen Objekts 4 | Fläche des beweglichen Objekts 5 | Fläche des unbeweglichen Objekts 6 | Volumen des beweglichen Objekts 7 | Volumen des unbeweglichen Objekts 8 | Geschwindigkeit 9 | Kraft 10 | Spannung oder Druck 11 | Form 12 | Stabilität der Zusammensetzung des Objekts 13 | Festigkeit 14 | Dauer des Wirkens des beweglichen Objekts 15 | Dauer des Wirkens des unbeweglichen Objekts 16 | Temperatur 17 | Sichtverhältnisse 18 | Energieverbrauch des beweglichen Objekts 19 | Energieverbrauch des unbeweglichen Objekts 20 |
|---|---|---|---|---|---|---|---|---|---|---|---|---|---|---|---|---|---|---|---|---|
| 1 Masse des beweglichen Objekts | | | 15, 8, 29, 34 | | 29, 17, 38, 34 | | 29, 2, 40, 28 | | 2, 8, 15, 38 | 8, 10, 18, 37 | 10, 36, 37, 40 | 10, 14, 35, 40 | 1, 35, 19, 39 | 28, 27, 18, 40 | 5, 34, 31, 35 | | 6, 29, 4, 38 | 19, 1, 32 | 35, 12, 34, 31 | |
| 2 Masse des unbeweglichen Objekts | | | | 10, 1, 29, 35 | | 35, 30, 13, 2 | | 5, 35, 14, 2 | | 8, 10, 19, 35 | 13, 29, 10, 18 | 13, 10, 29, 14 | 26, 39, 1, 40 | 28, 2, 10, 27 | | 2, 27, 19, 6 | 28, 19, 32, 22 | 19, 32, 35 | | 18, 19, 28, 1 |
| 3 Länge des beweglichen Objekts | 8, 15, 29, 34 | | | | 15, 17, 4 | | 7, 17, 4, 35 | | 13, 4, 8 | 17, 10, 4 | 1, 8, 35 | 1, 8, 10, 29 | 1, 8, 15, 34 | 8, 35, 29, 34 | 19 | | 10, 15, 19 | 32 | 8, 35, 24 | |
| 4 Länge des unbeweglichen Objekts | | 35, 28, 40, 29 | | | | 17, 7, 10, 40 | | 35, 8, 2, 14 | | 28, 10 | 1, 14, 35 | 13, 14, 15, 7 | 39, 37, 35 | 15, 14, 28, 26 | | 1, 40, 35 | 3, 35, 39, 18 | 3, 25 | | |
| 5 Fläche des beweglichen Objekts | 2, 17, 29, 4 | | 14, 15, 18, 4 | | | | 7, 14, 17, 4 | | 29, 30, 4, 34 | 19, 30, 35, 2 | 10, 15, 36, 28 | 5, 34, 29, 4 | 11, 2, 13, 39 | 3, 15, 40, 14 | 6, 3 | | 2, 15, 16 | 15, 32, 19, 13 | 19, 32 | |
| 6 Fläche des unbeweglichen Objekts | | 30, 2, 14, 18 | 9 | 26, 7, 9, 39 | | | | | | 1, 18, 35, 36 | 10, 15, 36, 37 | | 2, 38 | 40 | | 2, 10, 19, 30 | 35, 39, 38 | | | |
| 7 Volumen des beweglichen Objekts | 2, 26, 29, 40 | | 1, 7, 4, 35 | | 1, 7, 4, 17 | | | | 29, 4, 38, 34 | 15, 35, 36, 37 | 6, 35, 36, 37 | 1, 15, 29, 4 | 28, 10, 1, 39 | 9, 14, 15, 7 | 6, 35, 4 | | 34, 39, 10, 18 | 2, 13, 10 | 35 | |
| 8 Volumen des unbeweglichen Objekts | | 35, 10, 19, 14 | 19, 14 | 35, 8, 2, 14 | | | | | | 2, 18, 37 | 24, 35 | 7, 2, 35 | 34, 28, 35, 40 | 9, 14, 17, 15 | | 35, 34, 38 | 35, 6, 4 | | | |

# Widerspruchsmatrix (2 / 10)

| | B: Was verändert (vergrößert, verringert, verschlechtert) sich unzulässig, wenn Veränderungen gemäß A mit herkömmlichen Verfahren herbeigeführt werden? | | | | | | | | | | | | | | | | | | |
|---|---|---|---|---|---|---|---|---|---|---|---|---|---|---|---|---|---|---|---|
| A: Was wird den Bedingungen der Aufgabe entsprechend verändert (vergrößert, verringert, verbessert)? | Leistung, Kapazität | Energieverluste | Materialverluste | Informationsverluste | Zeitverluste | Materialmenge | Zuverlässigkeit | Meßgenauigkeit | Fertigungsgenauigkeit | Von außen auf das Objekt wirkende schädliche Faktoren | Vom Objekt selbst erzeugte schädliche Faktoren | Fertigungsfreundlichkeit | Bedienkomfort | Instandsetzungsfreundlichkeit | Adaptionsfähigkeit, Universalität | Kompliziertheit der Struktur | Kompliziertheit der Kontrolle und Messung | Automatisierungsgrad | Produktivität |
| | **21** | **22** | **23** | **24** | **25** | **26** | **27** | **28** | **29** | **30** | **31** | **32** | **33** | **34** | **35** | **36** | **37** | **38** | **39** |
| **1** Masse des beweglichen Objekts | 12 | 6 | 5 | 10 | 10 | 3 | 3 | 28 | 28 | 22 | 22 | 27 | 35 | 2 | 29 | 26 | 28 | 26 | 35 |
| | 36 | 2 | 35 | 24 | 35 | 26 | 11 | 27 | 35 | 21 | 35 | 28 | 3 | 27 | 5 | 30 | 29 | 35 | 3 |
| | 18 | 34 | 3 | 35 | 20 | 18 | 1 | 35 | 26 | 18 | 31 | 1 | 2 | 28 | 15 | 36 | 36 | 18 | 24 |
| | 31 | 19 | 31 | | 28 | 31 | 27 | 26 | 18 | 27 | 39 | 36 | 24 | 11 | 8 | 34 | 32 | 19 | 37 |
| **2** Masse des unbeweglichen Objekts | 15 | 18 | 5 | 10 | 10 | 19 | 10 | 18 | 10 | 2 | 35 | 28 | 6 | 2 | 19 | 1 | 25 | 2 | 1 |
| | 19 | 19 | 8 | 15 | 20 | 6 | 28 | 26 | 1 | 19 | 22 | 1 | 13 | 27 | 15 | 10 | 28 | 26 | 28 |
| | 18 | 28 | 13 | 35 | 35 | 18 | 8 | 28 | 35 | 22 | 1 | 9 | 1 | 28 | 29 | 26 | 17 | 35 | 15 |
| | 22 | 15 | 30 | | 26 | 26 | 3 | | 27 | 37 | 39 | | 32 | 11 | | 39 | 15 | | 35 |
| **3** Länge des beweglichen Objekts | 1 | 1 | 4 | 1 | 15 | 29 | 10 | 28 | 10 | 1 | 17 | 1 | 15 | 1 | 14 | 1 | 35 | 17 | 11 |
| | 35 | 2 | 29 | 24 | 2 | 35 | 14 | 32 | 28 | 15 | 15 | 29 | 29 | 28 | 15 | 19 | 1 | 24 | 4 |
| | | 35 | 23 | | 29 | | 29 | 4 | 29 | 17 | | 17 | 35 | 10 | 1 | 26 | 26 | 26 | 28 |
| | | 39 | 10 | | | | 40 | | 37 | 24 | | | 4 | | 16 | 24 | 24 | 16 | 29 |
| **4** Länge des unbeweglichen Objekts | 12 | 6 | 10 | 24 | 30 | | 15 | 32 | 2 | 1 | | 15 | 2 | 3 | 1 | 1 | 26 | | 30 |
| | 8 | 28 | 28 | 26 | 29 | | 29 | 28 | 32 | 18 | | 17 | 25 | | 35 | 26 | | | 14 |
| | | | 24 | | 14 | | 28 | 3 | 10 | | | 27 | | | | | | | 7 |
| | | | 35 | | | | | | | | | | | | | | | | 26 |
| **5** Fläche des beweglichen Objekts | 19 | 15 | 10 | 30 | 26 | 29 | 29 | 26 | 2 | 22 | 17 | 13 | 15 | 15 | 15 | 14 | 2 | 14 | 10 |
| | 10 | 17 | 35 | 26 | 4 | 30 | 9 | 28 | 32 | 33 | 2 | 1 | 17 | 13 | 30 | 1 | 36 | 30 | 26 |
| | 32 | 30 | 2 | | | 6 | | 32 | | 28 | 18 | 26 | 13 | 10 | | 13 | 26 | 28 | 34 |
| | 18 | 26 | 39 | | | 13 | | 3 | | 1 | 39 | 24 | 16 | 1 | | | 18 | 23 | 2 |
| **6** Fläche des unbeweglichen Objekts | 17 | 17 | 10 | 30 | 10 | 2 | 32 | 26 | 2 | 27 | 22 | 40 | 16 | 16 | 15 | 1 | 2 | 23 | 10 |
| | 32 | 7 | 14 | 16 | 35 | 18 | 35 | 28 | 29 | 2 | 1 | 16 | 4 | | 16 | 18 | 35 | | 15 |
| | | 30 | 18 | | 4 | 40 | 40 | 32 | 18 | 39 | 40 | | | | | 36 | 30 | | 17 |
| | | | 39 | | 18 | 4 | 4 | 3 | 36 | 35 | | | | | | | 18 | | 7 |
| **7** Volumen des beweglichen Objekts | 35 | 7 | 36 | 2 | 2 | 14 | 14 | 25 | 25 | 22 | 17 | 29 | 15 | 10 | 15 | 26 | 29 | 35 | 10 |
| | 6 | 15 | 39 | 22 | 6 | 1 | 1 | 26 | 28 | 21 | 2 | 1 | 13 | | 29 | 1 | 26 | 34 | 6 |
| | 13 | 13 | 34 | | 34 | 40 | 40 | 28 | 2 | 27 | 40 | 40 | 30 | | | | 4 | 16 | 2 |
| | 18 | 16 | 10 | | 10 | 11 | 11 | | 16 | 35 | 1 | | 12 | | | | | 24 | 34 |
| **8** Volumen des unbeweglichen Objekts | 30 | | 10 | | 35 | 35 | 2 | | 35 | 34 | 30 | 35 | | 1 | | 1 | 2 | | 35 |
| | 6 | | 39 | | 16 | 3 | 35 | | 10 | 39 | 18 | | | | | 31 | 17 | | 37 |
| | | | 35 | | 32 | | 16 | | 25 | 19 | 35 | | | | | | 26 | | 10 |
| | | | 34 | | 18 | | | | | 27 | 4 | | | | | | | | 2 |

## Widerspruchsmatrix (3 / 10)

A: Was wird den Bedingungen der Aufgabe entsprechend verändert (vergrößert, verringert, verbessert)?

B: Was verändert (vergrößert, verringert, verschlechtert) sich unzulässig, wenn Veränderungen gemäß A mit herkömmlichen Verfahren herbeigeführt werden?

| A \ B | 1 Masse des beweglichen Objekts | 2 Masse des unbeweglichen Objekts | 3 Länge des beweglichen Objekts | 4 Länge des unbeweglichen Objekts | 5 Fläche des beweglichen Objekts | 6 Fläche des unbeweglichen Objekts | 7 Volumen des beweglichen Objekts | 8 Volumen des unbeweglichen Objekts | 9 Geschwindigkeit | 10 Kraft |
|---|---|---|---|---|---|---|---|---|---|---|
| 9 Geschwindigkeit | 8, 28, 13, 38 | | 13, 14, 8 | | 29, 30, 34 | | 7, 29, 34 | | | 13, 28, 15, 19 |
| 10 Kraft | 8, 1, 37, 18 | 18, 13, 1, 28 | 17, 19, 9, 36 | 28, 10 | 19, 10, 15 | 1, 18, 36, 37 | 15, 9, 12, 37 | 2, 36, 18, 37 | 13, 28, 15, 12 | |
| 11 Spannung oder Druck | 10, 36, 37, 40 | 13, 29, 10, 18 | 35, 10, 36 | 35, 1, 14, 16 | 10, 15, 36, 28 | 10, 15, 36, 37 | 6, 35, 10 | 35, 24 | 6, 35, 36 | 36, 35, 21 |
| 12 Form | 8, 10, 29, 40 | 15, 10, 26, 3 | 29, 34, 5, 4 | 13, 14, 10, 7 | 5, 34, 4, 10 | | 14, 4, 15, 22 | 7, 2, 35 | 35, 15, 34, 18 | 35, 10, 37, 40 |
| 13 Stabilität der Zusammensetzung | 21, 35, 2, 39 | 26, 39, 1, 40 | 13, 15, 1, 28 | 37 | 2, 11, 13 | 39 | 28, 10, 19, 39 | 34, 28, 35, 40 | 33, 15, 28, 18 | 10, 35, 21, 16 |
| 14 Festigkeit | 1, 8, 40, 15 | 40, 26, 27, 1 | 1, 15, 8, 35 | 15, 14, 28, 26 | 3, 34, 40, 29 | 9, 40, 28 | 10, 15, 14, 7 | 9, 14, 17, 15 | 8, 13, 26, 14 | 10, 18, 3, 14 |
| 15 Dauer des Wirkens des beweglichen Objekts | 19, 5, 34, 31 | | 2, 19, 9 | | 3, 17, 19 | | 10, 2, 19, 30 | | 3, 35, 5 | 19, 2, 16 |
| 16 Dauer des Wirkens des unbeweglichen Objekts | | 6, 27, 19, 16 | | 1, 40, 35 | | | | 35, 34, 38 | | |

| A \ B | 11 Spannung oder Druck | 12 Form | 13 Stabilität der Zusammensetzung des Objekts | 14 Festigkeit | 15 Dauer des Wirkens des beweglichen Objekts | 16 Dauer des Wirkens des unbeweglichen Objekts | 17 Temperatur | 18 Sichtverhältnisse | 19 Energieverbrauch des beweglichen Objekts | 20 Energieverbrauch des unbeweglichen Objekts |
|---|---|---|---|---|---|---|---|---|---|---|
| 9 Geschwindigkeit | 6, 18, 38, 40 | 35, 15, 18, 34 | 28, 33, 1, 18 | 8, 3, 26, 14 | 3, 19, 35, 5 | | 28, 30, 36, 2 | 10, 13, 19 | 8, 15, 35, 38 | |
| 10 Kraft | 18, 21, 11 | 10, 35, 40, 34 | 35, 10, 21 | 35, 10, 14, 27 | 19, 2 | | 35, 10, 21 | | 19, 17, 10 | 1, 16, 36, 37 |
| 11 Spannung oder Druck | | 35, 4, 15, 10 | 35, 33, 2, 40 | 9, 18, 3, 40 | 19, 3, 27 | | 35, 39, 19, 2 | | 14, 24, 10, 37 | |
| 12 Form | 34, 15, 10, 14 | | 33, 1, 18, 4 | 30, 14, 10, 40 | 14, 26, 9, 25 | | 22, 14, 19, 32 | 13, 15, 32 | 2, 6, 34, 14 | |
| 13 Stabilität der Zusammensetzung | 2, 35, 40 | 22, 1, 18, 4 | | 17, 9, 15 | 13, 27, 10, 35 | 39, 3, 35, 23 | 35, 1, 32 | 32, 3, 27, 15 | 13, 19 | 27, 4, 29, 18 |
| 14 Festigkeit | 10, 3, 18, 40 | 10, 30, 35, 40 | 13, 17, 35 | | 27, 3, 26 | | 30, 10, 40 | 35, 19 | 19, 35, 10 | 35 |
| 15 Dauer des Wirkens des beweglichen Objekts | 19, 3, 27 | 14, 26, 28, 25 | 13, 3, 35 | 27, 3, 10 | | | 19, 35, 39 | 2, 19, 4, 35 | 28, 6, 35, 18 | |
| 16 Dauer des Wirkens des unbeweglichen Objekts | | | 39, 3, 35, 23 | | | | 19, 18, 36, 40 | | | |

## Widerspruchsmatrix (4 / 10)

B: Was verändert (vergrößert, verringert, verschlechtert) sich unzulässig, wenn Veränderungen gemäß A mit herkömmlichen Verfahren herbeigeführt werden?

| A: Was wird den Bedingungen der Aufgabe entsprechend verändert (vergrößert, verringert, verbessert)? | Leistung, Kapazität | Energieverluste | Materialverluste | Informationsverluste | Zeitverluste | Materialmenge | Zuverlässigkeit | Meßgenauigkeit | Fertigungsgenauigkeit | Von außen auf das Objekt wirkende schädliche Faktoren | Vom Objekt selbst erzeugte schädliche Faktoren | Fertigungsfreundlichkeit | Bedienkomfort | Instandsetzungsfreundlichkeit | Adaptionsfähigkeit, Universalität | Kompliziertheit der Struktur | Kompliziertheit der Kontrolle und Messung | Automatisierungsgrad | Produktivität |
|---|---|---|---|---|---|---|---|---|---|---|---|---|---|---|---|---|---|---|---|
| | 21 | 22 | 23 | 24 | 25 | 26 | 27 | 28 | 29 | 30 | 31 | 32 | 33 | 34 | 35 | 36 | 37 | 38 | 39 |
| 9 Geschwindigkeit | 19 | 14 | 10 | 13 | | 10 | 11 | 28 | 10 | 1 | 2 | 35 | 32 | 34 | 15 | 10 | 3 | 10 | |
| | 35 | 20 | 13 | 26 | | 19 | 35 | 32 | 28 | 28 | 24 | 13 | 28 | 2 | 10 | 28 | 34 | 18 | |
| | 38 | 19 | 28 | | | 29 | 27 | 1 | 32 | 35 | 35 | 8 | 13 | 28 | 26 | 4 | 27 | | |
| | 2 | 35 | 38 | | | 38 | 28 | 24 | 25 | 23 | 21 | 1 | 12 | 27 | | 34 | 16 | | |
| 10 Kraft | 19 | 14 | 8 | | 10 | 14 | 3 | 35 | 28 | 1 | 13 | 15 | 1 | 15 | 15 | 36 | 36 | 2 | 3 |
| | 35 | 15 | 35 | | 37 | 29 | 35 | 10 | 29 | 35 | 3 | 37 | 28 | 1 | 17 | 35 | 37 | 35 | 28 |
| | 18 | | 40 | | 36 | 18 | 13 | 23 | 37 | 40 | 36 | 18 | 3 | 11 | 18 | 10 | 10 | | 35 |
| | 37 | | 5 | | | 36 | 21 | 24 | 36 | 18 | 24 | 1 | 25 | | 20 | 18 | 19 | | 37 |
| 11 Spannung oder Druck | 10 | 2 | 10 | | 37 | 10 | 10 | 6 | 3 | 22 | 2 | 1 | 11 | 2 | 35 | 19 | 2 | 35 | 10 |
| | 35 | 36 | 36 | | 36 | 14 | 13 | 28 | 35 | 2 | 33 | 35 | | | | 1 | 36 | 21 | 14 |
| | 14 | 25 | 3 | | 4 | 36 | 19 | 25 | | 37 | 27 | 16 | | | | 35 | 37 | | 35 |
| | | | 37 | | | | 35 | | | | 18 | | | | | | | | 37 |
| 12 Form | 4 | 14 | 35 | | 14 | 36 | 10 | 28 | 32 | 22 | 35 | 1 | 32 | 2 | 1 | 16 | 15 | 15 | 17 |
| | 6 | | 29 | | 10 | 22 | 40 | 32 | 30 | 1 | 1 | 32 | 15 | 13 | 15 | 29 | 13 | 1 | 26 |
| | 2 | | 3 | | 34 | | 16 | 1 | 40 | 2 | | 17 | 26 | 1 | 29 | 1 | 39 | 32 | 34 |
| | | | 5 | | 17 | | | | | 35 | | 28 | | | | 28 | | | 10 |
| 13 Stabilität der Zusammensetzung | 32 | 14 | 2 | | 35 | 15 | | 13 | 18 | 35 | 35 | 35 | 32 | 2 | 35 | 2 | 35 | 1 | 23 |
| | 35 | 2 | 14 | | 27 | 32 | | | | 24 | 40 | 19 | 35 | 35 | 30 | 35 | 22 | 8 | 35 |
| | 27 | 39 | 30 | | | 35 | | | | 30 | 27 | | 30 | 10 | 34 | 22 | 39 | 35 | 40 |
| | 31 | 6 | 40 | | | | | | | 18 | 39 | | | 16 | 2 | 26 | 23 | | 3 |
| 14 Festigkeit | 10 | 35 | 35 | | 29 | 29 | 11 | 3 | 3 | 18 | 15 | 11 | 32 | 27 | 15 | 2 | 27 | 15 | 29 |
| | 26 | | 28 | | 3 | 10 | 3 | 27 | 27 | 35 | 35 | 3 | 40 | 11 | 3 | 13 | 3 | | 35 |
| | 35 | | 31 | | 28 | 25 | | 16 | | 37 | 22 | 10 | 28 | 3 | 32 | 28 | 15 | | 10 |
| | 28 | | 40 | | 10 | | | | | 1 | 2 | 32 | 2 | | | 10 | 40 | | 14 |
| 15 Dauer des Wirkens des beweglichen Objekts | 19 | | 28 | 10 | 20 | 3 | 11 | 3 | 3 | 22 | 21 | 27 | 12 | 29 | 1 | 4 | 19 | 6 | 35 |
| | 10 | | 27 | | 10 | 35 | 2 | | 27 | 15 | 39 | 1 | 27 | 10 | 35 | 29 | 29 | 10 | 17 |
| | 35 | | 3 | | 28 | 10 | 13 | | 16 | 33 | 16 | 4 | | 27 | 13 | 15 | 39 | | 14 |
| | 38 | | 18 | | 18 | 40 | | | 40 | 28 | 22 | | | | | | 35 | | 19 |
| 16 Dauer des Wirkens des unbeweglichen Objekts | 16 | | 27 | 10 | 28 | 3 | 34 | 10 | | 17 | 22 | 35 | 1 | 1 | 2 | | 25 | 1 | 20 |
| | | | 16 | | 20 | 35 | 27 | 26 | | 1 | | 10 | | | | | 34 | | 10 |
| | | | 18 | | 10 | 31 | 6 | 24 | | 40 | | | | | | | 6 | | 16 |
| | | | 38 | | 16 | | 40 | | | 33 | | | | | | | 35 | | 38 |

# Widerspruchsmatrix (5 / 10)

| A: Was wird den Bedingungen der Aufgabe entsprechend verändert (vergrößert, verringert, verbessert)? / B: Was verändert (vergrößert, verringert, verschlechtert) sich unzulässig, wenn Veränderungen gemäß A mit herkömmlichen Verfahren herbeigeführt werden? | 1 Masse des beweglichen Objekts | 2 Masse des unbeweglichen Objekts | 3 Länge des beweglichen Objekts | 4 Länge des unbeweglichen Objekts | 5 Fläche des beweglichen Objekts | 6 Fläche des unbeweglichen Objekts | 7 Volumen des beweglichen Objekts | 8 Volumen des unbeweglichen Objekts | 9 Geschwindigkeit | 10 Kraft | 11 Spannung oder Druck | 12 Form | 13 Stabilität der Zusammensetzung des Objekts | 14 Festigkeit | 15 Dauer des Wirkens des beweglichen Objekts | 16 Dauer des Wirkens des unbeweglichen Objekts | 17 Temperatur | 18 Sichtverhältnisse | 19 Energieverbrauch des beweglichen Objekts | 20 Energieverbrauch des unbeweglichen Objekts |
|---|---|---|---|---|---|---|---|---|---|---|---|---|---|---|---|---|---|---|---|---|
| **17** Temperatur | 36, 22, 6, 38 | 22, 35, 32 | 15, 19, 9 | 15, 19, 9 | 3, 35, 39, 18 | 25, 38 | 34, 39, 40, 18 | 35, 6, 4 | 2, 28, 36, 30 | 35, 10, 3, 21 | 35, 39, 19, 2 | 14, 22, 19, 32 | 1, 35, 32 | 10, 30, 22, 40 | 19, 13, 39 | 19, 18, 36, 40 | | 32, 30, 21, 16 | 19, 15, 3, 17 | |
| **18** Sichtverhältnisse | 19, 1, 32 | 2, 35, 32 | 19, 32, 16 | | 19, 32, 26 | | 2, 13, 10 | | 10, 13, 19 | 26, 19, 6 | | 32, 30 | 32, 3, 27 | 35, 19 | 2, 19, 6 | | 32, 35, 19 | | 32, 1, 19 | 32, 35, 1, 15 |
| **19** Energieverbrauch des beweglichen Objekts | 12, 18, 28, 31 | | 12, 28 | | 15, 19, 25 | | 35, 13, 18 | | 8, 15, 35 | 16, 26, 21, 2 | 23, 14, 25 | 12, 2, 29 | 19, 13, 17, 24 | 5, 19, 9, 35 | 28, 35, 6, 18 | | 19, 24, 3, 14 | 2, 15, 19 | | |
| **20** Energieverbrauch des unbeweglichen Objekts | | 19, 9, 6, 27 | | | | | | | | 36, 37 | | | 27, 4, 29, 18 | 35 | | | | 19, 2, 35, 32 | | |
| **21** Leistung, Kapazität | 8, 36, 38, 31 | 19, 26, 17, 27 | 1, 10, 35, 37 | | 19, 38 | 17, 32, 13, 38 | 35, 6, 38 | 30, 6, 25 | 15, 35, 2 | 26, 2, 36, 35 | 22, 10, 35 | 29, 14, 2, 40 | 35, 32, 15, 31 | 26, 10, 28 | 19, 35, 10, 38 | 16 | 2, 14, 17, 25 | 16, 6, 19 | 16, 6, 19, 37 | |
| **22** Energieverluste | 15, 6, 19, 28 | 19, 6, 18, 9 | 7, 2, 6, 13 | 6, 38, 7 | 15, 26, 17, 30 | 17, 7, 30, 18 | 7, 18, 23 | 7 | 16, 35, 38 | 36, 38 | | | 14, 2, 39, 6 | 26 | | | 19, 38, 7 | 1, 13, 32, 15 | | |
| **23** Materialverluste | 35, 6, 23, 40 | 35, 6, 22, 32 | 14, 29, 10, 39 | 10, 28, 24 | 35, 2, 10, 31 | 10, 18, 39, 31 | 1, 29, 30, 36 | 3, 39, 18, 31 | 10, 13, 28, 38 | 14, 15, 18, 40 | 3, 36, 37, 10 | 29, 35, 3, 5 | 2, 14, 30, 40 | 35, 28, 31, 40 | 28, 27, 3, 18 | 27, 16, 18, 38 | 21, 36, 39, 31 | 1, 6, 13 | 35, 18, 24, 5 | 28, 27, 12, 31 |
| **24** Informationsverluste | 10, 24, 35 | 10, 35, 5 | 1, 26 | 26 | 30, 26 | 30, 16 | | 2, 22 | 26, 32 | | | | | | 10 | 10 | | 19 | | |

## Widerspruchsmatrix (6 / 10)

| | B: Was verändert (vergrößert, verringert, verschlechtert) sich unzulässig, wenn Veränderungen gemäß A mit herkömmlichen Verfahren herbeigeführt werden? | | | | | | | | | | | | | | | | | | |
|---|---|---|---|---|---|---|---|---|---|---|---|---|---|---|---|---|---|---|---|
| A: Was wird den Bedingungen der Aufgabe entsprechend verändert (vergrößert, verringert, verbessert)? | Leistung, Kapazität | Energieverluste | Materialverluste | Informationsverluste | Zeitverluste | Materialmenge | Zuverlässigkeit | Meßgenauigkeit | Fertigungsgenauigkeit | Von außen auf das Objekt wirkende schädliche Faktoren | Vom Objekt selbst erzeugte schädliche Faktoren | Fertigungsfreundlichkeit | Bedienkomfort | Instandsetzungsfreundlichkeit | Adaptionsfähigkeit, Universalität | Kompliziertheit der Struktur | Kompliziertheit der Kontrolle und Messung | Automatisierungsgrad | Produktivität |
| | **21** | **22** | **23** | **24** | **25** | **26** | **27** | **28** | **29** | **30** | **31** | **32** | **33** | **34** | **35** | **36** | **37** | **38** | **39** |
| **17** Temperatur | 2<br>14<br>17<br>25 | 21<br>17<br>35<br>38 | 21<br>36<br>39<br>31 | | 35<br>28<br>21<br>18 | 3<br>17<br>30<br>39 | 19<br>35<br>3<br>10 | 32<br>19<br>24 | 24 | 22<br>33<br>35<br>2 | 22<br>35<br>2<br>24 | 26<br>27 | 26<br>27 | 4<br>10<br>16 | 2<br>18<br>27 | 2<br>17<br>16 | 3<br>27<br>35<br>31 | 26<br>2<br>19<br>16 | 15<br>28<br>35 |
| **18** Sichtverhältnisse | 32 | 13<br>16<br>1<br>6 | 13<br>1 | 1<br>6 | 19<br>1<br>26<br>17 | 1<br>19 | | 11<br>15<br>32 | 3<br>32 | 15<br>19 | 35<br>19<br>32<br>39 | 19<br>35<br>28<br>26 | 28<br>26<br>19 | 15<br>17<br>13<br>16 | 15<br>1<br>19 | 6<br>32<br>13 | 32<br>15 | 2<br>26<br>10 | 2<br>25<br>16 |
| **19** Energieverbrauch des beweglichen Objekts | 6<br>19<br>37<br>18 | 12<br>22<br>15<br>24 | 35<br>24<br>18<br>5 | | 35<br>38<br>19<br>18 | 34<br>23<br>16<br>18 | 19<br>21<br>11<br>27 | 3<br>1<br>32 | | 1<br>35<br>6<br>27 | 2<br>35<br>6 | 28<br>26<br>30 | 19<br>35 | 1<br>15<br>17<br>28 | 15<br>17<br>13<br>16 | 2<br>29<br>27<br>28 | 35<br>38 | 32<br>2 | 12<br>28<br>35 |
| **20** Energieverbrauch des unbeweglichen Objekts | | | 28<br>27<br>18<br>31 | | | 3<br>35<br>31 | 10<br>36<br>23 | | | 10<br>2<br>22<br>37 | 19<br>22<br>18 | 1<br>4 | | | | | 19<br>35<br>16<br>25 | | 1<br>6 |
| **21** Leistung, Kapazität | | 10<br>35<br>38 | 28<br>27<br>18<br>38 | 10<br>19 | 35<br>20<br>10<br>6 | 4<br>34<br>19 | 19<br>24<br>26<br>31 | 32<br>15<br>2 | 32<br>2 | 19<br>22<br>31<br>2 | 2<br>35<br>18 | 26<br>10<br>34 | 26<br>35<br>10 | 35<br>2<br>10<br>34 | 19<br>17<br>34 | 20<br>19<br>30<br>34 | 19<br>35<br>16 | 28<br>2<br>17 | 28<br>35<br>34 |
| **22** Energieverluste | 3<br>38 | | 35<br>27<br>2<br>37 | 19<br>10 | 10<br>18<br>32<br>7 | 7<br>18<br>25 | 11<br>10<br>35 | 32 | | 21<br>22<br>35<br>2 | 21<br>35<br>2<br>22 | | 35<br>22<br>1 | 2<br>19 | | 7<br>23 | 35<br>3<br>15<br>23 | | 28<br>10<br>29<br>35 |
| **23** Materialverluste | 28<br>27<br>18<br>38 | 35<br>27<br>2<br>31 | | | 15<br>18<br>35<br>10 | 6<br>3<br>10<br>24 | 10<br>29<br>39<br>35 | 16<br>34<br>31<br>28 | 35<br>10<br>24<br>31 | 33<br>22<br>30<br>40 | 10<br>2<br>34<br>29 | 15<br>34<br>33 | 32<br>28<br>2<br>24 | 2<br>35<br>34<br>27 | 15<br>10<br>2 | 35<br>10<br>28<br>24 | 35<br>18<br>10<br>13 | 35<br>10<br>18 | 28<br>35<br>10<br>23 |
| **24** Informationsverluste | 10<br>19 | 19<br>10 | | | 24<br>26<br>28<br>32 | 24<br>28<br>35 | 10<br>28<br>23 | | | 22<br>10<br>1 | 10<br>21<br>22 | 32 | 27<br>22 | | | | 35<br>33 | 35 | 13<br>23<br>15 |

## Widerspruchsmatrix (7 / 10)

| | B: Was verändert (vergrößert, verringert, verschlechtert) sich unzulässig, wenn Veränderungen gemäß A mit herkömmlichen Verfahren herbeigeführt werden? | | | | | | | | | | | | | | | | | | | |
|---|---|---|---|---|---|---|---|---|---|---|---|---|---|---|---|---|---|---|---|---|
| A: Was wird den Bedingungen der Aufgabe entsprechend verändert (vergrößert, verringert, verbessert)? | Masse des beweglichen Objekts | Masse des unbeweglichen Objekts | Länge des beweglichen Objekts | Länge des unbeweglichen Objekts | Fläche des beweglichen Objekts | Fläche des unbeweglichen Objekts | Volumen des beweglichen Objekts | Volumen des unbeweglichen Objekts | Geschwindigkeit | Kraft | Spannung oder Druck | Form | Stabilität der Zusammensetzung des Objekts | Festigkeit | Dauer des Wirkens des beweglichen Objekts | Dauer des Wirkens des unbeweglichen Objekts | Temperatur | Sichtverhältnisse | Energieverbrauch des beweglichen Objekts | Energieverbrauch des unbeweglichen Objekts |
| | **1** | **2** | **3** | **4** | **5** | **6** | **7** | **8** | **9** | **10** | **11** | **12** | **13** | **14** | **15** | **16** | **17** | **18** | **19** | **20** |
| **25** Zeitverluste | 10 | 10 | 15 | 30 | 26 | 10 | 2 | 35 | | 10 | 37 | 4 | 35 | 29 | 20 | 28 | 35 | 1 | 35 | 1 |
| | 20 | 20 | 2 | 24 | 4 | 35 | 5 | 16 | | 37 | 36 | 10 | 3 | 3 | 10 | 20 | 29 | 19 | 38 | |
| | 37 | 26 | 29 | 14 | 5 | 17 | 34 | 32 | | 36 | 4 | 34 | 22 | 28 | 28 | 10 | 21 | 26 | 19 | |
| | 35 | 5 | | 5 | 16 | 4 | 10 | 18 | | 5 | | 17 | 5 | 18 | 18 | 16 | 18 | 17 | 18 | |
| **26** Materialmenge | 35 | 27 | 29 | | 15 | 2 | 15 | | 35 | 35 | 10 | 35 | 15 | 14 | 3 | 3 | 3 | | 34 | 3 |
| | 6 | 26 | 14 | | 14 | 18 | 20 | | 29 | 14 | 36 | 14 | 2 | 35 | 35 | 35 | 17 | | 29 | 35 |
| | 18 | 18 | 35 | | 29 | 40 | 29 | | 34 | 3 | 14 | | 17 | 34 | 10 | 31 | 39 | | 16 | 31 |
| | 31 | 35 | 18 | | | 4 | | | 28 | | 3 | | 40 | 10 | 40 | | | | 18 | |
| **27** Zuverlässigkeit | 3 | 3 | 15 | 15 | 17 | 32 | 3 | 2 | 21 | 8 | 10 | 35 | | 11 | 2 | 34 | 3 | 11 | 21 | 36 |
| | 8 | 10 | 9 | 29 | 10 | 35 | 10 | 35 | 35 | 28 | 24 | 1 | | 28 | 35 | 27 | 35 | 32 | 11 | 23 |
| | 10 | 8 | 14 | 28 | 14 | 40 | 14 | 24 | 11 | 10 | 35 | 16 | | | 3 | 6 | 10 | 13 | 27 | |
| | 40 | 28 | 4 | 11 | 16 | 4 | 24 | | 28 | 3 | 19 | 11 | | | 25 | 40 | | | 19 | |
| **28** Meßgenauigkeit | 32 | 28 | 28 | 32 | 26 | 26 | 32 | | 28 | 32 | 6 | 6 | 32 | 28 | 28 | 10 | 6 | 6 | 3 | |
| | 35 | 34 | 26 | 28 | 28 | 28 | 13 | | 13 | 2 | 28 | 28 | 35 | 6 | 6 | 26 | 19 | 1 | 6 | |
| | 26 | 25 | 5 | 3 | 32 | 32 | 6 | | 32 | | 32 | 32 | 13 | 32 | 32 | 24 | 28 | 32 | 32 | |
| | 28 | 26 | 16 | 16 | 3 | 3 | | | 24 | | | | | | | | 24 | | | |
| **29** Fertigungsgenauigkeit | 28 | 28 | 10 | 2 | 28 | 2 | 32 | 25 | 10 | 28 | 3 | 32 | 30 | 3 | 2 | | 19 | 1 | 32 | |
| | 32 | 35 | 28 | 32 | 33 | 29 | 28 | 10 | 28 | 19 | 35 | 30 | 18 | 27 | 27 | | 26 | 32 | 2 | |
| | 13 | 27 | 29 | 10 | 29 | 18 | 2 | 35 | 32 | 34 | | 40 | | | 40 | | | | | |
| | 18 | 9 | 37 | | 32 | 36 | | | | 36 | | | | | | | | | | |
| **30** Von außen auf das Objekt wirkende schädliche Faktoren | 22 | 2 | 17 | 1 | 22 | 27 | 22 | 34 | 21 | 13 | 22 | 22 | 35 | 18 | 22 | 17 | 22 | 1 | 1 | 10 |
| | 21 | 22 | 1 | 18 | 1 | 2 | 23 | 39 | 22 | 35 | 2 | 1 | 24 | 35 | 15 | 1 | 33 | 19 | 24 | 2 |
| | 27 | 13 | 39 | | 33 | 39 | 37 | 19 | 35 | 39 | 37 | 3 | 30 | 37 | 33 | 40 | 35 | 32 | 6 | 22 |
| | 39 | 24 | 4 | | 28 | 35 | 35 | 27 | 28 | 18 | | 35 | 18 | 1 | 28 | 33 | 2 | 13 | 27 | 37 |
| **31** Vom Objekt selbst erzeugte schädliche Faktoren | 19 | 35 | 17 | | 17 | 22 | 17 | 30 | 35 | 35 | 2 | 35 | 35 | 15 | 15 | 21 | 22 | 19 | 2 | 19 |
| | 22 | 22 | 15 | | 2 | 1 | 2 | 18 | 28 | 28 | 33 | 1 | 40 | 35 | 22 | 39 | 35 | 24 | 35 | 22 |
| | 15 | 1 | 16 | | 18 | 40 | 40 | 35 | 3 | 1 | 27 | | 27 | 22 | 33 | 16 | 2 | 39 | 6 | 18 |
| | 39 | 39 | 22 | | 39 | | | 4 | 23 | 40 | 18 | | 39 | 2 | 31 | 22 | 24 | 32 | | |
| **32** Fertigungsfreundlichkeit | 28 | 1 | 1 | 15 | 13 | 16 | 13 | 35 | 35 | 35 | 35 | 1 | 11 | 1 | 27 | 35 | 27 | 28 | 28 | 1 |
| | 29 | 27 | 29 | 17 | 1 | 40 | 29 | | 13 | 12 | 19 | 28 | 13 | 3 | 1 | 16 | 26 | 24 | 26 | 4 |
| | 15 | 36 | 13 | 27 | 26 | | 1 | | 8 | | 1 | 13 | 1 | 10 | 4 | | 18 | 27 | 27 | |
| | 16 | 13 | 17 | | 12 | | 40 | | 1 | | 37 | 27 | | 32 | | | | 1 | 1 | |

## Widerspruchsmatrix (8 / 10)

| | B: Was verändert (vergrößert, verringert, verschlechtert) sich unzulässig, wenn Veränderungen gemäß A mit herkömmlichen Verfahren herbeigeführt werden? | | | | | | | | | | | | | | | | | | |
|---|---|---|---|---|---|---|---|---|---|---|---|---|---|---|---|---|---|---|---|
| A: Was wird den Bedingungen der Aufgabe entsprechend verändert (vergrößert, verringert, verbessert)? | Leistung, Kapazität | Energieverluste | Materialverluste | Informationsverluste | Zeitverluste | Materialmenge | Zuverlässigkeit | Meßgenauigkeit | Fertigungsgenauigkeit | Von außen auf das Objekt wirkende schädliche Faktoren | Vom Objekt selbst erzeugte schädliche Faktoren | Fertigungsfreundlichkeit | Bedienkomfort | Instandsetzungsfreundlichkeit | Adaptionsfähigkeit, Universalität | Kompliziertheit der Struktur | Kompliziertheit der Kontrolle und Messung | Automatisierungsgrad | Produktivität |
| | **21** | **22** | **23** | **24** | **25** | **26** | **27** | **28** | **29** | **30** | **31** | **32** | **33** | **34** | **35** | **36** | **37** | **38** | **39** |
| **25** Zeitverluste | 35 | 10 | 35 | 24 | | 35 | 10 | 24 | 24 | 35 | 35 | 35 | 4 | 32 | 35 | 6 | 18 | 24 | |
| | 20 | 5 | 18 | 26 | | 38 | 30 | 34 | 26 | 18 | 22 | 28 | 28 | 1 | 28 | 29 | 28 | 28 | |
| | 10 | 18 | 10 | 28 | | 18 | 4 | 28 | 28 | 34 | 18 | 34 | 10 | 10 | | | 32 | 35 | |
| | 6 | 32 | 39 | 32 | | 16 | | 32 | 18 | | 39 | 4 | 34 | | | | 10 | 30 | |
| **26** Materialmenge | 35 | 7 | 6 | 24 | 35 | | 18 | 3 | 33 | 35 | 3 | 29 | 35 | 2 | 15 | 3 | 3 | 8 | 13 |
| | | 18 | 3 | 28 | 38 | | 3 | 2 | 30 | 33 | 35 | 1 | 29 | 32 | 3 | 13 | 27 | 35 | 29 |
| | | 25 | 10 | 35 | 18 | | 28 | 28 | | 29 | 40 | 35 | 25 | 10 | 29 | 27 | 29 | | 3 |
| | | | 24 | | 16 | | 40 | | | 31 | 39 | 27 | 10 | 25 | | 10 | 18 | | 27 |
| **27** Zuverlässigkeit | 21 | 10 | 10 | 10 | 10 | 21 | | 32 | 11 | 27 | 35 | | 27 | 1 | 13 | 13 | 27 | 11 | 1 |
| | 11 | 11 | 35 | 28 | 30 | 28 | | 3 | 32 | 35 | 2 | | 17 | 11 | 35 | 35 | 40 | 13 | 35 |
| | 26 | 35 | 29 | | 4 | 40 | | 11 | 1 | 2 | 40 | | 40 | | 8 | 1 | 28 | 27 | 29 |
| | 31 | | 39 | | | 3 | | 23 | | 40 | 26 | | | | 24 | | | | 38 |
| **28** Meßgenauigkeit | 3 | 26 | 10 | | 24 | 2 | 5 | | | 28 | 3 | 6 | 1 | 1 | 13 | 27 | 26 | 28 | 10 |
| | 6 | 32 | 16 | | 34 | 6 | 11 | | | 24 | 33 | 35 | 13 | 32 | 35 | 35 | 24 | 2 | 34 |
| | 32 | 27 | 31 | | 28 | 32 | 1 | | | 22 | 39 | 25 | 17 | 13 | 2 | 10 | 32 | 10 | 28 |
| | | | 28 | | 32 | | 23 | | | 26 | 10 | 18 | 34 | 11 | | 34 | 28 | 34 | 32 |
| **29** Fertigungsgenauigkeit | 32 | 13 | 35 | | 32 | 32 | 11 | | | 26 | 4 | | 1 | 25 | | 26 | | 26 | 10 |
| | 2 | 32 | 31 | | 26 | 30 | 32 | | | 28 | 17 | | 32 | 10 | | 2 | | 28 | 18 |
| | | 2 | 10 | | 28 | | 1 | | | 10 | 34 | | 35 | | | 18 | | 18 | 32 |
| | | | 24 | | 18 | | | | | 36 | 26 | | 23 | | | | | 23 | 39 |
| **30** Von außen auf das Objekt wirkende schädliche Faktoren | 19 | 21 | 33 | 22 | 35 | 35 | 27 | 28 | 26 | | | 24 | 2 | 35 | 35 | 22 | 22 | 33 | 22 |
| | 22 | 22 | 22 | 10 | 18 | 33 | 24 | 33 | 28 | | | 35 | 25 | 10 | 11 | 19 | 19 | 3 | 35 |
| | 31 | 35 | 19 | 2 | 34 | 29 | 2 | 23 | 10 | | | 2 | 28 | 2 | 22 | 29 | 29 | 34 | 13 |
| | 2 | 2 | 40 | | | 31 | 40 | 26 | 18 | | | | 39 | | 31 | 40 | 40 | | 24 |
| **31** Vom Objekt selbst erzeugte schädliche Faktoren | 2 | 21 | 10 | 10 | 1 | 3 | 24 | 3 | 4 | | | | | | | 19 | 2 | 2 | 22 |
| | 35 | 35 | 1 | 21 | 22 | 24 | 2 | 33 | 17 | | | | | | | 1 | 21 | | 35 |
| | 18 | 2 | 34 | 29 | | 39 | 40 | 26 | 34 | | | | | | | 31 | 27 | | 18 |
| | | 22 | | | | 1 | 39 | | 26 | | | | | | | | 1 | | 39 |
| **32** Fertigungsfreundlichkeit | 27 | 19 | 15 | 32 | 35 | 35 | | 1 | | 24 | | | 2 | 35 | 2 | 27 | 6 | 8 | 35 |
| | 1 | 35 | 34 | 24 | 28 | 23 | | 35 | | 2 | | | 5 | 1 | 13 | 26 | 28 | 28 | 1 |
| | 12 | | 33 | 18 | 34 | 1 | | 12 | | | | | 13 | 11 | 15 | 1 | 11 | 1 | 10 |
| | 24 | | | 16 | 4 | 24 | | 18 | | | | | 16 | 9 | | | 1 | | 28 |

## Widerspruchsmatrix (9 / 10)

| | B: Was verändert (vergrößert, verringert, verschlechtert) sich unzulässig, wenn Veränderungen gemäß A mit herkömmlichen Verfahren herbeigeführt werden? | | | | | | | | | | | | | | | | | | | |
|---|---|---|---|---|---|---|---|---|---|---|---|---|---|---|---|---|---|---|---|---|
| A: Was wird den Bedingungen der Aufgabe entsprechend verändert (vergrößert, verringert, verbessert)? | Masse des beweglichen Objekts | Masse des unbeweglichen Objekts | Länge des beweglichen Objekts | Länge des unbeweglichen Objekts | Fläche des beweglichen Objekts | Fläche des unbeweglichen Objekts | Volumen des beweglichen Objekts | Volumen des unbeweglichen Objekts | Geschwindigkeit | Kraft | Spannung oder Druck | Form | Stabilität der Zusammensetzung des Objekts | Festigkeit | Dauer des Wirkens des beweglichen Objekts | Dauer des Wirkens des unbeweglichen Objekts | Temperatur | Sichtverhältnisse | Energieverbrauch des beweglichen Objekts | Energieverbrauch des unbeweglichen Objekts |
| | **1** | **2** | **3** | **4** | **5** | **6** | **7** | **8** | **9** | **10** | **11** | **12** | **13** | **14** | **15** | **16** | **17** | **18** | **19** | **20** |
| **33** Bedienkomfort | 25 | 6 | 1 | | 1 | 18 | 1 | 4 | 18 | 28 | 2 | 15 | 32 | 32 | 29 | 1 | 26 | 13 | 1 | |
| | 2 | 13 | 17 | | 17 | 16 | 16 | 18 | 13 | 13 | 32 | 34 | 35 | 40 | 3 | 16 | 27 | 17 | 13 | |
| | 13 | 1 | 13 | | 13 | 15 | 35 | 39 | 34 | 35 | 12 | 29 | 30 | 3 | 8 | 25 | 13 | 1 | 24 | |
| | 15 | 25 | 12 | | 26 | 39 | 15 | 31 | | | | 28 | | 28 | 25 | | | 24 | | |
| **34** Instandsetzungsfreundlichkeit | 2 | 2 | 1 | 3 | 15 | 16 | 25 | 1 | 34 | 1 | 13 | 1 | 2 | 11 | 11 | 1 | 4 | 15 | 15 | |
| | 27 | 27 | 28 | 18 | 13 | 25 | 2 | | 9 | 11 | | 13 | 35 | 1 | 29 | | 10 | 1 | 1 | |
| | 35 | 35 | 10 | 31 | 32 | | 35 | | | 10 | | 2 | | 2 | 28 | | | 13 | 28 | |
| | 11 | 11 | 25 | | | | 11 | | | | | 4 | | 9 | 27 | | | | 16 | |
| **35** Adaptionsfähigkeit, Universalität | 1 | 19 | 35 | 1 | 35 | 15 | 15 | | 35 | 15 | 35 | 15 | 35 | 35 | 13 | 2 | 27 | 6 | 19 | |
| | 6 | 15 | 1 | 35 | 30 | 16 | 35 | | 10 | 17 | 16 | 37 | 30 | 3 | 1 | 16 | 2 | 22 | 35 | |
| | 15 | 29 | 29 | 16 | 29 | | 29 | | 14 | 20 | | 1 | 14 | 32 | 35 | | 3 | 26 | 29 | |
| | 8 | 16 | 2 | | 7 | | | | | | | 8 | | 6 | | | 35 | 1 | 13 | |
| **36** Kompliziertheit der Struktur | 26 | 2 | 1 | 26 | 14 | 6 | 34 | 1 | 34 | 26 | 19 | 29 | 2 | 2 | 10 | | 2 | 24 | 27 | |
| | 30 | 26 | 19 | | 1 | 36 | 26 | 16 | 10 | 16 | 1 | 13 | 22 | 13 | 4 | | 17 | 17 | 2 | |
| | 34 | 35 | 26 | | 13 | | 6 | | 28 | | 35 | 28 | 17 | 28 | 28 | | 13 | 13 | 29 | |
| | 36 | 39 | 24 | | 16 | | | | | | | 15 | 19 | | 15 | | | | 28 | |
| **37** Kompliziertheit der Kontrolle und Messung | 27 | 6 | 16 | 26 | 2 | 2 | 29 | 2 | 3 | 36 | 35 | 27 | 11 | 27 | 19 | 25 | 3 | 2 | 35 | 19 |
| | 26 | 13 | 17 | | 13 | 39 | 1 | 18 | 4 | 28 | 36 | 13 | 22 | 3 | 29 | 34 | 27 | 24 | 38 | 35 |
| | 28 | 28 | 26 | | 18 | 30 | 4 | 26 | 16 | 40 | 37 | 1 | 39 | 15 | 39 | 6 | 35 | 26 | | 16 |
| | 13 | 1 | 24 | | 17 | 16 | 16 | 31 | 35 | 19 | 32 | 39 | 30 | 28 | 25 | 35 | 16 | | | |
| **38** Automatisierungsgrad | 28 | 28 | 14 | 23 | 17 | | 35 | | 28 | 2 | 13 | 15 | 18 | 25 | 6 | | 26 | 8 | 2 | |
| | 26 | 26 | 13 | | 14 | | 13 | | 10 | 35 | 35 | 32 | 1 | 13 | 9 | | 2 | 32 | 32 | |
| | 18 | 35 | 17 | | 13 | | 16 | | | | | 1 | | | | | 19 | 19 | 13 | |
| | 35 | 10 | 28 | | | | | | | | | 13 | | | | | | | | |
| **39** Produktivität | 35 | 28 | 18 | 30 | 10 | 10 | 2 | 35 | | 28 | 10 | 14 | 35 | 29 | 35 | 20 | 35 | 26 | 35 | 1 |
| | 26 | 27 | 4 | 7 | 26 | 35 | 6 | 37 | | 15 | 37 | 10 | 3 | 28 | 10 | 10 | 21 | 17 | 10 | |
| | 24 | 15 | 28 | 14 | 34 | 17 | 34 | 10 | | 10 | 14 | 34 | 22 | 10 | 2 | 16 | 28 | 19 | 38 | |
| | 37 | 3 | 38 | 26 | 31 | 7 | 10 | 2 | | 36 | | 40 | 39 | 18 | 18 | 38 | 10 | 1 | 19 | |

## Widerspruchsmatrix (10 / 10)

| | B: Was verändert (vergrößert, verringert, verschlechtert) sich unzulässig, wenn Veränderungen gemäß A mit herkömmlichen Verfahren herbeigeführt werden? | | | | | | | | | | | | | | | | | | |
|---|---|---|---|---|---|---|---|---|---|---|---|---|---|---|---|---|---|---|---|
| A: Was wird den Bedingungen der Aufgabe entsprechend verändert (vergrößert, verringert, verbessert)? | Leistung, Kapazität | Energieverluste | Materialverluste | Informationsverluste | Zeitverluste | Materialmenge | Zuverlässigkeit | Meßgenauigkeit | Fertigungsgenauigkeit | Von außen auf das Objekt wirkende schädliche Faktoren | Vom Objekt selbst erzeugte schädliche Faktoren | Fertigungsfreundlichkeit | Bedienkomfort | Instandsetzungsfreundlichkeit | Adaptionsfähigkeit, Universalität | Kompliziertheit der Struktur | Kompliziertheit der Kontrolle und Messung | Automatisierungsgrad | Produktivität |
| | **21** | **22** | **23** | **24** | **25** | **26** | **27** | **28** | **29** | **30** | **31** | **32** | **33** | **34** | **35** | **36** | **37** | **38** | **39** |
| **33** Bedienkomfort | 35 | 2 | 28 | 4 | 4 | 12 | 17 | 25 | 1 | 2 | | 2 | | 12 | 15 | 32 | | 1 | 15 |
| | 34 | 19 | 32 | 10 | 28 | 35 | 27 | 13 | 32 | 25 | | 5 | | 26 | 34 | 26 | | 34 | 1 |
| | 2 | 13 | 2 | 27 | 10 | | 8 | 2 | 35 | 28 | | 12 | | 1 | 1 | 12 | | 12 | 28 |
| | 10 | | 24 | 22 | 34 | | 40 | 34 | 23 | 39 | | | | 32 | 16 | 17 | | 3 | |
| **34** Instandsetzungs-freundlichkeit | 15 | 15 | 2 | | 32 | 2 | 11 | 10 | 25 | 35 | | 1 | 1 | | 7 | 35 | | 34 | 1 |
| | 10 | 1 | 35 | | 1 | 28 | 10 | 2 | 10 | 10 | | 35 | 12 | | 1 | 1 | | 35 | 32 |
| | 32 | 32 | 34 | | 10 | 10 | 1 | 13 | | 2 | | 11 | 26 | | 4 | 13 | | 7 | 10 |
| | 2 | 19 | 27 | | 25 | 25 | 16 | | | 16 | | 10 | 15 | | 16 | 11 | | 13 | |
| **35** Adaptionsfähig-keit, Universalität | 19 | 18 | 15 | | 35 | 3 | 35 | 35 | | 35 | | 1 | 15 | 1 | | 15 | 1 | 27 | 35 |
| | 1 | 15 | 10 | | 28 | 35 | 13 | 5 | | 11 | | 13 | 34 | 16 | | 29 | | 34 | 28 |
| | 29 | 1 | 2 | | | 15 | 8 | 1 | | 32 | | 31 | 1 | 7 | | 37 | | 35 | 6 |
| | | | 13 | | | | 24 | 10 | | 31 | | | 16 | 4 | | 28 | | | 37 |
| **36** Kompliziertheit der Struktur | 20 | 10 | 35 | | 6 | 13 | 35 | 2 | 26 | 22 | 19 | 27 | 27 | 1 | 29 | | 15 | 15 | 12 |
| | 19 | 35 | 10 | | 29 | 3 | 13 | 26 | 24 | 19 | 1 | 26 | 9 | 13 | 15 | | 10 | 1 | 17 |
| | 30 | 13 | 28 | | | 27 | 1 | 10 | 32 | 29 | | 1 | 26 | | 28 | | 37 | 24 | 28 |
| | 34 | 2 | 29 | | | 10 | | 34 | | 40 | | 13 | 24 | | 37 | | 28 | | |
| **37** Kompliziertheit der Kontrolle und Messung | 19 | 35 | 1 | 35 | 18 | 3 | 27 | 26 | | 22 | 2 | 5 | 2 | 12 | 1 | 15 | | 34 | 35 |
| | 1 | 3 | 18 | 33 | 28 | 27 | 40 | 24 | | 19 | 21 | 28 | 5 | 26 | 15 | 10 | | 21 | 18 |
| | 16 | 15 | 10 | 27 | 32 | 29 | 28 | 32 | | 29 | | 11 | | | | 37 | | | |
| | 10 | 19 | 24 | 22 | 9 | 18 | 8 | 28 | | 28 | | 29 | | | | 28 | | | |
| **38** Automatisierungs-grad | 28 | 23 | 35 | 35 | 24 | 35 | 11 | 28 | 28 | 2 | 2 | 1 | 1 | 1 | 27 | 15 | 34 | | 5 |
| | 2 | 28 | 10 | 33 | 28 | 13 | 27 | 26 | 26 | 33 | | 26 | 12 | 35 | 4 | 24 | 27 | | 12 |
| | 27 | | 18 | | 35 | | 32 | 10 | 18 | | | 13 | 34 | 13 | 1 | 10 | 25 | | 35 |
| | | | 5 | | 30 | | | 34 | 23 | | | | 3 | | 35 | | | | 26 |
| **39** Produktivität | 35 | 28 | 28 | 13 | | 35 | 1 | 1 | 18 | 22 | 35 | 35 | 1 | 1 | 1 | 12 | 35 | 5 | |
| | 20 | 10 | 10 | 15 | | 38 | 35 | 10 | 10 | 35 | 22 | 28 | 28 | 32 | 35 | 17 | 18 | 12 | |
| | 10 | 29 | 35 | 23 | | | 10 | 34 | 32 | 13 | 18 | 2 | 7 | 10 | 28 | 28 | 27 | 35 | |
| | | 35 | 23 | | | | 28 | 28 | 1 | 24 | 39 | 24 | 19 | 25 | 37 | 24 | 2 | 26 | |

## 40 Innovative Prinzipien nach Altschuller

### 1. Prinzip der Zerlegung (Differential-Konstruktion)

a) Das Objekt ist in unabhängige Teile zu zerlegen.
b) Das Objekt ist zerlegbar auszuführen.
c) Der Grad der Zerlegung des Objektes ist zu erhöhen.

### 2. Prinzip der Abtrennung

a) Vom Objekt ist der "störende" Teil oder die "störende" Eigenschaft abzutrennen.
b) Vom Objekt ist der einzige notwendige Teil oder die einzige notwendige Eigenschaft abzutrennen.
Im Unterschied zum 1. Prinzip, in dem es um die Zerlegung des Objektes in gleiche Teile ging, wird hier vorgeschlagen, das Objekt in unterschiedliche Teile zu zerlegen.

### 3. Prinzip der örtlichen Qualität

a) Von der homogenen Struktur des Objektes oder des umgebenden Mediums (des äußeren Einflusses) ist zu einer inhomogenen Struktur überzugehen.
b) Die verschiedenen Teile des Objektes sollen unterschiedliche Funktionen erfüllen.
c) Jedes Teil des Objektes soll sich unter solchen Bedingungen befinden, die seiner Arbeit am meisten zuträglich sind.

### 4. Prinzip der Asymmetrie

a) Von der symmetrischen Form des Objektes ist zu einer asymmetrischen Form überzugehen.
b) Wenn das Objekt schon asymmetrisch ist, so ist der Grad der Asymmetrie zu erhöhen.

### 5. Prinzip der Kopplung

a) Gleichartige oder für zu koordinierende Operationen bestimmte Objekte sind zu koppeln.
b) Gleichartige oder zu koordinierende Operationen sind zu koppeln.

### 6. Prinzip der Universalität (Integral-Konstruktion)

Das Objekt erfüllt mehrere unterschiedliche Funktionen, wodurch weitere Objekte überflüssig werden.

### 7. Prinzip der "Steckpuppe" – Matrjoschka (Schachtelung)

a) Ein Objekt ist im Inneren eines anderen untergebracht, das sich wiederum im Inneren eines dritten befindet usw.
b) Ein Objekt verläuft durch den Hohlraum eines anderen Objektes.

**8. Prinzip der Gegenmasse**

a) Die Masse des Objektes ist durch Kopplung mit einem anderen Objekt mit entsprechender Tragfähigkeit zu koppeln.
b) Die Masse des Objektes ist durch Wechselwirkung mit einem Medium zu kompensieren.

**9. Prinzip der vorherigen Gegenwirkung**

Wenn gemäß den Bedingungen der Aufgabe eine bestimmte Wirkung erzielt werden soll, muss eine erforderliche Gegenwirkung vorab gewährleistet werden.

**10. Prinzip der vorherigen Wirkung**

a) Die erforderliche Wirkung ist vorher zu erzielen (vollständig oder auch teilweise).
b) Die Objekte sind vorher so aufzustellen bzw. einzusetzen, dass sie ohne Zeitverlust vom geeignetsten Ort aus wirken können.

**11. Prinzip des "vorher untergelegten Kissens"**

Eine unzureichende Zuverlässigkeit des Objektes wird durch vorher bereitgestellte Schadenvorbeugungsmittel ausgeglichen.

**12. Prinzip des Äquipotentials**

Die Arbeitsbedingungen sind so zu verändern, dass das Objekt weder angehoben noch herabgelassen werden muss.

**13. Prinzip der Funktionsumkehr**

a) Statt der Wirkung, die durch die Bedingungen der Aufgabe vorgeschrieben wird, ist die umgekehrte Wirkung zu erzielen.
b) Der bewegliche Teil des Objektes oder des umgebenden Mediums ist unbeweglich und der unbewegliche ist beweglich zu machen.
c) Das Objekt ist "auf den Kopf zu stellen" oder umzukehren.

**14. Prinzip der Kugelähnlichkeit**

a) Von geradlinigen Konturen ist zu krummlinigen, von ebenen Flächen ist zu sphärischen und von Teilen, die als Würfel oder Parallelepiped ausgeführt sind, ist zu kugelförmigen Konstruktionen überzugehen.
b) Zu verwenden sind Rollen, Kugeln und Spiralen.
c) Von der geradlinigen Bewegung ist zur Rotation überzugehen; die Fliehkraft ist auszunutzen.

**15. Prinzip der Dynamisierung**

a) Die Kennwerte des Objektes oder des umgebenden Mediums müssen so verändert werden, dass sie in jeder Arbeitsetappe optimal sind.
b) Das Objekt ist in Teile zu zerlegen, die sich zueinander verstellen oder verschieben lassen.
c) Falls das Objekt insgesamt unbeweglich ist, so ist es beweglich (verstellbar) zu machen.

**16. Prinzip der partiellen oder überschüssigen Wirkung**

Wenn 100% des erforderlichen Effekts schwer zu erzielen sind, muss "ein bischen weniger" oder "ein bisschen mehr" erzielt werden.

**17. Prinzip des Übergangs zu höheren Dimensionen**

a) Schwierigkeiten, die aus der Bindung der Bewegung eines Objektes an eine Linie resultieren, werden beseitigt, wenn das Objekt die Möglichkeit erhält, sich in einer Ebene zu bewegen. Analog werden auch die Schwierigkeiten, die mit der Bewegung von Objekten auf einer Ebene verbunden sind, beim Übergang in den dreidimensionalen Raum überwunden.
b) Statt Anordnung in nur einer Ebene (Etage) werden Objekte in mehreren Ebenen (Etagen) angeordnet.
c) Das Objekt ist geneigt aufzustellen.
d) Die Rückseite des gegeben Objektes ist auszunutzen.
e) Auszunutzen sind die Lichtströme, die auf die Umgebung oder auf die Rückseite des gegebenen Objektes fallen.

**18. Prinzip der Ausnutzung mechanischer Schwingungen**

a) Das Objekt ist in Schwingungen zu versetzen.
b) Falls eine solche Bewegung bereits erfolgt, ist ihre Frequenz zu erhöhen (bis hin zur Ultraschallfrequenz).
c) Die Eigenfrequenz ist auszunutzen.
d) Anstelle von mechanischen Vibratoren sind Piezovibratoren anzuwenden.
e) Auszunutzen sind Ultraschallschwingungen in Verbindung mit elektromagnetischen Feldern.

**19. Prinzip der periodischen Wirkung**

a) Von der kontinuierlichen Wirkung ist zur periodischen (Impulswirkung) überzugehen.
b) Wenn die Wirkung bereits periodisch erfolgt, ist die Periodizität zu verändern.
c) Die Pausen zwischen den Impulsen sind für eine andere Wirkung auszunutzen.

**20. Prinzip der Kontinuität (Permanenz) der Wirkprozesse**

a) Die Arbeit soll kontinuierlich verlaufen (d. h. alle Teile des Objektes sollen ständig mit gleichbleibend voller Belastung arbeiten.
b) Leerläufe und Unterbrechungen sind zu vermeiden.

**21. Prinzip des Durcheilens**

Der Prozess oder einzelne seiner Etappen (z. B. schädliche oder gefährliche) sind mit hoher Geschwindigkeit zu Durchlaufen.

**22. Prinzip der Umwandlung von Schädlichem in Nützliches**

a) Schädliche Faktoren (insbesondere schädliche Einwirkung eines Mediums) sind für die Erzielung eines positiven Effekts zu nutzen.
b) Ein schädlicher Faktor ist durch Überlagerung mit anderen schädlichen Faktoren zu beseitigen.
c) Ein schädlicher Faktor ist bis zu einem solchen Grade zu verstärken, bei dem er aufhört, schädlich zu sein.

**23. Prinzip der Rückkopplung**

a) Es ist eine Rückkopplung einzuführen.
b) Falls eine Rückkopplung vorhanden ist, ist sie zu verändern.

**24. Prinzip des "Vermittlers"**

a) Es ist ein Zwischenobjekt zu benutzen, das die Wirkung überträgt oder weitergibt.
b) Zeitweilig ist an das Objekt ein anderes (leicht zu entfernendes) Objekt anzuschließen.

**25. Prinzip der Selbstbedienung**

a) Das Objekt soll sich selbst bedienen sowie Hilfs- und Reparaturfunktionen selbst ausführen.
b) Abfallprodukte (Energie, Material) sind zu nutzen.

**26. Prinzip des Kopierens**

a) Anstelle eines unzugänglichen, komplizierten, kostspieligen, schlecht handhabbaren oder zerbrechlichen Objektes sind vereinfachte und billige Kopien zu benutzen.
b) Das Objekt oder das System von Objekten ist durch seine optischen Kopien (Abbildungen) zu ersetzen. Dabei ist der Maßstab zu verändern (die Kopien sind zu verkleinern oder vergrößern).
c) Wenn optische Kopien benutzt wurden, so ist zu infraroten oder ultravioletten Kopien überzugehen.

**27. Prinzip der billigen Kurzlebigkeit anstelle teurer Langlebigkeit**

Das teure Objekt ist durch ein Sortiment billiger Objekte zu ersetzen, wobei auf einige Qualitätseigenschaften verzichtet wird (z. B. Langlebigkeit).

## 28. Prinzip des Ersatzes mechanischer Systeme

a) Ein mechanisches System ist durch ein optisches, akustisches oder geruchsaktives System zu ersetzen.
b) Wechselwirkungen elektrischer, magnetischer bzw. elektromagnetischer Felder mit dem Objekt sind auszunutzen.
c) Von unbewegten Feldern ist zu bewegten Feldern, von konstanten zu veränderlichen, von strukturlosen zu strukturierten Feldern überzugehen.
d) Die Felder sind in Verbindung mit ferromagnetischen Teilchen zu benutzen.

## 29. Prinzip der Abtrennung

Anstelle der schweren Teile des Objektes sind gasförmige oder flüssige zu verwenden: Aufgeblasene oder mit Flüssigkeit gefüllte Teile, Luftkissen, hydrostatische und hydroreaktive Teile.

## 30. Prinzip der Anwendung biegsamer Hüllen und dünner Folien

a) Anstelle der üblichen Konstruktionen sind biegsame Hüllen und dünne Folien zu benutzen.
b) Das Objekt ist mit Hilfe biegsamer Hüllen und dünner Folien vom umgebenden Medium zu isolieren.

## 31. Prinzip der Verwendung poröser Werkstoffe

a) Das Objekt ist porös auszuführen, oder es sind zusätzliche poröse Elemente (Einsatzstücke, Überzüge usw.) zu benutzen.
b) Wenn das Objekt bereits porös ausgeführt ist, sind die Poren vorab mit einem bestimmten Stoff zu füllen.

## 32. Prinzip der Farbveränderung

a) Die Farbe des Objektes oder des umgebenden Mediums ist zu verändern.
b) Der Grad der Durchsichtigkeit des Objektes oder des umgebenden Mediums ist zu verändern.
c) Zur Beobachtung schlecht sichtbarer Objekte oder Prozesse sind färbende Zusätze zu benutzen.
d) Wenn solche Zusätze bereits angewendet wurden, sind Leuchtstoffe zu benutzen.

## 33. Prinzip der Gleichartigkeit bzw. Homogenität

Objekte, die mit dem gegebenen Objekt zusammenwirken, müssen aus dem gleichen Werkstoff (oder einem Werkstoff mit annähernd gleichen Eigenschaften) gefertigt sein.

**34. Prinzip der Beseitigung und Regenerierung von Teilen**

a) Der Teil eines Objektes, der seinen Zweck erfüllt hat oder unbrauchbar geworden ist, wird beseitigt (aufgelöst, verdampft u. ä.) oder unmittelbar im Arbeitsgang umgewandelt.
b) Verbrauchte Teile eines Objektes werden unmittelbar im Arbeitsgang wiederhergestellt.

**35. Prinzip der Veränderung des Aggregatzustands eines Objektes**

Hierzu gehören nicht nur einfache Übergänge, z. B. vom festen in den flüssigen Zustand, sondern auch die Übergänge in "Pseudo-" oder "Quasizustände" ("Quasiflüssigkeit") und in Zwischenzustände, z. B. Verwendung elastischer fester Körper.

**36. Prinzip der Anwendung von Phasenübergängen**

Die bei Phasenübergängen auftretenden Erscheinungen sind auszunutzen, z. B. Volumenveränderung, Wärmeentwicklung oder -absorption usw.

**37. Prinzip der Anwendung von Wärme(aus)dehnung**

a) Die Wärmeausdehnung oder -verdichtung von Werkstoffen ist auszunutzen.
b) Es sind mehrere Werkstoffe mit unterschiedlicher Wärmedehnzahl zu verwenden.
c) Der Grad der Zerlegung des Objektes ist zu erhöhen.

**38. Prinzip der Anwendung starker Oxidationsmittel**

a) Die normale Luft ist durch angereicherte zu ersetzen.
b) Die angereicherte Luft ist durch Sauerstoff zu ersetzen.
c) Die Luft / der Sauerstoff ist der Einwirkung ionisierender Strahlung auszusetzen.
d) Es ist ozonisierter Sauerstoff zu benutzen.
e) Ozonisierter (oder ionisierter) Sauerstoff ist durch Ozon zu ersetzen.

**39. Prinzip der Anwendung eines trägen Mediums**

a) Das übliche Medium ist durch ein reaktionsträges zu ersetzen.
b) Der Prozess ist im Vakuum durchzuführen.
Dieses Prinzip kann als Gegenstück zu dem vorangegangenen betrachtet werden.

**40. Prinzip der Anwendung zusammengesetzter Stoffe**

Von gleichartigen Stoffen ist zu zusammengesetzten überzugehen.

## *A3-5 Bionik*

Die Bionik (Kunstwort aus den Begriffen Biologie und Technik) beschäftigt sich mit der Übertragung biologischer Phänomene in die technische Anwendung, also der Synthese technischer Produkte und Systeme auf der Basis biologischer Vorbilder. Dabei bietet sich das gesamte Spektrum biologischer Systeme als Ideenquelle zur Lösung technischer Problemstellungen an. Die Methode erlaubt meist nur kleinere Entwicklungssprünge, da eine mögliche technische Umsetzung bereits bei der Ideensuche erkennbar sein muss.

| Nr | Schritt | Methoden und Werkzeuge |
|---|---|---|
| 1 | Abstraktion der Problemstellung: Formulierung als Suchziel für eine gezielte Suche in der Biologie | Relationsorientierte Funktionsmodellierung, Problemformulierung |
| 2 | Lösungssuche auf abstraktem Niveau: Zuordnung biologischer Systeme beziehungsweise Phänomene | Assoziationsliste, Katalog biologischer Effekte, Biologiebuch, Expertengespräch |
| 3 | Übertragung auf die Problemstellung: technische Umsetzung ausgewählter Aspekte des biologischen Vorbilds unter Berücksichtigung eines geeigneten Abstraktionsgrades | Kreativitätstechniken (zum Beispiel Brainstorming, Methode 6-3-5), Systematische Variation |


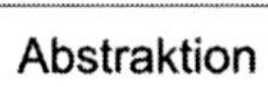

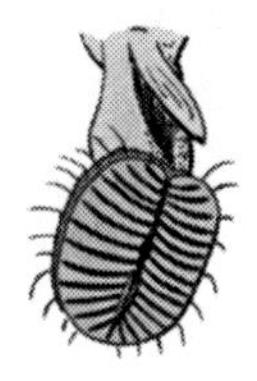

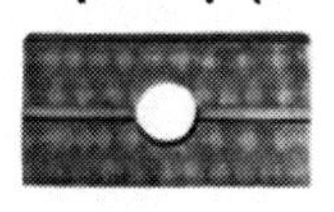

## *A3-6 Assoziationsliste*

Bei der Assoziationsliste handelt es sich um eine Liste von Suchbegriffen für die Suche nach biologischen Systemen oder Phänomenen. Der Zugang zu diesen Begriffen erfolgt über technische Funktionen. Die Daten sind in Form der Literatur der Biologie und im Internet in sehr großer Menge vorhanden. Allein der Zugang dazu ist schwierig. Die angebotene Assoziationsliste setzt genau an dieser Schwierigkeit an. Ist erstmals ein Zugang zu Fachliteratur geschaffen, finden sich dort in der Regel auch noch weitere interessante Systeme. Die Assoziationsliste ist als einfaches lebendes Instrument zu verstehen, das erweitert und gegebenenfalls auch umstrukturiert werden kann.

| Funktion | Objekt / Feld / Parameter | Assoziationen (biologisch) |
|---|---|---|
| ändern | Absorption elektromagnetischer Wellen | Pigmentierung der Haut, Photosynthese (Chlorophyll) |
| ändern | chemische Parameter | in der Natur allgegenwärtig |
| ändern | Farbe | Farbwechsel der Haut bei Chamäleons (Chamaeleo) und Tintenfischen (Cephalopoda) |
| ändern | Konzentration geladener Partikel | Biochemisches Potenzial an Zellmembranen |
| ändern | Konzentration von Defekten | Immunsystem, Heilprozesse |
| ändern | Konzentration von submolekularen Partikeln | Stoffwechsel an biologischen Membranen, Exo- und Endocytose, Microtubuli, Osmose |
| ändern | Konzentration (Parameter) | Osmose |
| ändern | Verformung (Parameter) | Turgorbewegung, Nutationsbewegung, Myofilamente, Wachstum, Turgor, Abductin (Muscheln (Bivalvia), vernetztes Polymer), Resilin (Insekten (Insecta), vernetztes Polymer), Elastin (Aorta, globuläre Proteinkomplexe), Collagen (Haut, Kontraktion durch Ionen) |
| ändern | Abmessung | Wachstum (Zellteilung) |
| ändern | Anordnung von Objekten | Kernteilungsspindeln, Peristaltik |
| ändern | elektrischer Strom | Elektroplax des Zitteraals (Electrophorus) |
| ändern | elektrisches Feld | Elektroplax des Zitteraals (Electrophorus) |
| ändern | elektrische Parameter | Elektroplax des Zitteraals (Electrophorus) |
| ändern | Parameter von elektromagnetischer Induktion | Lorenzini-Ampullen der Haie (Selachii) |
| ändern | Energie eines bewegten Objekts | Muskelarbeit, Segel und Tragflächenkonstruktionen von Pflanzensamen und Tieren, Fibrillen, Extremitäten |

| Funktion | Objekt / Feld / Parameter | Assoziationen (biologisch) |
|---|---|---|
| ändern | Energie von submolekularen Partikeln | |
| ändern | Flüssigkeitsstrom | Schließmuskeln , Poren der Zellmembran (Flüssigmosaikmodell), Plasmaströmung in Zellen durch Aktomyosin |
| ändern | Parameter von Flüssigkeiten | Viskositätsänderung durch Konzentrationsänderungen von Sphäro- und Linearkolloiden, Blutgerinnung |
| ändern | Parameter von Kräften, Energie und Momenten | zu und abnehmendes Ansprechen kaskadierter Aktoren (Muskeln und Muskelzellen), Gelenkstellung der Extremitäten von Wirbel- und Gliederfüßlern (Vertebrata und Arthropoda), Verformung der Sproßachse |
| ändern | Reibungsparameter | Sekretion (Speichel, Talg, Schleim), Blasenbildung, Haifischhaut (Selachii), Delphinhaut (Zahnwale: Odontoceti) |
| ändern | Feuchtigkeit | Schleimhäute der Atemwege, Sekretion |
| ändern | Abbild | Tarnung vor Hintergrund bei Kopffüßlern (Cephalopoda), allgemein Mimese |
| ändern | Intensität elektromagnetischer Wellen | elastische Linsen von Wirbeltieren (Vertebrata) und Kopffüßlern (Cephalopoda) |
| ändern | Parameter von Interferenzmustern | Insektenaugen (Insecta) |
| ändern | Lichtausbreitung | Leuchtorgane von spez. Krebsen und Kopffüßlern (Crustacea und Cephalopoda) |
| ändern | Parameter von mechanischen Wellen und Schallwellen | Stimmmodulation |
| ändern | mechanische Kräfte | zu und abnehmendes Ansprechen kaskadierter Aktoren (Muskeln und Muskelzellen), Gelenkstellung der Extremitäten von Wirbel- und Gliederfüßlern (Vertebrata und Arthropoda), Verformung der Sproßachse |
| ändern | Drehmoment | zu und abnehmendes Ansprechen kaskadierter Aktoren (Muskeln und Muskelzellen), Gelenkstellung der Extremitäten von Wirbel- und Gliederfüßlern (Vertebrata und Arthropoda), Verformung der Sproßachse |
| ändern | Parameter von Bewegung und Vibration | zu und abnehmendes Ansprechen kaskadierter Aktoren (Muskeln und Muskelzellen), Gelenkstellung der Extremitäten von Wirbel- und Gliederfüßlern (Vertebrata und Arthropoda), Verformung der Sproßachse |

| Funktion | Objekt / Feld / Parameter | Assoziationen (biologisch) |
|---|---|---|
| ändern | Parameter von optischen Geräten | elastische Linsen von Wirbeltieren (Vertebrata) und Kopffüßlern (Cephalopoda) |
| ändern | Eindringtiefe | Pigmentierung der Haut, Horn(haut)bildung |
| ändern | Druck | Osmose (regulierbar), Bombardierkäfer (Brachynus) |
| ändern | Feststoffparameter | Collagen (Haut, Kontraktion durch Ionen), Anordnung von Fasern (z. B. Zellulose bei Pflanzen, Resilin bei Insekten (Insecta), u.v.m.) |
| ändern | Ansprechzeit | Verschaltung von Neuronen, Schwellenwert für Nervenimpuls |
| ändern | Stoffdichte | Schwimmblase bei Knochenfischen (Osteichthyes), Walrat des Pottwals (Physeter macrocephalus), Bombardierkäfer (Brachynus) |
| ändern | Oberflächenparameter | Haut der Tintenfische (Cephalopoda) |
| ändern | Temperatur | Hecheln (Wasserverdunstung), Schwitzen, Ohren abstellen (afrk. Elefant (Loxodonta africana)), Anpassung des Stoffwechsels, Bombardierkäfer (Brachynus) |
| ändern | thermische Parameter | Bombardierkäfer (Brachynus), Durchblutungsänderung (z.B. Vertebrata) |
| ändern | Zuverlässigkeit von Geräten | Reparaturfunktion, extreme Kaskadierung (Muskeln), Wachstum (Zellteilung), Redundanz |
| ändern | Benetzbarkeit | Talgproduktion der Haut, Aufbau strukturierter Oberflächen (z. B. Wachscuticula der Pflanzen) |
| ablagern | Feststoffe | Schleim des Filters von Schwämmen (Porifera), Klebezungen bei Amphibien und Reptilien, Fangschleim des Sonnentaus (Drosera) |
| ablagern | strukturierte Stoffe | Schleim des Filters von Schwämmen (Porifera), Klebezungen bei Amphibien und Reptilien, Fangschleim des Sonnentaus (Drosera) |
| absorbieren | elektromagnetische Wellen und Licht | Färbungen zur Tarnung (z. B. bei Kopffüßlern (Cephalopoda)), Schwarze Haut des Eisbären (Ursus maritimus), Abplatten von Reptilien (Sonnebad) |
| absorbieren | Kräfte, Energie und Momente | Knorpel, Muskeln, Entzündungsreaktion (Blasenbildung), Aufhängung des Spechtsschnabels (Picidae), Lagerung von Horn und Geweih bei mänl. Paarhufern (Artiodactyla: Hirsche (Cervidae) und Hornträger (Bovinae: Rinder, Antilopen, etc.)) |
| absorbieren | mechanische Wellen und Schallwellen | Knorpel, Muskeln, Entzündungsreaktion, Aufhängung des Spechtsschnabels (Picidae), Ohrmuscheln (insbesondere von Fledermäusen (-tieren: Chiroptera) und anderen nachtaktiven Tieren) |
| absorbieren | molekulare und submolekulare Partikel | Darm, Lunge, Nasenschleimhaut, Geschmackszellen, Endocytose (Vesikel) |

| Funktion | Objekt / Feld / Parameter | Assoziationen (biologisch) |
|---|---|---|
| absorbieren | thermische Energie | Schwarze Haut des Eisbären (Ursus maritimus), Abplatten von Reptilien (Sonnebad) |
| einbetten | molekulare und submolekulare Partikel | "Vergiftung" von Geweben |
| speichern | elektrische Energie | Elektroplax des Zitteraals (Electrophorus) |
| speichern | thermische Energie | Isolation (Fett), Thermische Zonung (Vogelbeine), Chemische Energie (Verbrennung), Fell/Federn sträuben |
| messen, erkennen | chemische Verbindungen | Sensoren in Nasen und Mundschleimhaut (Geruch- und Geschmacksinn), Sensoren in Magenschleimwand |
| messen, erkennen | Deformationsparameter | Muskelspindel (Wirbeltiere (Vertebrata)), Mechanorezeptoren |
| messen, erkennen | elektromagnetische Wellen und Licht | Sehzellen des Auges, Phototaxis von Bakterien (Prokaryonten), Photorezeptoren |
| messen, erkennen | Polarisation von elektromagnetischen Wellen | Insekten (Hexapoda), insbesondere Bienen (Apis) |
| messen, erkennen | Feststoffe, Feststoffelemente | Tastsensoren der Haut, Sehzellen des Auges, Geschmackszellen |
| messen, erkennen | Gas | Sensoren in Nasen und Mundschleimhaut |
| messen, erkennen | Konzentrationsparameter | Chemotaxis von Bakterien (Prokaryonten) |
| messen, erkennen | mechanische Wellen und Schallwellen | Thigmotaxis von Bakterien (Prokaryonten), Haarzellen der Labyrinthsinnesorgane bei Wirbeltieren (Vertebrata), Kommunikation holzbewohnender Insekten (Hexapoda) |
| messen, erkennen | Oberflächenparameter | Antennen der Insekten (Insecta) |
| messen, erkennen | Parameter von elektrischen Feldern | Elektroortung bei Fischen (z.B. Gymnarchus) |
| messen, erkennen | Parameter von Flüssigkeiten | Seitenlinienorgan der Fische (Osteichthyes) und Amphibien (Amphibia) zur Druckmessung |
| messen, erkennen | Parameter von Kräften, Energie und Momenten | Thigmo-, Thermo- und Gravitaxis von Bakterien (Prokaryonten); Mechanorezeptoren, Muskelspindel (Wirbeltiere (Vertebrata)) |
| messen, erkennen | Parameter von magnetischen Feldern | Magnetsinn bei Bakterien (Magnetotaxis), Vögeln (Aves), Termiten (Isoptera), Walen (Cetacea), Haien (Selachii) (Induktion) und Knochenfischen (Osteichthyes) |
| messen, erkennen | thermische Parameter | Wärmesinn der Klapperschlange (Crotalus) und Insekten (Insecta), Thermotaxis der Bakterien (Prokaryonten) |

| Funktion | Objekt / Feld / Parameter | Assoziationen (biologisch) |
|---|---|---|
| erzeugen | Deformation | Muskelbewegung, Turgorbewegung, Wachstum |
| erzeugen | elektrischer Strom | Elektroplax (z.B. Electrophorus), Bakt. Rhodoferax ferrireducens |
| erzeugen | elektrische Entladung | Elektroplax (z.B. Electrophorus), Bakt. Rhodoferax ferrireducens |
| erzeugen | elektrisches Feld | Elektroplax (z.B. Electrophorus), Bakt. Rhodoferax ferrireducens |
| erzeugen | elektromagnetische Wellen und Licht | Biolumineszenz (Leuchtkäfer (Lampyridae), Anglerfische (z. B. Lophius)) |
| erzeugen | Feststoffelemente | Wachstum (Zellteilung) |
| erzeugen | Stoffstrom | Peristalitik, Flimmerepithel, Flagellenschlag im Filter der Schwämme (Porifera), Kontraktion von Cisternen, Blutsysteme |
| erzeugen | Kräfte, Energie und Momente | Muskelaktivität, Turgor (Osmose), Quellen von Fasern (z. B. Sprengkräfte von Pflanzensamen), Stoffumsatz zur Wärmeerzeugung (nur bei homoiothermen Tieren) |
| erzeugen | Gas | Bombardierkäfer (Brachynus) |
| erzeugen | geometrische Objekte | siehe Feststoffelemente |
| erzeugen | Abbild | Tarnung vor Hintergrund bei Kopffüßlern (Cephalopoda), allgemein Mimese |
| erzeugen | Flüssigkeiten | Sekretion (Speichel, Talg, Schleim) |
| erzeugen | mechanische Wellen und Schallwellen | Stimmritze, Trommeln |
| erzeugen | molekulare und submolekulare Partikel | Stoffwechsel der Zelle |
| erzeugen | poröse Stoffe | Knochenwachstum, Schaum von Zikaden (Auchenorrhyncha) und Schnecken (Gastropoda), Kieselalgen (Diatomeen), Schwämme (Porifera), Schwammparenchym von Laubblättern |
| erzeugen | Feststoffe | Sekretion, Zellteilung |
| erzeugen | strukturierte Stoffe | Sekretion, Zellteilung |
| erzeugen | technische Objekte und Stoffe | siehe Biochemie |
| erzeugen | thermische Energie | Stoffwechsel, Muskelzittern, Bombardierkäfer (Brachynus) |
| erzeugen | chemische Verbindungen | Biochemische Reaktionen (Synthese) |
| verdampfen | Flüssigkeiten | Schwitzen (passiv), Schwammparenchym von Laubblättern (passiv), Bombardierkäfer (Brachynus) (aktiv) |

| Funktion | Objekt / Feld / Parameter | Assoziationen (biologisch) |
|---|---|---|
| kondensieren | Gas | Nasengänge, wüstenbewohnende Pflanzen und Tiere, Pflanzenblatt |
| Schmelzen | Feststoffe | Walrat des Pottwals (Physeter macrocephalus) |
| trocknen | Feststoffe | Gefiederspreizen (z.B. Kormoran (Phalacrocorax carbo)), Wasserentzug im Darm, Fellschütteln, Hydrophobierung durch Lipide, osmotisches Potenzial, Pflanzensamen |
| vibrieren | Feststoffe | Ein- auskoppelbarer Flügelschlag der Insekten (Insecta) |
| rotieren | Feststoffe | Geißelschlag (Cilien) |
| heben | lose Stoffe | Extremitäten zum Graben (Maulwurf (Talpa europaea), -sgrille (Gryllotalpa gryllotalpa)), Zungen, Mundwerkzeuge der Insekten (Insecta), Schweinerüssel (Suidae), Krallen |
| heben | Feststoffe | Hände, Schnäbel, Mäuler |
| bewegen | Gas | Atmung (je nach Klasse sehr unterschiedlich), Bombardierkäfer (Brachynus), Termitenbau (Isoptera), Bau des Präriehundes (Cynomys ludovicianus) |
| bewegen | Flüssigkeiten | Cilien-/Flagellenschlag, Peristaltik, Spucken, Blutgefäße (optimal verzweigtes Röhrentransportsystem), Bewegung der Zellplasmas (Plasmaströmung des Actomyosin-Systems), Wassertransport in Pflanzen |
| bewegen | molekulare und submolekulare Partikel | Bewegung der Zellplasmas (Plasmaströmung des Actomyosin-Systems) |
| bewegen | Partikel | Strömung in Schwämmen, Flimmerepithel |
| bewegen | Feststoffe | Bewegung von Organismen zu Land, Luft, Wasser und unter der Erde, Peristaltik |
| bewegen | strukturierte Stoffe | Bewegung von Organismen zu Land, Luft, Wasser und unter der Erde, Peristaltik |
| glätten | Feststoffelemente | Insektenflügel nach dem Schlüpfen aus dem Kokon, Blattentfaltung aus Knospe, Furchung von Kakteen (wasserspeichernde Pflanzen: Sukkulenten), Kehlsäcke (Vögel (Aves)), Schwellkörper, Mimik, Putzverhalten (Federn, Fell und Antennen) |
| umformen | Feststoffe | Kauwerkzeuge, Kiefer und Zähne, Wachstum, Turgor, Abductin (Muscheln (Bivalvia), vernetztes Polymer), Resilin (Insekten (Hexapoden), vernetztes Polymer), Elastin (Aorta, globuläre Proteinkomplexe), Collagen (Haut, Kontraktion durch Ionen) |
| reinigen | chemische Verbindungen | Abbaureaktionen in der Leber, selektive Stoffaufnahme im Darm, Desinfektion im Magen (Säure) |

| Funktion | Objekt / Feld / Parameter | Assoziationen (biologisch) |
|---|---|---|
| reinigen | Feststoffelemente | Zungen (Wirbeltiere (Vertebrata)), kammförmige Zähne, Antennenputzapparat bei Insekten (Insecta), Lidschlag (Wirbeltiere (Vertebrata)), Wachs-Cuticula ("Lotuseffekt") |
| reinigen | Flüssigkeiten | Filterstrukturen der Schwämme (Porifera), Flamingos (Phoenicopterus) und Wale (Cetacea) |
| reinigen | Feststoffe | Zungen (Wirbeltiere), kammförmige Zähne (), Antennenputzapparat bei Insekten, Lidschlag (Wirbeltiere (Vertebrata)), Wachs-Cuticula ("Lotuseffekt") |
| zerlegen | Feststoffe | Kauwerkzeuge, Kiefer und Zähne, Krallen, Stachel der Holzwespen (Siricidae), Bohrmuscheln (Petricola pholadiformis), Verdauung |
| zerstören | chemische Verbindungen | Enzymreaktionen, Abbau durch Säuren/Basen |
| zerstören | strukturierte Stoffe | Kauen und chemische Aufspaltung im Verdauungstrakt |
| abtrennen | Teile von Feststoffen | Kauwerkzeuge von Gliedertieren (Artropoda), Kiefer und Zähne der Wirbeltiere (insb. selbstschärfende, nachwachsende Zähne von Nagetieren (Rodentia)) , Krallen, Stachel der Holzwespe (Siricidae), Bohrmuscheln (Petricola pholadiformis) |
| abtrennen | Feststoffe | Kauwerkzeuge, Kiefer und Zähne, Krallen, Bohrmuscheln (Petricola pholadiformis) |
| entfernen | chemische Verbindungen | chem. Reaktionen |
| entfernen | Feststoffelemente | Verdauung |
| entfernen | Gas | Atmung |
| entfernen | Flüssigkeiten | Dickdarm |
| entfernen | molekulare und submolekulare Partikel | chem. Reaktionen |
| entfernen | Partikel | chem. Reaktionen |
| extrahieren | chemische Verbindungen | Verdauung (Kohlenhydrate, Proteine, Fette, Ionen, Wasser), Stofftransport an Pflanzenwurzeln (Rhizom) |
| extrahieren | Gas | Kiemen der Fische (Pisces), Mollusken und Amphibien; Haut der Amphibien, Lungen |
| extrahieren | Flüssigkeiten | Wasserentzug im Darm, Saugrüssel von Insekten (Insecta), osmotisches Potenzial (Pflanzenwurzeln) |
| schützen | Feststoffelemente | Harz in Pflanzen, Giftstoffeinlagerung, Reperaturfunktionen (Immunsystem), Waabe (Wachs, Zellulose, ...), Nest (Gras, Äste, Lehm, ...), Verhornung der Haut, Wachs-Cuticula ("Lotuseffekt"), Pollenhülle (Sporopollein), Stacheln |

| Funktion | Objekt / Feld / Parameter | Assoziationen (biologisch) |
|---|---|---|
| schützen | Flüssigkeitsstrom | Verdunstungsschutz der Pflanzen (Cuticula und Härchen der Königskerze (Verbascum)) |
| stabilisieren | Konzentrationsparameter | Chemische Pufferung, adaptive und selektive Permeabilität biologischer Membranen |
| stabilisieren | Parameter von elektrischen Feldern | Neuronale Steuerung der Elektroplax, Ruhepotential der Neurone |
| stabilisieren | Flüssigkeitsparameter | Aufrechterhaltung des Turgors |
| stabilisieren | geometrische Parameter | Strukturversteifung durch Zellulose (Pflanzen, Bakterien (Prokaryonten)), Kalk (Korallen (Anthozoa), Knochen), Kieselsäure (Kieselalgen (Diatomeen)) und Chitin (Insekten), Aufrechterhaltung einer Position durch Muskelspindel-Reflexbogen bei Wirbeltieren (Vertebraten) |
| stabilisieren | Parameter von Bewegung und Vibration | Selbsterregung des Herzens, neuronale Kontrolle, Bewegung des Zellplasmas |
| stabilisieren | thermische Parameter | Speichern thermischer Energie (↑), Schwitzen, Fächeln (afrk. Elefant (Loxodonta africana)), Durchblutungsregelung, Verbrennung von Nährstoffen |
| ausrichten | molekulare und submolekulare Partikel | Spindelapparat bei Zellteilung, Elementarmagnete für Magnetotaxis, piezoelektrischer Effekt des Knochens (Erregungsmechanisches Leitgerüst für den Transport von Kalziumverbindungen) |
| ausrichten | Feststoffe | Haken (an Hakenstrahlen) Federn |
| zusammenfügen | Feststoffe | Krallen, Saugnäpfe (Kopffüßler (Cephalopoden)), Häärchen (Gecko (Gekkonidae)), Hinterlaibsenden (Cerci) von Insekten (Insecta), Gespinste (Kokon), Sehnen, Bänder, Wurzeln, Heftorgan der Schiffshalterfische (Echeneidae), Schädelnähte (Sutura), Widerhaken (Klette (Arctium), Wespenstachel (Vespidae), Fangzähne der Raubtiere (Carnivoren), …), Haftlappen der Insektenextremitäten, Klebstoffe (Miesmuschel u.v.m. (Mytilus edulis)), Hufe des Steinbocks (Capra ibex) |
| verteilen | chemische Verbindungen | Tracheen, Lungen, Kiemen, Blutsystem, Endo- und Exocytose, Duftdrüsen, Sekretion |
| verteilen | Druck | Extremitäten der Tiere, Bandscheibe, Meniskus |
| verteilen | elektrische Energie | Elektroplax des Zitteraals (Electrophorus) |
| verteilen | elektrische Entladung | Elektroplax des Zitteraals (Electrophorus) |
| verteilen | elektrisches Feld | Elektroplax des Zitteraals (Electrophorus) |
| verteilen | elektromagnetische Wellen und Licht | Biolumineszenz (Leuchtkäfer (Lampyridae), Anglerfische (z. B. Lophius)) |
| verteilen | Feststoffe | Flugsamen der Pflanzen, Exkretion des Nilpferds (Hippopotamus) |

| Funktion | Objekt / Feld / Parameter | Assoziationen (biologisch) |
|---|---|---|
| verteilen | Flüssigkeiten | Blutsystem (optimale Verzweigung), Wasserleitung bei Pflanzen |
| verteilen | Gas | Tracheen, Lungen, Kiemen, Blutsystem, Bauten von Termiten (Isoptera) und Präriehunden (Cynomys ludoviciames) |
| verteilen | Gewicht | Extremitäten der Tiere, Bandscheibe, Meniskus |
| verteilen | Kräfte, Energie und Momente | Extremitäten der Tiere, Bandscheibe, Meniskus |
| verteilen | mechanische Wellen und Schallwellen | Ohren von Wirbeltieren (Vertebrata) |
| verteilen | thermische Energie | Blutsystem, Bauten von Termiten (Isoptera), thermische Zonung |

# A4 Baumodell

## *A4-1 Systematische Variation*

Die Systematische Variation kann anhand der **Ausprägung** unterschiedlicher **Merkmale** geschehen. Für jedes Produktmodell gibt es einen eigenen Satz an beschreibenden Merkmalen. Im Folgenden wird auf die systematische Variation der Produktgestalt eingegangen, hierbei findet folgendes Vorgehen allgemein Anwendung, wobei Schritt 5 nicht unmittelbar Teil der Systematischen Variation ist:

| Nr | Arbeitsschritt | Methoden, Hilfsmittel |
|---|---|---|
| 1 | **Ausgangsobjekte** bestimmen | Produktrepräsentationen (Funktionsmodelle, Skizzen) |
| 2 | **Variationsziel** bestimmen: Die Variation muss ein bestimmtes Ziel verfolgen (z. B. Gewichtsreduktion, Leistungserhöhung). | Anforderungsliste, Problemformulierung, Zielformulierung |
| 3 | **Variationsmerkmal** bestimmen:<br>Dieses ergibt sich zum Teil schon aus dem Ziel (Gewichtsreduktion → zum Beispiel anderen Werkstoff verwenden) | Checkliste mit Gestaltparametern |
| 4 | **Neue Ideen** durch alternative Merkmalsausprägungen erzeugen:<br>Hierbei beachten wie sich das betrachtete Merkmal in seiner Ausprägung ändert. | Checkliste mit Gestaltmerkmalen |
| 5 | Generierte Ideen auf Umsetzbarkeit prüfen, bewerten und auswählen | Eigenschaftsanalyse, Bewertungsmethoden |

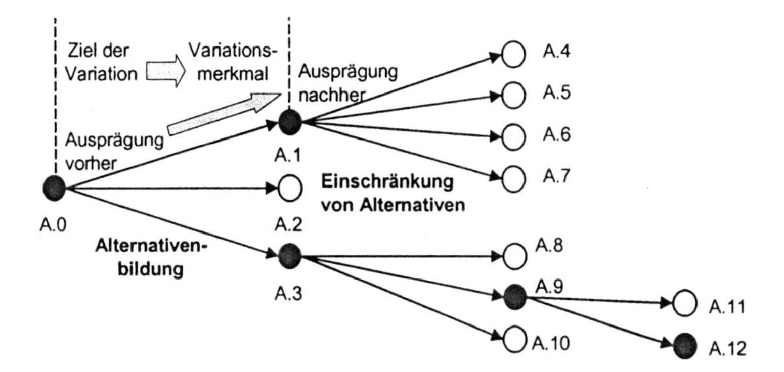


Voraussetzung für die Variation ist das Vorhandensein eines Ausgangsobjekts, auf dessen Basis die Variation erfolgen kann. Die Variation erfolgt in der Regel in mehreren Stufen, bis ein ausreichender Lösungsraum erzeugt worden ist. Sinnvoll ist die Verwendung von Checklisten zur systematischen Variation.

## *A4-2 Checkliste mit Gestaltparametern*

Die Variation von Gestaltparametern dient dem Zweck, unterschiedliche Lösungsmöglichkeiten auf Ebene der Gestalt zu erzeugen. Die Genese von Alternativen soll zielbezogen erfolgen, um Schwachstellen an vorhandenen Lösungen zu eliminieren und die Anforderungen an das zu entwickelnde Produkt bestmöglich zu erfüllen.

Die aufgeführten Gestaltmerkmale Beispiele, die auf Ehrlenspiels Sammlung [Ehrlenspiel 2003] basieren, stellen einen Leitfaden für die systematische Gestaltvariation dar. Sie sollen als Anregung in der Lösungsfindung dienen. Gestaltparameter können nach unterschiedlichen Gesichtspunkten gegliedert werden, eine eindeutige hierarchische Strukturierung ist dabei schwer möglich, für die Praxis aber ohnehin nicht unbedingt erforderlich.

Die folgende Gliederung von Gestaltparametern stellt eine Möglichkeit der Strukturierung dar, die sich in der Praxis als hilfreiches Werkzeug in der systematischen Lösungssuche bewährt hat. Die Auflistung von Gestaltparametern, die auch als eine Kombination anderer interpretiert werden könnte zielt dabei darauf ab, ein und dieselbe Problemstellung aus verschiedenen Blickwinkeln zu betrachten. In der Folge kann sich eine gewisse Redundanz ergeben, die in Überschneidungen der Ergebnisse resultiert. So kann eine ähnliche Gestaltalternative durch die Variation unterschiedlicher Gestaltparameter zustande kommen.

Die einzelnen Parameter sind prinzipiell in der Art gelistet, das jedes Merkmal allgemein erklärt wird. Zusätzlich werden sie anhand typischer allgemein-abstrakter Ausprägungen (auch im Sinne einer Klassifikation) und/oder konkreter Beispiele graphisch dargestellt.

| Kategorie | Nr. | Gestaltmerkmal |
|---|---|---|
| Flächen und Körper | 01 | Form |
| | 02 | Lage |
| | 03 | Zahl |
| | 04 | Größe |
| Beziehungen zwischen Flächen und Körpern | 05 | Verbindungsart |
| | 06 | Berührungsart (Kontaktart) |
| | 07 | Kopplungsart |
| | 08 | Verbindungsstruktur |
| | 09 | Reihenfolge |
| | 10 | Kompaktheit von Bauweisen |
| Produktionsbezogene Eigenschaften | 11 | Werkstoff |
| | 12 | Fertigungsverfahren |
| Bewegungen | 13 | Bezugssystem |
| | 14 | Bewegungsart |
| | 15 | Bewegungsverlauf (zeitlich) |
| | 16 | Gelenkfreiheitsgrad |
| Umkehrung | 17 | Umkehrung (Negation) |

## 01 Form

Der Gestaltungsparameter Form bezieht sich auf die geometrische Ausprägung von Objekten. Variiert werden kann hierbei zum einen die Gesamtform eines Volumenkörpers, aber auch nur eine Fläche oder Linie als Teil eines solchen. Beschreiben lässt sich die Form eines Körpers unter anderem durch Krümmungsradien, Umriss-Polygone und Begrenzungsflächen. Die Form kann sich aber auch in Folge der Variation anderer Gestaltparameter, beispielsweise von Zahl oder Größe, verändern.

**Allgemein-abstrakte Ausprägungen**

| Flächenpunkt ohne Krümmung (eben) | | | | | |
|---|---|---|---|---|---|
| Ebene | Tetraeder | Prisma | Würfel | Quader | Sechskant |
| 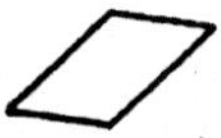 |  |  |  |  |  |
| **Flächenpunkt mit einem Krümmungsradius** | | | | | |
| Halbzylinder | Halbkegel | Wellenmaterial | Zylinder | Rohr | Kegel |
|  |  |  |  |  |  |

| Flächenpunkt mit zwei Krümmungsradien | | | | | | |
|---|---|---|---|---|---|---|
| | Sattel | Kugel | Halbkugel | Linse | Tonne | Hyperboloid |
|  |  |  |  |  |  |  |

**Konkrete Beispiele**

| Form von Wälzlagerkörpern | | | | |
|---|---|---|---|---|
| Kugel (Rillenkugellager) | Zylinder (Zylinderrollenlager) | Tonne (Tonnenlager) | Kegel (Kegelrollenlager) | Zylinder (Nadellager) |
| 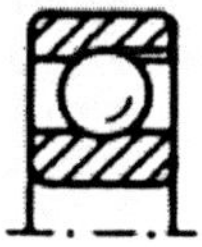 |  | 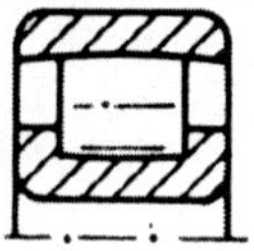 |  | 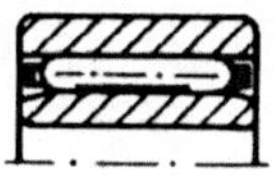 |

## 02 Lage

Der Gestaltparameter Lage bezieht sich auf die relative oder absolute Lage geometrischer Objekte wie Linien (beispielsweise Begrenzungen oder Normalen), Flächen und Körpern. Die Variation der Lage von Linien oder Flächen an ein und demselben Körper hat dabei oft einen Einfluss seine Form und umgekehrt. Die Variation der Lage von mehreren Körpern (relativ) zueinander kann hingegen die Reihenfolge von Systemelementen sowie ihre Verbindungsstruktur innerhalb eines Systems als weitere Gestaltparameter bedingen.

**Allgemein-abstrakte Ausprägungen**

| Gegensätzliche Lageaspekte | | | | | |
|---|---|---|---|---|---|
| außen vs. innen | | radial vs. axial | | horizontal vs. vertikal | |
| | | | | | |

**Konkrete Beispiele**

| Lage von Wirkflächen an Schraubenköpfen in der Draufsicht | | | | | | | |
|---|---|---|---|---|---|---|---|
| Wirkfläche außen | | | | Wirkfläche innen | | | |
| | | | | | | | |

## 03 Zahl

Der Gestaltparameter Zahl bezieht sich auf die Anzahl an Systemelementen (Komponenten, Wirkflächen etc.). Eine Erhöhung kann z. B. zur Steigerung erwünschter Systemparameter beitragen (Durchsatz, Sicherheit etc.), eine Verringerung z. B. zur Senkung unerwünschter Parameter (Gewicht, träge Massen etc.).

**Konkrete Beispiele**

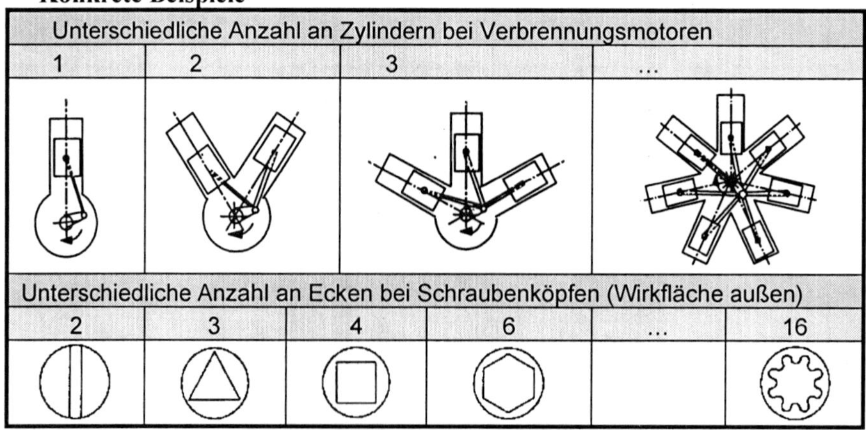

| Unterschiedliche Anzahl an Zylindern bei Verbrennungsmotoren | | | |
|---|---|---|---|
| 1 | 2 | 3 | ... |

| Unterschiedliche Anzahl an Ecken bei Schraubenköpfen (Wirkfläche außen) | | | | | |
|---|---|---|---|---|---|
| 2 | 3 | 4 | 6 | ... | 16 |

## 04 Größe

Der Gestaltparameter Größe bezieht sich auf die Dimensionierung von Systemelementen (Komponenten, Wirkflächen etc.) aber auch auf die Auslegung von nichtgeometrischen Systemparametern (Leistung, Geschwindigkeit etc.). Bei der systematischen Variation kann die Größe entweder erhöht oder verringert werden.

**Konkrete Beispiele**

| Größe der Gelenke in einem Zweigelenk | | |
|---|---|---|
| Gelenk 1 und 2 groß | Gelenk 1 und 2 klein | Gelenk 2 sehr viel größer |
| Gelenk 2<br>Gelenk 1 | | Gelenk 2<br>Gelenk 1 |

## 05 Verbindungsart

Der Gestaltparameter Verbindungsart bezieht sich auf die Art der Verbindung unterschiedlicher i.d.R. physikalischer Systemkomponenten. Neben der Beweglichkeit der Verbindung, die im Falle der gelenkigen Verbindung zu weiteren Variationsmerkmalen wie dem Freiheitsgrad des Gelenkes führt, können Verbindungen weiter in ihrer Lösbarkeit und ihrer Schlussart variiert werden.

**Allgemein-abstrakte Ausprägungen**

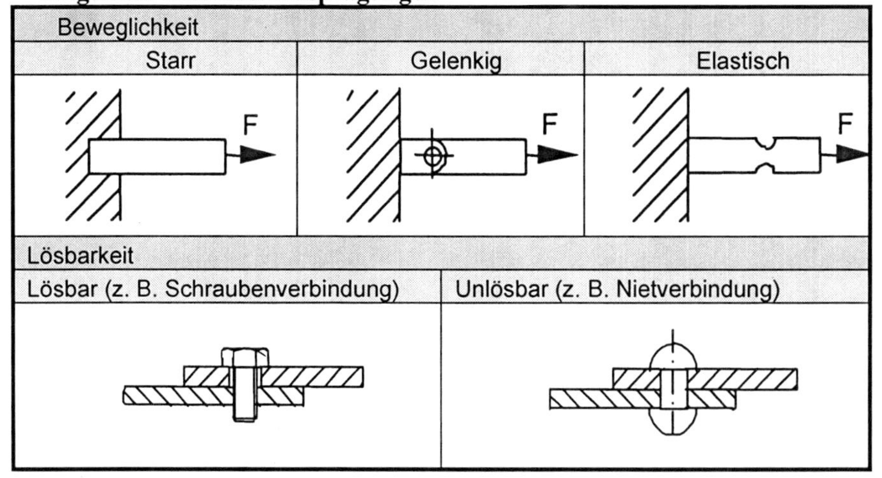

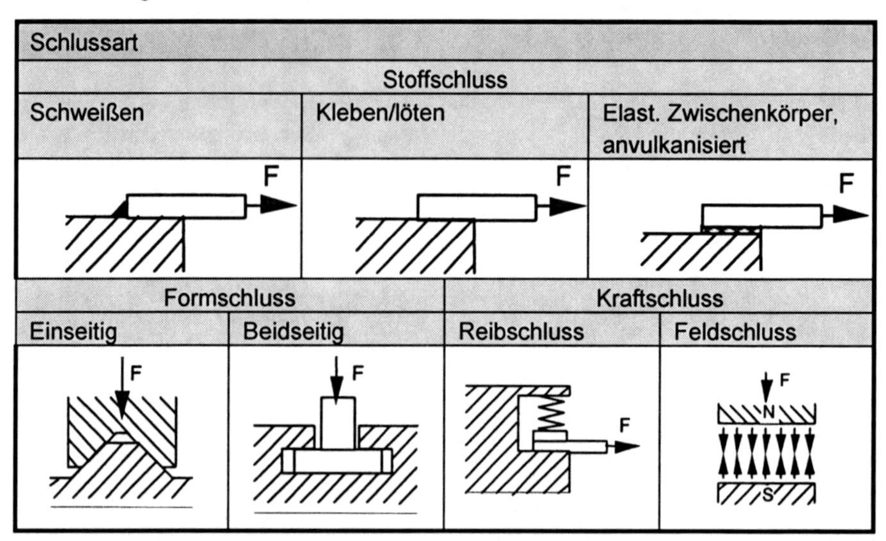

| Schlussart | | |
|---|---|---|
| Stoffschluss | | |
| Schweißen | Kleben/löten | Elast. Zwischenkörper, anvulkanisiert |
| F | F | F |

| Formschluss | | Kraftschluss | |
|---|---|---|---|
| Einseitig | Beidseitig | Reibschluss | Feldschluss |
| F | F | F | F N S |

**Konkrete Beispiele**

| Verbindungsarten bei Flaschenverschlüssen | | | |
|---|---|---|---|
| Formschluss (Kronkorken) | Reibschluss (Schraubverschluss) | Reibschluss (Korken) | Stoffschluss (Klebefolie) |
| Bierflasche | Saftflasche | Weinflasche | Trinkjoghurt |

## 06 Berührungsart (Kontaktart)

Der Gestaltparameter Berührungsart bezieht sich auf die Art und Weise wie sich berührende physische Systemelemente (Körper) in Kontakt stehen. Die primär in Punkt-, Linien- oder Flächenberührungen einteilbare Kontaktarten haben einen unmittelbaren Einfluss auf Flächen- und Hertzsche Pressung zwischen den entsprechenden in Kontakt stehenden Komponenten. Die Variation der Kontaktart steht hierdurch in direktem Zusammenhang mit der zu erfüllenden Funktion der Berührung und somit auch der Verbindungsart.

**Allgemein-abstrakte Ausprägungen**

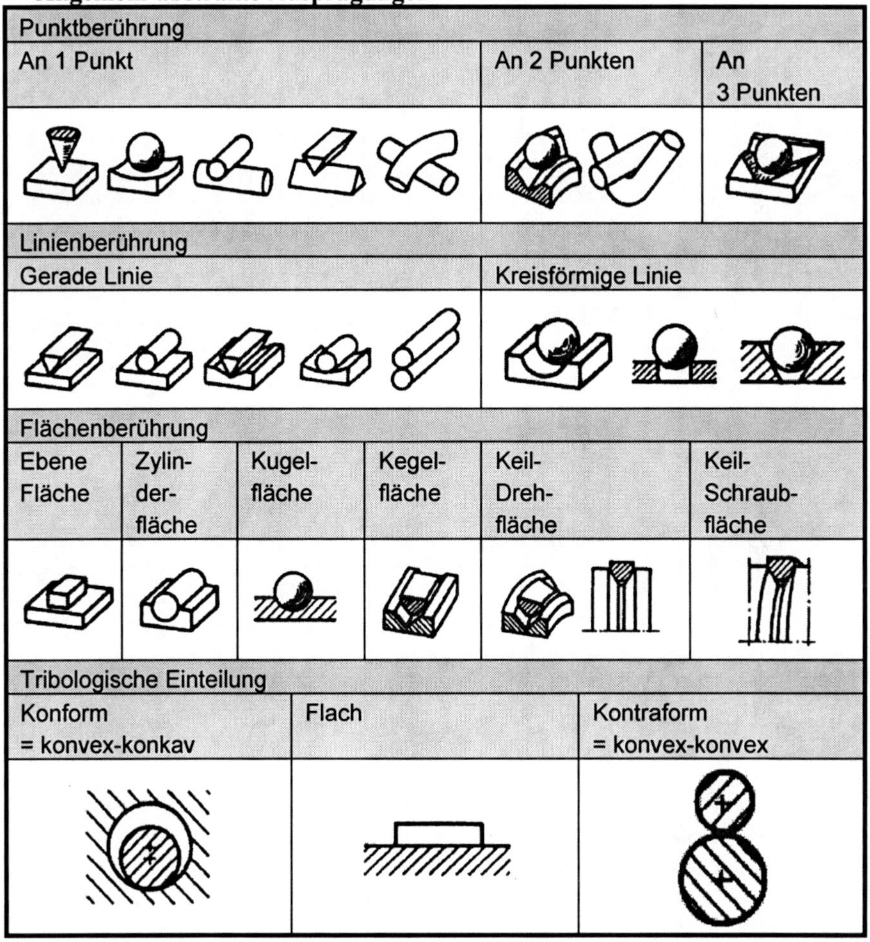

| Punktberührung | | |
|---|---|---|
| An 1 Punkt | An 2 Punkten | An 3 Punkten |
| | | |

| Linienberührung | |
|---|---|
| Gerade Linie | Kreisförmige Linie |
| | |

| Flächenberührung | | | | | |
|---|---|---|---|---|---|
| Ebene Fläche | Zylinderfläche | Kugelfläche | Kegelfläche | Keil-Drehfläche | Keil-Schraubfläche |
| | | | | | |

| Tribologische Einteilung | | |
|---|---|---|
| Konform = konvex-konkav | Flach | Kontraform = konvex-konvex |
| | | |

## 07 Kopplungsart

Der Gestaltparameter Kopplungsart bezieht sich auf die Kopplung (Verbindung und Lagerung) in Berührung stehender Körper, die sich relativ zueinander bewegen. Die Variation der Kopplungsart steht immer in engem Zusammenhang mit der Bewegungsart der Körper zueinander. Da sie oft unmittelbar zur Veränderung von Reibwerten beiträgt sind Geschwindigkeiten und Massen der entsprechenden Körper stets zu berücksichtigen. Da die zu koppelnden Flächen sich nicht immer direkt berühren stellen auch die entsprechenden „Zwischenmedien" Variationsgrößen dar. Hier kann unterschieden werden zwischen festen Medien wie beispielsweise Wälzkörpern in Lagern oder elastischen Lenkern als Zwischenelement und flüssig- oder gasförmigen Zwischenmedien, die in hydrostatischen oder -dynamischen genutzt werden können.

**Allgemein-abstrakte Ausprägungen**

| Berührend (mit Festkörperberührung) | | | |
|---|---|---|---|
| Gleiten (Gleitlager) | Rollen | Wälzen = Gleiten + Rollen (Wälzlager) | Lenkerkopplung |
|  |  |  | 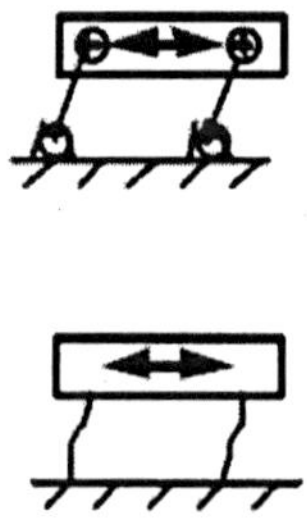 |

| Nicht berührend (ohne Festkörperberührung) | | |
|---|---|---|
| Hydrostatisches Lager (Flüssigkeit/Gas) | Hydrodynamisches Lager (Flüssigkeit/Gas) | Magnetlager |
| 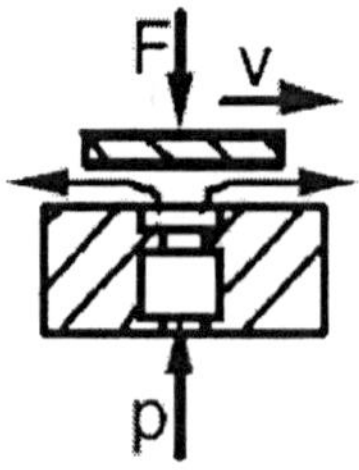 | 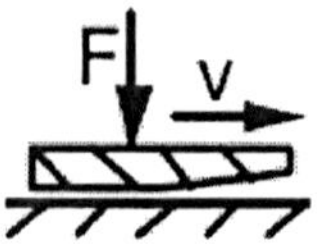 | 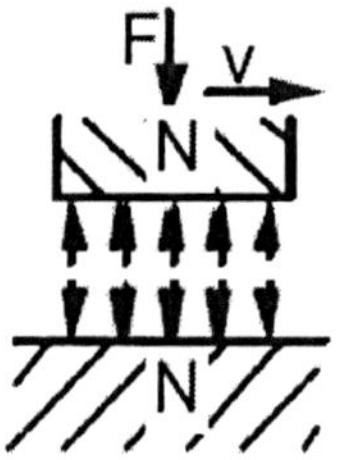 |

**Konkrete Beispiele**

| Kopplungsart bei Lagern, Führungen und Gewinden | | | |
|---|---|---|---|
| Kopplungsart | Lager (Rotation) | Führung (Translation) | Gewinde (Schraubung) |
| Gleiten | | | |
| Wälzen | | | |

## 08 Verbindungsstruktur

Der Gestaltparameter Verbindungsstruktur bezieht sich auf die Anordnung und Verbindung von Systemelementen. Von Bedeutung ist hier die Frage, wie sich bei einer gegebenen Menge an im Raum verteilten Elementen die Verbindungen gestalten (Anzahl der Verbindungen insgesamt? Verbindung vorhanden/nicht vorhanden bei jeweils zwei betrachteten Elementen?).

**Allgemein-abstrakte Ausprägungen**

| Möglichkeiten der Verbindungsstruktur zwischen drei Elementen | | | |
|---|---|---|---|
| A-B-C (2 Verb.) | A-C-B (2 Verb.) | B-A-C (2 Verb.) | A-B-C (3 Verb.) |
| A B C<br>A C B | A B C<br>A C B | A B C<br>A C B | A B C<br>A C B |

**Konkrete Beispiele**

Möglichkeiten der Verbindungsstruktur eines Fahrradrahmens (4 Verbindungspunkte)

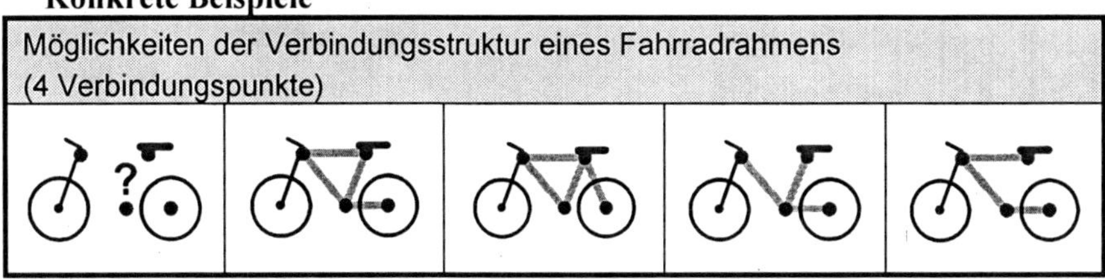

## 09 Reihenfolge

Der Gestaltparameter Reihenfolge bezieht sich auf die Anordnung von Systemelementen (ähnlich zum Parameter Verbindungsstruktur). Hier steht die Frage im Vordergrund, welches Element an welcher Stelle (beispielsweise an erster, zweiter oder dritter Stelle) in einer Abfolge von Elementen steht.

**Konkrete Beispiele**

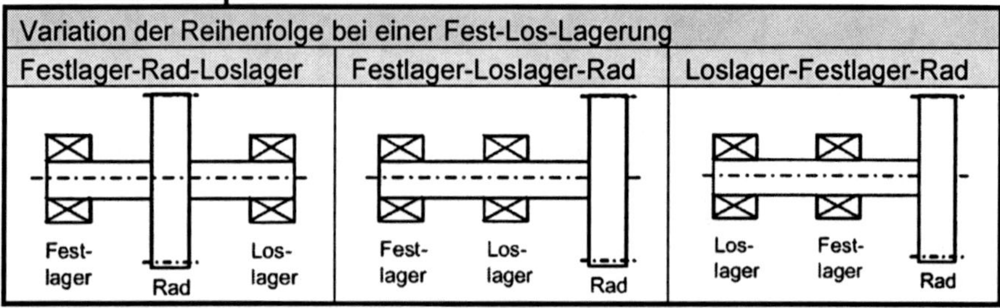


## 10 Kompaktheit

Der Gestaltparameter Kompaktheit (von Bauweisen) bezieht sich auf das genutzte Materialvolumen zur Realisierung eines Bauteils. Die Kompaktheit einer Bauweise hängt unmittelbar von den verwendeten Werkstoffen ab und beeinflusst ihrerseits, Steifigkeit, Belastbarkeit (Festigkeit) und Masse einer Struktur.

**Allgemein-abstrakte Ausprägungen**

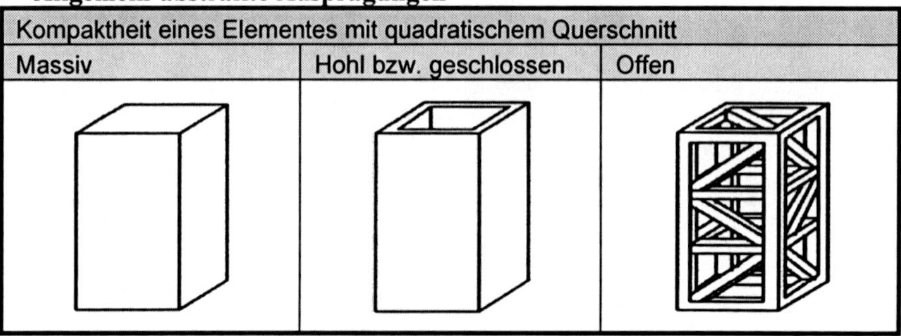


**Konkrete Beispiele**

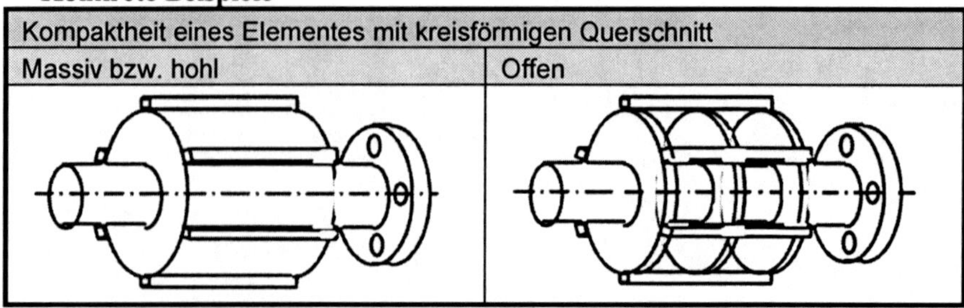

## 11 Werkstoff

Der Gestaltparameter Werkstoff bezieht sich auf Art, Qualität und Anzahl des beziehungsweise der verwendeten Werkstoffe. Neben der grundsätzlichen Variation von Werkstoffarten wie beispielsweise Kunststoff, Holz oder Metall und Werkstoffzusammensetzung (Verbundmaterial oder Legierung) können in diesem Zusammenhang auch der (stoffliche) Zustand, die makro- und mikroskopische Beschaffenheit sowie die Ausgangsform des entsprechenden Rohmaterials (beispielsweise des Halbzeugs bei Kunststoffen oder Metallen) variiert werden. Die Variation dieses Gestaltparameters steht in fast unlösbarem Zusammenhang mit dem Gestaltparameter des Fertigungsverfahrens.

**Allgemein-abstrakte Ausprägungen**

| Zustand | Physikalisches bzw. chemisches Verhalten | Makroskopische und mikroskopische Beschaffenheit |
|---|---|---|
| • fest, flüssig, gasförmig, amorph<br>• metallisch/ nichtmetallisch<br>• organisch/ anorganisch (Kunststoff) | • starr, elastisch, plastisch, viskos<br>• leitfähig/nicht leitfähig für Wärme, Elektrizität oder Magnetismus<br>• durchsichtig/undurchsichtig<br>• brennbar/nicht brennbar<br>• edel/unedel | • „Festkörper", körnig, pulvrig, staubförmig<br>• Gegenkörper (-stoff), Zwischenkörper (-stoff)<br>• Kristallstruktur, Textur, Einlagerungen (Stahl: Kohlenstoff-einlagerungen) |

**Konkrete Beispiele**

| Merkmal | Ausprägung vorher | Ausprägung nachher | Bemerkungen (Einfluss auf die Gestalt) |
|---|---|---|---|
| Art des Werkstoffs | St 37 | GG 20 | Änderung des Fertigungsverfahrens (Guss) |
| Qualität des Werkstoffs | Unbehandelt | HRC 55 gehärtet | ggf. Schleifen nötig, dann ggf. Schleifauslauf vorsehen |
| Zahl unterschiedlicher Werkstoffe | Polyamid unverstärkt | Polyamid glasfaserverstärkt | andere Fertigungs- und Trennverfahren |
| Art des Halbzeugs | Profilmaterial | Blech | ggf. umformgerecht gestalten |

## 12 Fertigungsverfahren

Nach DIN 8580 werden Fertigungsverfahren in die 6 Hauptkategorien Urformen, Umformen, Trennen, Fügen, Beschichten und Stoffeigenschaftenändern eingeteilt. Jede Kategorie enthält wiederum weitere spezielle Verfahren. Bei der Variation des Fertigungsverfahrens ist darauf zu achten, dass die Anforderungen an den verarbeiteten Werkstoff vom Verfahren abhängig sind.

**Konkrete Beispiel**

| Alternative Fertigungsverfahren für ein Bauteil | | |
|---|---|---|
| Urformen<br>gegossen<br>(GG 20) | Umformen<br>gesenkgeschmiedet<br>(St 37) | Trennen<br>aus d. Vollen gespant<br>(St 37) |
|  |  | 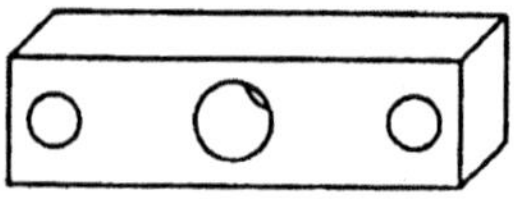 |
| Trennen/Umformen: aus Blech gestanzt & abgekantet (St 37) | Fügen<br>geschweißt<br>(St 37-3) | Fügen<br>gelötet<br>(St 37) |
| 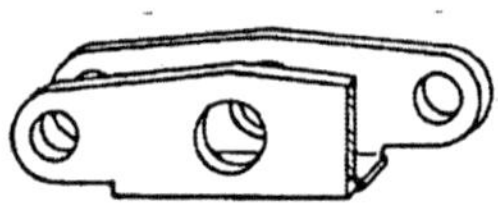 |  | 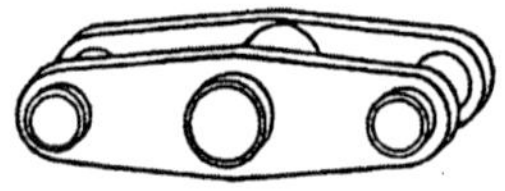 |

## 13 Bezugssystem

Der Variationsparameter Bezugssystem bezieht sich auf den Standpunkt der Betrachtung eines Objektes beziehungsweise eines Systems unterschiedlicher Objekte. Durch die Variation des Bezugssystems können Bauteile einerseits in ihrer Gestalt verändert werden, ihnen kann darüber hinaus aber auch eine andere Funktion zukommen (beispielsweise Antrieb wird zum Abtrieb). Letzteres kann wiederum Einfluss auf die Bauteil- beziehungsweise Produktgestalt haben. Die Variation des Bezugssystems steht oft in Zusammenhang mit der Variation von Lage, Bewegungsart und -richtung sowie der Reihenfolge, kann aber auch zu ähnlichen Ergebnissen wie die Umkehrung führen.

**Konkrete Beispiele**

| Gestellwechsel (kinematische Umkehr; Wechsel des absoluten Bezugssystems) | | | |
|---|---|---|---|
| Systemelemente | Außenrad fest | Sonnenrad fest | Planeten fest |
| 1 Sonnenrad<br>2 Planetenrad<br>3 Außenrad<br>4 Steg<br>Gestell | 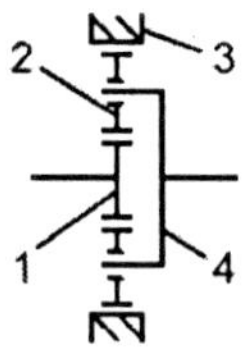 | 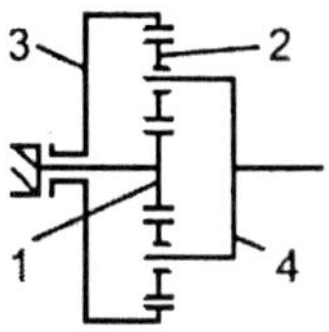 | 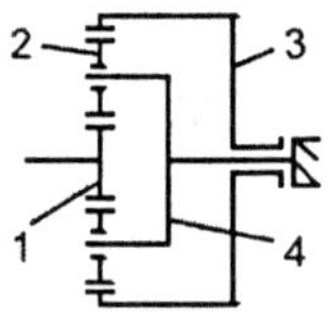 |
| Art des Bezugssystems | | | |
| Eben 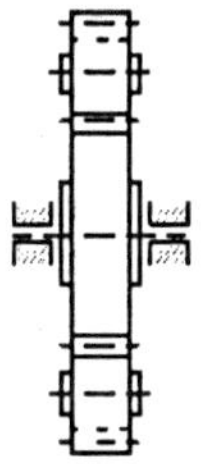 | | Räumlich 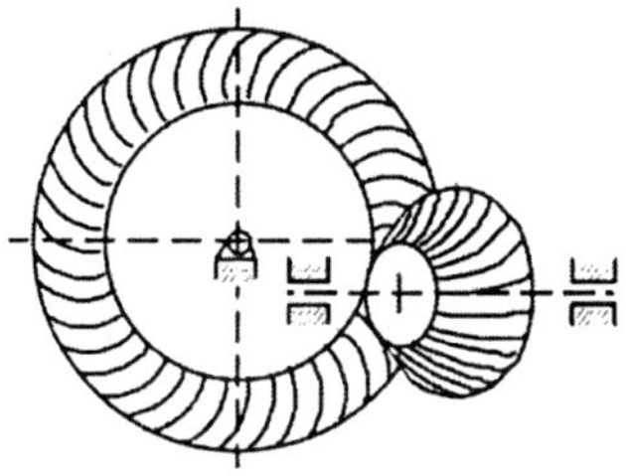 | |
| Antriebs- oder Abtriebswechsel | | | |
| Antrieb links unten<br>Abtrieb rechts unten | Antrieb rechts unten<br>Abtrieb links unten | Antrieb links unten<br>Abtrieb rechts oben | Antrieb rechts oben<br>Abtrieb rechts unten |
| 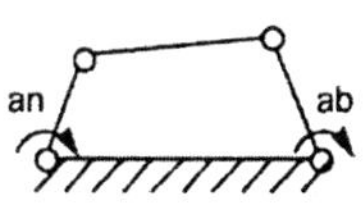 an ab | 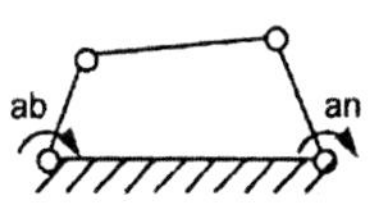 ab an | 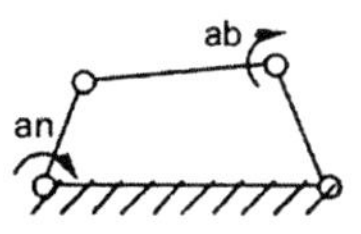 an ab | 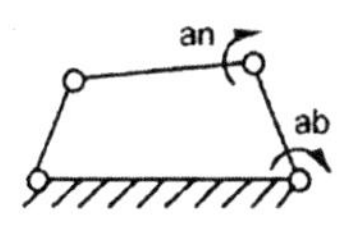 an ab |

## 14 Bewegungsart und -richtung

Dieser Gestaltungsparameter bezieht sich auf die Bewegung von Bauteilen oder -komponenten zu einem entsprechenden Bezugssystem. Dieses kann dabei durch das Gesamtsystem oder auch durch andere Bauteile und Komponenten gebildet sein. Die Bewegungsart als Gestaltungsparameter ist zunächst unabhängig von anderen Parametern, die den Kontakt zwischen zwei Körpern näher bestimmen. In der praktischen Produktausgestaltung steht die Variation der Bewegungsart aber oft in direktem Zusammenhang mit der Berührungsart, vor allem aber der Kopplungsart. So beruhen „Gleiten“, „Rollen“ und „Wälzen“, aber auch „Bohren“ oder „Prallen“ immer auch auf einer bestimmten Bewegungsart von Bauteilen oder -komponenten.

Neben der grundsätzlichen Variation der Bewegungsart in Form von translatorisch, rotatorisch und Kombinationen dieser beiden können des Weiteren die Bewegungsrichtung und -geschwindigkeit variiert werden

**Allgemein abstrakte Ausprägungen**

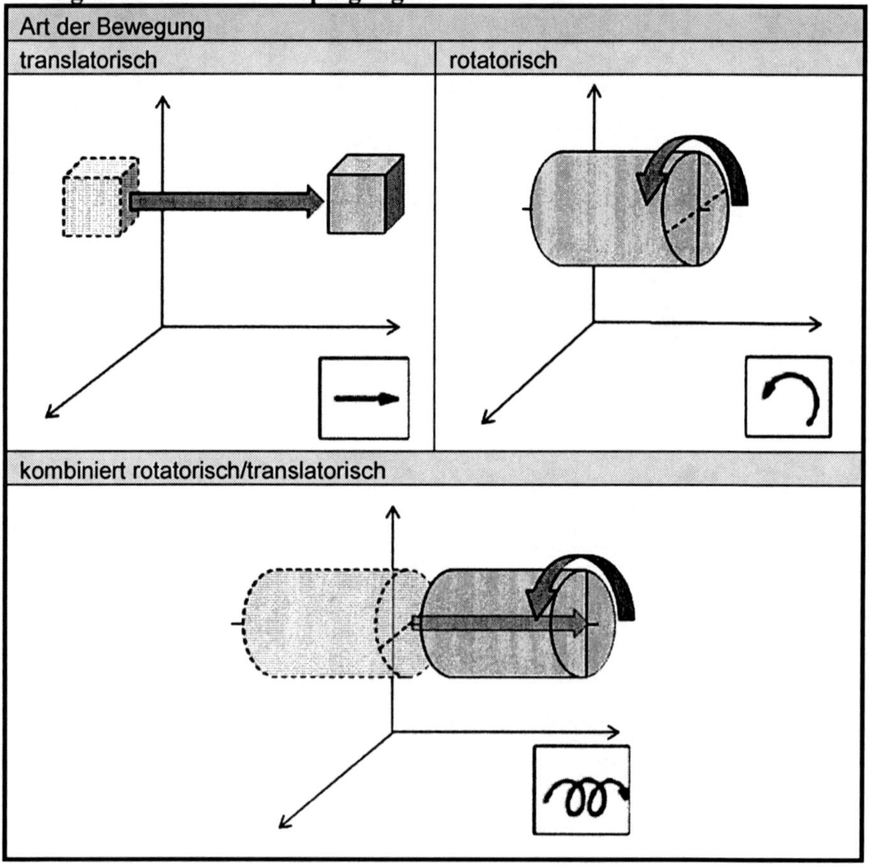

| Art der Bewegung | |
|---|---|
| translatorisch | rotatorisch |
| kombiniert rotatorisch/translatorisch | |

## 15 Bewegungsverlauf (zeitliche Veränderung der Bewegung)

Neben der grundsätzlichen Variation einer Bewegungsart und -richtung kann auch ihr zeitlicher Verlauf variiert werden, um zu neuen Gestaltlösungen zu gelangen. Hierauf bezieht sich der Variationsparameter Bewegungsverlauf.

**Allgemein-abstrakte Ausprägungen**

Orientierung: G = Gleichsinnig; W = Wechselsinnig (oszillierend, hin und her)

| Bewegungsverlauf | Stetig, kontinuierlich | | Mit Rast, intermittierend | | Mit Pilgerschritt (Teilrücklauf) | |
|---|---|---|---|---|---|---|
| Orientierung | G | W | G | W | G | W |
| Bew.art | | | | | | |
| Rotation | | | | | | |
| Translation | | | | | | |
| Kombiniert Rotation und Translation | | | | | | |

## 16 Gelenkfreiheitsgrad

Der Gestaltparameter Gelenkfreiheitsgrad beschreibt die Art eines Freiheitsgrades (translatorisch und rotatorisch) sowie die Anzahl der Freiheitsgrade eines Gelenks beziehungsweise einer gelenkigen Verbindung. Eine Variation dieses Parameters steht oft in direktem Zusammenhang mit einer Variation der Bewegungsart.

**Allgemeine Ausprägungen**

| Gelenke und ihre Freiheitsgrade | | | |
|---|---|---|---|
| | 0 translatorisch | 1 translatorisch | 2 translatorisch |
| 0 rotatorisch | --- | 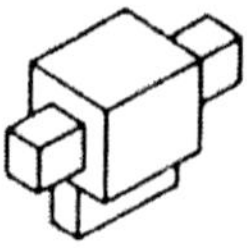 | |
| 1 rotatorisch | 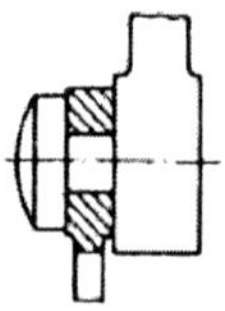 | 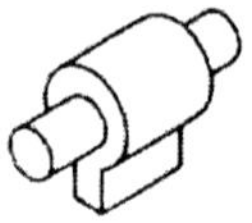 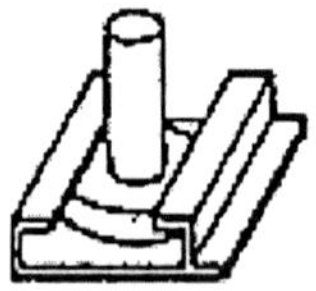 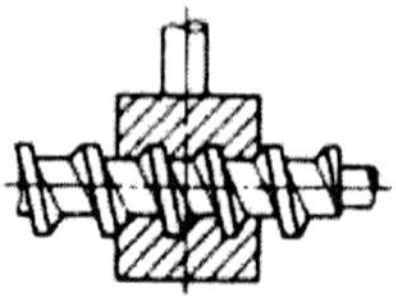 | 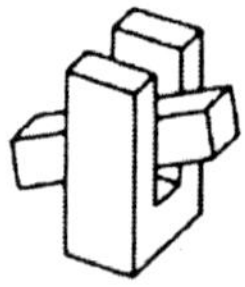 |
| 2 rotatorisch | 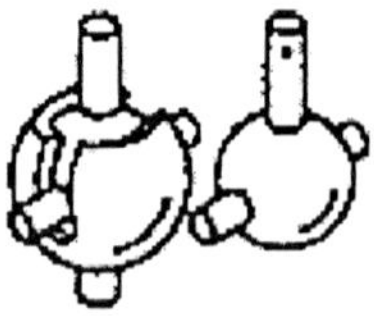 |  |  |
| 3 rotatorisch | 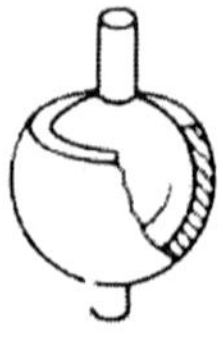 |  | 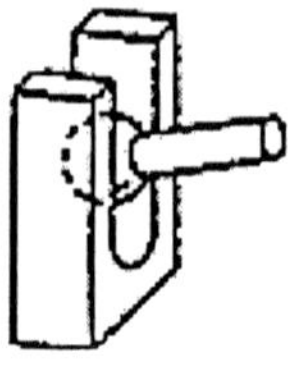 |

## 17 Umkehrung

Das Variationsmerkmal Umkehrung stellt einen relativ abstrakten Variationsparameter dar, der auf unterschiedlichsten Konkretisierungsebenen Anwendung finden kann und auf eine Reihe von Variationsmöglichkeiten hinweist. Bezüglich der Erarbeitung der Produktgestalt bezieht sich eine Variation anhand dieses Merkmals oft auf geometrisch-gegenständliche Aspekte und steht hierbei in engem Zusammenhang mit Variationsparametern wie der Lage, der Reihenfolge, der Verbindungsstruktur aber auch des Bezugssystems.

**Allgemeine-abstrakte Ausprägungen**

| Art der Variation | Ausprägung vorher | Ausprägung nachher |
|---|---|---|
| Negation | Merkmal vorhanden | Merkmal nicht vorhanden |
| Spiegelung | Bild | Spiegelbild |
| Grenzwert | Merkmal gegen Null | Merkmal gegen unendlich |
| Vertauschung | Plus (+) | Minus (-) |
| | links | rechts |
| | oben | unten |
| | innen | außen |
| | Antrieb | Abtrieb |

**Beispiel**

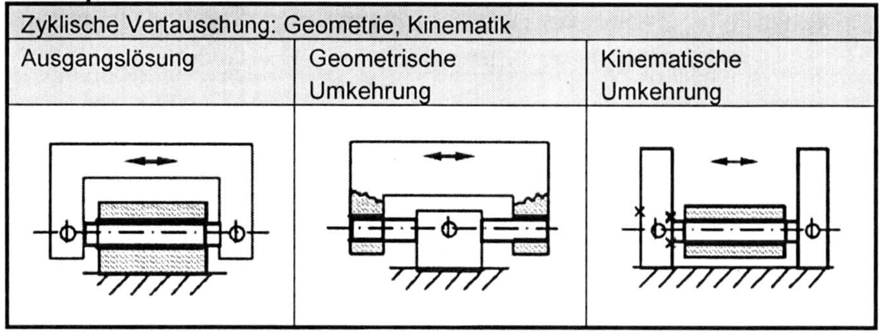

| Zyklische Vertauschung: Geometrie, Kinematik | | |
|---|---|---|
| Ausgangslösung | Geometrische Umkehrung | Kinematische Umkehrung |

## *A4-3 Prinzipien optimaler Systeme*

Die Prinzipien optimaler Systeme geben Hinweise und Ansatzpunkte zur Auslegung und Gestaltung optimaler Systeme beziehungsweise zur Optimierung von technischen Systemen. Abhängig von den konkreten Optimierungszielen müssen aus den Prinzipien die jeweils zielführenden ausgewählt und adaptiert werden. Entwicklungsprozesse können so deutlich effizienter ablaufen, da die Zahl der notwendigen Iterationen erheblich gesenkt werden kann. Aus Mechanik und Thermodynamik bekannte Grundlagen werden gestaltungsorientiert aufbereitet, bewusst gemacht und teilweise mit Erfahrungswissen angereichert.

| Bereich | Prinzipien |
|---|---|
| Energie | Prinzip der Vermeidung von Irreversibilität<br>Prinzip der Suche nach regenerativen Lösungen |
| Struktur-ökonomie | Prinzip des Kraftflusses<br>Prinzip der Kaskadierung<br>Prinzip der belastungsgerechten Werkstoffwahl |
| Mechanismen | Prinzip des Lastausgleichs<br>Prinzip des Kraftausgleichs<br>Prinzip der Selbsthilfe |
| Systeme | Prinzip der Funktionsdifferenzierung / Funktionsintegration<br>Prinzip der Differenzialbauweise / Integralbauweise |

### A4-3-1 Prinzipien zu Energie

Ziel ist hier die Optimierung technischer Systeme in energetischer Hinsicht, das heißt eine Steigerung des energetischen Wirkungsgrads. Es gelten die Hauptsätze der Thermodynamik.

1. **Hauptsatz:** In einem abgeschlossenen System bleibt der Gesamtbetrag der Energie konstant. Innerhalb des Systems können die verschiedenen Energieformen ineinander umgewandelt werden. Dies bedeutet, dass es kein Perpetuum Mobile erster Art gibt, welches ständig Arbeit abgibt, ohne gleichzeitig entsprechende Energie aufzunehmen.
2. **Hauptsatz:** Alle natürlich ablaufenden und technischen Prozesse sind irreversibel. Reversible Vorgänge sind lediglich idealisierte Grenzfälle. Das heißt, es gibt auch kein Perpetuum Mobile zweiter Art, das Wärme aus einer Wärmequelle entnimmt und vollständig in mechanische Arbeit umwandelt.

## Prinzip der Vermeidung von Irreversibilität

Mechanische oder elektromagnetische Energieformen sind nach Möglichkeit in andere mechanische oder elektromagnetische Energieformen, nicht jedoch in Wärme umzuwandeln. Voraussetzung dafür ist die Zuführung aller Energieumsätze in einem technischen System zum energetischen Hauptumsatz.

### Beispiel: Trassenführung bei U-Bahnen

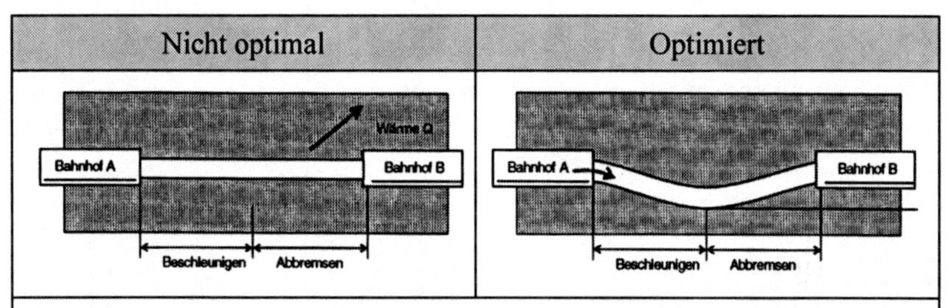


**Erläuterung:** Die Bahnhöfe bei der optimierten Variante (rechts) liegen etwas höher als die sie verbindenden Streckenabschnitte. Dadurch erfolgt eine Wandlung von kinetischer in potentielle Energie bei der Annäherung an den Bahnhof, der Anteil der dissipierten Energie bei der Abbremsung lässt sich deutlich verringern. Die potentielle Energie steht dem Zug beim Verlassen der Station zur Beschleunigung wieder zur Verfügung.

### Beispiel: Schleuder im Vergleich zu japanischem Kyudo-Bogen

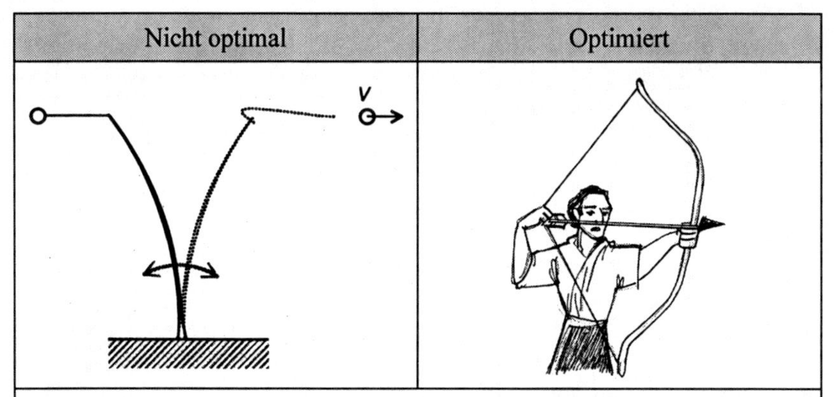


**Erläuterung:** Im Gegensatz zu einer Schleuder (links) schwingt ein Kyudo-Bogen (rechts) nicht nach. Fast die gesamte (potentielle) Energie der Vorspannung kann in kinetische Energie umgewandelt werden.

### Prinzip der Suche nach regenerativen Lösungen

Es ist nach regenerativen Lösungen zu suchen, die die (nicht vermeidbaren) irreversiblen Energieverluste eines technischen Systems so weit wie möglich reduzieren. Dieses Prinzip stellt eine praxisorientierte Umformulierung des ersten Prinzips dar.

## A4-3-2 Prinzipien zur Strukturökonomie

Ziel ist hier die Erleichterung der Kompromissfindung zur Lösung des Zielkonflikts zwischen der Belastbarkeit einer Struktur und ihrer Masse. Es besteht grundsätzlich folgende Anforderung: Die Struktur muss bei minimaler Masse den geforderten Beanspruchungen standhalten.

### Prinzip des Kraftflusses

Der Kraftfluss ist eine Modellvorstellung, die Entwickler und Konstrukteure dabei unterstützen soll, mechanische Strukturen belastungsgerecht zu gestalten. Es wird davon ausgegangen, dass Kräfte in Bauteilen wie eine Flüssigkeit „zirkulieren“. Für die Aufstellung eines Kraftflusses gelten folgende Grundsätze:

- Der Kraftfluss in einem Bauteil muss immer geschlossen sein. Dies führt zu Schwierigkeiten bei Strukturen, in denen Massenkräfte eine bedeutende Rolle spielen. In diesem Fall kann der Kraftfluss in Gedanken entweder „durch die Luft“ geschlossen werden, oder die Bauteilmasse wird als „Kraftquelle“ betrachtet, der zum Beispiel eine „Kraftsenke“ im Fundament gegenübersteht.
- In einem Kraftfluss-Kreislauf ändert sich die Beanspruchungsart (zum Beispiel Zug, Druck oder Biegung).
- Der Kraftfluss sucht sich den kürzesten Weg. Kraftlinien drängen sich in engen Querschnitten zusammen, in weiten dagegen breiten sie sich aus.

Regeln für die kraftflussgerechte Gestaltung von technischen Systemen:

1) Der Kraftfluss ist eindeutig zu führen. Überbestimmtheiten sind zu vermeiden.
2) Für eine steife, leichte Bauweise ist der Kraftfluss auf kürzestem zu Weg führen: Biegung und Torsion sind zu vermeiden, Zug und Druck sowie symmetrische Kraftflüsse sind zu bevorzugen.
3) Für eine elastische, arbeitsspeichernde Bauweise ist der Kraftfluss auf einem weiten Weg zu führen: Biegung und Torsion sind zu bevorzugen, der Kraftfluss ist „spazieren zu führen“.
4) Sanfte Kraftumlenkungen sind anzustreben, da scharfe Umlenkungen Spannungsspitzen ergeben.

**Beispiel: Der Kraftfluss in der Alamillo-Brücke**

| Nicht optimal | Optimiert |
|---|---|

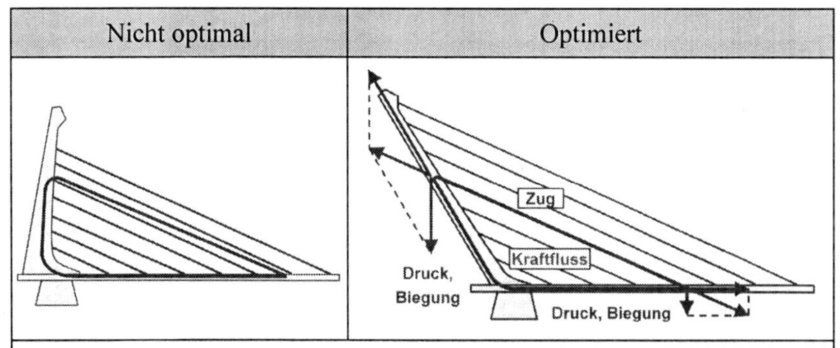


**Erläuterung:** Richtung und Masseverteilung des Schrägmastes bei der Alamillo-Brücke (über den Guadalquivir in Sevilla, Spanien, siehe Bild rechs) sind genau so ausgelegt, dass die Gewichtskraft des Mastes mit den von den Tragseilen übertragenen Zugkräften im Gleichgewicht steht. Ein Teil des Kraftflusses verläuft als Druckkraft durch den Schrägmast, als Zugkräfte durch die Tragseile und wird als Druckkraft über die Fahrbahn der Brücke geschlossen. Die Massenkräfte der Brücke stellen eine Kraftquelle dar, sie werden in der Kraftsenke im Fundament abgefangen.

**Beispiel: Anordnungen von Wälzlagern [Pahl et al. 2005]**

| Nicht optimal | Optimiert |
|---|---|

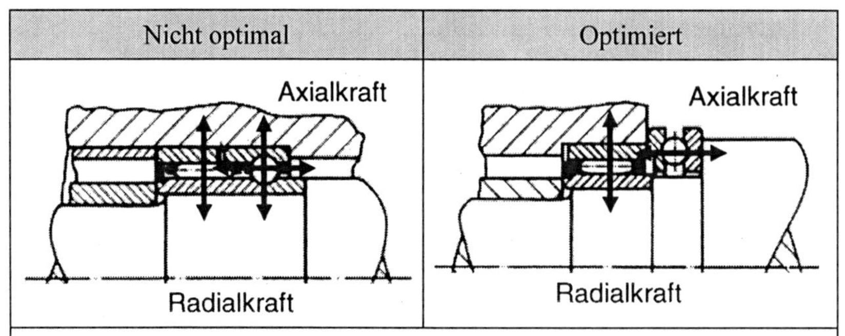


**Erläuterung:** Die linke Anordnung ist hinsichtlich der Übertragung radialer Kräfte überbestimmt. Radialkräfte werden sowohl durch das Nadellager als auch durch das Kugellager übertragen. Die Kraftleitung ist daher unklar und somit schwer zu berechnen. In der rechten Anordnung wird der Kraftfluss dahingegen durch eine optimierte Anordnung der Wälzlager eindeutig geführt. Das Nadellager überträgt lediglich Radialkräfte, das Kugellager ausschließlich Axialkräfte.

**Beispiel: Verschraubung von zwei Gehäuseteilen**

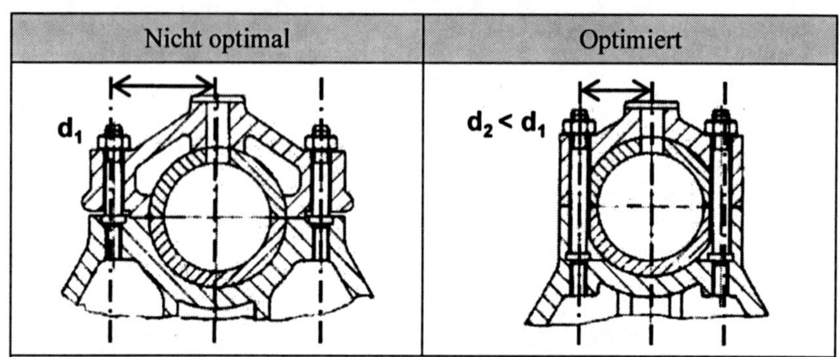


**Erläuterung:** Ziel ist hier eine steife, leichte Bauweise. Daher gilt es, den Kraftfluss auf dem kürzesten Weg zu führen. In der rechten Anordnung ist dies besser gelöst als in der linken Anordnung.

## Prinzip der Kaskadierung

Der Kraftfluss in einem System ist über mehrere unabhängige Pfade zu führen (Parallelschaltung). Dadurch reduziert sich die in jedem der einzelnen Pfade wirkende Kraft in ihrer Größe.

**Beispiel: Kaskadierung bei der Alamillo-Brücke**

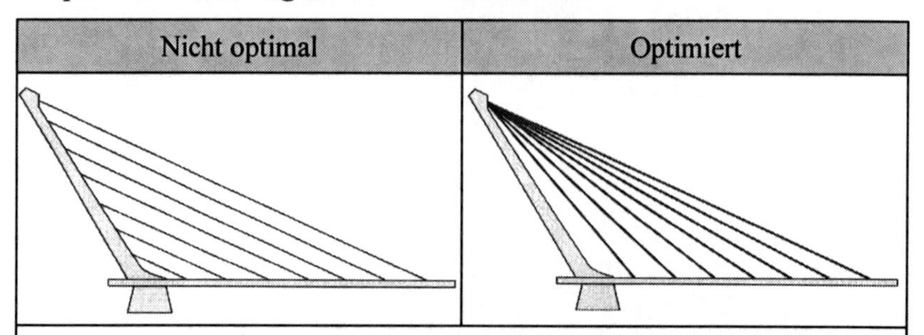


**Erläuterung:** Warum wurde die Alamillo-Brücke parallel abgespannt (rechts) und nicht zur Spitze des Schrägpfeilers (links)? Nach dem Prinzip der Kaskadierung kann es sinnvoll sein, den Kraftfluss in einem System über mehrere unabhängige Pfade zu führen. Wären alle Tragseile der Brücke an der Turmspitze befestigt, müsste die Summe aller Kräfte durch die gesamte Pfeilerlänge bis ins Fundament geleitet werden. Der Pfeiler müsste deshalb massiver ausgeführt werden als bei einer parallelen Abspannung. Hier wird der Pfeilerquerschnitt nach unten nur in dem Maße größer, in dem weitere Tragseile Kräfte einleiten.

**Beispiel: Kaskadierung bei Staubsaugerdüsen [nach Gramann 2004]**

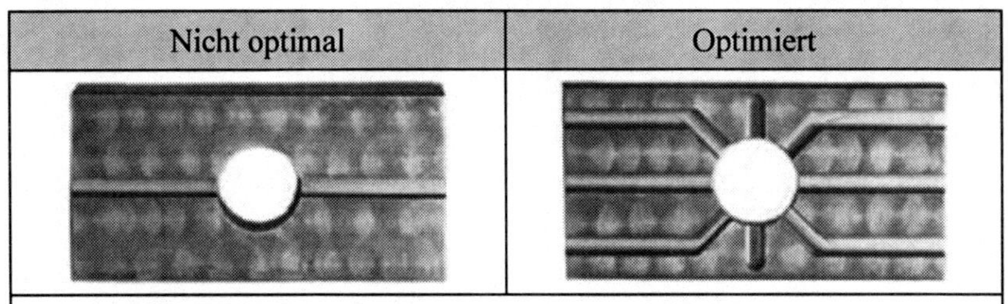


**Erläuterung:** Im linken Prototypen einer Staubsaugerdüse, das stellvertretend für konventionelle Staubsaugerdüsen steht, wird der Luftstrom über einen Saugkanal geführt. Im rechten Prototypen gibt es mehrere Saugkanäle, über die der Luftstrom parallel geführt wird. Dadurch lässt sich die Saugleistung erhöhen.

**Prinzip der belastungsgerechten Werkstoffwahl**

Werkstoffe in einem technischen System sollten nach Möglichkeit der Belastungsart angepasst werden.

**Beispiel: Belastungsgerechte Werkstoffwahl bei der Alamillo-Brücke**

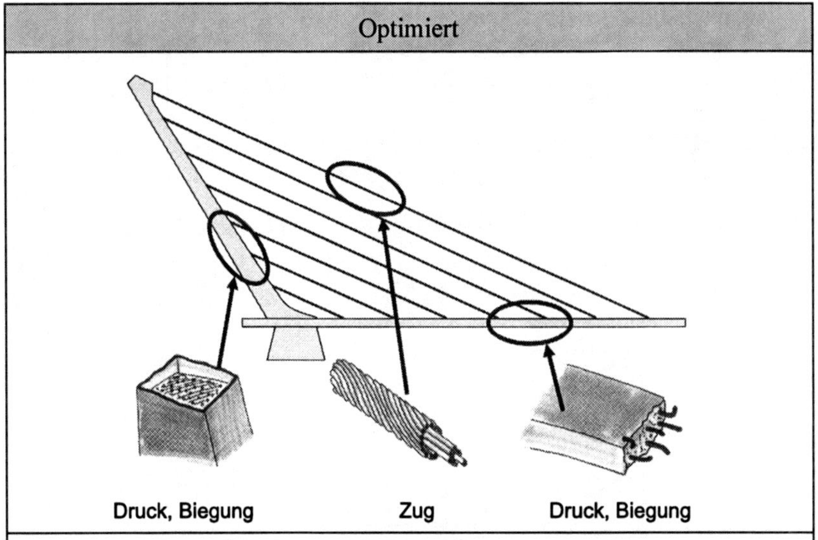


**Erläuterung:** Zur Übertragung der Zugbelastung durch die Tragseile werden klassische Stahlseile verwendet. Der Schrägmast überträgt fast ausschließlich Druckkräfte. Er besteht darum aus einem dünnen Stahlträger, der mit druckbelastbarem Beton ausgegossen ist. Die Fahrbahn der Brücke besteht aus Spannbeton, der druck-, zug- und biegebelastbar ist.

### A4-3-3 Prinzipien zu Mechanismen

Ziel ist die Entlastung von Bauteilen oder die gezielte Unterstützung der Funktion, damit der Mechanismus insgesamt zuverlässiger arbeitet, was sich unmittelbar in der Sicherheit, in der Wartung und damit auch in den Kosten niederschlägt.

#### Prinzip des Lastausgleichs

> Mit dem Prinzip des Lastausgleichs wird die gleichmäßige Aufnahme von Kräften und Momenten bei einer Leistungsverzweigung an mechanisch parallel geschalteten Wirkflächen angestrebt. Das Ziel ist eine möglichst gleiche mechanische Belastung der statisch unbestimmten Komponenten [Ehrlenspiel 2003].

Der Lastausgleich bezieht sich in erster Linie auf Massenkräfte, die von außen auf das System wirken (im Gegensatz zum Kraftausgleich, der sich auf Reaktionskräfte bezieht, die durch die Funktion des Systems entstehen). Ausgangspunkt beim Lastausgleich ist ein System mit parallel geschalteten, statisch unbestimmten Wirkflächen. Probleme, die aufgrund eines ungenügenden Lastausgleichs auftreten, werden durch folgende Maßnahmen gelöst [Ehrlenspiel 2003]:

- Problem beseitigen: gelenkiger, elastischer oder hydrostatischer Lastausgleich zur Erreichung einer statischen Bestimmtheit
- Störgröße verringern: genaue Fertigung, Integralbauweise, bei Montage anpassen, plastisch verformen, einlaufen lassen, ungewollte elastische oder thermische Verformungen verringern
- Wirkung der Störgröße verringern: System schlupfläufig machen oder elastisch gestalten

**Beispiel: Gelenkiger Lastausgleich an Scheibenbremsen [Ehrlenspiel 2003]**

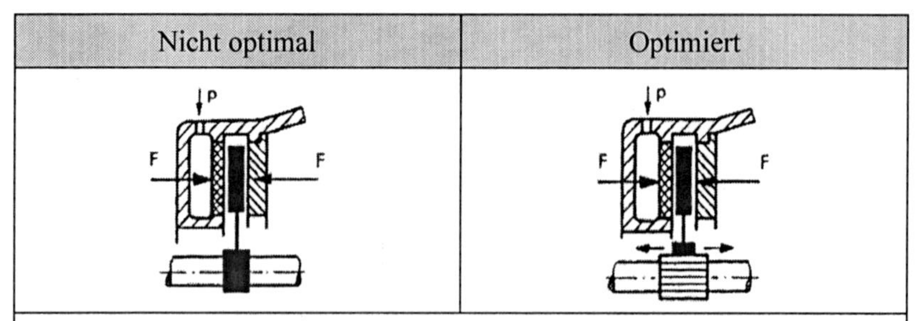


**Erläuterung:** Die linke Anordnung ist statisch unbestimmt. In der rechten Anordnung ist an der Welle ein zusätzliches Schubgelenk angebracht. Dieses erlaubt der Bremsscheibe soviel Axialbewegung, dass die einseitig eingeleitete hydrostatische Bremskraft F durch eine ebenso große Gegenkraft am rückwärtigen Reibbelag kompensiert wird.

### Prinzip des Kraftausgleichs

Beim Kraftausgleich wird der Ausgleich beziehungsweise die Vermeidung großer Reaktionskräfte in Lagerungen angestrebt, insbesondere bei einer dynamischen Belastung des Systems. Der Kraftausgleich erfolgt in erster Linie durch den Einsatz von Ausgleichselementen oder symmetrische Anordnungen [Pahl et al. 2005].

Der Kraftausgleich bezieht sich auf Reaktionskräfte, die durch die Funktion des Systems entstehen (im Gegensatz zum Lastausgleich, der sich auf Massenkräfte bezieht, die von außen auf das System wirken). Funktionsbedingt kann es passieren, dass die Hauptgröße wie eine zunehmende Last oder ein steigendes Antriebsmoment die Reaktionskräfte ansteigen lässt. Diese belasten dann das Gehäuse oder andere Elemente des Produktes, so dass ein Ausgleich mit einfließen muss, damit die Belastung nicht zu groß wird. Aus diesem Grund werden entweder Ausgleichselemente eingesetzt oder es wird eine symmetrische Anordnung angestrebt.

**Beispiel: Kraftausgleich bei Strömungsmaschinen [Pahl et al. 2005]**

| Nicht optimal | Optimiert |
| --- | --- |
| 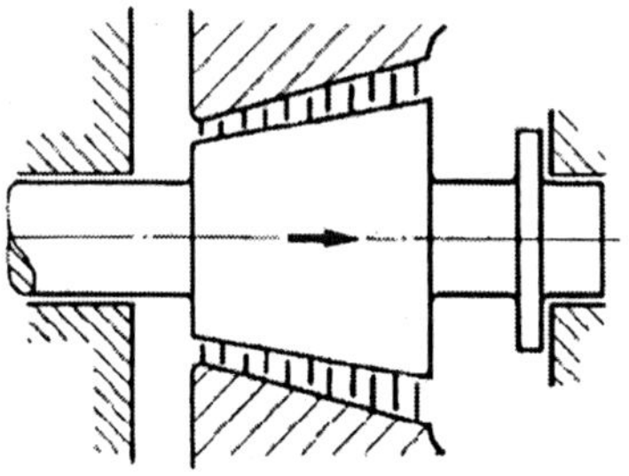 | 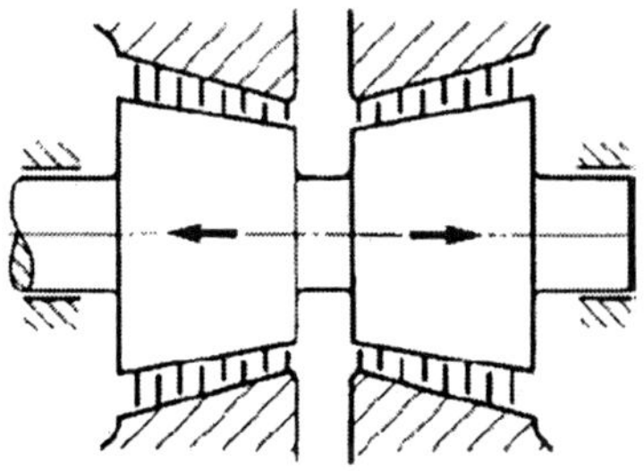 |

**Erläuterung:** Das linke Bild zeigt eine Strömungsmaschine ohne Kraftausgleich. Durch den unsymmetrischen Läufer ergibt sich eine starke Belastung der rechten Lagerung, die entsprechend massiv auszulegen ist. Dahingegen ist die Anordnung im rechten Bild symmetrisch, wodurch sich eine gleichmäßige Belastung beider Lager ergibt.

### Prinzip der Selbsthilfe

Es sind konstruktive Anordnungen anzustreben, bei der ein besonderes oder geeignetes Element unterstützend eingreift, um die Funktion besser zu erfüllen. Dies geschieht meist mit einem geschlossenen Kraftfluss [Pahl et al. 2005, Ehrlenspiel 2003].

Folgende Ausprägungen werden unterschieden:

- Selbstverstärkung: bei Normallasten ergibt sich eine Hilfswirkung, die zusammen mit der Ursprungswirkung eine verstärkende Gesamtwirkung erzeugt.
- Selbstausgleich: Hier kann sich bei Normallast eine Hilfswirkung einstellen, die der ursprünglichen Wirkung entgegen wirkt und damit einen Ausgleich schafft, damit das System trotz einer eventuellen Störung betriebsbereit ist
- Selbstschutz: Bei einer Überlast tritt eine Hilfswirkung ein, bei der dann eine Umverteilung der Hauptgröße stattfindet.

**Beispiel: Selbstverstärkung bei einer Schraubensicherung**

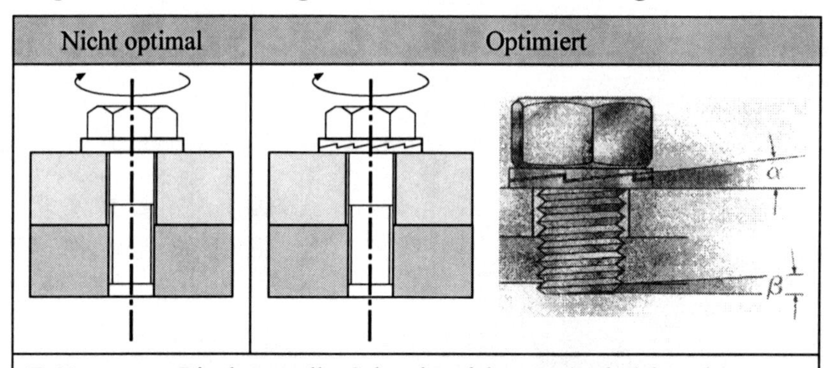


**Erläuterung:** Die dargestellte Schraubensicherung (rechts) besteht aus zwei Scheiben und wird zwischen Bauteil und Schraubenkopf montiert. Die Steigung der Keilflächen des Sicherungselements (α) ist größer als die Gewindesteigung der Schraube (β). Werden Schraube und/oder Mutter angezogen, so erzeugen die Keilflächen einen Formschluss. Dabei wird die Flächenpressung zwischen den Radialrippen erhöht. Die gegenseitig auflaufenden Keilflächen verklemmen sich ineinander und die so erhöhte Vorspannkraft verhindert ein Losdrehen. Wird die Schraube gelöst, nimmt sie ihre formschlüssige Scheibe mit, so dass sie mit ihren Schrägflächen unmittelbar auf den Schrägflächen der Gegenseite aufläuft. Auf diese Weise wird der Keileffekt ausgenutzt und die Vorspannkraft erhöht.

**Beispiel: Selbsthilfe bei Turbinenschaufeln [Ehrlenspiel 2003]**

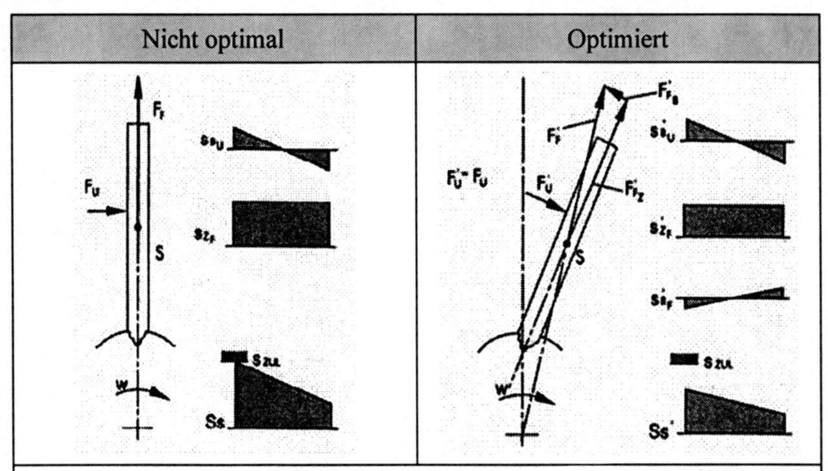


**Erläuterung:** Die Belastungen für die Schaufeln (von Turbinen und Verdichtern in Gasturbinen) setzen sich unter anderem aus Gasbiegekräften und Fliehkräften zusammen. Die Gaskräfte können in Axial- und Tangentialkomponenten zerlegt werden. Sie rufen Biegespannungen in der Schaufel hervor, die im Schaufelfuß ein Maximum erreichen. Diese Spannungen können durch eine leichte Neigung der Schaufelachse in Drehrichtung durch das dann entstehende Fliehkraftmoment für eine Betriebsbelastung und Drehzahl ausgeglichen werden (Bild rechts). Für andere Belastungen tritt damit eine Verminderung der Biegebelastung ein. Somit können die Belastungen einer Schaufel deutlich reduziert werden.

### A4-3-4 Prinzipien zu Systemen

Die Prinzipien zu Systemen betreffen die Systemarchitektur beziehungsweise die Systemstruktur. Zum Beispiel helfen die zugehörigen Prinzipien dabei, eine Aussage hinsichtlich der optimalen Verknüpfung zwischen Funktionsebene und Bauebene zu treffen.

#### Prinzip der Funktionsdifferenzierung / Funktionsintegration

Bei der Funktionsdifferenzierung erfüllt ein Bauteil zwei oder mehrere Funktionen. Bei der Funktionsintegration erfüllt jedes Bauteil eine einzige Funktion.

**Beispiel: Funktionsdifferenzierung und -integration bei Mobiltelefonen**

| Funktionsdifferenzierung | Funktionsintegration |
| --- | --- |

**Erläuterung:** Im linken Modell werden die Funktionen Anzeige und Eingabe durch unterschiedliche Systemelemente realisiert. Im rechten Modell sind diese Funktionen in ein Systemelement integriert.

### Prinzip der Differenzialbauweise / Integralbauweise

Unter Differenzialbauweise versteht man die Auflösung eines Einzelteils in mehrere Werkstücke, die günstig gefertigt und montiert werden können. Sie wird meist bei kleinen Stückzahlen eingesetzt, da sie kostengünstiger in der Auslegung und in der Fertigung ist. Unter Integralbauweise versteht man die Zusammenfassung mehrerer Einzelteile, die aus einem einheitlichen Werkstoff bestehen, zu einem Werkstück. Die Anwendung dieses Prinzips ist nützlich, wenn eine hohe Stückzahl angestrebt wird. Weiter wird auch die Logistik wesentlich vereinfacht.

**Beispiel: Unterschiedliche Bauweisen [Ehrlenspiel 2003]**

| Differenzialbauweise | Integralbauweise |
| --- | --- |

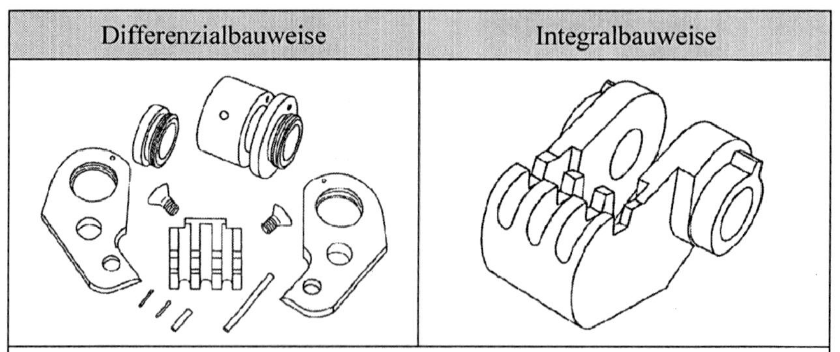

**Erläuterung:** Beide Bilder zeigen einen Funktionsträger. Links ist dieser aus 11 Bauteilen, die miteinander verschraubt werden, in Differenzialbauweise dargestellt. Dies ist bei einem Maschinenprototyp in Einzelfertigung aus Halbzeugen gerechtfertigt. Rechts ist der gleiche Funktionsträger nur noch als ein Feingussteil (Integralbauweise) mit weniger als ein Drittel der Kosten gezeigt, wie er in der Serienfertigung verwendet werden sollte.

# Anhang B Glossar

**ABC-Analyse**
Die ABC-Analyse dient zur Klassifikation und Gewichtung von Systemelementen in Bezug auf ein bestimmtes Merkmal, wie zum Beispiel Kosten oder Gewicht.

**Alternativenbaum**
Visuelle Darstellung der durch Kombination erhaltenen Alternativen als Verkettung ihrer Elemente in einer Baumstruktur.

**Anforderung**
Geforderte Eigenschaft, Ausprägung eines Merkmals.

**Anforderungsliste**
Hilfsmittel zur strukturierten Dokumentation von Anforderungen.

**Anforderungsmodell**
Summe der Anforderungen an ein Produkt.

**Arbeitssicherheit**
Einschränkung von Gefährdungen des Menschen bei der Arbeit beziehungsweise bei Benutzung oder Gebrauch technischer Systeme auch außerhalb der Arbeitswelt (Sport, Freizeit) [nach Pahl et al. 2005].

**Assoziationsliste**
Liste von Suchbegriffen für die Suche nach biologischen Systemen oder Phänomenen. Der Zugang zu diesen Begriffen erfolgt über technische Funktionen. Hilfsmittel, das im Rahmen der Methode Bionik Anwendung findet [Gramann 2004].

**Ausarbeiten**
Schaffung der verbindlichen Unterlagen für die Produktion und Nutzung des Produktes. Festlegung der letzten Gestaltdetails hinsichtlich Form, Werkstoff, Oberflächenbeschaffenheit und so weiter unter Berücksichtigung relevanter Normen und Vorschriften [Pahl et al. 2005].

**Ausprägung**
Merkmale (zum Beispiel Werkstoff, Wandstärke) stellen in ihrer konkreten Ausprägung (zum Beispiel GGG 60, 12 mm) die Eigenschaften des Systems und seiner Elemente dar.

**Bauelement**
Überbegriff für die Bestandteile des Gesamtproduktes auf Ebene des Baumodells, also einzelne Bauteile, Baugruppen oder Module.

**Baukastensystem**
Technisches und wirtschaftliches Gestaltungsprinzip, bei dem eine möglichst große Zahl an Produktvarianten aus einer möglichst geringen Anzahl an Bausteinen (Bauteilen, Baugruppen) zusammengesetzt wird [Biegert 1971]. Die zugehörige Bauweise wird als Baukastenbauweise bezeichnet.

**Baukonzept**
Produktkonzept auf Ebene des Baumodells: Beschreibung der Verknüpfung der Bauelemente im Gesamtsystem (Baustruktur), der Gestalt der einzelnen Bauteile und Baugruppen sowie die Definition der Schnittstellen.

**Baumodell**
Darstellungsform oder Repräsentation eines technischen Produktes auf der Ebene konkreter Bauelemente, wie sie anschließend gefertigt und montiert werden.

**Bauraum**
Das Volumen, das für ein bestimmtes Bauteil oder eine Baugruppe innerhalb eines Systems vorgesehen ist.

**Baureihe**
Produkte gleicher Funktion, die der Größe nach systematisch gestuft sind [Ehrlenspiel 2003]. Anpassungskonstruktion mit gleicher Funktion, gleichem Wirkkonzept sowie möglichst gleichen Werkstoffen und Fertigungsverfahren, die sich lediglich in Leistungsdaten, Abmessungen und davon abhängigen Größen (Gewicht, Kosten und so weiter) unterscheiden.

**Baustruktur**
Gliederung technischer Produkte in Baugruppen und Bauteile sowie die Kopplung der Bauteile [Kohlhase 1996].

**Bauteil-Lastfall-Matrix**
Matrix, welche die für die Konstruktion relevanten Bauteile und die für die Simulation relevanten Lastfälle gegenüberstellt und deren gegenseitige Beeinflussung abbildet, um die Kommunikation zwischen den Bereichen Konstruktion und Simulation zu verbessern [Herfeld 2007].

**Benchmarking**
Methode zur Identifizierung von Verbesserungspotenzialen von Produkten oder Prozessen durch Vergleich mit internen oder externen Benchmarkpartnern.

**Beschaffenheitsmerkmal**
Beschreibt beispielsweise durch die Geometrie, den Werkstoff oder auch die angewandten Fertigungsverfahren die Beschaffenheit einer Lösung, kann vom Entwickler unmittelbar festgelegt werden; auch direktes Merkmal.

**Betriebssicherheit**

Einschränkung von Gefährdungen beim Betrieb von technischen Systemen, so dass diese selbst und ihre unmittelbare Umgebung (Betriebsstätte, Nachbarsysteme und so weiter) keinen Schaden nehmen [Pahl et al. 2003].

**Bewertung der Montagegerechtheit**

Bewertung eines Produkts oder Systems bezüglich seiner Eignung zur Montage; verschiedene qualitative und quantitative Verfahren können hierfür eingesetzt werden.

**Bewertungskriterium**

Merkmal einer Lösung, das hinsichtlich seiner Ausprägung mit Forderungen und Wünschen im Rahmen einer Bewertung verglichen wird.

**Bionik**

Methode, die sich mit der Übertragung biologischer Phänomene in die technische Anwendung beschäftigt, also der Synthese technischer Produkte und Systeme auf der Basis biologischer Vorbilder [Gramann 2004, Linde 1997]. Der Name entspricht einem Kunstwort, das aus den Begriffen Biologie und Technik abgeleitet ist.

**Black Box**

Mit Hilfe der Black Box-Darstellung wird die grundlegende Funktion beziehungsweise der wesentliche Zweck eines Systems abgebildet. Dabei wird der innere Aufbau vernachlässigt und nur die Interaktion mit der Umwelt betrachtet. Durch diese Form der Abstraktion lässt sich die Komplexität eines Sachverhalts deutlich reduzieren.

**Checkliste mit Gestaltparametern**

Geordnete Sammlung von Gestaltparametern zur Unterstützung der Erarbeitung von (Produkt-)Gestaltalternativen.

**Checkliste zur Anforderungsklärung**

Hilfsmittel zur strukturierten Klärung von Anforderungen.

**Checkliste zur systematischen Variation der Funktion**

Geordnete Sammlung von Variatonsmöglichkeiten für Funktionen in Funktionsmodellen.

**Design for X, Design to X**

Subsummierung einer Reihe von Gestaltungsrichtlinien für die Produktentwicklung und Konstruktion. X steht dabei als Platzhalter für verschiedene Hauptzielsetzungen, die in der Produktentwicklung verfolgt werden (zum Beispiel Kosten, Sicherheit, Fertigung, Montage, Nachhaltigkeit).

**Differenzialbauweise**

Trennen eines Bauteils in mehrere Bauteile mit unterschiedlicher Funktion oder anderem Werkstoff.

**Differenzierung**

Strategie, die die Abgrenzung einzelner Produktvarianten im Produktprogramm bezeichnet, um spezielle Kundengruppen anzusprechen. Mit Differenzierung ist auch die Abgrenzung zu Wettbewerbsprodukten im Sinne der Alleinstellung gemeint.

**Direktes Merkmal**

Kann vom Entwickler direkt festgelegt und verändert werden.

**Diskursiv**

Schrittweise und weitgehend bewusst, durch Vorgehenspläne strukturiert und von einem kritischen Hinterfragen begleitet.

**Eigenschaft**

Kann aufgrund von Beobachtungen, Messergebnissen oder Aussagen von einem Objekt festgestellt werden; setzt sich aus einem Merkmal (beispielsweise Kosten) und einer Ausprägung (123 €) zusammen.

**Einflussmatrix**

Methode, bei der in strukturierter Form die gegenseitige Beeinflussung von Elementen eines Systems (zum Beispiel Situationsmerkmale, Funktionen, Bauteile, Personen im Unternehmen) ermittelt wird. Als Ergebnis erhält man Aussagen über die Intensität der jeweiligen Wechselwirkung (sehr stark bis sehr schwach) und die Bedeutung der Elemente im Gesamtsystem (aktiv, kritisch, träge oder passiv).

**Element**

Teil eines Systems.

**Entwerfen**

Teil des Entwickelns beziehungsweise Konstruierens; für ein technisches Gebilde die Baustruktur nach technischen und wirtschaftlichen Gesichtspunkten eindeutig und vollständig erarbeiten [Pahl et al. 2005].

**Entwicklungsaufgabe**

Übergeordnete Aufgabenstellung des Entwicklungsprozesses. Die Entwicklungsaufgabe bezieht sich auf das Ergebnis, das am Ende des Entwicklungsprozesses erarbeitet werden soll. Eine übliche Unterscheidung des Neuheitsgrads der Entwicklung ist die Differenzierung nach Neuentwicklung, Anpassentwicklung und Variantenentwicklung [Pahl et al. 2005, Ehrlenspiel 2003].

**Entwicklungsprozess**

Unternehmerischer Prozess, der bei den Marktanforderungen startet und mit der Abnahme des Entwicklungsergebnisses durch den Auftraggeber abschließt.

**Entwicklungssituation**

Konkreter Zeitpunkt im Entwicklungsprozess, der sich durch den Zustand des zu entwickelnden Produktes und des Entwicklungsprozesses sowie durch Einflussfaktoren auf Produkt und Prozess beschreiben lässt [Ponn 2007].

**Entwicklungsziel**

Durch absichtsvolle Handlungen angestebter Zustand eines Systems.

**Failure Mode and Effects Analysis (FMEA)**

Methode um präventiv Produkt- und Prozessmängel zu erkennen um daraus geeignete Gegenmaßnahmen ableiten zu können. [Lindemann 2007]

**Fehler**

Nichterfüllen (Nichtkonformität) einer (festgelegten) Anforderung [DIN EN ISO 9000].

**Fehlerbaumanalyse (Fault Tree Analysis, FTA)**

Dient der Analyse von Zusammenhängen zwischen unerwünschten Ereignissen und deren Ursache sowie zur Ermittlung von Auftretenswahrscheinlichkeiten unerwünschter Ereignisse [Lindemann 2007].

**Finite-Elemente-Methode (FEM)**

Modellierung physikalisch-technischer Abhängigkeiten mittels partieller Differentialgleichungen und Diskretisierungsmethoden zur numerischen Lösung der entsprechenden Differentialgleichungen.

**Freiheitsgradanalyse**

Ermittlung von Handlungs- und Gestaltungsspielräumen in einer Entwicklung. Kann weiterhin genutzt werden um die Betrachtungen auf bestimmte Teilsysteme zu konzentrieren. [Lindemann 2007]

**Funktion**

Eine Funktion ist eine am Zweck orientierte, lösungsneutrale, als Operation beschriebene Beziehung zwischen Eingangs- und Ausgangsgrößen eines Systems. Funktionen werden durch Kombination eines Substantivs mit einem Verb beschrieben.

**Funktionseinheit**

Zusammenfassung mehrer Funktionen zu einer Einheit auf Grund starker logischer, funktionaler Abhängigkeit zueinander; eine Funktionseinheit erfüllt als Einheit eine wesentliche Hauptfunktion.

**Funktionsgewichtsanalyse**

Methode zur Ermittlung der Gewichtsstrukturen bestehender Systeme beziehungsweise zur Planung des zukünftigen Produktgewichtes.

**Funktionskonzept**

Ergebnis der Funktionsmodellierung ist das funktionale Konzept des Produkts in Form eines oder mehrerer Funktionsmodelle. Dieses Funktionskonzept definiert das Produkt in seinen wesentlichen funktionalen Eigenschaften und bildet die Grundlage für die weiteren Entwicklungsschritte auf Wirk- und Baumodellebene.

**Funktionsmerkmal**

Beschreibt die von einem Objekt durchführbaren Handlungen, ergibt sich in Folge der Festlegung von Beschaffenheitsmerkmalen, auch indirektes Merkmal.

**Funktionsmodell**

Die Abbildung und Dokumentation der Funktionen eines Systems erfolgt in einem Funktionsmodell. Diese können in Form von Listen (Funktionslisten), hierarchischen Bäumen (Funktionsbaum) oder Netzen (Funktionsnetzen) vorliegen. Wichtige Formen von Funktionsnetzen in der Produktentwicklung sind das umsatz-, nutzer- und relationsorientierte Funktionsmodell.

**Funktionsmodellierung**

Bei der Funktionsmodellierung werden die Funktionen eines Systems in einem Modell abgebildet. Wichtige Formen der Funktionsmodellierung bezüglich der Produktentwicklung sind die umsatz-, nutzer- und relationsorientierte Funktionsmodellierung.

**Funktionsträger**

Systemelement (Baugruppe, Bauteil), das eine bestimmte Funktion in einem System übernimmt; ein Funktionsträger ist ausschließlich über die zugeordnete Funktion beschrieben und enthält noch keine Angaben über die Realisierung im Wirk- oder Baumodell.

**Gefahr**

Sachlage oder Situation, die durch stoffliches oder energetisches Potenzial gekennzeichnet ist, bei dessen Freisetzung akute Schädigungen von Personen oder Sachen möglich sind. [Neudörfer 2005]

**Gefährdung**

Räumliches und zeitliches Zusammentreffen von Personen und Gefahren, bei dem die Möglichkeit einer gesundheitlichen Beeinträchtigung oder eines Körperschadens besteht. [Neudörfer 2005]

**Gefährdungsanalyse**

Dient dazu die von einem Produkt ausgehenden Gefahren und Risiken möglichst frühzeitig zu identifizieren und mögliche Gefährdungen für den Menschen festzustellen. Ist Teil der Dokumentation der EG Konformitätserklärung, welche die Kennzeichnung von Produkten/Maschinen mit dem CE-Zeichen erlaubt. [Lindemann 2007]

**Generierendes Vorgehen**

Vorgehen zur Erarbeitung einer initialen (Gestalt-)Lösung, bei dem zuerst eine Reihe unterschiedlicher möglicher Gestaltausprägungen erzeugt wird, aus denen in einem nächsten Schritt zielgerichtet ausgewählt wird.

**Gesamtfunktion**
Die Gesamtfunktion eines Systems beschreibt den Systemzweck, sie wird auch als Hauptfunktion bezeichnet. Die Gesamtfunktion lässt sich in mehrere Teilfunktionen zergliedern.

**Gestaltparameter/Gestaltmerkmal**
Sich auf die (Produkt-)Gestalt beziehendes (direktes) Merkmal.

**Gestaltungsprinzip**
Allgemeiner Grundsatz, der der grundsätzlichen Optimierung eines Produktes dient und die Produktgestaltung auf unterschiedlichen Konkretisierungsebenen unterstützt.

**Gestaltungsregeln montagegerechter Produkte**
Gestaltungsregeln, die Hinweise und Richtlinien enthalten um ein Produkt auf den verschiedenen Konkretisierungsebenen montagegerecht zu gestalten.

**Gestaltungsrichtlinien**
Vorgaben die helfen, den jeweiligen Hauptanforderungen der Entwicklung im Sinne eines Design for X (Design to X) gerecht zu werden. Eine Gestaltungsrichtlinie ist spezifischer formuliert und besitzt hinsichtlich der Produktoptimierung einen konkreteren Fokus als ein Gestaltungsprinzip.

**Gewichtete Punktbewertung**
Ist eine Erweiterung der Punktbewertung um die Gewichtung der Bewertungskriterien. Wird bei einer großen Anzahl von Kriterien mit unterschiedlicher Wertigkeit angewandt. [Lindemann 2007]

**Grundprinzip**
Den Handlungen zu Grunde gelegter Grundsatz, bewährt, häufig heuristisch geprägt mit strategischem Charakter.

**Indirektes Merkmal**
Kann der Entwickler nicht direkt festlegen und verändern (beispielsweise das Betriebsverhalten oder die Ästhetik).

**Individualisierung**
Strategie, die auf eine optimale Befriedigung von Kundenbedürfnissen abzielt. Neben einer Vorentwicklung der Produktstruktur erfolgt eine auftragsspezifische Anpassung des Produktes an individuelle Kundenbedürfnisse. Um dies zu angemessenen Kosten am besten erfüllen zu können, sind unter anderem flexible Leistungssysteme (Produkte und Prozesse) notwendig. Die Produktindividualisierung ist eine Sonderform der Differenzierung.

**Information**
Daten, die in einem Bedeutungskontext stehen, explizit vorliegen und zur Vorbereitung von Handlungen und Entscheidungen dienen.

**Integralbauweise**
Die Zusammenfassung mehrerer Einzelteile zu einem Teil aus einheitlichem Werkstoff oder zur Funktionsintegration.

**Integrierte Produktpolitik (IPP)**
Integrierte Produktpolitik fördert und zielt auf eine stetige Verbesserung von Produkten und Dienstleistungen hinsichtlich ihrer Wirkungen auf Menschen und Umwelt entlang des gesamten Produktlebensweges. [Umweltpakt Bayern 2001]

**Intuitiv**
Einfallsbetont, nach Gefühl (im Gegensatz zu diskursiv).

**Iteration**
Wiederholung einer Handlung beispielsweise bezogen auf das gleiche Problem bei gleicher Eingangssituation.

**Karnaugh Diagramm**
Methode zur übersichtlichen Darstellung und Vereinfachung von Boolschen Funktionen.

**Kombinatorik**
Teilgebiet der Mathematik, in dem unter anderem die Anzahl der verschiedenen möglichen Anordnungen der Elemente einer Menge oder die Anzahl von möglichen neuen Mengen, die mit Hilfe der Elemente einer Ausgangsmenge gebildet werden können, untersucht wird.

**Komplexität**
Abhängig von den Elementen (Art und Verschiedenartigkeit, Anzahl und Ungleichmäßigkeit der Aufteilung), den Relationen (Art, Verschiedenartigkeit und Anzahl) und der Dynamik (Art und Anzahl der möglichen Zustände).

**Kompromiss**
Ausgleich durch beiderseitige Zugeständnisse bei sich widersprechenden Zielen.

**Konkretisierungsgrad**
Dimension zur Ordnung der vom Abstrakten zum Konkreten entstehenden Ergebnisse des Entwicklungsprozesses. Entgegengerichtet kann vom Abstraktionsgrad gesprochen werden. Zugehörige Tätigkeiten sind das Konkretisieren beziehungsweise das Abstrahieren.

**Konsistenzmatrix**
Die Konsistenzmatrix dient der Analyse von Kombinationen zwischen Betrachtungsobjekten (Situationsmerkmalen, Anforderungen, Lösungen etc.). Hierbei wird die Kombination einzelner Objekte auf ihre Sinnigkeit hin untersucht.

**Konstruktion**

Wichtiger Teilbereich der Produktentwicklung, der sich mit der Konzipierung und Gestaltung von Produkten befasst. Die Konstruktion grenzt sich zu anderen Bereichen der Produktentwicklung ab, zum Beispiel der Berechnung, der Simulation, dem Prototypenbau und dem Versuch [Ehrlenspiel 2003].

**Konstruktionskatalog**

Sammlung bekannter und bewährter Lösungen auf Ebene des Wirk- oder Baumodells. Konstruktionskataloge zeichnen sich vor allem durch eine systematische Ordnung der beinhalteten Einträge in einen Gliederungsteil, Hauptteil und Zugriffsteil aus [Roth 1994].

**Konzept**

Prinzipielle Lösung für eine technische Aufgabenstellung. Konzepte können auf verschiedenen Ebenen der Produktkonkretisierung erstellt werden (Funktions-, Wirk-, Baukonzepte).

**Korrelationsmatrix**

Die Korrelationsmatrix stellt dar, ob und wie stark sich Elemente eines Systems gegenseitig beeinflussen.

**Korrigierendes Vorgehen**

Vorgehen zur Erarbeitung einer initialen (Gestalt-)Lösung, bei dem zu Beginn nur eine Gestaltlösung definiert wird, die in der weiteren Bearbeitung fortschreitend auf Schwachstellen analysiert und entsprechend abgeändert oder ersetzt wird.

**Kraftfluss**

Modellvorstellung bei der davon ausgegangen wird, dass Kräfte in Bauteilen wie eine Flüssigkeit „zirkulieren". Es handelt sich hierbei um eine rein statische Systembetrachtung.

**Kunde**

Eine Organisation oder Person, die Güter oder Dienstleistungen bezieht.

**Lastenheft**

Umfasst die Gesamtheit der Anforderungen des Auftraggebers an die Lieferungen und Leistungen eines Auftragnehmers [DIN 69905].

**Leitstützstruktur**

Verbindung zwischen einzelnen Wirkflächenpaaren eines technischen Produktes, die eine dauernde oder zeitweise Leitung von Energie, Stoff und Information ermöglicht [Matthiesen 2002].

**Lösung**

Erfüllt die gegebenen Anforderungen und wurde gegebenfalls aus Lösungsalternativen ausgewählt [Lindemann 2007].

**Lösungsalternative**
Unterscheidet sich von einer Lösungsidee dadurch, dass die grundsätzliche Eignung in Bezug auf die Anforderungen abgesichert ist, also, dass ein erster Prozess der Eigenschaftsanalyse und Bewertung durchlaufen wurde. [Lindemann 2007]

**Lösungsidee**
Wird im Rahmen der Lösungssuche ermittelt; die grundsätzliche Eignung einer Lösungsidee in Bezug auf die Anforderungen ist nicht abgesichert. [Lindemann 2007]

**Lösungsklasse/Stellvertreterlösung**
Repräsentative Lösung für eine bestimmte Klasse von Lösungen.

**Lösungssuche mit physikalischen Effekten** 🗐
Methode zur Lösungssuche die es ermöglicht, neue Sichtweisen zu eröffnen und Denkblockaden aufzulösen. Papierbasierte oder digitale Effektesammlungen unterstützen dabei die systematische Suche nach Effekten zur Realisierung der Systemfunktion. Als Grundlage für die Lösungssuche kann ein Umsatzorientiertes Funktionsmodell dienen.

**Mangel**
Nichterfüllung einer Anforderung in Bezug auf einen beabsichtigten oder festgelegten Gebrauch [DIN EN ISO 9000].

**Mechatronik**
Intelligentes Zusammenwirken der Elemente des Maschinenbaus, der Elektrotechnik/Elektronik sowie der Informationstechnik.

**Mehrdimensionales Ordnungsschema**
System zur Strukturierung von Lösungsalternativen nach mehreren unterschiedlichen Kriterien.

**Merkmal**
Charakteristikum eines Systems, das durch seine Ausprägung als Eigenschaft wahrgenommen wird.

**Methode**
Planmäßiges, regelbasiertes Vorgehen zum Erreichen eines bestimmten Ziels.

**Methodik**
Zusammenwirken verschiedener Einzelmethoden.

**Mind Map®**
Die Mind Map dient zur Visualisierung und Strukturierung eines Sachverhalts und kann auf verschiedene Betrachtungsobjekte angewandt werden (Situationsmerkmale, Anforderungen, Lösungen etc.). [Buzan 1993]

**Modell**

Gegenüber einem Original zweckorientiert vereinfachtes, gedankliches oder stoffliches Gebilde, das Analogien zu diesem Original aufweist und so bestimmte Rückschlüsse auf das Original zulässt.

**Modul**

Physisch zusammenhängende, in der Regel austauschbare Einheit des Gesamtsystems mit klar definierten Schnittstellen, das sich durch eine einfache Montagemöglichkeit mit nur wenigen Befestigungsteilen auszeichnet (auf Produkte bezogen).

**Modularisierung**

Gestaltungsprinzip, das auf der Zerlegung eines Systems in leicht austauschbare Teile (Module) basiert. Es ist sowohl auf Produkte wie auf Prozesse anwendbar. Das Prinzip dient der Unterteilung des Gesamtsystems in überschaubare Einheiten, die (bezogen auf Produkte) unabhängig voneinander entwickelt, beschafft und produziert werden können.

**Montage**

Die Montage umfasst den Zusammenbau eines Produkts mit vorgegebener Funktion in einer bestimmten Zeit aus einer Vielzahl an Einzelteilen, die zu unterschiedlichen Zeitpunkten im Produkterstellungsprozess mit unterschiedlichen Fertigungsverfahren hergestellt werden. Neben dem Zusammenbau gehören auch alle notwendigen ergänzenden Hilfsarbeiten dazu.

**Montagegerecht**

Montagegerecht Entwickeln und Konstruieren bedeutet, den aus der Produktgestalt resultierenden Aufwand für die Betriebsmittel, das Personal sowie die Steuerung der Montage zu minimieren. Montagegerechte Produkte erfüllen die Anforderungen, die sich aus der Montage an ein Produkt ergeben.

**Montageplanung**

Die Montageplanung hat die Aufgabe, Montageanlagen und Montageabläufe zu entwerfen.

**Montagevorranggraf**

Eine besonders wichtige Form der Abbildung der logisch-zeitlichen Struktur des Montageablaufs stellt der Montagevorranggraf dar, der die Verknüpfungen von voneinander abhängigen und sich beeinflussenden Montageschritten aufzeigt. Aus dem Montagevorranggraf wird ersichtlich, in welcher Reihenfolge das Produkt zu montieren ist.

**Morphologischer Kasten**

Ein nach bestimmten Kriterien aufgebautes, eindimensionales Ordnungsschema. Wird angewendet, um ein Lösungsfeld abzubilden und weiter zu verarbeiten. Dazu werden für Teilprobleme beziehungsweise Teilfunktionen eines Systems die jeweils erarbeiteten Lösungsalternativen systematisch in einer Matrix erfasst. [Lindemann 2007]

**Münchener Produktkonkretisierungsmodell (MKM)**

Vorgehensmodell der Produktentwicklung, das sich an den Eigenschaften der für den Entwicklungsprozess relevanten Produktmodelle orientiert. Vor allem der Konkretisierungsgrad dient als wesentliche Dimension zur Ordnung der Produktmodelle und zur Navigation durch den Entwicklungsprozess.

**Münchener Vorgehensmodell (MVM)**

Vorgehensmodell der Produktentwicklung, das den Entwicklungsprozess als Prozess der Problemlösung beschreibt. Die grafische Darstellung des Vorgehensmodells wurde in Form eines Netzwerks realisiert, weil dadurch reale Prozesse mit ihrem sprunghaften Verlauf besser abgebildet werden können als durch lineare Darstellungen. [Lindemann 2007]

**Nachhaltigkeit**

Nachhaltige Entwicklung ist Entwicklung, die die Bedürfnisse der Gegenwart befriedigt, ohne zu riskieren, dass künftige Generationen ihre eigenen Bedürfnisse nicht befriedigen können. [nach Detzer et al. 1999]

**Navigation**

Bestimmung der Situation, Planen des weiteren Vorgehens unter Beibehaltung der Zielorientierung.

**Nebenfunktion**

Nebenfunktionen tragen nicht zur Gesamt- oder Hauptfunktion bei, erfüllen aber weitere Funktionen im System.

**Netzdiagramm**

Das Netzdiagramm ist die grafische Darstellung von Werten mehrerer, gleichwertiger Kategorien in einer Netzform.

**Norm**

Normen dienen in Technik, Wirtschaft, Wissenschaft und Verwaltung der Vereinheitlichung von Benennungen, Kennzeichen, Formen, Größen, Abmessungen und Beschaffenheit von Produkten. Sie sind verbindliche Empfehlungen.

**Numerische Simulation**

Nachbildung eines Systems mit Hilfe eines mathematischen Modells; Bestimmung des Systemverhaltens ohne physischen Prototypen.

**Nutzerorientierte Funktionsmodellierung**

Die Zusammenstellung und Modellierung der Funktionen eines Systems aus Nutzersicht kann in einem Nutzerorientierten Funktionsmodell erfolgen. Bei dieser Modellierungsmethode werden ein oder mehrere Nutzer und deren Anwendungsfälle in Interaktion mit dem System skizziert.

**Nutzwertanalyse**
Methode um vorliegende Lösungsalternativen anhand einer großen Zahl von Kriterien mit unterschiedlicher Gewichtung im Sinne einer Entscheidungsvorbereitung nach ihrem Gesamtwert zu ordnen. Die Nutzwertanalyse ist eine Methode zur gewichteten Punktbewertung. [Lindemann 2007]

**Ökobilanz**
Zusammenstellung und Beurteilung der Input- und Outputflüsse und der potenziellen Umweltwirkungen eines Produktsystems im Verlauf seines Lebensweges. [DIN EN ISO 14040]

**Operation**
Handlung/Prozess, der die Änderung zwischen Ein- und Ausgangsgrößen eines Systems bestimmt.

**Ordnungsschema**
System zur Strukturierung von Lösungsalternativen.

**Paarweiser Vergleich**
Aufstellen einer Rangfolge gegebener Objekte hinsichtlich eines bestimmten, bei allen Objekten ausgeprägten Kriteriums. [Lindemann 2007]

**Pflichtenheft**
Eine in der industriellen Praxis gebräuchliche Variante einer umsetzungsorientierten Anforderungsliste, es schließt das Lastenheft ein.

**Physikalische Effektesammlung**
Strukturierte Sammlung, beziehungsweise Katalog, mit Informationen zu physikalischen Effekten, zum Beispiel in Form von Skizzen, Formeln und Anwendungsbeispiele. Digitale Kataloge, beispielsweise in Form webbasierter Datenbanken, bieten Vorteile gegenüber herkömmlichen papierbasierten Effektesammlungen, unter anderem hinsichtlich einer schnellen Suche relevanter Effekte.

**Physikalischer Effekt**
Elementare physikalische Erscheinung, die als Gesetzmäßigkeit formuliert werden kann, wodurch sich physikalisches Geschehen voraussehbar beschreiben lässt. Die Beschreibung physikalischer Effekte erfolgt zumeist durch relevante physikalische Größen, die in einen formelmäßigen Zusammenhang gebracht werden können, sowie durch eine Skizze der Anordnung.

**Physikalischer Widerspruch**
Anforderung, dass ein Produktparameter zur gleichen Zeit zwei unterschiedliche Zustände einnehmen soll (zum Beispiel: Temperatur hat zugleich hoch und niedrig zu sein).

**Plattform**

Zusammenfassung von Komponenten, Schnittstellen und Funktionen, die über eine ganze Produktfamilie vereinheitlichbar und daher zeitlich stabil sind [Schuh et al. 2001]. Die Plattformbauweise kann als ein Sonderfall der Modularisierung aufgefasst werden.

**Plausibilitätsprüfung**

Kritische Überprüfung der Ergebnisse von Analysen und Bewertungen um darauf basierte Entscheidungen sicherer zu machen und eine „Zahlengläubigkeit“ zu vermeiden. [Lindemann 2007]

**Prinzip**

Bewährte, heuristisch geprägte Maßnahme zur Steuerung des Vorgehens unabhängig von konkreten Problemstellungen aber bezogen auf eine typische Situation.

**Prinzipien der Separation**

Gestaltungsprinzipien, die der Auflösung physikalischer Widersprüche dienen. Grundgedanke der Separation ist es, sich widersprechende Erfordernisse nach verschiedenen Kriterien zu trennen, zum Beispiel in Raum oder Zeit [Herb 2000].

**Prinzipien der Sicherheitstechnik**

Sammelbegriff für die unter den Begriffen unmittelbare, mittelbare und hinweisende Sicherheitstechnik bekannten Maßnahmen zur Beseitigung von deterministischen Fehlern und Gefahren. [Neudörfer 2005, DIN 31000]

**Prinzipien des Leichtbaus**

Gestaltungsprinzipien, die das Ziel verfolgen, das Produktgewicht zu reduzieren.

**Prinzipien optimaler Systeme**

Gestaltungsprinzipien, die Hinweise und Ansatzpunkte zur Auslegung und Gestaltung optimaler Systeme beziehungsweise zur Optimierung von technischen Systemen geben. Aus Mechanik und Thermodynamik bekannte Grundlagen sind darin gestaltungsorientiert aufbereitet, bewusst gemacht und teilweise mit Erfahrungswissen angereichert.

**Prinzipien zur Überwindung technischer Widersprüche**

Allgemeine Gestaltungsprinzipien, welche die Lösungssuche bei Vorliegen von Widersprüchen zwischen technischen Parametern unterstützen. Die Prinzipien wurden von G. Altschuller auf Basis einer umfassenden Patentanalyse aufgestellt und müssen auf Grund der abstrakten Formulierung bei der Übertragung auf spezifische Probleme konkretisiert werden [Altschuller 1984, Terninko et al. 1997].

**Prinzipskizze**

Schematische Darstellung einer prinzipiellen Lösung, die sich auf die wesentlichen Aspekte (zum Beispiel Wirkprinzip) beschränkt. Mit Hilfe von Prinzipskizzen lassen sich sowohl Geometrien als auch Kräfte und kinematische Verhältnisse darstellen. Skizzen können schematisch-abstrakte, visuell-grafische oder textuelle Informationen enthalten [Pache 2005, Müller 2006].

**Problem**

Liegt vor, wenn ein bestimmtes Ziel erreicht werden soll, jedoch der Weg dorthin oder die erforderlichen Mittel dafür nicht bekannt oder verfügbar sind.

**Problemformulierung**

Problemformulierungen sind Sätze, die die Lösungssuche für das betrachtete technische Problem mit Hilfe weiterer Methoden initiieren. Problemformulierungen können aus einem Relationsorientierten Funktionsmodell abgeleitet werden, indem charakteristische Konstellationen zwischen Funktionen des Modells nach formalen Regeln in Handlungsanweisungen umgesetzt werden.

**Problemmodell**

Modell, das der Strukturierung von Problemen dient und Kenntnis über die wesentlichen Herausforderungen der Entwicklungsaufgabe verschafft.

**Produktentwicklung**

Geregelter Prozess im Unternehmen, mit dem produzierbare und funktionsfähige Produkte gestaltet werden. Produktentwicklung ist somit eine als Organisationseinheit identifizierbare Unternehmensfunktion. Darüber hinaus existieren noch viele weitere Facetten. Produktentwicklung ist zum Beispiel auch ein psychologischer oder kognitiver Prozess des Problemlösens beziehungsweise ein sozialer Prozess, der in Gruppen, Teams und ganzen Soziosystemen stattfindet [Pulm 2004].

**Produktgestalt**

Gesamtheit geometrisch und werkstofflich beschreibbarer Merkmale eines Produktes.

**Produktlebenszyklus**

Umfasst den gesamten Zeitraum von der strategischen Produktplanung bis zur Außerbetriebnahme und Beseitigung des Produktes.

**Produktmodell**

Spezifikation von Produktinformationen in Form technischer Dokumente, Artefakte oder sonstiger Produktrepräsentationen, die im Laufe des Entwicklungsprozesses als (Zwischen-)Ergebnisse entstehen. Produktmodelle stellen damit formale Abbilder realer oder geplanter Produkteigenschaften dar [Grabowski et al. 1993].

**Produktprogramm**

Alle auf dem Markt angebotenen Produkte eines Unternehmens.

**Produktstruktur**
Strukturierung des Produktes nach relevanten Gesichtspunkten, zum Beispiel orientiert an Funktions-, Fertigungs- oder Montageaspekten, auch Erzeugnisgliederung genannt. Produktstruktur stellt auch den Überbegriff für Strukturen des Produktes auf verschiedenen Konkretisierungsebenen dar (Funktionsstruktur, Wirkstruktur, Baustruktur).

**Projekt**
Komplexes, einmaliges Vorhaben mit festgelegtem Ziel, definierten Umfängen in Zeit und Ressourcen, welches geplant, umgesetzt und kontrolliert wird.

**Punktbewertung**
Methode zur Bewertung von Lösungsalternativen mit dem Ziel eine Rangfolge zu ermitteln. Durch die Vergabe von Punktwerten für die einzelnen Bewertungskriterien ermöglicht sie quantitative Aussagen über die Lösungsalternativen. [Lindemann 2007]

**Qualität**
Gesamtheit von Merkmalen und deren Ausprägungen einer Einheit bezüglich ihrer Eignung, festgelegte und vorausgesagte Eigenschaften zu erfüllen.

**Quality Function Deployment (QFD)**
Methode zur strukturierten Berücksichtigung der Kundenanforderungen in der Produktentwicklung.

**Reduktionsstrategien**
Strategien zur Verringerung der Fülle von alternativen Lösungen bei der Kombination im Morphologischen Kasten.

**Redundanz**
Mehrfache Anordnung von Komponenten zur Erhöhung der Zuverlässigkeit mit der Zielsetzung, dass bei Ausfall oder Störung einer dieser Komponenten die Aufgabe durch die verbliebenen Komponenten weiter voll erfüllt wird. [Neudörfer 2005]

**Relation**
Verbindungen zwischen Elementen und zwischen Systemen.

**Relationale Iterative Anforderungsklärung**
Methode zur Unterstützung der multidisziplinären Anforderungsklärung.

**Relationsmerkmal**
Kennzeichnet Eigenschaften eines Objektes, die erst in Relation mit anderen Objekten zum Tragen kommen, ergibt sich in Folge der Festlegung von Beschaffenheitsmerkmalen; auch indirektes Merkmal.

**Relationsorientierte Funktionsmodellierung**

Im Relationsorientierten Funktionsmodell werden nützliche und schädliche Funktionen unterschieden, die jeweils formal durch Substantiv und Verb beschrieben werden. Das Funktionsmodell wird durch die sinnvolle Verknüpfung unterschiedlicher technischer Funktionen mittels definierter Relationen gebildet.

**Risiko**

Ist die zu erwartende Schadenshäufigkeit und Schadensausmaß bei einer fest umrissenen Sachlage. Im Verbund mit der Gefährdungsanalyse ist es eine Wahrscheinlichkeitsaussage, hergeleitet aus der Kombination der Häufigkeit und des Schweregrades möglicher Verletzungen oder Gesundheitsschädigungen während einer Gefährdung und anwendbaren Schutzmaßnahmen. [Neudörfer 2005]

**Risikobewertung**

Ist der umfassende Prozess zur Ermittlung und Beurteilung des Risikos unter Nutzung aller verfügbaren Informationen. [Neudörfer 2005]

**Risikograf**

Abschätzung des Risikos über ein geeignetes Zuordnungs- und Klassifizierungsschema sowie unter Verwendung eines Entscheidungsbaums. Die sinnvolle Kombination der vier verwendeten Beurteilungskriterien Schadensausmaß, Aufenthaltsdauer, Gefahrenabwendung und Eintrittswahrscheinlichkeit führt zur Einordnung in acht Risikoanforderungsklassen. [Neudörfer 2005]

**Schnittstelle**

Verknüpfung zwischen Elementen eines technischen Systems. Es existieren je nach Sicht auf das System verschiedene Arten von Schnittstellen, beispielsweise geometrische, materielle, energetische, informationstechnische und auch organisatorische Schnittstellen.

**Schwachstelle**

Eigenschaft eines Systems, dessen Veränderung eine wesentliche Verbesserung des Gesamtsystems erwarten lässt.

**Sensitivitätsanalyse**

Überprüfung von Auswirkungen einer innerhalb eines als zulässig erachteten Rahmens vorgenommenen Parametervariation auf das Endergebnis hinsichtlich der Gültigkeit und Richtigkeit sowie der Empfindlichkeit gegenüber den Parametervariationen. [Lindemann 2007]

**Sicherheit**

Immaterielle Eigenschaft eines Produktes, die bewirkt, dass innerhalb vorgesehener Lebensdauer und festgelegter Betriebsbedingungen vom Produkt oder Verfahren keine Gefährdungen für Mensch, Maschine und Umwelt beziehungsweise kein höheres Risiko als das akzeptiere Restrisiko ausgehen. [Neudörfer 2005]

**Standardisierung**

Strategie, die eine Vereinheitlichung und Verringerung der Variantenzahl verfolgt, wodurch letztendlich eine Reduzierung von Komplexität und Kosten erreicht werden soll. Die Strategie ist beispielsweise auf Produkte, Bauteile, Technologien, Wirkprinzipien, Schnittstellen und auch Prozesse anwendbar.

**Strategie**

Zielorientiertes Vorgehen, langfristiger Plan (Langfristigkeit gemessen an der betrachteten Handlung).

**Struktur**

Gegliederter Aufbau eines Systems, dessen Teilsysteme und Elemente wechselweise voneinander abhängen.

**Strukturoptimierung/Topologieoptimierung**

Hilfsmittel zur Optimierung des Produktgewichtes. In der Regel wird dazu die numerische Simulation eingesetzt.

**Suchmatrix zur Anforderungsklärung**

Hilfsmittel zur Unterstützung der Anforderungsklärung für den gesamten Produktlebenslauf [Roth 1994].

**System**

Elemente und zwischen ihnen vorhandene Relationen, durch eine Systemgrenze vom Umfeld abgegrenzt und durch Input-/Output-Größen mit diesem Umfeld verbunden.

**Systemarchitektur**

Auch Produktarchitektur, beschreibt den grundlegenden Aufbau und die Strukturierung des technischen Systems über verschiedene Konkretisierungsstufen hinweg, also die Funktionsstruktur, die Wirkstruktur, die Baustruktur und deren Verknüpfungen.

**Systematische Variation**

Grundsätzlich auf jedes Objekt (und somit auf jeder Konkretisierungsebene) anwendbare diskursive Methode zum Generieren von Lösungsalternativen, bei der direkt festlegbare Merkmale bezüglich festgelegten Zielen in ihrer konkreten Ausprägung systematisch variiert werden.

**Systemgrenze**

Abgrenzung der im zu betrachtenden System enthaltenen Elemente zu den außerhalb des Systems liegenden Elementen und Systemen (Elemente und Systeme im Umfeld).

**Systemzweck**

Zweck oder Nutzen, den ein System hauptsächlich erfüllt.

**Szenariotechnik**

Methode zur Erstellung von Zukunftsmodellen für die Produktplanung.

**Target Costing**
Methode zur Definition von Kostenzielen und deren Verfolgung in der Produktentwicklung.

**Team**
Arbeitsgruppe auf Zeit, die im Rahmen einer Zielvorgabe bestimmte Probleme löst, häufig interdisziplinär zusammengesetzt.

**Technischer Effekt**
Technisch nutzbare Effekte aus unterschiedlichen Bereichen (zum Beispiel Physik, Biologie, Chemie, Mathematik).

**Technischer Widerspruch**
Umstand, dass die Verbesserung eines Parameters eines technischen Systems die gleichzeitige Verschlechterung eines anderen Parameters des gleichen Systems bewirkt.

**Technisches Produkt**
In sich geschlossenes, aus einer Anzahl von Bauteilen, Baugruppen oder Modulen bestehendes, funktionsfähiges Erzeugnis, zum Beispiel Maschine, Gerät oder Anlage.

**Teilfunktion**
Eine Teilfunktionen trägt, zusammen mit weiteren Teilfunktionen, zur Erfüllung der Gesamtfunktion und direkt zum Systemzweck bei.

**TRIZ (Innovationsorientierte Methodik)**
Methodik zur Unterstützung von Innovationsproblemen und zur Produktoptimierung [Altschuller 1984, Terninko et al. 1997].

**Umfeld**
Bereich außerhalb der Systemgrenze.

**Umsatzorientierte Funktionsmodellierung**
Dient der funktionalen Beschreibung der Eigenschaftsänderungen von Umsatzprodukten in technischen Systemen. Die Methode ist gut geeignet, um technische Systeme mit Stoff-, Energie- und Signalflüssen darzustellen. Die Eigenschaften der Umsatzprodukte werden als Zustände beschrieben, Eigenschaftsänderungen als Operationen. Die Darstellung ermöglicht ein verbessertes Systemverständnis.

**Umweltsicherheit**
Einschränkung von Schädigungen im Umfeld technischer Systeme [Pahl et al. 2005].

**UML (Unified Modelling Language)**
Beschreibung von Objekten, Relationen, Diagrammen, Syntax und Semantik mit grafischer Notation.

**Variante**

Varianten sind technische Systeme mit einem in der Regel hohen Anteil identischer Komponenten, die Ähnlichkeiten in Bezug auf Geometrie, Material oder Technologie aufweisen [Renner 2007]. Varianten unterscheiden sich voneinander in mindestens einer Beziehung oder einem Element. Unterschiede existieren bezüglich der Ausprägungen mindestens eines Merkmals [Firchau 2003, Gembrys 1998].

**Variantenbaum**

Ermöglicht eine systematische Analyse und Darstellung der Variantenvielfalt. Die Struktur orientiert sich zum Beispiel an der Montagereihenfolge [Schuh 1988] oder an den kundenseitigen Möglichkeiten der Produktkonfiguration.

**Variantenmanagement**

Strategie die alle Maßnahmen umfasst, mit denen die Variantenvielfalt innerhalb eines Unternehmens bewusst beeinflusst wird. Dies gilt sowohl auf Produkt- als auch auf Prozessseite. Übergeordnetes Ziel ist eine Reduzierung und Beherrschung der Komplexität.

**Variantenvielfalt**

Kennzeichnet sowohl die Anzahl als auch die Unterschiedlichkeit der Varianten eines Typs. Die Unterschiedlichkeit der Varianten lässt sich dabei im Gegensatz zur Anzahl nur sehr selten eindeutig bestimmen [Gembrys 1998].

**Variationsgrad**

Dimension, die die zu einem gewissen Zeitpunkt betrachtete Menge an Lösungsalternativen ordnet. Die zugehörigen Tätigkeiten sind das Variieren (Erhöhung des Variationsgrades) beziehungsweise das Festlegen und Einschränken (Reduzierung des Variationsgrades).

**Verfügbarkeit**

Wahrscheinlichkeit dafür, dass ein System sich während einer definierten Zeitspanne in einem funktionsfähigen Zustand befindet, wenn es vorschriftsmäßig betrieben und instandgehalten wurde. [Bertsche et al. 2004]

**Verifikationsmodell**

Modell zur Lösungsanalyse, orientiert am momentanen Informationsbedarf mit dem primären Ziel des Erkenntniszuwachses.

**Verknüpfungsmatrix**

Mit einer Verknüpfungsmatrix (auch Domain Mapping Matrix oder Design Structure Matrix) lassen sich Zusammenhänge zwischen Betrachtungsobjekten aus unterschiedlichen Kategorien herstellen.

**Versuch**

Möglichkeit der Analyse von Produkteigenschaften für den Fall, dass die Gesetzmäßigkeiten zur Ermittlung der Eigenschaften oder die Einflussgrößen auf das Produkt nicht bekannt oder sehr komplex sind.

**Verträglichkeitsmatrix**
Spezielle Matrix, in der die paarweise Inkompatibilität von sämtlichen Teillösungen untereinander gekennzeichnet wird; auch Konsistenzmatrix.

**Vorauswahl**
Erleichtert den Umgang mit einer großen Fülle von Lösungsalternativen. Die hohe theoretisch denkbare, aber praktisch nicht verarbeitbare Zahl von Alternativen soll damit auf ein überschaubares Maß reduziert werden. [Lindemann 2007]

**Vorgehensmodell**
Beschreibung wichtiger Elemente einer Handlungsfolge für bestimmte Situationen oder Zielsetzungen. Die Formulierung erfolgt entweder im Sinne einer deskriptiven Beschreibung von Vorgehensmustern oder einer präskriptiven Vorgabe oder Empfehlung von durchzuführenden Arbeitsschritten und ihrer zeitlichen Abfolge. Drei wesentliche Anwendungszwecke sind die Prozessplanung, die Prozessnavigation und die Prozessreflexion.

**Vorteil-Nachteil-Vergleich**
Vorteile und Nachteile einer Lösungsalternative werden einer vorhandenen oder auch nur gedachten Referenzalternative relativ gegenübergestellt. Zweck ist es, sich schnell und aufwandsarm Klarheit über die Eigenschaften und die Unterschiede betrachteter Lösungsalternativen im qualitativen Vergleich zueinander zu verschaffen.

**Werkzeug**
Hilfsmittel, das die Anwendung von Methoden und die Generierung von Produktmodellen unterstützt. Werkzeuge können einfach bis komplex sein. Beispiele für einfache Werkzeuge sind Formblätter, Checklisten und Konstruktionskataloge. Beispiele für komplexe Werkzeuge sind Software-programme zur FEM-Simulation oder grafen- und matrizenbasierte Rechnerprogramme zur Analyse und Optimierung komplexer Strukturen.

**Widerspruchsmatrix**
Auswahlmatrix, die im Rahmen der Widerspruchsorientierten Lösungssuche (Bestandteil der TRIZ-Methodik) Anwendung findet. Die Matrix ermöglicht die zielgerichtete Auswahl von Prinzipien zur Überwindung technischer Widersprüche. Hierzu sind Parameterpaare zu formulieren, die miteinander einen technischen Widerspruch bilden [Altschuller 1984, Terninko et al. 1997].

**Widerspruchsorientierte Lösungssuche**
Methode im Rahmen der TRIZ-Methodik, die das Auflösen technischer Widersprüche unterstützt. Grundlage sind vierzig innovative Prinzipien nach G. Altschuller [Altschuller 1984, Terninko et al. 1997], von denen in Abhängigkeit der vorliegenden Problemstellung jeweils unterschiedliche Prinzipien anwendbar sind.

**Wirkfläche**

Fläche eines technischen Systems, an der oder über die eine Wirkung erzwungen oder ermöglicht wird.

**Wirkflächenpaar**

Wird aus genau zwei Wirkflächen gebildet, die zeitweise, ganz oder teilweise, in Kontakt stehen und zwischen denen Energie, Stoff und Informationen übertragen wird [Matthiesen 2002].

**Wirkgeometrie**

Teil des Wirkmodells, das diejenigen Flächen und Körper sowie deren geometrische und kinematischen Beziehungen untereinander umfasst, die für die Funktion beziehungsweise den Systemzweck relevant sind.

**Wirkkonzept**

Produktkonzept auf Ebene des Wirkmodells: Beschreibung des Zusammenwirkens einzelner Wirkprinzipien in der Gesamtlösung; umfasst die einzelnen Wirkprinzipien und deren Verknüpfung in der Wirkstruktur und verdichtet sie zu aussichtsreichen und leicht zu beurteilenden Wirkkonzepten.

**Wirkmodell**

Modell, das die prinzipielle Lösungsmöglichkeit für eine technische Aufgabenstellung beschreibt. Das Wirkmodell stellt den Überbegriff für eine Reihe von einzelnen Produktmodellen beziehungsweise Lösungsaspekten dar, die den Wirkzusammenhang einer Lösung beschreiben. Die Vorsilbe „Wirk" drückt dabei aus, dass es sich um funktionsrelevante Aspekte handelt [Ehrlenspiel 2003].

**Wirkprinzip**

Prinzipielle Lösungsmöglichkeit, welche die für die Erfüllung einer Funktion erforderlichen physikalischen Effekte in Kombination mit den geometrischen und stofflichen Merkmalen umfasst, die das Prinzip der Lösung sichtbar werden lassen [Pahl et al. 2005].

**Wirkstruktur**

Verknüpfung mehrerer Wirkprinzipien einer Lösung.

**Wirkungsnetz**

Hilfsmittel zur Ermittlung und grafischen Darstellung von Systemelementen und deren Wirkzusammenhängen.

**Wissen**

Sinngebende Verknüpfung von Information.

**Zerlegungsgrad**

Dimension, die den Auflösungsgrad eines Systems beschreibt. Die zugehörigen Tätigkeiten sind das Zerlegen und Detaillieren (Erhöhung des Zerlegungsgrades) beziehungsweise das Kombinieren und Zusammenfügen (Reduzierung des Zerlegungsgrades).

**Ziel**

Durch absichtsvolle Handlungen angestebter Zustand eines Systems.

**Zielkonflikt**

Entsteht durch Anforderungen an Produkte, welche sich offensichtlich gegenseitig negativ beeinfussen oder ausschließen, wobei tatsächliche Widersprüche oder wahrgenommene Barrieren möglich sind.

**Zuverlässigkeit**

Wahrscheinlichkeit dafür, dass eine Betrachtungseinheit (Produkt, Verfahren) während einer definierten Zeitdauer unter angegebenen Funktions- und Umgebungsbedingungen nicht ausfällt. [Bertsche et al. 2004, VDI 4001]

**Zuverlässigkeitsanalyse**

Bestimmung von Zuverlässigkeiten von Bauteilen, Baugruppen und Gesamtsystemen mit Hilfe geeigneter quantitativer und qualitativer Methoden.

# Sachverzeichnis